BIM工程师
职业技能培训丛书

Autodesk Inventor 2019 中文版从入门到精通

刘涛 李津 编著

人民邮电出版社
北京

图书在版编目（CIP）数据

Autodesk Inventor 2019中文版从入门到精通 / 刘涛，李津编著. -- 北京 : 人民邮电出版社，2019.7（2024.2重印）
ISBN 978-7-115-50730-3

Ⅰ. ①A… Ⅱ. ①刘… ②李… Ⅲ. ①机械设计—计算机辅助设计—应用软件 Ⅳ. ①TH122

中国版本图书馆CIP数据核字(2019)第022450号

内 容 提 要

本书讲述了 Autodesk Inventor 2019 中文版的各种功能。全书共 13 章，分别为 Inventor 简介、草图的创建与编辑、辅助工具、特征的创建与编辑、放置特征、特征和曲面编辑、钣金设计、部件装配、零部件设计加速器、工程图和表达视图、运动仿真、应力分析、变向插锁器综合演练等内容。

全书主题明确，讲解详细；书内案例紧密结合工程实际，实用性强。本书适合于做计算机辅助设计的教学课本和自学指导用书。

◆ 编　　著　刘　涛　李　津
责任编辑　俞　彬
责任印制　马振武
◆ 人民邮电出版社出版发行　　北京市丰台区成寿寺路 11 号
邮编　100164　　电子邮件　315@ptpress.com.cn
网址　https://www.ptpress.com.cn
北京盛通印刷股份有限公司印刷
◆ 开本：787×1092　1/16
印张：27　　2019 年 7 月第 1 版
字数：740 千字　　2024 年 2 月北京第 8 次印刷

定价：79.00 元

读者服务热线：(010)81055410　印装质量热线：(010)81055316
反盗版热线：(010)81055315
广告经营许可证：京东市监广登字 20170147 号

前言

PREFACE

Autodesk Inventor 是美国 Autodesk 公司于 1999 年底推出的中端三维参数化实体模拟软件。与其他同类产品相比，Autodesk Inventor 在用户界面三维运算速度和显示着色功能方面有突破性进展。Autodesk Inventor 建立在 ACIS 三维实体模拟核心之上，摒弃许多不必要的操作而保留了常用的基于特征的模拟功能。Autodesk Inventor 不仅简化了用户界面、缩短了学习周期，而且大大加快了运算及着色速度。这样就缩短了用户设计意图的展现与系统反应速度之间的距离，从而可最大限度地发挥设计人员的创意。

值此 Autodesk Inventor 2019 面市之际，编者精心组织几位高校的老师根据学生工业设计应用学习需要编写了此书。本书包含了教育者的经验、体会和他们的教学思想，希望能够对广大读者的学习起到抛砖引玉的作用，为广大读者的学习与自学提供一条捷径。

一、本书特色

市面上的 Autodesk Inventor 学习书籍浩如烟海，读者要挑选一本自己中意的书反而很困难，真是"乱花渐欲迷人眼"。那么，本书为什么能够在您"众里寻他千百度"之际，于"灯火阑珊"中让您"蓦然回首"呢？那是因为本书有以下 5 大特色。

编者专业

本书由 Autodesk 中国认证考试官方教材指定执笔作者、著名 CAD/CAM/CAE 图书出版作家胡仁喜博士指导，大学教授团队执笔编写。本书是编者总结多年的设计经验以及教学的心得体会，精心编著，力求全面细致地展现出 Autodesk Inventor 在工业设计应用领域的各种功能和使用方法。

实例丰富

本书中有很多实例本身就是工程设计项目案例，经过编者精心提炼和改编。不仅保证了读者能够学好知识点，更重要的是能帮助读者掌握实际的操作技能。

提升技能

本书从全面提升读者 Autodesk Inventor 设计能力的角度出发，结合大量的案例来讲解如何利用 Autodesk Inventor 进行工程设计，真正让读者懂得计算机辅助设计并能够独立地完成各种工程设计。

内容全面

本书在一本书的篇幅内，包罗了 Autodesk Inventor 常用的全部的功能讲解，内容涵盖了 Inventor 简介、草图的创建与编辑、辅助工具、特征的创建与编辑、放置特征、特征和曲面编辑、钣金设计、部件装配、零部件设计加速器、工程图和表达视图、运动仿真、应力分析、变向插锁器综合实例等知识。"秀才不出屋，能知天下事"，读者只要有本书在手，Autodesk Inventor 工程设计知识全精通。本书不仅有透彻的讲解，还有丰富的实例，通过这些实例的演练，能够帮助读者找到一条学习 Autodesk Inventor 的捷径。

知行合一

结合大量的设计实例详细讲解 Autodesk Inventor 知识要点，让读者在学习案例的过程中潜移默化地掌握 Autodesk Inventor 软件操作技巧，同时培养了读者工程设计的实践能力。

二、电子资料使用说明

本书除利用传统的纸面讲解外，随书配送了电子资料包。资料包内包含全书实例操作过程视频文件和实例源文件素材。扫描“资源下载”二维码即可获得下载方式。

资源下载

为了方便读者学习，本书以二维码的形式提供了全书实例的视频教程。扫描“云课”二维码，即可播放全书视频，也可扫描正文中的二维码观看对应章节的视频。

云课

提示：关注“职场研究社”公众号，回复关键词“50730”，即可获得所有资源的获取方式。

三、致谢

本书由华东交通大学教材基金资助，华东交通大学的刘涛、李津两位老师编著，华东交通大学的许玢、李德英、黄志刚、沈晓玲、朱爱华、钟礼东参与部分章节编写。其中刘涛执笔编写了1～3章，李津执笔编写了4～6章，许玢执笔编写了7～8章，李德英执笔编写了第9章，黄志刚执笔编写了第10章，沈晓玲执笔编写了第11章，朱爱华执笔编写了第12章，钟礼东执笔编写了第13章。胡仁喜、刘昌丽等也为本书编写提供了大量帮助，在此向他们表示感谢。

由于时间仓促，加上编者水平有限，书中不足之处在所难免，望广大读者批评指正，联系邮箱为 yanjingyan@ptpress.com.cn，编者将不胜感激。

编者

2019 年 5 月

目录
CONTENTS

第 1 章 Inventor 简介

计算机辅助设计（CAD）技术是现代信息技术领域中设计以及相关部门使用非常广泛的技术之一。Autodesk 公司的 Inventor 作为中端三维 CAD 软件，具有功能强大、易操作等优点，因此被认为是领先的中端设计解决方案。本章对 CAD 和 Inventor 软件作简要介绍。

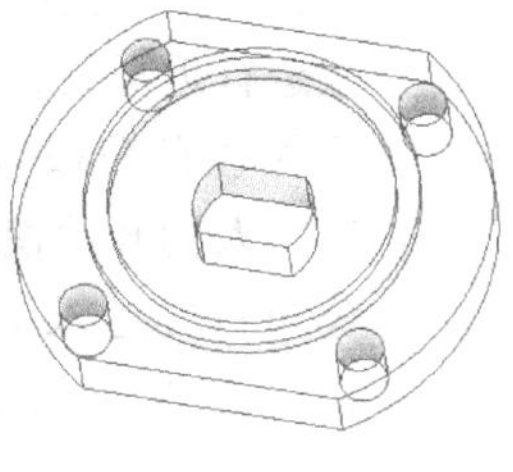

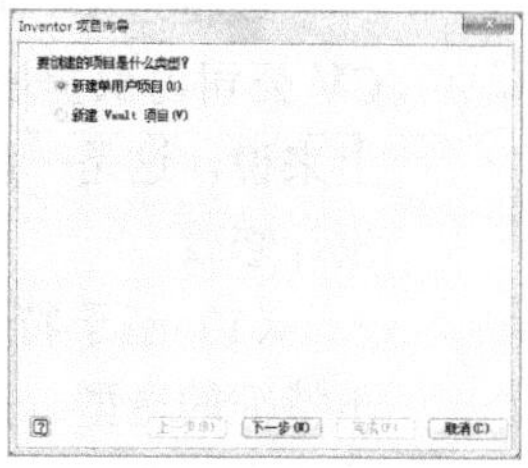

1.1 参数化造型简介

CAD 三维造型技术的发展经历了线框造型、曲面造型、实体造型、参数化实体造型以及变量化造型几个阶段。

最初的是线框造型技术，即由点、线集合方法构成的线框式系统，这种方法符合人们的思维习惯，很多复杂的产品往往仅用线条勾画出基本轮廓，然后逐步细化。这种造型方式数据存储量小，操作灵活，响应速度快，但是由于线框的形状只能用棱线表示，只能表达基本的几何信息，因此在使用中有很大的局限性。图 1-1 所示是利用线框造型做出的模型。

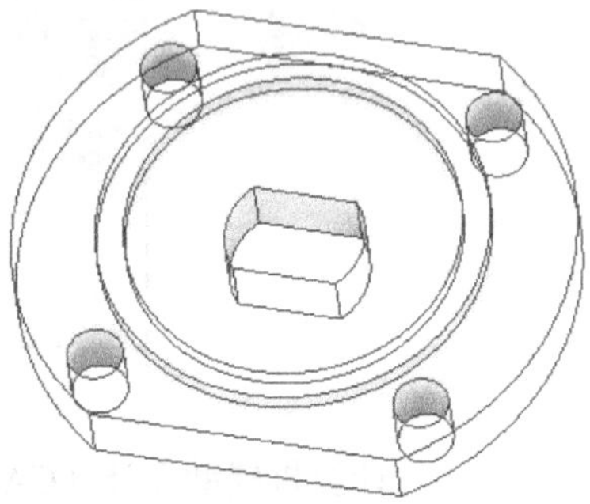

图 1-1 线框模型

1. 曲面造型

20 世纪 70 年代，在飞机和汽车制造行业中需要进行大量的复杂曲面的设计，如飞机的机翼和汽车的外形曲面设计，由于当时只能够采用多截面视图和特征纬线的方法来进行近似设计，因此设计出来的产品和设计者最初的构想往往存在很大的差别。法国人在此时提出了贝赛尔算法，人们开始使用计算机进行曲面设计，法国的达索飞机公司首先进入了第一个三维曲面造型系统【CATIA】，这是 CAD 发展历史上一次重要的革新，CAD 技术从此有了质的飞跃。

2. 实体造型

曲面造型技术只能表达形体的表面信息，当想表达实体的其他物理信息（如质量、重心、惯性矩等信息）的时候，曲面造型技术就无能为力了。如果对实体模型进行各种分析和仿真，则模型的物理特征是不可缺少的。在这一趋势下，SDRC 公司于 1979 年发布了第一个完全基于实体造型技术的大型【CAD/CAE】软件——【I-DESA】。实体造型技术完全能够表达实体模型的全部属性，给设计以及模型的分析和仿真打开方便之门。

3. 参数化实体造型

线框造型、曲面造型和实体造型技术都属于无约束自由造型技术，进入 20 世纪 80 年代中期，CV 公司内部提出了一种比无约束自由造型更新颖、更好的算法——参数化实体造型方法。从算法上来说，这是一种很好的设想。它主要的特点是：基于特征、全尺寸约束、全数据相关、尺寸驱动设计修改。

（1）基于特征。指在参数化造型环境中，零件是由特征组成的，所以参数化造型也可成为基于特征的造型。参数化造型系统可把零件的结构特征十分直观地表达出来，因为零件本身就是特征的集合。图 1-2 是用 Autodesk 公司的 Inventor 软件作的零件图，左边是零件的浏览器，显示这个零件的所有特征。浏览器中的特征是按照特征的生成顺序排列的，最先生成的特征排在浏览器的最上面，这样模型的构建过程就会一目了然。

（2）全尺寸约束。指特征的属性全部通过尺寸来进行定义。比如在 Inventor 软件中进行打孔，需要确定孔的直径和深度；如果孔的底部为锥形，则需要确定锥角的大小；如果是螺纹孔，则还需要指定螺纹的类型、公称尺寸、螺距等相关参数。如果将特征的所有尺寸都设定完毕，则特征就可成功生成，并且以后可任意地进行修改。

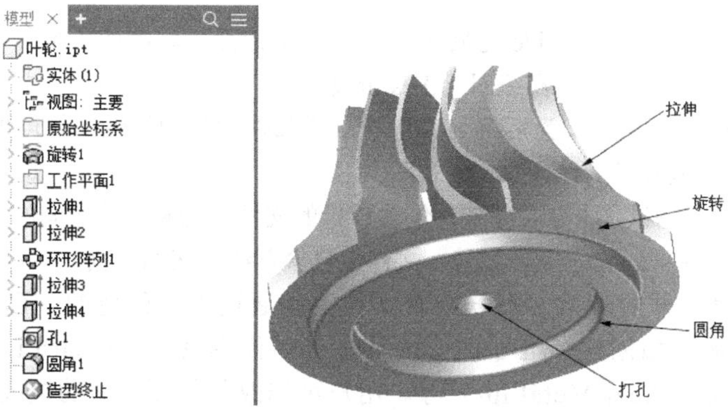

图 1-2 Inventor 中的零件图以及零件模型

（3）全数据相关。指模型的数据（如尺寸数据等）不是独立的，而是具有一定的关系。举例说设计一个长方体，要求其长（length）、宽（width）和高（height）的比例是一定的（如 1 ∶ 2 ∶ 3），这样长方体的形状就是一定的，尺寸的变化仅仅意味着其大小的改变。那么在设计的时候，可将其长度设置为 L，将其宽度设置为 $2L$，高度设置为 $3L$。这样，如果以后对长方体的尺寸数据进行修改，则改变其长度参数就可以了。如果分别设置长方体的三个尺寸参数，则以后在修改设计尺寸的时候，工作量就增加了 3 倍。

（4）尺寸驱动设计修改。指在修改模型特征的时候，由于特征是尺寸驱动的，所以可针对需要修改的特征，确定需要修改的尺寸或者关联的尺寸。在某些【CAD】软件中，零件图的尺寸和工程图的尺寸是关联的，改变零件图的尺寸，工程图中对应的尺寸会自动修改，一些软件甚至支持从工程图中对零件进行修改，也就是说修改工程图中的某个尺寸，则零件图中对应特征会自动更新为修改过的尺寸。

1.2 Inventor 支持的文件格式

Inventor 是完全在 Windows 平台上开发的软件，不像 UG、Pro/Engineer 等软件是在 Unix 平台上移植过来的，所以，Inventor 在易用性方面具有无可比拟的优势。Inventor 支持众多的文件格式，提供与其他格式文件之间的转换，可满足不同软件用户之间的文件格式转换需求。

1.2.1 Inventor 的文件类型

（1）零件文件——以 .ipt 为后缀名，文件中只包含单个模型的数据，可分为标准零件和钣金零件。

（2）部件文件——以 .iam 为后缀名，文件中包含多个模型的数据，也包含其他部件的数据，也就是说部件中不仅仅可包含零件，也可包含子部件。

（3）工程图文件——以 .idw 为后缀名，可包含零件文件的数据，也可包含部件文件的数据。

（4）表达视图文件——以 .ipn 为后缀名，可包含零件文件的数据，也可包含部件文件的数据，由于表达视图文件的主要功能是表现部件装配的顺序和位置关系，所以零件一般很少用表达视图来表现。

（5）设计元素文件 ——以 .ide 为后缀名，包含了特征、草图或子部件中创建的【iFeature】信息，用户可打开特征文件来观察和编辑【iFeature】。

（6）设计视图 ——以 .idv 为后缀名，包含了零部件的各种特性，如可见性、选择状态、颜色和样式特性、缩放以及视角等信息。

（7）项目文件 ——以 .ipj 为后缀名，包含项目的文件路径和文件之间的链接信息。

（8）草图文件 ——以 .dwg 为后缀名，文件中包含草绘图案的数据。

Inventor 在创建文件的时候，每一个新文件都是通过模板创建的。可根据自己具体设计需求选择对应的模板，如创建标准零件可选择标准零件模板（Standard.ipt），创建钣金零件可选择钣金零件模板（Sheet Metal.ipt）等。用户可修改任何预定义的模板，也可创建自己的模板。

1.2.2 与 Inventor 兼容的文件类型

Inventor 具有很强的兼容性，具体表现在它不仅可打开符合国际标准的【IGES】文件和【STEP】格式的文件，甚至还可打开 Pro/Engineer 文件。另外，它还可打开 AutoCAD 和【MDT】的【DWG】格式文件。同时，Inventor 还可将本身的文件转换为其他各种格式的文件，也可将自身的工程图文件保存为【DXF】和【DWG】格式文件等。下面对主要兼容文件类型作介绍。

1. AutoCAD 文件

Inventor 2019 可打开 R12 以后版本的 AutoCAD（DWG 或 DXF）文件。在 Inventor 中打开 AutoCAD 文件时，可指定要进行转换的 AutoCAD 数据。

（1）可选择模型空间、图纸空间中的单个布局或三维实体，可选择一个或多个图层。

（2）可放置二维转换数据；可放置在新建的或现有的工程图草图上，作为新工程图的标题栏，也可作为新工程图的略图符号；还可放置在新建的或现有的零件草图上。

（3）如果转换三维实体，则每一个实体都成为包含【ACIS】实体的零件文件。

（4）当在零件草图、工程图或工程图草图中输入【AutoCAD (DWG) 】图形时，转换器将从模型空间的【XY】平面获取图元并放置在草图上。图形中的某些图元不能转换，如样条曲线。

2. Autodesk MDT 文件

在 Inventor 中将工程图输出到 AutoCAD 时，将得到可编辑的图形。转换器创建新的 AutoCAD 图形文件，并将所有图元置于【DWG】文件的图样空间。如果 Inventor 工程图中有多张图样，则每张图样都保存为一个单独的【DWG】文件。输出的图元成为 AutoCAD 图元，包括尺寸。

Inventor 可转换 Autodesk Mechanical Desktop 的零件和部件，以便保留设计意图。可将 Mechanical Desktop 文件作为【ACIS】实体输入，也可进行完全转换。要从 Mechanical Desktop 零件或部件输入模型数据，必须在系统中安装并运行 Mechanical Desktop。Inventor 所支持的特征将被转换，不支持的特征则不被转换。如果 Inventor 不能转换某个特征，它将跳过该特征，并在浏览器中放置一条注释，然后完成转换。

3.【STEP】文件

【STEP】文件是国际标准格式的文件，这种格式是为了克服数据转换标准的一些局限性而开发的。过去，由于开发标准不一致，导致各种不统一的文件格式，如 IGES（美国）、VDAFS（德国）、IDF（用于电路板）。这些标准在 CAD 系统中没有得到很大的发展。【STEP】转换器使 Inventor 能够与其他 CAD 系统进行有效的交流和可靠的转换。当输入【STEP（*.stp、*.ste、*.step）】文件时，只有三维实体、零件和部件数据被转换，草图、文本、线框和曲面数据不能用【STEP】转换器处理。如果【STEP】文件包含一个零件，则会生成一个 Inventor 零件文件。如果【STEP】文件包含部件数据，则会生成包含多个零件的部件。

4.【SAT】文件

【SAT】文件包含非参数化的实体。它们可是布尔实体或去除了相关关系的参数化实体。【SAT】文件可在部件中使用。用户可将参数化特征添加到基础实体中。输入包含单个实体的【SAT】文件时，将生成包含单个零件的 Inventor 零件文件。如果【SAT】文件包含多个实体，则会生成包含多个零件的部件。

5.【IGES】文件

【IGES（*.igs、*.ige、*.iges）】文件是美国标准。很多【NC/CAM】软件包需要【IGES】格式的文件。Inventor 可输入和输出【IGES】文件。如果要将 Inventor 的零部件文件转换成为其他格式的文件，如【BMP】【IGES】【SAT】文件等，则将其工程图文件保存为【DWG】或【DXF】格式的文件时，可利用主菜单中的【文件】→【另存为】→【保存副本为】命令，在打开的【保存副本为】对话框中选择好所需要的文件类型和文件名，如图 1-3 所示。

图 1-3 【保存副本为】对话框

1.3 Inventor 工作界面一览

Inventor 具有多个功能模块，如二维草图模块、特征模块、部件模块、工程图模块、表达视图模块、应力分析模块等，每一个模块都拥有自己独特的菜单栏、工具栏、工具面板和浏览器，并且由这些菜单栏、工具栏、工具面板和浏览器组成了自己独特的工作环境，用户最常接触的 6 种工作环境是：草图环境、零件（模型）环境、钣金模型环境、部件（装配）环境、工程图环境和表达视图环境，下面分别简要介绍。

1.3.1 草图环境

在 Inventor 中，绘制草图是创建零件的第一步。草图是截面轮廓特征和创建特征所需的几何图元（如扫掠路径或旋转轴），可通过投影截面轮廓或绕轴旋转截面轮廓来创建草图三维模型。图 1-4 所示是草图以及由草图拉伸创建的实体。

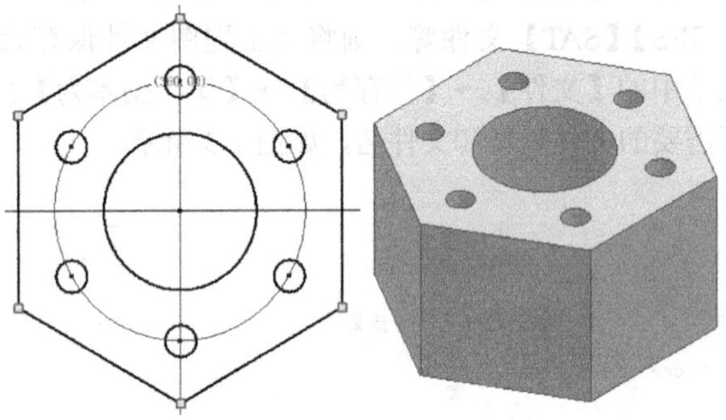

图 1-4　拉伸创建的实体

用户可由以下两种途径进入草图环境。

（1）当新建一个零件文件时，在 Inventor 的默认设置下，草图环境会自动激活【草图】工具面板为可用状态。

（2）在现有的零件文件中，如果要进入草图环境，则应该首先在浏览器中激活草图。这个操作会激活草图环境中的工具面板，这样就可为零件特征创建几何图元。由草图创建模型之后，可再次进入草图环境，以便修改特征或绘制新特征的草图。

1. 由新建零件进入草图环境

新建一个零件文件，以进入草图状态。运行 Inventor 2019，首先出现图 1-5 所示的启动界面，然后单击【启动】面板中的【新建】按钮，进入如图 1-6 所示的【新建文件】对话框，在对话框中选择【Standard.ipt】模板，新建一个标准零件文件，则会进入如图 1-7 所示的草图环境。

用户界面主要由 ViewCube（绘图区右上部）、导航栏（绘图区右中部）、快速工具栏（上部）、功能区、浏览器（左部）、文档选项卡和状态栏以及绘图区域构成。二维草图功能区如图 1-8 所示，草图绘图功能区包括草图、创建、修改、阵列和约束等面板，使用功能区比起使用工具栏效率会有所提高。

2. 编辑退化的草图以进入草图环境

如果要在一个现有的零件图中进入草图环境，则首先应该找到属于某个特征的曾经存在的草图（也叫退化的草图），选择该草图，单击右键，在打开的菜单中选择【编辑草图】选项重新进入草图环境，如图1-9所示。当编辑某个特征的草图时，该特征会消失。

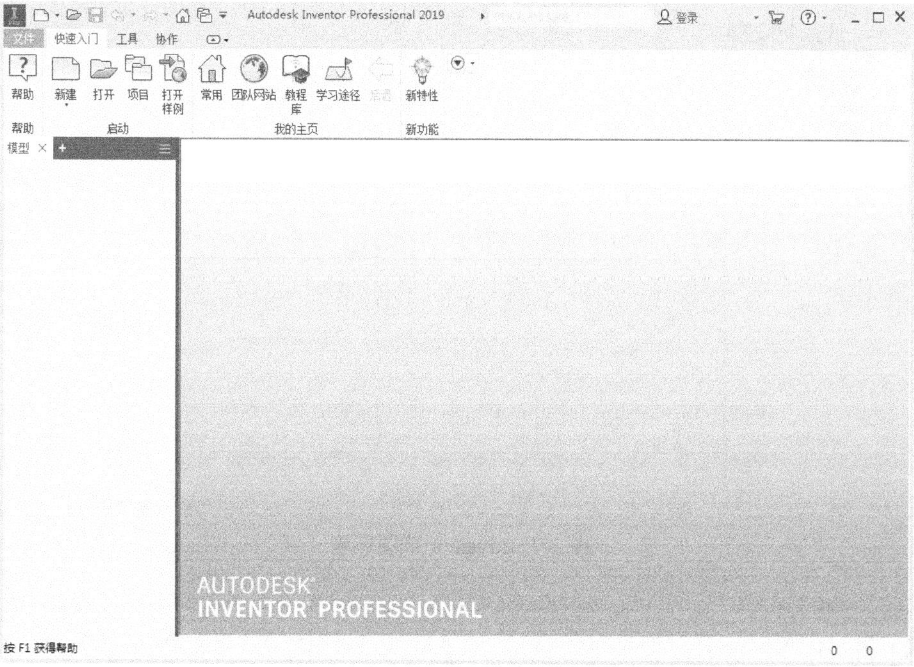

图1-5 Inventor 2019启动界面

图1-6 【新建文件】对话框

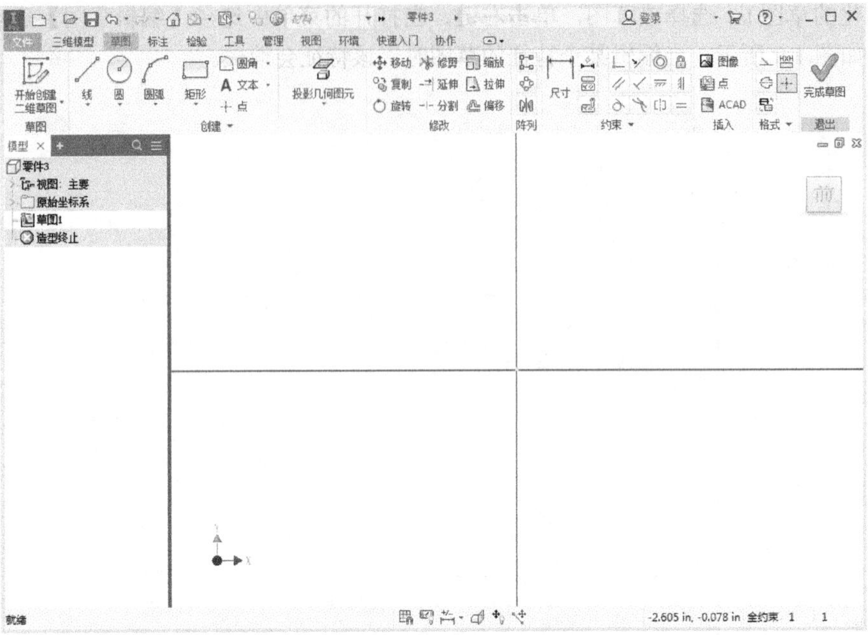

图 1-7　Inventor 草图环境

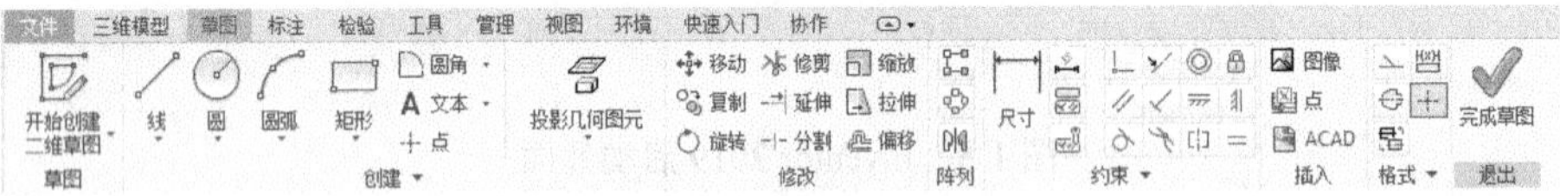

图 1-8　二维草图功能区

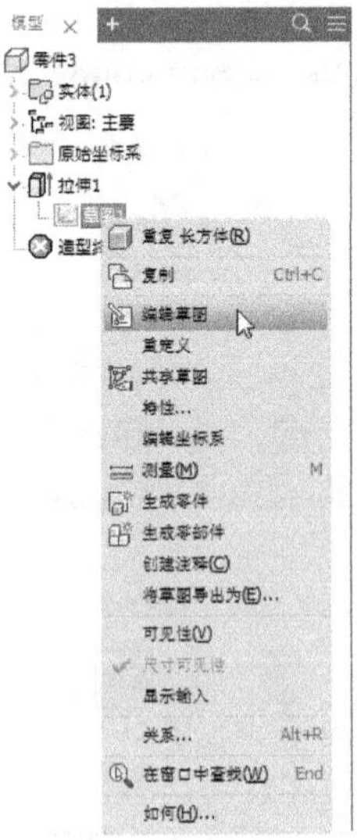

图 1-9　快捷菜单

如果想从草图环境返回零件（模型）环境下，则只要在草图绘图区域内单击右键，从菜单中选择【完成二维草图】选项就可以了。被编辑的特征也会重新显示，并且根据重新编辑的草图自动更新。

关于草图面板中绘图工具的使用，将在后面的章节中较为详细地讲述。读者必须注意在 Inventor 中是不可保存草图的，也不允许在草图状态下保存零件。

1.3.2　零件（模型）环境

1. 零件（模型）环境概述

任何时候创建或编辑零件，都会激活零件环境，也叫模型环境。可使用零件（模型）环境来创建和修改特征、定义定位特征、创建阵列特征以及将特征组合为零件。 使用浏览器可编辑草图特征、显示或隐藏特征、创建设计笔记、使特征自适应以及访问【特性】。特征是组成零件的独立元素，可随时对其进行编辑。特征有 4 种类型。

（1）草图特征。基于草图几何图元，由特征创建命令中输入的参数来定义。用户可以编辑草图几何图元和特征参数。

（2）放置特征。如圆角或倒角，在创建的时候不需要草图。要创建圆角，只需输入半径并选择一条边。标准的放置特征包括抽壳、圆角、倒角、拔模斜度、孔和螺纹。

（3）阵列特征。指按矩形、环形或镜像方式重复多个特征或特征组。 必要时，以抑制阵列特征中的个别特征。

（4）定位特征。用于创建和定位特征的平面、轴或点。

Inventor 的草图环境似乎与零件环境现在有了一定的相通性。用户可以直接新建一个草图文件。但是任何一个零件，无论简单的或复杂的，都不是直接在零件环境下创建的，必须首先在草图里面绘制好轮廓，然后通过三维实体操作来生成特征，是一个十足的迂回战略。特征可分为基于草图的特征和非基于草图的特征两种。但是，一个零件最先得到造型的特征，一定是基于草图的特征，所以在 Inventor 中，如果新建了一个零件文件，在默认的系统设置下则会自动进入草图环境。

2. 零件（模型）环境的组成部分

在图 1-5 中选择新建一个标准零件文件，之后进入草图环境。单击【草图】标签中的【完成草图】按钮✓，则进入模型环境下，如图 1-10 所示。

模型环境下的工作界面是由主菜单、快速工具栏、功能区（上部）、浏览器（左部）以及绘图区域等组成。零件的浏览器如图 1-11 所示，从浏览器中可清楚地看到，零件是特征的组合。模型功能区如图 1-12 所示。

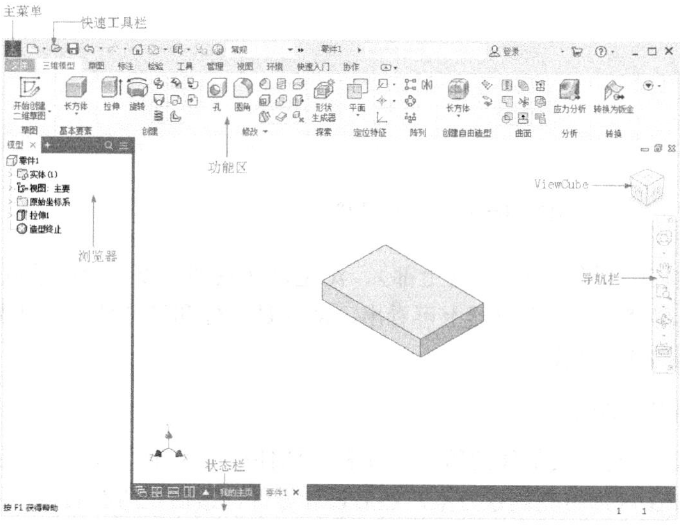

图 1-10　Inventor 模型环境

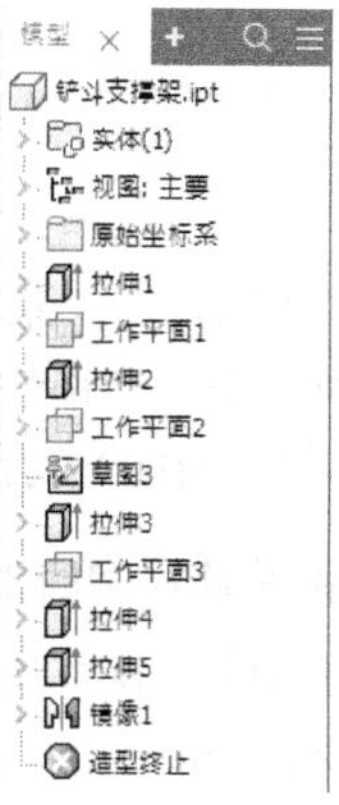

图 1-11　零件浏览器

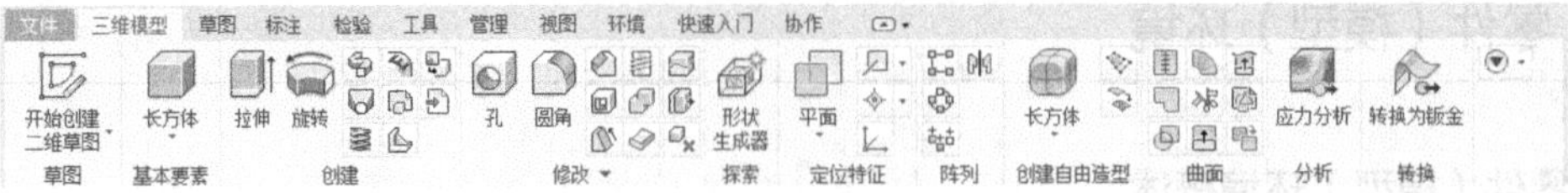

图 1-12　模型功能区

1.3.3　部件（装配）环境

1. 进入部件（装配）环境

在 Inventor 中，部件是零件和子部件的集合。在 Inventor 中创建或打开部件文件时，也就进入了部件环境，也叫作装配环境。在图 1-6 所示的对话框中选择【Standard.iam】选项，就会进入部件环境，如图 1-13 所示。

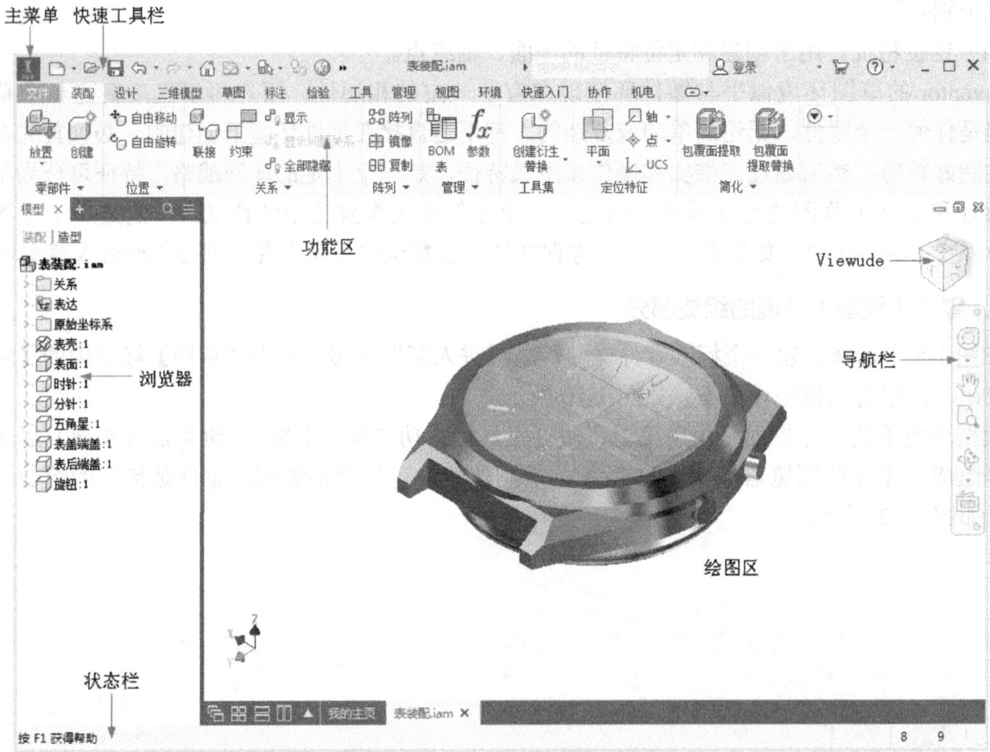

图 1-13　Inventor 部件环境

装配环境是由主菜单、快捷工具栏、功能区（上部）、浏览器（左部）以及绘图区域等组成。图 1-14 所示是一个部件和它的浏览器，从浏览器上可看出，部件是零件和子部件以及装配关系的组合。部件（装配）功能区如图 1-15 所示。

2. 部件环境中自上而下的设计方法

使用部件工具和菜单选项，可对构成部件的所有零件和子部件进行操作，这些操作包括添加一个零部件，传统上，设计者和工程师首先创建方案，然后设计零件，最后把所有的零部件加入部件中。这称为自上而下的设计方法。

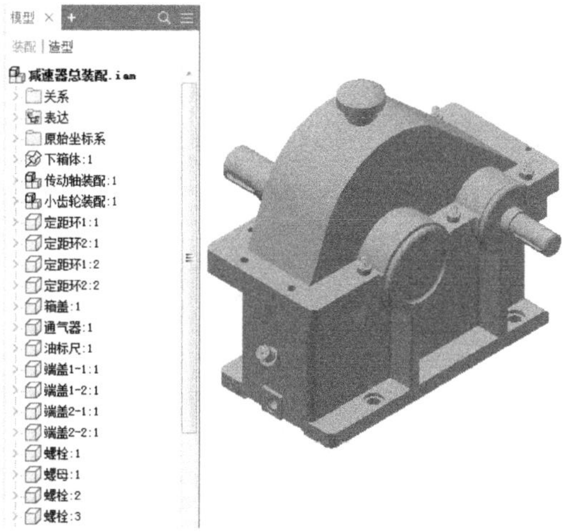

图 1-14 部件及其浏览器

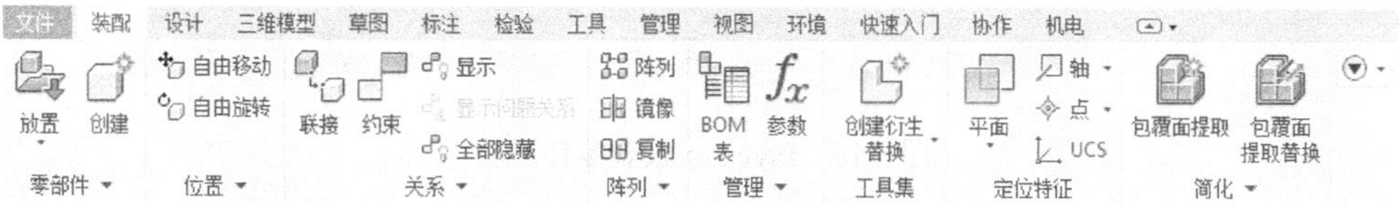

图 1-15 部件（装配）功能区

使用 Inventor 可通过在创建部件时创建新零件或者装入现有零件，使设计过程更加简单有效。这种以部件为中心的设计方法支持自上而下、自下而上和混合的设计流程。也就是说设计一个系统，用户不必首先设计单独的基础零件，最后再把它们装配起来，而是可在设计过程中的任何环节创建部件，而不是在最后才创建部件；可在最后才设计某个零件，而不是事先把它设计好等待装配。如果用户正在做一个全新的设计方案，则可从一个空的部件开始，然后在具体设计时创建零件。这种设计模式最大的优点就是设计时可在一开始就把握全局设计思想，不再局限于部分，只要全局设计没有问题，部分的设计就不会影响到全局，而是随着全局的变化而自动变化，从而节省了大量的人力，也大大提高了设计的效率。

1.3.4 钣金模型环境

钣金零件的特点之一就是同一种零件都具有相同的厚度，所以它的加工方式和普通的零件不同，所以在三维 CAD 软件中，普遍将钣金零件和普通零件分开，并且提供不同的设计方法。在 Inventor 中，将零件造型和钣金作为零件文件的子类型。用户可在任何时候通过单击【转换】面板中的【转换为钣金】和【转换为标准零件】选项，将可在零件造型子类型和钣金子类型之间转换。零件子类型转换为钣金子类型后，零件被识别为钣金，并启用【钣金】标签栏添加钣金参数。如果将钣金子类型改回为零件子类造型，则钣金参数还将保留，但系统会将其识别为造型子类型。

在图 1-6 所示的对话框中选择【Sheet Metal.ipt】选项，就会进入钣金环境。可看到钣金环境和零件环境一样，在默认状态下首先进入二维草图环境。在草图绘图区域单击右键，在打开的菜单中选择【完成二维草图】选项，就进入钣金零件环境，如图 1-16 所示。

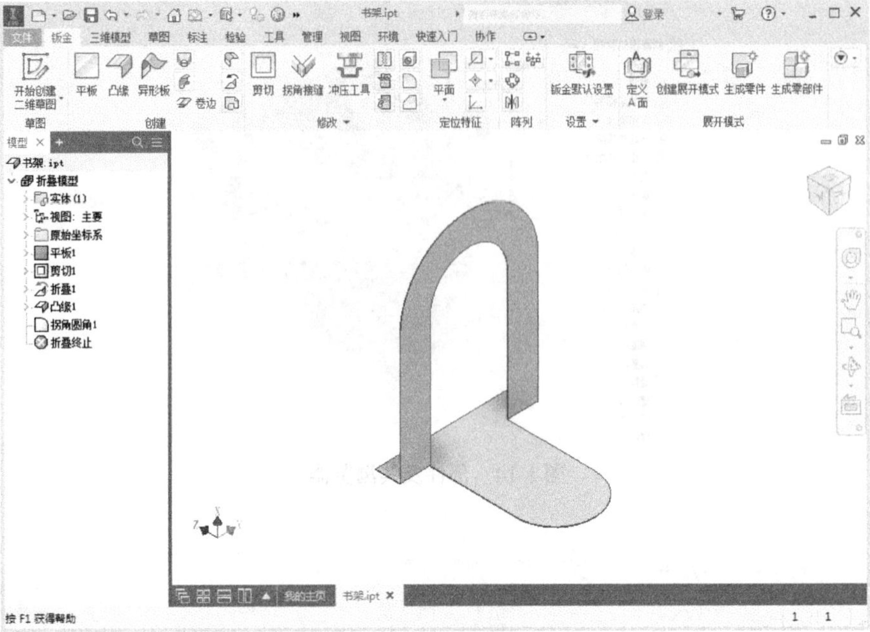

图 1-16　Inventor 钣金零件环境

钣金零件环境是由主菜单、快速工具栏、钣金功能区（上部）、浏览器（左部）以及绘图区域等组成。钣金特征功能区如图 1-17 所示，在钣金特征功能区上单击右键，在打开菜单中选择【将图标与文本一同显示】选项，可看到关于工具的提示信息已经隐藏。图 1-18 所示是一个钣金零件和它的浏览器，从浏览器上可看出，钣金零件是钣金特征的组合。

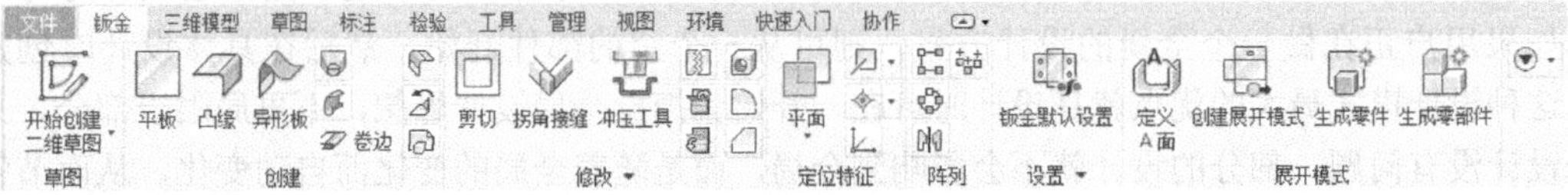

图 1-17　钣金特征功能区

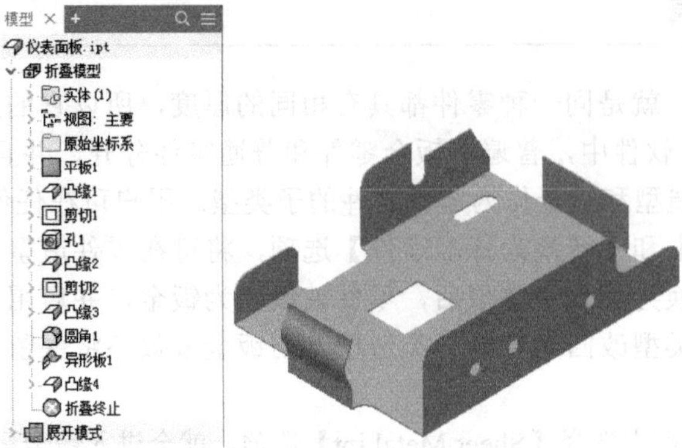

图 1-18　钣金零件及其浏览器

1.3.5 工程图环境

（1）自动生成二维视图，用户可自由选择视图的格式，如标准三视图（主视图、俯视图、侧视图）、局部视图、打断视图、剖面图、轴测图等，还支持生成零件的当前视图，也就是说可从任何方向生成零件的二维视图。

（2）用三维视图生成的二维视图是参数化的，同时二维视图与三维视图可双向关联，也就是说当改变了三维实体尺寸时，对应二维工程图的尺寸会自动更新；当改变二维工程图的某个尺寸时，对应三维实体的尺寸也随之改变。这就大大节约了设计过程中的劳动量。

1. 工程图环境的组成部分

在图 1-6 所示对话框中选择【Standard.idw】选项就可进入工程图环境中，如图 1-19 所示。

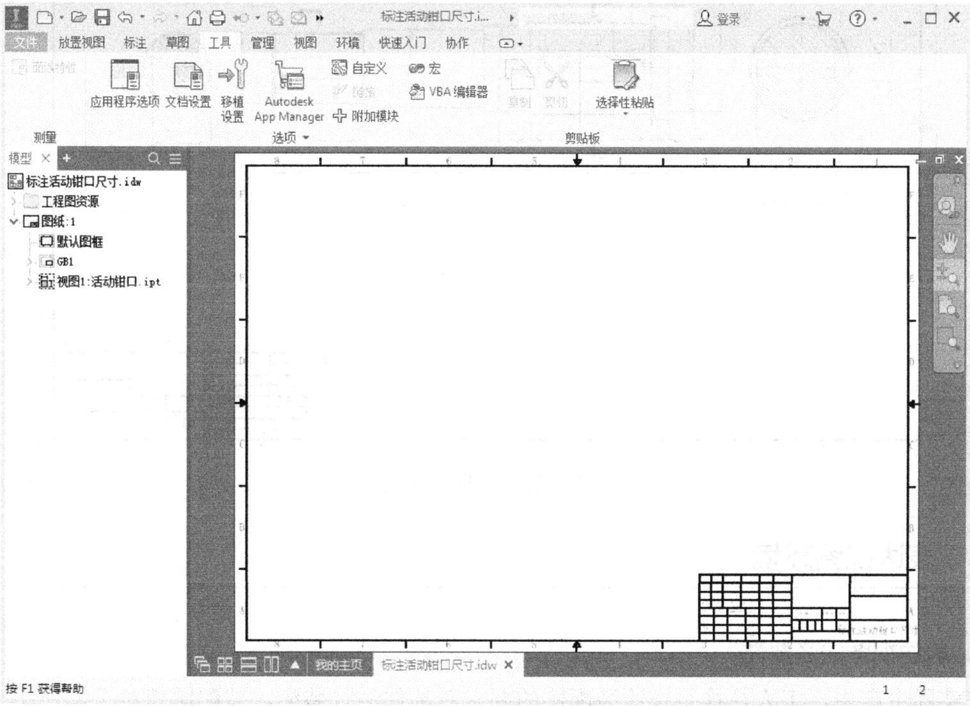

图 1-19 工程图环境

工程图环境是由主菜单、快速工具栏、工程图放置视图功能区和浏览器（左部）以及绘图区域等组成。工程图视图功能区如图 1-20 所示，工程图标注功能区如图 1-21 所示。

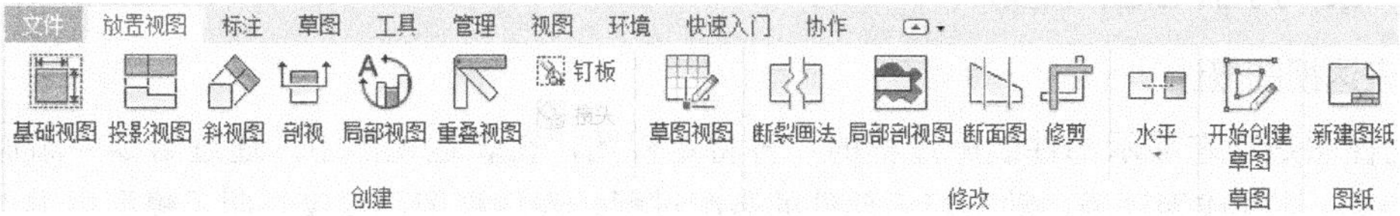

图 1-20 工程图视图功能区

2. 工程图工具面板的作用

利用工程图视图功能区可生成各种需要的二维视图，如基础视图、投影视图、斜视图、剖视图等。利用工程图标注功能区则可对生成的二维视图进行尺寸标注、公差标注、基准标注、表面粗糙度标注以及生成部件的明细表等。图 1-22 所示是一幅完成的零件工程图。

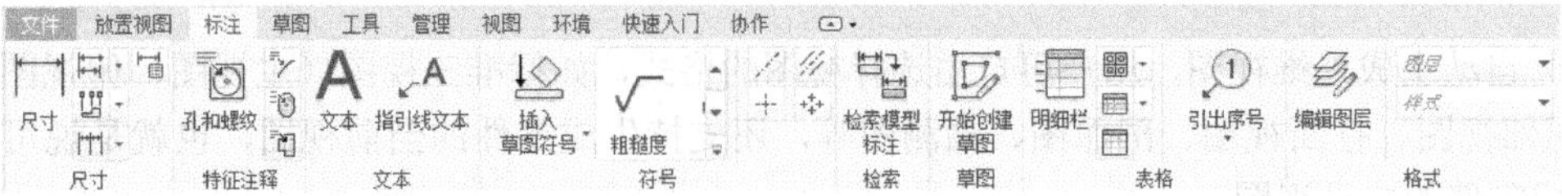

图 1-21　工程图标注功能区

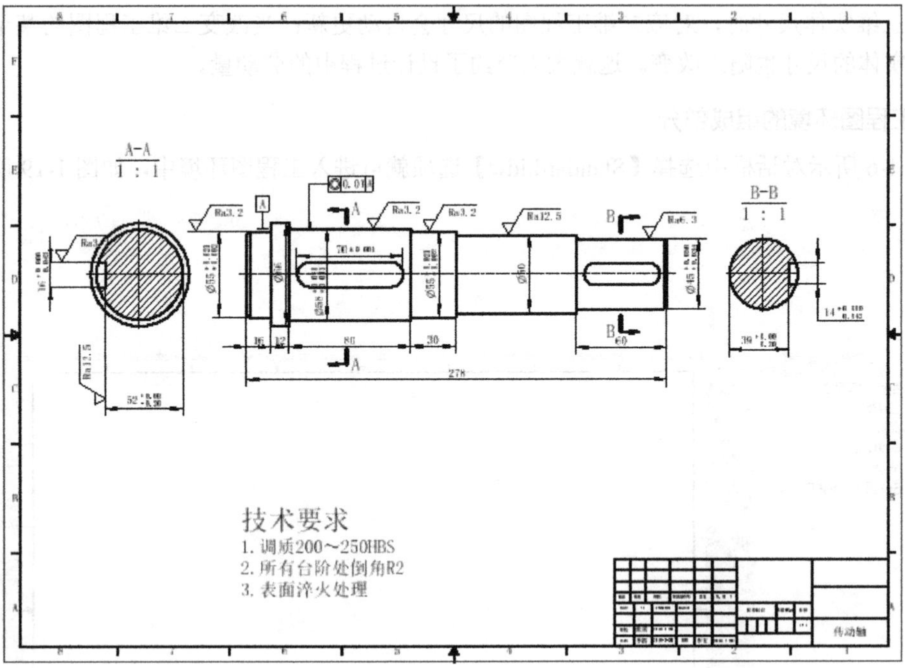

图 1-22　零件工程图

1.3.6 表达视图环境

1. 表达视图的必要性

在实际生产中，工人往往是按照装配图的要求对部件进行装配。装配图相对于零件图来说具有一定的复杂性，需要有一定看图经验的人才能明白设计者的意图。如果部件十分复杂的话，则即使有看图经验的设计者也要花费很多的时间来读图。如果能动态地显示部件中每一个零件的装配位置，甚至显示部件的装配过程，则势必能节省工人读懂装配图的时间，大大提高工作效率。表达视图的产生就是为了满足这种需要。

2. 表达视图概述

表达视图是动态显示部件装配过程的一种特定视图，在表达视图中，通过给零件添加位置参数和轨迹线，使其成为动画，动态演示部件的装配过程。表达视图不仅仅说明了模型中零部件和部件之间的相互关系，还说明了零部件按什么顺序组成总装。还可将表达视图用在工程图文件中来创建分解视图，也就是俗称的爆炸图。

3. 进入表达视图环境

在图 1-6 所示的对话框中选择【Standard.ipn】选项，则进入表达视图环境，如图 1-23 所示。

从左部的表达视图面板就可看出表达视图的主要功能是创建表达视图、调整表达视图中零部件的位置、按照增量旋转视图、创建动画以演示部件装配的过程。图 1-24 所示是创建的表达视图的范例，关于表达视图的创建方法将在后面的章节中讲述。

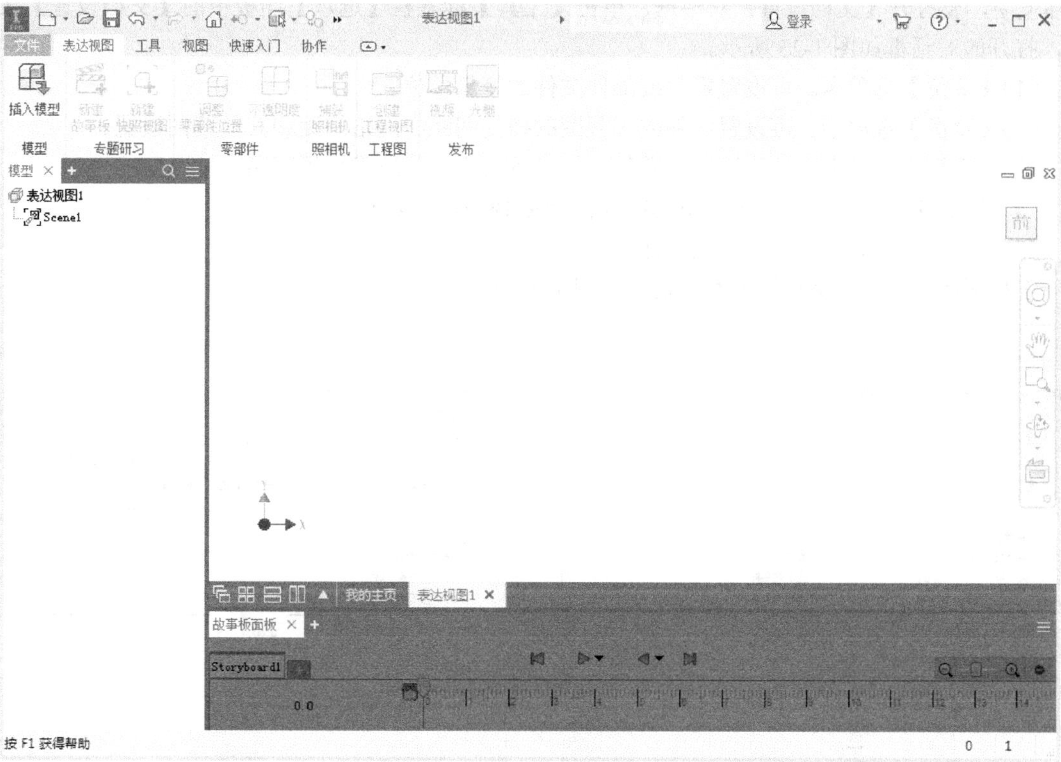

图 1-23　表达视图环境

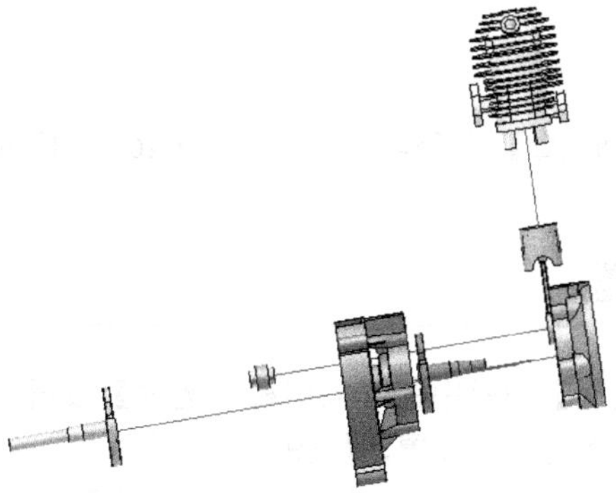

图 1-24　表达视图的范例

1.4　工作界面定制与系统环境设置

在 Inventor 中，需要用户自己设定的环境参数很多，工作界面也可由用户自己定制，这样用户可根据自己的实际需求对工作环境进行调节，一个方便高效的工作环境不仅仅使得用户有良好的感觉，还可大大提高工作效率。本节着重介绍一下如何定制工作界面，如何设置系统环境。

1.4.1 文档设置

在 Inventor 2019 中，可通过【文档设置】对话框来改变度量单位、捕捉间距等。在零部件造型环境中，要打开【文档设置】对话框，单击【工具】标签栏【选项】面板中的【文档设置】按钮，打开的对话框如图 1-25 所示。

(1)【单位】选项卡。可设置零件或部件文件的度量单位。

(2)【草图】选项卡。可设置零件或工程图的捕捉间距、网格间距和其他草图设置。

(3)【造型】选项卡。可为激活的零件文件设置自适应或三维捕捉间距。

(4)【BOM 表】选项卡。可为所选零部件指定 BOM 表设置。

(5)【默认公差】选项卡。可设定标准输出公差值。

工程图环境中的【文档设置】对话框如图 1-26 所示。

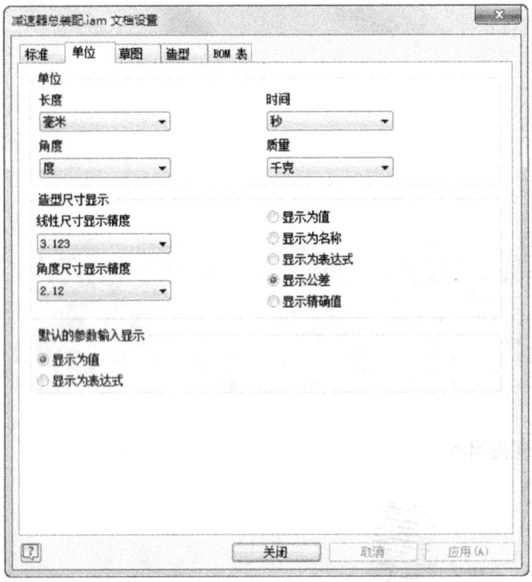

图 1-25 零件环境中的【文档设置】对话框

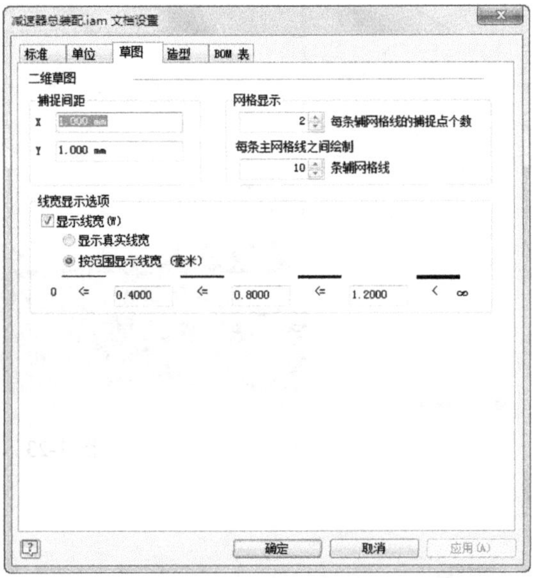

图 1-26 工程图环境中的【文档设置】对话框

1.4.2 系统环境常规设置

单击【工具】标签栏【选项】面板中的【应用程序选项】按钮，进入【应用程序选项】对话框中，本小节讲述一下系统环境的常规设置，如图 1-27 所示。

(1)【启动】栏。用来设置默认的启动方式。在此栏中可设置是否【启动操作】。还可以启动后默认操作方式，包含三种默认操作方式:【“打开文件”对话框】【“新建文件”对话框】和【从模板新建】。

(2)【提示交互】栏。控制工具栏提示外观和自动完成的行为。其中，【显示命令提示（动态提示）】：选中此框后，将在光标附近的工具栏提示中显示命令提示。【显示命令别名输入对话框】：选中此框后，输入不明确或不完整的命令时将显示【自动完成】列表框。

(3)【工具提示外观】栏。控制在功能区中的命令上方悬停鼠标指针时工具提示的显示。从中可设【延迟的秒数】，还可以通过勾选【显示工具提示】复选框来禁用工具提示的显示。【显示第二级工具提示】：控制功能区中第二级工具提示的显示。【显示文档选项卡工具提示】：控制鼠标指针悬停时工具提示的显示。

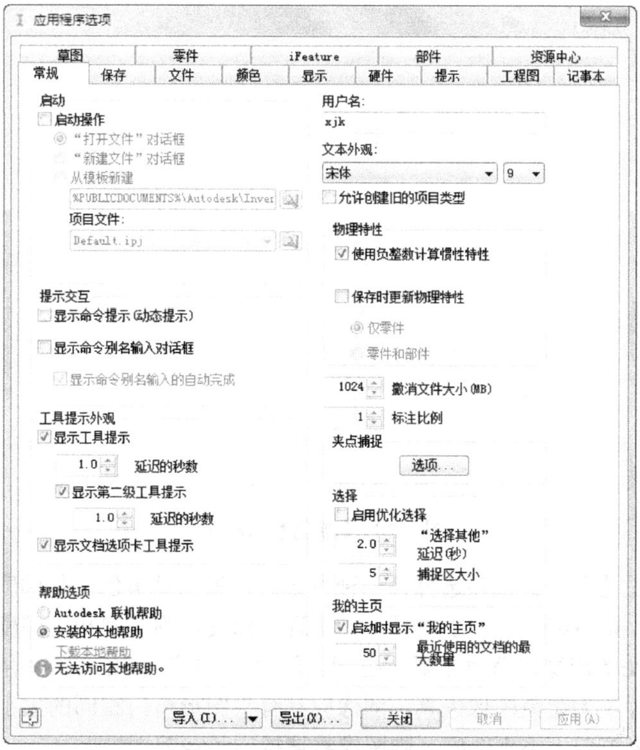

图 1-27 【应用程序选项】对话框

（4）【用户名】选项。设置 Autodesk Inventor 2019 的用户名称。

（5）【文本外观】选项。设置对话框、浏览器和标题栏中的文本字体及大小。

（6）【允许创建旧的项目类型】选项。选中此框后，Autodesk Inventor 将允许创建共享和半隔离项目类型。

（7）【物理特性】选项。选择保存时是否更新物理特性以及更新物理特性的对象是零件还是零部件。

其他的设置选项不再一一讲述，读者一方面可查阅帮助，还可在实际的使用中自己体会其用法。

（8）【撤销文件大小】选项。可通过设置【撤销文件大小】选项的值来设置撤销文件的大小，即用来跟踪模型或工程图改变临时文件的大小，以便撤销所做的操作。当制作大型或复杂模型和工程图时，可能需要增加该文件的大小，以便提供足够的撤销操作容量，文件大小以【MB】为单位。

（9）【标注比例】选项。可通过设置【标注比例】选项的值来设置图形窗口中非模型元素（例如尺寸文本、尺寸上的箭头、自由度符号等）的大小。可将比例从 0.2 调整为 5.0。默认值为 1.0。

1.4.3 用户界面颜色设置

可通过【应用程序选项】对话框中的【颜色】选项卡设置图形窗口的背景颜色或图像，如图 1-28 所示。既可设置零部件设计环境下的背景色，也可设置工程图环境下的背景色，可通过左上角的【设计】、【绘图】按钮来切换。

（1）在【颜色方案】中，Inventor 提供了 8 种配色方案，当选择某一种方案的时候，上面的预览窗口会显示该方案的预览图。

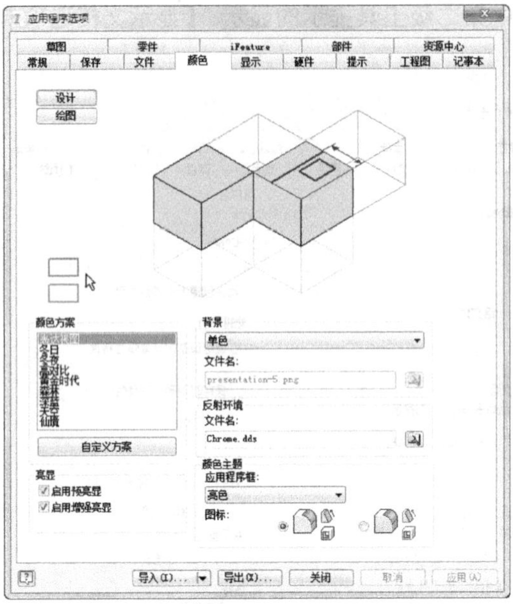

图 1-28 【颜色】选项卡

（2）用户也可通过【背景】选项选择每一种方案的背景色是单色还是梯度图像，或以图像作为背景。如果选择单色，则将纯色应用于背景；如果选择梯度，则将饱和度梯度应用于背景颜色；如果选择背景图像，则在图形窗口背景中显示位图。【文件名】选项用来选择存储在硬盘或网络上作为背景图像的图片文件。为避免图像失真，图像应具有与图形窗口相同的大小（比例以及宽高比）。如果图像的大小与图形窗口大小不匹配，则图像将被拉伸和裁剪。

1.4.4 显示设置

用户可通过【应用程序选项】对话框中的【显示】选项卡设置模型的线框显示方式、渲染显示方式以及显示质量，如图 1-29 所示。

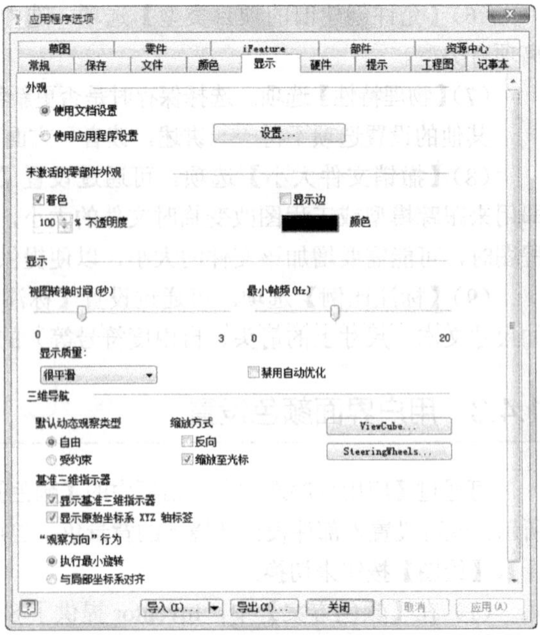

图 1-29 【显示】选项卡

（1）在【外观】中，通过选择【使用文档设置】选项指定当打开文档或文档上的其他窗口（又叫视图）时使用文档显示设置；通过选择【使用应用程序设置】选项指定当打开文档或文档上的其他窗口（又叫视图）时使用应用程序选项显示设置。

（2）在【未激活的零部件外观】框中，可适用于所有未激活的零部件，而不管零部件是否已启用，这样的零部件又叫后台零部件。勾选【着色】复选框，指定未激活的零部件面显示为着色。选择【不透明度】选项，若勾选【着色】复选框，则可以设定着色的不透明度。勾选【显示边】复选框，设定未激活的零部件边显示。选中该选项后，未激活的模型将基于模型边应用程序或文档外观设置显示边。

（3）在【显示质量】下拉列表中设置模型显示分辨率。

（4）【显示基准三维指示器】选项：在三维视图中，在图形窗口的左下角显示 *XYZ* 轴指示器。勾选该复选框可显示轴指示器，清除该复选框可关闭此项功能。红箭头表示 *X* 轴，绿箭头表示 *Y* 轴，蓝箭头表示 *Z* 轴。在部件中，指示器显示顶级部件的方向，而不是正在编辑的零部件的方向。

（5）【显示原始坐标系 *XYZ* 轴标签】选项：关闭和开启各个三维轴指示器方向箭头上的 *XYZ* 标签的显示。默认情况下为打开状态。开启【显示基准三维指示器】时可用。注意在【编辑坐标系】命令的草图网格中心显示的 *XYZ* 轴指示器中，标签始终为打开状态。

1.5 Inventor 项目管理

在创建项目以后，可使用项目编辑器来设置某些选项，例如设置保存文件时保留的文件版本数等。在一个项目中，可能包含专用于项目的零件和部件，专用于用户公司的标准零部件，以及现成的零部件，例如紧固件、连接件或电子零部件等。

Inventor 使用项目来组织文件，并维护文件之间的链接。项目的作用如下。

（1）用户可使用项目向导为每个设计任务定义一个项目，以便更加方便地访问设计文件和库，并维护文件引用。

（2）可使用项目指定存储设计数据的位置、编辑文件的位置、访问文件的方式、保存文件时所保留的文件版本数以及其他设置。

（3）可通过项目向导逐步完成选择过程，以指定项目类型、项目名称、工作组或工作空间（取决于项目类型）的位置以及一个或多个库的名称。

1.5.1 创建项目

1. 打开项目编辑器

在 Inventor 中，可利用项目向导创建【Autodesk Inventor】新项目，并设置项目类型、项目文件的名称和位置以及关联工作组或工作空间，还用于指定项目中包含的库等。关闭 Inventor 当前打开的任何文件，然后单击【快速入门】标签栏【启动】面板中的【项目】按钮，就会打开项目编辑器，如图 1-30 所示。

2. 新建项目

单击【新建】按钮，则会打开如图 1-31 所示的对话框。在项目向导里面，用户可新建几种类型的项目，分别简述如下。

（1）【Vault】项目，只有安装【Autodesk Vault】之后，才可创建新的【Vault】项目，然后指定一个工作空间、一个或多个库，并将多用户模式设置为【Vault】。

（2）可新建单用户项目，这个是默认的项目类型，它适用于不共享文件的设计者。在该类型的项目中，所有设计文件都放在一个工作空间文件夹及其子目录中，但从库中引用的文件除外。项目文件（.ipj）存储在工作空间中。

3. 以单用户项目为例讲述创建项目的基本过程

（1）在图 1-31 所示的【Inventor 项目向导】对话框中，首先选择【新建单用户项目】选项，然后单击【下一步】按钮，则出现如图 1-32 所示的对话框。

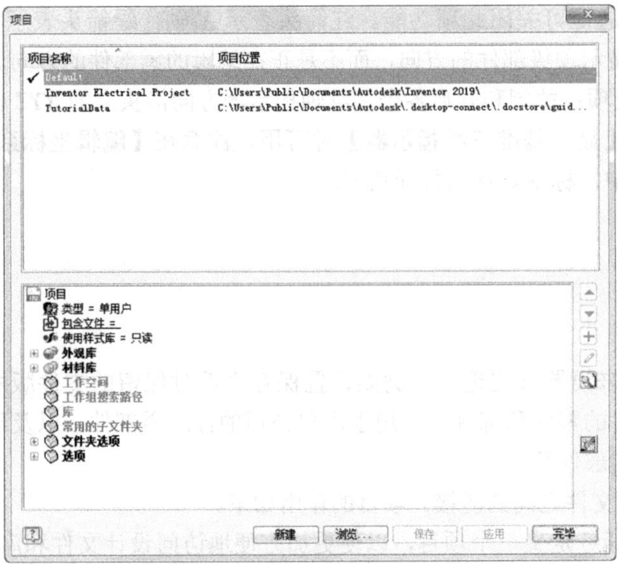

图 1-30　项目编辑器

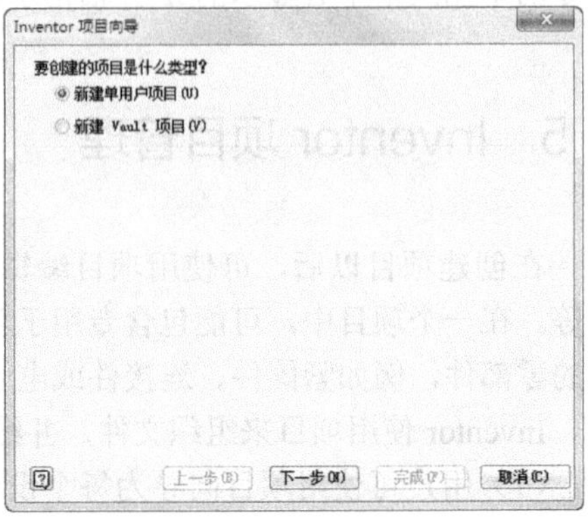

图 1-31　选择新建项目类别

（2）在该对话框中，我们需要设定关于项目文件位置以及名称的选项。项目文件是以 .ipj 为扩展名的文本文件。项目文件指定到项目中的文件的路径。要确保文件之间的链接正常工作，必须在使用模型文件之前将所有文件的位置添加到项目文件中。

（3）在【名称】一栏里输入项目的名称，在【项目（工作空间）文件夹】一栏中，设定所创建的项目或用于个人编辑操作的工作空间的位置。必须确保该路径是一个不包含任何数据的新文件夹。默认情况下，项目向导将为项目文件（.ipj）创建一个新文件夹，但如果浏览到其他位置，则会使用所指定的文件夹名称。【要创建的项目文件】一栏显示指向表示工作组或工作空间已命名子文件夹的路径和项目名称，新项目文件（*.ipj）将存储在该子文件夹中。

（4）如果不需要指定要包含的库文件，单击图 1-33 所示对话框中的【完成】按钮，即可完成项目的创建。如果要包含库文件，单击【下一步】按钮，在图 1-33 所示的对话框中指定需要包含的库的位置，最后单击【完成】按钮，一个新的项目即可建成。

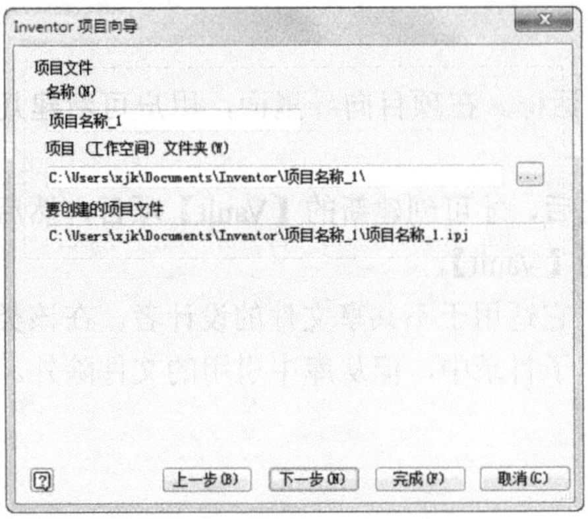

图 1-32　新建项目向导

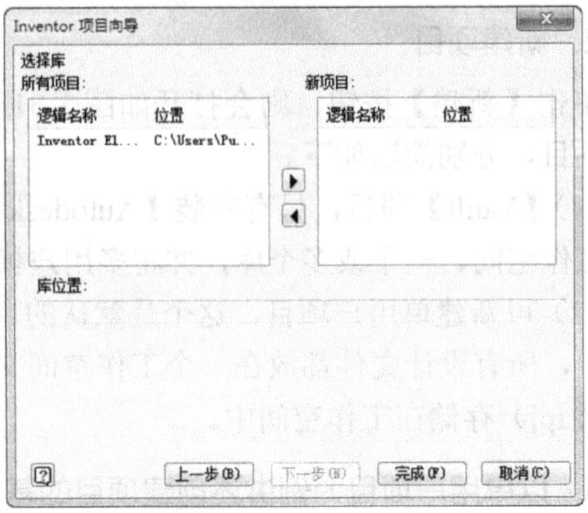

图 1-33　选择项目包含的库

1.5.2　编辑项目

在 Inventor 中可编辑任何一个存在的项目，如可添加或删除文件位置，可添加或删除路径，更改现有的文件位置或更改它的名称。在编辑项目之前，请确认已关闭所有【Autodesk Inventor】文件。如果有文件打开，则该项目将是只读的。编辑项目也需要通过项目编辑器来实现，在图 1-30 所示的编辑项目对话框中，选中某个项目，然后在下面的项目属性选项中选中某个属性，如【项目】中的【包含文件】选项，这时可看到右侧的【编辑所选项目】按钮是可用的。单击该按钮，则【包含文件】属性旁边出现一个下拉框显示当前包含文件的路径和文件名，还有一个浏览文件按钮，如图 1-34 所示，用户可自行通过浏览文件按钮选择新的包含文件以进行修改。如果某个项目属性不可编辑，则【编辑所选项目】按钮是灰色不可用的。一般来说，项目的包含文件、工作空间、本地搜索路径、工作组搜索路径、库都是可编辑的，如果没有设定某个路径属性，则单击右侧的【添加新路径】按钮添加。【选项】项目中可编辑的属性有保存时是否保留旧版本、Streamline 观察文件夹、项目名称、是否可快速访问等。

图 1-34　编辑项目

第 2 章 草图的创建与编辑

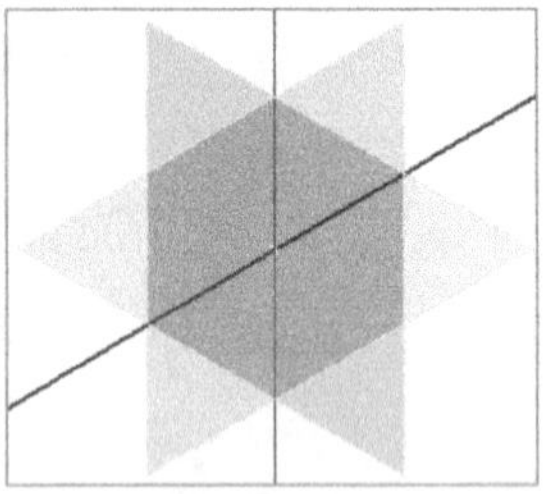

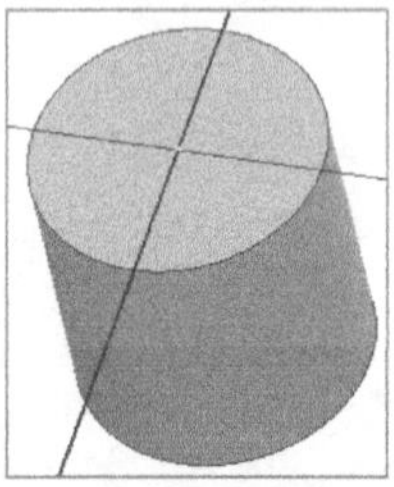

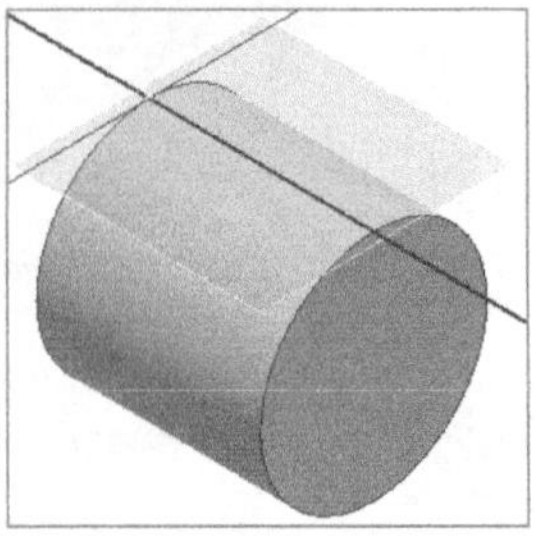

在 Inventor 的三维造型中，草图是创建零件的基础，绘制草图也是使用 Inventor 的一项基本技巧。本章主要介绍如何在 Inventor 中绘制能够满足造型需要的草图图形，以及草图图形的标注和编辑等。

2.1　草图综述

在 Inventor 的三维造型中，草图是创建零件的基础。所以在 Inventor 的默认设置下，新建一个零件文件后，会自动转换到草图环境。草图的绘制是 Inventor 的一项基本技巧，没有一个实体模型的创建可以完全脱离草图环境。草图的设计思想转换为创建实际零件铺平了道路。

1. 草图的组成

草图由草图平面、坐标系、草图几何图元和几何约束以及草图尺寸组成。在草图中，定义截面轮廓、扫掠路径以及孔的位置等造型元素，是用来形成拉伸、扫掠、打孔等特征不可缺少的因素。草图也可包含构造几何图元或者参考几何图元，构造几何图元不是界面轮廓或者扫掠路径，但是可用来添加约束；参考几何图元可由现有的草图投影而来，并在新草图中使用，参考几何图元通常是已存在特征的部分，如边或轮廓。

2. 退化的草图

在一个零件环境或部件环境中对一个零件进行编辑时，用户可在任何时候新建一个草图，或编辑退化的草图。当在一个草图中创建了需要的几何图元以及尺寸和几何约束，并且以草图为基础创建了三维特征，则该草图就成了退化的草图。凡是创建了一个基于草图的特征，就一定会存在一个退化的草图，图 2-1 所示是一个零件的模型树，可清楚地反映这一点。

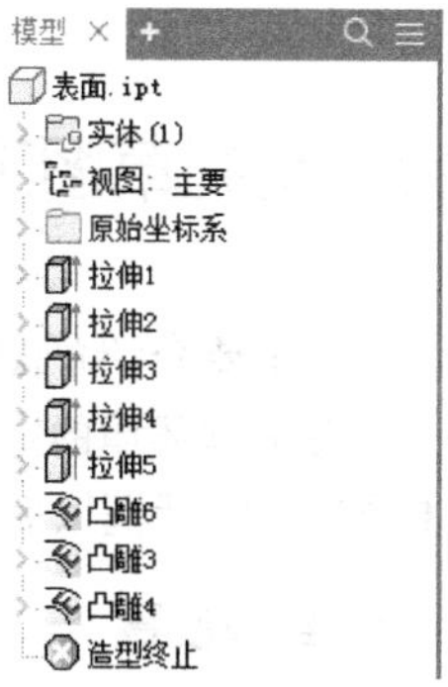

图 2-1　零件的模型树

3. 草图与特征的关系

（1）退化的草图依然是可编辑的。如果对草图中的几何图元进行了尺寸以及约束方面的修改，则退出草图环境以后，基于此草图的特征也会随之更新，草图是特征的母体，特征是基于草图的。

（2）特征只受到属于它的草图的约束，其他特征草图的改变不会影响到本特征。

（3）如果两个特征之间存在某种关联关系，则二者的草图就可能会影响到对方。如在一个拉伸生成的实体上打孔，拉伸特征和打孔特征都是基于草图的特征，如果修改了拉伸特征草图，使得打孔特征草图上孔心位置不在实体上，则孔是无法生成的，Inventor 也会在实体更新时给出错误信息。

2.2　草图的设计流程

绘制草图是进行三维造型的第一步，也是非常基础和关键的一步。在 Inventor 中，进行草图设计是参数化的设计，如果在绘制二维草图几何图元、添加尺寸约束和几何约束时，采用的方法和顺序不正确，则一定会给设计过程带来很多麻烦。设计不是一次完成的，必然要经历很多的修改过程，如果掌握了良好的草图设计方法，保证草图设计过程中的正确顺序，则将大大减少重复工作，缩减设计修改过程中的工作量，提高工作效率和工作成效。

创建一幅合理而正确的草图的顺序如下。

（1）利用功能区内【草图】标签栏中所提供的几何图元绘制工具，创建基本的几何图元并组成和所需要的二维图形相似的图形。

（2）利用功能区内【草图】标签栏中提供的几何约束工具对二维图形添加必要的约束，确定二维图形的各个几何图元之间的关系。

（3）利用功能区内【草图】标签栏中提供的尺寸约束工具来添加尺寸约束，确保二维图形的尺寸符合设计者的要求。

这样的设计流程最大的好处就是，如果在特征创建之后，发现某处不符合要求，可重新回到草图中，针对产生问题的原因，或修改草图的几何形状，或修改尺寸约束，或修改几何约束，可快速地解决问题。如果草图在设计过程中没有头绪，也没有遵循一定的顺序，则出现问题之后，往往无法快速找到问题的根源。

上述工作过程可用图 2-2 来表示。

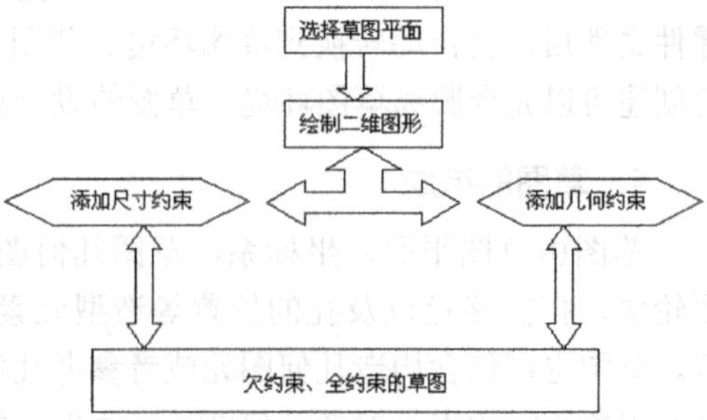

图 2-2　草图设计流程图

2.3　定制草图工作区环境

本节主要介绍草图环境设置选项。读者可以根据自己的习惯定制自己需要的草图工作环境。

草图工作环境的定制主要依靠【工具】标签栏【选项】面板中的【应用程序选项】来实现，打开【选项】对话框以后，选择【草图】标签栏，则进入草图设置界面中，如图 2-3 所示。

1. 约束设置

单击【设置】按钮，打开如图 2-4 所示的【约束设置】对话框，用于控制草图约束和尺寸标注的显示、创建、推断、放宽拖动和过约束的设置。

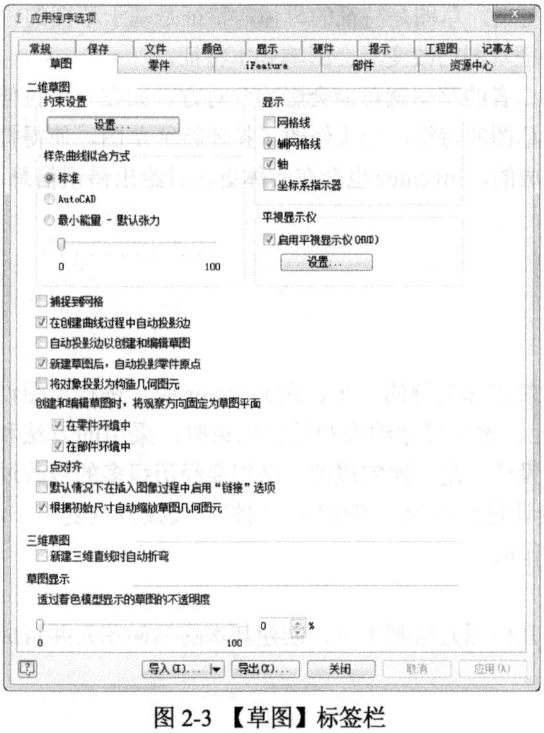

图 2-3　【草图】标签栏

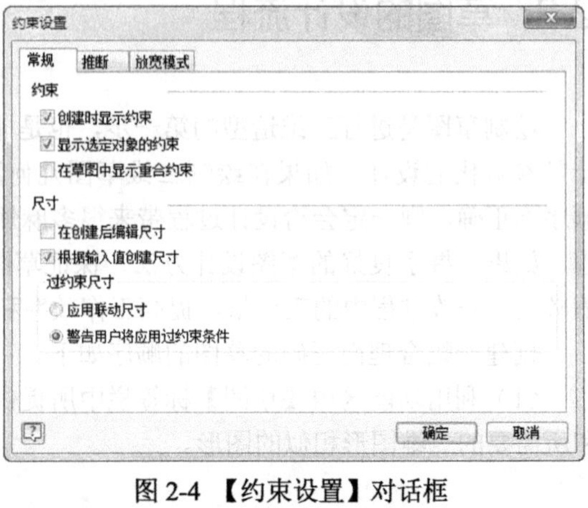

图 2-4　【约束设置】对话框

2. 显示

用户可通过选择【网格线】来设置草图中网格线的显示；选择【辅网格线】设置草图中次要的或辅网格线的显示；选择【轴】设置草图平面轴的显示；选择【坐标系指示器】设置草图平面坐标系的显示。

3. 样条曲线拟合方式

该选项用于设定点之间的样条曲线过渡，确定样条曲线识别的初始类型。

【标准】选项：设定该拟合方式可创建点之间平滑连续的样条曲线，适用于 A 类曲面。

【AutoCAD】选项：设定该拟合方式以使用 AutoCAD 拟合方式来创建样条曲线，不适用于 A 类曲面。

【最小能量 - 默认张力】选项：设定该拟合方式可创建平滑连续且曲率分布良好的样条曲线，适用于 A 类曲面。选择最长的曲线进行计算，并创建最大的文件。

4. 二维草图的其他选项

【捕捉到网格】选项：可通过设置【捕捉到网格】来设置草图任务中的捕捉状态，勾选该复选框以打开网格捕捉。

【在创建曲线过程中自动投影边】选项：启用选择功能，并通过【擦洗】线将现有几何图元投影到当前的草图平面上，此直线作为参考几何图元投影。勾选该复选框以使用自动投影，清除复选框则抑制自动投影。

【自动投影边以创建和编辑草图】选项：当创建或编辑草图时，将所选面的边自动投影到草图平面上作为参考几何图元。勾选该复选框为新的和编辑过的草图，创建参考几何图元，清除复选框则抑制创建参考几何图元。

【创建和编辑草图时，将观察方向固定为草图平面】选项：勾选此复选框，指定重新定位图形窗口，以使草图平面与新建草图的视图平行。取消此复选框的勾选，在选定的草图平面上创建一个草图，而不考虑视图的方向。

【新建草图后，自动投影零件原点】选项：勾选此复选框，指定新建的草图上投影的零件原点的配置。取消此复选框的勾选，手动投影原点。

【点对齐】选项：勾选此复选框，类推新创建几何图元的端点和现有几何图元的端点之间的对齐，将显示临时的点线以指定类推的对齐，取消此复选框的勾选，相对于特定点的类推对齐在草图命令中可通过将鼠标指针置于点上临时调用。

5. 三维草图

【新建三维直线时自动折弯】选项：该选项设置在绘制三维直线时，是否自动放置相切的拐角过渡。勾选该复选框以自动放置拐角过渡；清除复选框则抑制自动创建拐角过渡。

2.4 选择草图平面与创建草图

本节主要介绍如何新建草图，如何在零件表面新建草图和在工作平面上新建草图。

二维的草图必须建立在一个二维草图平面上。草图平面是一个带有坐标系的无限大的平面。当新建了一个零件文件的时候，在默认状态下，一个新的草图平面已经被创建，并且建立了草图，在这种情况下，不需要用户自己指定草图平面。

但更多的时候，需要用户自己选择草图平面建立草图。为了建立正确的特征，用户必须选择正确的平面来建立草图。用户可在平面上或工作平面上建立草图，平面可是零件的表面，也可是坐标平面，也叫基准面，如果要在曲面相关的位置建立草图，就必须建立工作平面，然后在工作平面上建立草图。

草图的创建过程比较简单。要在基准面上创建草图，可在浏览器中选中某个基准面，或在工作空间内选中某个基准面（如果基准面在工作空间内不显示，则在浏览器中选中该基准面，单击右键，在打开的菜单中选择【可见】选项），然后单击右键，在打开的菜单中选择【新建草图】选项，新建的草图如图 2-5 所示。要在某个零件的表面新建草图，可选中该工作平面，然后单击右键，在打开的菜单中选择【新建草图】选项，在零件表面新建的草图如图 2-6 所示。如果要在某个工作平面上建立草图，则可用相同的方法，在工作平面上新建的草图如图 2-7 所示。

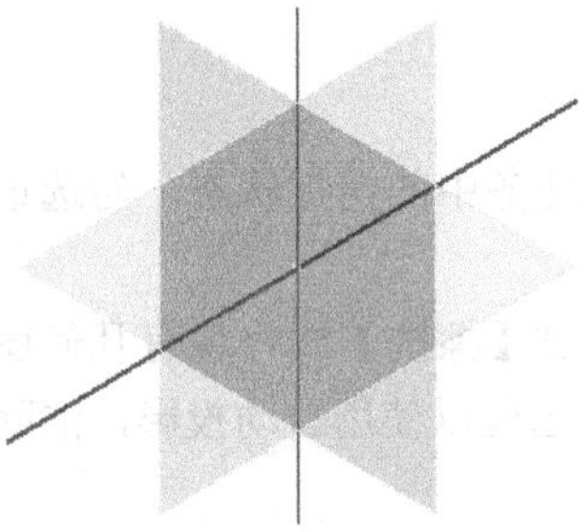
图 2-5　新建草图

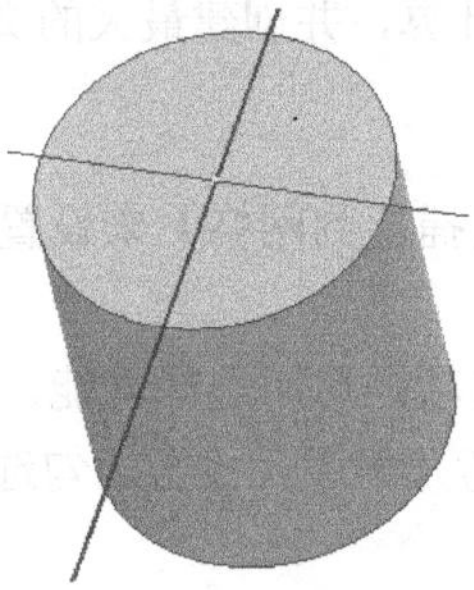
图 2-6　在零件表面新建草图

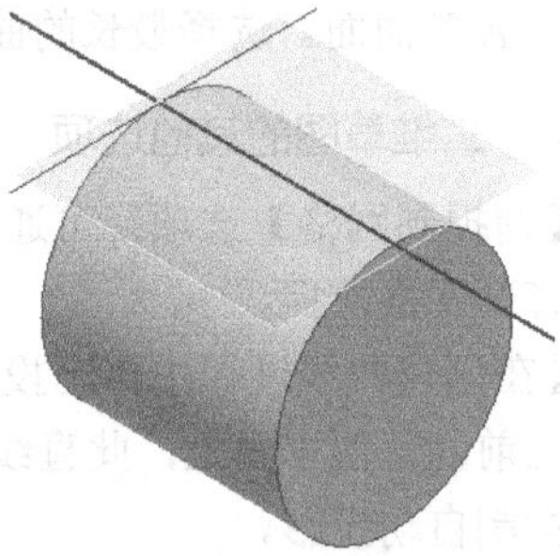
图 2-7　在工作平面上新建草图

2.5　草图基本几何特征的创建

本节主要讲述如何利用 Inventor 提供的草图工具正确快速地绘制基本的几何元素，并且添加尺寸约束和几何约束等。工欲善其事，必先利其器。熟练掌握草图基本工具的使用方法和技巧，是绘制草图前的必修课程。

2.5.1　点与曲线

在 Inventor 中可利用点和曲线工具方便快捷地创建点、直线和样条曲线。

（1）单击【草图】标签栏【创建】面板上的【点】按钮，然后在绘图区域内任意处单击左键，则单击处就会出现一个点。

（2）如果要继续绘制点，则在要创建点的位置再次单击左键，要结束绘制可单击右键，在打开的【关联】菜单中选择【取消】选项。

（3）如果要创建直线，单击【草图】标签栏【创建】面板的【直线】按钮，然后在绘图区域内某一位置单击左键，然后到另外一个位置单击左键，则在两次单击的点的位置之间会出现一条直线，此时可从右键菜单中选择【取消】选项或按下 Esc 键，直线绘制完成，也可选择【重启动】选项以接着绘制另外的直线，否则继续绘制，将绘制出首尾相连的折线，如图 2-8 所示。

（4）如果要绘制样条曲线，则单击【草图】标签栏【创建】面板的【样条曲线】按钮，通过在绘图区域内单击左键即可，如图 2-9 所示。

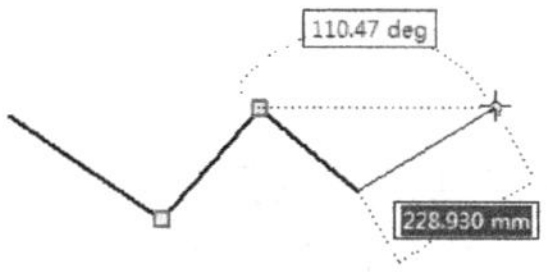

图 2-8　绘制首尾相连的直线

图 2-9　绘制样条曲线

（5）直线工具 并不仅仅限于绘制直线，它还可创建与几何图元相切或垂直的圆弧。如图 2-10 所示，首先移动鼠标指针到直线的一个端点，然后按住左键，在要创建圆弧的方向上拖曳鼠标，即可创建圆弧。

需要指出的是，在绘制草图图形时，Inventor 提供即时捕捉功能。在绘制点或直线时，如果鼠标指针落在某一个点或直线的端点上，鼠标指针的形状会发生改变，同时在被捕捉点上出现一个绿色的亮点，如图 2-11 所示。

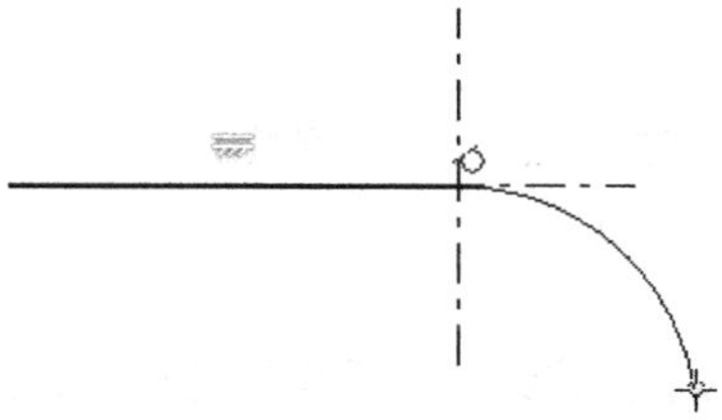

图 2-10　利用直线工具创建圆弧

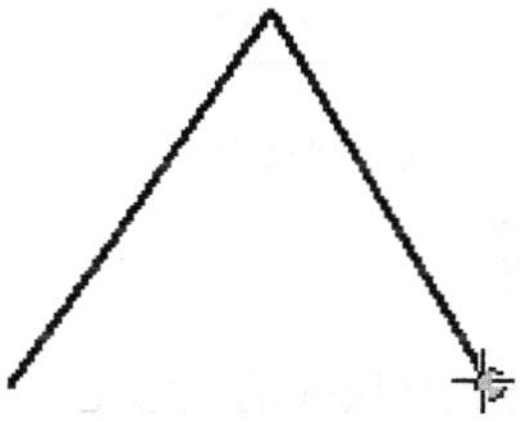

图 2-11　绘图点自动捕捉

2.5.2　圆与圆弧

在 Inventor 中可利用圆与圆弧工具创建圆、椭圆、三点圆弧、相切圆弧和中心点圆弧。

（1）如果要根据圆心和半径创建圆，则选择 按钮，单击左键在绘图区域内选择圆心，然后拖曳鼠标来设定圆的半径，同时在绘图窗口的状态栏中显示当前鼠标指针的坐标位置和半径大小，如图 2-12 所示。

（2）通过圆工具还可创建与三条不共线直线同时相切的圆。单击圆工具右侧小箭头，在打开的工具选项中选择【相切圆】按钮 ，然后选择三条直线，即可创建相切圆，如图 2-13 所示。

（3）利用【椭圆】按钮 绘制椭圆。单击该工具按钮后，首先在绘图区域内单击鼠标左键以确定椭圆圆心位置，然后拖曳鼠标指针以改变椭圆长轴的方向和长度，合适后单击鼠标左键确定，再拖曳鼠标指针确定短轴的长度即可，此时可预览到椭圆的形状，符合要求后，单击鼠标左键，生成椭圆，如图 2-14 所示。

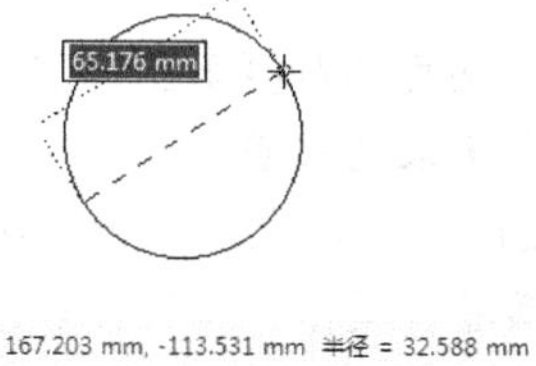

图 2-12　指针位置和圆半径的实时显示

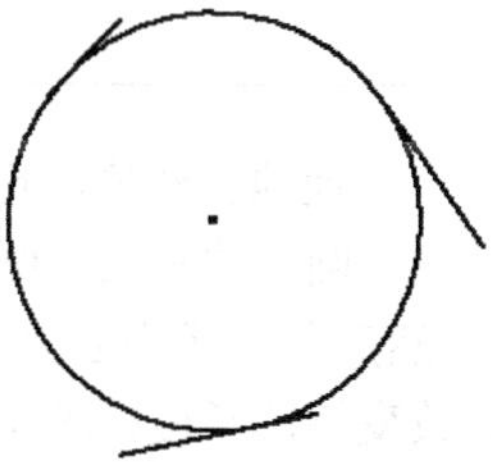

图 2-13　绘制相切圆

图 2-14　绘制椭圆

用户可通过三种方法来创建圆弧：三点圆弧、中心点圆弧和相切圆弧。

① 创建三点圆弧的过程是：单击【圆弧】工具旁边的下拉按钮，然后单击【三点圆弧】按钮，在图形窗口中单击以创建圆弧起点，然后移动鼠标指针并单击以设置圆弧终点，这时候就可移动鼠标指针以预览圆弧方向，然后单击以设置圆弧上一点，这样，三点圆弧就创建成功了。

② 创建中心点圆弧的过程是：单击【圆弧】工具旁边的下拉按钮，然后单击【中心点圆弧】按钮，在图形窗口中单击以创建圆弧中心点，然后移动鼠标指针以改变圆弧的半径和起点，单击以确定，接着移动鼠标指针预览圆弧方向，最后单击设置圆弧终点，此时圆弧创建成功。创建中心点圆弧的顺序如图 2-15 所示。

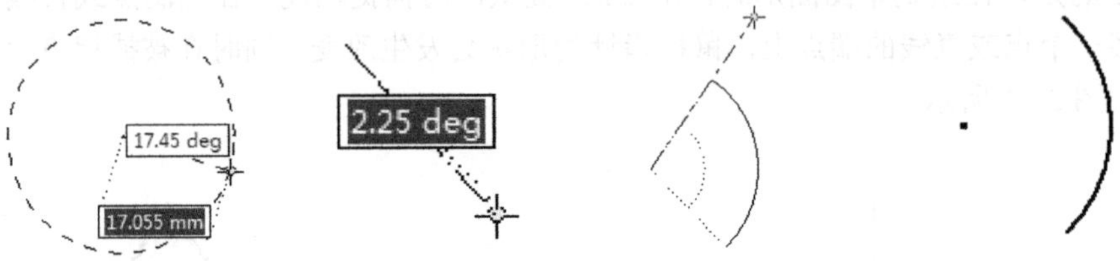

确定圆弧半径　确定圆弧起点　确定圆弧终点　圆弧创建

图 2-15　创建中心点圆弧示意图

③ 创建相切圆弧的过程是：单击【圆弧】工具旁边的下拉按钮，然后单击【相切圆弧】按钮，在绘图区域里，将鼠标指针移动到曲线上，以便亮显其端点，然后在曲线端点附近单击，以便从亮显端点处开始画圆弧，最后移动鼠标指针预览圆弧并单击设置其终点，圆弧创建完毕。

当圆弧或圆绘制完毕以后，可通过标注尺寸约束对图形进行大小与形状的约束，但是 Inventor 也允许通过鼠标对图形形状进行粗调。一般方法是用鼠标指针选中图形、圆或圆弧的圆心，然后按住鼠标左键拖曳，即可改变图形的位置、形状以及大小等，图 2-16 所示是利用鼠标调节圆弧位置和形状的过程。

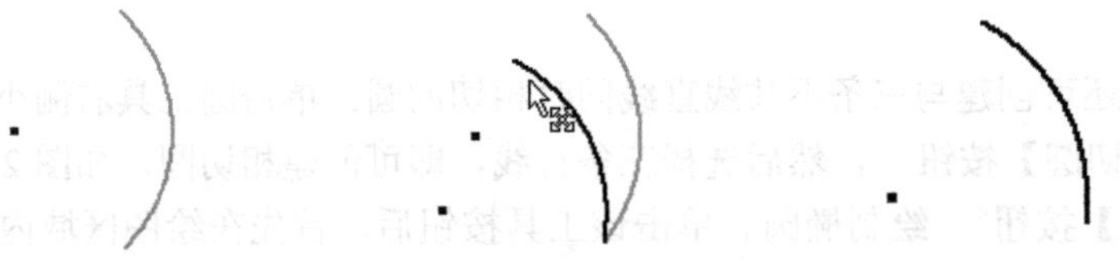

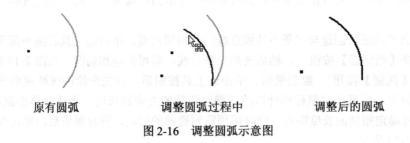

原有圆弧　调整圆弧过程中　调整后的圆弧

图 2-16　调整圆弧示意图

2.5.3　槽

在 Inventor 中可利用【槽】按钮方便地创建槽，也可通过指定两点和宽度来创建槽。可通过中心到中心槽、整体槽、中心点槽、三点圆弧槽和圆心圆弧槽 5 种方法来创建槽。

单击【槽】工具旁边的下拉按钮，然后单击【中心到中心槽】按钮，在图形窗口中单击以创建槽中心点，然后移动鼠标指针以改变槽的长度，单击以确定，接着移动鼠标指针预览槽的宽度，最后单击设置槽的宽度，此时圆弧创建成功。创建中心到中心槽的顺序如图 2-17 所示。

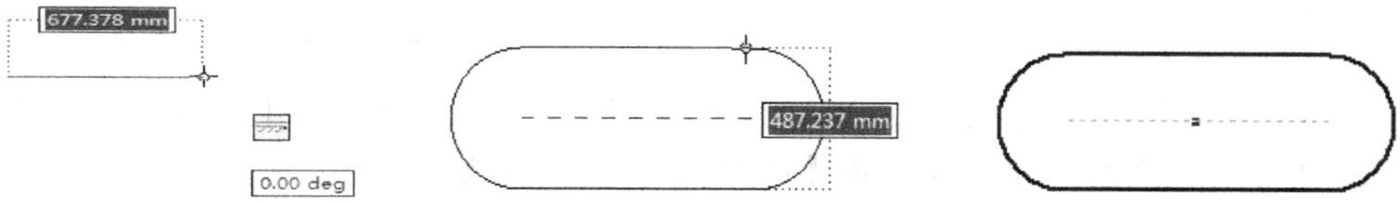

确定中心　　　　确定宽度　　　　中心到中心槽创建

图 2-17　创建中心到中心槽示意图

当槽绘制完毕以后，可通过标注尺寸约束对图形进行大小与形状的约束，但是 Inventor 也允许通过鼠标指针对图形形状进行粗调，一般方法是用鼠标指针选中槽的中心，然后按住鼠标左键拖曳，即可改变图形的位置、形状以及大小等。

2.5.4　矩形和多边形

在 Inventor 中可利用【矩形】按钮方便地创建矩形，可通过指定两个点来创建矩形，也可通过指定三个点来创建矩形。由于非常简单这里不再浪费篇幅讲述。本小节详细讲述一下多边形的创建，这里的多边形仅仅局限于等边多边形。

在一些 CAD 造型软件中，绘制一个多边形的基本思路是：首先利用直线工具绘制一个和预计图形边数相同的不规则多边图形，然后为它添加尺寸约束和几何约束，最后使之成为一个多边形。如在 Pro/Engineer 中，创建的等边六边形如图 2-18 所示，可看出在该图形中我们共添加了 4 个约束，即所有的边长相等以及三个内角均等于 120°。而在 Inventor 中单击【草图】标签栏【创建】面板的【多边形】按钮创建多边形，不必添加任何尺寸约束和几何约束，这些 Inventor 都可自动替用户完成。创建的多边形最多可具有 120 条边。

用户还可创建同一个圆形内接或外切的多边形，这些功能都集中在多边形工具中。首先看一下多边形的创建过程。

（1）单击【多边形】按钮，打开【多边形】对话框，如图 2-19 所示，输入要创建的多边形的边数。

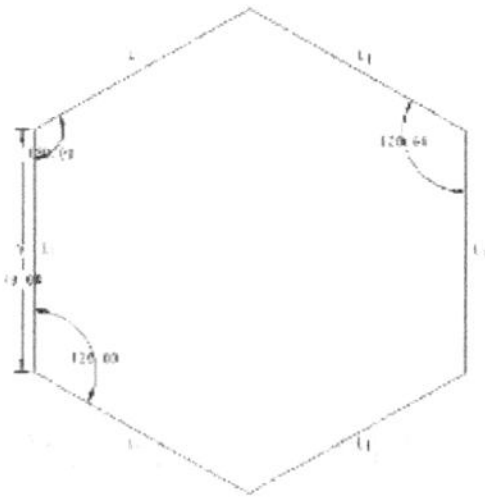

图 2-18　在 Pro/Engineer 中创建等边六边形

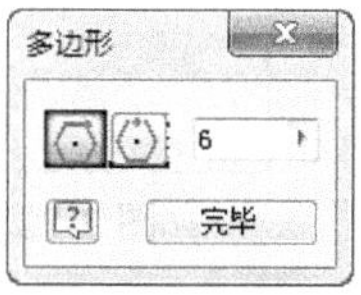

图 2-19　【多边形】对话框

（2）在绘图区域内单击左键以确定多边形的中心，此时可拖曳鼠标指针以预览多边形。

（3）单击鼠标左键以确定多边形的大小，多边形创建即完成。

（4）如果要创建圆的内接或外切多边形，则通过【多边形】对话框上的【内切】按钮和【外切】按钮完成。下面以创建外切多边形为例来说明具体的创建过程。首先在【多边形】对话框中选择外切图标，然后输入边数为 6，到绘图区域中选择内接圆的圆心，然后拖曳鼠标指针预览多边形，当多边形与圆外切时，鼠标指针旁边会出现外切标志，如图 2-20 所示。这时可单击鼠标左键完成多边形的创建。

2.5.5 倒角与圆角

单击【草图】标签栏【创建】面板的【倒角】按钮，可在两条直线相交的拐角、交点位置或两条非平行线处放置倒角。单击功能区内【草图】标签栏上的【倒角】工具右边的箭头，选择【倒角】工具，打开【二维倒角】对话框，如图 2-21 所示，该对话框中各个选项的含义解释如下。

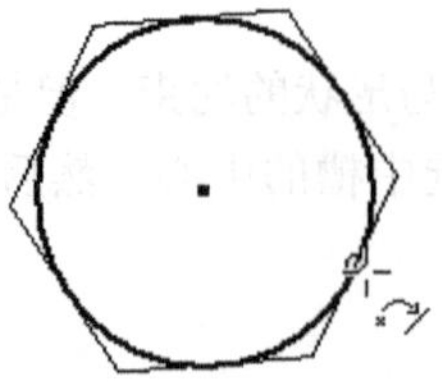

图 2-20 外切标志

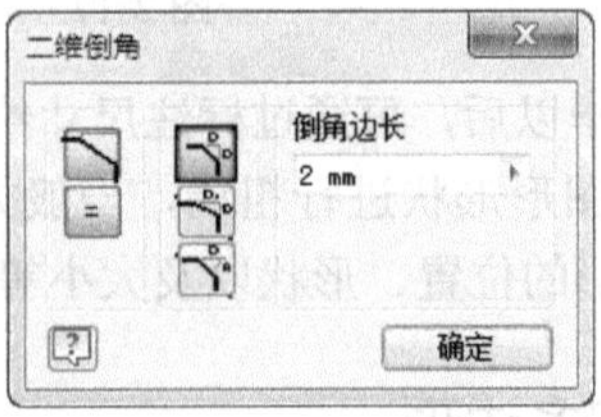

图 2-21 【二维倒角】对话框

：放置对齐尺寸来指示倒角的大小。

：倒角的距离和角度设置与当前命令中创建的第一个倒角的参数相等。

：等边选项，即通过与点或选中直线的交点相同的偏移距离来定义倒角。

：不等边选项，即通过每条选中的直线指定到点或交点的距离来定义倒角。

：距离和角度选项，即由所选的第一条直线的角度和从第二条直线的交点开始的偏移距离来定义倒角。

倒角的创建方法很简单，选择好倒角的各种参数以后，在绘图区域内选择两条直线即可。由该工具创建的倒角如图 2-22 所示。

创建圆角更加简单一些，单击【圆角】按钮后，打开的【二维圆角】对话框如图 2-23 所示，输入创建的圆角半径即可，如果选择【等长】按钮，则会创建等半径的圆角，圆角的创建过程与倒角的类似，这里不赘述。

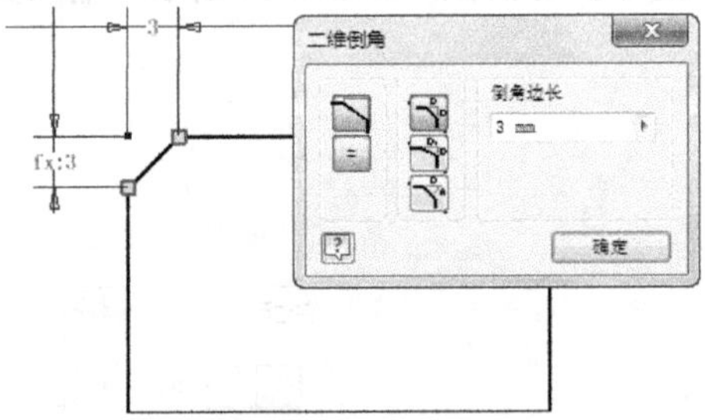

图 2-22 创建倒角

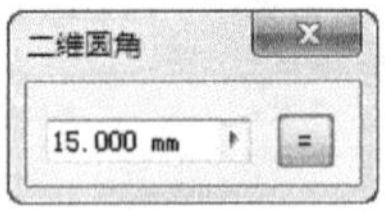

图 2-23 【二维圆角】对话框

2.5.6 投影几何图元

1. 投影几何图元的作用

在 Inventor 中可将模型几何图元（边和顶点）、回路、定位特征或其他草图中的几何图元投影到激活草图平面中，以创建参考几何图元。参考几何图元可用于约束草图中的其他图元，也可直接在截面轮廓或草图路径中使用，作为创建草图特征的基础。下面举例说明如何投影几何图元以及投影几何图元的作用。

2. 投影几何图元的方法

在图 2-24 所示的零件中，零件厚度为 3mm，在一侧有两个直径为 3mm，深度为 2mm 的孔，现在要在零件的另一侧平面创建草图，并且出于造型的需要，要在该草图上绘制两个圆，要求圆心与零件上的两个孔的孔心重合，圆的直径与孔的直径相等。要达到这样的设计目的，可利用各种草图工具实现，但是费时费力，而利用投影几何图元工具可很好地实现该目的。步骤如下。

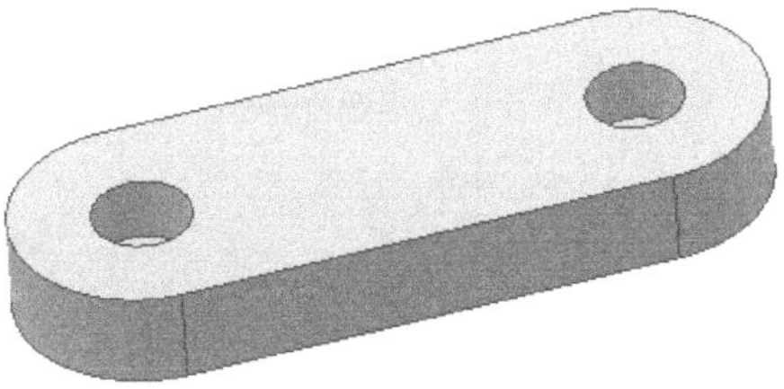
图 2-24　零件示意图

（1）在零件没有孔的一侧平面上新建草图，利用【视觉样式】按钮更改模型的观察方式为线框方式。

（2）单击【草图】标签栏【创建】面板的【投影几何图元】按钮，用鼠标单击两个孔，则孔被投影到新建的草图平面上，如图 2-25 所示。

（3）设置模型观察方式为着色显示模式，可更加清楚地看到草图上经过投影几何图元得到新的几何图元，如图 2-26 所示。

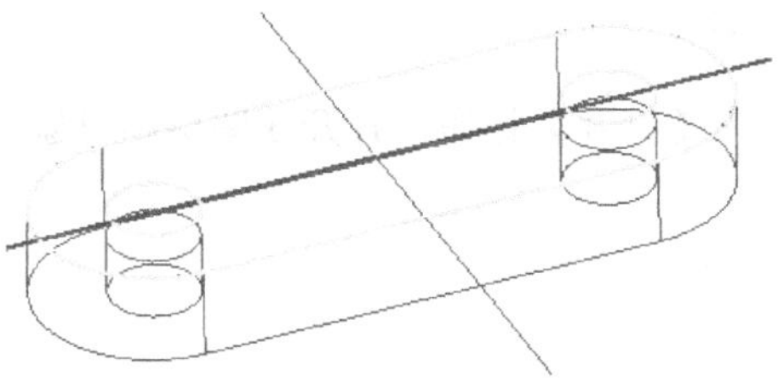
图 2-25　投影孔轮廓到新建草图

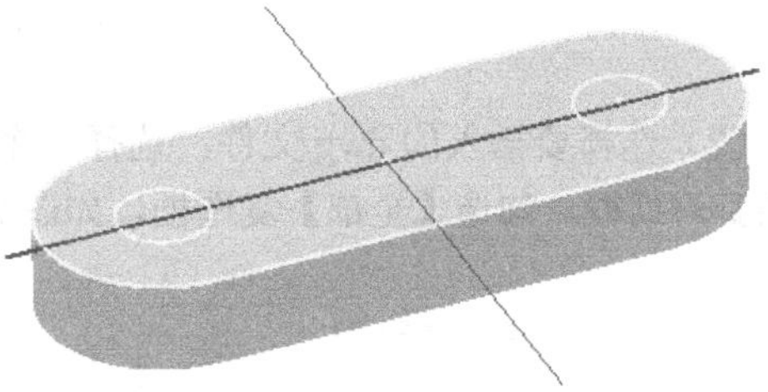
图 2-26　着色显示模式下进行观察

2.5.7 插入 AutoCAD 文件

用户可将二维数据的 AutoCAD 图形文件（*.dwg）转换为 Inventor 草图文件（见表 2-1），并用来创建零件模型。

表 2-1　AutoCAD 数据转换为 Inventor 数据的规则

AutoCAD数据	Inventor数据
模型空间	几何图元放置在草图中，尺寸和注释不被转换，用户可指定在转换后的草图中是否约束几何图元的端点
布局（图纸）空间	一次只能转换一个布局，几何图元放置在草图平面中，尺寸和注释不被转换，用户可决定是否在被转换的草图中约束几何图元
三维实体	AutoCAD三维实体作为ACIS实体放置到零件文件中，如果在AutoCAD文件中有多个三维实体，则将为每一个实体创建一个Inventor零件文件，并引用这些零件文件创建部件文件。转换的时候，不能转换布局数据
图层	用户可指定要转换部分或全部图层，由于在Inventor中没有图层，所以所有几何图元都被放置到草图中，尺寸和注释不被转换
块	块不会被转换到零件文件中

（1）单击【草图】标签栏上的【插入】面板上【插入 AutoCAD 文件】按钮，打开如图 2-27

所示的【打开】对话框。

图 2-27 【打开】对话框

（2）选择要插入的 dwg 文件，选择一个文件后，单击【打开】按钮，打开【图层和对象导入选项】对话框，勾选【全部】复选框，如图 2-28 所示。

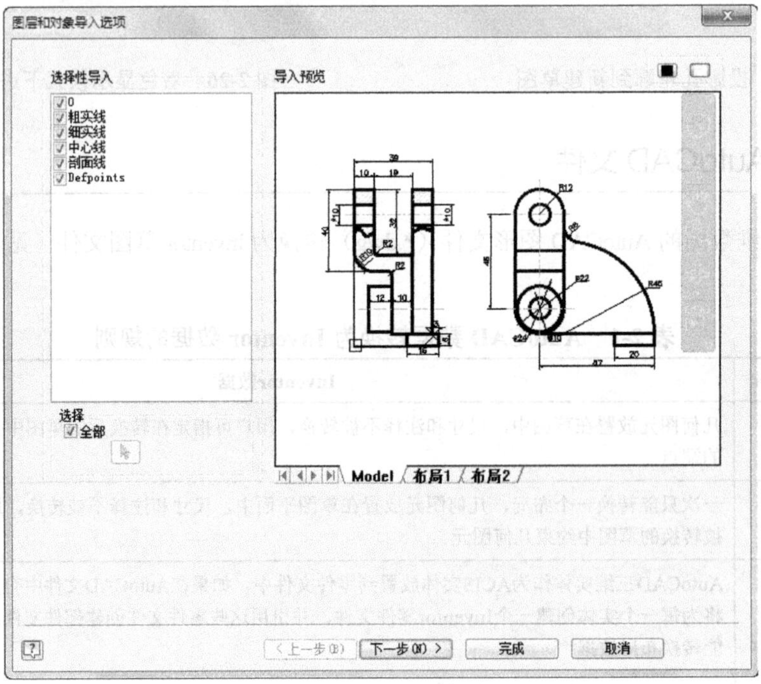

图 2-28 【图层和对象导入选项】对话框

（3）单击【下一步】按钮，打开【导入目标选项】对话框，如图 2-29 所示。单击【完成】按钮，导入的 CAD 文件如图 2-30 所示。

图 2-29　【导入目标选项】对话框

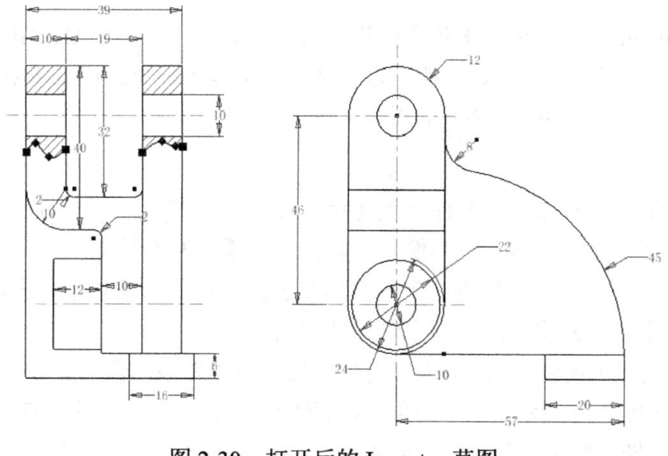

图 2-30　打开后的 Inventor 草图

2.5.8　创建文本

在 Inventor 中可向工程图中的激活草图或工程图资源（例如标题栏格式、自定义图框或略图符号）中添加文本框，所添加的文本既可作为说明性的文字，又可作为创建特征的草图基础，图 2-31 所示零件上的文字“MADE IN CHINA”就是利用文字作为草图基础得到的。

创建文本步骤如下。

（1）单击【草图】标签栏【创建】面板上的【文本】按钮 A，在草图绘图区域内要添加文本的位置单击鼠标左键，就会出现【文本格式】对话框，如图 2-32 所示。

（2）在该对话框中，用户可指定文本的对齐方式，指定行间距和拉伸的百分比，还可指定字体、字号等。然后在下面的文本框中输入文本即可。

（3）单击【确定】按钮完成文本的创建。

图 2-31　零件上的文本

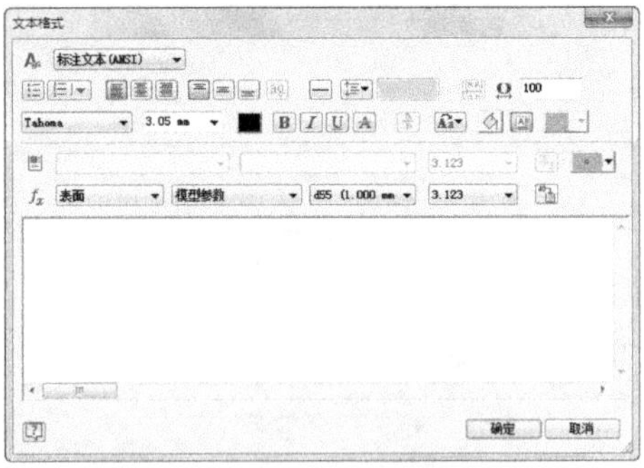

图 2-32 【文本格式】对话框

如果要编辑已经生成的文本，则在文本上单击鼠标右键，在【打开】菜单中选择【编辑文本】选项，此时打开【文本格式】对话框，用户可自行修改文本的属性。

2.5.9　插入图像

在实际的造型中，用户可能需要表示贴图、着色或丝网印刷的应用，单击【草图】标签栏上的【插入】面板上【插入图像】按钮可将图片添加到草图中，然后选择【模型】标签栏，单击【创建】工具面板上的【贴图】或【凸雕】工具将图像应用到零件面。

注意

在 Inventor 2019 中，支持多种格式的图像的插入，如 JPG、GIF、PNG 格式的图像文件等，甚至可将 Word 文档作为图像插入工作区域中。而在 Inventor 8 以及以前的版本中，仅仅支持 .BMP 格式的图像文件。

插入图像的过程如下。

（1）单击【草图】标签栏【插入】面板上【插入图像】按钮，则会打开【打开】对话框，浏览到图像文件所在的文件夹，选定一个图像文件后，单击【打开】按钮。

（2）此时，在草图区域内，光标附着到图像的左上角，在图形窗口中单击以放置该图像，然后单击鼠标右键并单击【取消】按钮，即可完成图像的创建。

（3）根据需要，用户可调整图像的位置和方向，方法是单击该图像，然后拖曳该图像，使其沿水平或垂直方向移动，如图 2-33 所示；或单击角点，旋转和缩放该图像，如图 2-34 所示；可单击一条边重新调整图像的大小，图像将保持其原始的宽高比，如图 2-35 所示；单击图像边框上的某条边或某个角，然后使用约束和尺寸工具对图像边框进行精确定位。图 2-36 所示为在一个零件的表面放置的图像。

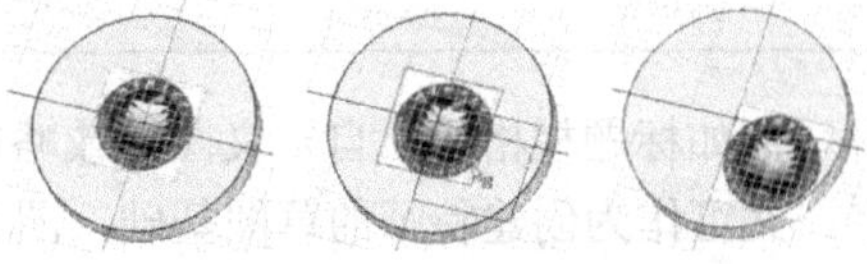

图 2-33　拖曳图像以改变位置

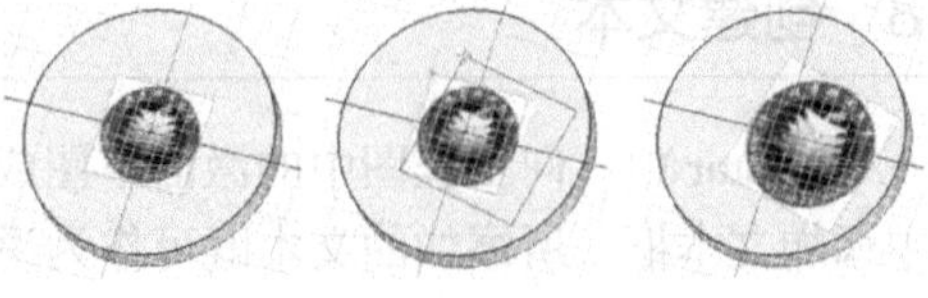

图 2-34　旋转图像

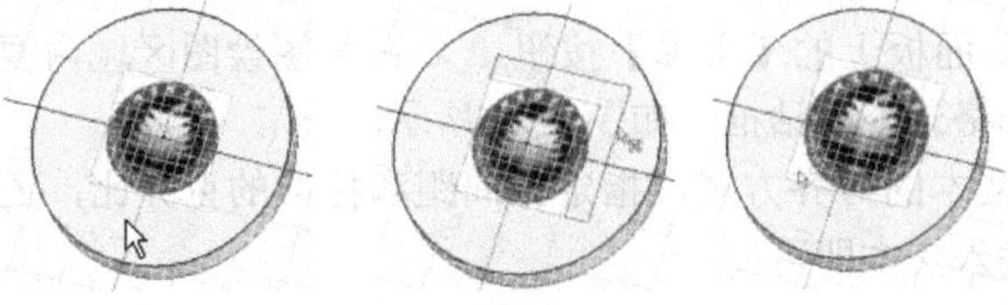

图 2-35　改变图像的宽高比

图 2-36　在零件表面放置的图像

2.5.10　实例——底座草图

本例绘制如图 2-37 所示的底座草图。

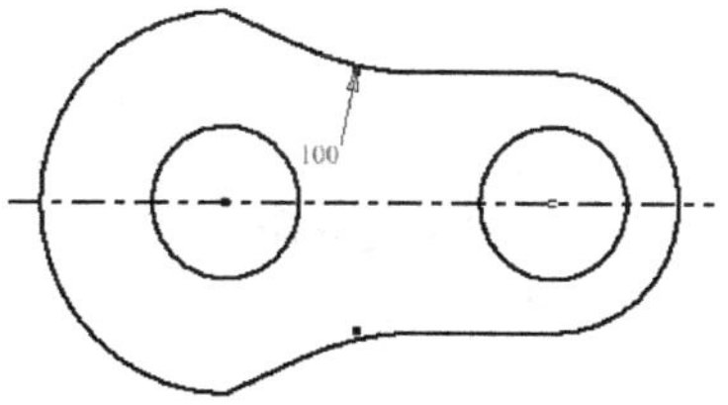

图 2-37　底座草图

扫码看视频

操作步骤

（1）新建文件。运行 Inventor，选择【快速入门】标签栏，单击【启动】面板上的【新建】选项，在打开的【新建文件】对话框中的【Templates】选项卡中的零件下拉列表中选择【Standard.ipt】选项，单击【创建】按钮，新建一个零件文件。

（2）进入草图环境。单击【三维模型】标签栏【草图】面板上的【创建二维草图】按钮，选择 *XZ* 基准平面为草图绘制面，进入草图环境。

（3）绘制中心线。单击【草图】标签栏【格式】面板上的【中心线】按钮，单击【草图】标签栏【绘制】面板的【直线】按钮，绘制一条水平中心线，如图 2-38 所示。

（4）绘制圆。单击【草图】标签栏【绘制】面板上的【圆】按钮，在中心线上绘制两个圆，如图 2-39 所示。

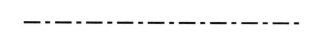

图 2-38　绘制中心线

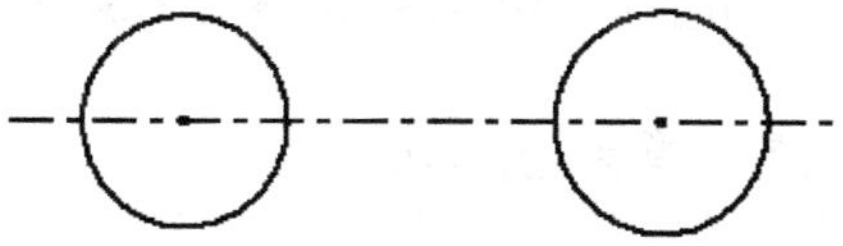

图 2-39　绘制圆 1

（5）绘制同心圆。单击【草图】标签栏【绘制】面板上的【圆】按钮，绘制与第（4）步同心的圆，如图 2-40 所示。

（6）绘制直线。单击【草图】标签栏【绘制】面板上的【直线】按钮，沿着右侧大圆顶部绘制切线与左侧大圆相交，然后连接大圆顶端端点，如图 2-41 所示。

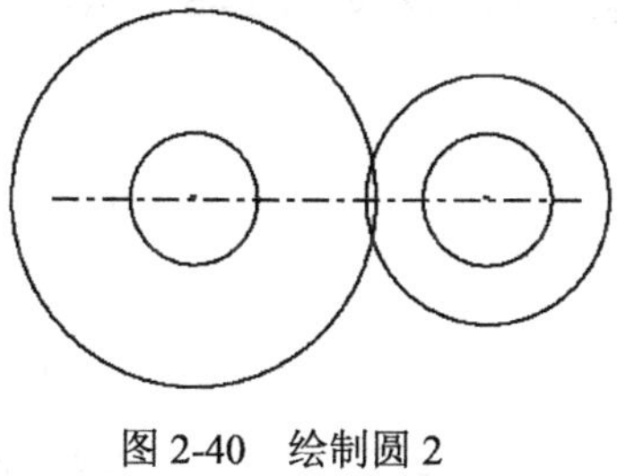

图 2-40　绘制圆 2

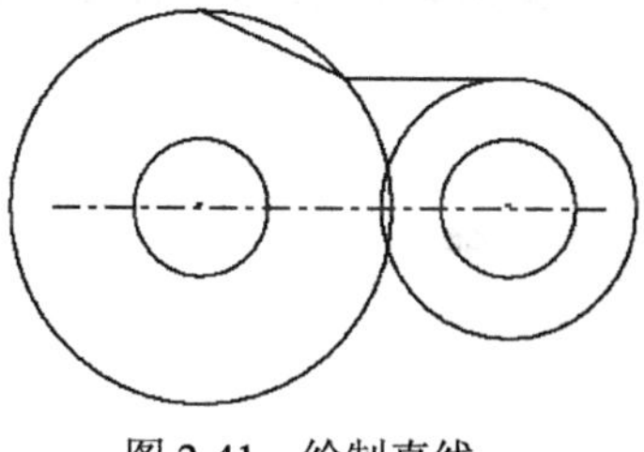

图 2-41　绘制直线

（7）镜像直线。单击【草图】标签栏【阵列】面板上的【镜像】按钮，弹出如图 2-42 所示的【镜像】对话框；选择刚绘制的两根直线端，选择中心线为镜像线，单击【应用】按钮，结果如图 2-42 所示。

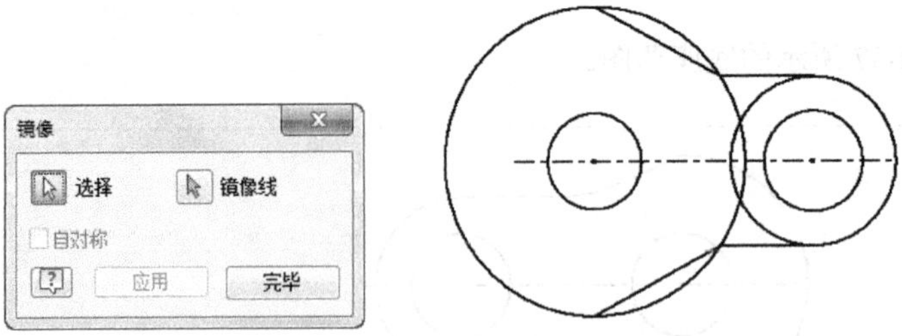

图 2-42　镜像直线

（8）修剪草图。单击【草图】标签栏【修改】面板上的【修剪】按钮，剪裁草图实体中多余的线条，如图 2-43 所示。

（9）倒圆角。单击【草图】标签栏【绘制】面板上的【圆角】按钮，弹出如图 2-44 所示的【二维圆角】对话框，输入适当的圆角半径，在视图中选择第（3）步和第（7）步创建的直线进行圆角，如图 2-37 所示。

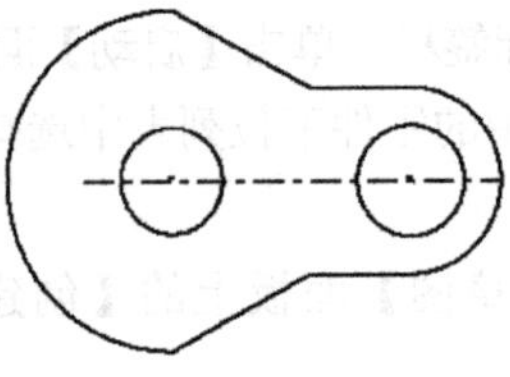

图 2-43　剪裁多余的线段

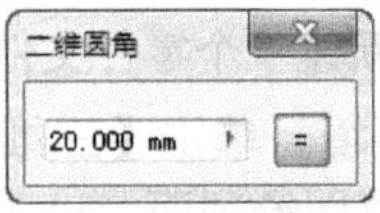

图 2-44　【二维圆角】对话框

2.6　草图几何图元的编辑

本节主要介绍草图几何图元的编辑，包括镜像、阵列、偏移、延伸和修剪等。

2.6.1　镜像与阵列

1. 镜像

在 Inventor 中借助草图【镜像】工具对草图的几何图元进行镜像操作。创建镜像一般步骤如下。

（1）单击【草图】标签栏【阵列】面板上的【镜像】按钮，打开【镜像】对话框，如图 2-45 所示。

（2）单击【镜像】对话框中的【选择】按钮，选择要镜像的几何图元，单击【镜像】对话框中的【镜像线】按钮，选择镜像线。

（3）单击【应用】按钮，镜像草图几何图元即被创建。整个过程如图 2-46 所示。

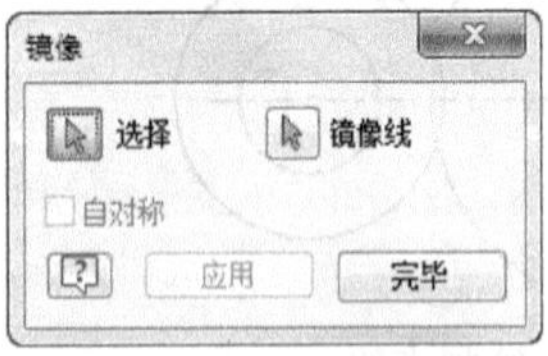

图 2-45　镜像对话框

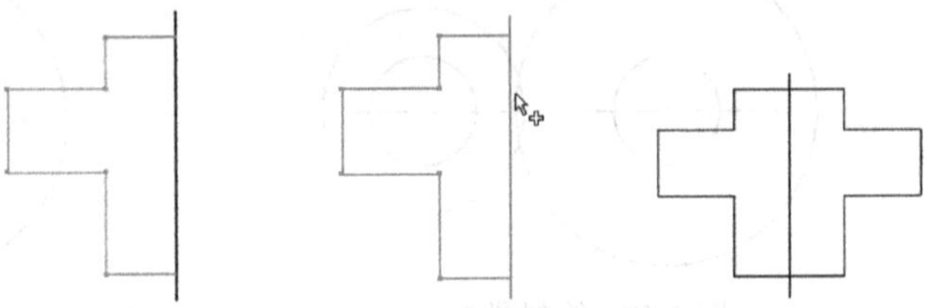

对称几何图元　　选择镜像线　　完成镜像

图 2-46　镜像对象的过程

2. 阵列

如果要线性阵列或圆周阵列几何图元，则会用到 Inventor 提供的矩形阵列和环形阵列工具。矩形阵列可在两个互相垂直的方向上阵列几何图元，如图 2-47 所示；环形阵列则可使得某个几何图元沿着圆周阵列，如图 2-48 所示。

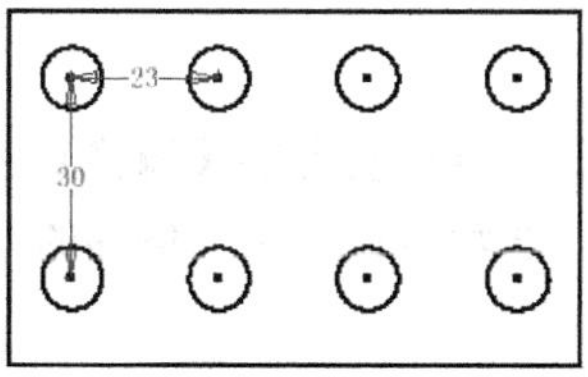

图 2-47　矩形阵列示意图

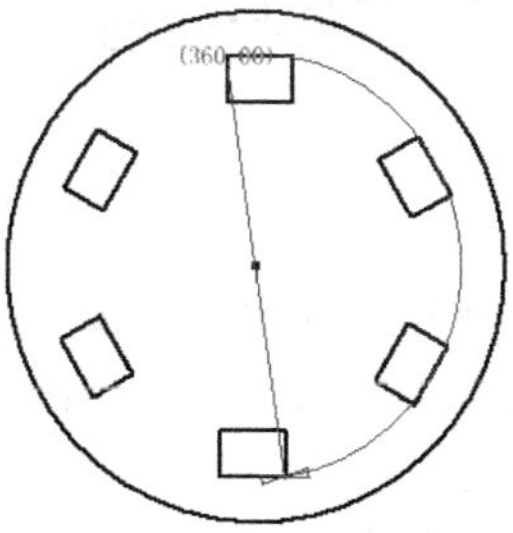

图 2-48　环形阵列示意图

> **注意**　草图几何图元在镜像时，使用镜像线作为其镜像轴，相等约束自动应用到镜像的双方，但镜像完毕，用户可删除或编辑某些线段，同时其余的线段仍然保持对称。这时候不要给镜像的图元添加对称约束，否则系统会给出约束多余的警告。

创建矩形阵列的一般步骤如下。

（1）单击【草图】标签栏【阵列】面板上的【矩形阵列】按钮，打开【矩形阵列】对话框，如图 2-49 所示。

（2）利用【几何图元选择】按钮 几何图元 选择要阵列的草图几何图元。

（3）单击【方向 1】下面的【路径选择】按钮，选择几何图元定义阵列的第一个方向，如果要选择与选择方向相反的方向，可单击【反向】按钮。

（4）在【数量】框 2 中，指定阵列中元素的数量。在【间距】框 10 mm 中，指定元素之间的间距。

（5）进行【方向 2】方面的设置，操作与方向 1 相同。

（6）如果要抑制单个阵列元素，则将其从阵列中删除，可单击【抑制】按钮 抑制，同时该几何图元将转换为构造几何图元。

（7）如果勾选【关联】复选框，则当修改零件时，会自动更新阵列。

（8）如果勾选【范围】复选框，则阵列元素均匀分布在指定间距范围内。如果未勾选此复选框，则阵列间距将取决于两元素之间的间距。

（9）单击【确定】按钮以创建阵列。

图 2-49 【矩形阵列】对话框

创建环形阵列的一般步骤如下。

（1）单击【草图】标签栏【阵列】面板上的【环形阵列】按钮，打开【环形阵列】对话框，如图 2-50 所示。

图 2-50 【环形阵列】对话框

（2）利用【几何图元选择】按钮 几何图元 选择要阵列的草图几何图元。

（3）利用【旋转轴选择】工具，选择旋转轴，如果要选择相反的旋转方向（如顺时针方向变逆时针方向排列）可单击按钮。

（4）选择好旋转方向之后，再输入要复制的几何图元的个数 6，以及旋转的角度 360 deg 即可。【抑制】【关联】和【范围】选项的含义与矩形阵列中对应选项的含义相同。

（5）单击【确定】按钮，完成环形阵列特征的创建。

2.6.2 偏移、延伸与修剪

1. 偏移

在 Inventor 中可使用选择【草图】标签栏，单击【修改】工具面板上的【偏移】工具，复制所选草图几何图元并将其放置在与原图元偏移一定距离的位置。在默认情况下，偏移的几何图元与原几何图元有等距约束。

偏移图元的过程如下。

（1）单击【草图】标签栏【修改】面板上【偏移】按钮，单击要复制的草图几何图元。

（2）在要放置偏移图元的方向上移动鼠标指针，此时可预览偏移生成的图元。

（3）单击鼠标左键以创建新几何图元。

（4）如果需要，则使用尺寸标注工具设置指定的偏移距离。

（5）在移动鼠标指针以预览偏移图元的过程中，如果单击鼠标右键，则打开快捷菜单，如图 2-51 所示，在默认情况下，【回路选择】和【约束偏移量】两个选项是被选中的。也就是说，软件会自动选择回路（端点连在一起的曲线），并将偏移曲线约束为与原曲线距离相等。

（6）如果要偏移一个或多个独立曲线，或要忽略等长约束，则清除【回路选择】和【约束偏移量】选项上的复选标记即可。图 2-52 所示是经偏移生成的图元示意图。

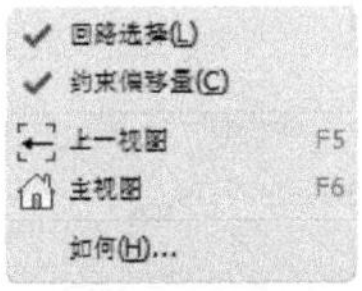

图 2-51 偏移过程中的快捷菜单

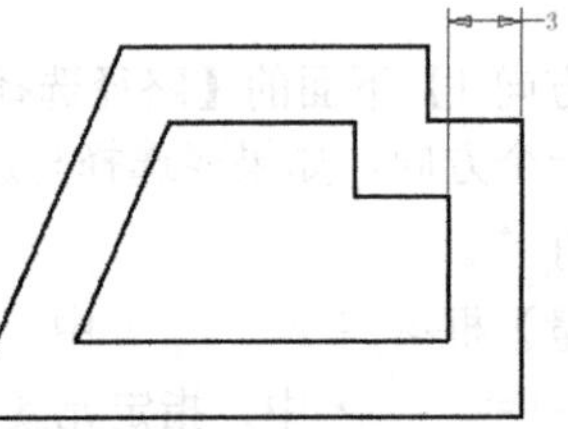

图 2-52 偏移生成的图元

2. 延伸

在 Inventor 中可单击【草图】标签栏【修改】面板上的【延伸】工具来延伸曲线，以便清理草图或闭合处于开放状态的草图。曲线的延伸非常简单，步骤如下。

（1）单击【草图】标签栏【修改】面板上的【延伸】按钮，将鼠标指针移动到要延伸的曲线上，此时，该功能将所选曲线延伸到最近的相交曲线上，用户可预览到延伸的曲线。

（2）单击鼠标左键完成延伸，如图 2-53 所示。

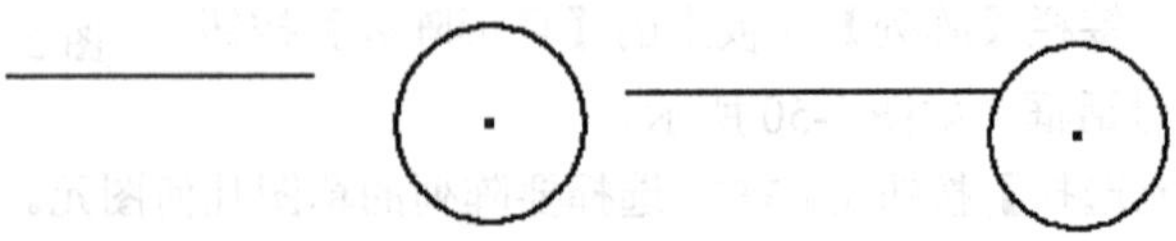

图 2-53 曲线的延伸

（3）曲线延伸以后，在延伸曲线和边界曲线端点处创建重合约束。如果曲线的端点具有固定约束，则该曲线不能延伸。

3. 修剪

在 Inventor 中可单击【草图】标签栏【修改】面板上的【修剪】工具来修剪曲线或删除线段，该功能将选中曲线修剪到与最近曲线的相交处。该工具可在二维草图、部件和工程图中使用。在一个具有很多相交曲线的二维图环境中，该工具可很好地除去多余的曲线部分，使得图形更加整洁。

该工具的使用方法与延伸工具类似，单击【修剪】按钮，将鼠标指针移动到要修剪的曲线上，此时将被修改的曲线变成虚线，单击左键则曲线被删除，如图 2-54 所示。

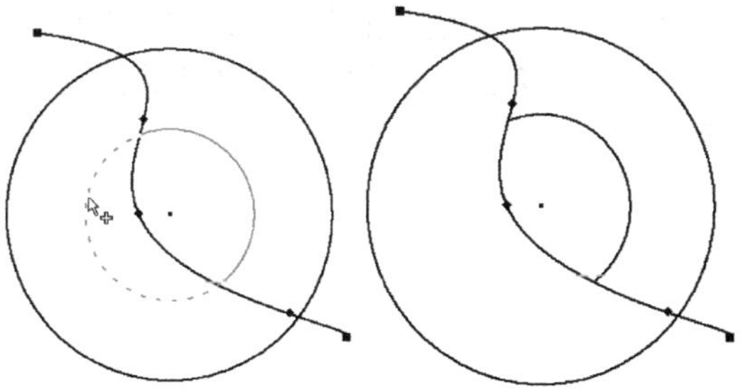

图 2-54　曲线的修剪

在曲线中间进行选择会影响离鼠标指针最近的端点。可能有多个交点时，将选择最近的一个。在修剪操作中，删除掉的是鼠标指针下面的部分。

2.7　草图尺寸标注

给草图添加尺寸标注是草图设计过程中非常重要的一步，草图几何图元需要尺寸信息以便保持大小和位置，以满足设计意图的需要。一般情况下，Inventor 中的所有尺寸都是参数化的。这意味着可通过修改尺寸来更改已进行标注的项目大小，也可将尺寸指定为计算尺寸，它反映了项目的大小却不能用来修改项目的大小。向草图几何图元添加参数尺寸的过程也是用来控制草图中对象的大小和位置的约束的过程。在 Inventor 中，如果对尺寸值进行更改，则草图也将自动更新，基于该草图的特征也会自动更新，正所谓“牵一发而动全身”。

2.7.1　自动标注尺寸

在 Inventor 中可利用自动标注尺寸工具自动快速地给图形添加尺寸标注，该工具可计算所有的草图尺寸，然后自动添加。如果单独选择草图几何图元（例如直线、圆弧、圆和顶点），则系统将自动应用尺寸标注和约束。如果不单独选择草图几何图元，则系统将自动对所有未标注尺寸的草图对象进行标注。【自动标注尺寸】工具使用户可通过一个步骤迅速快捷地完成草图的尺寸标注。

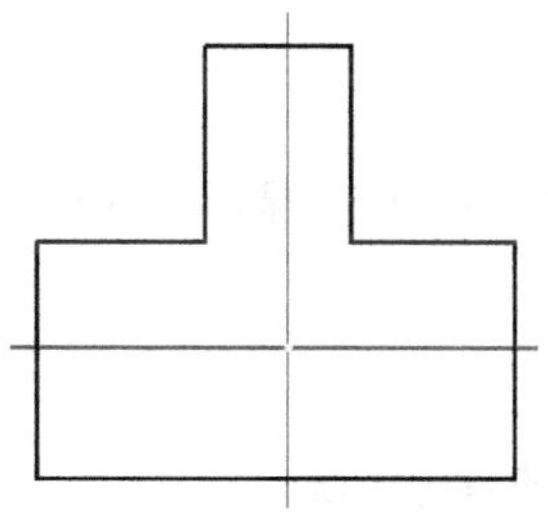

图 2-55　要标注尺寸的草图图形

通过自动标注尺寸，用户可完全标注和约束整个草图；可识别特定曲线或整个草图，以便进行约束；可仅创建尺寸标注或约束，也可同时创建两者；可使用【尺寸】工具来提供关键的尺寸，然后使用【自动尺寸和约束】来完成对草图的约束；在复杂的草图中，如果不能确定缺少哪些尺寸，则使用【自动尺寸和约束】工具来完全约束该草图，用户也可删除自动尺寸标注和约束。

下面介绍如何给图 2-55 所示的草图自动标注尺寸。

（1）单击【草图】标签栏【约束】面板中的【自动尺寸和约束】

按钮，打开如图2-56所示的对话框。

（2）利用箭头选择工具选择要标注尺寸的曲线。

（3）如果【尺寸】和【约束】选项都选中，则对所选的几何图元应用自动尺寸和约束。173 所需尺寸显示要完全约束草图所需的约束和尺寸的数量。如果从方案中排除了约束或尺寸，则在显示的总数中也会减去相应的数量。

（4）单击【应用】按钮，完成几何图元的自动标注。

（5）单击【删除】按钮，则从所选的几何图元中删除尺寸和约束。标注完毕的草图如图2-57所示。

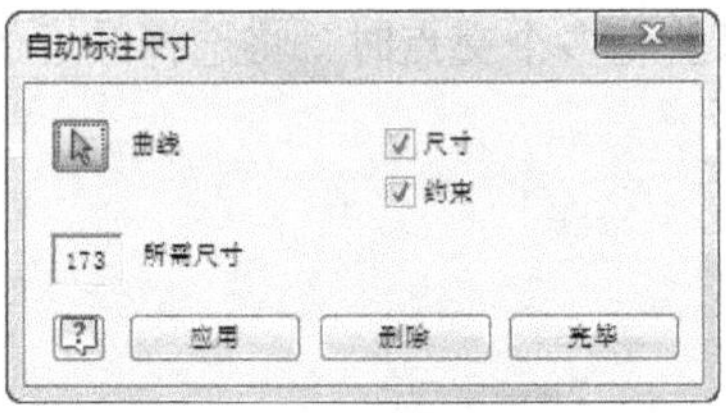

图2-56 自动标注尺寸对话框

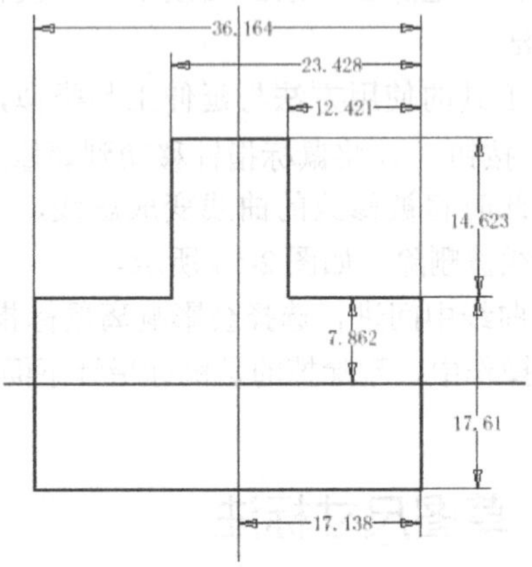

图2-57 标注完毕的草图

2.7.2 手动标注尺寸

虽然自动标注尺寸功能强大，省时省力，但是很多设计人员在实际工作中手动标注尺寸，手动标注尺寸的一个优点就是可很好地体现设计思路，设计人员可选择在标注过程中体现重要的尺寸，以便于加工人员更好地掌握设计意图。

手动标注尺寸的类型可分为三种：线性尺寸、圆弧尺寸和角度尺寸。可选择【草图】标签栏，单击【约束】面板中的【尺寸】工具来为进行尺寸的添加，下面分别讲述。

1. 线性尺寸标注

线性尺寸标注用来标注线段的长度，或标注两个图元之间的线性距离，如点和直线的距离。标注的方法很简单，基本步骤如下。

（1）单击【草图】标签栏【约束】面板上的【尺寸】按钮，然后选择图元。

（2）要标注一条线段的长度，则单击该线段。

（3）要标注平行线之间的距离，则分别单击两条线。

（4）要标注点到点或点到线的距离，则单击两个点或点与线。

（5）移动鼠标指针预览标注尺寸的方向，最后单击左键以完成标注。图2-58显示了线性尺寸标注的几种样式。

2. 圆弧尺寸标注

圆以及圆弧都属于圆类图元，可利用【通用尺寸】工具来进行半径或直径的标注。

（1）单击【尺寸】按钮，然后选择要标注的圆或圆弧，这时会出现标注尺寸的预览。

（2）如果当前选择标注半径，则单击右键，在打开的菜单中可看到【尺寸类型】选项，选择可标注直径、半径或弧长，如图 2-59 所示。读者可根据自己的需要灵活地在三者之间切换。

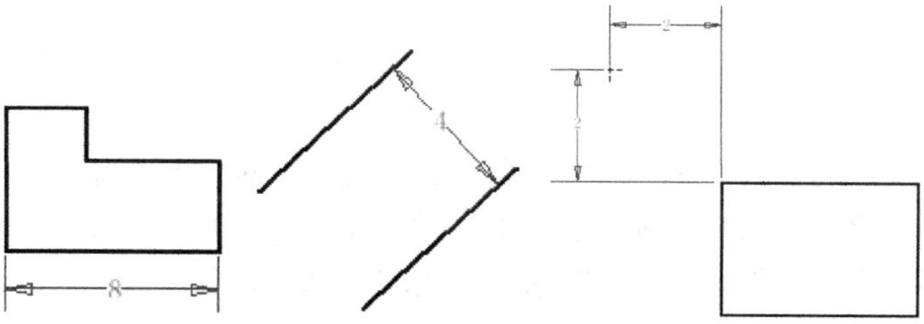

图 2-58　线性尺寸标注样式

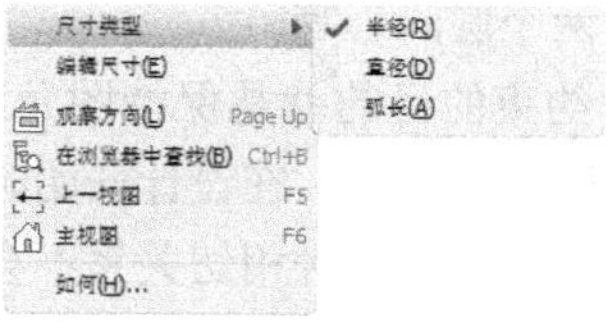

图 2-59　圆弧尺寸标注

（3）单击左键完成标注。

3. 角度标注

在 Inventor 中可标注相交线段形成的夹角，还可标注由不共线的三个点之间的角度，还可对圆弧形成的角进行标注，标注的时候只要选择好形成角的元素即可。

（1）如果要标注相交直线的夹角，则依次选择这两条直线。

（2）要标注不共线的三个点之间的角度，则依次选择这三个点。

（3）要标注圆弧的角度，则依次选择圆弧的一个端点、圆心和圆弧的另外一个端点。

图 2-60 所示是角度标注范例示意图。

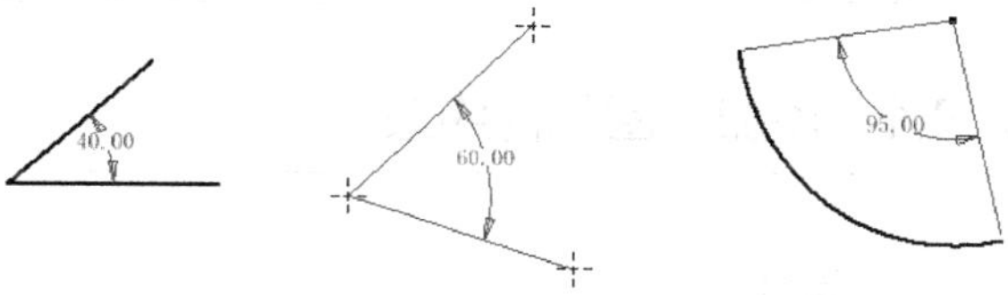

图 2-60　角度标注范例

2.7.3　编辑草图尺寸

用户可在任何时候编辑草图尺寸，不管草图是否已经退化。如果草图未退化，则它的尺寸是可见的，可直接编辑；如果草图已经退化，用户可在浏览器中选择该草图并激活草图进行编辑。激活草图的方法是在该草图上单击右键，在打开的菜单中选择【编辑草图】命令，如图 2-61 所示。

要修改一个具体的尺寸数值，可在该尺寸上双击，打开【编辑尺寸】对话框，如图 2-62 所示。此时可直接在数据框里输入新的尺寸数据，然后单击✓按钮接受新的尺寸。

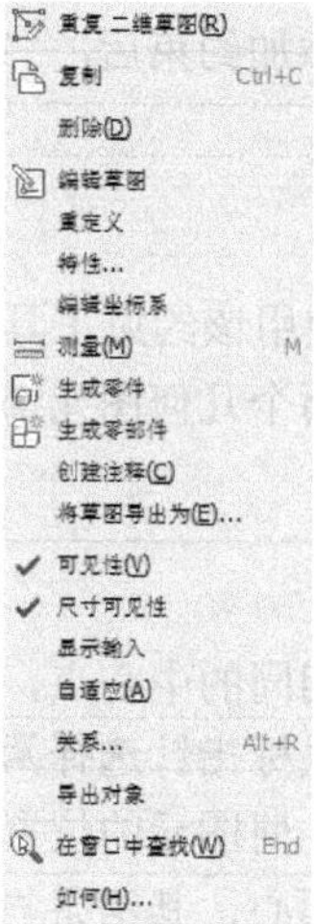

图 2-61　选择【编辑草图】命令

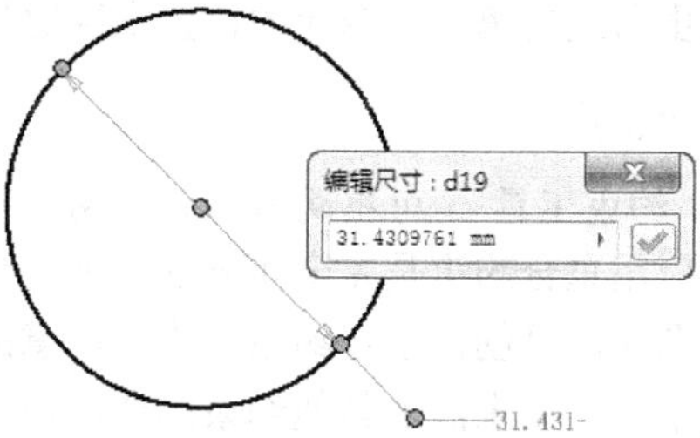

图 2-62　【编辑尺寸】对话框

2.8 草图几何约束

在草图的几何图元绘制完毕以后，往往需要对草图进行约束，如约束两条直线平行或垂直，约束两个圆同心等。

约束的目的就是保持图元之间的某种固定关系，这种关系不受到被约束对象的尺寸或位置因素的影响。例如，在设计开始时绘制一条直线和一个圆始终相切，当圆的尺寸或位置在设计过程中发生改变时，这种相切关系不会自动维持。但当给直线和圆添加了相切约束时，无论圆的尺寸和位置怎么改变，这种相切关系会始终维持下去。

这里介绍一下自由度的概念，比如画一个圆，只要确定了圆心和直径，圆就被完全约束了，所以圆有两个自由度；矩形也有两个自由度，即长度和宽度。在草图中，如果通过施加约束和标注尺寸消除了全部自由度，则称草图被完全约束了。如果草图存在被约束的自由度，则称该草图为欠约束的草图。在 Inventor 中，允许欠约束的草图存在，但是不允许一幅草图过约束。欠约束的草图可用于自适应零件的设计创建。

Inventor 一共提供了 12 种几何约束工具，如图 2-63 所示。

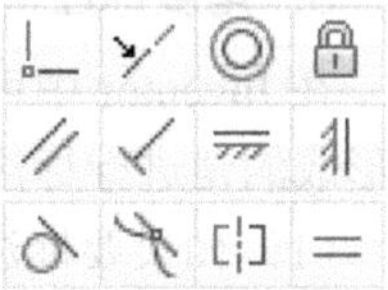

图 2-63　几何约束工具

2.8.1 添加草图几何约束

1. 重合

【重合】约束工具可将两点约束在一起或将一个点约束到曲线上。当此约束被应用到两个圆、圆弧或椭圆的中心点时，得到的结果与使用同心约束相同。使用时分别用鼠标指针选择两个或多个要施加约束的几何图元即可创建重合约束。这里的几何图元要求是两个点或一个点和一条线。创建重合约束时需要注意以下几点。

（1）约束在曲线上的点可能会位于该线段的延伸线上。

（2）重合在曲线上的点可沿线滑动，因此这个点可位于曲线的任意位置，除非其他约束或尺寸阻止它移动。

（3）当使用重合约束来约束中点时，将创建草图点。

（4）如果两个要进行重合限制的几何图元都没有其他位置，则添加约束后，二者的位置由第一条曲线的位置决定。关于如何显示草图约束，请参看 2.8.3 节。

2. 共线

【共线】约束工具使两条直线或椭圆轴位于同一条直线上。使用该约束工具时分别用鼠标指针选择两个或多个要施加约束的几何图元即可创建共线约束。如果两个几何图元都没有添加其他位置约束，则由所选的第一个图元的位置来决定另一个图元的位置。

3. 同心约束

【同心】约束工具可将两段圆弧、两个圆或椭圆约束为具有相同的中心点，其结果与在曲线的中心点上应用重合约束是完全相同的。使用该约束工具时分别用鼠标指针选择两个或多个要施加约束的几何图元即可创建重合约束。需要注意的是，添加约束后的几何图元的位置由所选的第一条曲线来设置中心点，未添加其他约束的曲线被重置为与已约束曲线同心，其结果与应用到中心点的重合约束是相同的。添加了同心约束的圆弧、圆和椭圆如图 2-64 所示。

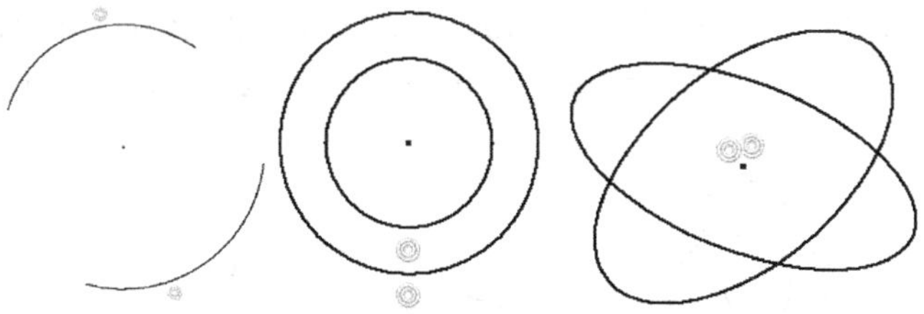

图 2-64　添加了同心约束的圆弧、圆和椭圆

4．固定

【固定】约束工具可将点和曲线固定到相对于草图坐标系的位置。如果移动或转动草图坐标系，固定曲线或点将随之运动。固定约束将点相对于草图坐标系固定，其具体含义如下。

（1）直线将在位置和角度上固定，用户不可用鼠标拖曳直线以改变其位置，但可移动端点使直线伸长或缩短。

（2）圆和圆弧有固定的中心点和半径。

（3）被固定的圆弧和直线端点不可在直径方向和垂直于直线的方向上运动，但是可在圆周或长度方向上自由移动。

（4）固定端点或中点，允许直线或曲线绕这些点转动；圆或椭圆的位置、大小及方向被固定，即全部自由度均被约束。

（5）对于点来说，位置被固定。

下面举例来说明固定约束的一个作用。在标注的时候一定要有一个标注的基准，但是在 Inventor 中，这个基准不会自动生成，需要用户自己指定。很多用户在设计的过程中会发现，如果改变某个尺寸，则草图图元的改变与预想的方向相反。如图 2-65 所示，设计者本想增大尺寸 400，使得右侧的边向右方移动，但是当改变尺寸为 500 的时候，结果左侧的边向左侧移动。为了使得左侧的边成为尺寸的基准，可使用【固定】约束工具来固定左侧的边。这样，当修改尺寸的时候，左侧边就会成为基准。

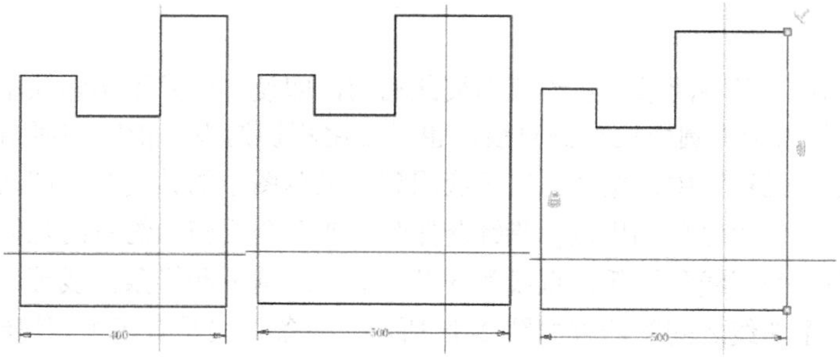

图 2-65　尺寸变化导致几何图元变化

5．平行

【平行】约束工具将两条或多条直线（或椭圆轴）约束为互相平行。使用时分别用鼠标指针选择两个或多个要施加约束的几何图元即可创建平行约束。使用【平行】约束工具的时候，要快速使几条直线或轴互相平行，可先选择它们，然后单击【平行】约束工具。

使用【平行】约束工具为直线和椭圆轴创建平行约束如图 2-66 所示。

6．垂直

【垂直】约束工具可使所选的直线、曲线或椭圆轴相互垂直。使用时分别用鼠标指针选择两个要施加约束的几何图元即可创建垂直约束。为直线、曲线和椭圆轴添加垂直约束如图 2-67 所示。需要注意的是，要对样条曲线添加垂直约束，约束必须用于样条曲线和其他曲线的端点处。

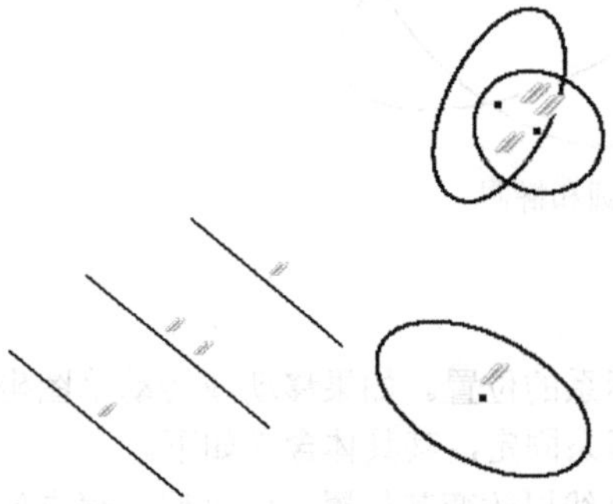

图 2-66　为直线和椭圆轴创建平行约束

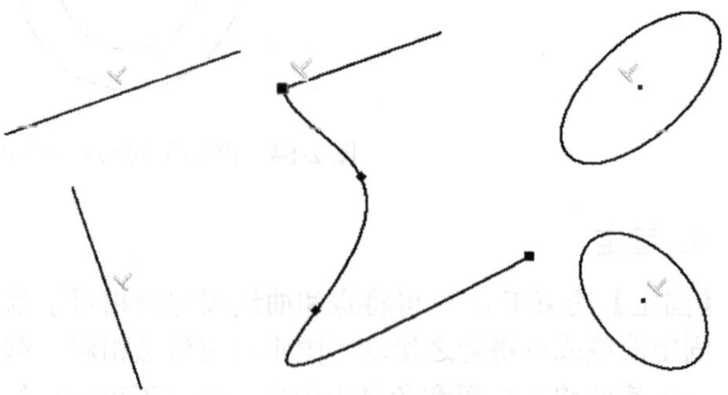

图 2-67　为直线、曲线和椭圆轴添加垂直约束

7. 水平

【水平】约束工具使直线、椭圆轴或成对的点平行于草图坐标系的 X 轴，添加了该几何约束后，几何图元的两点（如线的端点、中心点、中点或点等）被约束到与 X 轴相等的距离。使用该约束工具时分别用鼠标指针选择两个或多个要施加约束的几何图元即可创建水平约束，这里的几何图元是直线、椭圆轴或成对的点。注意，要快速使几条直线或轴水平，可先选择它们，然后单击【水平】约束工具。

8. 竖直

【竖直】约束工具使直线、椭圆轴或成对的点平行于草图坐标系的 Y 轴，添加了该几何约束后，几何图元的两点（如线的端点、中心点、中点或点等）被约束到与 Y 轴相等的距离。使用该约束工具时分别用鼠标指针选择两个或多个要施加约束的几何图元即可创建竖直约束，这里的几何图元是直线、椭圆轴或成对的点。注意，要快速使几条直线或轴竖直，可先选择它们，然后单击【竖直】约束工具。

9. 相切

【相切】约束工具可将两条曲线约束为彼此相切，即使它们并不实际共享一个点（在二维草图中）。相切约束通常用于将圆弧约束到直线，也可使用相切约束，指定如何结束与其他几何图元相切的样条曲线。在三维草图中，相切约束可应用到三维草图中的其他几何图元共享端点的三维样条曲线，包括模型边。使用时分别用鼠标指针选择两个或多个要施加约束的几何图元即可创建相切约束，这里的几何图元是直线和圆弧，直线和样条曲线，或圆弧和样条曲线等。直线与圆弧之间的相切约束和圆弧与样条曲线之间的约束如图 2-68 所示。一条曲线具有多个相切约束，这在 Inventor 中是允许的，如图 2-69 所示。

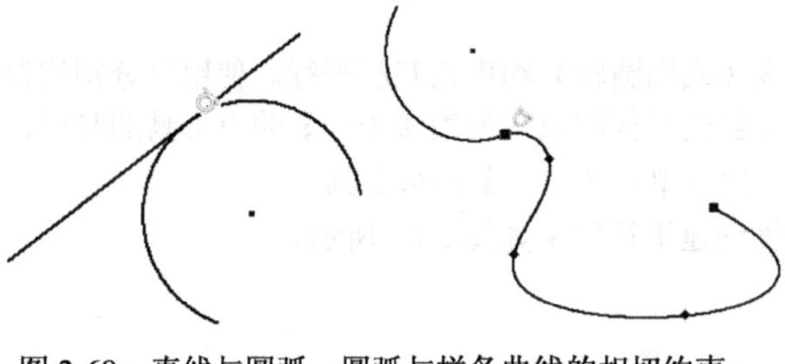

图 2-68　直线与圆弧、圆弧与样条曲线的相切约束

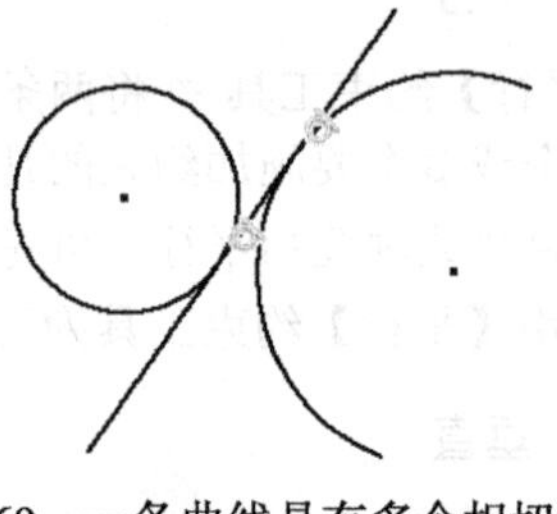

图 2-69　一条曲线具有多个相切约束

10. 平滑

【平滑】约束工具可用于二维或三维草图中，也可用于工程图草图中。使用【平滑】约束工具在样条曲线和其他曲线（例如线、圆弧或样条曲线）之间创建曲率连续。

11. 对称

【对称】约束工具将使所选直线或曲线或圆相对于所选直线对称。应用这种约束时，约束到所选几何图元的线段也会重新确定方向和大小。使用该约束工具时依次用鼠标指针选择两条直线或曲线或圆，然后选择它们的对称直线即可创建对称约束。注意，如果删除对称直线，将随之删除对称约束。具有对称约束的图形如图 2-70 所示。

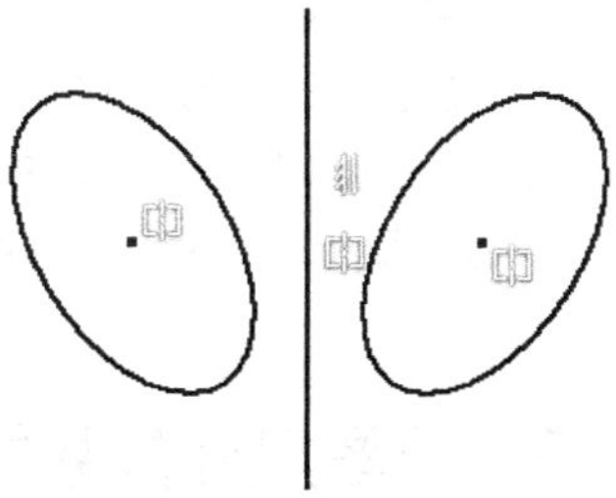

图 2-70　对称约束的图形

12. 等长

【等长】约束工具将所选的圆弧和圆调整到具有相同半径，或将所选的直线调整到具有相同的长度。使用该约束工具时分别用鼠标指针选择两个或多个要施加约束的几何图元即可创建等长约束，这里的几何图元是直线、圆弧和圆。需要注意的是，要使几个圆弧或圆具有相同半径或使几条直线具有相同长度，可同时选择这些几何图元，接着单击【等长】约束工具。

2.8.2　草图几何约束的自动捕捉

Inventor 的软件设计非常人性化的一面就是设置有草图约束的自动捕捉功能。用户在创建草图几何图元的过程中，如果在预览状态下即将创建的几何图元与现有的某个几何图元存在某种约束关系（如水平或相切等），则在鼠标指针附近将显示约束符号的预览并指明约束的类型，如图 2-71 所示。当要创建的直线与左侧竖直方向的直线垂直且与右侧圆弧相切的时候，则垂直与相切约束符号同时显示在图形中。

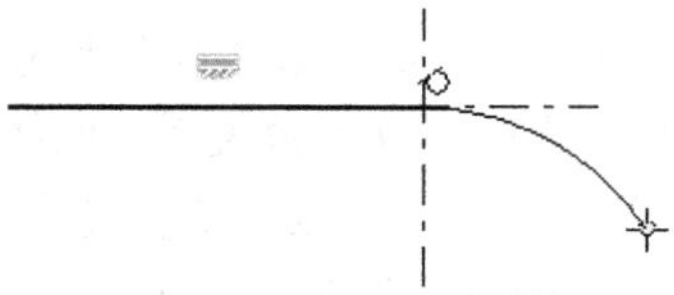

图 2-71　约束符号预览显示

当用户创建草图时，约束通常被自动加载，为了防止自动创建约束，可在创建草图几何图元的时候按住 Ctrl 键。需要注意的是，当用【直线】工具创建直线时，直线的端点在默认情况下已经用重合约束连接起来，但是，当按 Ctrl 键的时候，不但不能创建推理约束，如平行、垂直和水平约束，甚至不能捕捉另一个几何图元的端点。

2.8.3　显示和删除草图几何约束

1. 显示所有几何约束

在给草图添加几何约束以后，默认情况下这些约束是不显示的，但是用户可自行设定是否显示约束。如果要显示全部约束，则在草图绘图区域内单击右键，在打开的快捷菜单中选择【显示所有约束】选项；相反，如果要隐藏全部的约束，则在右键菜单中选择【隐藏所有约束】选项。

2. 显示单个几何约束

如果要显示单个几何图元的约束，则单击【草图】标签栏【约束】面板中的【显示约束】按钮，在草图绘图区域选择某几何图元，则该几何图元的约束会显示，如图 2-72 所示。当鼠标指针位于某个约束符号的上方时，与该约束有关的几何图元会变为红色，以

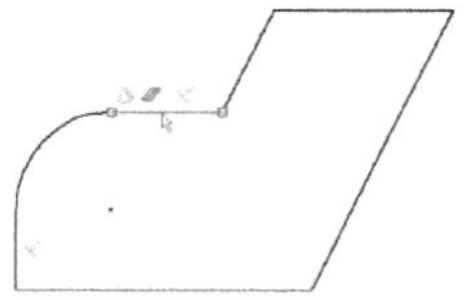

图 2-72　显示对象的几何约束

方便用户观察和选择。在显示约束的小窗口右部有一个关闭按钮，单击可关闭该约束窗口。另外，还可用鼠标指针移动约束显示窗口，用户可把它拖曳到任何位置。

3. 删除某个几何约束

如果要删除某个几何图元的约束，则在显示约束的小窗口中右键单击该约束符号，在【打开】菜单中选择【删除】选项。如果多条曲线共享一个点，则每条曲线上都显示一个重合约束。如果在其中一条曲线上删除该约束，此曲线将可被移动。其他曲线仍保持约束状态，除非删除所有重合约束。

2.9 草图尺寸参数关系化

草图的每一个尺寸都由尺寸名称（如 *d*1，*d*2）和尺寸数值组成。本节主要介绍尺寸参数的关系。

在介绍草图尺寸参数化之前，有必要介绍一下尺寸的显示方式。在 Inventor 中可看到 5 种式样的尺寸标注形式，即显示值、显示名称、显示表达式、显示公差和显示精确值，依次如图 2-73 所示。如果要改变某个尺寸的显示形式，则在该尺寸上单击右键，在打开的快捷菜单中选择【尺寸特性】选项，打开【尺寸特性】对话框，选择【文档设置】标签栏，在【造型尺寸显示】列表框中选择显示方式，如图 2-74 所示。

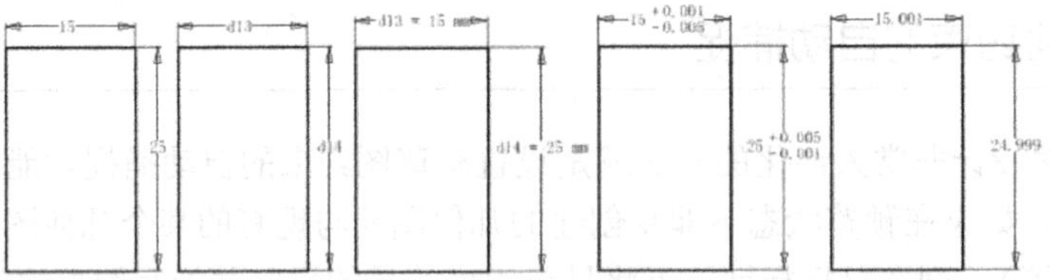

图 2-73　5 种尺寸标注形式

显而易见，草图的每一个尺寸都是由尺寸名称（如 *d*1，*d*2）和尺寸数值组成，参数化的尺寸主要借助尺寸名称来实现。在 Inventor 中允许用户在已经标注的草图尺寸之间建立参数关系，例如某个设计意图要求设计的长方体的长 *d*0 永远是宽 *d*1 的两倍且多 8 个单位，则用户可双击长度尺寸，在【编辑尺寸】对话框中输入 2ul*d1+8，如图 2-75 所示。这样当长方体的宽度发生变化的时候，长方体的长度也会自动变化以维持二者之间的尺寸关系。

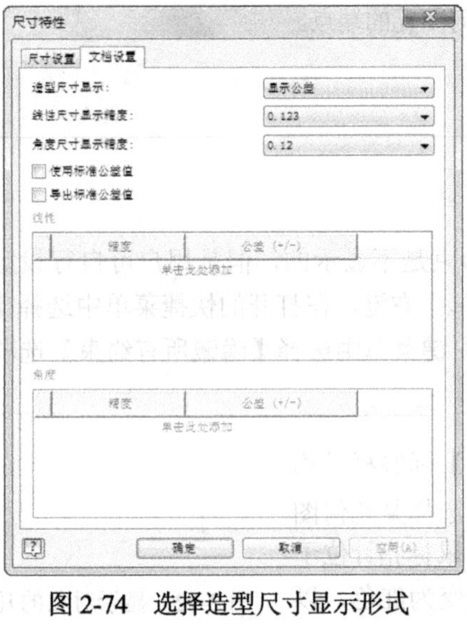

图 2-74　选择造型尺寸显示形式

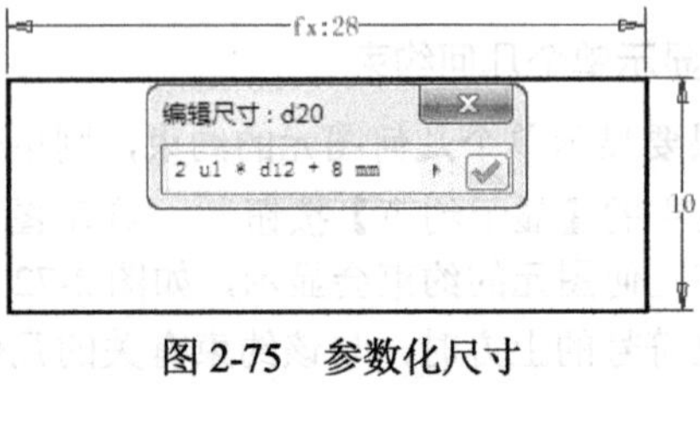

图 2-75　参数化尺寸

在【编辑尺寸】对话框中输入的参数表达式可包含其他尺寸名称，也可包括三角函数、运算符号等。

2.10 综合演练——拔叉草图

本例绘制拔叉草图，如图 2-76 所示。

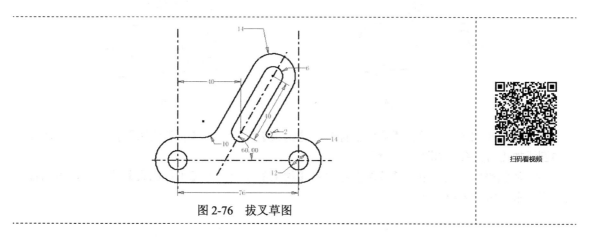

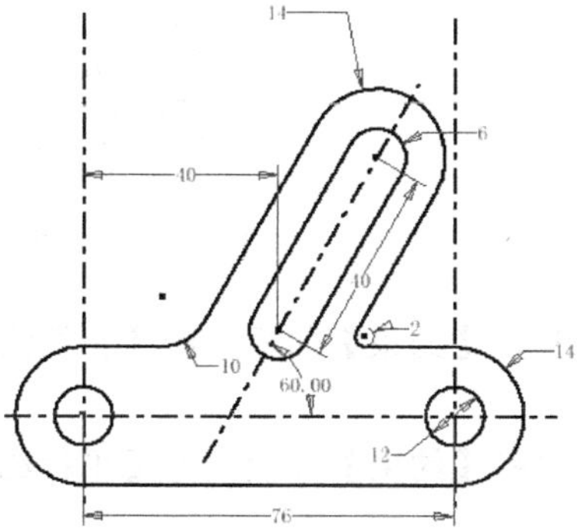

图 2-76 拔叉草图

扫码看视频

操作步骤

（1）新建文件。运行 Inventor，选择【快速入门】标签栏，单击【启动】面板上的【新建】选项，在打开的【新建文件】对话框中的【Templates】选项卡中的零件下拉列表中选择【Standard.ipt】选项，单击【创建】按钮，新建一个零件文件。

（2）进入草图环境。单击【三维模型】标签栏【草图】面板上的【创建二维草图】按钮，选择 *XZ* 基准平面为草图绘制面，进入草图环境。

（3）绘制中心线。单击【草图】标签栏【格式】面板上的【中心线】按钮和单击【草图】标签栏【绘制】面板的【直线】按钮，绘制中心线，如图 2-77 所示。

（4）绘制圆。单击【草图】标签栏【绘制】面板上的【圆】按钮，绘制如图 2-78 所示的草图。

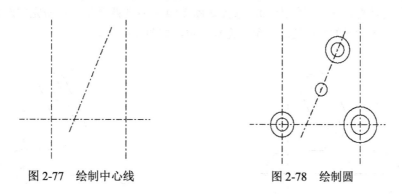

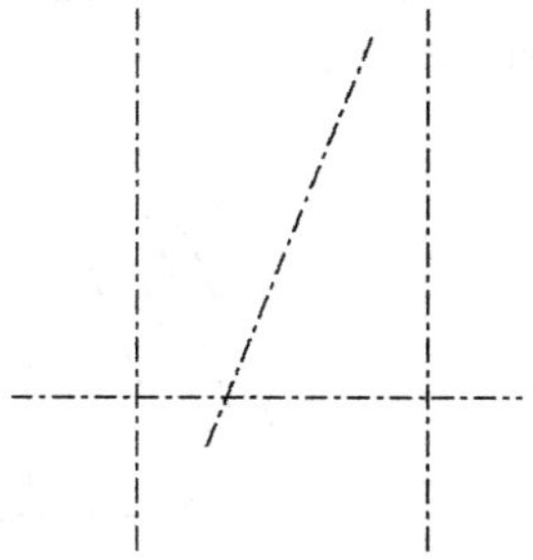

图 2-77 绘制中心线

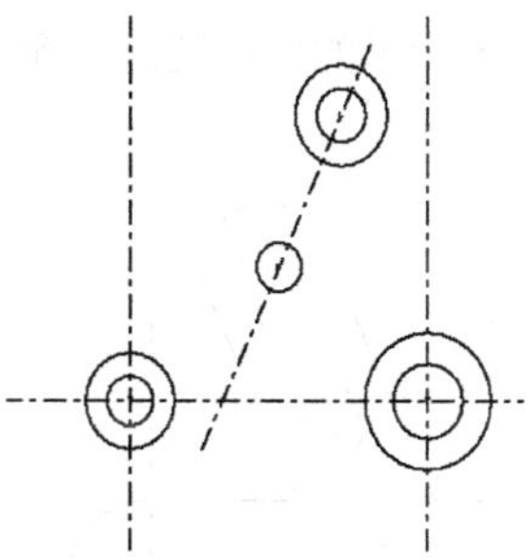

图 2-78 绘制圆

（5）绘制直线。单击【草图】标签栏【绘制】面板上的【直线】按钮，绘制直线，如图 2-79 所示。

（6）添加相等约束。单击【草图】标签栏【约束】面板上的【相等约束】按钮，将两端的圆添加相等关系，如图 2-80 所示。

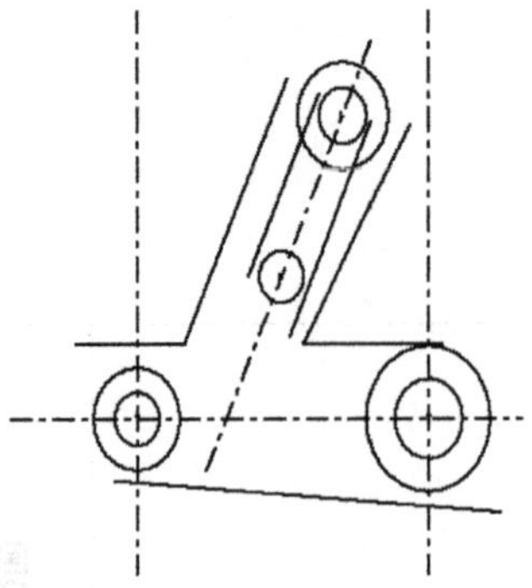

图 2-79　绘制直线

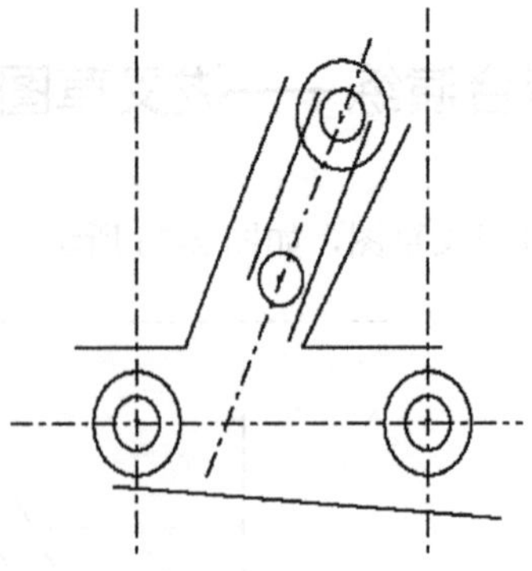

图 2-80　添加相等关系

（7）添加相切约束。单击【草图】标签栏【约束】面板上的【相切约束】按钮，将两边直线与圆添加相切关系，如图 2-81 所示。

（8）添加平行约束。单击【草图】标签栏【约束】面板上的【平行约束】按钮，添加直线的平行关系，如图 2-82 所示。

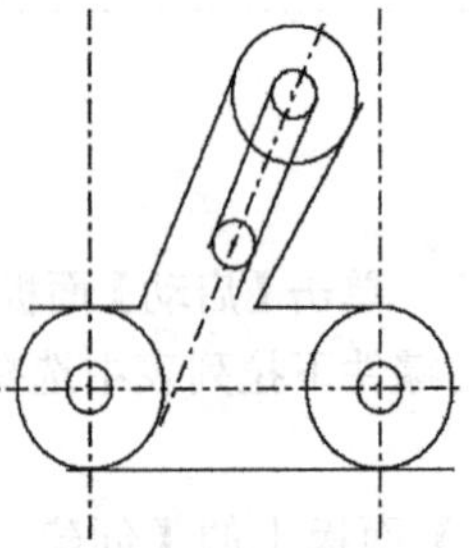

图 2-81　添加相切关系

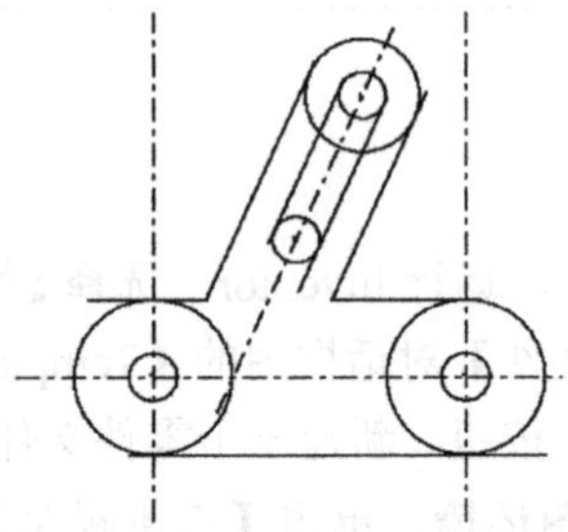

图 2-82　添加平行关系

（9）修剪图形。单击【草图】标签栏【修改】面板上的【修剪】按钮，修剪多余的线段，如图 2-83 所示。

（10）圆角处理。单击【草图】标签栏【绘制】面板上的【圆角】按钮，打开如图 2-84 所示的【二维圆角】对话框，输入半径为 10，选择如图 2-84 所示的两条线，单击完成圆角；输入半径为 2，选择如图 2-85 所示的两条边线，单击完成圆角，如图 2-86 所示。

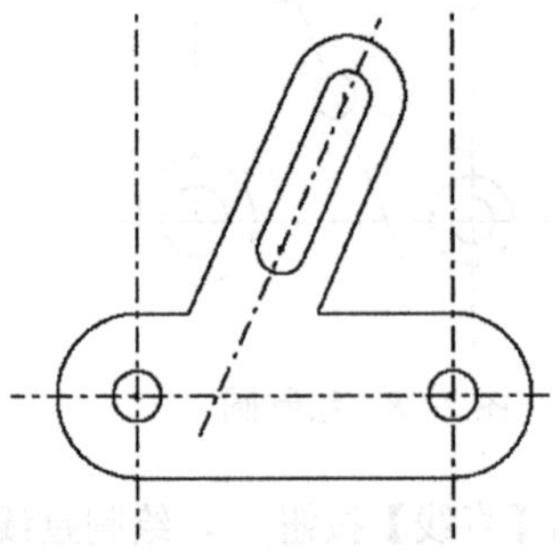

图 2-83　修剪图形

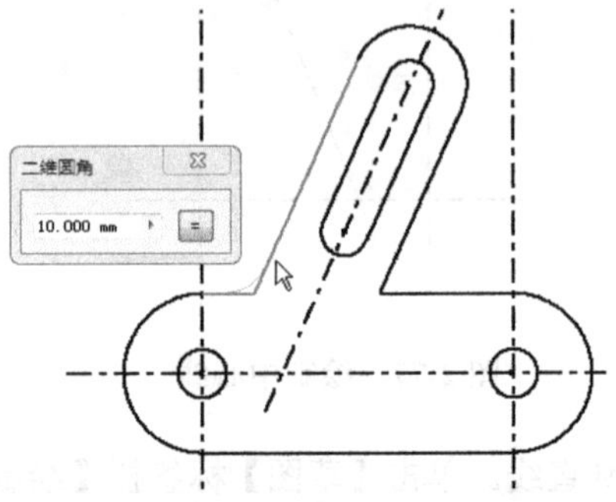

图 2-84　选择边线

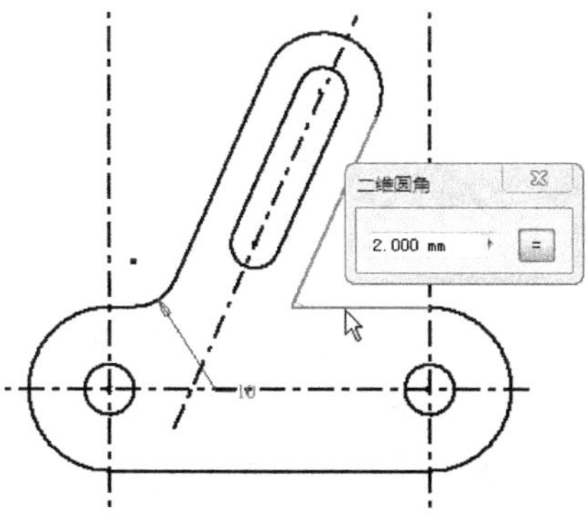

图 2-85　选择边线

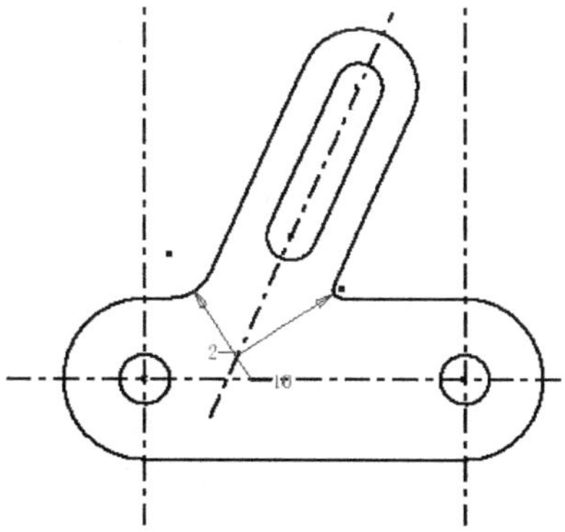

图 2-86　完成圆角

（11）标注尺寸。单击【草图】标签栏【约束】面板上的【尺寸】按钮，进行尺寸约束。如图 2-76 所示。

第 3 章 辅助工具

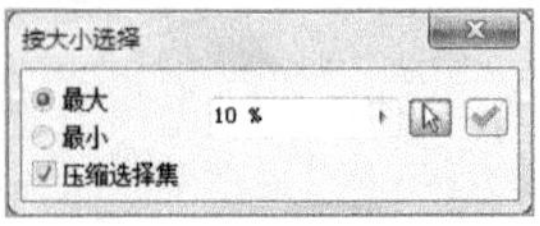

在建模过程中，单一的特征命令有时不能完成相应的建模，需要利用辅助平面和辅助直线等手段来完成模型的绘制。

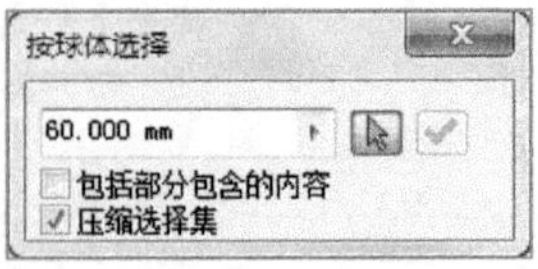

3.1 模型的浏览和属性设置

本节讲述如何浏览观察三维模型以及模型的属性设置。Inventor 提供了丰富的实体操作工具，借助这些工具，用户可轻松直观地观察模型的形状特征，获得模型的物理特性等。

3.1.1 模型的显示

在三维 CAD 软件中，为了方便观察三维实体的细节，引入了显示模式、观察模式和投影模式的功能，用户可通过工具栏中的图标按钮方便地实现三维实体的观察。

1. 显示模式

在 Inventor 中，提供了多种显示模式：着色显示、隐藏边显示和线框显示等。打开功能区中【视图】标签，单击【外观】面板中的显示模式下拉按钮，选择一种显示模式，如图 3-1 所示。图 3-2 所示可很好地说明同一个三维实体模型在常见三种显示模式下的区别。

图 3-1 显示模式

图 3-2 模型在三种显示模式下的区别

2. 观察模式

Inventor 2019 提供两种观察模式：平行模式和透视模式，单击【视图】标签【外观】面板中的观察模式下拉按钮，如图 3-3 所示。

（1）在平行模式下，模型以所有的点都沿着平行线投影到它们所在的画面上的位置来显示的，也就是所有等长平行边以等长度显示。在此模式下，三维模型平铺显示。

（2）在透视模式下，三维模型的显示类似于我们现实世界中观察到的实体形状。模型中的点线面以三点透视的方式显示，这也是人眼感知真实对象的方式。图 3-4 显示了同一个模型在两种观察模式下的外观。

3. 投影模式

投影模式增强了零部件的立体感，使得零部件看起来更加真实，同时投影模式还显示出光源的设置效果。Inventor 提供了三种投影模式：地面阴影、对象阴影、环境光阴影。打开功能区中【视图】标签，单击【外观】面板中的投影模式下拉按钮，如图 3-5 所示。其中地面阴影和环境光阴影最明显的区别是后者的阴影中包含实体的轮廓线。同一个实体在这 3 种投影模式下的外观区别如图 3-6 所示。

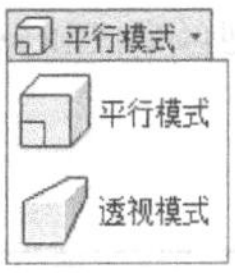

图 3-3　观察模式工具

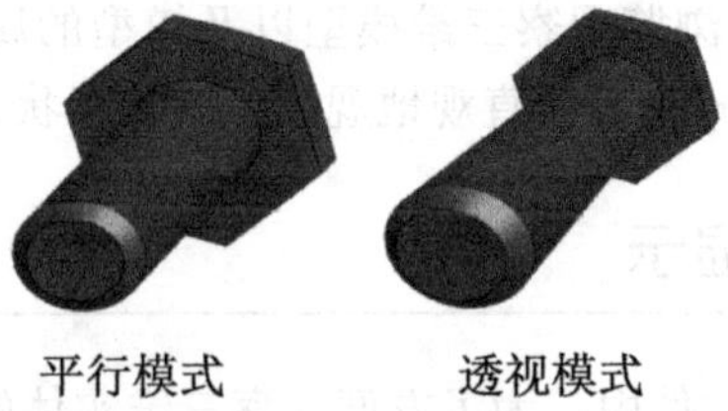

图 3-4　模型在两种观察模式下的区别

图 3-5　投影模式工具

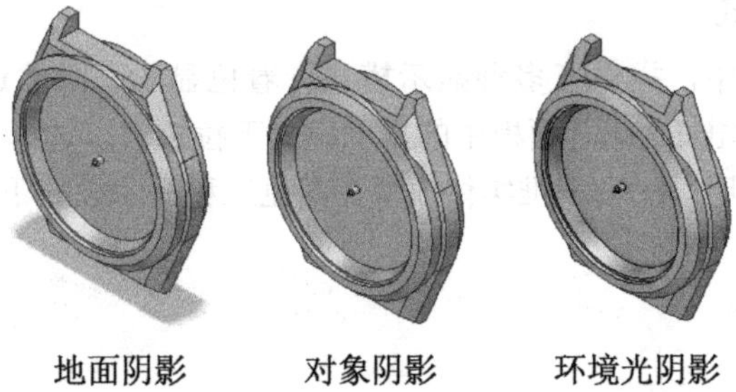

图 3-6　模型在三种投影模式下的区别

3.1.2　模型的动态观察

在 Inventor 中，模型的动态观察主要依靠导航栏上的模型动态观察工具，如图 3-7 所示。

图 3-7　模型动态观察工具

：【平移】按钮。按下该按钮，然后在绘图区域内任何地方按下鼠标左键，移动鼠标指针，就可移动当前窗口内的模型或者视图了。

：【缩放】按钮。按下该按钮，然后在绘图区域内按下鼠标左键，上下移动鼠标指针，就可实现当前窗口内模型或者视图的缩放。

：【全部缩放】按钮。当按下该按钮时，模型中所有的元素都显示在当前窗口中。该工具在草图、零件图、装配图和工程图中都可使用。

：【缩放窗口】按钮。该工具的使用方法是用鼠标左键在某个区域内拉出一个矩形，则矩形内的所有图形会充满整个窗口。该工具也可成为局部放大工具，在进行局部操作的时候，如果局部尺寸很小，给图形的绘制以及标注等操作带来了很大的不便，这时候可利用这个工具将局部放大，操作就会变得十分方便。

：【缩放选定实体】按钮。这是一个设计非常贴心的工具，按下该按钮，可在绘图区域内用鼠标左键选择要放大的图元，选择以后，该图元自动放大到整个窗口，便于用户观察和操作。

：【动态观察】按钮。该工具用来在图形窗口内旋转零件或者部件以便于全面观察实体的形状。

：【观察方向】按钮。单击该按钮后，如果在模型上选择一个面，则模型会自动旋转到该面正好面向用户的方向；如果选择一条直线，则模型会旋转到该直线在模型空间处于水平的位置。该工具在草图空间同样使用，如果在零件的某一个面上新建了一个草图但是该草图并不是面向用户，这时候可选择这个工具，单击一下新建的草图，则草图会旋转到恰好面向用户的方向。

3.1.3　获得模型的特性

Autodesk 允许用户为模型文件指定特性如物理特性，这样可方便在后期对模型进行工程分析和计算以及仿真等。获得模型特性可通过选择主菜单中的【iProperty】选项来实现，或者在浏览器上选择文件图标，单击右键在【打开】菜单中选择【特性】选项即可。图 3-8 所示是表壳模型，图 3-9 所示是它的特性对话框中的物理特性。

其中物理特性是工程中最重要的，从图 3-9 可看出已经分析出了模型的质量、体积、重心以及惯性信息等。在计算惯性时，除了可计算模型的主轴惯性矩外，还可计算出模型相对于 *XYZ* 轴的惯性特性。

除了物理特性以外，特性卡中还包括模型的概要、项目、状态等信息，这些用户可根据自己的实际情况填写，方便以后查询和管理。

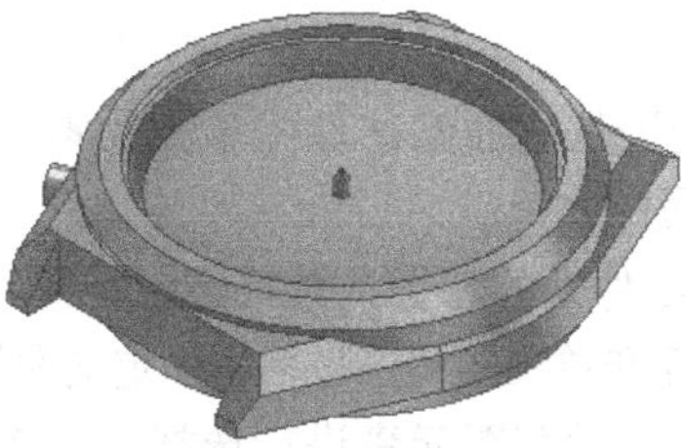

图 3-8　表壳模型

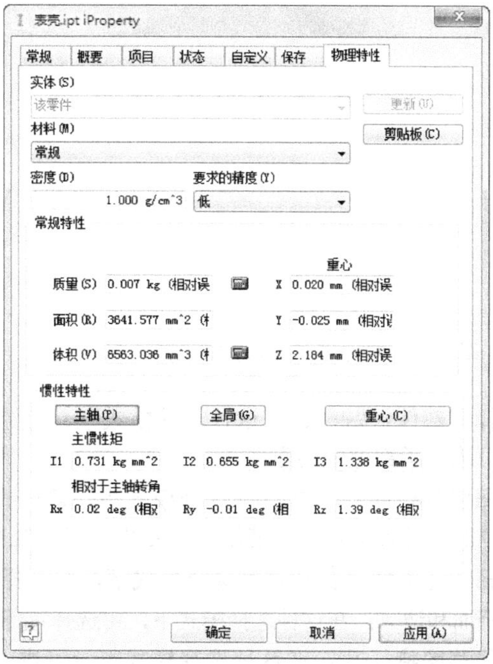

图 3-9　表壳的物理特性

3.1.4　选择特征和图元

Inventor 2019 在工具栏中提供了选择特征和图元的工具。在零件和部件环境下，选择工具是不相同的，下面分别介绍。

1. 零件环境的选择工具

零件环境的选择工具在 Inventor 2019 界面最上面的快速工具栏上，如图 3-10 所示。可看到在零件环境下，有选择组、选择特征、选择面和边、选择草图特征等工具。

（1）选择特征、选择面和边工具可直接在模型环境下对面、边和特征进行选择。

（2）选择草图特征工具则需要进入草图环境中对草图元素进行选择。

2. 部件环境下的选择工具

部件环境下的选择工具如图 3-11 所示。部件环境下由于包含较多的零部件，所以选择模式更加复杂，下面对各种选择模式分别介绍。

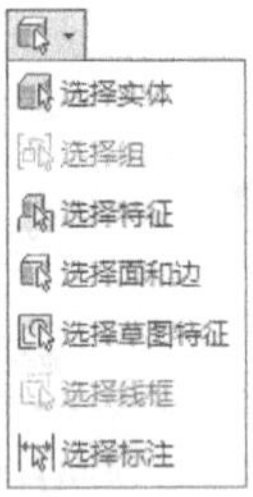

图 3-10 零件环境下的选择工具

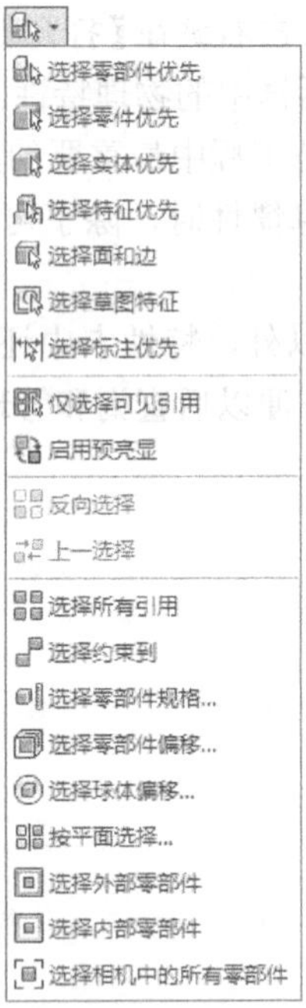

图 3-11 部件环境下的选择工具

选择零部件优先：在这种选择模式下，可选择完整的零部件。需要注意的是可选择子部件，但是不可选择子部件中的零件。

选择零件优先：在这种选择模式下，可选择零件，无论是添加到部件中单独的零件或者是子部件中的零部件都可。不能给一个零件选择特征和草图几何图元。

选择特征优先：在这种选择模式下，可选择任何一个零件上的特征，包括定位特征。

选择面和边：在这种选择模式下，可选择零部件的上表面和单独的边，包括用于定义面的曲线。

选择草图特征：在这种选择模式下，可进入草图环境中对草图元素进行选择，与在零件环境下选择草图元素类似。

在零部件选择菜单的子菜单中，还提供了几种更加完善的选择模式，下面分别说明。

（1）选择【选择约束到】选项后，再随意选择部件中的一个零件或子部件，则与该零件或子部件存在约束关系的零件或子部件都将同时选定。

（2）选择【选择零部件规格】选项后，打开如图 3-12 所示的【按大小选择】对话框，对话框中有一个文本框可填入具体的数值也可以填入比例数值，然后不小于或不大于这个数值的零件就会自动被选择并亮显，同时其大小将显示出来，并由选定零部件的边框的对角点来确定。如果需要，则单击箭头以选择一个零部件测量其大小。选中相应的选项，以选择大于或小于零部件大小的零部件。

（3）选择【选择零部件偏移】选项后，会打开如图 3-13 所示的【按偏移选择】对话框，包含在选定零部件偏移距离范围内的零部件将会亮显出来。可在【按偏移选择】框中设置偏移距离，也可单击并拖曳某个面，以调整其大小。如果需要，则单击箭头以使用【测量】工具。勾选【包括部分包含的内容】复选框，还将亮显部分包含的零部件。

（4）选择【选择球体偏移】选项后，打开如图 3-14 所示的【按球体选择】对话框，可亮显位于选定零部件周围球体内的零部件。可在【按球体选择】对话框中设置球体大小，也可单击并拖曳球体边界，以调整其大小。如果需要，可单击箭头按钮以使用【测量】工具。选中此复选框，还将亮显部分包含的零部件。

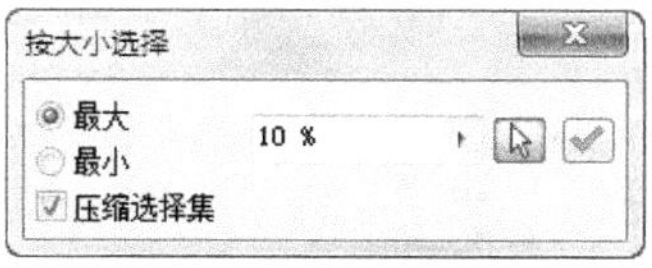

图 3-12 【按大小选择】对话框

图 3-13 【按偏移选择】对话框

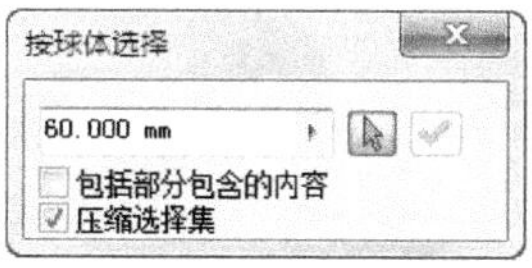

图 3-14 【按球体选择】对话框

3.2 定位特征

在 Inventor 中，定位特征是指可作为参考特征投影到草图中并用来构建新特征的平面、轴或点。定位特征的作用是在几何图元不足以创建和定位新特征时，为特征创建提供必要的约束，以便于完成特征的创建。定位特征抽象地构造几何图元，本身是不可用来进行造型的。

在 Inventor 的实体造型中，定位特征的重要性值得引起重视，许多常见的形状的创建离不开定位特征。图 3-15 所示是水龙头的三维造型，可看到这个水龙头的主体是一个截面面积变化特征，在这个造型中就利用定位特征作为造型的参考，图中的平面就是用到所有的工作平面（定位特征的一种）。

一般情况下，零件环境和部件环境中的定位特征是相同的，但以下情况除外。

（1）中点在部件中时不可选择点。

（2）【三维移动 / 旋转】工具在部件文件中不可用于工作点上。

（3）内嵌定位特征在部件中不可用。

（4）不能使用投影几何图元，因为控制定位特征位置的装配约束不可用。

（5）零件定位特征依赖于用来创建它们的特征。

（6）在浏览器中，这些特征被嵌套在关联特征下面。

（7）部件定位特征从属于创建它们时所用部件中的零部件。

（8）在浏览器中，部件定位特征被列在装配层次的底部。

（9）当用另一个部件来定位定位特征，以便创建零件时，便创建了装配约束。设置在需要选择装配定位特征时选择特征的选择优先级。

上面提到内嵌定位特征，略作解释。在零件中使用定位特征工具时，如果某一点、线或平面是所希望的输入，则创建内嵌定位特征。内嵌定位特征用于帮助创建其他定位特征。在浏览器中，它们显示为父定位特征的子定位特征。例如，可在两个工作点之间创建工作轴，而在启动【工作轴】工具前这两个点并不存在。当工作轴工具激活时，可动态创建工作点。

定位特征包括工作平面、工作轴和工作点，下面分别讲述。

3.2.1 基准定位特征

在 Inventor 中有一些定位特征是不需要用户自己创建的，它们在创建一个零件或部件文件时自动产生，我们称之为基准定位特征。这些基准定位特征包括 *X* 轴、*Y* 轴、*Z* 轴以及它们的交点即原点，还有它们所组成的平面即 *XY* 平面、*YZ* 平面和 *XZ* 平面。图 3-16 分别显示了零件文件和部件文件中的基准定位特征，可看到，基准定位特征全部位于浏览器中【原始坐标系】文件夹下面。

图 3-15 水龙头的三维造型

零件环境下　　部件环境下

图 3-16 零件文件和部件文件中的基准定位特征

基准定位特征的用途如下。

（1）基准定位特征可作为系统基础草图平面的载体。当用户新建了一个零件文件后，系统会自动在基准定位特征的 *XY* 平面上新建一个草图。

（2）基准定位特征可为建立某些特殊的定位特征提供方便，如新建一个工作面或工作轴，都可把基准定位特征作为参考。

（3）另外，当在部件环境中装入第一个零件时，该零件的基准定位特征与部件环境下的基准定位特征重合，也就是说，第一个零件的坐标系和部件文件的坐标系是重合的。

3.2.2 工作点

工作点是参数化的构造点，可放置在零件几何图元、构造几何图元或三维空间中的任意位置。工作点的作用是用来标记轴和阵列中心、定义坐标系、定义平面（三点）和定义三维路径。工作点在零件环境和部件环境中都可使用。

在零件环境及在部件环境中，可用【三维模型】标签栏内【定位特征】面板上的【工作点】工具选择模型的顶点、边和轴的交点，三个不平行平面的交点或平面的交点以及其他可作为工作点的定位特征，也可在需要时人工创建工作点。

要创建工作点，可选择【三维模型】标签栏【定位特征】面板上的【工作点】工具按钮◈。创建工作点的方法比较多且较为灵活，如当工作点创建以后，在浏览器中会显示该工作点，如图 3-17 所示。

（1）用户选择单个对象创建工作点，如选择曲线和边的端点或中点，选择圆弧或圆的中心等，这时即可创建一个与所选的点位置重合的工作点。

（2）用户还可通过选择多个对象来创建工作点。

可以这么说，在几何中如何确定一个点，在 Inventor 中就需要选择什么样的元素来构造一个工作点，如选择两条相交的直线，则在直线的交点位置处会创建工作点；选择三个相交的平面，则在平面的交点处创建工作点等，这里不再一一叙述。图 3-18 显示了几种常用的创建工作点的方法。

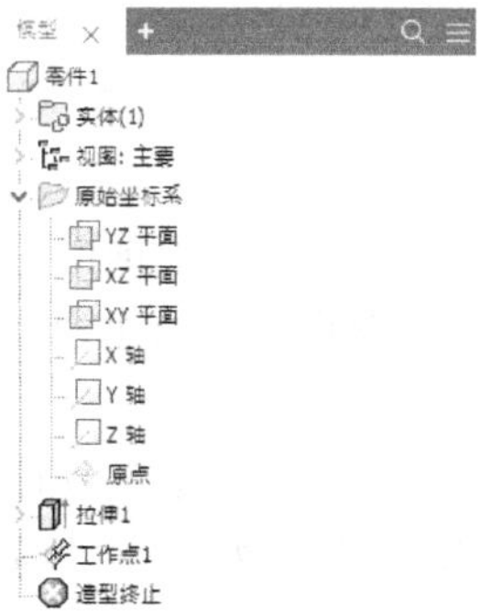

图 3-17　浏览器中显示工作点

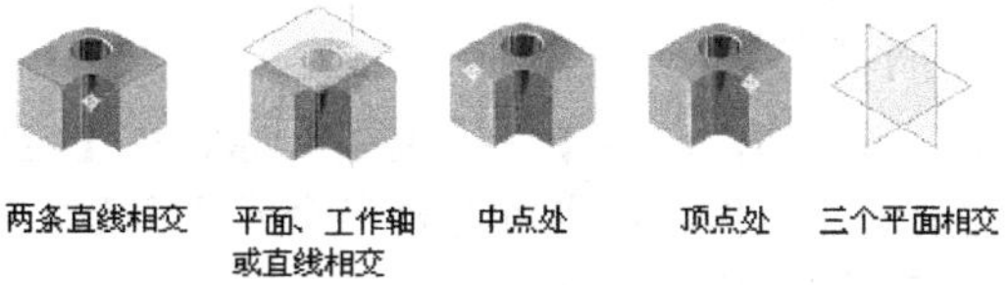

图 3-18　常用的创建工作点的方法示意图

3.2.3　工作轴

工作轴是参数化附着在零件上的无限长的构造线。在三维零件设计中，工作轴常用来辅助创建工作平面，辅助草图中的几何图元的定位，创建特征和部件时用来标记对称的直线、中心线或两个旋转特征轴之间的距离，作为零部件装配的基准，创建三维扫掠时作为扫掠路径的参考等。

要创建工作轴，可选择【三维模型】标签栏内【定位特征】面板上的【工作轴】工具按钮 轴。创建工作轴的方法很多，可选择单个元素创建工作轴，也可选择多个元素创建。

（1）选择一个线性边、草图直线或三维草图直线，沿所选的几何图元创建工作轴。

（2）选择一个旋转特征（如圆柱体），沿其旋转轴创建工作轴。

（3）选择两个有效点，创建通过它们的工作轴。

（4）选择一个工作点和一个平面（或面），创建与平面（或面）垂直并通过该工作点的工作轴。

（5）选择两个非平行平面，在其相交位置创建工作轴。

（6）选择一条直线和一个平面，创建的工作轴会与沿平面法向投影到平面上的直线的端点重合等。

在各种情况下创建的工作轴如图 3-19 所示。

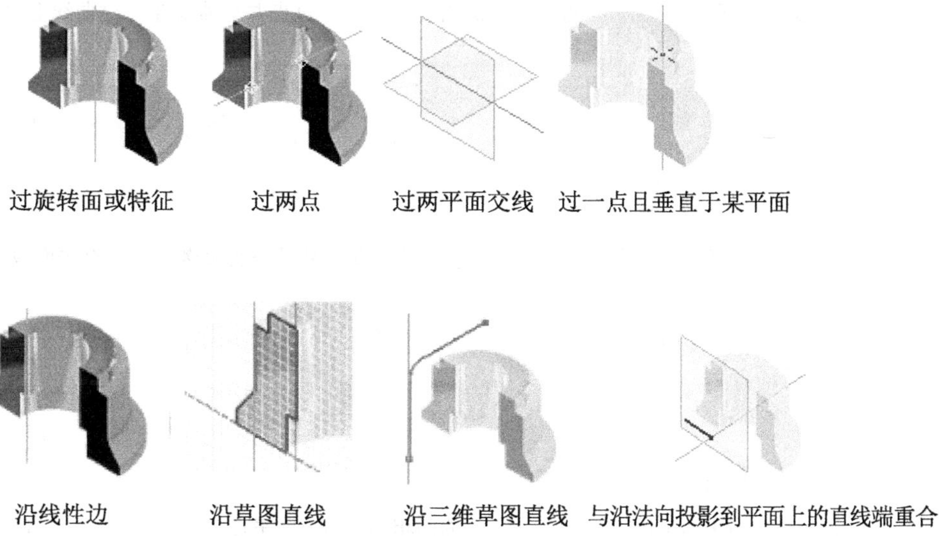

图 3-19　各种情况下创建的工作轴

3.2.4 工作平面

在零件中，工作平面是一个无限大的构造平面，该平面被参数化附着于某个特征；在部件中，工作平面与现有的零部件相约束。工作平面的作用很多，可用来构造轴、草图平面或中止平面，作为尺寸定位的基准面，作为另外工作平面的参考面，作为零件分割的分割面，以及作为定位剖视观察位置或剖切平面等。

要创建工作平面，单击【三维模型】标签栏【定位特征】面板上的【平面】工具按钮。可选择单个元素创建工作轴，也可选择多个元素创建。在立体几何学上如何创建一个平面，那么在Inventor中也可采取相同的法则来建立工作平面。

（1）选择一个平面，创建与此平面平行同时偏移一定距离的工作平面。

（2）选择不共线的三点，创建一个通过这三个点的工作平面。

（3）选择一个圆柱面和一条边，创建一个过这条边并且和圆柱面相切的工作平面。

（4）选择一个点和一条轴，创建一个过点并且与轴垂直的工作平面。

（5）选择一条边和一个平面，创建过边且与平面垂直的工作平面。

（6）选择两条平行的边，创建过两条边的工作平面。

（7）选择一个平面和平行于该平面的一条边，创建一个与该平面成一定角度的工作平面。

（8）选择一个点和一个平面，创建过该点且与平面平行的工作平面。

（9）选择一个曲面和一个平面，创建一个与曲面相切并且与平面平行的曲面。

（10）选择一个圆柱面和一个构造直线的端点，创建在该点处与圆柱面相切的工作平面等。

利用各种方法创建的工作平面如图3-20所示。

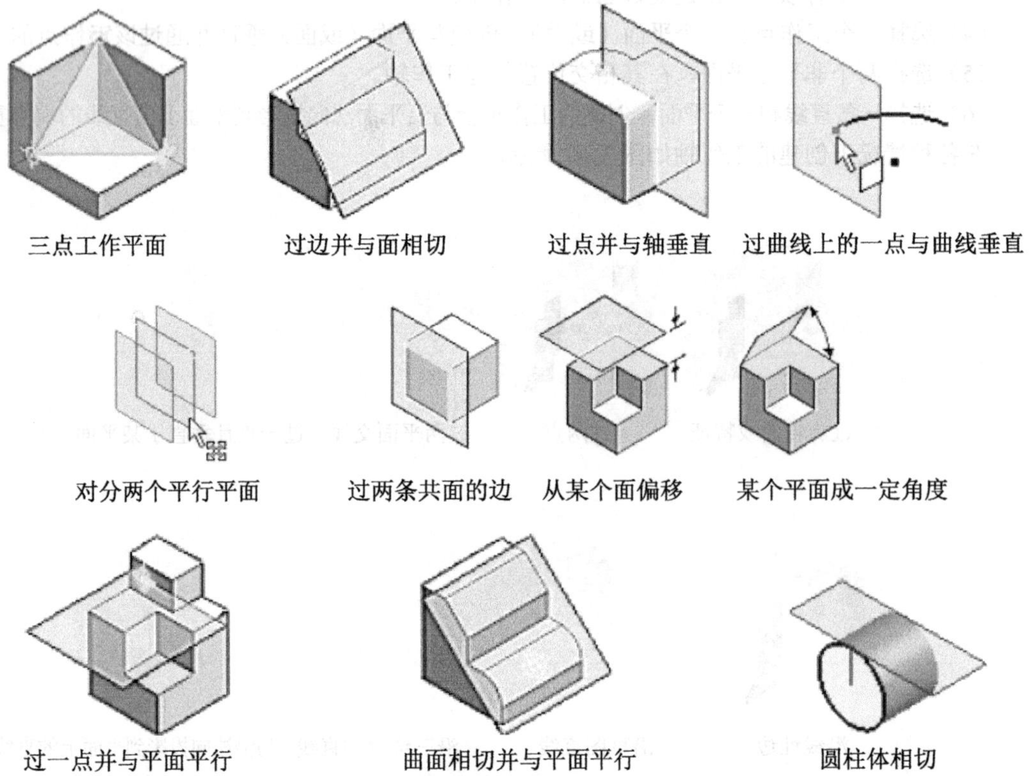

图3-20 利用各种方法创建的工作平面

在零件或部件造型环境中，工作平面表现为透明的平面。工作平面创建以后，在浏览器中可看到相应的符号，如图 3-21 所示。

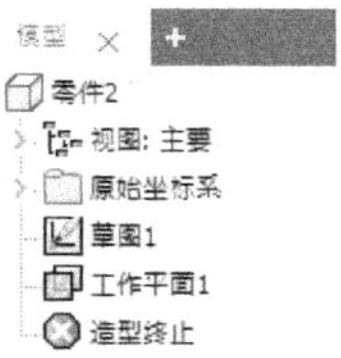

图 3-21　浏览器中的工作平面符号

3.2.5　显示与编辑定位特征

定位特征创建以后，在左侧的浏览器中会显示出定位特征的符号，在这个符号上单击右键，则打开【关联】菜单，如图 3-22 所示。定位特征的显示与编辑操作主要通过【右键】菜单中提供的选项进行。下面以工作平面为例，说明如何显示和编辑工作平面。

1. 显示工作平面

当新建了一个定位特征（如工作平面）后，这个特征是可见的。但是，如果在绘图区域内建立了很多工作平面或工作轴等，而使得绘图区域杂乱，或不想显示这些辅助的定位特征时，可选择将其隐藏。如果要设置一个工作平面为不可见，只需在浏览器中右键单击该工作平面符号，在右键菜单中去掉【可见性】选项前面的钩号即可，这时浏览器中的工作平面符号变成灰色的。如果要重新显示该工作平面，选中【可见性】项即可。

2. 编辑工作平面

如果要改变工作平面的定义尺寸，只需在【右键】菜单中选择【编辑尺寸】选项，打开【编辑尺寸】对话框，输入新的尺寸数值，然后单击右面的钩号 ✓ 即可。

如果现有的工作平面不符合设计的需求，则需要进行重新定义，选择【右键】菜单中的【重定义特征】选项即可。这时候已有的工作平面将会消失，可重新选择几何要素以建立新的工组平面。

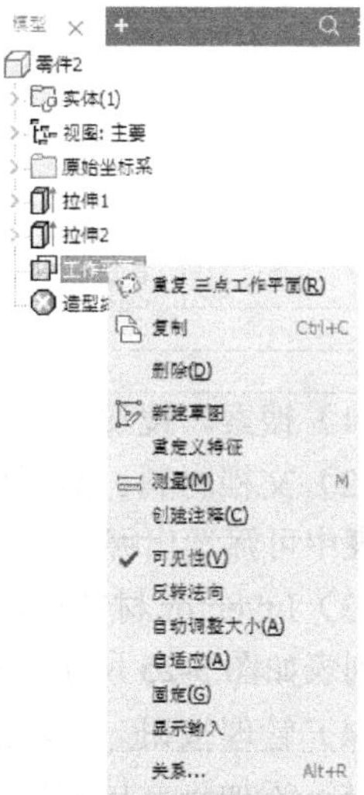

图 3-22　定位特征的右键关联菜单

如果要删除一个工作平面，可选择【右键】菜单中的【删除】项，则工作平面即被删除。

对于其他的定位特征（如工作轴和工作点），可进行的显示和编辑操作与对工作平面进行的操作类似，故不赘述。

3.3　材料

Autodesk 产品中的材料代表实际材料，例如混凝土、木材和玻璃。Inventor 可以将这些材料应用到设计的各个部分，为对象提供真实的外观和行为。

3.3.1 材料浏览器

在材料浏览器中，可以更改零部件的材料。

单击【工具】标签栏【材料和外观】面板中的【材料】按钮，打开如图 3-23 所示的【材料浏览器】对话框。

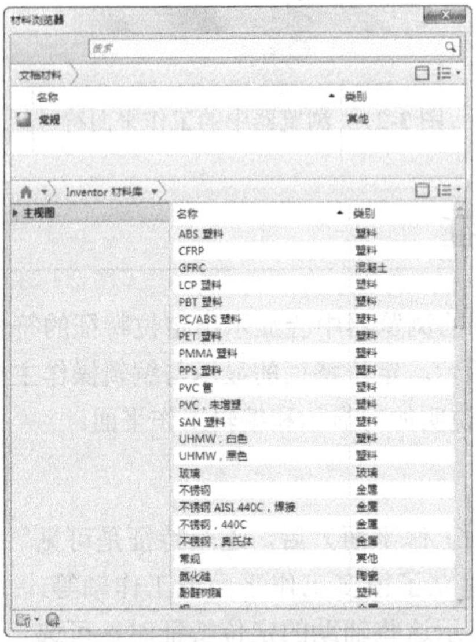

图 3-23 【材料浏览器】对话框

（1）搜索。搜索多个库中的外观。

（2）文档材料。显示激活文档中的材料列表。单击按钮，下拉列表如图 3-24 所示，在下拉列表中可筛选出哪些材料显示在列表中。

（3）Inventor 材料库。显示 Inventor 材质库或 Autodesk 材质库中的材料列表，单击按钮，下拉列表如图 3-25 所示，在下拉列表中可筛选出哪些材料显示在列表中。

（4）管理按钮。创建、打开并编辑用户定义的库，如图 3-26 所示。

（5）添加到文档按钮。在文档中添加新材质。单击此按钮，打开如图 3-27 所示的【材料编辑器】对话框，用于查找和管理材料。

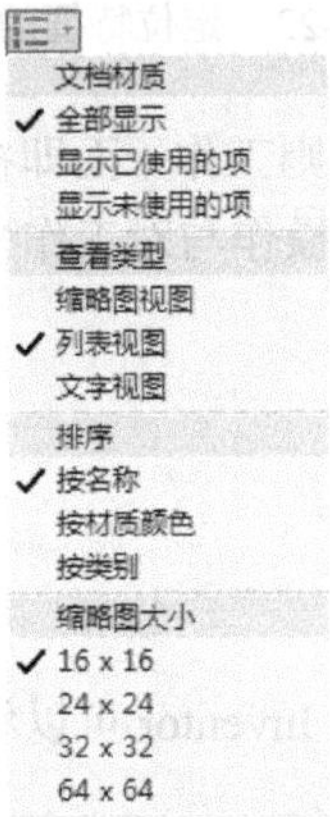

图 3-24 【文档材料】下拉列表

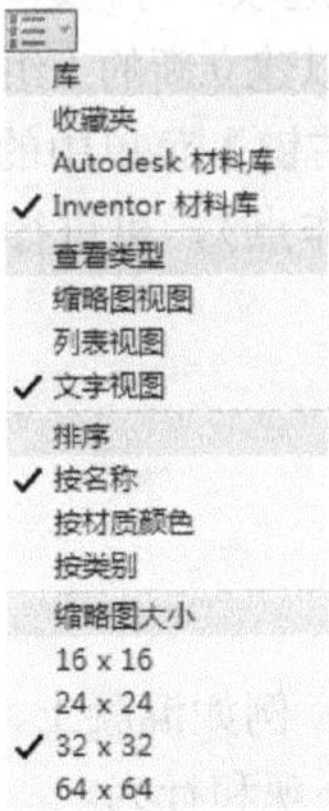

图 3-25 【材质库】下拉列表

图 3-26 【管理】菜单

①【标识】选项卡。显示有关材料的说明信息、产品信息和 Revit 注释信息。

②【外观】选项卡。显示选定资源类型的特性，包括常规、反射率、透明度、自发光等。

③【物理】选项卡。显示有关材料的物理特性，如基本信息、基本热量、机械和强度等。

④ 资源浏览器按钮。单击此按钮，打开如图 3-28 所示的【资源浏览器】对话框。将根据在材料编辑器中选定的外观显示资源，在该对话框中可以选择材料编辑器中的其他外观，资源浏览器将会更新，以显示与选定外观关联的资源。

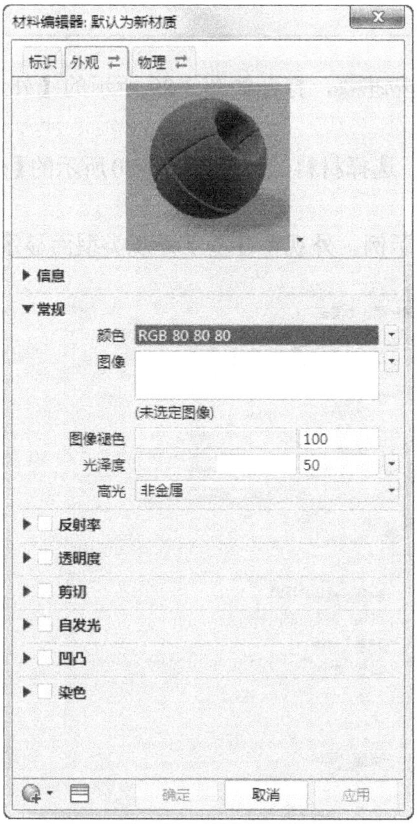

图 3-27 【材料编辑器】对话框

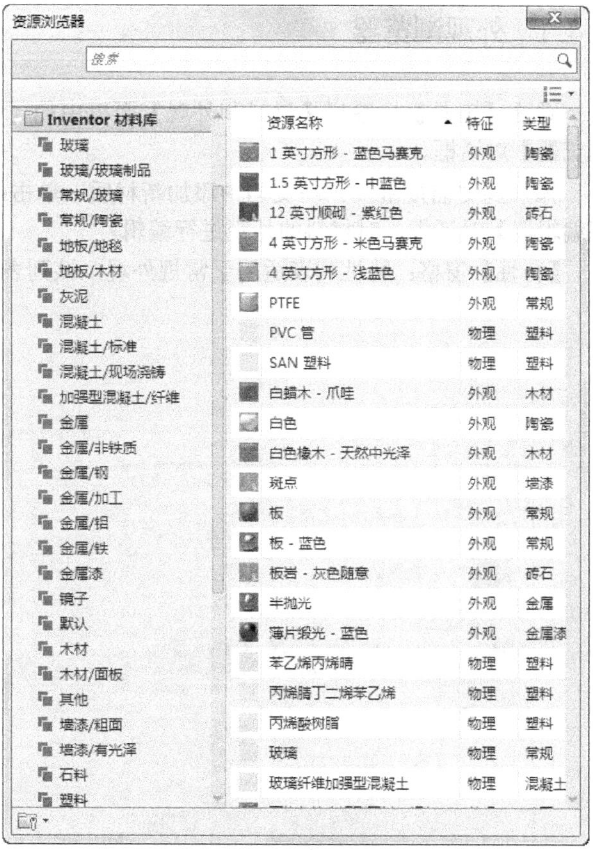

图 3-28 【资源浏览器】对话框

3.3.2　为零部件添加材料

在某些设计环境中，对象的外观是最重要的，因此材料具有详细的外观特性，如反射率和表面粗糙度。在其他环境下，材料的物理特性（例如，屈服强度和热传导率）更为重要，因为材料必须支持工程分析。

为零部件添加材料步骤如下。

（1）单击【工具】标签栏【材料和外观】面板中的【材料】按钮，打开如图 3-23 所示的【材料浏览器】对话框。

（2）在图形区域或模型浏览器中，选择零部件。

（3）在库材料列表区域中，将鼠标指针悬停在要添加到文档中的材料的上方。此时选定对象上会显示材料应用效果。

（4）在材料上单击鼠标右键，在打开的快捷菜单中选择【指定给当前选择】选项。将材料添加到文档中，并将其指定给零部件。

3.4 外观

3.4.1 外观浏览器

单击【工具】标签栏【材料和外观】面板中的【外观】按钮，打开如图 3-29 所示的【外观浏览器】对话框。

添加到文档按钮：在文档中添加新材质。单击此按钮，选择材料，打开如图3-30所示的【外观编辑器】对话框，对材料的外观进行编辑。

【特性】窗格：特性列表适用于常规外观，该列表是一个示例。外观特性基于外观类型而显示。

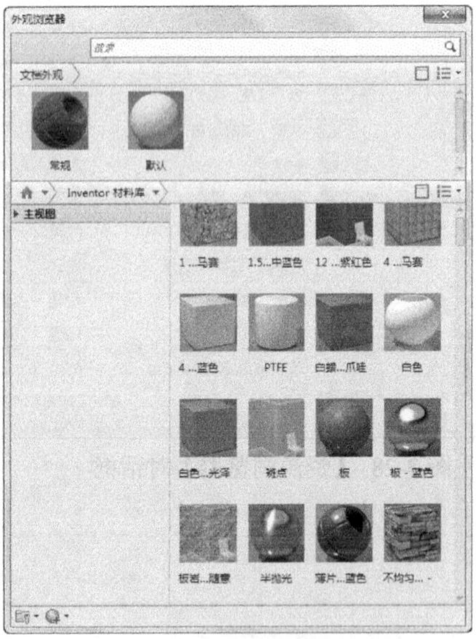

图 3-29 【外观浏览器】对话框

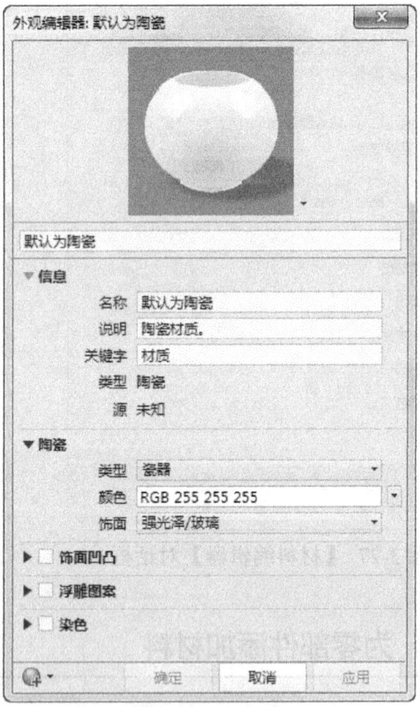

图 3-30 【外观编辑器】对话框

3.4.2 为零部件添加外观

为零部件添加外观的步骤如下。

（1）单击【工具】标签栏【材料和外观】面板中的【外观】按钮，打开如图 3-29 所示的【外观浏览器】对话框。

（2）在图形区域中，选择零部件。

（3）在外观浏览器的【库】部分中，选择要应用的外观所在的库。

（4）在库外观列表中，将鼠标指针悬停在其他外观上方，以预览选定对象应用外观的效果。

（5）在外观上单击鼠标右键，然后单击【指定给当前选择】选项。或者单击⬆按钮以将外观添加到文档中。然后，单击文档外观，以将其指定给选择的对象。

3.4.3　修改零件外观

使用【调整】命令可以更改颜色或方向。使用【外观】小工具栏可以访问外观特性，可以更改颜色模式、颜色值、纹理和纹理贴图。

（1）单击【工具】标签栏【材料和外观】面板中的【调整】按钮，打开如图 3-31 所示的【外观】小工具栏。

（2）选择要修改外观的面，小工具栏中显示所选面的外观特性。

（3）根据需要使用选项修改外观。

（4）单击【确定】按钮✓，更改外观。

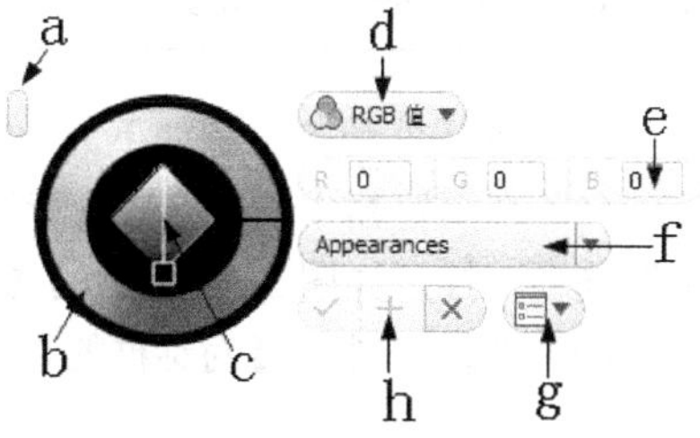

图 3-31　【外观】小工具栏

小工具栏中各个控件的含义如下。

a. 重新定位夹点。　b.【颜色】控制盘。　c. 颜色选择隐式光标。

d. RGB 或 HSB（色调、饱和度、亮度）颜色模式。　e. 基于 RGB 或 HSB 选择的颜色值。

f. 外观选择。　g. 小工具栏选项。　h. 确定、应用、取消。

3.4.4　更改面的外观

更改面的外观步骤如下。

（1）在图形窗口中，先选择一个或多个面。

（2）单击鼠标右键，打开如图 3-32 所示的快捷菜单，选择【特性】选项。

（3）打开【面特性】对话框，在【面外观】下拉列表中选择【橙色】外观，如图 3-33 所示。

（4）单击【确定】按钮，完成面外观的更改，如图 3-34 所示。

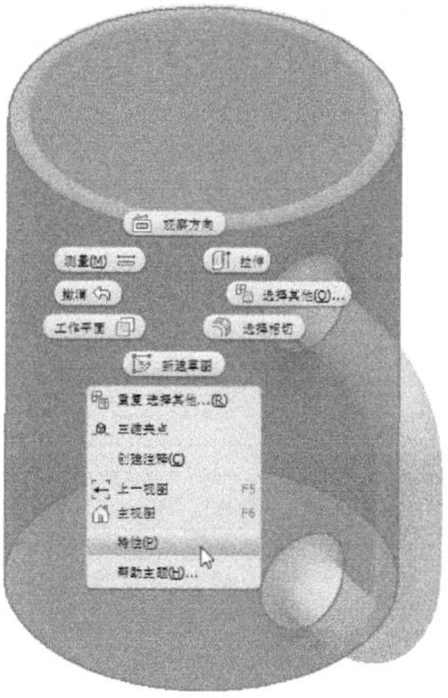

图 3-32　快捷菜单

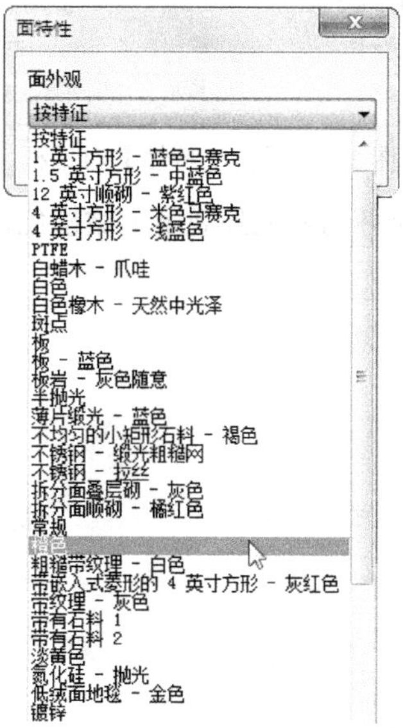

图 3-33　【面特性】对话框

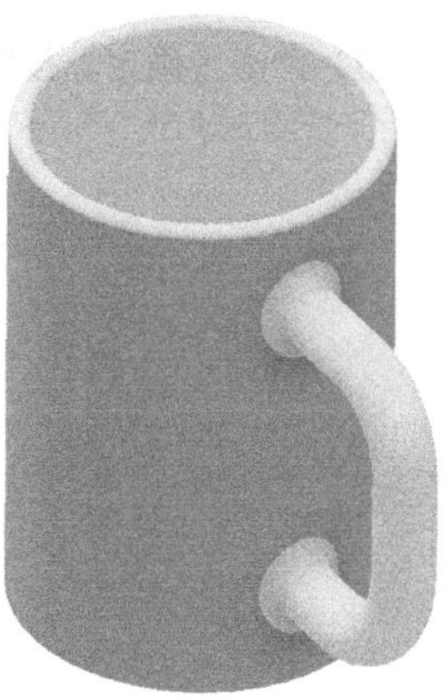

图 3-34　更改颜色

面外观的更改应遵循以下规则。

（1）如果示意螺纹纹理被应用到特征，则面颜色修改仅影响螺纹纹理中使用的基础颜色。

（2）如果零件是透明的，则面外观改变，但保持透明。

（3）面外观替代特征外观。

（4）如果更改面外观，然后在阵列中包含特征，则阵列特征不具有面外观。

（5）如果部件包含零件的多个实例，则所有实例都随着新的面外观进行更新。

3.4.5 更改特征外观

更改特征外观的步骤如下。

（1）在浏览器中的【扫掠】特征上单击鼠标右键，在打开如图 3-35 所示的快捷菜单中选择【特性】选项，打开如图 3-36 所示的【特征特性】对话框。

（2）在【特征特性】对话框的【特征外观】下拉菜单中选择外观，这里选择橄榄绿，如图 3-37 所示。

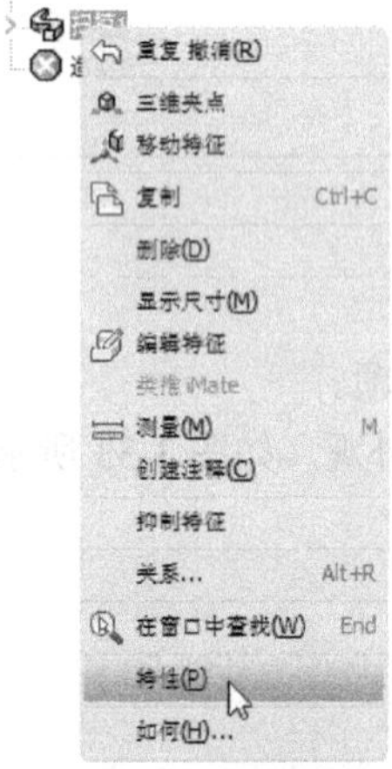

图 3-35 快捷菜单

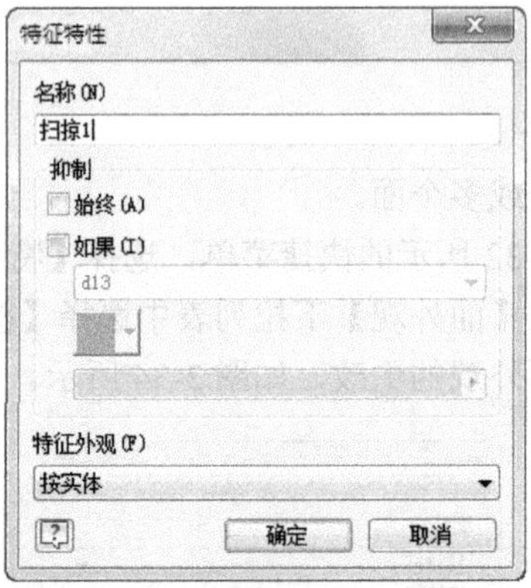

图 3-36 【特征特性】对话框

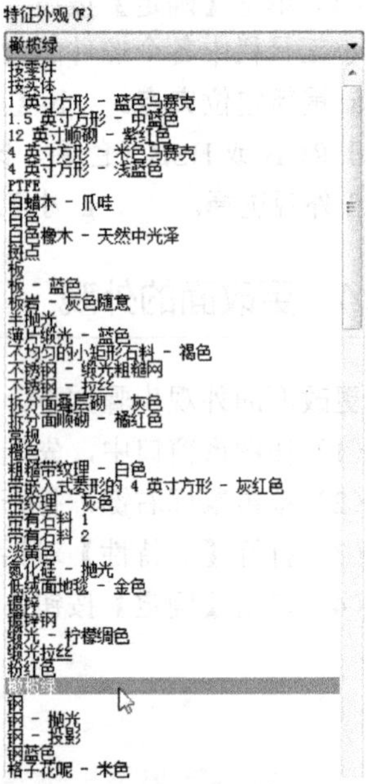

图 3-37 【特征外观】下拉菜单

（3）单击【确定】按钮，牛奶杯的杯把外观附上橄榄色，如图 3-38 所示。

图 3-38 附颜色

3.4.6 贴图特征

在 Inventor 中，可将图像应用到零件面来创建贴图特征，用于表示如标签、艺术字体的品牌名称、徽标和担保封条等制造要求。贴图中的图像可以是位图、Word 文档或 Excel 电子表格。在实际的设计中，贴图应该放置在凹进的区域中，以便为部件中的其他零部件提供间隙或防止在包装时损坏。典型的贴图特征如图 3-39 所示。

在零件的表面创建贴图特征的一般步骤如下。

（1）单击【三维模型】标签栏内【创建】面板上的【贴图】工具按钮，贴图特征是基于草图的特征，如果不是在草图环境下并且当前的工作环境中没有退化的草图，则系统将提示用户当前没有退化的草图以建立特征。

（2）所有用户在建立贴图特征以前，需要在零件的表面或相关的辅助平面上利用【草图】标签栏上的【插入图像】工具导入图像。

单击【三维模型】标签栏【草图】面板上的【开始创建二维草图】按钮，选择 *YZ* 平面为草图绘制面，进入草图绘制环境。单击【草图】标签栏【插入】面板上的【插入图像】按钮，插入图片如图 3-40 所示，单击【草图】标签上的【完成草图】按钮，退出草图环境。

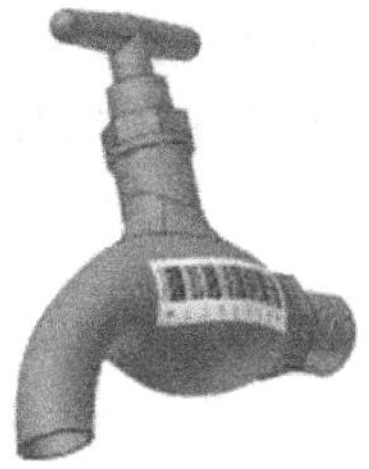

图 3-39　贴图特征

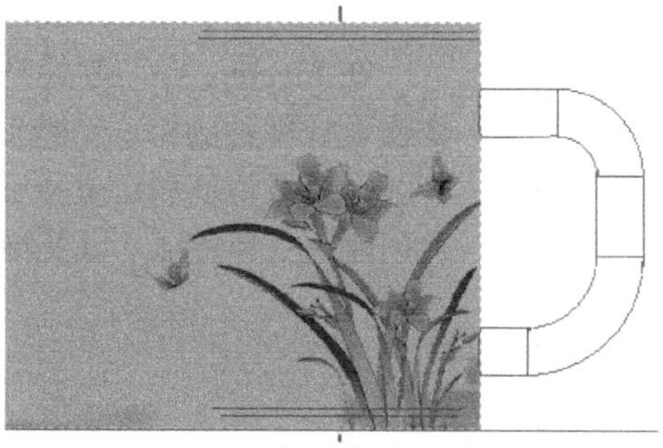

图 3-40　插入图片

（3）单击【三维模型】标签栏内【创建】面板上的【贴图】工具按钮，则弹出【贴图】对话框，如图 3-41 所示。选择已经导入的图像，然后选择杯子的外表面为图像要附着的表面。如果勾选【折叠到面】复选框，则指定图像缠绕到一个或多个曲面上，清除该复选框则将图像投影到一个或多个面上而不缠绕。勾选【链选面】复选框则将贴图应用到相邻的面，比如跨一条边的两侧的面。在放置贴图图像时应避免与拐角交叠，否则贴图将沿着边被剪切，因为贴图无法平滑地缠绕到两个面。

（4）指定了所有的参数以后，单击【确定】按钮完成特征的创建，如图 3-42 所示。

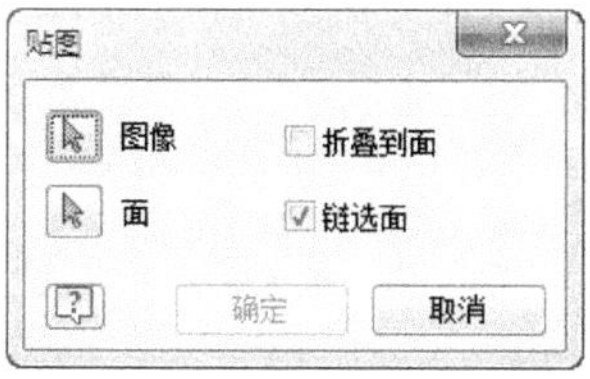

图 3-41　【贴图】对话框

图 3-42　贴图

第 4 章
特征的创建与编辑

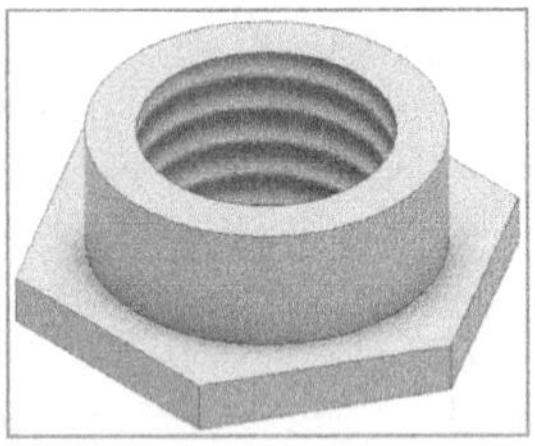

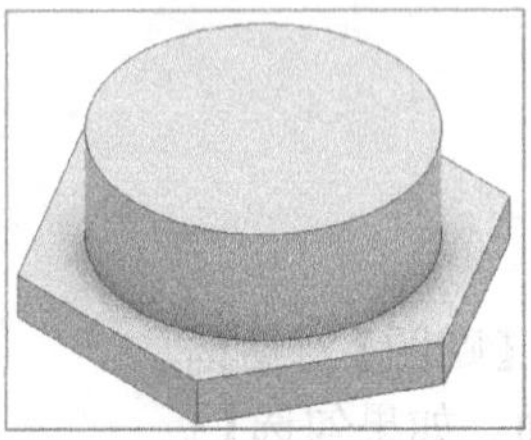

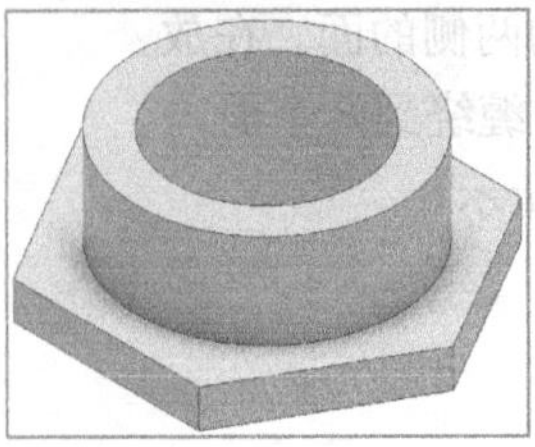

在 Inventor 中，零件是特征的集合，设计零件的过程也就是依次设计零件的每一个特征的过程。在 Inventor 中，主要有草图特征、放置特征和定位特征三种类型的特征，本章将简要讲述如何创建这三种特征，以及特征的编辑等。

4.1　定制特征工作区环境

在 Inventor 中，可单击【工具】标签中的【应用程序设置】按钮来定制特征环境的工作区域。打开【应用程序选项】对话框后单击【零件】选项卡，如图 4-1 所示。对各个参数解释如下。

图 4-1　【零件】选项卡

（1）在【新建零件时创建草图】选项中，设置创建新的零件文件时，设置创建草图的首选项。选择【不新建草图】单选项，创建零件时，禁用自动创建草图功能。选择【在 X-Y 平面创建草图】单选项，创建零件时，把【X-Y】面设置为草图平面，下同。

（2）【构造】项中的【不透明曲面】选项可以设置所创建的曲面是否透明。在默认的设置下，创建的曲面为半透明的，但可以通过选中该选项修改为不透明。

（3）如果勾选【自动隐藏内嵌定位特征】复选框，则当通过其他定位特征退化时，定位特征将会自动被隐藏。

（4）如果勾选【自动使用定位特征和曲面特征】复选框，浏览器就会更整洁，特征从属项之间的通信也会更有效。但是不能在无共享内容的退化特征之间回退零件结束标记，例如在拉伸特征及其退化的草图。取消该选项，如果创建了多个工作平面，每个平面都从前一个工作平面偏移（例如为放样特征创建草图），最好清除该复选框。自动使用会导致不希望出现的浏览器节点的深度嵌套。

（5）【三维夹点】中的【选择时显示夹点】选项可以在选择零件或部件的面或边时显示夹点。当选择优先设置为边和面时，夹点将显示，并可以使用三维夹点编辑面。在夹点上单击将启动【三维夹点】命令。

（6）【尺寸约束】选项可以指定由三维夹点编辑导致的特征变化与现有约束不一致时尺寸约束

如何响应。

【永不放宽】单选项：防止在具有线性尺寸或角度尺寸的方向上对特征进行夹点编辑。

【在没有表达式的情况下放宽】单选项：防止在由基于等式的线性尺寸或角度尺寸定义的方向上对特征进行夹点编辑。没有等式的尺寸不受影响。

【始终放宽】单选项：允许对特征进行夹点编辑，而不考虑是否应用线性尺寸、角度尺寸或基于等式的尺寸。

【提示】单选项与【始终放宽】单选项类似，但是，如果夹点编辑影响尺寸或基于表达式的尺寸，则将显示一条警告。接受后，尺寸和等式将被放宽，并且夹点编辑结束后，二者将更新为数值。

（7）【几何约束】选项用于指定由三维夹点编辑导致的特征变化与现有约束不一致时几何约束如何响应。

【永不打断】单选项：防止约束存在时对特征进行夹点编辑。

【始终打断】单选项：断开一个或多个约束，使得即使约束存在时，也能够对特征进行夹点编辑。

【提示】单选项：与【始终打断】单选项类似，但是，如果夹点编辑将打断一个或多个约束，则将显示一条警告。

4.2 基于草图的简单特征

在 Inventor 中有一些特征是必须要首先创建草图然后才可以创建的，如拉伸特征，首先必须在草图中绘制拉伸的截面形状，否则就无法创建该特征，这样的特征称为基于草图的特征；有一些特征则不需要创建草图，而是直接在实体上创建，如倒角特征，它需要的要素是实体的边线，与草图没有一点关系，这些特征就是非基于草图的特征。本节首先介绍一些基于草图的简单特征，另外有一些基于草图的特征非常复杂，将在【复杂特征的创建】一节讲述。

4.2.1 拉伸特征

拉伸特征是通过草图截面轮廓添加深度的方式创建的特征。在零件的造型环境中，拉伸用来创建实体或切割实体；在部件的造型环境中，拉伸通常用来切割零件。特征的形状由截面形状、拉伸范围和扫掠斜角三个要素来控制。典型的拉伸特征造型零件如图 4-2 所示，左侧为拉伸的草图截面，右侧为拉伸生成的特征。下面按照顺序介绍一下拉伸特征的造型要素。首先单击【三维模型】标签栏【创建】面板上的【拉伸】按钮，打开如图 4-3 所示【拉伸】对话框。

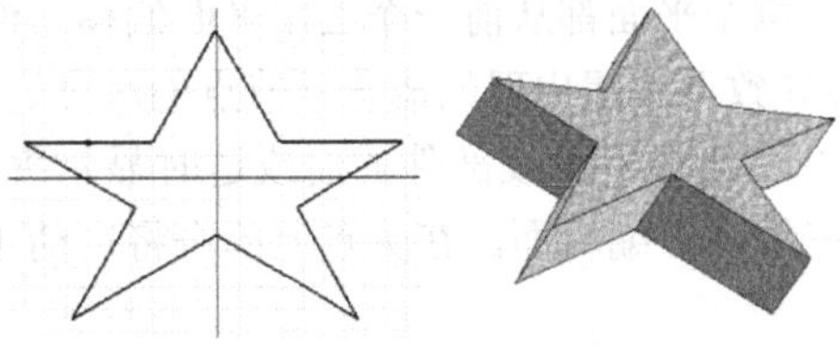

图 4-2 利用拉伸创建的零件

图 4-3 【拉伸】对话框

1. 截面轮廓形状

进行拉伸操作的第一个步骤就是利用【拉伸】对话框上的截面轮廓选择工具选择截面轮廓。在选择截面轮廓时，可以选择多种类型的截面轮廓创建拉伸特征。

（1）可选择单个截面轮廓，系统会自动选择该截面轮廓。

（2）可选择多个截面轮廓，如图 4-4 所示。

（3）要取消某个截面轮廓的选择，按下 Ctrl 键，然后单击要取消的截面轮廓即可。

（4）可选择嵌套的截面轮廓，如图 4-5 所示。

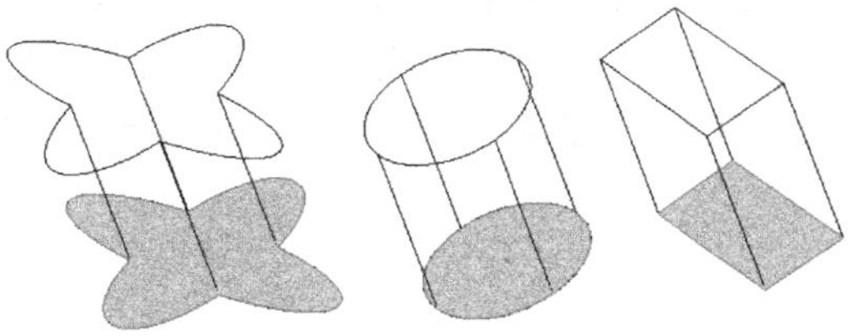

图 4-4　选择多个截面轮廓

（5）还可选择开放的截面轮廓，该截面轮廓将延伸它的两端直到与下一个平面相交，拉伸操作将填充最接近的面，并填充周围孤岛（如果存在）。这种方式对部件拉伸来说是不可用的，它只能形成拉伸曲面，如图 4-6 所示。

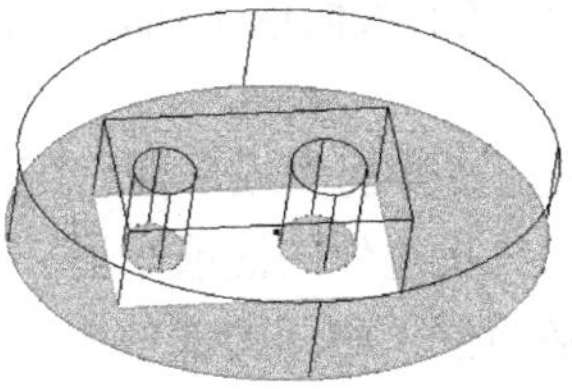

图 4-5　选择嵌套的截面轮廓

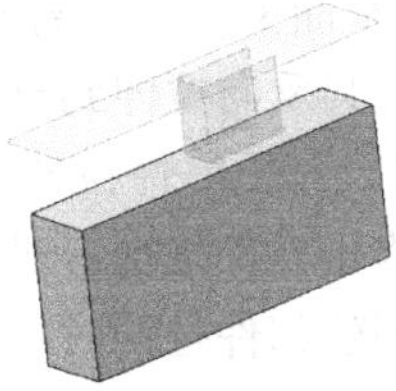

图 4-6　拉伸形成曲面

2. 输出方式

拉伸操作提供两种输出方式：实体和曲面。单击按钮可将一个封闭的截面形状拉伸成实体，单击按钮可将一个开放的或封闭的截面形状拉伸成曲面。图 4-7 所示是将封闭曲线和开放曲线拉伸成曲面的示意图。

3. 布尔操作

布尔操作提供了三种操作方式。

（1）单击【求并】按钮，将拉伸特征产生的体积添加到另一个特征上去，二者合并为一个整体。

（2）单击【求差】按钮，从另一个特征中去除由拉伸特征产生的体积。

（3）单击【求交】按钮，将拉伸特征和其他特征的公共体积创建为新特征，未包含在公共体积内的材料被全部去除。

图 4-8 显示了在三种布尔操作模式下生成的零件特征。

图 4-7　将封闭曲线和开放曲线拉伸成曲面

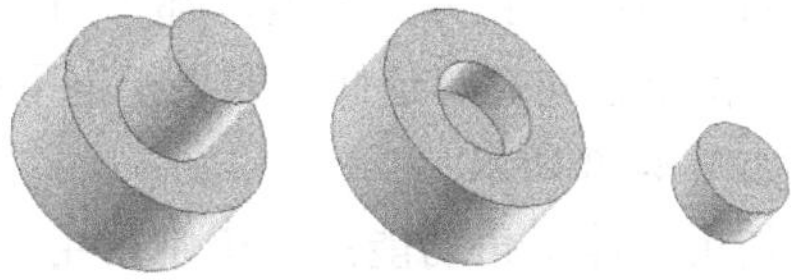

图 4-8　三种布尔操作模式下生成的零件

4. 终止方式

终止方式用来确定要把轮廓截面拉伸的距离，也就是说要把截面拉伸到什么范围才停止。用户完全可决定用指定的深度进行拉伸，或使拉伸终止到工作平面、构造曲面或零件面（包括平面、圆柱面、球面或圆环面）。在 Inventor 中提供了 5 种终止方式。

（1）【距离】方式。是系统的默认方法，它需要指定起始平面和终止平面之间建立拉伸的深度。在该模式下，需要在拉伸深度文本框中输入具体的深度数值，数值可有正负，正值代表拉伸方向为正方向，但是可利用方向按钮、、或指定方向，可方向 1 拉伸、方向 2 拉伸，也可对称拉伸或不对称拉伸。同一个截面轮廓在这 4 种方向下拉伸的结果如图 4-9 所示。

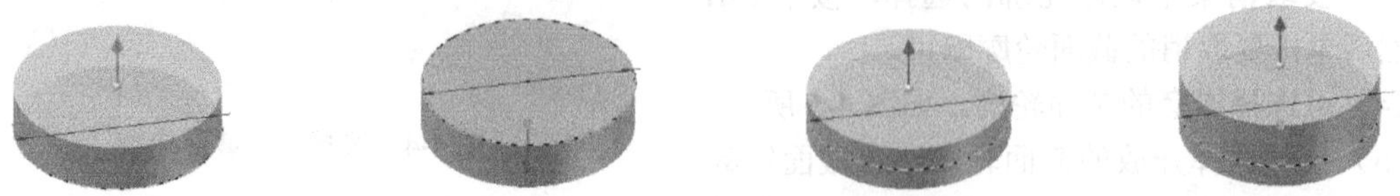

方向 1　　方向 2　　对称　　不对称

图 4-9　同一截面轮廓在 4 种方向下的拉伸

（2）【到表面或平面】方式。需要用户选择下一个可能的表面或平面，以指定的方向终止拉伸。可拖曳截面轮廓，使其反向拉伸到草图平面的另一侧。

（3）【到】方式。对于零件拉伸来说，需要选择终止拉伸的面或平面。可在所选面上，或在终止平面延伸的面上终止零件特征。对于部件拉伸，选择终止拉伸的面或平面。可选择位于其他零部件上的面和平面。创建部件拉伸时，所选的面或平面必须位于相同的部件层次，也就是说，A 部件的零件拉伸只能选择 A 部件的子零部件的平面作为参考。选择终止平面后，如果终止选项不明确，则使用【其他】选项卡中的选项指定为特定的方式，例如在圆柱面或不规则曲面上。

（4）【介于两面之间】方式。对于零件拉伸来说，需要选择终止拉伸的起始和终止面或平面；对于部件拉伸来说，也可以选择终止拉伸的面或平面，还可选择位于其他零部件上的面和平面，但是所选的面或平面必须位于相同的部件层次。

（5）【贯通】方式。可使得拉伸特征在指定方向上贯通所有特征和草图拉伸截面轮廓。可通过拖曳截面轮廓的边，将拉伸反向到草图平面的另一端。

5. 匹配形状

如果选择【匹配形状】选项，则将创建填充类型操作。将截面轮廓的开口端延伸到公共边或面，所需的面将被缝合在一起，以形成与拉伸实体的完整相交。如果取消选择【匹配形状】选项，则通过将截面轮廓的开口端延伸到零件，并通过包含由草图平面和零件的交点定义的边，来消除开口端之间的间隙，来闭合开放的截面轮廓。按照指定闭合截面轮廓的方式来创建拉伸。

6. 拉伸角度

对于所有终止方式类型，都可为拉伸（垂直于草图平面）设置最大为 180° 的拉伸斜角，拉伸斜角在两个方向对等延伸。如果指定了拉伸斜角，图形窗口中会有符号显示拉伸斜角的固定边和方向，如图 4-10 所示。

使用拉伸斜角功能的一个常用用途就是创建锥形。要在一个方向上使特征变成锥形，在创建拉伸特征时，使用【锥度】工具为特征指定拉伸斜角。在指定拉伸斜角时，正角表示实体沿拉伸矢量增加截面面积，负角恰相反，如图 4-11 所示。对于嵌套截面轮廓来说，正角导致外回路增大，内回路减小，负角也是相反。

当上述的所有拉伸特征因素都已经设置完毕以后，单击【拉伸】对话框的【确定】按钮，即可创建拉伸特征。

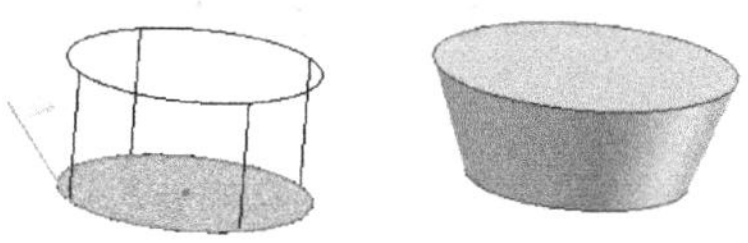

正拉伸斜角　　负拉伸斜角

图 4-10 拉伸斜角

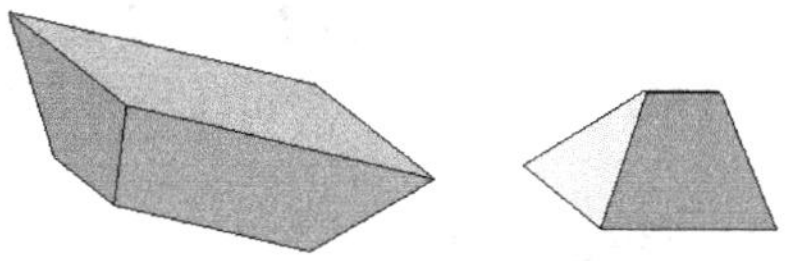

正拉伸斜角　　负拉伸斜角

图 4-11 不同拉伸角度时的拉伸结果

4.2.2 实例——M7 垫片

思路分析

本例绘制垫片如图 4-12 所示。首先绘制草图通过拉伸创建垫片。

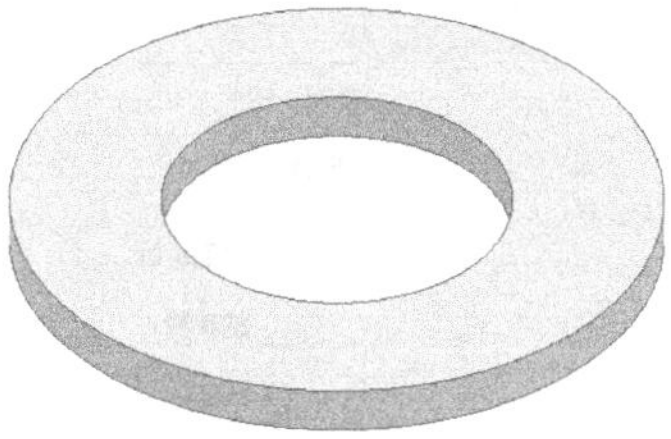

图 4-12 垫片

扫码看视频

操作步骤

（1）新建文件。运行 Inventor，选择【快速入门】标签栏，单击【启动】面板上的【新建】选项，在打开的【新建文件】对话框中的【默认】选项卡下，选择【Standard.ipt】选项，新建一个零件文件。

（2）创建草图。单击【三维模型】标签栏【草图】面板上的【开始创建二维草图】按钮，选择 *XY* 平面为草图绘制面，进入草图绘制环境。单击【草图】标签栏【创建】面板的【圆】按钮，绘制两个同心圆，单击【约束】面板内的【尺寸】按钮，标注尺寸如图 4-13 所示。单击【草图】标签上的【完成草图】按钮，退出草图环境。

（3）创建拉伸体。单击【三维模型】标签栏【创建】面板上的【拉伸】按钮，打开【拉伸】对话框，选择两个同心圆的中间区域为拉伸截面轮廓，将拉伸距离设置为 1mm，如图 4-14 所示。单击【确定】按钮完成拉伸，则创建如图 4-12 所示的零件基体。

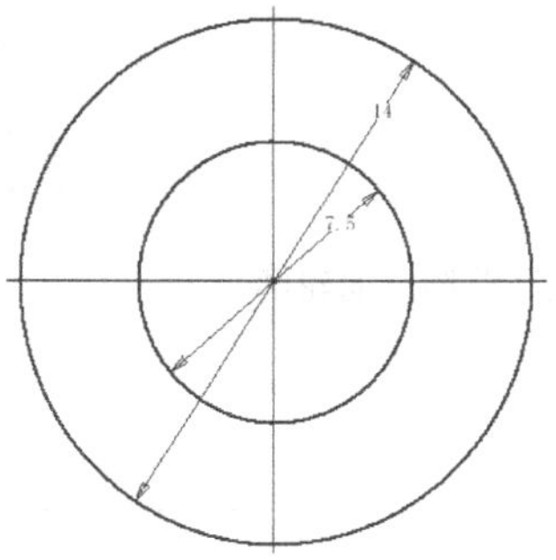

图 4-13 绘制草图

图 4-14 【拉伸】对话框

（4）保存文件。单击【快速】工具栏上的【保存】按钮，打开【另存为】对话框，输入文件名为【M7 垫片 .ipt】，单击【保存】按钮即可保存文件。

4.2.3 旋转特征

在 Inventor 中可让一个封闭的或不封闭的截面轮廓围绕一根旋转轴来创建旋转特征，如果截面轮廓是封闭的，则创建实体特征；如果是非封闭的，则创建曲面特征。用旋转来创建的典型零件如图 4-15 所示。

创建旋转特征，首先必须绘制好草图截面轮廓，然后单击【三维模型】标签栏【创建】面板上的【旋转】按钮，打开如图 4-16 所示【旋转】对话框。可看到很多造型的因素和拉伸特征的造型因素相似，所以这里不再花费很多笔墨详述，仅就其中的不同项进行介绍。旋转轴可以是已经存在的直线，也可以是工作轴或构造线。在一些软件如 Pro/Engineer 中，旋转轴必须是参考直线，这就不如 Inventor 方便和快捷。旋转特征的终止方式可以是整周或角度，如果选择角度，用户需要自己输入旋转的角度值，还可单击方向箭头以选择旋转方向，或在两个方向上等分输入的旋转角度。

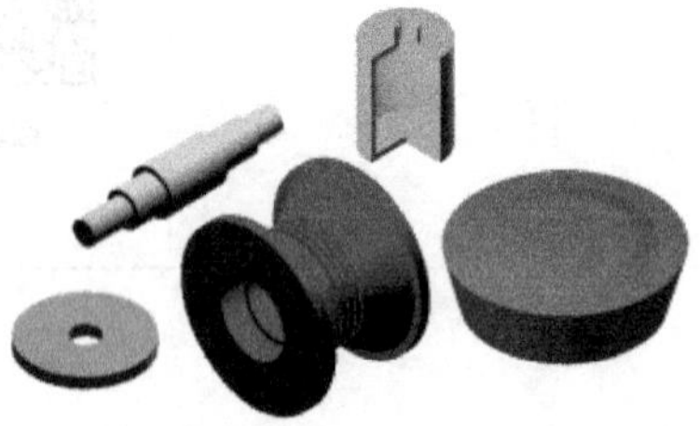

图 4-15　用旋转方法创建的典型零件

图 4-16　【旋转】对话框

参数设置完毕以后，单击【确定】按钮即可创建旋转特征。图 4-17 是利用旋转创建的轴承外圈零件及其草图截面轮廓。

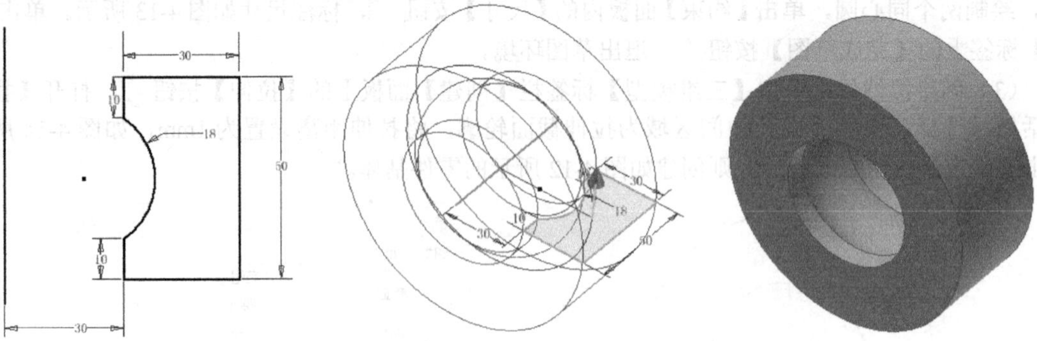

图 4-17　利用旋转创建的轴承外圈零件及其草图截面轮廓

4.2.4 孔特征

在 Inventor 中可利用打孔工具在零件环境、部件环境和焊接环境中创建参数化直孔、沉头孔、锪平或倒角孔特征，还可自定义螺纹孔的螺纹特征和顶角的类型，来满足设计要求。

在 Inventor 2019 中，孔特征已经不完全是基于草图的特征，在没有退化草图的情况下仍然可创建孔。

用户也可按照以前版本软件的方法来创建基于草图的孔，创建基于草图的孔是 Inventor 2019 创建孔的方式之一。进入特征工作环境，单击【三维模型】标签栏【修改】面板上的【孔】按钮，此时打开如图 4-18 所示【孔】特性面板，该面板由【放置】【类型】【尺寸】和【高级设置】四部分组成。创建孔需要设定的参数，按照顺序简要说明如下。

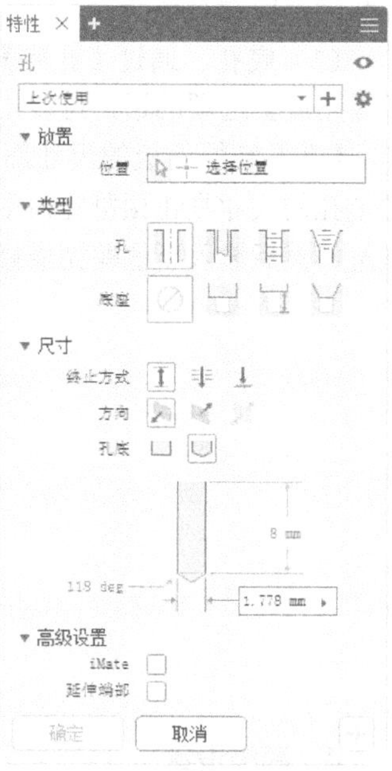

图 4-18　【孔】对话框

1. 放置

Inventor 2019 中简化了放置选择类型，用户不再需要选择放置所需的类型，系统会根据用户的需要，自动判断，进行放置。

通过下列操作执行放置孔的位置。

（1）单击平面上的任意位置。孔中心将放置在单击的位置。可以拖动未约束的孔中心以将其重新定位。

（2）选择一个点，然后选择线性边（平行于孔轴）或面 / 工作平面（垂直于孔轴）。

（3）单击参考边以放置尺寸。在使用“孔”命令时，可以选择、编辑或删除线性放置尺寸。选择尺寸并更改值，或者使用 Delete 键删除尺寸。

（4）若要创建同心孔，请放置孔中心，然后单击孔要与其同心的模型边或弯曲面。

（5）若要从选择中删除孔中心并将其保留在草图中，请使用 Ctrl 键并单击，然后选择孔中心。若要删除孔和孔中心，请选择并删除孔中心点。

（6）单击“确定”按钮，完成孔的创建，若要使用当前定义创建其他孔，请单击“创建新孔”+，然后继续使用“孔”命令。

2. 类型

可选择创建 4 种类型的孔，即简单孔、螺纹孔、配合孔和锥螺纹孔。要为孔设置螺纹特征，可选中【螺纹孔】或【锥螺纹孔】选项，此时出现【螺纹】选项框，用户可自己指定螺纹类型。

（1）英制孔对应于【ANSI Unified Screw Threads】选项作为螺纹类型，公制孔则对应于【ANSI Metric M Profile】选项作为螺纹类型。

（2）可设定螺纹的右旋或左旋方向。设置是否为全螺纹，可设定公称尺寸、螺距、系列和直径等。

（3）如果选中【配合孔】选项，创建与所选紧固件配合的孔，此时出现【紧固件】选项框。可从【标准】下拉列表中选择紧固件标准，从【紧固件类型】下拉列表中选择紧固件类型，从【尺寸】下拉列表中选择紧固件的大小，从【配合】下拉列表中设置孔配合的类型，可选的值为【常规】【紧】或【松】。

对于孔的底座可选择创建 4 种形状的孔，即无（形状）、沉头孔、沉头平面孔和倒角孔。直孔与平面齐平，并且具有指定的直径。沉头孔具有指定的直径、沉头直径和沉头深度。沉头平面孔具有指定的直径、沉头平面直径和沉头平面深度。孔和螺纹深度从沉头平面的底部曲面进行测量。倒角孔具有指定的直径、倒角直径和倒角深度。

注意　不能将锥角螺纹孔与沉头孔结合使用。

3. 尺寸

（1）终止方式。终止方式包括【距离】、【贯通】或【到】。其中，【到】方式仅可用于零件特征，在该方式下需指定是在曲面还是在延伸面（仅适用于零件特征）上终止孔。如果选择【距离】或【贯通】选项，则通过方向按钮选择是否反转孔的方向。

（2）方向。如果选择【距离】或【贯通】选项，则通过方向按钮选择是否反转孔的方向或选择孔的方向为对称。

（3）底孔。通过【孔底】选项设定孔的底部形状，有两个选项：平直和角度，如果选择了【角度】选项的话，可设定角度的值。

【孔】特性面板的尺寸部分还有一个预览区域，在孔的预览区域内可预览孔的形状。需要注意的是孔的尺寸是在预览窗口中进行修改的，双击对话框中孔图像上的尺寸，此时尺寸值变为可编辑状态，然后输入新值即完成修改，如图 4-19 所示。

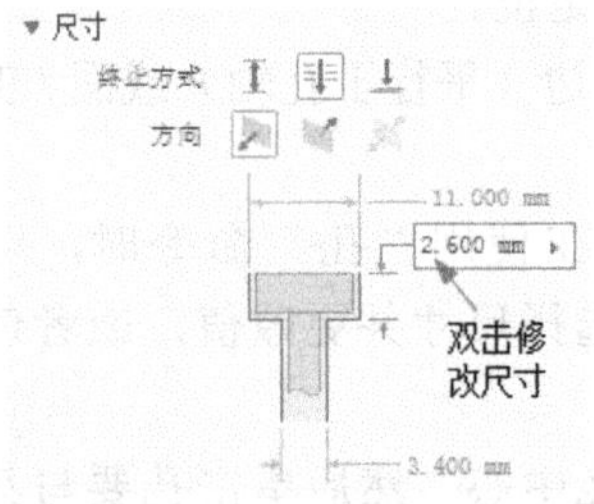

图 4-19　预览区域修改尺寸

4. 高级设置

（1）iMate。选择该选项可将 iMate 自动放置在创建的孔上。

（2）延伸端部。选择该选项可将孔的起始面延伸到与目标实体没有相交的第一个位置。【延伸端部】可删除通过创建孔生成的碎片。如果结果不理想，请取消选中【延伸端部】撤销结果。

最后，单击【确定】按钮以指定的参数值创建孔。

4.2.5 实例——M14 螺母

思路分析

本例绘制螺母如图 4-20 所示。

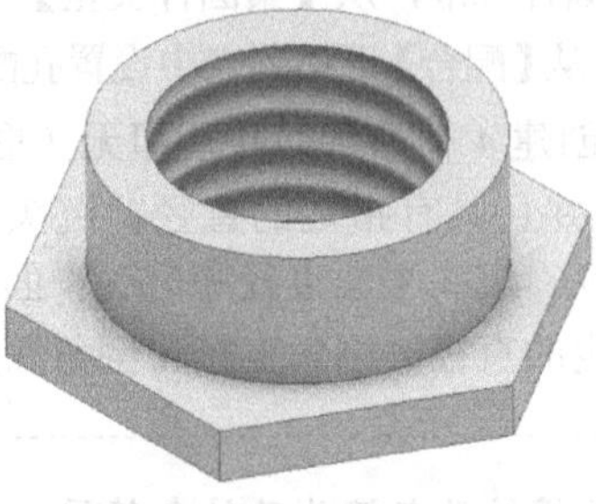

图 4-20　M14 螺母

操作步骤

（1）新建文件。运行 Inventor，选择【快速入门】标签栏，单击【启动】面板上的【新建】选项，在打开的【新建文件】对话框中的【默认】选项卡下，选择【Standard.ipt】选项，新建一个零件文件。

（2）创建草图。单击【三维模型】标签栏【草图】面板上的【开始创建二维草图】按钮，选择 *XY* 平面为草图绘制面，进入草图绘制环境。单击【草图】标签栏【创建】面板中的【多边形】按钮，绘制草图，单击【约束】面板内的【尺寸】按钮，标注尺寸如图 4-21 所示。单击【草图】标签上的【完成草图】按钮，退出草图环境。

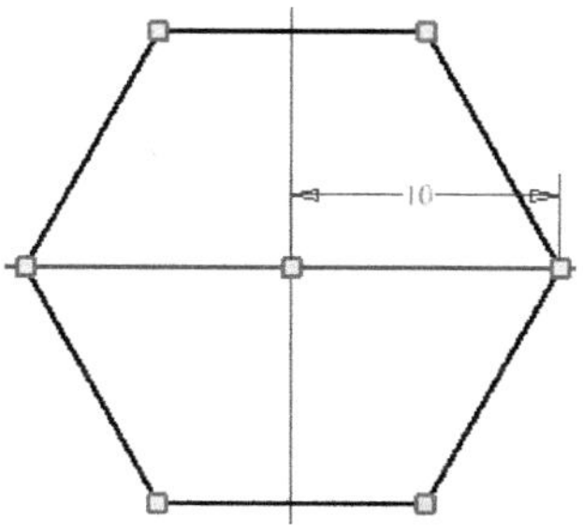

图 4-21　绘制草图 1

图 4-22　【拉伸】对话框

（3）创建拉伸体。单击【三维模型】标签栏【创建】面板上的【拉伸】按钮，打开【拉伸】对话框，选择圆和多边形的中间区域为拉伸截面轮廓，将拉伸距离设置为 2mm，如图 4-22 所示。单击【确定】按钮完成拉伸，则创建如图 4-23 所示的零件基体。

（4）创建草图。单击【三维模型】标签栏【草图】面板上的【开始创建二维草图】按钮，选择第（3）步拉伸体的上表面为草图绘制面，进入草图绘制环境。单击【草图】标签栏【创建】面板的【圆】按钮，绘制圆，单击【约束】面板内的【尺寸】按钮，标注尺寸如图 4-24 所示。单击【草图】标签上的【完成草图】按钮，退出草图环境。

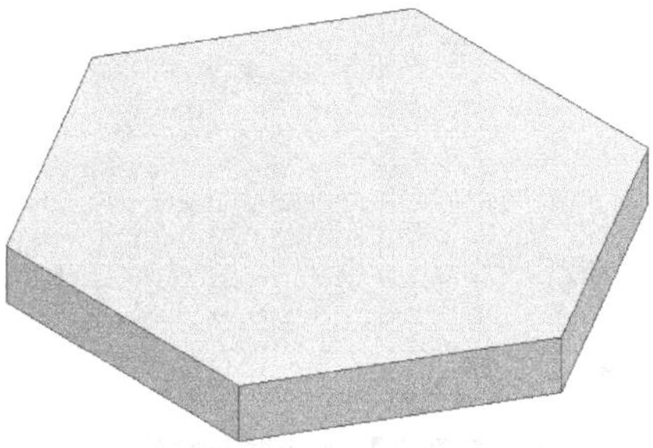

图 4-23　创建螺母主体

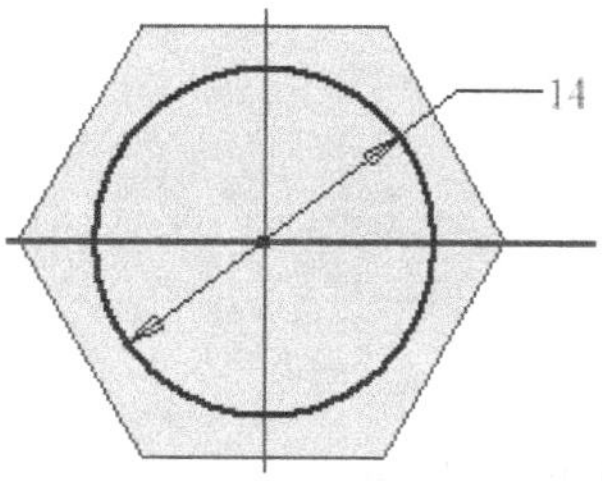

图 4-24　绘制草图 2

（5）创建拉伸体。单击【三维模型】标签栏【创建】面板上的【拉伸】按钮，打开【拉伸】对话框，选择圆和多边形的中间区域为拉伸截面轮廓，将拉伸距离设置为 5mm，如图 4-25 所示。单击【确定】按钮完成拉伸，则创建如图 4-26 所示的零件基体。

（6）创建直孔。单击【三维模型】标签栏【修改】面板上的【孔】按钮，打开【孔】特性面板，在视图中选择拉伸圆柱体的上表面和圆弧面，系统自动使创建的孔与圆柱同心，选择【简单孔】类型，输入孔直径为 10mm，终止方式为【贯通】，如图 4-27 所示，单击【确定】按钮，结果如图 4-28 所示。

图 4-25 【拉伸】对话框

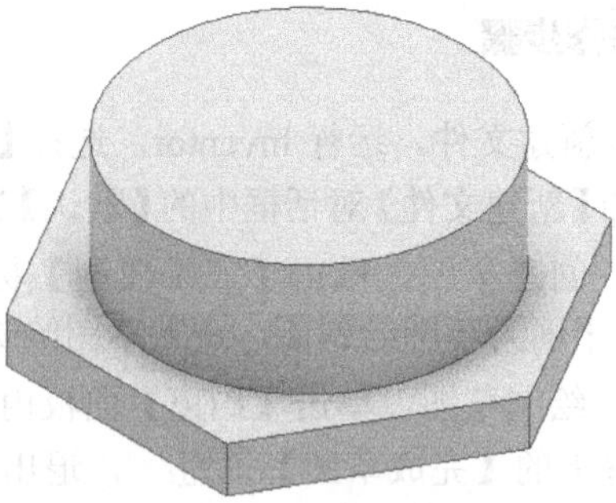

图 4-26 创建螺母主体

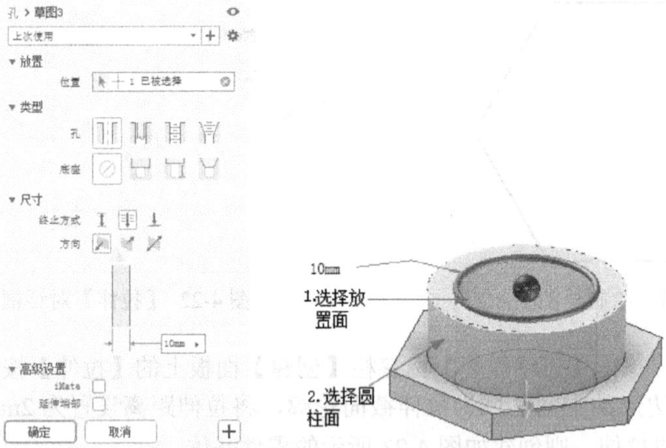

图 4-27 【孔】对话框及预览

（7）创建内螺纹。单击【三维模型】标签栏【修改】面板上的【螺纹】按钮，打开【螺纹】对话框，选择螺母的内表面作为螺纹表面，设置如图 4-29 所示，为螺母内表面创建螺纹特征。

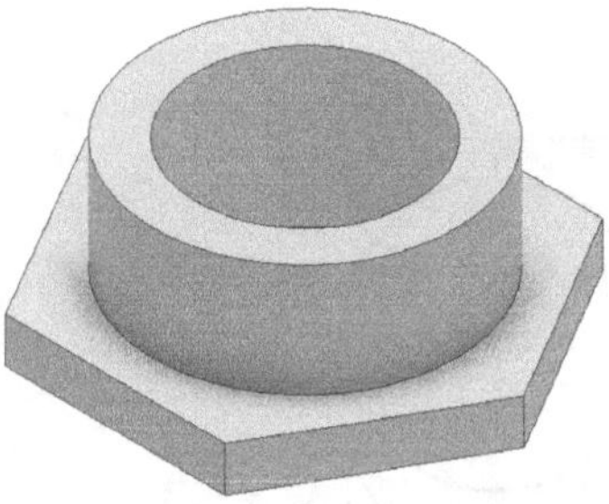

图 4-28 创建孔

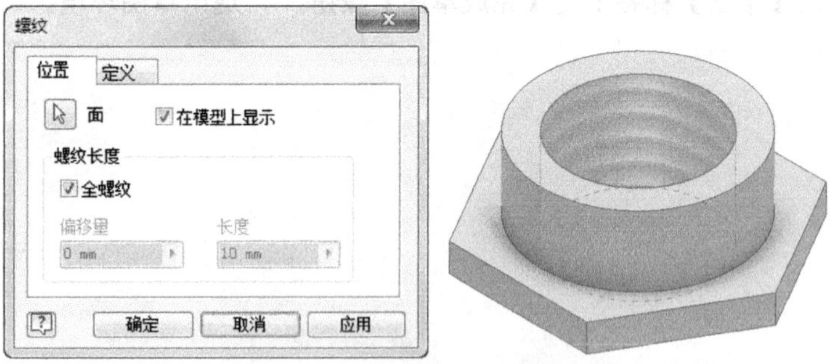

图 4-29 【螺纹】对话框及螺纹预览

（8）保存文件。单击【快速】工具栏上的【保存】按钮，打开【另存为】对话框，输入文件名为【M14 螺母 .ipt】，单击【保存】按钮保存文件。

4.3 复杂草图特征

在前面的章节中讲述了简单的草图特征，这些特征的创建通常只需要一个草图就已经足够了。

在 Inventor 中除了这些简单的特征以外，还有一些复杂的特征，创建这些特征往往需要两个草图，在创建的过程中也往往需要大量的工作平面、工作轴等辅助定位特征。这些复杂的零件特征称为复杂的特征，如放样、扫掠、螺旋扫掠等。本节中重点讲解这些复杂特征的创建，虽然一个零件的大部分特征一般都是利用简单的特征创建的，但是一些复杂的特征是简单特征不能够完成的，必须借助这些复杂特征创建工具来完成。

4.3.1　放样特征

放样特征是通过光滑过渡两个或更多工作平面或平面上的截面轮廓的形状而创建的，它常用来创建一些具有复杂形状的零件，如塑料模具或铸模的表面，这些表面可用作拉伸的终止截面，如图 4-30 所示。放样特征也可用来创建一些形状比较复杂的零件，如图 4-31 所示。

要创建放样特征，首先单击【三维模型】标签栏内【创建】面板上的【放样】按钮，打开如图 4-32 所示的【放样】对话框。下面对创建放样特征的各个关键要素简要说明。

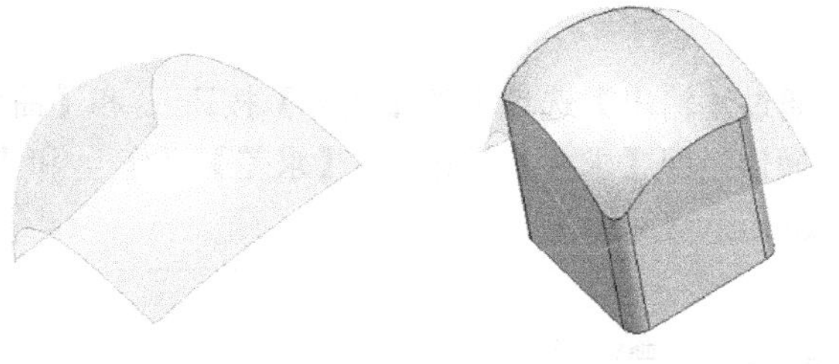

图 4-30　表面作为拉伸的终止截面

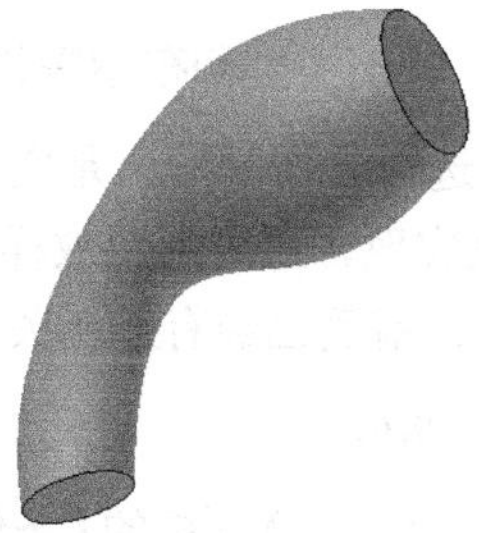

图 4-31　放样创建的零件

1. 截面形状

放样特征通过将多个截面轮廓与单独的平面、非平面或工作平面上的各种形状相混合来创建复杂的形状，因此截面形状的创建是放样特征的基础，也是关键要素。

（1）如果截面形状是非封闭的曲线或闭合曲线，或是零件面的闭合面回路，则放样生成曲面特征。

（2）如果截面形状是封闭的曲线，或是零件面的闭合面回路，或是一组连续的模型边，则可生成实体特征，也可生成曲面特征。

（3）截面形状是在草图上创建的，在放样特征的创建过程中，往往需要首先创建大量的工作平面，以在对应的位置创建草图，再在草图上绘制放样截面形状。图 4-33 显示图 4-30 和图 4-31 中所示的曲面和零件的放样截面轮廓。

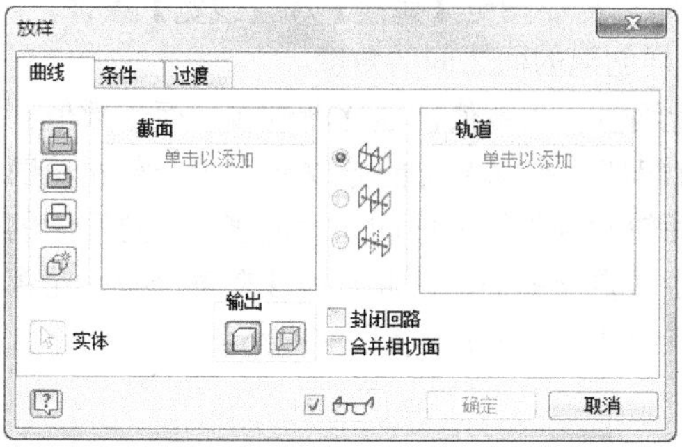

图 4-32 【放样】对话框

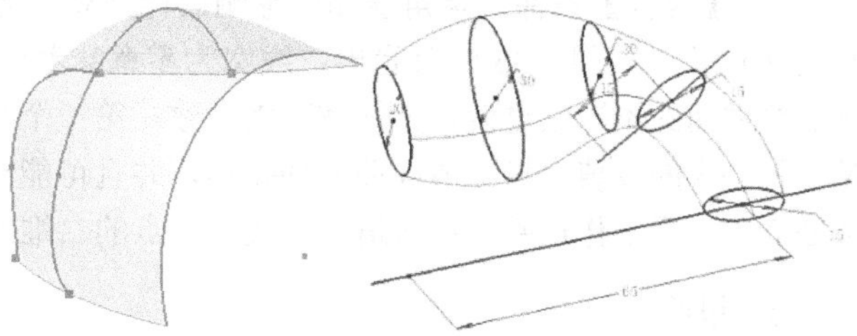

图 4-33　放样的截面轮廓

（4）可创建任意多个截面轮廓，但是要避免放样形状扭曲，最好沿一条直线向量在每个截面轮廓上映射点。

（5）可通过添加轨道进一步控制形状，轨道是连接至每个截面上的点的二维或三维线。起始和终止截面轮廓可以是特征上的平面，并可与特征平面相切以获得平滑过渡。可使用现有面作为放样的起始和终止面，在该面上创建草图以使面的边可被选中用于放样。如果使用平面或非平面的回路，则直接选中它，而不需要在该面上创建草图。

2. 轨道

为了加强对放样形状的控制，引入了【轨道】的概念。轨道是在截面之上或之外终止的二维或三维直线、圆弧或样条曲线，如二维或三维草图中开放或闭合的曲线，以及一组连续的模型边等，都可作为轨道。轨道必须与每个截面都相交，并且都应该是平滑的，在方向上没有突变。创建放样时，如果轨道延伸到截面之外，则将忽略延伸到截面之外的那一部分轨道。轨道可影响整个放样实体，而不仅仅是与它相交的面或截面。如果没有指定轨道，则对齐的截面和仅具有两个截面的放样将用直线连接。未定义轨道的截面顶点受相邻轨道的影响。

3. 输出类型和布尔操作

可选择放样的输出是实体还是曲面，可通过【输出】选项上的【实体】按钮和【曲面】按钮来实现。还可利用放样来实现三种布尔操作，即【求并】操作、【求差】操作和【求交】操作。前面已经有过相关讲述，这里不赘述。

4. 条件

单击【放样】面板的【条件】选项卡，如图 4-34 所示。【条件】选项用来指定终止截面轮廓的边界条件，以控制放样体末端的形状。可对每一个草图几何图元分别设置边界条件。

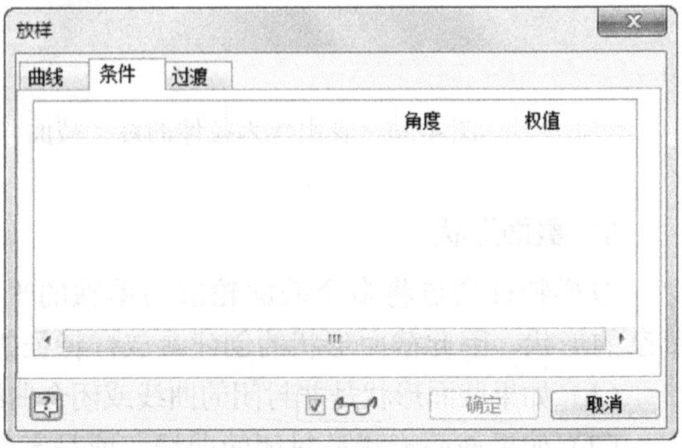

图 4-34 【条件】选项卡

放样有三种边界条件。

（1）单击【无条件】按钮，则对其末端形状不加以干涉。

（2）单击【相切条件】按钮，仅当所选的草图与侧面的曲面或实体相毗邻，或选中面回路时可用，这时放样的末端与相毗邻的曲面或实体表面相切。

（3）单击【方向条件】按钮，仅当曲线是二维草图时可用，需要用户指定放样特征的末端形状相对于截面轮廓平面的角度。

当单击【相切条件】按钮和【方向条件】按钮时，需要指定【角度】和【线宽】条件。

（1）【角度】条件指定草图平面和由草图平面上的放样创建的面之间的角度。

（2）【线宽】条件决定角度如何影响放样外观的无量纲值。大数值创建逐渐过渡，而小数值创建突然过渡。从图 4-35 中可看出，线宽为零意味着没有相切，小线宽可能导致从第一个截面轮廓到放样曲面的不连续过渡，大线宽可能导致从第一个截面轮廓到放样曲面的光滑过渡。需要注意的是，特别大的权值会导致放样曲面的扭曲，并且可能会生成自交的曲面。此时应该在每个截面轮廓的截面上设置工作点并构造轨道（穿过工作点的二维或三维线），以使形状扭曲最小化。

5. 过渡

单击【放样】面板的【过渡】选项卡，如图 4-36 所示。

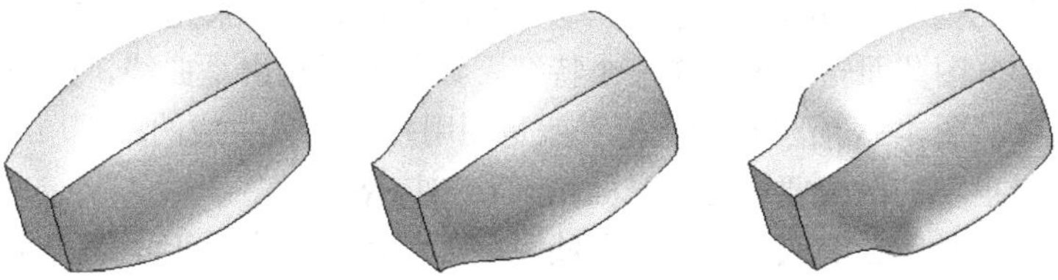

线宽为 0　　　　线宽为 2　　　　线宽为 5

图 4-35　不同线宽下的放样

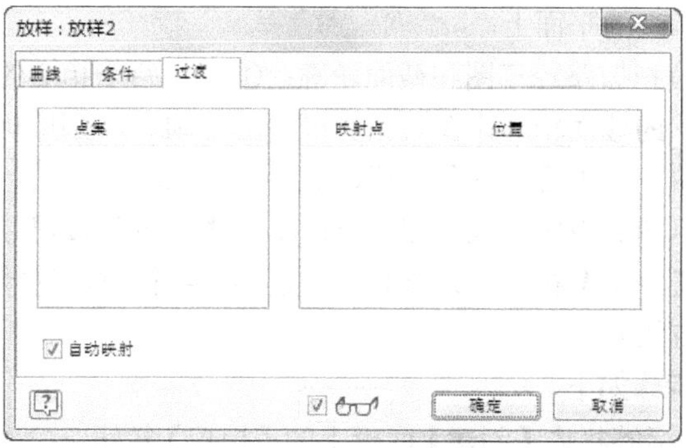

图 4-36 【过渡】选项卡

（1）【过渡】特征定义一个截面的各段如何映射到其前后截面的各段中，可看到默认的选项是自动映射。如果关闭【自动映射】，则将列出自动计算的点集并根据需要添加或删除点。关闭【自动映射】以后，放样实体和【放样】对话框如图 4-37 所示。

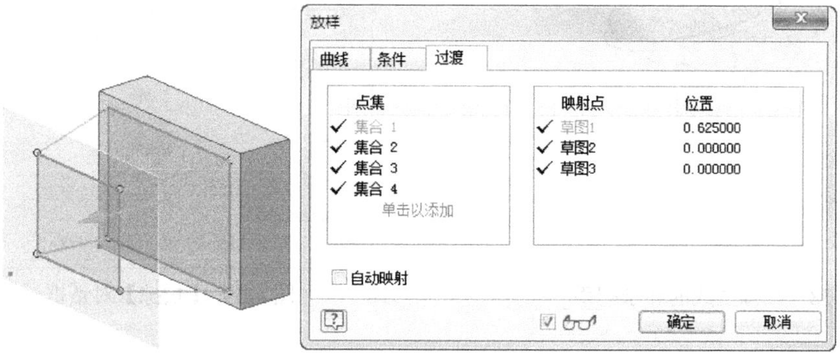

图 4-37　放样实体范例和【放样】对话框

（2）【点集】选项表示在每个放样截面上列出自动计算的点。

（3）【映射点】选项表示在草图上列出自动计算的点，以便沿着这些点线性对齐截面轮廓，使放样特征的扭曲最小化。点按照选择截面轮廓的顺序列出。

（4）【位置】选项用无量纲值指定相对于所选点的位置。0 表示直线的一端，0.5 表示直线的中点，1 表示直线的另一端，用户可进行修改。

当所有需要的参数已经设置完毕后，单击【确定】按钮完成放样特征的创建。

4.3.2　扫掠特征

在实际中，常常需要创建一些沿着一个不规则轨迹有着相同截面形状的对象，如管道和管路的设计、把手、衬垫凹槽等。Invnetor 提供了一个【扫掠】工具用来完成此类特征的创建，它通过沿一条平面路径移动草图截面轮廓来创建一个特征。如果截面轮廓是曲线，则创建曲面。如果是闭合曲线，则创建实体。图 4-38 所示杯子的把手就是利用扫掠工具生成的。

创建扫掠特征最重要的两个要素就是截面轮廓和扫掠路径。

（1）截面轮廓。可是闭合的或非闭合的曲线，截面轮廓可嵌套，但不能相交。如果选择多个截面轮廓，则按下 Ctrl 键，然后继续选择即可。

（2）扫掠路径。可以是开放的曲线或闭合的回路，截面轮廓在扫掠路径的所有位置都与扫掠路径保持垂直，扫掠路径的起点必须放置在截面轮廓和扫掠路径所在平面的相交处。扫掠路径草图必须在与扫掠截面轮廓平面相交的平面上。

以下两种方法用来定位扫掠路径草图和截面轮廓：①创建两个相交的工作平面。在一个平面上绘制代表扫掠特征截面形状的截面轮廓，在其相交平面上绘制表示扫掠轨迹的扫掠路径；②创建一个过渡工具体，比如一个块。单击【草图】按钮，然后单击该块的平面。绘制代表扫掠特征横截面的截面轮廓，然后单击【草图】按钮完成草图。再次单击【草图】按钮并选择与轮廓平面相交的平面。绘制扫掠轨迹，单击【草图】按钮结束绘制。创建扫掠特征时，选择求交操作，只留下扫掠形成的实体并删除工具体（方块）。

创建扫掠特征的基本步骤如下。

（1）单击【三维模型】标签栏内【创建】面板上的【扫掠】按钮，打开如图 4-39 所示【扫掠】对话框。

图 4-38　扫掠生成的杯子把手

图 4-39　【扫掠】对话框

（2）首先选择截面轮廓，然后选择扫掠路径。在【输出】选项中确定输出实体还是曲面。在右侧的布尔操作选项中选择【求并】操作、【求差】操作和【求交】操作。

（3）在【类型】选项中可以选择路径、路径和引导轨道和路径和引导曲面。

路径：通过沿路径扫掠截面轮廓来创建扫掠特征。

路径和引导轨道：通过沿路径扫掠截面轮廓来创建扫掠特征。引导轨道可以控制扫掠截面轮廓的比例和扭曲。引导轨道选择可以控制扫掠截面轮廓的比例和扭曲的引导曲线或轨道。引导轨道必须穿透截面轮廓平面。

路径和引导曲面：通过沿路径和引导曲面扫掠截面轮廓来创建扫掠特征。引导曲面可以控制扫掠截面轮廓的扭曲。 引导曲面选择一个曲面，该曲面的法向可以控制绕路径扫掠截面轮廓的扭曲。要获得最佳结果，路径应该位于引导曲面上或附近。

（4）【方向】选项有两种方式可以选择。

① 【路径】选项。保持该扫掠截面轮廓相对于路径不变。所有扫掠截面都维持与该路径相关的原始截面轮廓。

② 【平行】选项。将使扫掠截面轮廓平行于原始截面轮廓。

（5）选择【锥度】选项还可设置扫掠斜角。扫掠斜角是扫掠垂直于草图平面的斜角。如果指定了扫掠斜角，则将有一个符号显示扫掠斜角的固定边和方向，它对于闭合的扫掠路径不可用。角度可正可负，正的扫掠斜角使扫掠特征沿离开起点方向的截面面积增大，负的扫掠斜角使扫掠特征沿离开起点方向的截面面积减小。对于嵌套截面轮廓来说，扫掠斜角的符号（正或负）应用在嵌套截面轮廓的外环，内环为相反的符号。图 4-40 所示为扫掠斜角为 0° 和 5° 时的区别。

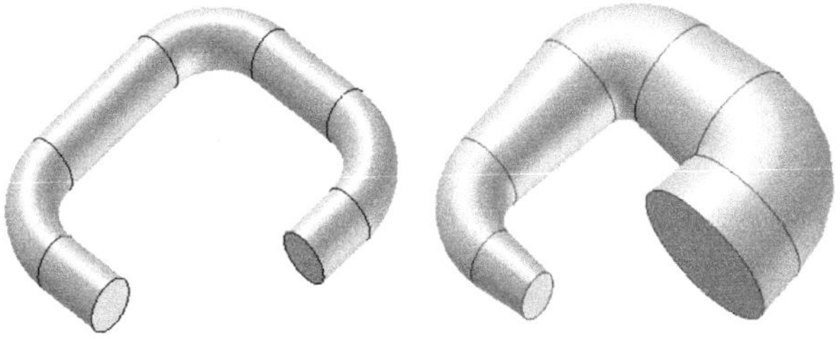

0° 扫掠斜角　　5° 扫掠斜角

图 4-40　不同扫掠斜角下的扫掠结果

（6）【优化单个选择】复选框用于进行单个选择后，自动前进到下一个选择器。进行多项选择时清除该复选框。

4.3.3　实例——牛奶杯

本例绘制如图 4-41 所示的牛奶杯。

图 4-41　牛奶杯

扫码看视频

（1）新建文件。运行 Inventor，选择【快速入门】标签栏，单击【启动】面板上的【新建】选项，在打开的【新建文件】对话框中的【默认】选项卡下，选择【Standard.ipt】选项，新建一个零件文件。

（2）创建草图。单击【三维模型】标签栏【草图】面板上的【开始创建二维草图】按钮，选择 *XY* 平面为草图绘制面，进入草图绘制环境。单击【草图】标签栏【创建】面板的【直线】按钮，绘制草图大体轮廓。单击【创建】面板的【圆角】按钮，对草图进行倒圆角；单击【约束】面板内的【尺寸】按钮，标注尺寸如图 4-42 所示。单击【草图】标签上的【完成草图】按钮，退出草图环境。

（3）创建旋转体。单击【三维模型】标签栏【创建】面板上的【旋转】按钮，打开【旋转】对话框，选择第（2）步创建的截面为旋转截面轮廓，选择竖直线段为旋转轴，如图 4-43 所示。单击【确定】按钮完成旋转，如图 4-44 所示。

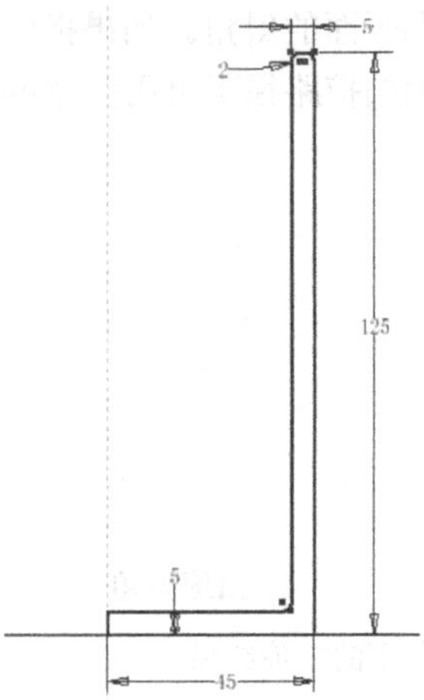

图 4-42　绘制草图

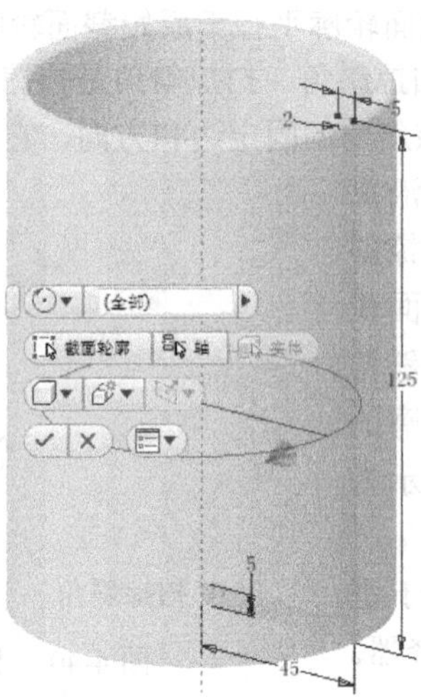

图 4-43　旋转示意图

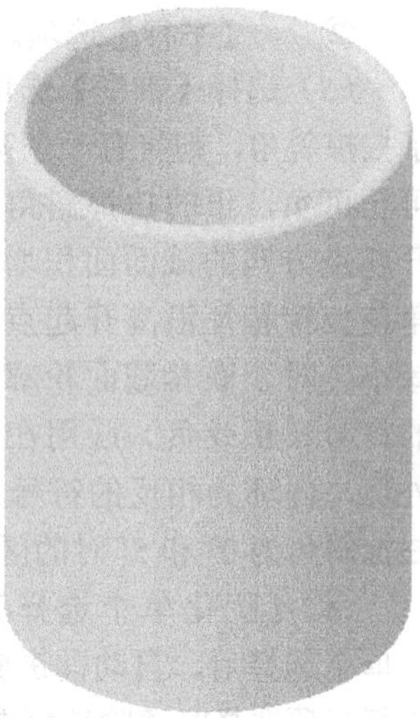

图 4-44　杯体

（4）创建扫掠路径草图。单击【三维模型】标签栏【草图】面板上的【开始创建二维草图】按钮，在视图中选择 *YZ* 平面为草图绘制面。单击【草图】标签栏【创建】面板的【直线】按钮和【圆角】按钮，绘制草图；单击【约束】面板内的【尺寸】按钮，标注尺寸如图 4-45 所示。单击【草图】标签上的【完成草图】按钮，退出草图环境。

（5）创建工作平面。单击【三维模型】标签栏【定位特征】面板上的【工作平面】按钮，在浏览器原始坐标系文件夹下选择 *XY* 平面为参考面，在视图中选择第（4）步创建的路径直线段端点为参考点，创建工作平面如图 4-46 所示。

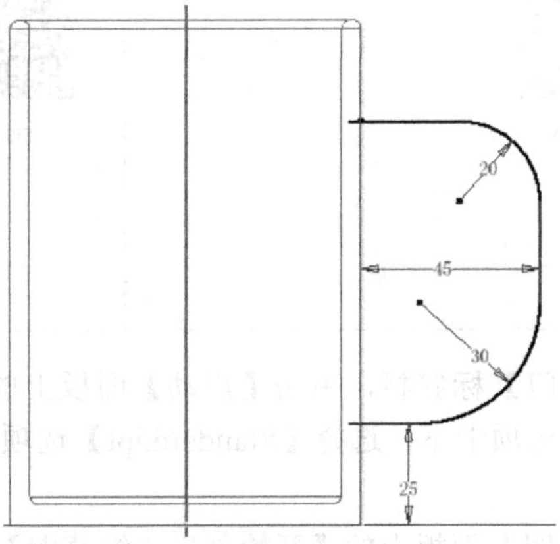

图 4-45　扫掠路径草图

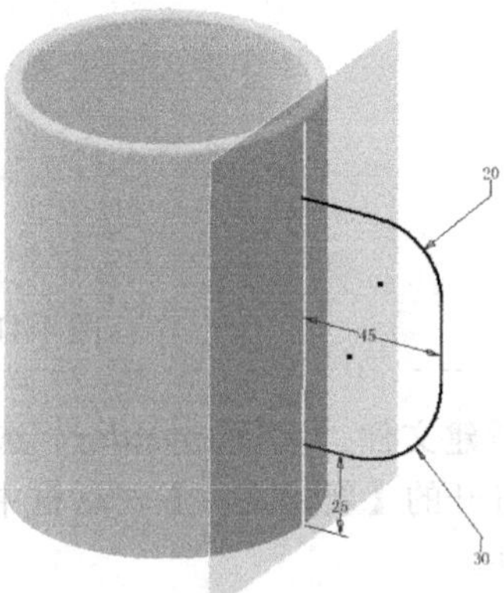

图 4-46　创建工作平面

（6）创建扫掠截面草图。单击【三维模型】标签栏【草图】面板上的【开始创建二维草图】按钮，在视图中选择第（5）步创建的平面 1 为草图绘制面。单击【草图】标签栏【创建】面板的【圆】按钮，绘制草图；单击【约束】面板内的【尺寸】按钮，标注尺寸如图 4-47 所示。单击【草图】标签上的【完成草图】按钮，退出草图环境。

（7）创建扫掠特征。单击【三维模型】标签栏内【创建】面板上的【扫掠】工具按钮，打开【扫掠】对话框，选择【路径】类型，选择【路径】单选项，其他采用默认设置。选择圆为截面轮廓，然后选择第（5）步绘制的草图为扫掠路径，如图 4-48 所示，单击【确定】按钮。

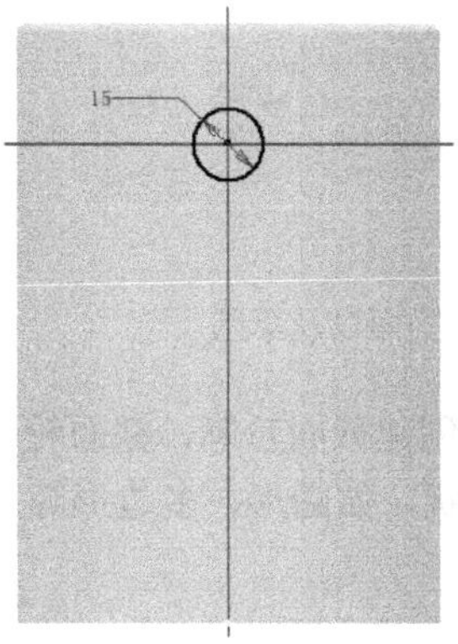

图 4-47　绘制扫掠截面草图

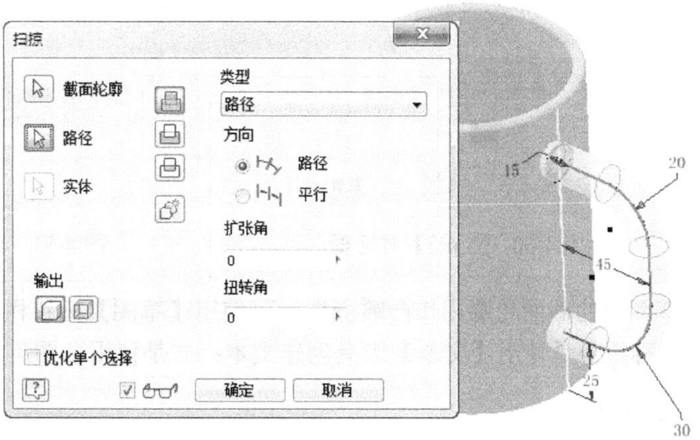

图 4-48　扫掠示意图

（8）保存文件。单击【快速】工具栏上的【保存】按钮，打开【另存为】对话框，输入文件名为【牛奶杯 .ipt】，单击【保存】按钮保存文件。

4.3.4　凸雕特征

在零件设计中，往往需要在零件表面增添一些凸起或凹进的图案或文字，以实现某种功能或美观性，如图 4-49 所示。

在 Inventor 中，可利用凸雕工具来实现这种设计功能。进行凸雕的基本思路是，首先建立草图，因为凸雕也是基于草图的特征，然后在草图上绘制用来形成特征的草图几何图元或草图文本。然后通过在指定的面上进行特征的生成，或将特征以缠绕或投影到其他面上。单击【三维模型】标签栏内【创建】面板上的【凸雕】按钮，打开如图 4-50 所示【凸雕】对话框。

1. 截面轮廓

在创建截面轮廓以前，首先应该选择创建凸雕特征的面，然后进行以下操作。

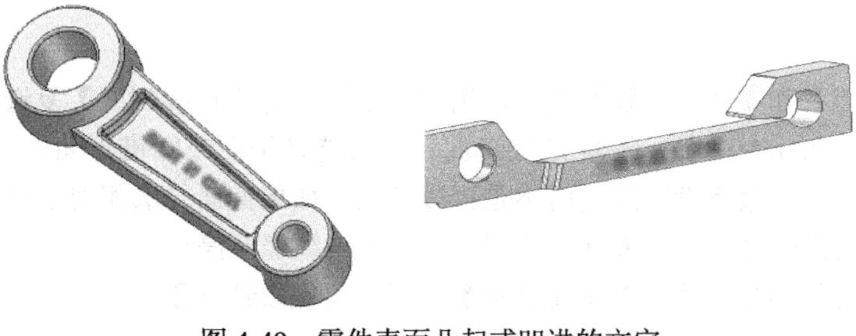

图 4-49　零件表面凸起或凹进的文字

（1）如果是在平面上创建，则可直接在该平面上创建草图绘制截面轮廓。

（2）如果在曲面上创建凸雕特征，则应该在对应的位置建立工作平面或利用其他的辅助平面，然后在工作平面上建立草图。图 4-49 中右侧零件的草图平面以及草图如图 4-51 所示。

图 4-50 【凸雕】对话框

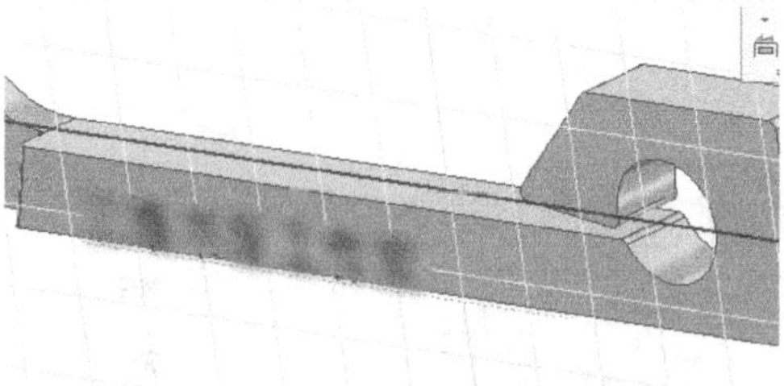

图 4-51 凸雕的草图平面以及草图

草图中的截面轮廓用作凸雕图像。可使用【草图】标签栏中的工具创建截面轮廓，截面轮廓主要有两种：一是使用【文本】工具创建文本；二是使用草图工具创建形状，如圆形、多边形等。

2. 类型

【类型】选项指定凸雕区域的方向，有三个选项可选择。

（1）【从面凸雕】选项将升高截面轮廓区域，也就是说截面将凸起。

（2）【从面凹雕】选项将凹进截面轮廓区域。

（3）【从平面凸雕 / 凹雕】选项将从草图平面向两个方向或一个方向拉伸，向模型中添加并从中去除材料。如果向两个方向拉伸，则会去除同时添加材料，这取决于截面轮廓相对于零件的位置。如果凸雕或凹雕对零件的外形没有任何改变作用，则该特征将无法生成，系统也会给出错误信息。

3. 深度和方向

可指定凸雕或凹雕的深度，即凸雕或凹雕截面轮廓的偏移深度。还可指定凸雕或凹雕特征的方向，当截面轮廓位于从模型面偏移的工作平面上时尤其有用，因为当截面轮廓位于偏移的平面上时，如果深度不合适，是不能够生成凹雕特征的，因为截面轮廓不能够延伸到零件的表面形成切割。

4. 顶面颜色

通过单击【顶面颜色】按钮指定凸雕区域面（注意不是其边）上的颜色。在打开的【颜色】对话框中，单击向下箭头显示一个列表，在列表中滚动或键入开头的字母以查找所需的颜色。

5. 折叠到面

对于【从面凸雕】和【从面凹雕】类型，用户可通过勾选【折叠到面】复选框指定截面轮廓缠绕在曲面上。注意仅限于单个面，不能是接缝面。面只能是平面或圆锥形面，而不能是样条曲线。如果不勾选该复选框，图像将投影到面而不是折叠到面。如果截面轮廓相对于曲率有些大，则当凸雕或凹雕区域向曲面投影时会轻微失真。遇到垂直面时，缠绕即停止。

当指定完毕所有的参数以后，单击【确定】按钮即可完成特征创建。

4.3.5 实例——表面

绘制如图 4-52 所示的表面。

图 4-52　表面

扫码看视频

操作步骤

（1）新建文件。单击【快速入门】工具栏上的【新建】按钮，在打开的【新建文件】对话框中的【Templates】选项卡中的零件下拉列表中选择【Standard.ipt】选项，单击【创建】按钮，新建一个零件文件。

（2）创建草图 1。单击【三维模型】标签栏【草图】面板上的【开始创建二维草图】按钮，选择 *XY* 平面为草图绘制平面，进入草图绘制环境。单击【草图】标签栏【创建】面板上的【圆】按钮，绘制草图。单击【约束】面板上的【尺寸】按钮，标注尺寸如图 4-53 所示。单击【草图】标签上的【完成草图】按钮，退出草图环境。

（3）创建拉伸体。单击【三维模型】标签栏【创建】面板上的【拉伸】按钮，打开【拉伸】对话框，系统自动选择第（2）步绘制的草图为拉伸截面轮廓，将拉伸距离设置为 0.5mm，如图 4-54 所示。单击【确定】按钮完成拉伸。

（4）创建草图 2。单击【三维模型】标签栏【草图】面板上的【开始创建二维草图】按钮，选择第（3）步创建的拉伸体上表面为草图绘制平面，进入草图绘制环境。单击【草图】标签栏【创建】面板上的【两点矩形】按钮，绘制草图。单击【约束】面板上的【尺寸】按钮，标注尺寸如图 4-55 所示。单击【草图】标签上的【完成草图】按钮，退出草图环境。

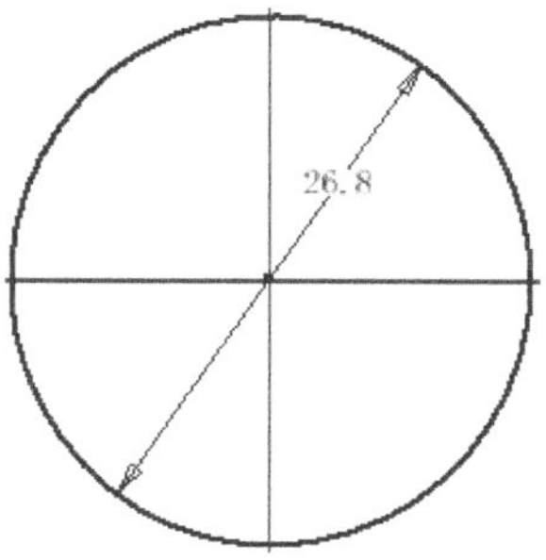

图 4-53　绘制草图 1

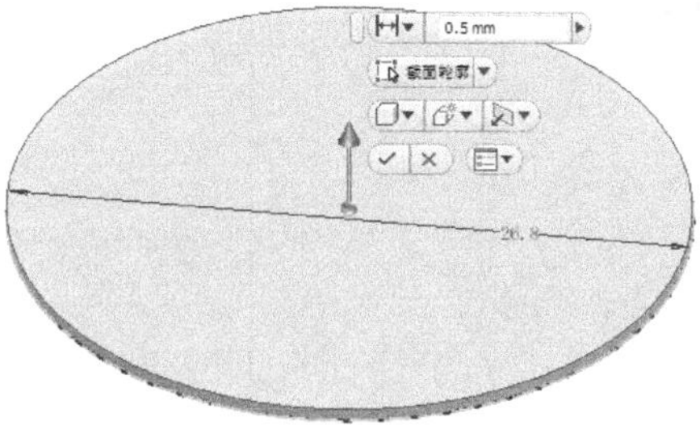

图 4-54　拉伸示意图 1

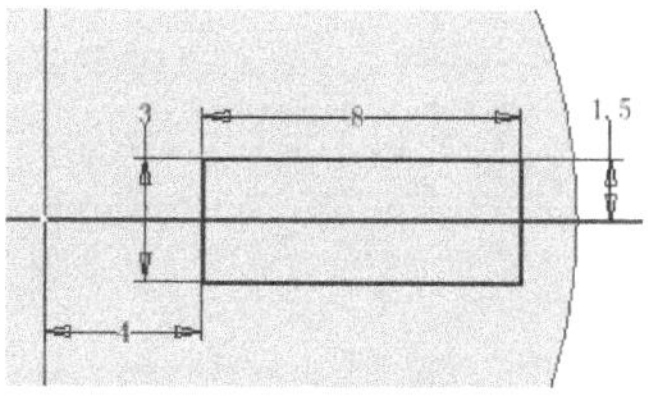

图 4-55　绘制草图 2

（5）创建拉伸体。单击【三维模型】标签栏【创建】面板上的【拉伸】按钮，打开【拉伸】对话框，选择第（4）步绘制的草图为拉伸截面轮廓，将拉伸距离设置为 0.5mm，如图 4-56 所示。单击【确定】按钮完成拉伸，结果如图 4-57 所示。

（6）创建草图 3。单击【三维模型】标签栏【草图】面板上的【开始创建二维草图】按钮，选择第（5）步创建的拉伸体上表面 1 为草图绘制平面，进入草图绘制环境。单击【草图】标签栏【创建】面板上的【两点矩形】按钮，绘制草图。单击【约束】面板上的【尺寸】按钮，标注尺寸如图 4-58 所示。单击【草图】标签上的【完成草图】按钮，退出草图环境。

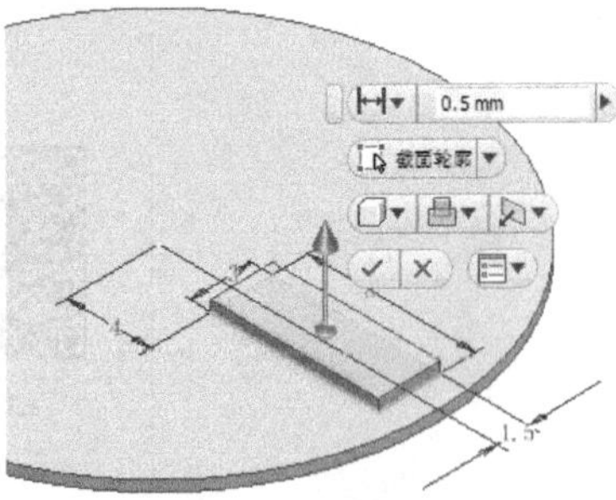
图 4-56　拉伸示意图 2

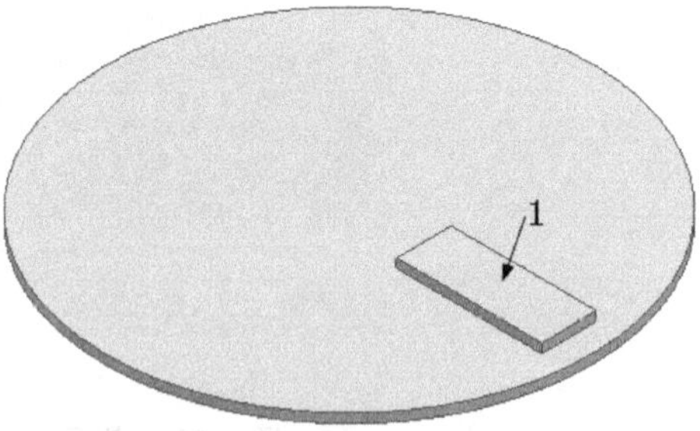
图 4-57　创建拉伸特征

（7）创建拉伸体。单击【三维模型】标签栏【创建】面板上的【拉伸】按钮，打开【拉伸】对话框，选择第（6）步绘制的草图为拉伸截面轮廓，将拉伸范围设置为贯通，选择【求差】方式，如图 4-59 所示。单击【确定】按钮完成拉伸，结果如图 4-60 所示。

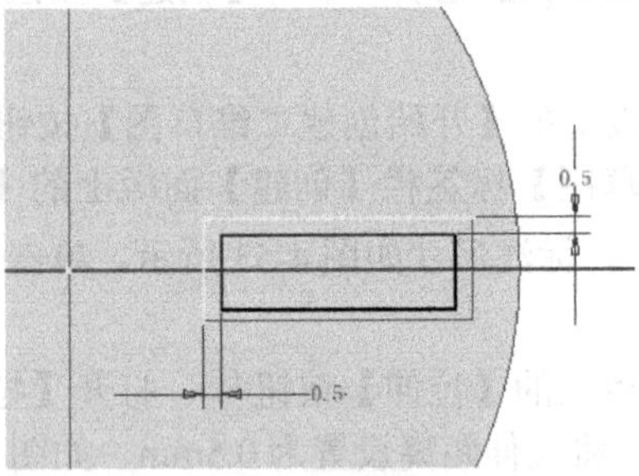
图 4-58　绘制草图 3

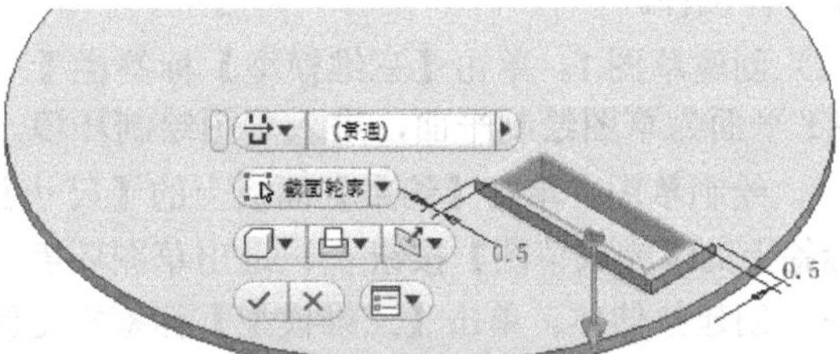
图 4-59　拉伸示意图

（8）创建草图 4。

① 单击【三维模型】标签栏【草图】面板上的【开始创建二维草图】按钮，选择第（7）步创建的第一个拉伸体上表面为草图绘制平面，进入草图绘制环境。单击【草图】标签栏【创建】面板上的【三点中心矩形】按钮和【圆心圆】按钮，绘制草图。单击【约束】面板上的【尺寸】按钮，标注尺寸如图 4-61 所示。

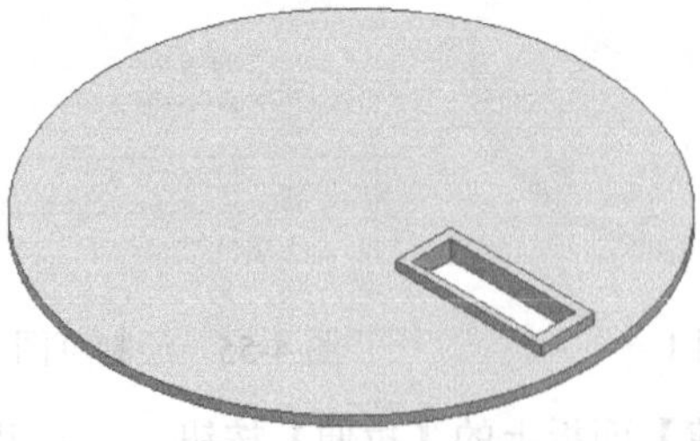
图 4-60　创建拉伸特征

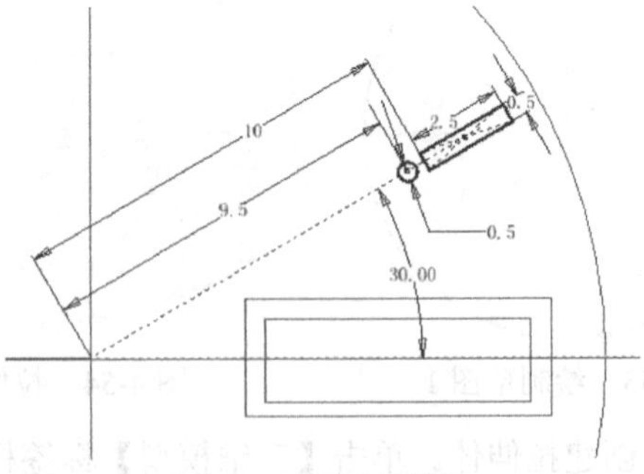
图 4-61　绘制草图 4

② 单击【草图】标签栏【创建】面板上的【环形阵列】按钮，打开【环形阵列】对话框，选择第①步绘制的矩形和圆为要阵列的几何图元，选择圆心为轴，输入个数为 12，角度为 360deg，展开对话框，如图 4-62 所示。

③ 单击【抑制】按钮，在图中选择拉伸特征 2 上方的矩形和圆，结果如图 4-63 所示，单击【草图】标签上的【完成草图】按钮，退出草图环境。

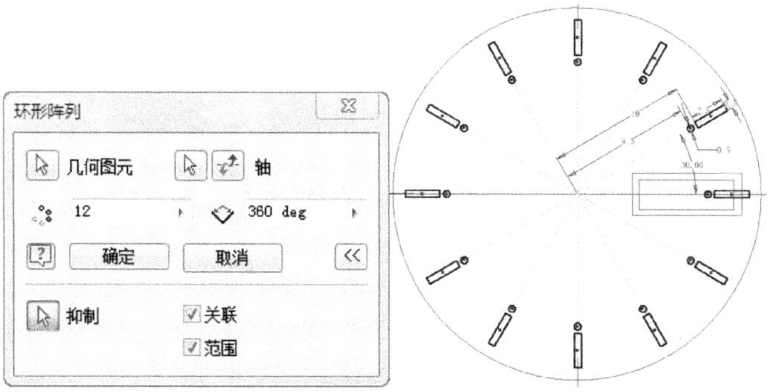

图 4-62 【环形阵列】对话框

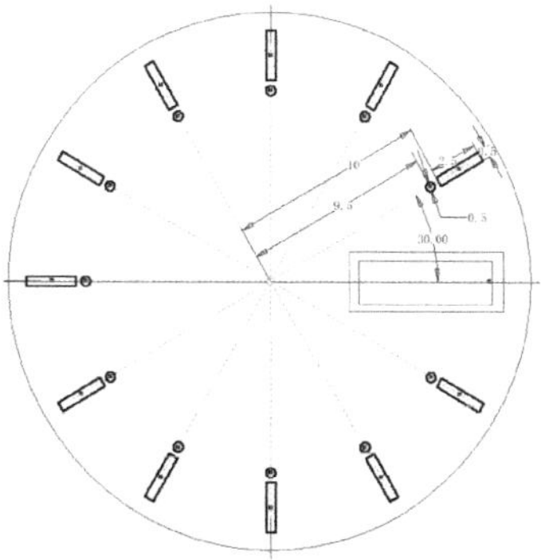

图 4-63　抑制图元

（9）创建拉伸体。单击【三维模型】标签栏【创建】面板上的【拉伸】按钮，打开【拉伸】对话框，选择第（8）步绘制的草图为拉伸截面轮廓，将拉伸距离设置为 0.5mm，如图 4-64 所示。单击【确定】按钮完成拉伸，结果如图 4-65 所示。

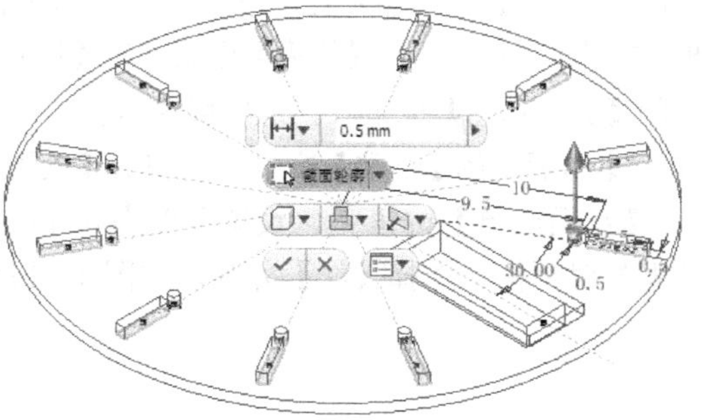

图 4-64　拉伸示意图 3

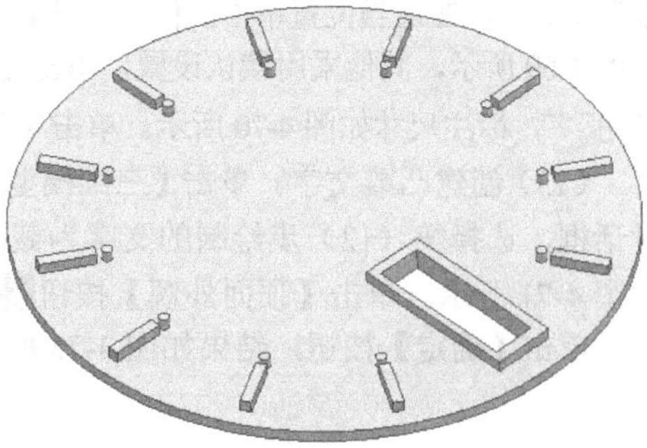

图 4-65　创建拉伸特征

（10）创建草图 5。单击【三维模型】标签栏【草图】面板上的【开始创建二维草图】按钮，选择第一个拉伸体上表面为草图绘制平面，进入草图绘制环境。单击【草图】标签栏【创建】面板上的【圆心圆】按钮，绘制草图。单击【约束】面板上的【尺寸】按钮，标注尺寸如图 4-66 所示。单击【草图】标签上的【完成草图】按钮，退出草图环境。

（11）创建拉伸体。单击【三维模型】标签栏【创建】面板上的【拉伸】按钮，打开【拉伸】对话框，选择第（10）步绘制的草图为拉伸截面轮廓，将拉伸范围设置为贯通，选择【求差】方式，如图 4-67 所示。单击【确定】按钮完成拉伸，结果如图 4-68 所示。

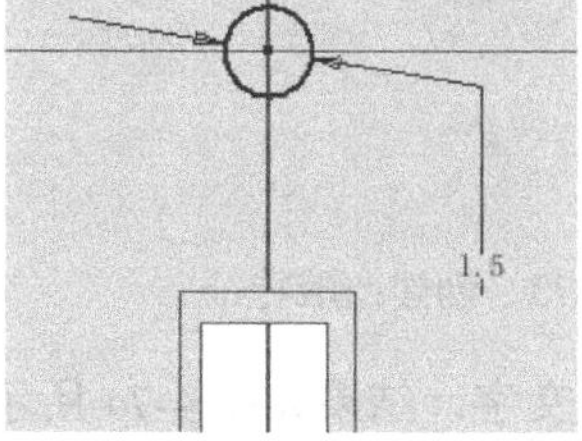

图 4-66　绘制草图 5

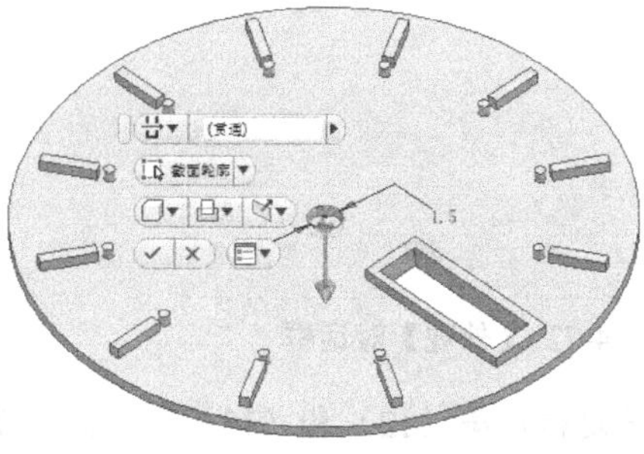

图 4-67　拉伸示意图 3

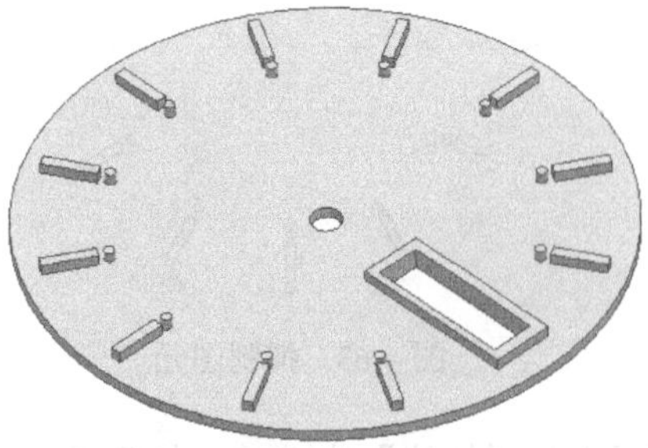

图 4-68　创建拉伸特征

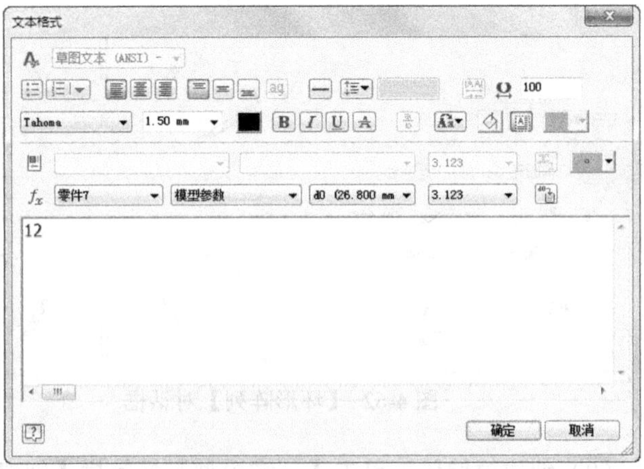

图 4-69 【文本格式】对话框

（12）创建草图 6。单击【三维模型】标签栏【草图】面板上的【开始创建二维草图】按钮，选择第一个拉伸体上表面为草图绘制平面，进入草图绘制环境。单击【草图】标签栏【创建】面板上的【文本】按钮，在适当位置单击鼠标，打开【文本格式】对话框，在对话框中输入 12，设置高度为 1.5mm，如图 4-69 所示，其他采用默认设置，单击【确定】按钮，关闭对话框。单击【约束】面板上的【尺寸】按钮，标注尺寸如图 4-70 所示。单击【草图】标签上的【完成草图】按钮，退出草图环境。

（13）创建凸雕文字。单击【三维模型】标签栏【创建】面板上的【凸雕】按钮，打开【凸雕】对话框，选择第（12）步绘制的文字为截面轮廓，单击【从面凸雕】按钮，设置深度为 0.5mm，如图 4-71 所示。单击【顶面外观】按钮，打开【外观】对话框，选择【红】外观，如图 4-72 所示，单击【确定】按钮，结果如图 4-73 所示。

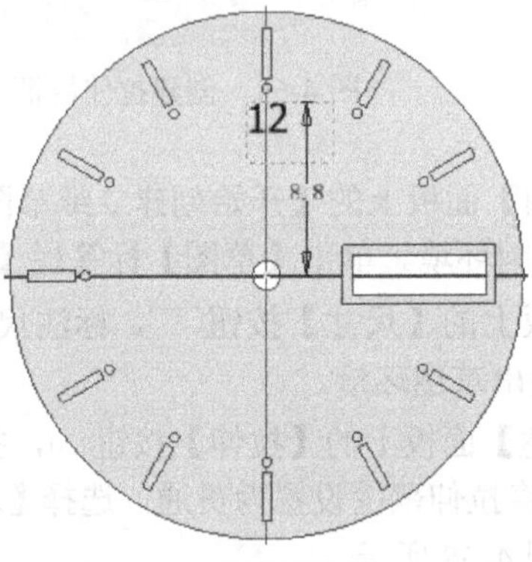

图 4-70　绘制草图 6

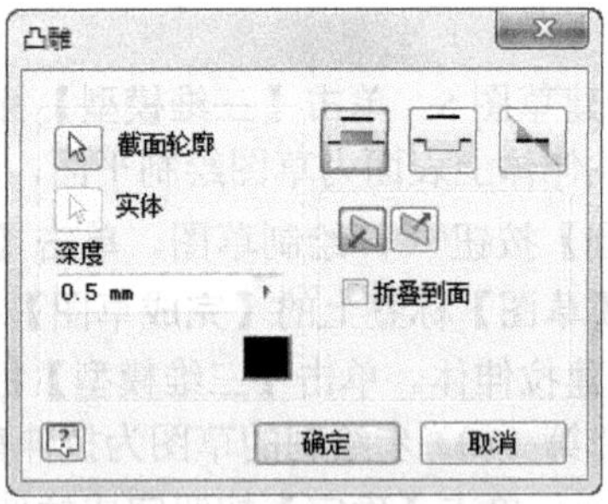

图 4-71 【凸雕】对话框

图 4-72 【外观】对话框

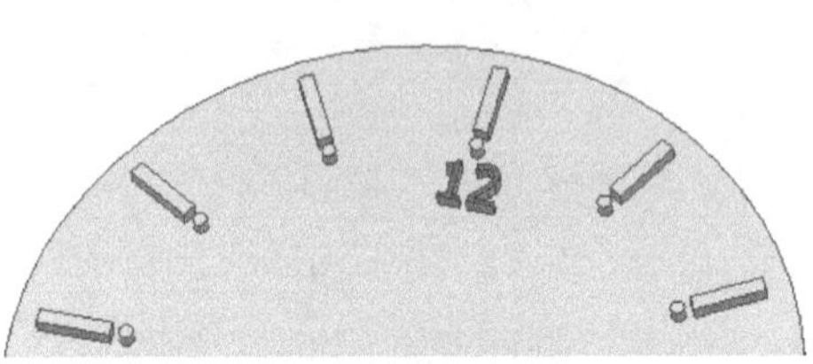

图 4-73　创建凸雕特征

（14）重复执行第（12）和（13）步，创建 9 和 6 两个凸雕文字，结果如图 4-74 所示。

（15）单击【工具】标签栏【材料和外观】面板中的【材料】按钮，打开【材料浏览器】对话框，选择【主视图】→【Inventor 材料库】→【金属】选项，然后在列表框中选择【银】材质，将其添加到文档中，如图 4-75 所示，关闭对话框，对表面赋银材质，结果如图 4-52 所示。

图 4-74　创建凸雕文字

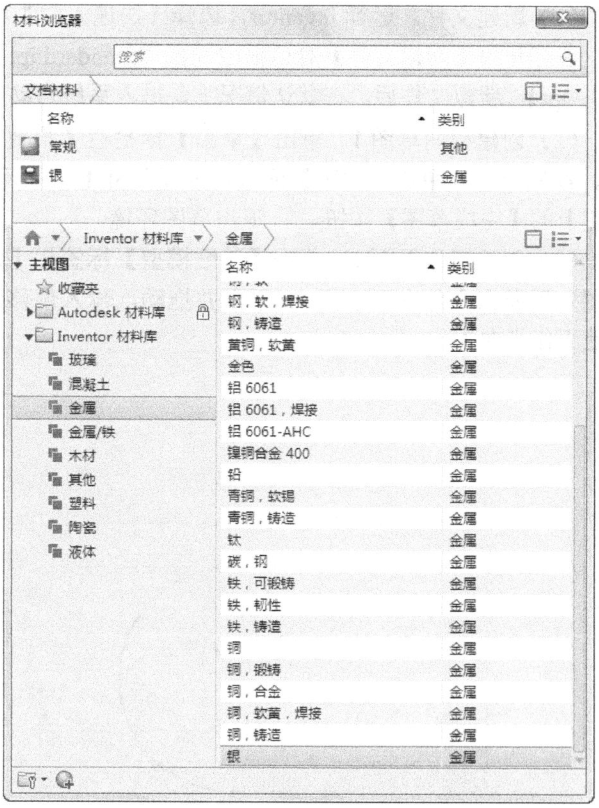

图 4-75　【材料浏览器】对话框

（16）保存文件。单击【快速入门】工具栏上的【保存】按钮，打开【另存为】对话框，输入文件名为【表面 .ipt】，单击【保存】按钮，保存文件。

4.4　综合演练——电源插头

思路分析

本例绘制的电源插头如图 4-76 所示。首先绘制草图，通过放样创建插头主体；然后绘制草图通过旋转和扫掠创建电源线；最后绘制草图通过拉伸创建插头。

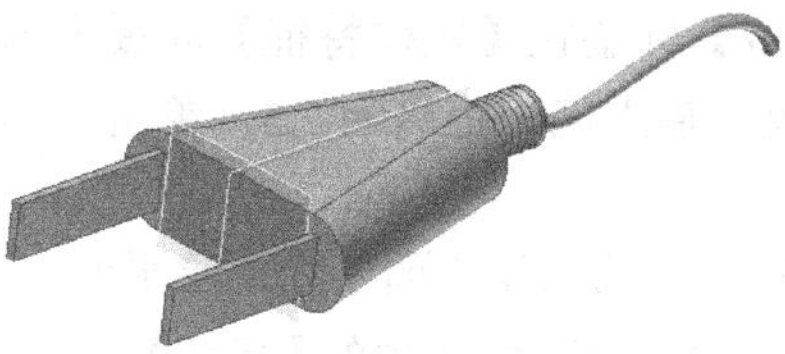

图 4-76　电源插头

扫码看视频

操作步骤

（1）新建文件。运行 Inventor，选择【快速入门】标签栏，单击【启动】面板上的【新建】选项，在打开的【新建文件】对话框中选择【Standard.ipt】选项，新建一个零件文件，命名为【电源插头 .ipt】。新建文件后，在默认情况下，进入系统自动建立的草图中。

（2）创建截面草图 1。单击【草图】标签栏【绘制】面板的【矩形】按钮和【圆角】按钮，绘制草图。单击【约束】面板内的【尺寸】按钮，标注尺寸如图 4-77 所示。单击【草图】标签上的【完成草图】按钮，退出草图环境。

（3）创建工作平面 1。单击【三维模型】标签栏【定位特征】面板上的【工作平面】按钮，在浏览器原点文件夹下选择 *XY* 平面并拖动，输入偏移距离为 30，如图 4-78 所示，单击按钮，创建工作平面 1。

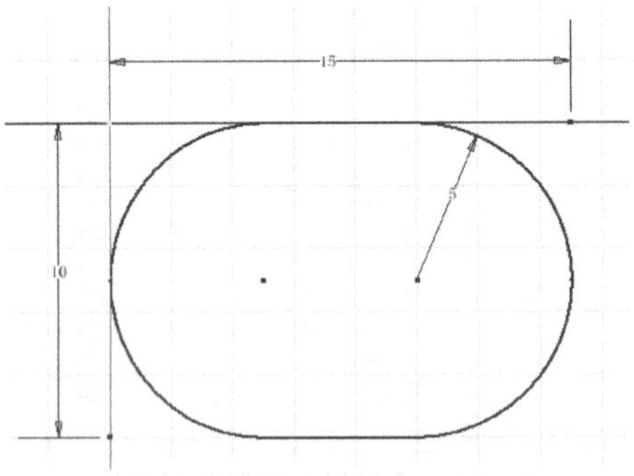

图 4-77　绘制截面草图 1

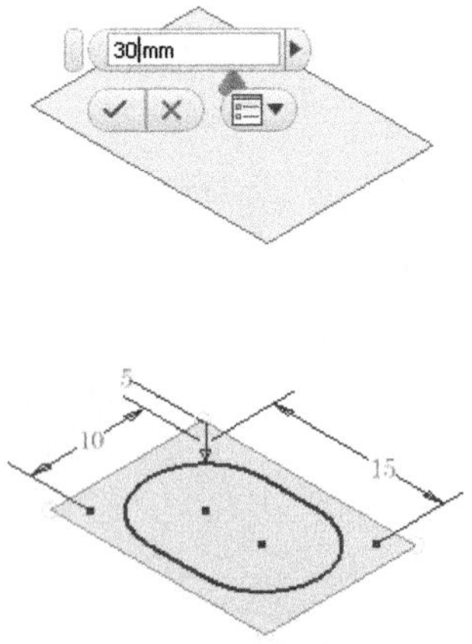

图 4-78　创建工作平面 1

（4）创建截面草图 2。在视图中选择第（3）步创建的工作平面为草绘平面。单击【草图】标签栏【绘制】面板的【矩形】按钮和【圆角】按钮，绘制草图。单击【约束】面板内的【尺寸】按钮，标注尺寸如图 4-79 所示。单击【草图】标签上的【完成草图】按钮，退出草图环境。

（5）放样实体。单击【三维模型】标签栏【创建】面板上的【放样】按钮，打开【放样】对话框，在视图中选择第（3）步和第（4）步创建的草图为截面，如图 4-80 所示，单击【确定】按钮，结果如图 4-81 所示。

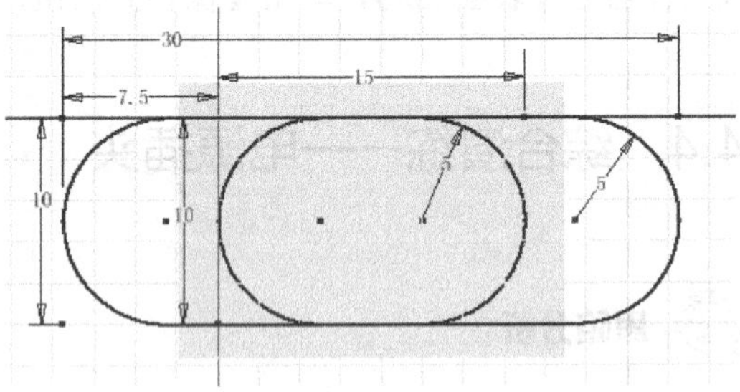

图 4-79　绘制截面草图 2

（6）创建工作平面 2。单击【三维模型】标签栏【定位特征】面板上的【工作平面】按钮，在浏览器原点文件夹下选择 *YZ* 平面并拖曳，输入偏移距离为 7.5，单击按钮，创建工作平面 2，结果如图 4-82 所示。

（7）创建草图。在视图中选择第（6）步创建的工作平面 2 为草绘平面。单击【草图】标签栏【绘制】面板的【直线】按钮，绘制草图。单击【约束】面板内的【尺寸】按钮，标注尺寸如图 4-83 所示。单击【草图】标签上的【完成草图】按钮，退出草图环境。

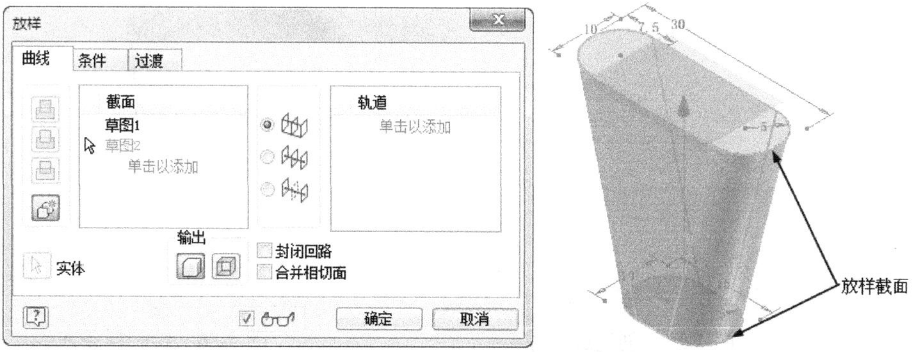

图 4-80 【放样】对话框及预览

图 4-81　创建放样实体

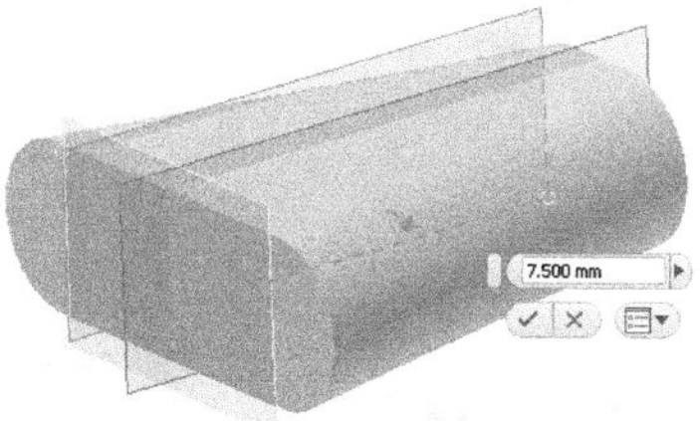

图 4-82　创建工作平面 2

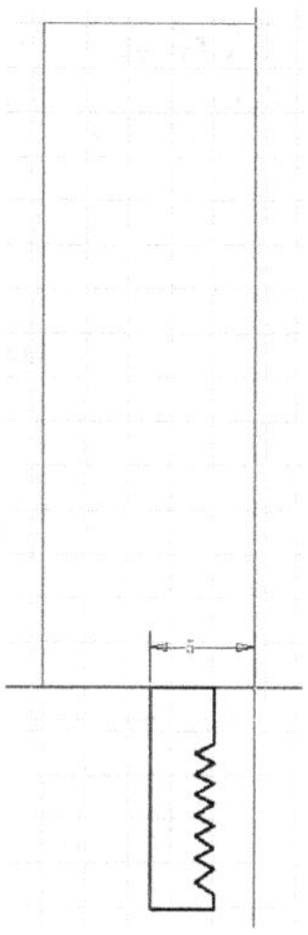

图 4-83　绘制草图

（8）创建旋转体。单击【三维模型】标签栏【创建】面板上的【旋转】按钮，打开【旋转】对话框，选择第（7）步创建的草图为旋转截面，选择竖直线段为旋转轴，如图 4-84 所示。单击【确定】按钮完成旋转，如图 4-85 所示。

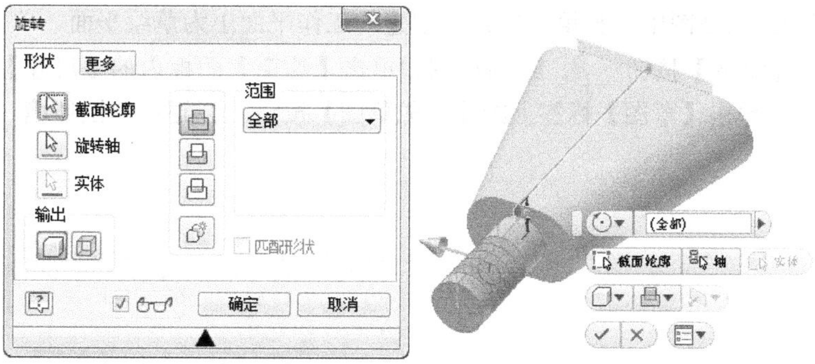

图 4-84 【旋转】对话框及预览

（9）创建截面轮廓草图。在视图中选择如图 4-85 所示的面 1 为草绘平面。单击【草图】标签栏【绘制】面板的【圆】按钮，绘制直径为 2 的圆。单击【草图】标签上的【完成草图】按钮，退出草图环境。

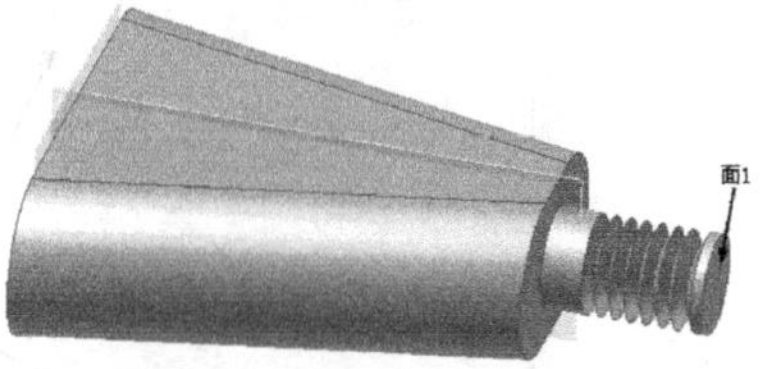

图 4-85 创建旋转体

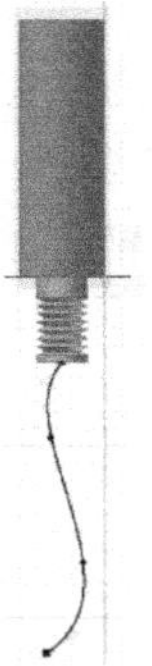

图 4-86 绘制样条曲线

（10）创建路径轮廓草图。在视图中选择工作平面 2 为草绘平面。单击【草图】标签栏【绘制】面板的【样条曲线】按钮，以圆心为起点绘制样条曲线，如图 4-86 所示。单击【草图】标签上的【完成草图】按钮，退出草图环境。

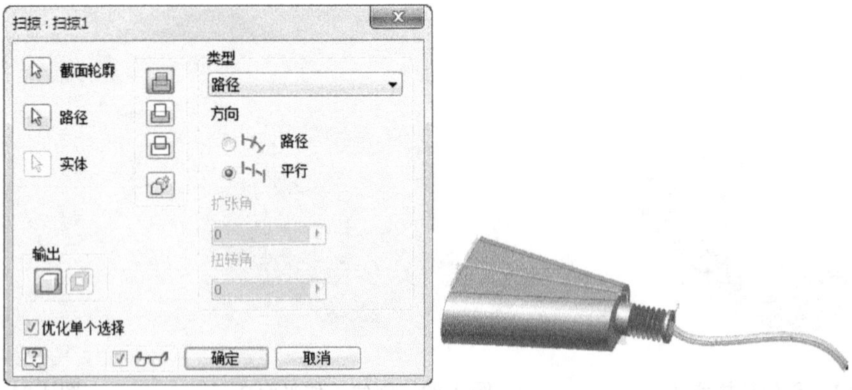

图 4-87 【扫掠】对话框及预览

（11）扫掠实体。单击【三维模型】标签栏【创建】面板上的【扫掠】按钮，打开【扫掠】对话框，在视图中选择圆为截面轮廓，选择第（10）步创建的样条曲线为扫掠路径，如图 4-87 所示，单击【确定】按钮，结果如图 4-88 所示。

（12）创建草图。在视图中选择第（11）步创建的工作平面 1 为草绘平面。单击【草图】标签栏【绘制】面板的【矩形】按钮，绘制草图。单击【约束】面板内的【尺寸】按钮，标注尺寸如图 4-89 所示。单击【草图】标签上的【完成草图】按钮，退出草图环境。

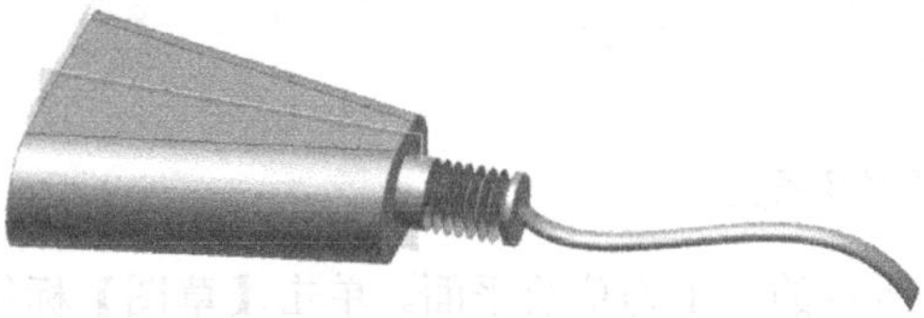

图 4-88 扫掠实体

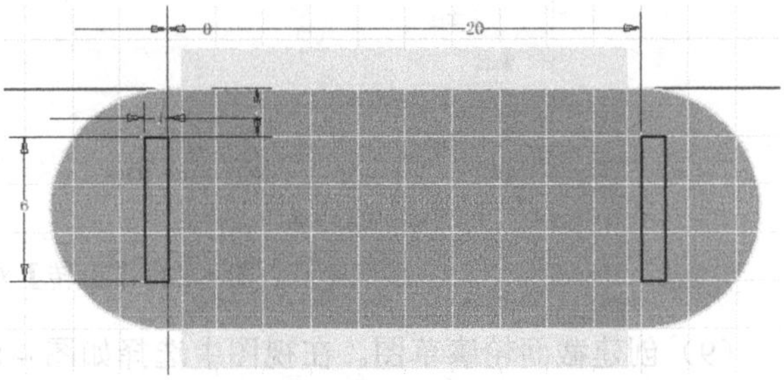

图 4-89 绘制草图

（13）创建拉伸体。单击【三维模型】标签栏【创建】面板上的【拉伸】按钮，打开【拉伸】对话框，选择第（12）步绘制的草图为拉伸截面轮廓，将拉伸距离设置为 20mm，如图 4-90 所示。单击【确定】按钮完成拉伸，结果如图 4-76 所示。

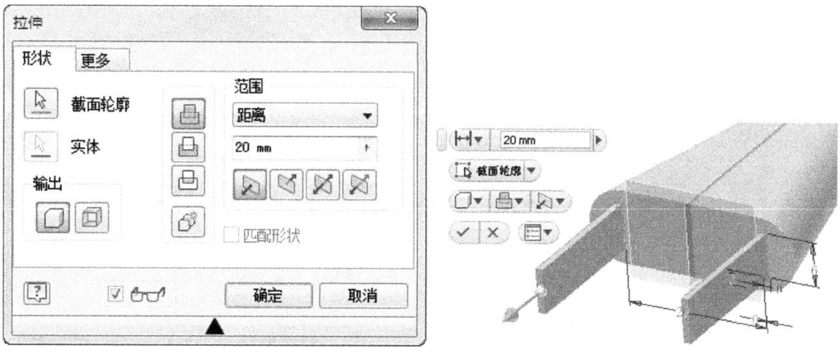

图 4-90 【拉伸】对话框及预览

第 5 章 放置特征

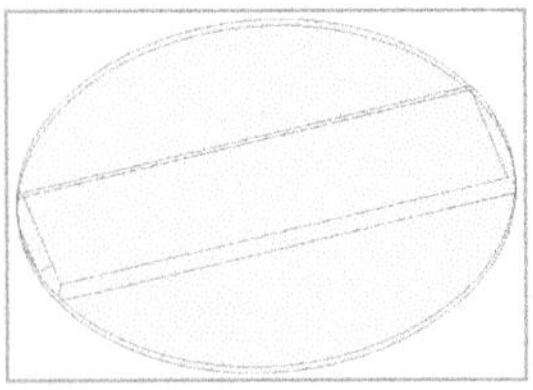

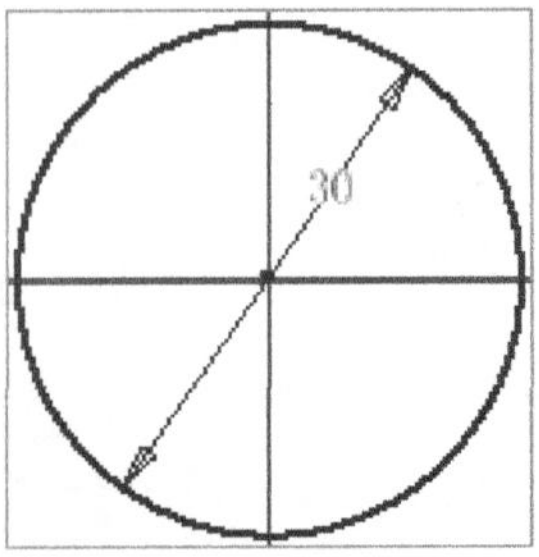

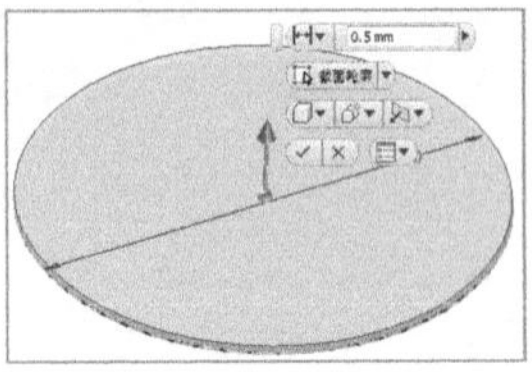

在 Inventor 中放置特征和阵列特征都不是基于草图的特征，也就是说这些特征的创建不依赖于草图，可在特征工作环境下直接创建，就好像直接放置在零件上一样。在 Inventor 2019 中，放置特征包括圆角与倒角、零件抽壳、拔模斜度、镜像特征、螺纹特征以及加强筋与肋板。阵列特征包括矩形阵列和环形阵列。

5.1　圆角与倒角

圆角和倒角用于调整零件内部或外部的拐角，使得零件边处产生曲面或斜面。二者是最典型的放置特征。在 Inventor 中可利用圆角工具和倒角工具方便快捷地产生圆角和倒角。

5.1.1　圆角

Inventor 中可创建定半径圆角、变半径圆角和过渡圆角，如图 5-1 所示。可利用【三维模型】标签栏【修改】面板上的【圆角】按钮来产生圆角特征，打开如图 5-2 所示【圆角】对话框。

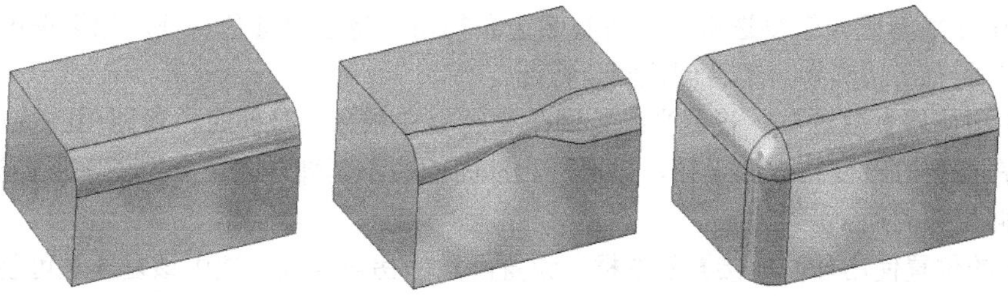

定半径圆角　　　　变半径圆角　　　　过渡圆角

图 5-1　定半径圆角、变半径圆角和过渡圆角

（1）边圆角。在零件的一条或多条边上添加内圆角或外圆角。在一次操作中，用户可以创建等半径和变半径圆角、不同大小的圆角和具有不同连续性（相切或平滑 G2）的圆角。在同一次操作中创建的不同大小的所有圆角将成为单个特征。

① 等半径圆角。由三个部分组成：边、半径和模式。首先要选择产生圆角半径的边，然后指定圆角的半径，再选择一种圆角模式即可。圆角模式有三种选项。

选中【边】单选项，只对选中的边创建圆角。

选中【回路】单选项，可选中一个回路，这个回路的整个边线都会创建圆角特征。

选中【特征】单选项，选择因某个特征与其他面相交所导致的边以外的所有边都会创建圆角。这三种情况下创建的圆角特征对比如图 5-3 所示。

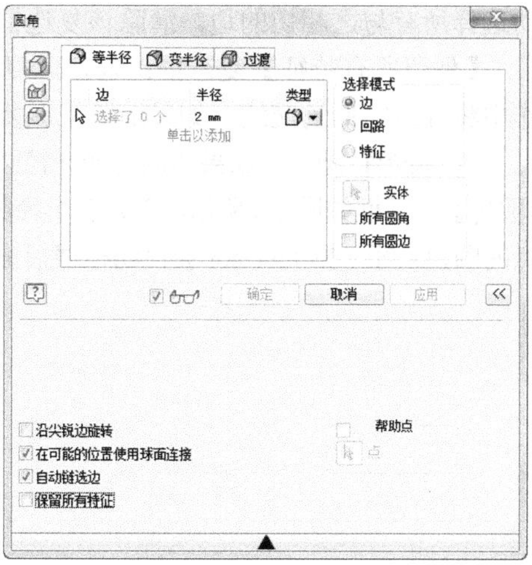

图 5-2　【圆角】对话框

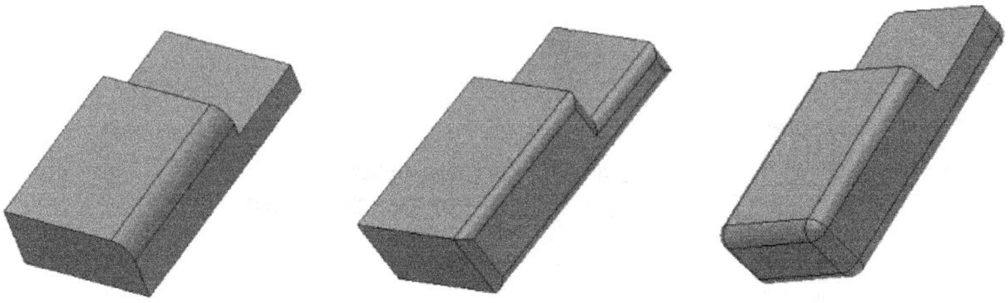

边模式　　　　回路模式　　　　特征模式

图 5-3　三种模式下创建的圆角特征

等半径圆角类型分为相切圆角、平滑（G2）圆角和倒置圆角三种类型。三种类型情况下创建的圆角特征对比如图 5-4 所示。

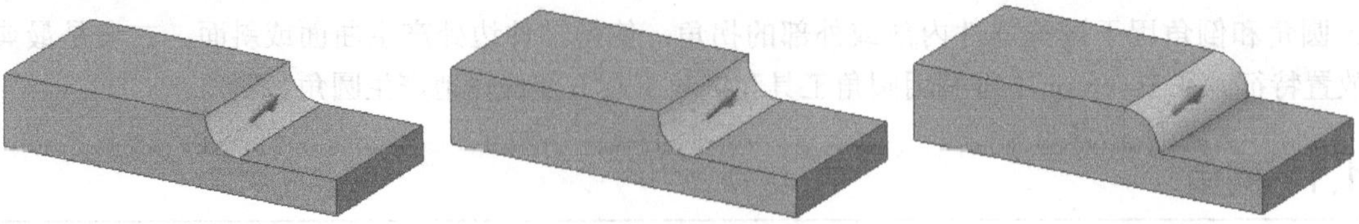

相切圆角　　平滑（G2）圆角　　倒置圆角

图 5-4　圆角特征

其他选项说明如下。

如果选中【所有圆角】复选框，则所有凹边和拐角都将创建圆角特征。如果选中【所有圆边】复选框，那么所有凸边和拐角都将创建圆角特征。

【沿尖锐边旋转】复选框：设置当指定圆角半径会使相邻面延伸时，对圆角的解决方法。选中该复选框可在需要时改变指定的半径，以保持相邻面的边不延伸，清除复选框，保持等半径，并且在需要时延伸相邻的面。

【在可能的位置使用球面连接】复选框：设置圆角的拐角样式，选中该复选框可创建一个圆角，它就像一个球沿着边和拐角滚动的轨迹一样，清除该复选框，在锐利拐角的圆角之间创建连续相切的过渡，如图 5-5 所示。

【自动链选边】复选框：设置边的选择配置。选择该复选框，在选择一条边以添加圆角时，自动选择所有与之相切的边，清除该复选框，只选择指定的边。

【保留所有特征】复选框：勾选此复选框，所有与圆角相交的特征都将被选中，并且在圆角操作中将计算它们的交线。如果清除了该复选框，则在圆角操作中只计算参与操作的边。

② 变半径圆角。如果要创建变半径圆角，则选择【圆角】对话框上的【变半径】选项卡，此时的【圆角】对话框如图 5-6 所示。创建变半径圆角的原理是，首先选择边线上至少三个点，分别指定这几个点的圆角半径，则 Inventor 会自动根据指定的半径创建变半径圆角，创建变半径圆角的一般步骤如下。

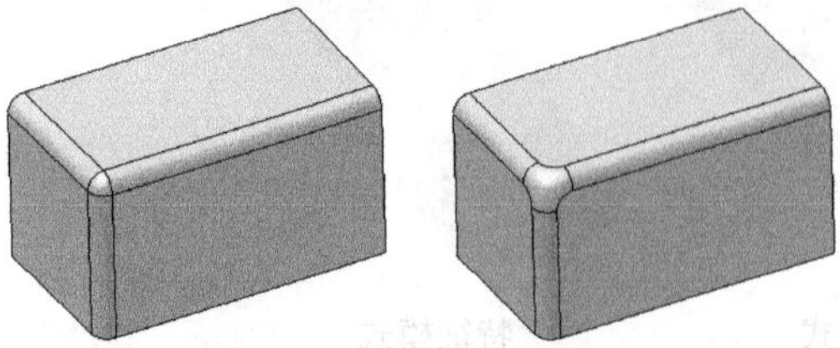

图 5-5　圆角的拐角样式

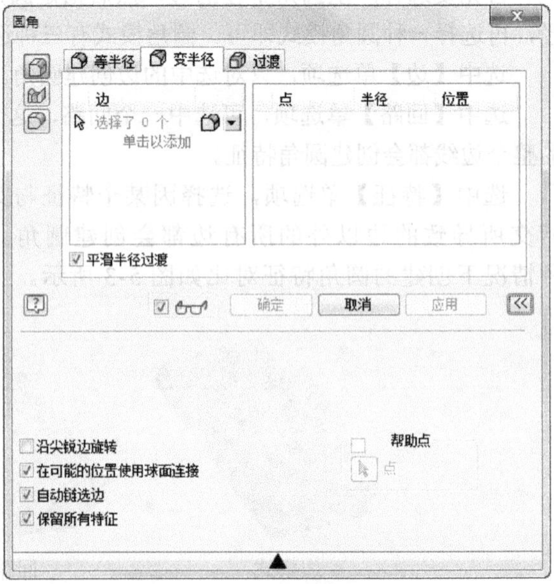

图 5-6　【变半径】选项卡

a．当选择要创建圆角特征的边时，边线的两个端点自动被定为【开始】和【结束】点。

b．把鼠标指针移动到边线上，则鼠标指针出现点的预览，如图 5-7 所示。

c．单击左键即可创建点，同时在【圆角】对话框中也会显示这个创建点，其名称按照创建的先后顺序依次为点 1、点 2、点 3……

d．可用鼠标单击其名称，以选中该点，在右侧的【半径】和【位置】选项中可显示并且修改该点处的圆角半径和位置，注意【位置】选项中的数值含义是该点与一个端点的距离占整条边线长度的比例。

【平滑半径过渡】复选框：定义变半径圆角在控制点之间是如何创建的，选中该复选框可使圆角在控制点之间逐渐混合过渡，过渡是相切的（在点之间不存在跃变）。清除该复选框，在点之间用线性过渡来创建圆角。

③ 过渡圆角。指相交边上的圆角连续地相切过渡，要创建变半径的圆角，可选择【圆角】对话框上的【过渡】选项卡，此时【圆角】对话框如图 5-8 所示。首先选择一个两条或更多要创建过渡圆角边的顶点，然后再依次选择边，此时会出现圆角的预览，修改左侧窗口内的每一条边的过渡尺寸，最后单击【确定】按钮完成过渡圆角的创建。

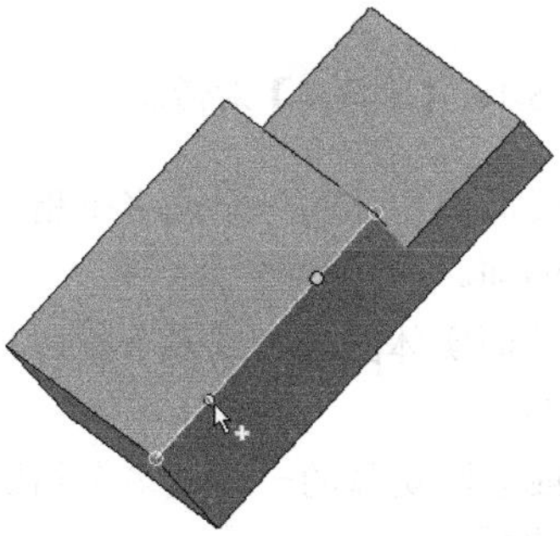
图 5-7 特征点的预览

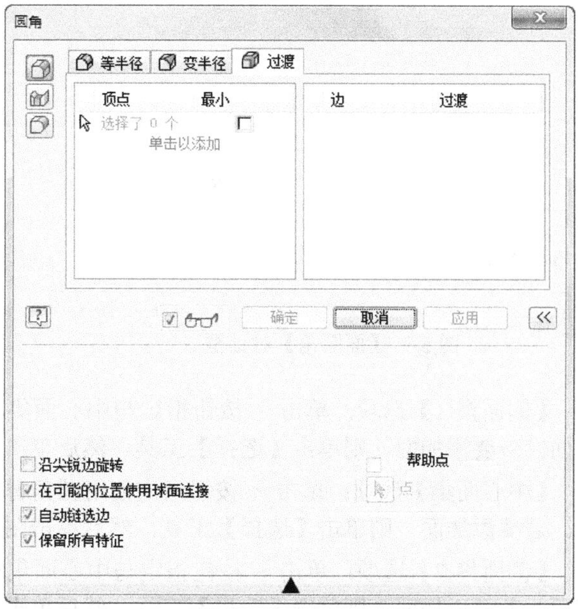

图 5-8 【过渡】对话框

（2）面圆角。在不需要共享边的两个所选面集之间添加内圆角或外圆角。选择打开【面圆角】对话框，如图 5-9 所示。

【面集 1】选项：单击按钮指定要包括在要创建圆角的第一个面集中的模型或曲面实体的一个或多个相切、相邻面。若要添加面，则单击【选择】工具，然后单击图形窗口中的面。

【面集 2】选项：单击按钮指定要创建圆角的第二个面集中的模型或曲面实体的一个或多个相切、相邻面。若要添加面，则单击【选择】工具，然后单击图形窗口中的面。

选择选项，反向反转选择曲面时在其上创建圆角的一侧。

【包括相切面】复选框：设置面圆角的面选择配置。选择该复选框以允许圆角在相切、相邻面上自动继续。清除复选框以仅在两个选择的面之间创建圆角。此选项不会从选择集中添加或删除面。

【优化单个选择】复选框：进行单个选择后，即自动前进到下一个【选择】按钮。对每个面集进行多项选择时，清除复选框。要进行多个选项，单击对话框中的下一个【选择】按钮或选择快捷菜单中的【继续】命令以完成特定选择。

【半径】选项：指定所选面集的圆角半径。要改变半径，请单击该半径值，然后输入新的半径值。

（3）全圆角。全圆角添加与三个相邻面相切的变半径圆角或外圆角。中心面集由变半径圆角取代。全圆角可用于带帽或圆化外部零件特征，例如加强筋。单击按钮打开【全圆角】对话框，如图 5-10 所示。

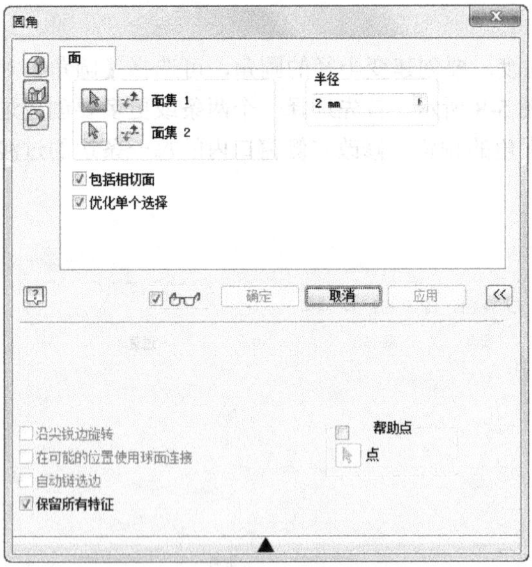

图 5-9 【面圆角】对话框

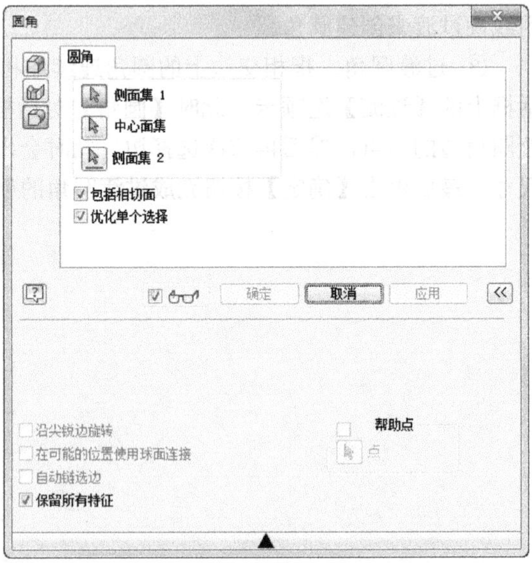

图 5-10 【全圆角】对话框

【侧面集 1】选项：单击按钮指定与中心面集相邻的模型或曲面实体的一个或多个相切、相邻面。若要添加面，则单击【选择】工具，然后单击图形窗口中的面。

【中心面集】选项：单击按钮指定使用圆角替换的模型或曲面实体的一个或多个相切、相邻面。若要添加面，则单击【选择】工具，然后单击图形窗口中的面。

【侧面集 2】选项：单击按钮指定与中心面集相邻的模型或曲面实体的一个或多个相切、相邻面。若要添加面，则单击【选择】工具，然后单击图形窗口中的面。

【包括相切面】复选框：设置面圆角的面选择配置。选择该复选框以允许圆角在相切、相邻面上自动继续。清除复选框以仅在两个选择的面之间创建圆角。此选项不会从选择集中添加或删除面。

【优化单个选择】复选框：进行单个选择后，即自动前进到下一个【选择】按钮。进行多项选择时清除复选框。要进行多个选项，单击对话框中的下一个【选择】按钮或选择快捷菜单中的【继续】命令以完成特定选择。

5.1.2 实例——表面端盖

绘制如图 5-11 所示的表面端盖。

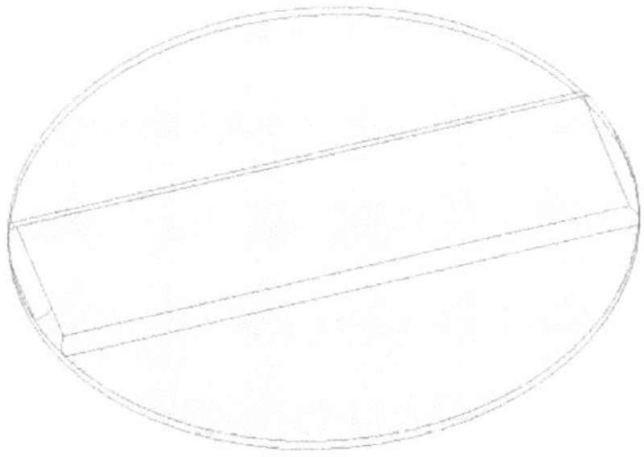

图 5-11　表面端盖

扫码看视频

操作步骤

（1）新建文件。单击【快速入门】工具栏上的【新建】按钮，在打开的【新建文件】对话框中的【Templates】选项卡中的零件下拉列表中选择【Standard.ipt】选项，单击【创建】按钮，新建一个零件文件。

（2）创建草图 1。单击【三维模型】标签栏【草图】面板上的【开始创建二维草图】按钮，选择上步创建的拉伸体的上平面为草图绘制平面，进入草图绘制环境。单击【草图】标签栏【创建】面板上的【圆】按钮，绘制草图。单击【约束】面板上的【尺寸】按钮，标注尺寸如图 5-12 所示。单击【草图】标签上的【完成草图】按钮，退出草图环境。

（3）创建拉伸体。单击【三维模型】标签栏【创建】面板上的【拉伸】按钮，打开【拉伸】对话框，系统自动选择第（2）步绘制的草图为拉伸截面轮廓，将拉伸距离设置为 0.5mm，如图 5-13 所示。单击【确定】按钮完成拉伸。

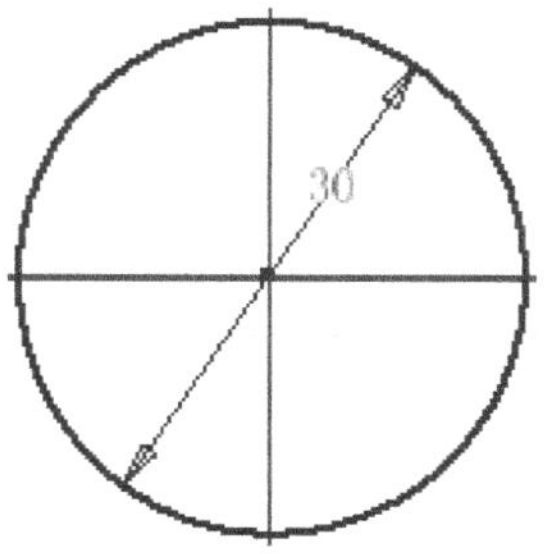

图 5-12　绘制草图 1

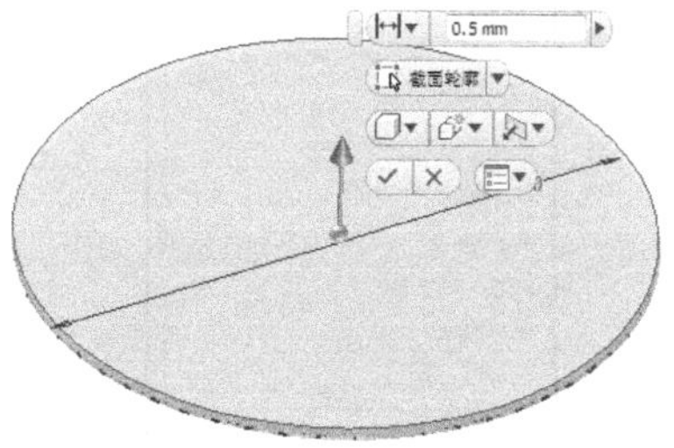

图 5-13　拉伸示意图

（4）创建草图 2。单击【三维模型】标签栏【草图】面板上的【开始创建二维草图】按钮，选择 *XZ* 平面为草图绘制平面，进入草图绘制环境。单击【草图】标签栏【创建】面板上的【两点中心】按钮，绘制草图。单击【约束】面板上的【尺寸】按钮，标注尺寸如图 5-14 所示。单击【草图】标签上的【完成草图】按钮，退出草图环境。

（5）创建拉伸体。单击【三维模型】标签栏【创建】面板上的【拉伸】按钮，打开【拉伸】对话框，系统自动选择第（4）步绘制的草图为拉伸截面轮廓，将拉伸距离设置为 0.5mm，如图 5-15 所示。单击【确定】按钮完成拉伸。

（6）圆角处理。单击【三维模型】标签栏【修改】面板中的【圆角】按钮，打开【圆角】对话框，输入半径为 1mm，选择如图 5-16 所示的边线倒圆角，单击【确定】按钮，完成圆角操作，如图 5-17 所示。

（7）在【工具】标签栏【材料和外观】面板下的【材料】列表框中选择【玻璃】材质，如图 5-18 所示。在【外观】下拉列表中选择【透明】选项，如图 5-19 所示。附材质后的表面端盖如图 5-11 所示。

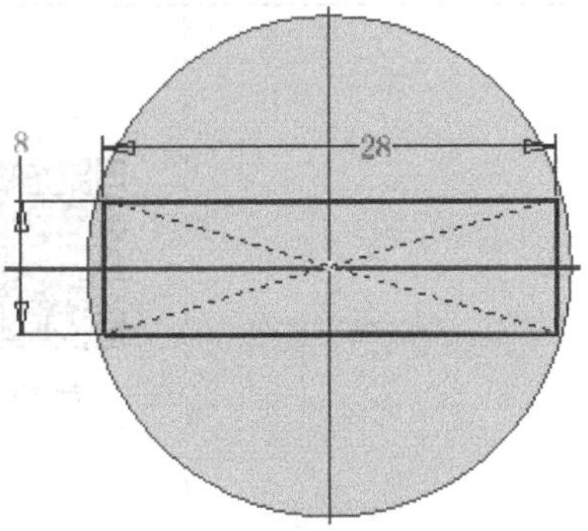

图 5-14　绘制草图 2

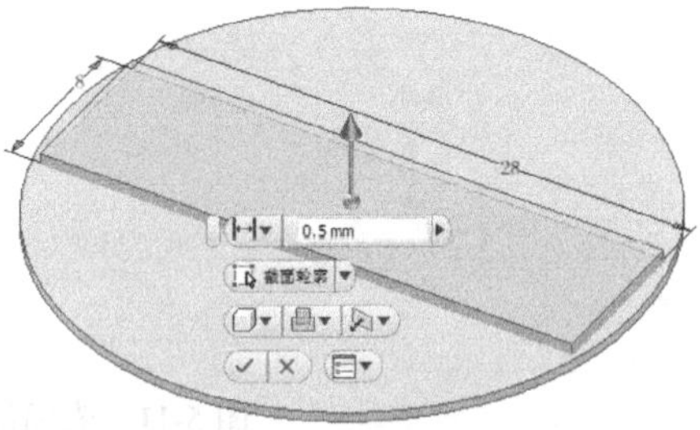

图 5-15　拉伸示意图

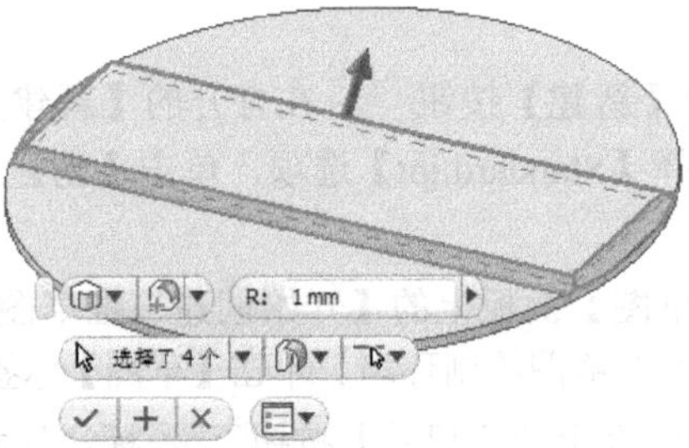

图 5-16　圆角示意图

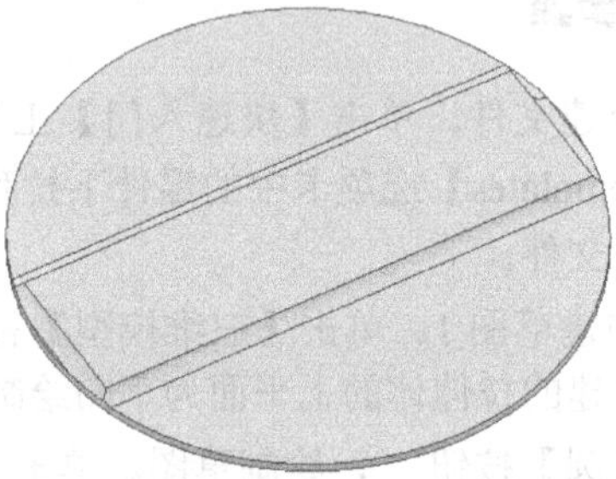

图 5-17　圆角处理

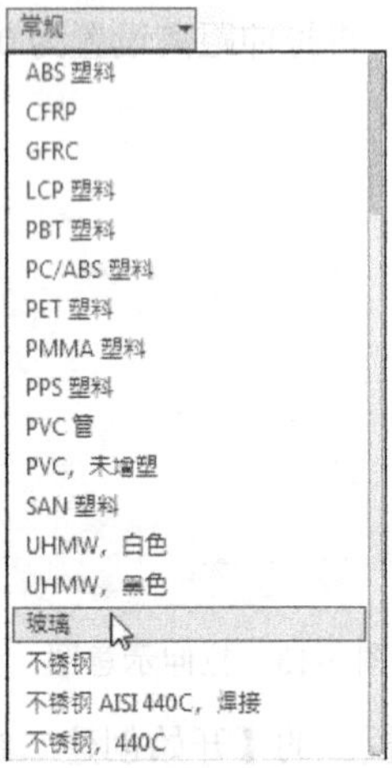

图 5-18 【材料】列表框

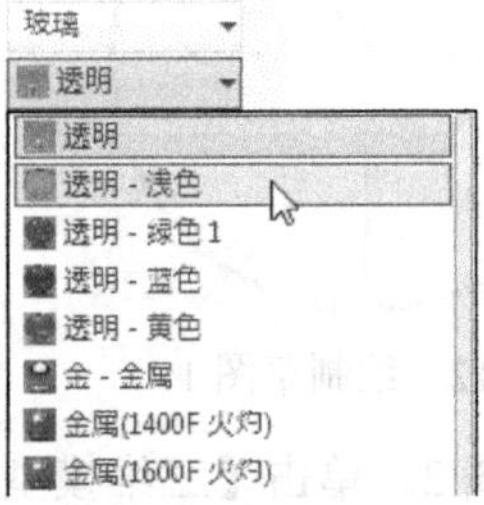

图 5-19 【外观】下拉列表

（8）保存文件。单击【快速入门】工具栏上的【保存】按钮，打开【另存为】对话框，输入文件名为【表面端盖 .ipt】，单击【保存】按钮，保存文件。

5.1.3 倒角

倒角可在零件和部件环境中使零件的边产生斜角。倒角可使与边的距离等长、距边指定的距离和角度，或从边到每个面的距离不同。与圆角相似，倒角不要求有草图，并被约束到要放置的边上。典型的倒角特征如图 5-20 所示。由于倒角是精加工特征，因此可考虑把倒角放在设计过程最后其他特征已稳定的时候。例如，在部件中，倒角经常用于准备后续操作（例如焊接）时去除材料，可通过【三维模型】标签栏内【修改】面板上的【倒角】按钮来创建倒角特征，单击该按钮后，打开如图 5-21 所示【倒角】对话框。

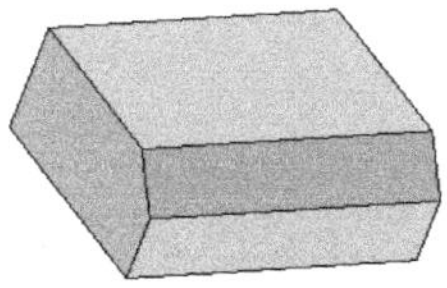

图 5-20 典型的倒角特征

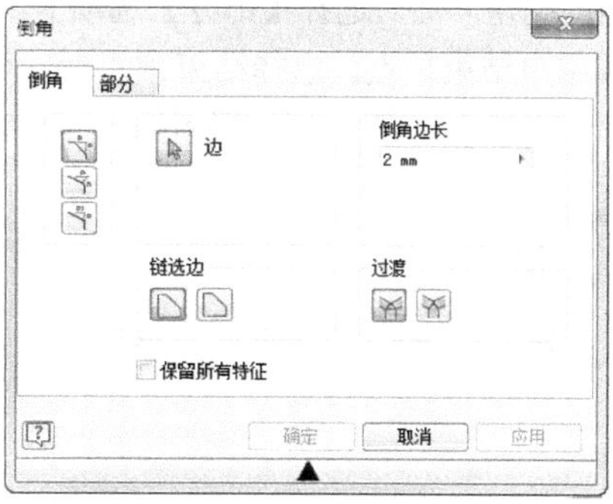

图 5-21 【倒角】对话框

首先需要选择创建倒角的方式，在 Inventor 中提供三种创建倒角的方式，即以单一距离创建倒角、用距离和角度来创建倒角和用两个距离来创建倒角，这样创建的倒角一般都是在整条边上创建。除上述所说的创建倒角方式外，还可以创建不需要整条边的倒角。下面我们一一讲解。

（1）以倒角边长创建倒角。是最简单的一种创建倒角的方式，通过指定与所选择的边线偏移同样的距离来创建倒角，可选择单条边、多条边或相连的边界链以创建倒角，还可指定拐角过渡类型的外观。创建时仅需选择用来创建倒角的边，以及指定倒角距离即可。对于该方式下的选项说明如下。

【链选边】选项：可提供两个子功能选项，即【所有相切连接边】和【独立边】。选中【所有相切连接边】按钮，在倒角中一次可选择所有相切边；选中【独立边】按钮，一次只能选择一条边。

【过渡】选项：可在选择了三个或多个相交边创建倒角时应用，以确定倒角的形状。选择【过渡】按钮，则在各边交汇处创建交叉平面而不是拐角；选择【无过渡】按钮，则倒角的外观就好像通过铣去每个边而形成的尖角，有过渡和无过渡形成的倒角如图 5-22 所示。

（2）用倒角边长和角度创建倒角。顾名思义，需要指定倒角边长和倒角角度两个参数，选择了该选项后，【倒角】面板如图 5-23 所示。首先选择创建倒角的边，然后选择一个表面，倒角所成的斜面与该面的夹角就是所指定的倒角角度，倒角距离和倒角角度均可在右侧的【倒角边长 1】和【角度】文本框中输入。然后单击【确定】按钮，就可创建倒角特征。

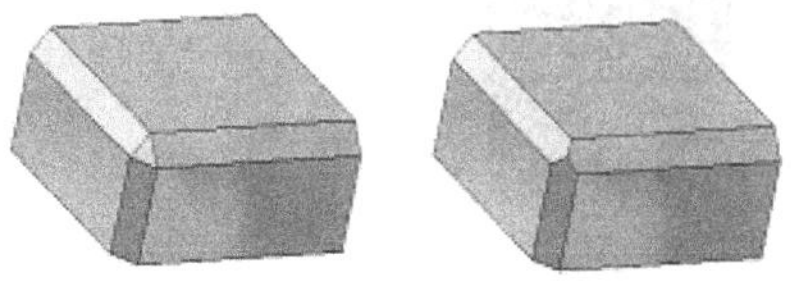

有过渡　　无过渡

图 5-22 有过渡和无过渡形成的倒角

（3）用两个倒角边长创建倒角。需要指定两个倒角距离来创建倒角。选择该选项后，【倒角】对话框如图 5-24 所示。首先选定倒角边，然后分别指定两个倒角距离即可。利用【反向】选项使得模型距离反向，单击【确定】按钮即可完成创建。

图 5-23 用倒角边长和角度创建倒角

图 5-24 用两个倒角边长创建倒角

（4）利用【部分】选项卡创建局部倒角。利用该方式创建部分倒角，首先利用前面讲解的方法创建整条边的倒角，然后选择【部分】选项卡，如图 5-25 所示。此时系统自动选定创建部分倒角的起点，然后提醒用户结束顶点。选择结束顶点后，可以通过【设置联动尺寸】下拉菜单选择【开始】【结束】或【倒角】来修改局部倒角的开始位置、结束位置或【倒角】大小。如图 5-26 是创建的部分倒角特征。

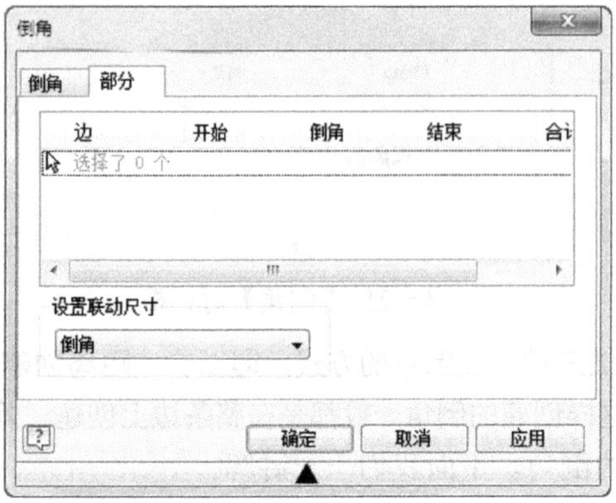

图 5-25 【部分】选项卡

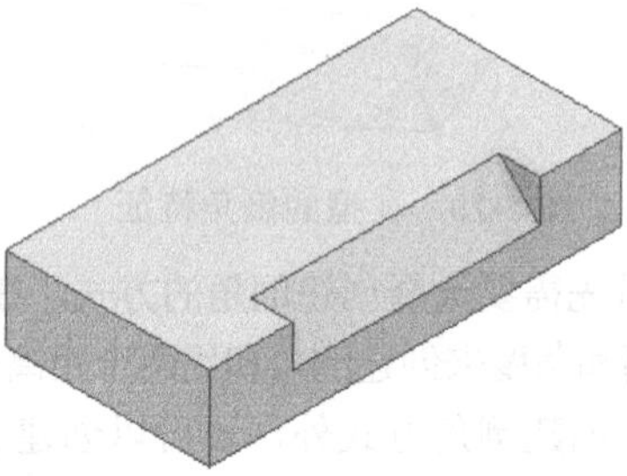

图 5-26 部分倒角特征

5.1.4 实例——分针

绘制如图 5-27 所示的分针。

扫码看视频

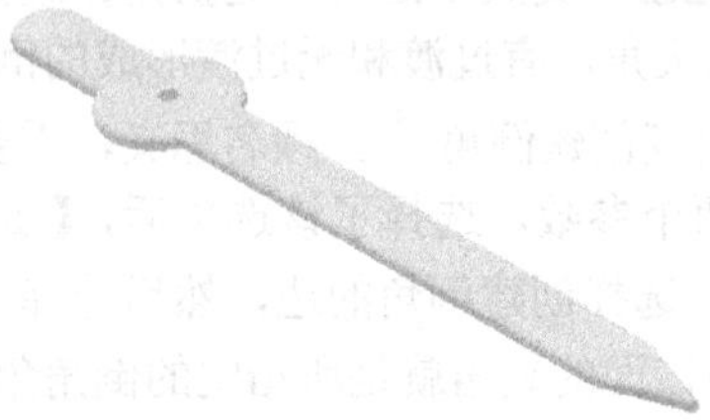

图 5-27 分针

操作步骤

（1）新建文件。单击【快速入门】工具栏上的【新建】按钮，在打开的【新建文件】对话框中的【Templates】选项卡中的零件下拉列表中选择【Standard.ipt】选项，单击【创建】按钮，新建一个零件文件。

（2）创建草图。单击【三维模型】标签栏【草图】面板上的【开始创建二维草图】按钮，选择 *XZ* 平面为草图绘制平面，进入草图绘制环境。单击【草图】标签栏【创建】面板上的【矩形】按钮和【圆】按钮，绘制草图轮廓。然后单击【草图】标签栏【创建】面板上的【修剪】按钮，修剪图形，单击【约束】面板上的【尺寸】按钮，标注尺寸如图 5-28 所示。单击【草图】标签上的【完成草图】按钮，退出草图环境。

（3）创建拉伸体。单击【三维模型】标签栏【创建】面板上的【拉伸】按钮，打开【拉伸】对话框，系统自动选择第（2）步绘制的草图为拉伸截面轮廓，将拉伸距离设置为 0.2mm，如图 5-29 所示。单击【确定】按钮完成拉伸。

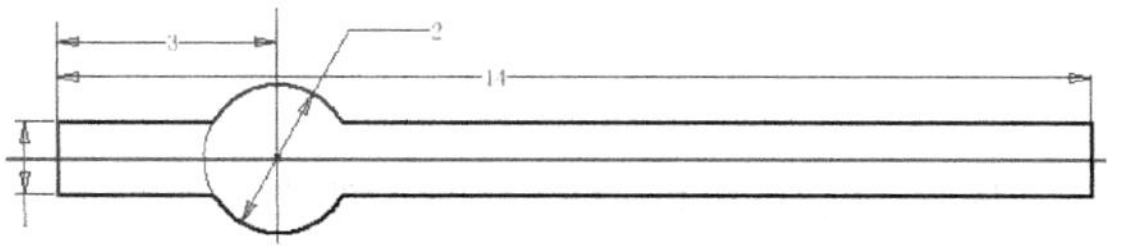

图 5-28　绘制草图

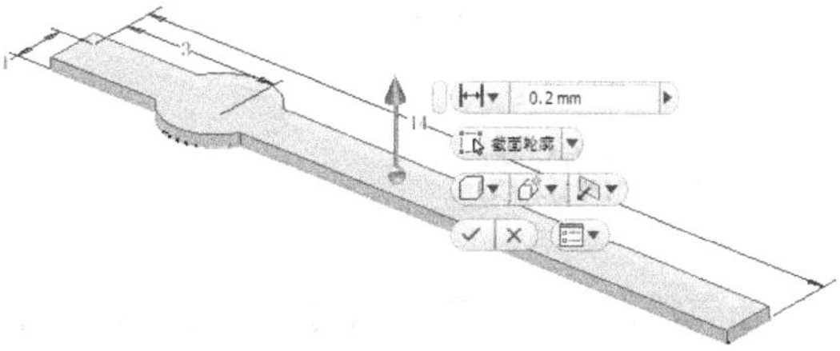

图 5-29　拉伸示意图

（4）圆角处理。单击【三维模型】标签栏【修改】面板中的【圆角】按钮，打开【圆角】对话框，输入半径为 0.5mm，选择如图 5-30 所示的第一个拉伸体的两条棱线倒圆角，单击【确定】按钮。

（5）创建直孔。单击【三维模型】标签栏【修改】面板上的【孔】按钮，打开【孔】特性面板。选择拉伸体上表面和拉伸体的圆弧边线确定孔的放置位置，选择【贯通】终止方式，孔直径为 0.3mm，如图 5-31 所示，单击【确定】按钮，结果如图 5-32 所示。

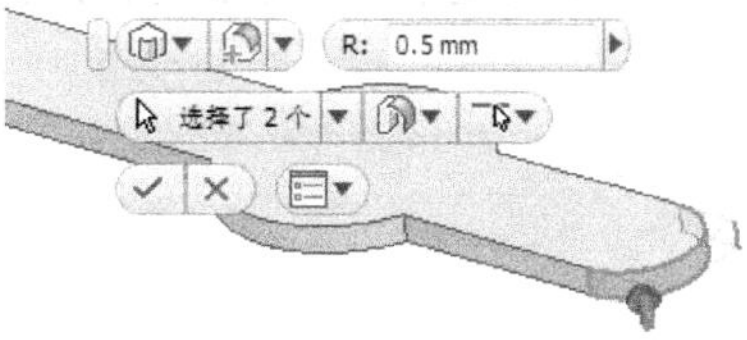

图 5-30　圆角示意图

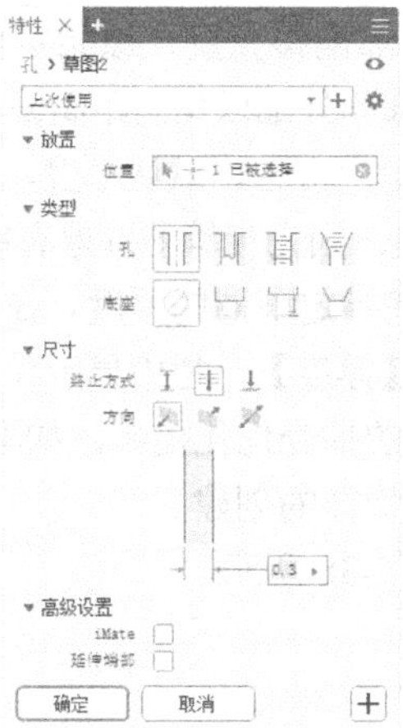

图 5-31　设置参数

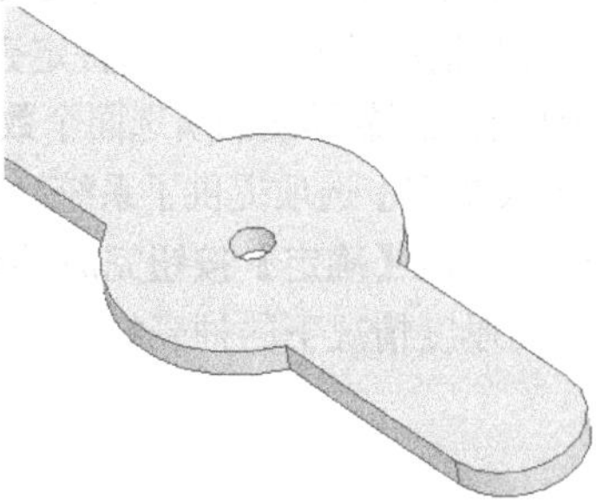

图 5-32　创建孔

（6）倒角处理。单击【三维模型】标签栏【修改】面板上的【倒角】按钮，打开【倒角】对话框，单击【两个倒角边长】按钮，输入倒角边长 1 为 1.5mm，倒角边长 2 为 0.45mm，选择如图 5-33 所示的拉伸体棱边，单击【应用】按钮。

采用相同的方法，选择另一侧的棱边，进行倒角处理，结果如图 5-34 所示。

（7）圆角处理。单击【三维模型】标签栏【修改】面板中的【圆角】按钮，打开【圆角】对话框，输入半径为 0.1mm，选择如图 5-35 所示的上表面边线进行倒圆角，单击【确定】按钮。

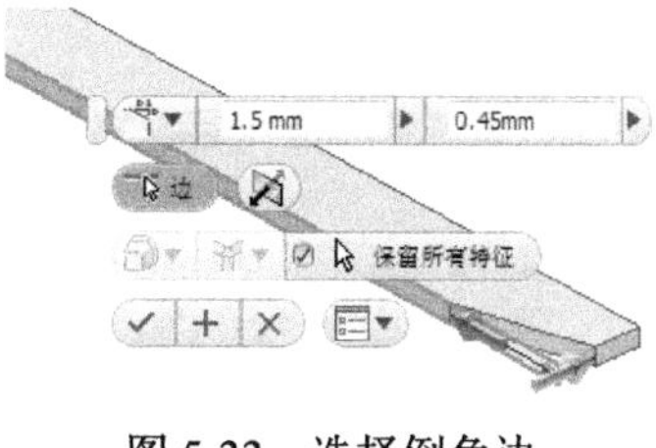

图 5-33　选择倒角边

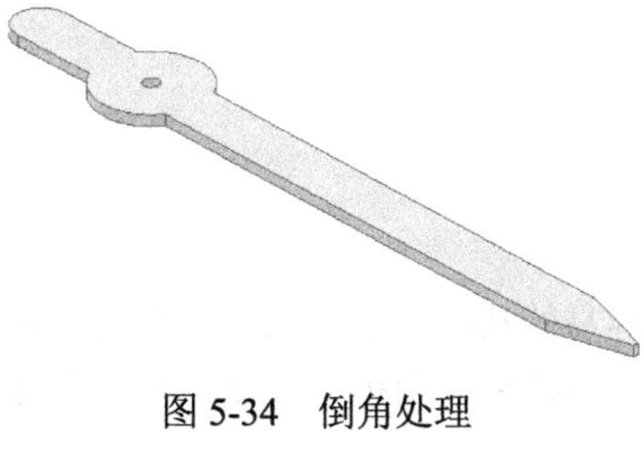

图 5-34　倒角处理

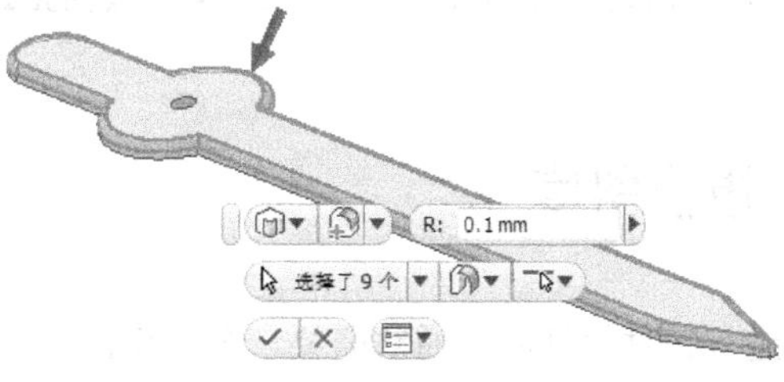

图 5-35　圆角示意图

（8）保存文件。单击【快速入门】工具栏上的【保存】按钮，打开【另存为】对话框。

5.2 零件抽壳

抽壳特征是指从零件的内部去除材料，创建一个具有指定厚度的空腔零件。抽壳也是参数化特征，常用于模具和铸造方面的造型。利用抽壳特征设计的零件如图 5-36 所示。

创建抽壳特征的基本步骤如下。

（1）单击【三维模型】标签栏【修改】面板上的【抽壳】按钮，打开如图 5-37 所示【抽壳】对话框。

（2）选择开口面，指定一个或多个要去除的零件面，只保留作为壳壁的面，如果不想选择某个面，则在按住 Ctrl 键的同时用左键单击该面即可。

（3）选择好开口面以后，需要指定壳体的壁厚。在抽壳方式上，有三种选择。

单击【向内】按钮则向零件内部偏移壳壁，原始零件的外壁成为抽壳的外壁。

单击【向外】按钮则向零件外部偏移壳壁，原始零件的外壁成为抽壳的内壁。

单击【双向】按钮则向零件内部和外部以相同距离偏移壳壁，每侧偏移厚度是零件厚度的一半。

（4）在【特殊面厚度】一栏中，用户可忽略默认厚度，而对所选的壁面应用其他厚度。需要指出的是，指定相等的壁厚是一个好的习惯，因为相等的壁厚有助于避免在加工和冷却的过程中出现变形。当然，如果情况特殊，则可为特定壳壁指定不同的厚度。在提示行中单击激活，然后选择面。【选择】一栏中显示应用新厚度的所选面个数，【厚度】一栏中显示和修改为所选面所设置的新厚度。

（5）【更多】选项提供了系统给予的抽壳优化措施，如不要过薄、不要过厚、中等还可指定公差。

（6）单击【确定】按钮完成抽壳特征的创建。

不同厚度情况下的抽壳特征如图 5-38 所示。

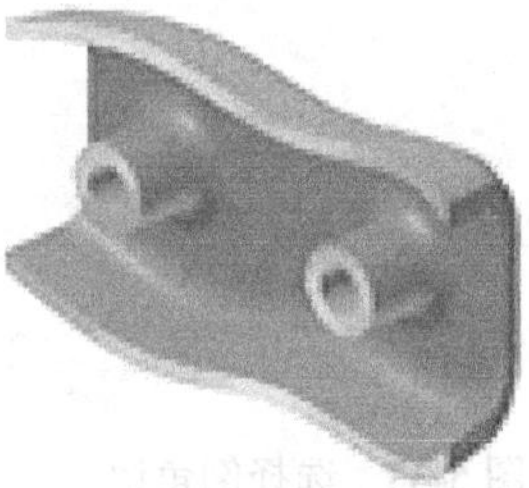

图 5-36　利用抽壳特征设计的零件

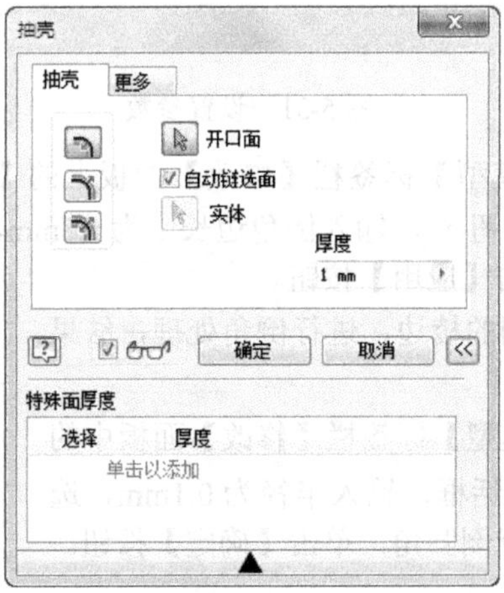

图 5-37　【抽壳】对话框

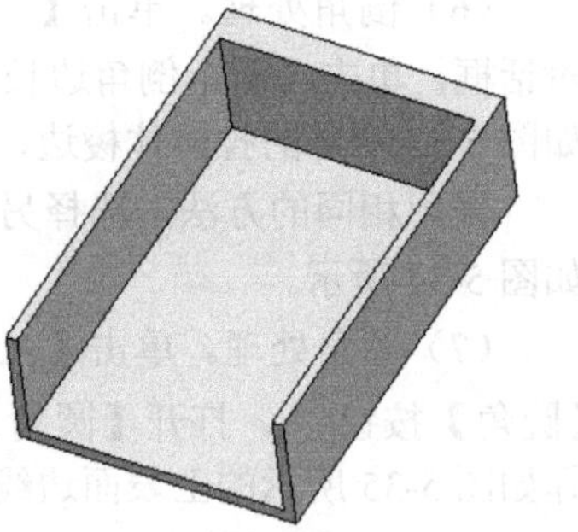

图 5-38　不同厚度情况下的抽壳特征

5.3 拔模斜度

在进行铸件设计时，通常需要一个拔模面使得零件更容易的从模子里面取出。在为模具或铸造零件设计特征时，可通过为拉伸或扫掠指定正的或负的扫掠斜角来应用拔模斜度，当然也可直接对现成的零件进行拔模斜度操作。在 Inventor 中提供了一个拔模斜度工具，可很方便地对零件进行拔模操作。

5.3.1　拔模特征

要对零件进行拔模斜度操作，单击【三维模型】标签栏【修改】面板上的【拔模】按钮，打开如图 5-39 所示的【面拔模】对话框。

1. 固定边方式

对于固定边方式来说，在每个平面的一个或多个相切的连续固定边处，创建拔模，拔模结果是创建额外的面。创建的一般步骤如下。

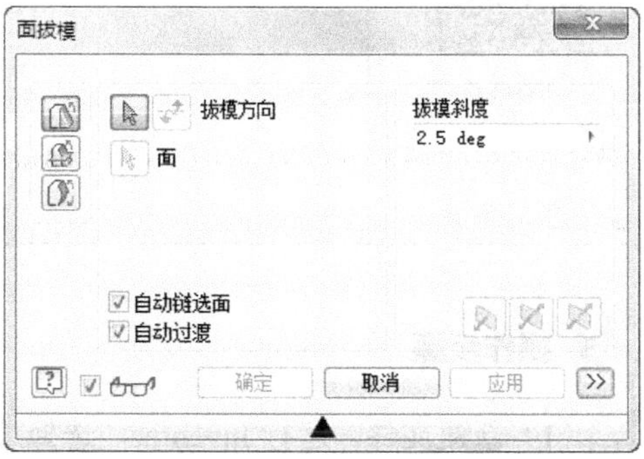

图 5-39 【面拔模】对话框

（1）按照固定边方式创建拔模，首先应该选择拔模方向，可选择一条边，则边的方向就是拔模的方向，也可选择一个面，则面的垂线方向就是拔模的方向，当鼠标指针位于边或面上时，可出现拔模方向的预览，如图 5-40 所示。【反向】按钮可使得拔模方向产生 180° 的翻转。

（2）在右侧的【拔模斜度】文本框中输入要进行拔模的斜度，可是正值或负值。

（3）选择要进行拔模的平面，可选择一个或多个拔模面，注意拔模的平面不能与拔模方向垂直。当鼠标指针位于某个符合要求的平面时，会出现效果的预览，如图 5-41 所示。

（4）单击【确定】按钮，即可完成拔模斜度特征的创建，如图 5-42 所示。

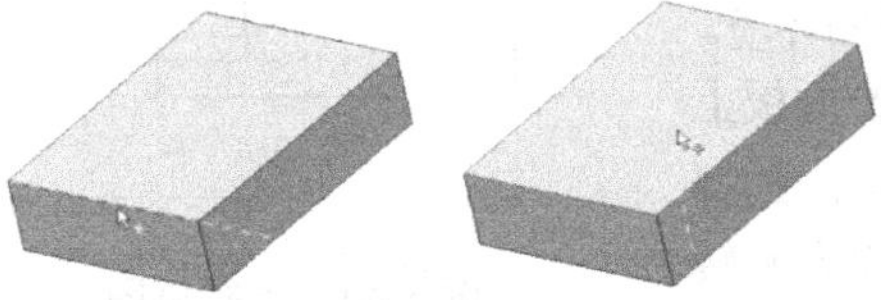

图 5-40　拔模方向预览

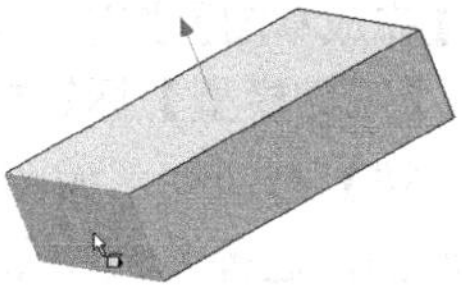

图 5-41　拔模方向预览

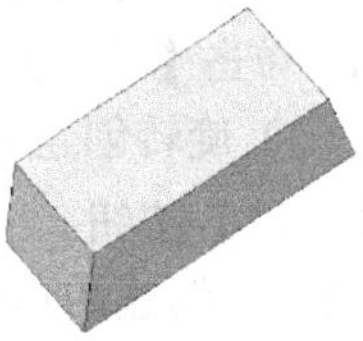

图 5-42　完成的拔模斜度特征

2. 固定平面方式

对于固定平面方式来说，需要选择一个固定平面（也可是工作平面），选择以后开模方向就自动设定为垂直于所选平面，然后再选择拔模面，即根据确定的拔模斜度角来创建拔模斜度特征。

3. 分模线方式

对于分模线方式来说，创建有关二维或三维草图的拔模，模型将在分模线上方和下方进行拔模。

5.3.2　实例——嵌件

思路分析

本例绘制嵌件如图 5-43 所示。首先利用旋转创建嵌件主体，然后利用孔工具生成直孔，最后对圆柱面进行拔模。

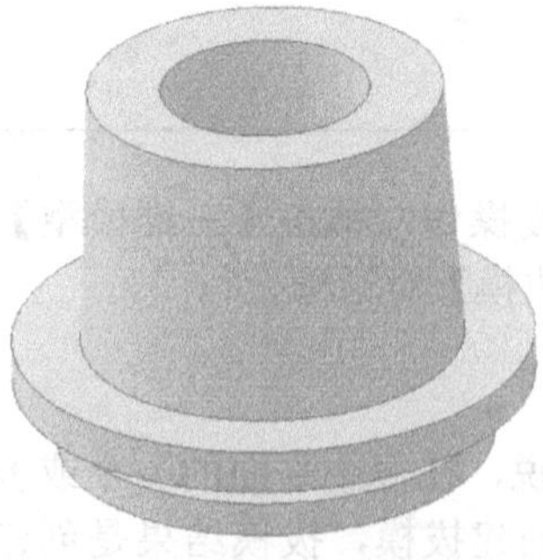

扫码看视频

图 5-43　嵌件

操作步骤

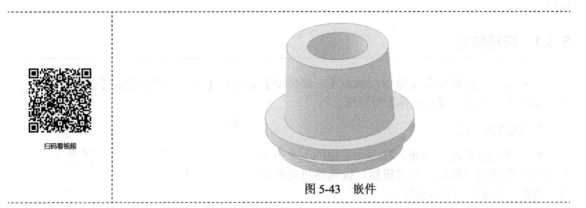

（1）新建文件。运行 Inventor，选择【快速入门】标签栏，单击【启动】面板上的【新建】选项，在打开的【新建文件】对话框中的【默认】选项卡下，选择【Standard.ipt】选项，新建一个零件文件。

（2）创建草图。单击【三维模型】标签栏【草图】面板上的【开始创建二维草图】按钮，选择 *XY* 平面为草图绘制面，进入草图绘制环境。单击【草图】标签栏【创建】面板的【直线】按钮，绘制草图。单击【约束】面板内的【尺寸】按钮，标注尺寸如图 5-44 所示。单击【草图】标签上的【完成草图】按钮，退出草图环境。

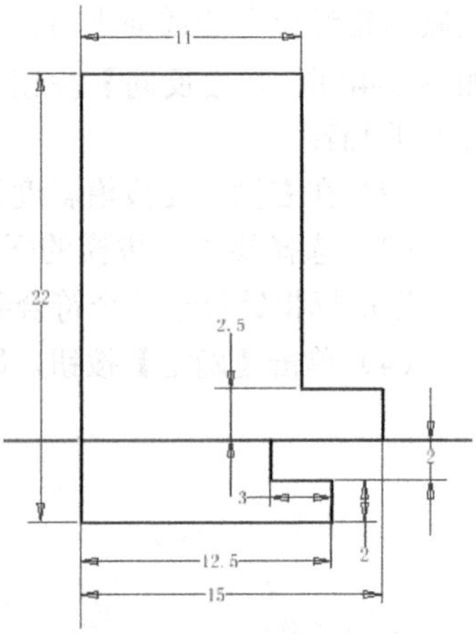

图 5-44　绘制草图

（3）旋转创建主体。单击【三维模型】标签栏【创建】面板上的【旋转】按钮，打开【旋转】对话框，如图 5-45 所示。选择第（2）步创建的草图为旋转截面，选择草图中最长竖直线为旋转轴，选择范围为【全部】，单击【确定】按钮，结果如图 5-46 所示。

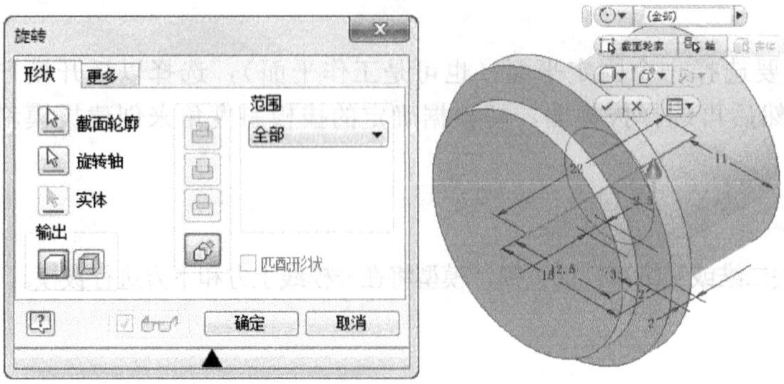

图 5-45　【旋转】对话框及示意图

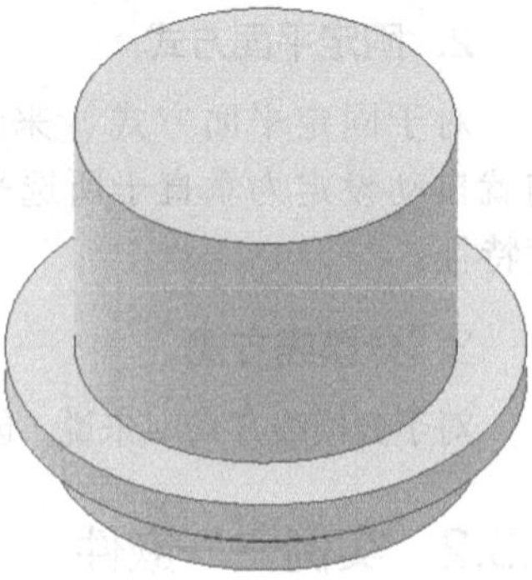

图 5-46　创建主体

（4）创建直孔。单击【三维模型】标签栏【修改】面板上的【孔】按钮，打开【孔】特性面板。在视图中选择第（3）步创建的旋转体的上表面和圆弧线面，选择【简单】类型，输入孔直径为 12mm，终止方式为【贯通】，如图 5-47 所示，单击【确定】按钮，结果如图 5-48 所示。

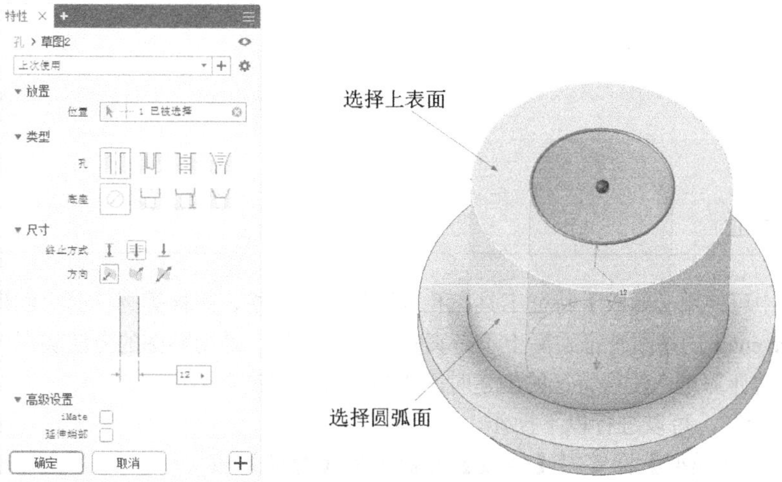

图 5-47 【孔】对话框及预览

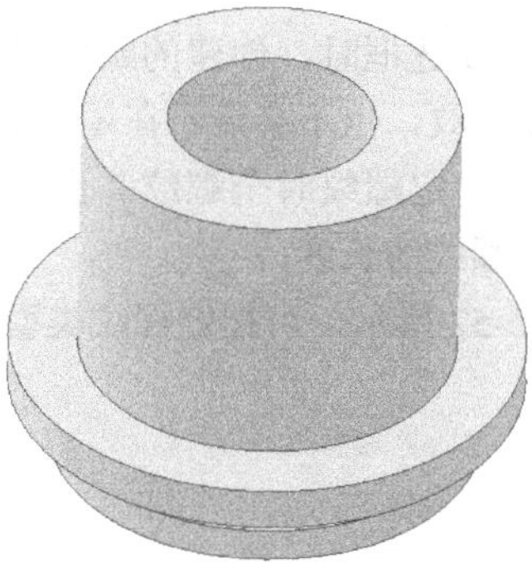

图 5-48 创建孔

（5）拔模处理。单击【三维模型】标签栏【修改】面板上的【面拔模】按钮，打开【面拔模】对话框，如图 5-49 所示。选择【固定平面】类型，在视图中选择如图 5-49 所示的固定平面和拔模面，输入拔模斜度为 3°，单击【确定】按钮，结果如图 5-43 所示。

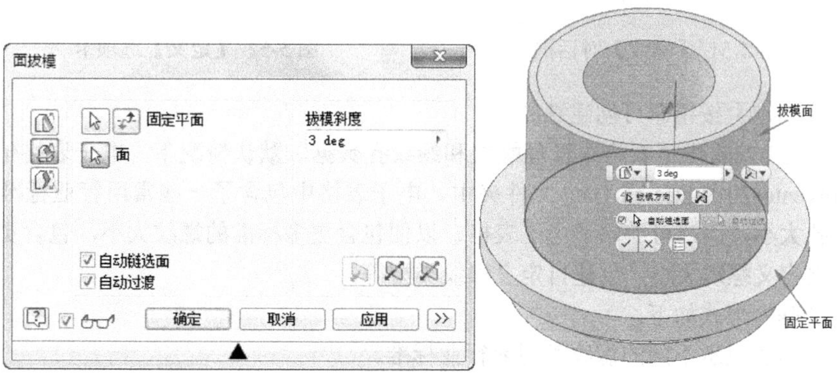

图 5-49 【面拔模】对话框及示意图

（6）保存文件。单击【快速】工具栏上的【保存】按钮，打开【另存为】对话框，输入文件名为【嵌件.ipt】，单击【保存】按钮保存文件。

5.4 螺纹

5.4.1 螺纹特征

在 Inventor 中可使用【螺纹】特征工具在孔或诸如轴、螺柱、螺栓等圆柱面上创建螺纹特征，如图 5-50 所示。Inventor 的螺纹特征实际上不是真实存在的螺纹，是用贴图的方法实现的效果图。这样可大大减少系统的计算量，使得特征的创建时间更短，效率更高。

要创建螺纹特征，可以进行以下操作。

（1）单击【三维模型】标签栏【修改】面板上的【螺纹】按钮，打开如图 5-51 所示【螺纹】对话框。

（2）在该面板的【位置】选项卡中，首先应该选择螺纹所在的平面。

（3）当勾选了【在模型上显示】复选框时，创建的螺纹可在模型上显示出来，否则，即使创建了螺纹，也不会显示在零件上。

（4）在【螺纹长度】选项中，可指定螺纹时全螺纹，也可指定螺纹相对于螺纹起始面的偏移量和螺纹的长度。

图 5-50　螺纹特征

（5）在【定义】选项卡中，如图 5-52 所示，可指定螺纹类型、公称大小、螺距、系列和【右旋】或【左旋】方向。

图 5-51　【螺纹】对话框

图 5-52　【定义】选项卡

（6）单击【确定】按钮即可创建螺纹。

Inventor 使用 Excel 电子表格来管理螺纹和螺纹孔数据。默认情况下，电子表格位于 \Inventor 安装文件夹 \Inventor2019\Design Data 文件夹中。电子表格中包含了一些常用行业标准的螺纹类型和标准的螺纹孔大小，用户可编辑该电子表格，以便包含更多标准的螺纹大小，包含更多标准的螺纹类型，创建自定义螺纹大小，创建自定义螺纹类型等。

电子表格的基本形式如下。

（1）每个工作表表示不同的螺纹类型或行业标准。

（2）每个工作表上的单元格 A1 保留用来定义测量单位。

（3）每行表示一个螺纹条目。

（4）每列表示一个螺纹条目的独特信息。

如果用户要自行创建或修改螺纹（或螺纹孔）数据，则应该考虑以下因素。

（1）编辑文件之前备份电子表格（thread.xls），要在电子表格中创建新的螺纹类型，复制一份现有工作表以便维持数据列结构的完整性，然后在新工作表中进行修改得到新的螺纹数据。

（2）要创建自定义螺纹孔大小，在电子表格中创建一个新工作表，使其包含自定义的螺纹定义，选择【螺纹】对话框的【定义】选项卡，选择【螺纹类型】列表中的【自定义】选项。

（3）修改电子表格不会使现有的螺纹和螺纹孔产生关联变动。

（4）修改并保存电子表格后，编辑螺纹特征并选择不同的螺纹类型，然后保存文件即可。

5.4.2 实例——杆件

思路分析

本例绘制杆件如图 5-53 所示。首先利用旋转创建嵌件主体，然后利用孔工具生成直孔，最后对圆柱面进行拔模。

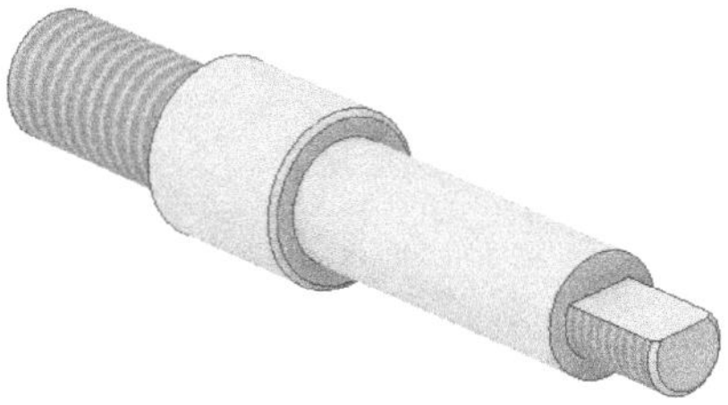

图 5-53　杆件

扫码看视频

操作步骤

（1）新建文件。运行 Inventor，选择【快速入门】标签栏，单击【启动】面板上的【新建】选项，在打开的【新建文件】对话框中的【默认】选项卡下，选择【Standard.ipt】选项，新建一个零件文件，命名为【杆件 .ipt】。

（2）创建草图。单击【三维模型】选项卡【草图】面板上的【开始创建二维草图】按钮，选择 *XY* 平面为草图绘制平面，进入草图绘制环境。单击【草图】选项卡【绘图】面板上的【直线】按钮，绘制轴轮廓。单击【约束】面板上的【尺寸】按钮，标注尺寸如图 5-54 所示。单击【完成草图】按钮，退出草图环境。

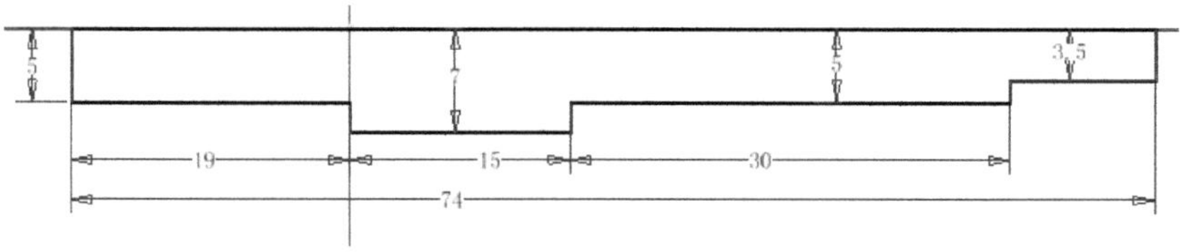

图 5-54　绘制草图图形

（3）创建旋转体。单击【三维模型】选项卡【创建】面板上的【旋转】按钮，打开【旋转】

对话框，由于草图中只有如图 5-54 所示的一个截面轮廓，所以自动被选择为旋转截面轮廓，选择水平直线段为旋转轴，如图 5-55 所示，单击【确定】按钮，完成杆件主体的创建。

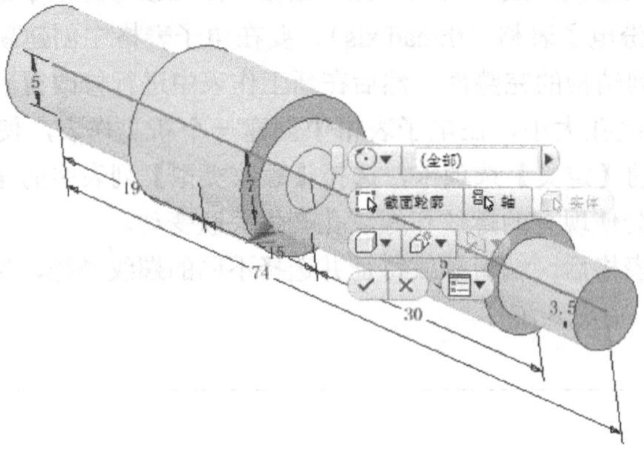

图 5-55　旋转示意图

（4）创建倒角。单击【三维模型】选项卡【修改】面板上的【倒角】按钮，打开【倒角】对话框，设置【倒角边长】，选择如图 5-56 所示的边线，输入倒角边长为 0.5mm，单击【确定】按钮，结果如图 5-57 所示。

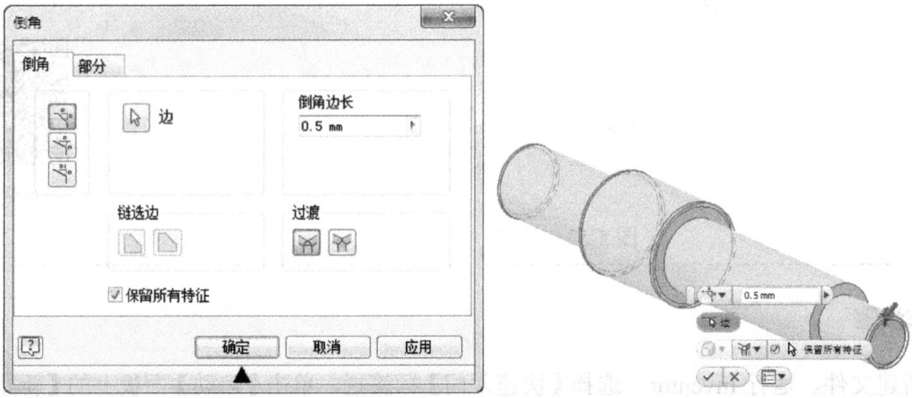

图 5-56　设置参数

（5）创建螺纹。单击【三维模型】标签栏【修改】面板上的【螺纹】按钮，打开【螺纹】对话框，选择杆件上右侧直径为 10 的轴段外表面，单击【确定】按钮；重复执行【螺纹】命令，选择杆件上直径为 7 的轴段外表面，创建螺纹特征，如图 5-58 所示。

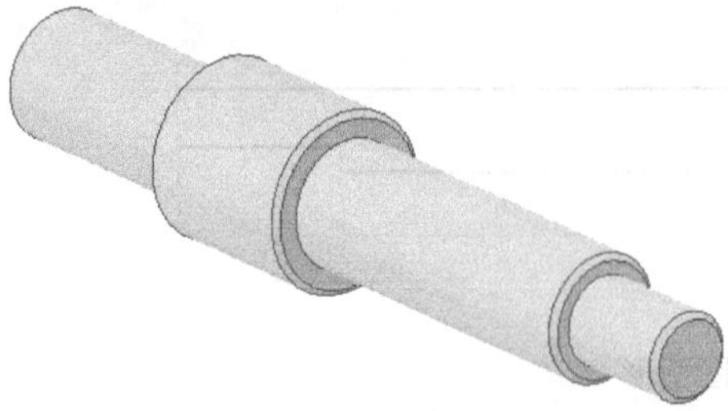

图 5-57　倒角处理

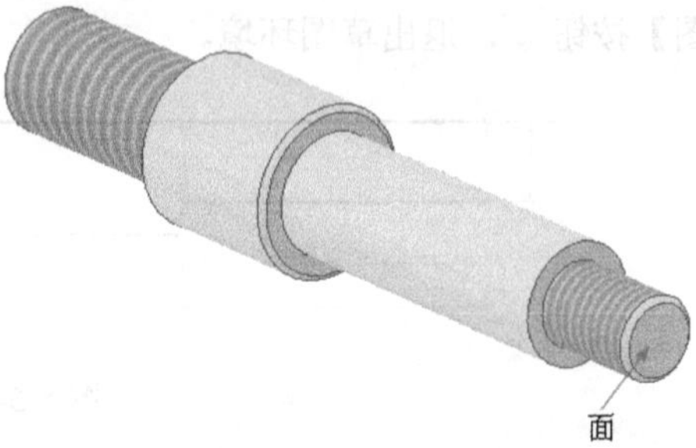

图 5-58　创建螺纹

（6）创建草图。单击【三维模型】选项卡【草图】面板上的【开始创建二维草图】按钮，选择如图 5-58 所示的平面为草图绘制平面，进入草图绘制环境。单击【草图】选项卡【绘图】面板上的【矩形】按钮，绘制草图轮廓。单击【约束】面板内的【尺寸】按钮，标注尺寸如图 5-59 所示。单击【完成草图】按钮，退出草图环境。

（7）创建拉伸切除。单击【三维模型】选项卡【创建】面板上的【拉伸】按钮，打开【拉伸】对话框，选择第（6）步绘制的草图为拉伸截面轮廓，将拉伸范围设置为【到】，选择旋转体的第二端面为拉伸到的面，选择布尔求差方式，如图 5-60 所示。单击【确定】按钮，完成拉伸切除，如图 5-53 所示。

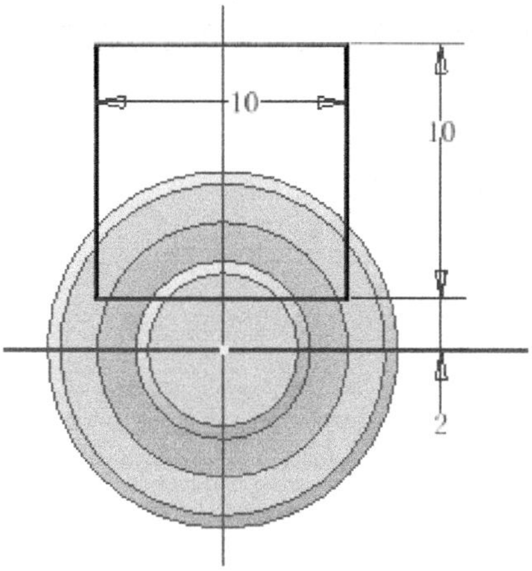

图 5-59　绘制草图

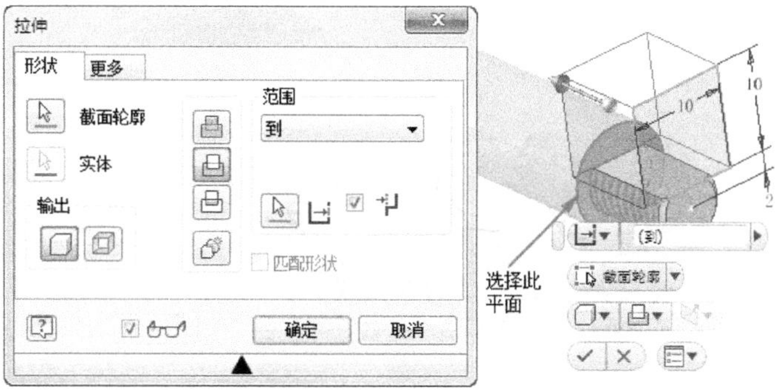

图 5-60　设置参数

（8）保存文件。单击【快速】工具栏上的【保存】按钮，打开【另存为】对话框，输入文件名为【杆件 .ipt】，单击【保存】按钮保存文件。

5.4.3　螺旋扫掠特征

螺旋扫掠特征是扫掠特征的一个特例，它的作用是创建扫掠路径为螺旋线的三维实体特征，如弹簧、发条以及圆柱体上真实的螺纹特征等，如图 5-61 所示。

创建螺旋扫掠特征的基本步骤如下。

（1）单击【三维模型】标签栏【创建】面板上的【螺旋扫掠】按钮，打开如图 5-62 所示【螺旋扫掠】对话框。

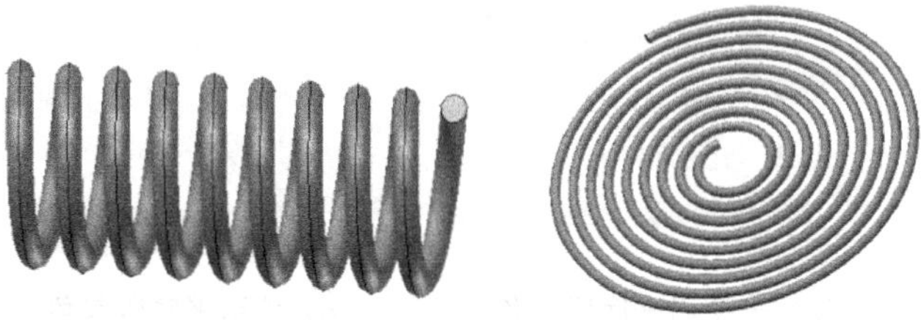

图 5-61　三维螺旋实体

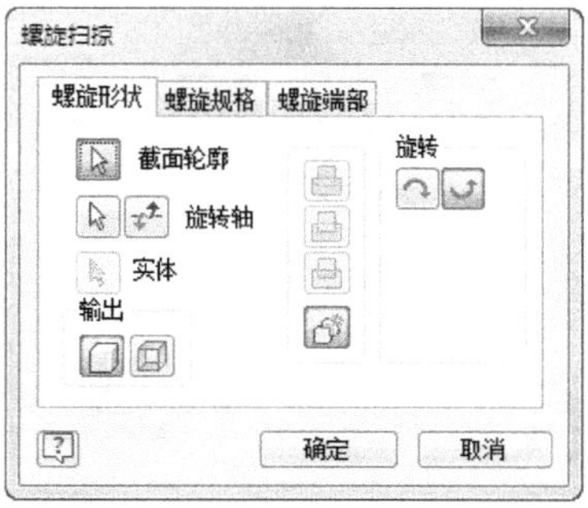

图 5-62　【螺旋扫掠】对话框

（2）创建螺旋扫掠特征首先需要选择的两个要素是截面轮廓和旋转轴。截面轮廓应该是一个封闭的曲线，以创建实体；旋转轴应该是一条直线，它不能与截面轮廓曲线相交，但是必须在同一个平面内。如图 5-63 所示，该螺旋扫掠实体的截面轮廓和旋转轴分别在从图示两个平面建立的草图中，两个草图平面互相垂直，但是截面轮廓和旋转轴是在一个平面中的。所以说，实际的情况是可在同一个草图中创建截面轮廓和旋转轴，也可在不同的草图中创建，但是二者【不相交，同平面】的要求一定要满足。

（3）在【螺旋方向】选项中，可指定螺旋扫掠按顺时针方向还是逆时针方向旋转。

（4）如果要设置螺旋的尺寸，则打开【螺旋规格】选项卡，如图 5-64 所示。可设置的螺旋类型一共有 4 种，即螺距和转数、转数和高度、螺距和高度以及螺旋。选择不同的类型以后，在下面的参数文本框中输入对应的参数即可。需要注意的是，如果要创建发条之类没有高度的螺旋特征，则使用【平面螺旋】选项。

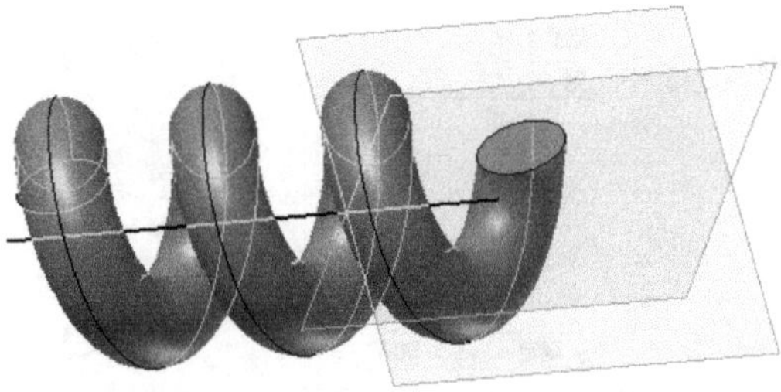

图 5-63　螺旋扫掠特征

图 5-64　【螺旋规格】选项卡

（5）如果要设置螺旋端部的特征，则打开【螺旋端部】选项卡，如图 5-65 所示。注意：只有当螺旋线是平底时可用，而在螺旋扫掠截面轮廓时不可用。可指定螺旋扫掠的两端为【自然】或【平底】样式，开始端和终止端可以是不同的终止类型。如果选择【平底】选项，则指定具体的过渡段包角和平底段包角。

过渡段包角是螺旋扫掠获得过渡的距离（单位为度数，一般少于一圈）。图 5-66（a）的示例中显示了顶部是自然结束，底部是四分之一圈（90°）过渡并且未使用平底段包角的螺旋扫掠。

平底段包角是螺旋扫掠过渡后不带螺距（平底）的延伸距离（度数），它是从螺旋扫掠的正常旋转的末端过渡到平底端的末尾。图 5-66（b）的示例中显示了与图 5-66（a）显示的过渡段包角相同，但指定了一半转向（180°）的平底段包角的螺旋扫掠。

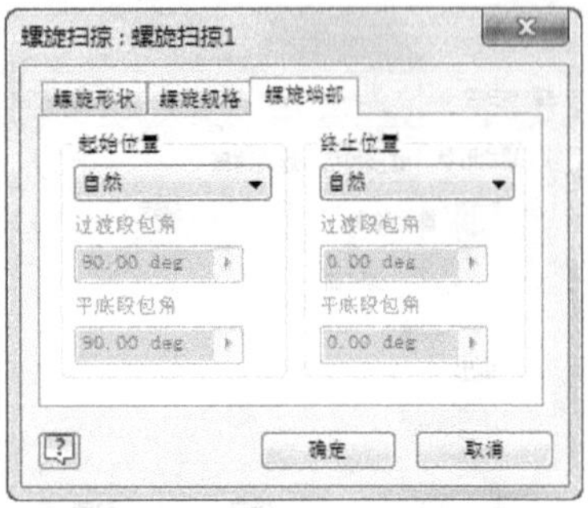

图 5-65　【螺旋端部】选项卡

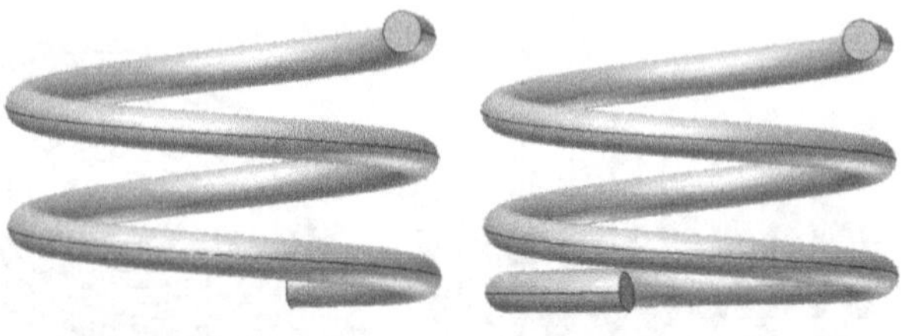

（a）未使用平底段包角　　（b）使用平底段包角

图 5-66　不同过渡包角下的扫掠结果

（6）当所有需要的参数都指定完毕以后，可单击【确定】按钮以创建螺旋扫掠特征。

另外，螺旋扫掠还有一个重要的功能就是创建真实的螺纹，如图 5-67 所示。这主要是利用到了螺旋扫掠的布尔操作功能。图 5-67（a）所示的添加螺纹特征是通过向圆柱体上添加扫掠形成的螺纹得到的，图 5-67（b）所示的切削螺纹特征是通过以螺旋扫掠切削圆柱体得到的，二者的螺纹截面形状如图 5-68 所示。

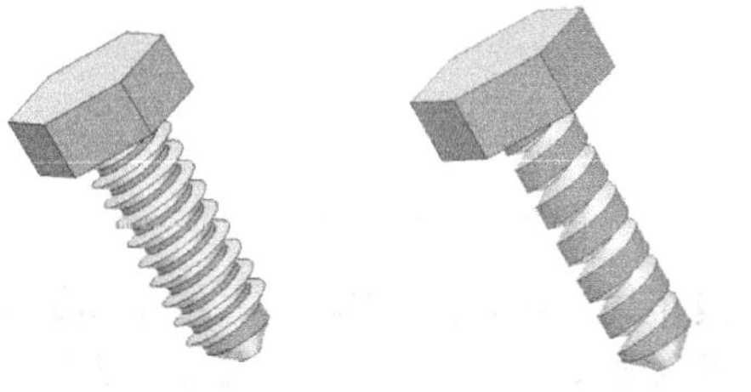

（a）添加螺纹　　（b）切削螺纹

图 5-67　扫掠创建真实螺纹

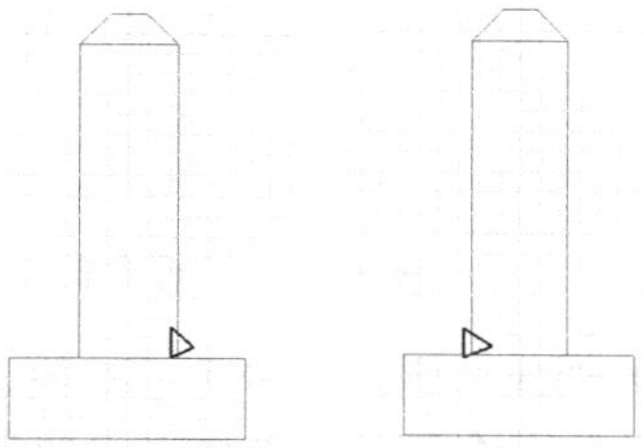

图 5-68　螺纹截面形状

5.4.4　实例——螺钉

本例绘制如图 5-69 所示的螺钉。

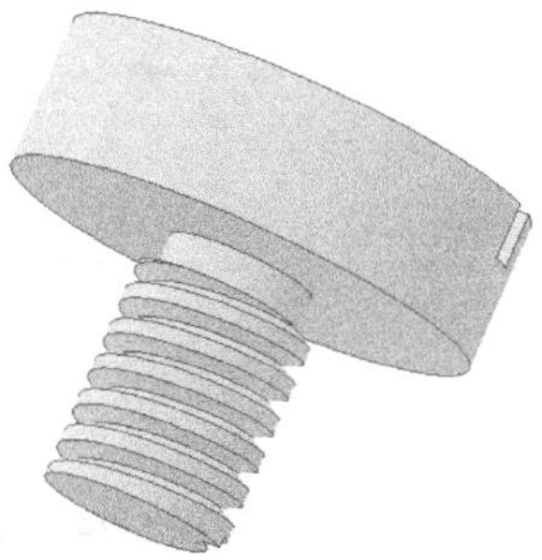

图 5-69　创建螺钉

扫码看视频

操作步骤

（1）新建文件。运行 Inventor，单击【快速入门】工具栏中的【新建】按钮，在打开的【新建文件】对话框中的【Templates】选项卡中的零件下拉列表中选择【Standard.ipt】选项，单击【创建】按钮，新建一个零件文件。

（2）创建草图。单击【三维模型】标签栏【草图】面板中的【开始创建二维草图】按钮，选择 *XZ* 平面为草图绘制平面，进入草图绘制环境。单击【草图】标签栏【创建】面板中的【圆】按钮，绘制草图轮廓。单击【约束】面板中的【尺寸】按钮，标注尺寸如图 5-70 所示。单击【草图】标签中的【完成草图】按钮，退出草图环境。

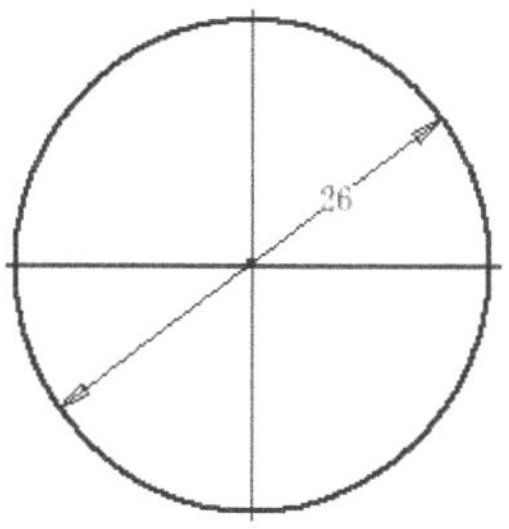

图 5-70　绘制草图 1

（3）创建拉伸体。单击【三维模型】标签栏【创建】面板中的【拉伸】按钮，打开【拉伸】对话框，系统自动选择第（2）步绘制的草图为拉伸截面轮廓，将拉伸距离设置为8mm，如图5-71所示。单击【确定】按钮，完成拉伸，如图5-72所示。

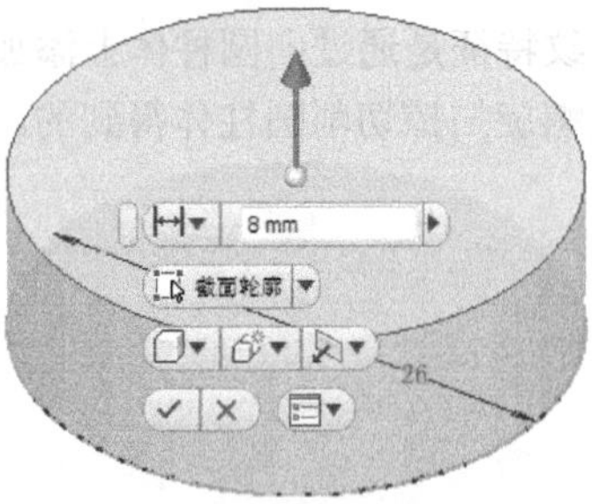

图5-71　设置参数1

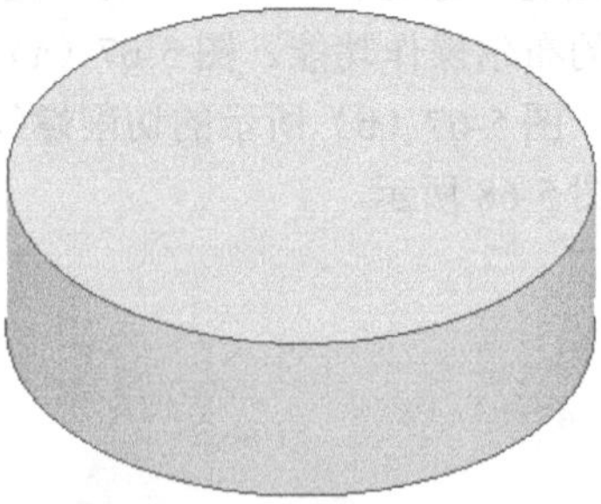

图5-72　创建拉伸体1

（4）创建草图。单击【三维模型】标签栏【草图】面板中的【开始创建二维草图】按钮，选择第（3）步创建的拉伸体上表面为草图绘制平面，进入草图绘制环境。单击【草图】标签栏【创建】面板中的【圆】按钮，绘制草图轮廓。单击【约束】面板中的【尺寸】按钮，标注尺寸如图5-73所示。单击【草图】标签中的【完成草图】按钮，退出草图环境。

（5）创建拉伸体。单击【三维模型】标签栏【创建】面板中的【拉伸】按钮，打开【拉伸】对话框，系统自动选择第（4）步绘制的草图为拉伸截面轮廓，将拉伸距离设置为2mm，如图5-74所示。单击【确定】按钮，完成拉伸，如图5-75所示。

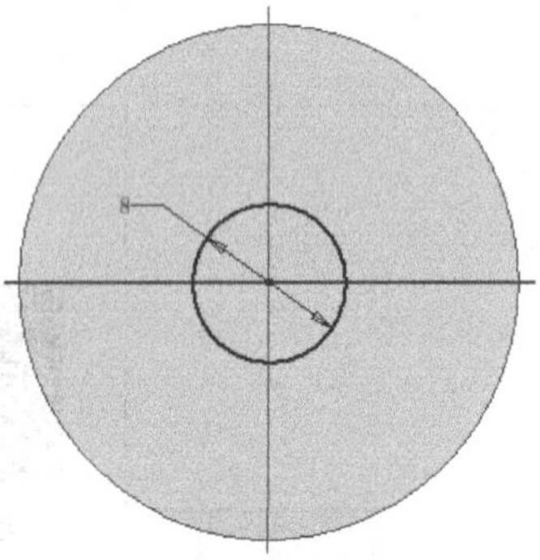

图5-73　绘制草图2

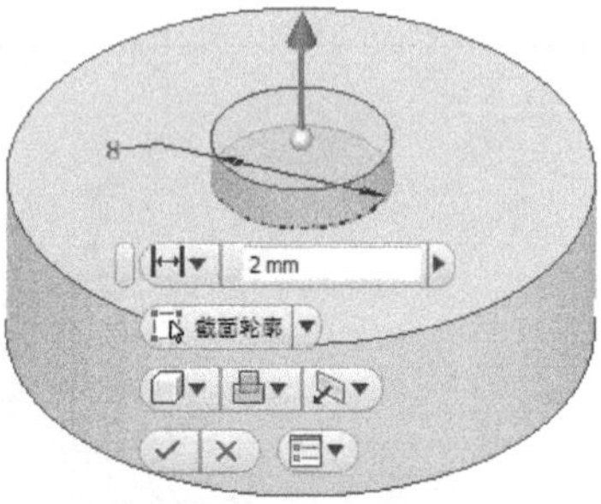

图5-74　设置参数2

（6）创建草图。单击【三维模型】标签栏【草图】面板中的【开始创建二维草图】按钮，选择第（5）步创建的拉伸体上表面为草图绘制平面，进入草图绘制环境。单击【草图】标签栏【创建】面板中的【圆】按钮，绘制草图轮廓。单击【约束】面板中的【尺寸】按钮，标注尺寸如图5-76所示。单击【草图】标签中的【完成草图】按钮，退出草图环境。

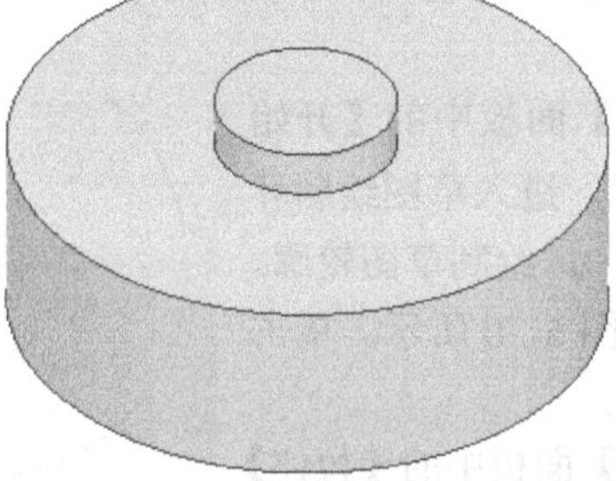

图5-75　创建拉伸体2

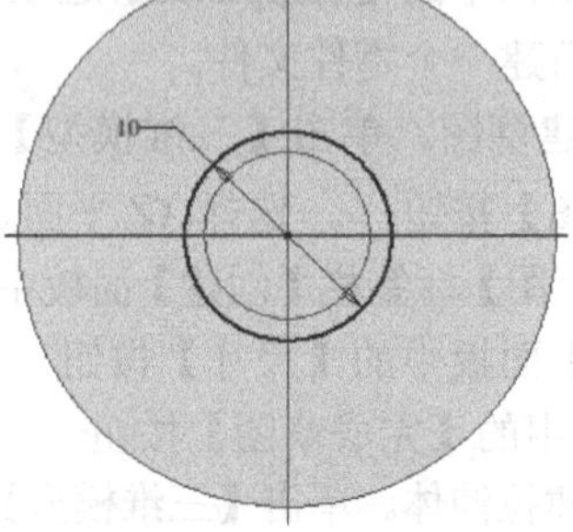

图5-76　绘制草图3

（7）创建拉伸体。单击【三维模型】标签栏【创建】面板中的【拉伸】按钮，打开【拉伸】对话框，系统自动选择第（6）步绘制的草图为拉伸截面轮廓，将拉伸距离设置为 12mm，如图 5-77 所示。单击【确定】按钮，完成拉伸，如图 5-78 所示。

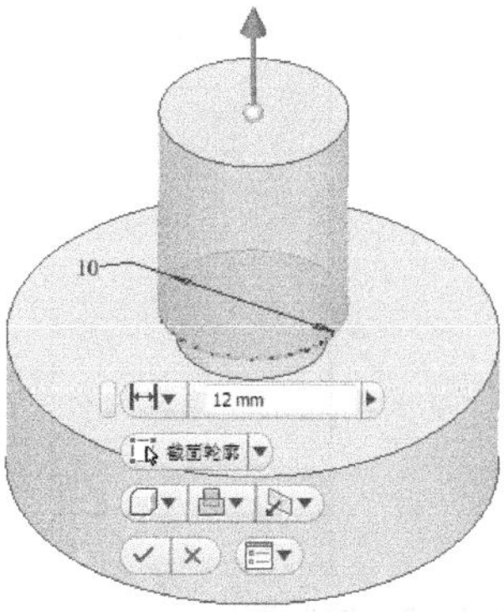

图 5-77 设置参数 3

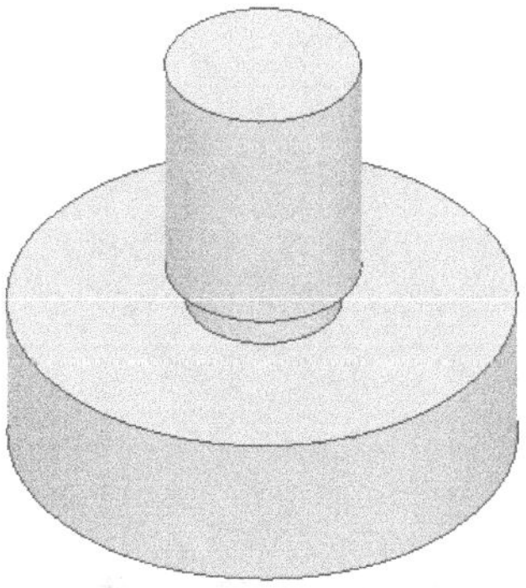
图 5-78 创建拉伸体

（8）创建草图。单击【三维模型】标签栏【草图】面板中的【开始创建二维草图】按钮，选择第一个拉伸体下表面为草图绘制平面，进入草图绘制环境。单击【草图】标签栏【创建】面板中的【两点中心矩形】按钮，绘制草图轮廓。单击【约束】面板中的【尺寸】按钮，标注尺寸如图 5-79 所示。单击【草图】标签中的【完成草图】按钮，退出草图环境。

（9）创建拉伸体。单击【三维模型】标签栏【创建】面板中的【拉伸】按钮，打开【拉伸】对话框，系统自动选择第（8）步绘制的草图为拉伸截面轮廓，将拉伸距离设置为 3mm，单击【求差】按钮，如图 5-80 所示。单击【确定】按钮，完成拉伸，如图 5-81 所示。

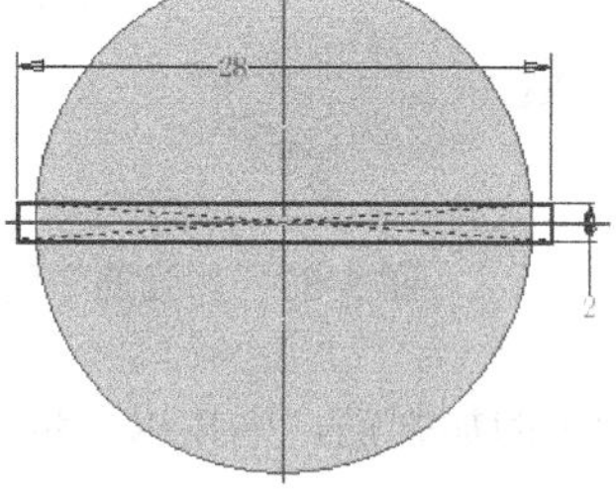

图 5-79 绘制草图 4

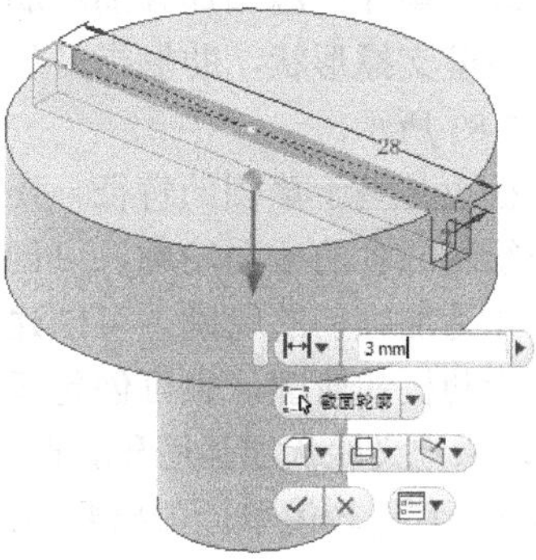

图 5-80 设置参数 4

（10）创建草图。单击【三维模型】标签栏【草图】面板中的【开始创建二维草图】按钮，选择 *YZ* 平面为草图绘制平面，进入草图绘制环境。单击【草图】标签栏【创建】面板中的【线】按钮，绘制草图轮廓。单击【约束】面板中的【尺寸】按钮，标注尺寸如图 5-82 所示。单击【草图】标签中的【完成草图】按钮，退出草图环境。

（11）创建螺纹。单击【三维模型】标签栏【创建】面板中的【螺旋扫掠】按钮，打开【螺旋扫掠】对话框，选择第（10）步绘制草图中的三角形为截面轮廓，选择竖直线为旋转轴，单击【求差】按钮，在【螺旋】规格选项卡中选择【螺距和高度】类型，输入螺距为 2mm，高度为 12mm，其他采用默认设置，单击【确定】按钮，结果如图 5-69 所示。

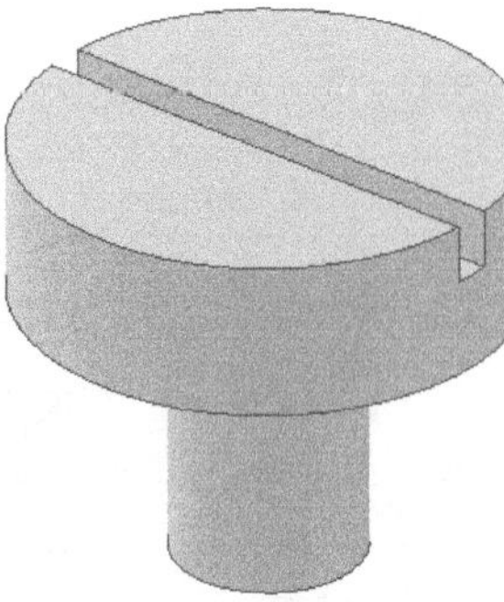

图 5-81　创建拉伸体

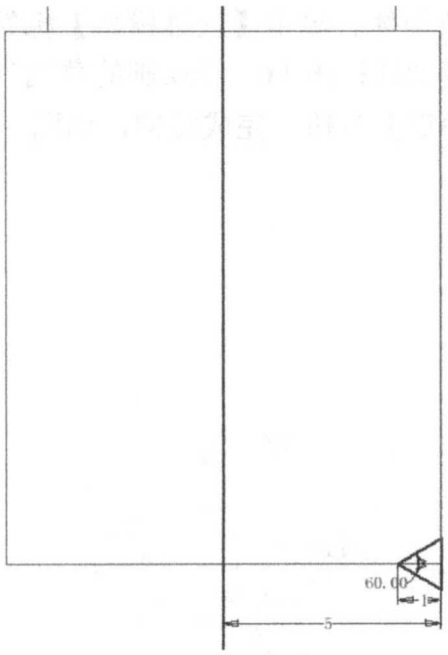

图 5-82　绘制草图 5

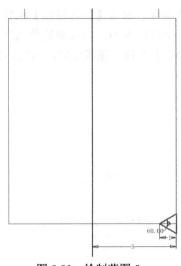

（12）保存文件。单击【快速入门】工具栏上的【保存】按钮，打开【另存为】对话框，输入文件名为【螺钉 .ipt】，单击【保存】按钮，保存文件。

5.5　加强筋与肋板

在模具和铸件的制造过程中，常常为零件增加加强筋和肋板（也叫作隔板或腹板），以提高零件强度。在塑料零件中，它们也常常用来提高刚性和防止弯曲。在【Inventor】中，提供了加强筋工具以便于快速地在零件中添加加强筋和肋板。加强筋是指封闭的薄壁支撑形状，肋板指开放的薄壁支撑形状，如图 5-83 所示。

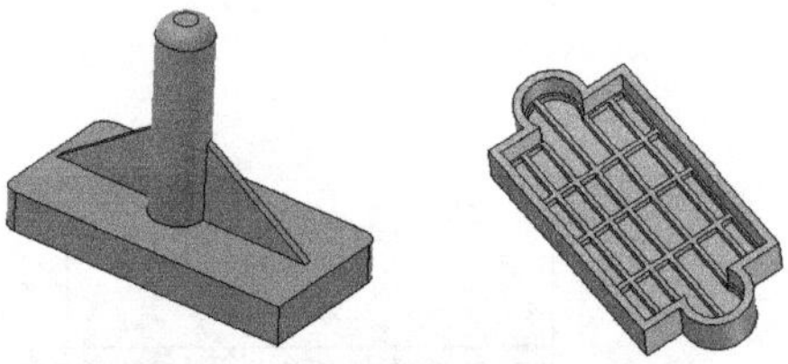

图 5-83　加强筋和肋板

加强筋和肋板也是基于草图的特征，在草图中完成的工作就是绘制二者的截面轮廓，可创建一个封闭的截面轮廓作为加强筋的轮廓，可创建一个开放的截面轮廓作为肋板的轮廓，也可创建多个相交或不相交的截面轮廓定义网状加强筋和肋板。

加强筋的创建过程比较简单，如果要创建如图 5-84 所示的加强筋，则按以下步骤绘制。

（1）绘制如图 5-85 所示的草图轮廓。

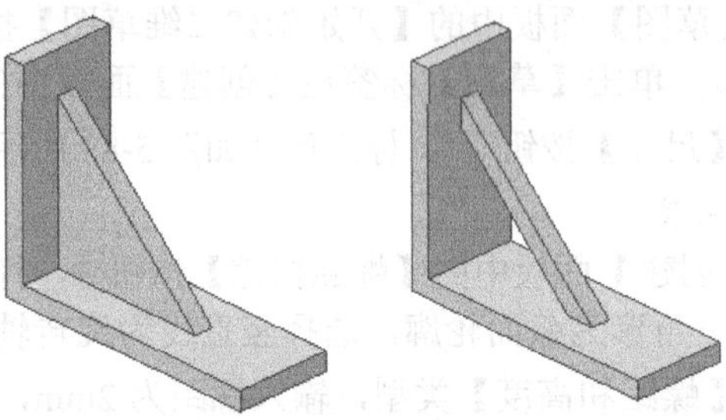

图 5-84　加强筋

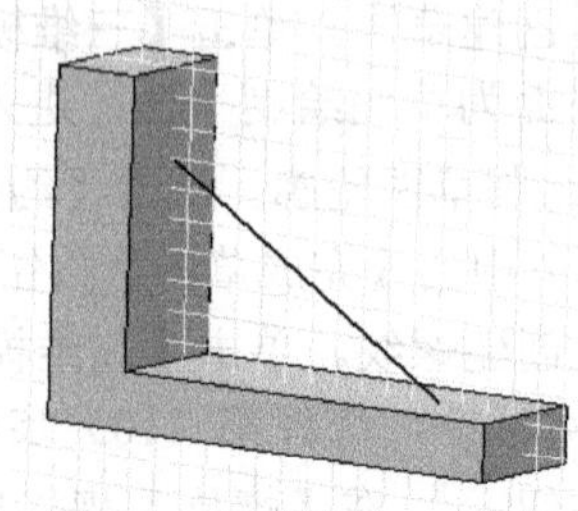

图 5-85　加强筋的草图图形

（2）返回零件特征环境下，单击【三维模型】标签栏内【创建】面板上的【加强筋】按钮，则打开如图 5-86 所示的【加强筋】对话框。

（3）由于草图上只有一个截面轮廓，所以该轮廓自动被选中。

（4）选择类型。加强筋有两种类型，即【垂直于草图平面】类型和【平行于草图平面】类型。选择【垂直于草图平面】类型，垂直于草图平面拉伸几何图元，厚度平行于草图平面。选择【平行于草图平面】类型，平行于草图平面拉伸几何图元，厚度垂直于草图平面。

（5）可指定加强筋的厚度，还可指定其厚度的方向，可在截面轮廓的任一侧应用厚度和，或在截面轮廓的两侧同等延伸。

（6）加强筋终止方式有两种，即【到表面或平面】选项和【有限的】选项。选择【到表面或平面】选项，则加强筋终止于下一个面；选择【有限的】选项，则需要设置终止加强筋的距离，这时可在下面的文本框中输入一个数值。

（7）如果加强筋的截面轮廓的结尾处不与零件完全相交，则会显示【延伸截面轮廓】选项，选中该选项的话，则截面轮廓会自动延伸到与零件相交的位置。在两种不同方式下生成的特征如图 5-84 所示。

（8）单击【确定】按钮完成加强筋的创建。

如果要创建图 5-83 所示的网状加强筋，则首先在零件草图中绘制如图 5-87 所示的截面轮廓。返回零件环境中，在【加强筋】对话框中指定各个参数，步骤与上述完全一致。需要注意的是，在终止方式中只能够选择【有限的】选项并且输入具体的数值，即可完成创建。

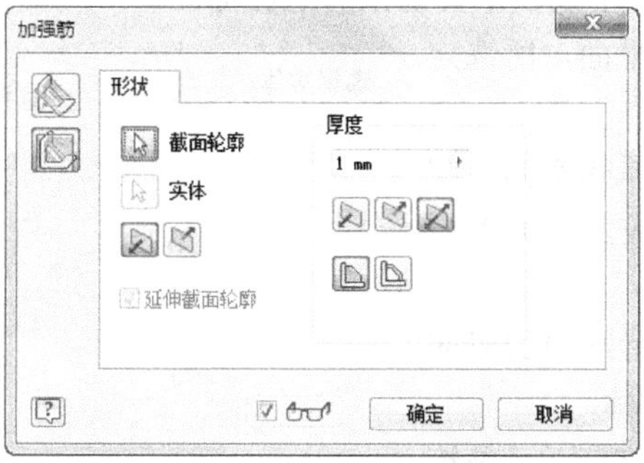

图 5-86 【加强筋】对话框

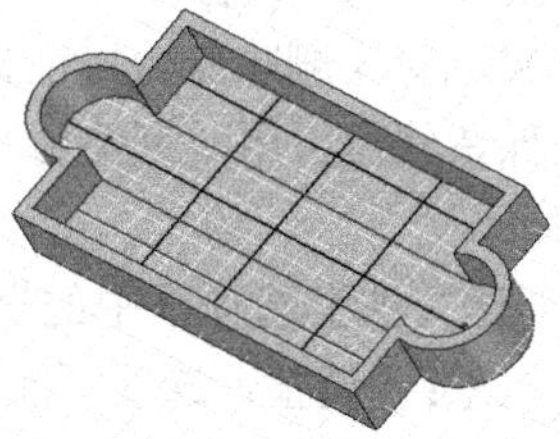

图 5-87　网状加强筋的草图

5.6　镜像特征

镜像特征可以以等长距离在平面的另外一侧创建一个或多个特征甚至整个实体的副本。如果零件中有多个相同的特征且在空间的排列上具有一定的对称性，则使用镜像工具以减少工作量，提高工作效率。

要创建镜像特征，可单击【三维模型】标签栏【阵列】面板上的【镜像】按钮，则打开【镜像】对话框。首先要选择对各个特征进行镜像操作还是对整个实体进行镜像操作，两种类型操作的【镜像】对话

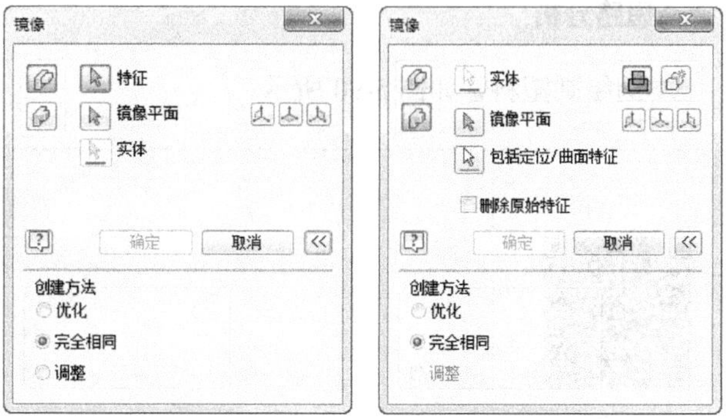

（a）　（b）

图 5-88　两种类型操作的对话框

框如图 5-88 所示。

5.6.1 对特征进行镜像

（1）选择一个或多个要镜像的特征，如果所选特征带有从属特征，则它们也将被自动选中。

（2）选择镜像平面，任何直的零件边、平坦零件表面、工作平面或工作轴都可作为用于镜像所选特征的对称平面。

（3）在【创建方法】选项中，如果选中【优化】选项，则创建的镜像引用是原始特征的直接副本。如果选中【完全相同】选项，则创建完全相同的镜像体，而不管它们是否与另一特征相交。当镜像特征终止在工作平面上时，使用此方法可高效地镜像出大量的特征。如果选中【调整】选项，则用户可根据其中的每个特征分别计算各自的镜像特征。

（4）单击【确定】按钮完成特征的创建。

5.6.2 对实体进行镜像

可用【镜像整个实体】选项，镜像包含不能单独镜像的特征的实体，实体的阵列也可包含其定位特征，步骤如下。

（1）单击【包括定位 / 曲面特征】按钮，选择一个或多个要镜像的定位特征。

（2）选择【镜像平面】按钮，选择工作平面或平面，所选定位特征将穿过该平面作镜像。

（3）如果选择【删除原始特征】选项，则删除原始实体，零件文件中仅保留镜像引用。可使用此选项对零件的左旋和右旋版本进行造型。

（4）【创建方法】选项框中的选项含义与镜像特征中的对应选项相同。注意：【调整】选项不能用于镜像整个实体。

（5）单击【确定】按钮完成特征的创建。图 5-89 所示是镜像整个实体示意图。

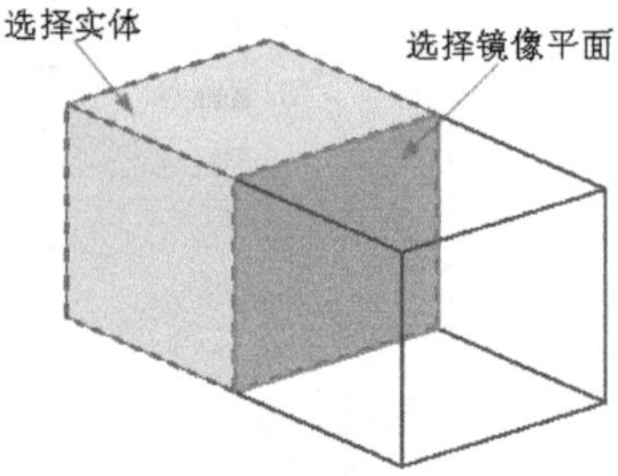

图 5-89 镜像实体

5.6.3 实例——塑料管

思路分析

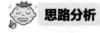

本例绘制塑料管如图 5-90 所示。

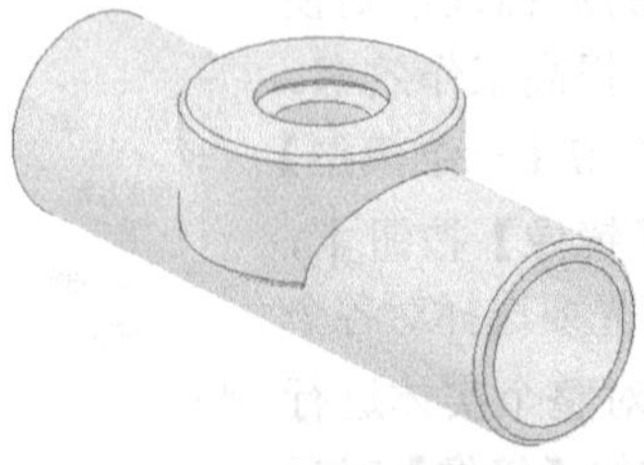

图 5-90 塑料管

操作步骤

（1）新建文件。运行 Inventor，选择【快速入门】标签栏，单击【启动】面板上的【新建】选项，在打开的【新建文件】对话框中的【默认】选项卡下，选择【Standard.ipt】选项，新建一个零件文件。

（2）创建草图。单击【三维模型】标签栏【草图】面板上的【开始创建二维草图】按钮，选择 *XY* 平面为草图绘制面，进入草图绘制环境。单击【草图】标签栏【创建】面板的【圆】按钮，绘制草图，单击【约束】面板内的【尺寸】按钮，标注尺寸如图 5-91 所示。单击【草图】标签上的【完成草图】按钮，退出草图环境。

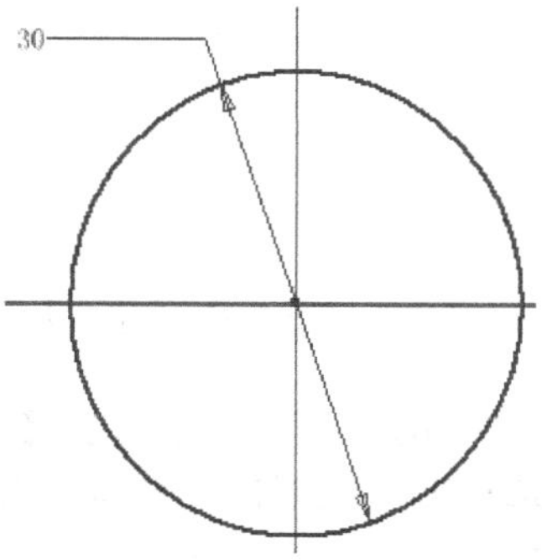

图 5-91　绘制草图 1

（3）创建拉伸体。单击【三维模型】标签栏【创建】面板上的【拉伸】按钮，打开【拉伸】对话框，选择圆为拉伸截面轮廓，将拉伸距离设置为 100mm，单击【对称】按钮，如图 5-92 所示。单击【确定】按钮完成拉伸，则创建如图 5-93 所示的零件基体。

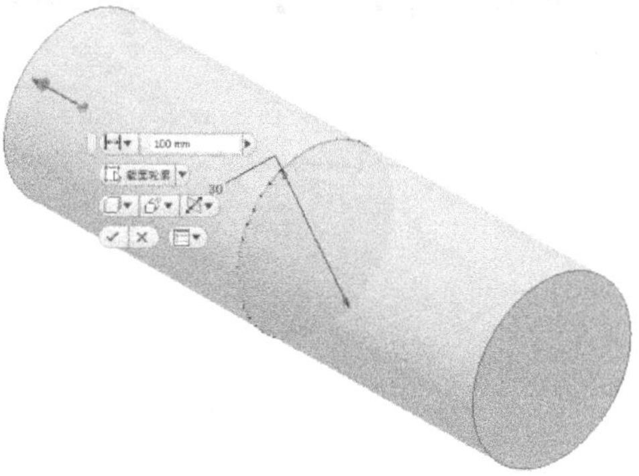

图 5-92 【拉伸】示意图

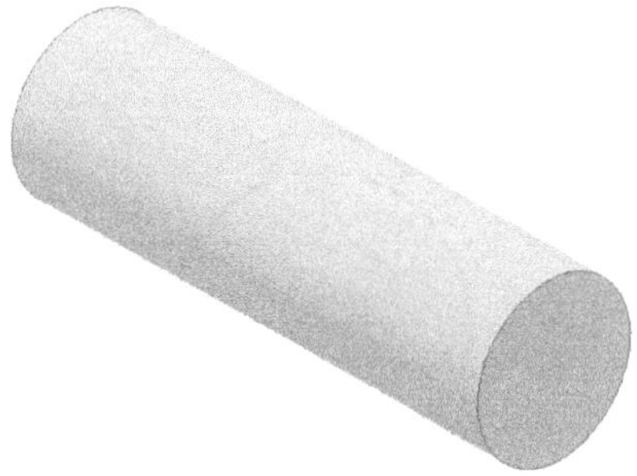
图 5-93　创建拉伸体

（4）创建草图。单击【三维模型】标签栏【草图】面板上的【开始创建二维草图】按钮，选择 *XZ* 平面为草图绘制面，进入草图绘制环境。单击【草图】标签栏【创建】面板的【圆】按钮，绘制草图，单击【约束】面板内的【尺寸】按钮，标注尺寸如图 5-94 所示。单击【草图】标签上的【完成草图】按钮，退出草图环境。

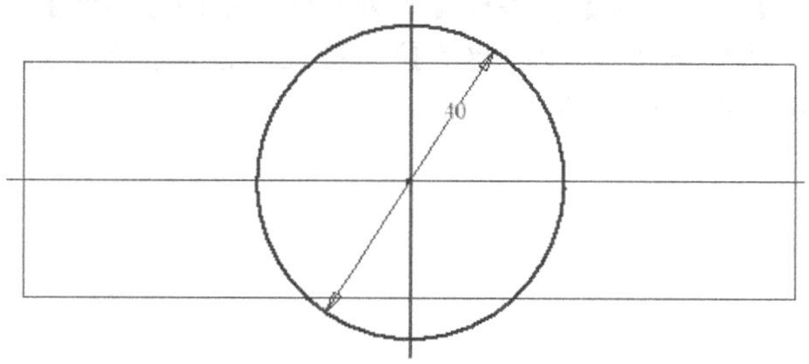

图 5-94　绘制草图 2

（5）创建拉伸体。单击【三维模型】标签栏【创建】面板上的【拉伸】按钮，打开【拉伸】对话框，选择圆为拉伸截面轮廓，将拉伸距离设置为 20mm，如图 5-95 所示。单击【确定】按钮完成拉伸，则创建如图 5-96 所示的拉伸体。

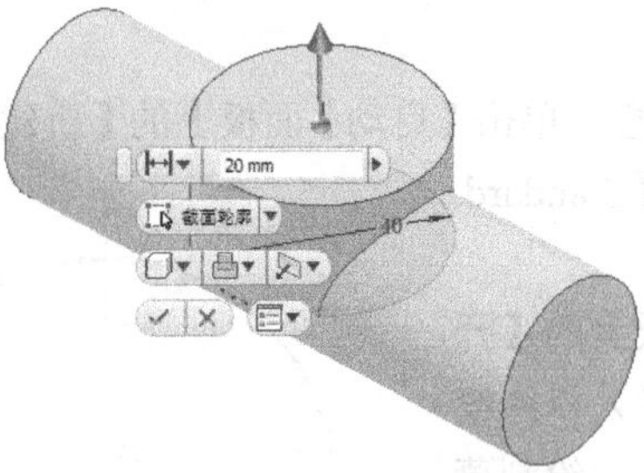

图 5-95 【拉伸】示意图 1

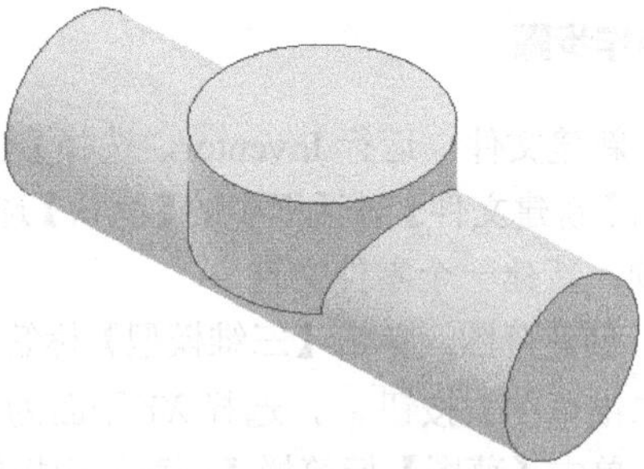

图 5-96 创建拉伸体 1

（6）创建草图。单击【三维模型】标签栏【草图】面板上的【开始创建二维草图】按钮，选择第一个拉伸体的端面为草图绘制面，进入草图绘制环境。单击【草图】标签栏【创建】面板的【圆】按钮，绘制草图，单击【约束】面板内的【尺寸】按钮，标注尺寸如图 5-97 所示。单击【草图】标签上的【完成草图】按钮，退出草图环境。

（7）创建拉伸体。单击【三维模型】标签栏【创建】面板上的【拉伸】按钮，打开【拉伸】对话框，选择圆为拉伸截面轮廓，将拉伸距离设置为 40mm，选择【求差】选项，如图 5-98 所示。单击【确定】按钮完成拉伸，创建如图 5-99 所示的拉伸体。

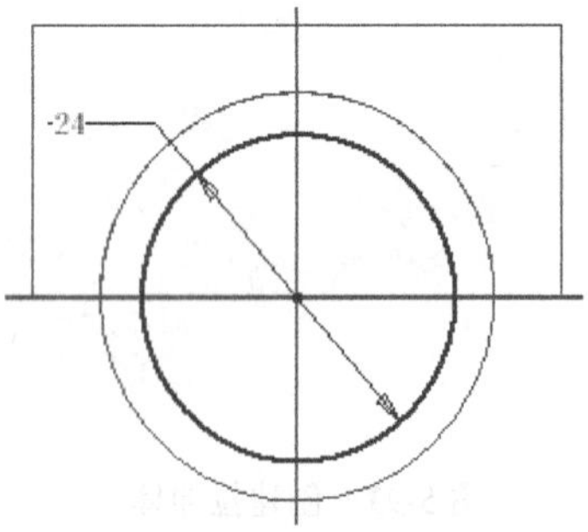

图 5-97 绘制草图 3

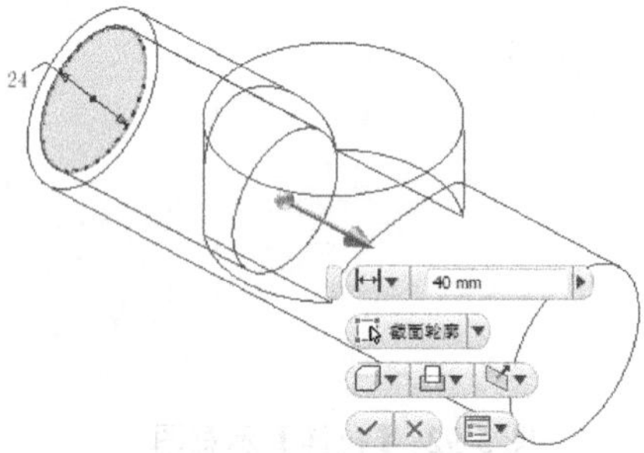

图 5-98 【拉伸】示意图 2

注意

此步可以利用孔命令或者旋转命令来创建。

（8）镜像特征。单击【三维模型】标签栏【阵列】面板中的【镜像】按钮，打开如图 5-100 所示的【镜像】对话框，选择第（7）步创建的拉伸特征为镜像特征，选择 *XY* 平面为镜像平面，单击【确定】按钮，结果如图 5-101 所示。

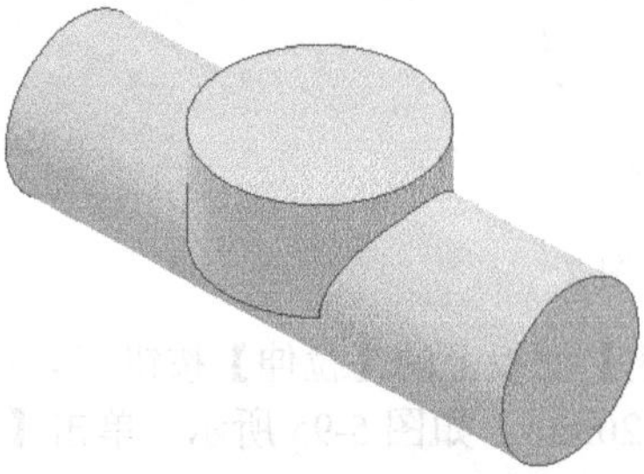

图 5-99 创建拉伸体 2

图 5-100 【镜像】对话框

（9）创建草图。单击【三维模型】标签栏【草图】面板上的【开始创建二维草图】按钮，选择 *XY* 平面为草图绘制面，进入草图绘制环境。单击【草图】标签栏【创建】面板的【圆】按钮，绘制草图，单击【约束】面板内的【尺寸】按钮，标注尺寸如图 5-102 所示。

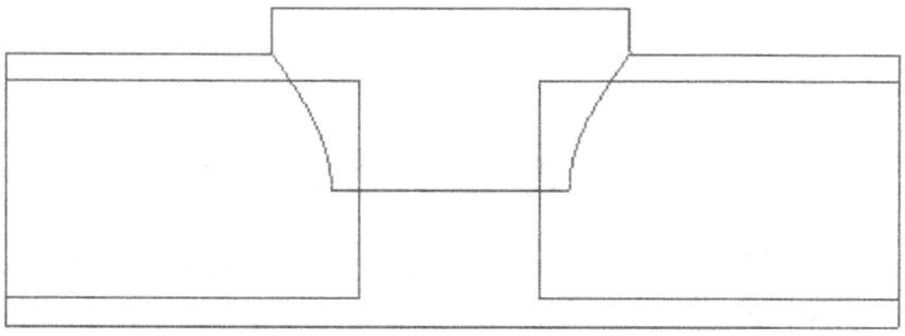

图 5-101 镜像拉伸特征

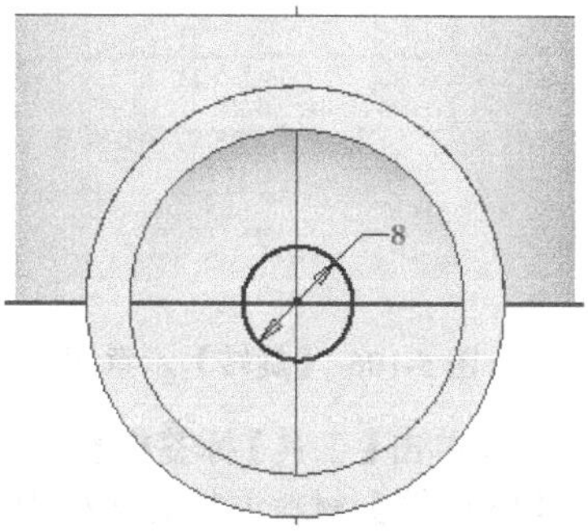

图 5-102 绘制草图 4

（10）创建拉伸体。单击【三维模型】标签栏【创建】面板上的【拉伸】按钮，打开【拉伸】对话框，选择圆为拉伸截面轮廓，将拉伸范围设置为贯通，选择【求差】选项，单击【对称】按钮，如图 5-103 所示。单击【确定】按钮完成拉伸，则创建如图 5-104 所示的零件基体。

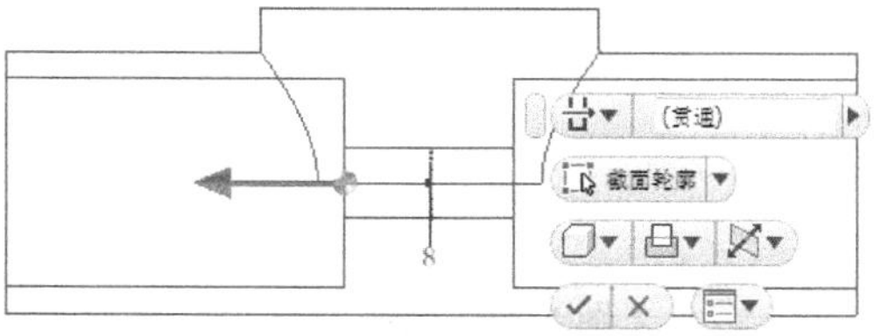

图 5-103 【拉伸】示意图 3

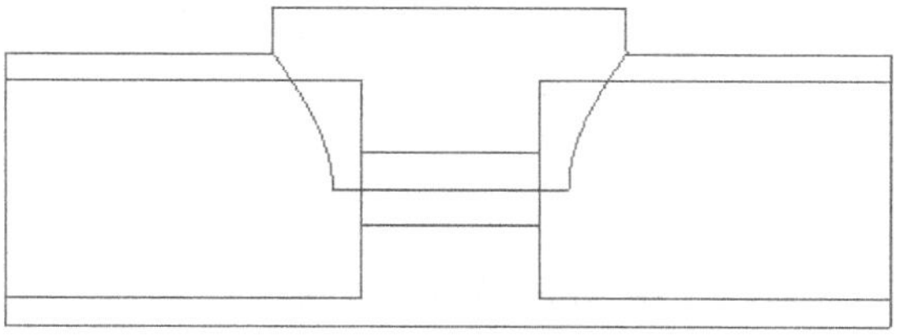

图 5-104 创建拉伸体

（11）创建草图。单击【三维模型】标签栏【草图】面板上的【开始创建二维草图】按钮，选择 *YZ* 平面为草图绘制面，进入草图绘制环境。单击【草图】标签栏【创建】面板的【直线】按钮，绘制草图。单击【约束】面板内的【尺寸】按钮，标注尺寸如图 5-105 所示。单击【草图】标签上的【完成草图】按钮，退出草图环境。

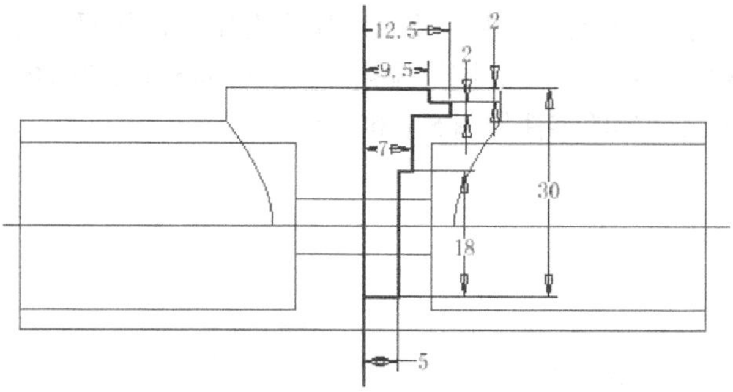

图 5-105 绘制草图 5

（12）旋转创建主体。单击【三维模型】标签栏【创建】面板上的【旋转】按钮，打开【旋转】对话框，选择第（11）步创建的草图为旋转截面，选择草图中最长竖直线为旋转轴，选择范围为【全部】，如图 5-106 所示。单击【确定】按钮，结果如图 5-107 所示。

（13）圆角处理。单击【三维模型】标签栏【修改】面板中的【圆角】按钮，打开【圆角】对话框，输入半径为 1mm，选择如图 5-108 所示的边线倒圆角，单击【确定】按钮，完成圆角操作。

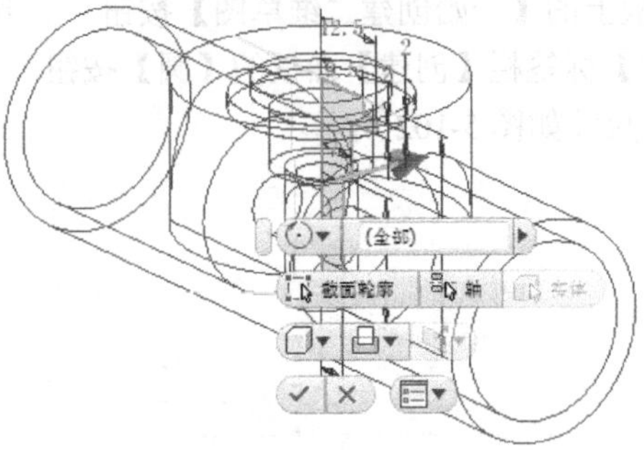

图 5-106 【旋转】示意图

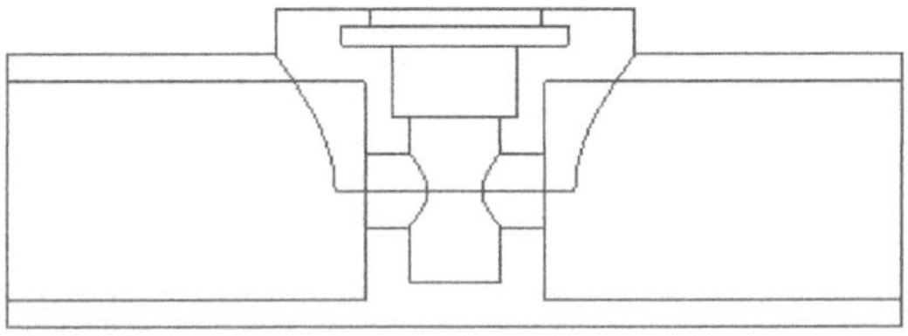

图 5-107 创建主体

（14）单击【工具】标签栏【材料和外观】面板下的【材料】按钮，打开【材料浏览器】对话框，选择【PVC 管】材料添加到文档中，结果如图 5-109 所示。

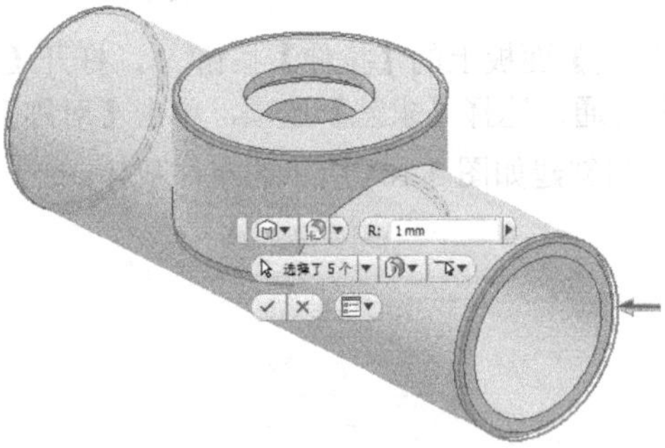

图 5-108 圆角示意图

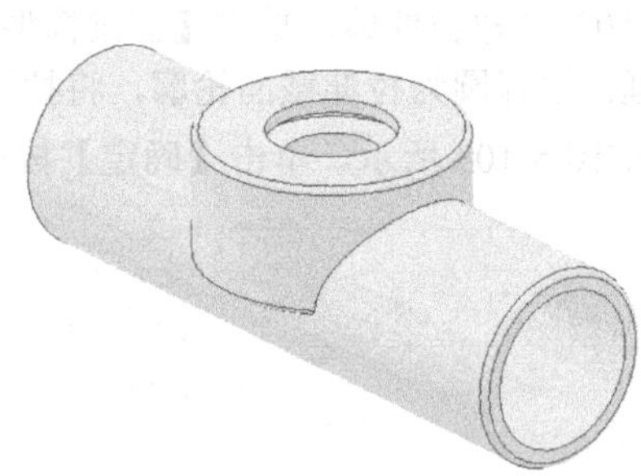

图 5-109 添加材质

（15）保存文件。单击【快速入门】工具栏上的【保存】按钮，打开【另存为】对话框，输入文件名为【塑料管 .ipt】，单击【保存】按钮，保存文件。

5.7 阵列特征

阵列特征是创建特征的多个副本，并且将这些副本在空间内按照一定的准则排列。特征副本在空间的排列方式有两种，即线性排列和圆周排列，在 Inventor 中前者称作矩形阵列，后者称作环形阵列，利用两种阵列方式创建的零件如图 5-110 所示。

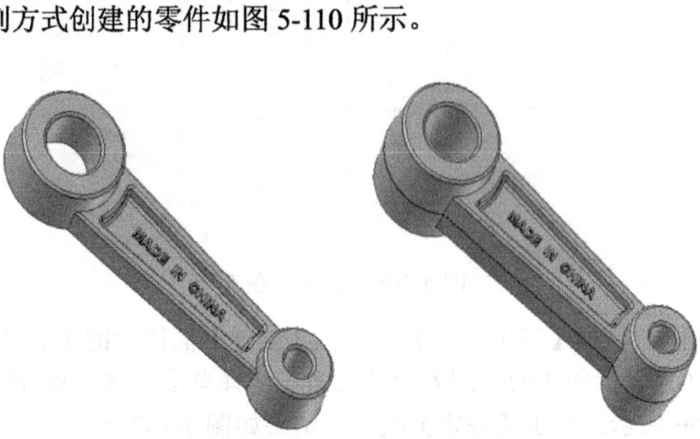

镜像各个特征　　镜像整个实体

图 5-110 镜像整个实体示意图

5.7.1　矩形阵列

矩形阵列是指复制一个或多个特征的副本，并且在矩形中或沿着指定的线性路径排列所得到的引用特征，线性路径可是直线、圆弧、样条曲线或修剪的椭圆。矩形阵列特征如图 5-111（a）所示。

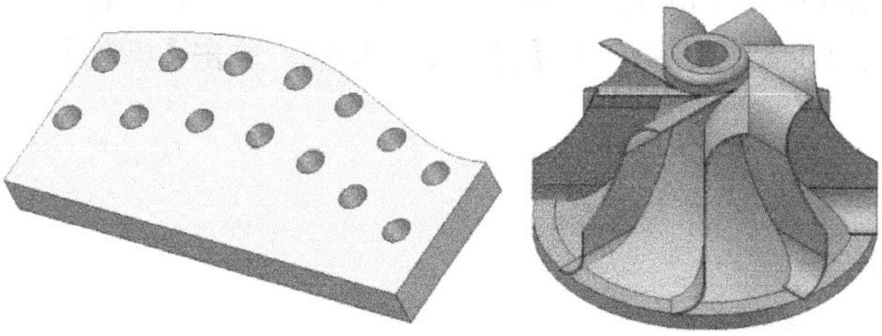

（a）矩形阵列　　（b）环形阵列

图 5-111　利用矩形阵列和环形阵列创建的零件

要创建矩形阵列特征，可以进行以下操作。

（1）单击【三维模型】标签栏内【阵列】面板上的【矩形阵列】按钮，打开如图 5-112 所示的【矩形阵列】对话框。

（2）在 Inventor 2019 中和镜像操作类似，也可选择阵列各个特征或阵列整个实体。如果要阵列各个特征，则选择要阵列的一个或多个特征，对于精加工特征（例如圆角和倒角），仅当选择了它们的父特征时才能包含在阵列中。

（3）选择阵列的两个方向，用路径选择工具来选择线性路径以指定阵列的方向，路径可是二维或三维直线、圆弧、样条曲线、修剪的椭圆或边，可是开放回路，也可是闭合回路。【反向】按钮用来使得阵列方向反向。

（4）为在该方向上复制的特征指定副本的个数 2，以及副本之间的距离 10 mm。副本之间的距离可用三种方法来定义，即间距、距离和曲线长度。

【间距】选项指定每个特征副本之间的距离。

【距离】选项指定特征副本的总距离。

曲线长度指定在指定长度的曲线上平均排列特征的副本。两个方向上的设置是完全相同的。对于任何一个方向，【起始位置】选项选择路径上的一点以指定一列或两列的起点。如果路径是封闭回路，则必须指定起点。

（5）在【计算】选项中，可以进行以下操作。

选择【优化】单选项，则创建一个副本并重新生成面，而不是重生成特征。

选择【完全相同】单选项，则创建完全相同的特征，而不管终止方式，

选择【调整】单选项，使特征在遇到面时终止。需要注意的是，用【完全相同】方法创建的阵列比用【调整】方法创建的阵列计算速度快。如果使用【调整】方法，则阵列特征会在遇到平面时终止，所以可能会得到一个其大小和形状与原始特征不同的特征。

（6）在【方向】框中，选择【完全相同】选项用第一个所选特征的放置方式放置所有特征，或选择【方向 1】或【方向 2】选项指定控制阵列特征旋转的路径。

（7）单击【确定】按钮完成特征的创建。

注意 阵列整个实体的选项与阵列特征选项基本相同，只是【调整】选项在阵列整个实体时不可用。

在矩形阵列（环形）阵列中，可抑制某一个或几个单独的引用特征即创建的特征副本。当创建了一个矩形阵列特征后，在浏览器中显示每一个引用的图标，右键单击某个引用，该引用即被选中，同时打开右键菜单如图 5-113 所示。如果选择【抑制】选项的话，该特征即被抑制，同时变为不可见。要同时抑制几个引用，则在按住 Ctrl 键的同时，用鼠标左键单击想要抑制的引用即可。如果要去除引用的抑制，则右键单击被抑制的引用，在【打开】菜单中，单击【抑制】选项去掉前面的钩号即可。

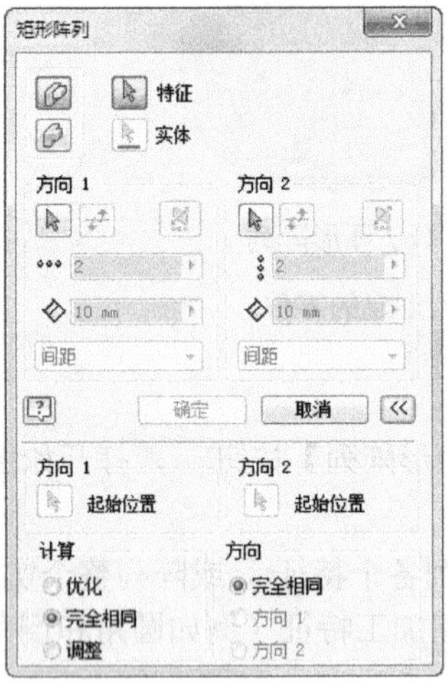

图 5-112 【矩形阵列】对话框

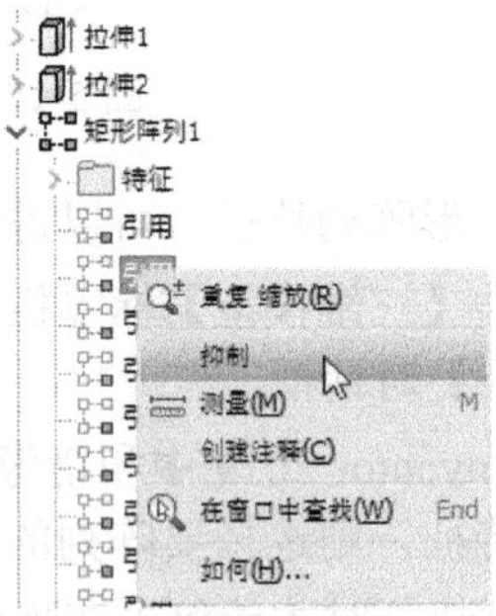

图 5-113 右键菜单单击【抑制】选项

5.7.2 实例——五角星

绘制如图 5-114 所示的五角星。

扫码看视频

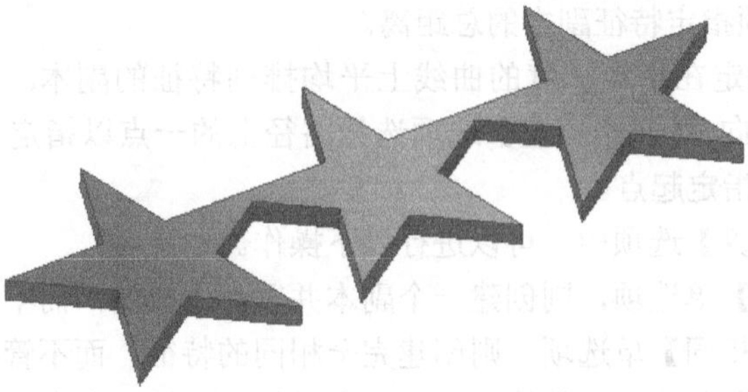
图 5-114 五角星

操作步骤

（1）新建文件。单击【快速入门】工具栏上的【新建】按钮，在打开的【新建文件】对话框中的【Templates】选项卡中的零件下拉列表中选择【Standard.ipt】选项，单击【创建】按钮，新建一个零件文件。

（2）创建草图 1。单击【三维模型】标签栏【草图】面板上的【开始创建二维草图】按钮，选择 *XZ* 平面为草图绘制平面，进入草图绘制环境。单击【草图】标签栏【创建】面板上的【多边形】按钮、【线】按钮和【修剪】按钮，绘制草图。单击【约束】面板上的【尺寸】按钮，标注尺寸如图 5-115 所示。单击【草图】标签上的【完成草图】按钮，退出草图环境。

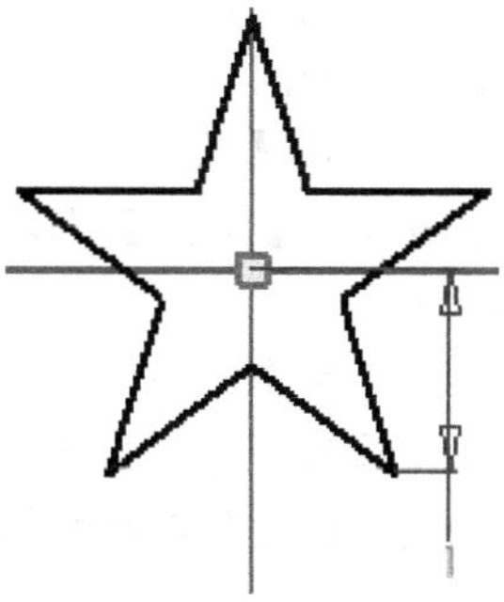

图 5-115　绘制草图

（3）创建拉伸体。单击【三维模型】标签栏【创建】面板上的【拉伸】按钮，打开【拉伸】对话框，系统自动选择第（2）步绘制的草图为拉伸截面轮廓，将拉伸距离设置为 0.2mm，如图 5-116 所示。单击【确定】按钮完成拉伸。

（4）矩形阵列。单击【三维模型】标签栏【阵列】面板上的【矩形阵列】按钮，打开【矩形阵列】对话框，选择第（3）步创建的拉伸特征为阵列，选择拉伸体上的水平直线为阵列方向，单击【反向】按钮，调整阵列方向，输入个数为 3，距离为 2mm，如图 5-117 所示，单击【确定】按钮，结果如图 5-114 所示。

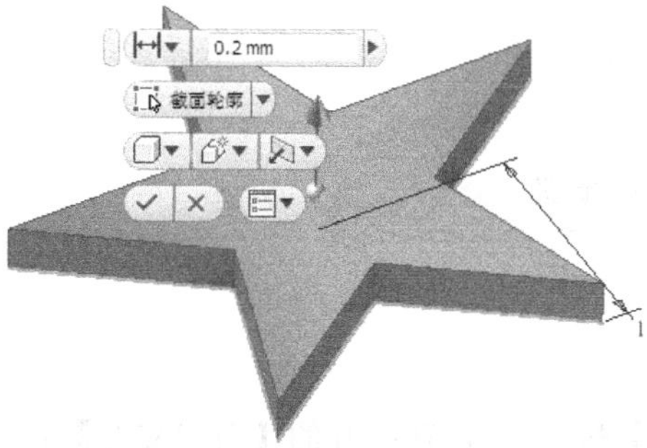

图 5-116　拉伸示意图

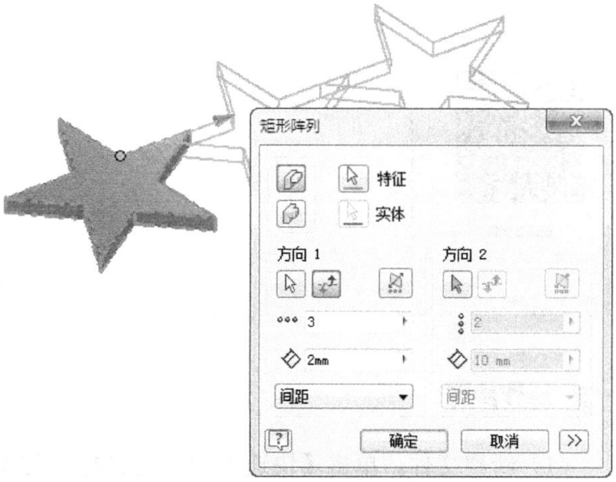

图 5-117　【矩形阵列】对话框

（5）保存文件。单击【快速入门】工具栏上的【保存】按钮，打开【另存为】对话框，输入文件名为【五角星 .ipt】，单击【保存】按钮，保存文件。

5.7.3　环形阵列

环形阵列是指复制一个或多个特征，然后在圆弧或圆中按照指定的数量和间距排列所得到的引用特征，如图 5-111（b）所示。

要创建环形阵列特征，可以进行以下操作。

（1）单击【三维模型】标签栏【阵列】面板上的【环形阵列】按钮，打开如图 5-118 所示的【环形阵列】对话框。

（2）选择【阵列各个特征】选项或【阵列整个实体】选项。如果要阵列各个特征，则可选择要阵列的一个或多个特征。

（3）选择旋转轴，旋转轴可是边线、工作轴以及圆柱的中心线等，它可不和特征在同一个平面上。

（4）在【放置】选项中，可指定引用的数目 6，引用之间的夹角 8。创建方法与矩形阵列中的对应选项的含义相同。

（5）在【放置方法】框中，可定义引用夹角是所有引用之间的夹角（【范围】选项）还是两个引用之间的夹角（【增量】选项）。

（6）单击【确定】按钮完成特征的创建。

如果选择【阵列整个实体】选项，则【调整】选项不可用。其他选项意义和阵列各个特征的对应选项相同。

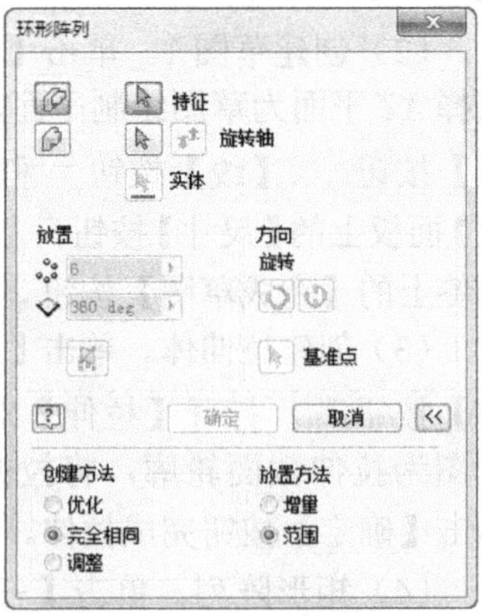

图 5-118 【环形阵列】对话框

5.7.4 实例——旋钮

绘制如图 5-119 所示的旋钮。

扫码看视频

图 5-119 旋钮

操作步骤

（1）新建文件。单击【快速入门】工具栏上的【新建】按钮，在打开的【新建文件】对话框中的【Templates】选项卡中的零件下拉列表中选择【Standard.ipt】选项，单击【创建】按钮，新建一个零件文件。

（2）创建草图 1。单击【三维模型】标签栏【草图】面板上的【开始创建二维草图】按钮，选择 *XZ* 平面为草图绘制平面，进入草图绘制环境。单击【草图】标签栏【创建】面板上的【圆】按钮，绘制草图。单击【约束】面板上的【尺寸】按钮，标注尺寸如图 5-120 所示。单击【草图】标签上的【完成草图】按钮，退出草图环境。

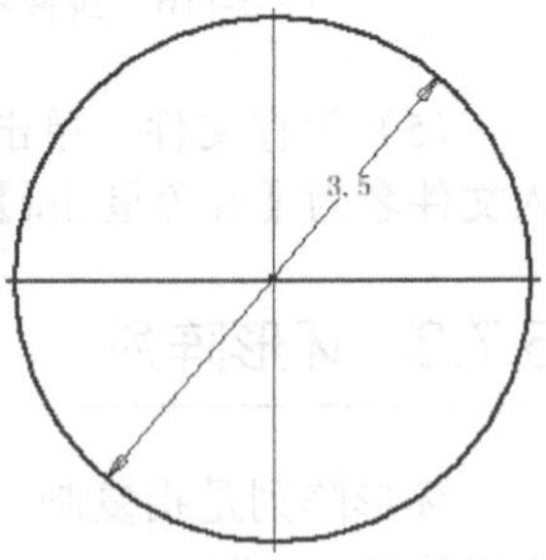

图 5-120 绘制草图 1

（3）创建拉伸体。单击【三维模型】标签栏【创建】面板上的【拉伸】按钮，打开【拉伸】对话框，系统自动选择第（2）步绘制的草图为拉伸截面轮廓，将拉伸距离设置为 2mm，如图 5-121 所示。单击【确定】按钮完成拉伸。

（4）创建基准平面。单击【三维模型】标签栏【定位】面板上的【从平面偏移】按钮，选择 *YZ* 平面，输入偏移距离为 1.75mm，如图 5-122 所示，单击【确定】按钮，完成基准平面 1 的创建。

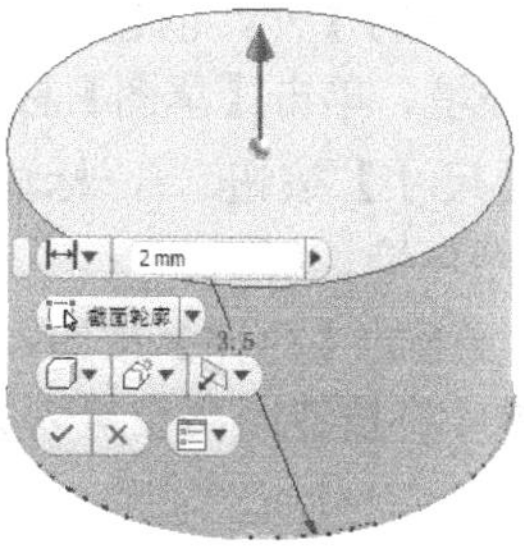

图 5-121　拉伸示意图 1

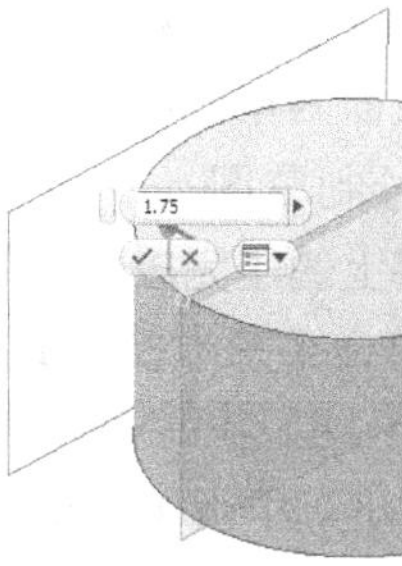

图 5-122　创建基准平面

（5）创建草图 2。单击【三维模型】标签栏【草图】面板上的【开始创建二维草图】按钮，选择基准平面 1 为草图绘制平面，进入草图绘制环境。单击【草图】标签栏【创建】面板上的【圆】按钮，绘制草图。单击【约束】面板上的【尺寸】按钮，标注尺寸如图 5-123 所示。单击【草图】标签上的【完成草图】按钮，退出草图环境。

（6）创建拉伸体。单击【三维模型】标签栏【创建】面板上的【拉伸】按钮，打开【拉伸】对话框，系统自动选择第（5）步绘制的草图为拉伸截面轮廓，将拉伸距离设置为 0.2mm，选择【求差】方式，如图 5-124 所示。单击【确定】按钮完成拉伸。

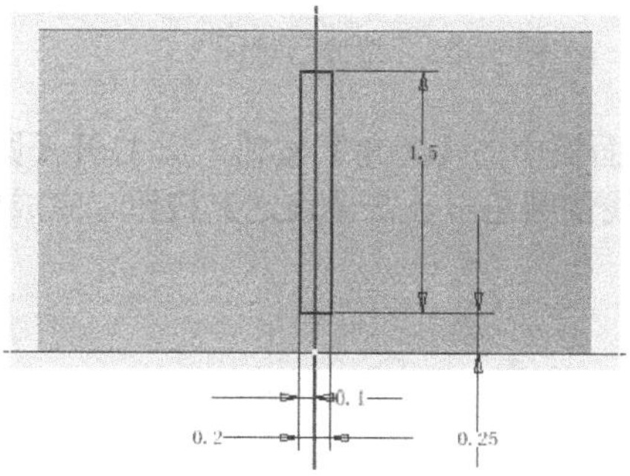

图 5-123　绘制草图 2

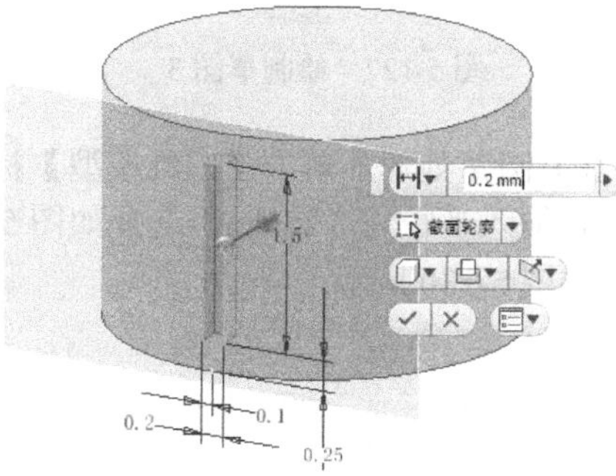

图 5-124　拉伸示意图 2

（7）环形阵列。单击【三维模型】标签栏【阵列】面板上的【环形阵列】按钮，打开【环形阵列】对话框，选择第（6）步创建的拉伸特征为阵列特征，输入个数为 30，角度为 360deg，单击【旋转】按钮，如图 5-125 所示，单击【确定】按钮，结果如图 5-126 所示。

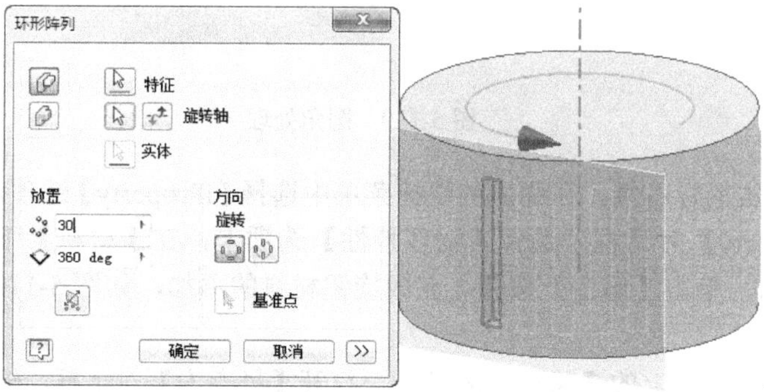

图 5-125　阵列参数

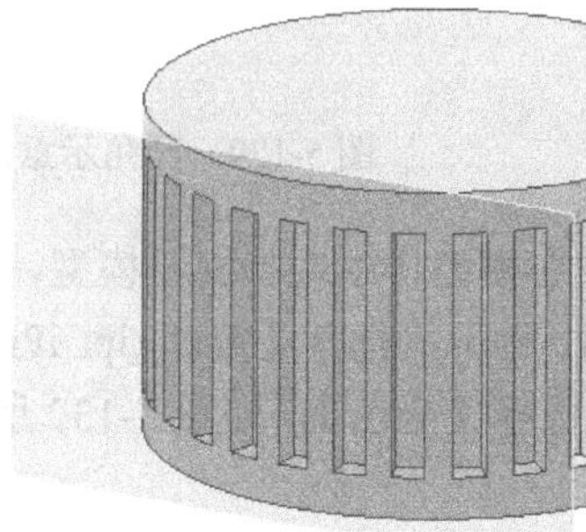

图 5-126　环形阵列

（8）创建草图 3。单击【三维模型】标签栏【草图】面板上的【开始创建二维草图】按钮，选择第一个拉伸体的下表面为草图绘制平面，进入草图绘制环境。单击【草图】标签栏【创建】面板上的【圆】按钮，绘制草图。单击【约束】面板上的【尺寸】按钮，标注尺寸如图 5-127 所示。单击【草图】标签上的【完成草图】按钮，退出草图环境。

（9）创建拉伸体。单击【三维模型】标签栏【创建】面板上的【拉伸】按钮，打开【拉伸】对话框，系统自动选择第（8）步绘制的草图为拉伸截面轮廓，将拉伸距离设置为 2mm，选择【求差】方式，如图 5-128 所示。单击【确定】按钮完成拉伸。

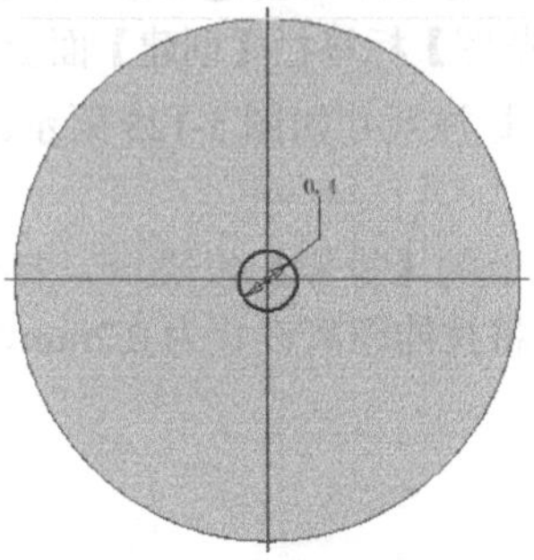

图 5-127　绘制草图 3

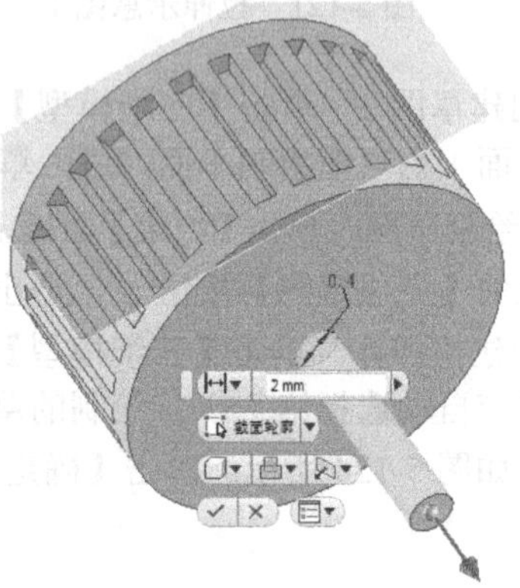

图 5-128　拉伸示意图 3

（10）圆角处理。单击【三维模型】标签栏【修改】面板中的【圆角】按钮，打开【圆角】对话框，输入半径为 0.25mm，选择如图 5-129 所示的边线倒圆角，单击【确定】按钮，完成圆角操作，如图 5-130 所示。

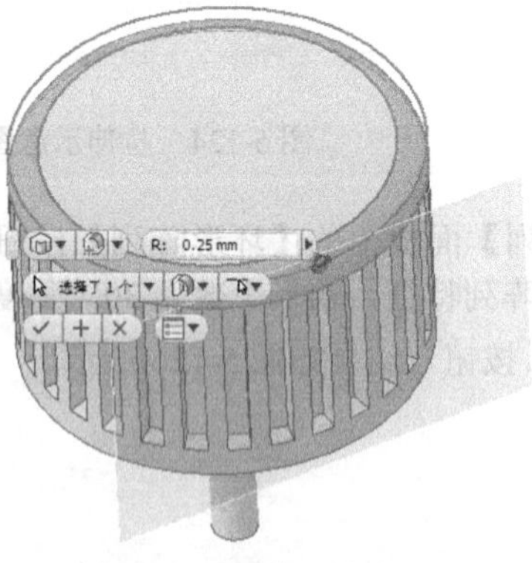

图 5-129　圆角示意图

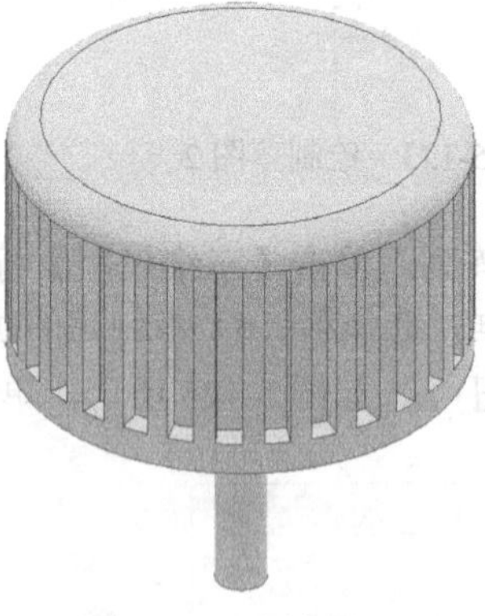

图 5-130　圆角处理

（11）在模型树中选择旋钮模型，单击鼠标右键，在弹出的快捷菜单中选择【iProperty】选项，如图 5-131 所示，打开【旋钮 .ipt iProperty】对话框，选择【物理特性】选项卡，在【材料】下拉列表中选择【金色】，如图 5-132 所示，单击【确定】按钮，完成旋钮材料的添加，如图 5-119 所示。

（12）保存文件。单击【快速入门】工具栏上的【保存】按钮，打开【另存为】对话框，输入文件名为【旋钮 .ipt】，单击【保存】按钮，保存文件。

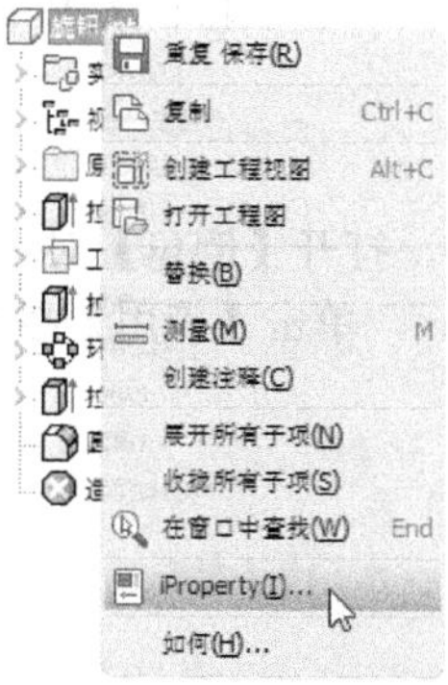

图 5-131　快捷菜单

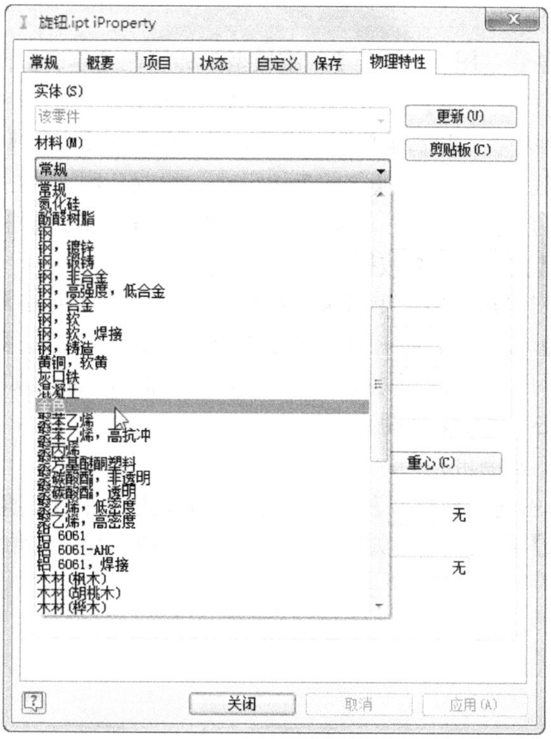

图 5-132 【旋钮 .ipt iProperty】对话框

5.8　综合演练——表壳

本例创建如图 5-133 所示的表壳。

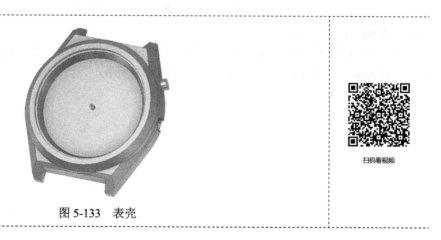

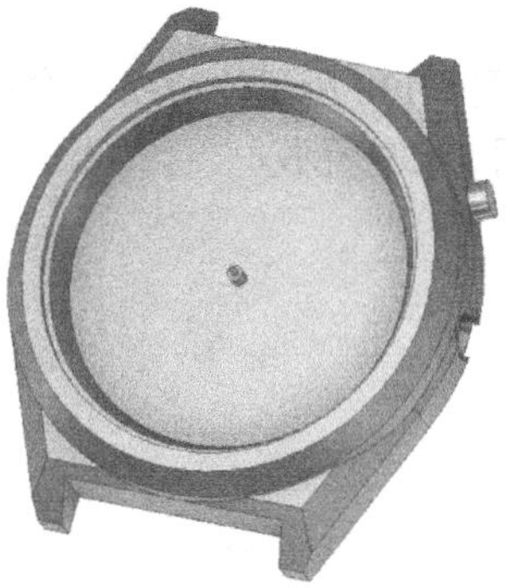

图 5-133　表壳

扫码看视频

操作步骤

（1）新建文件。单击【快速入门】工具栏上的【新建】按钮，在打开的【新建文件】对话框中的【Templates】选项卡中的零件下拉列表中选择【Standard.ipt】选项，单击【创建】按钮，新建一个零件文件。

（2）创建草图 1。单击【三维模型】标签栏【草图】面板上的【开始创建二维草图】按钮，选择 *XY* 平面为草图绘制平面，进入草图绘制环境。单击【草图】标签栏【创建】面板上的【圆心圆】按钮、【线】按钮和【修剪】按钮，绘制草图。单击【约束】面板上的【尺寸】按钮，标注尺寸如图 5-134 所示。单击【草图】标签上的【完成草图】按钮，退出草图环境。

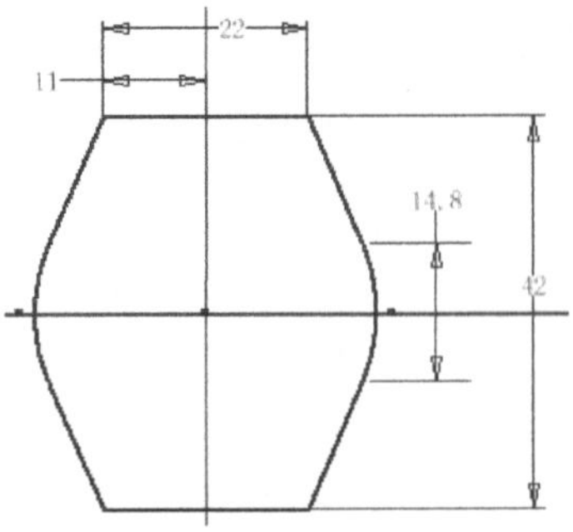

图 5-134　绘制草图 1

（3）创建拉伸体。单击【三维模型】标签栏【创建】面板上的【拉伸】按钮，打开【拉伸】对话框，系统自动选择第（2）步绘制的草图为拉伸截面轮廓，将拉伸距离设置为 5mm，如图 5-135 所示。单击【确定】按钮完成拉伸。

（4）创建倒角。

① 单击【三维模型】标签栏【修改】面板上的【倒角】按钮，打开【倒角】对话框，选择【倒角边长】类型，选择如图 5-136 所示的边线，输入倒角边长为 2mm，单击【应用】按钮。

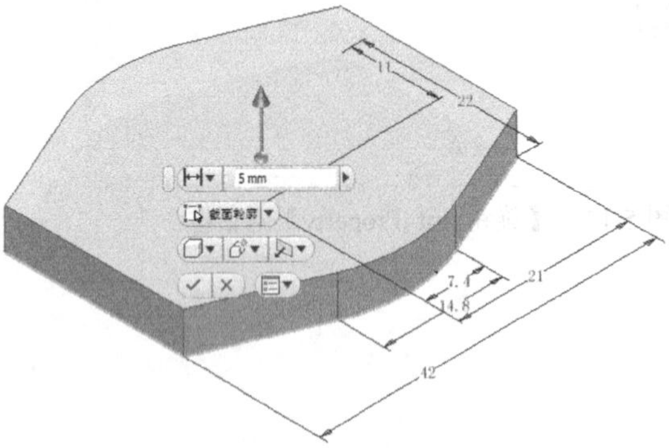

图 5-135　拉伸示意图

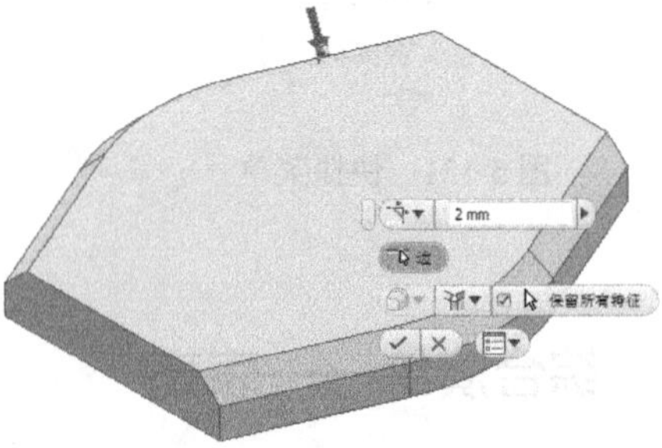

图 5-136　设置参数

② 选择【两个倒角边长】类型，选择如图 5-137 所示的边线，输入倒角边长 1 为 3mm，倒角边长 2 为 4mm，单击【应用】按钮。

③ 选择【两个倒角边长】类型，选择如图 5-138 所示的边线，输入倒角边长 1 为 4mm，倒角边长 2 为 3mm，单击【确定】按钮，结果如图 5-139 所示。

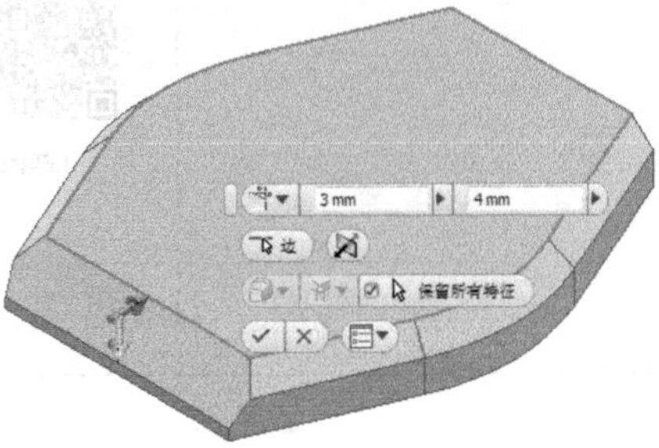

图 5-137　选择倒角边线 1

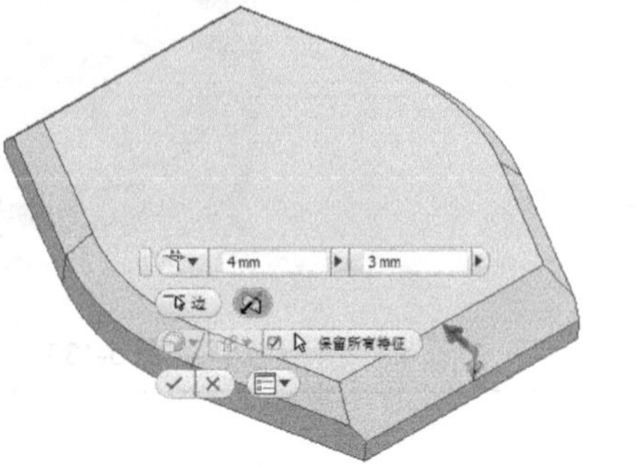

图 5-138　选择倒角边线 2

（5）创建草图 2。单击【三维模型】标签栏【草图】面板上的【开始创建二维草图】按钮，选择 *XY* 平面为草图绘制平面，进入草图绘制环境。单击【草图】标签栏【创建】面板上的【圆】

按钮，绘制草图。单击【约束】面板上的【尺寸】按钮，标注尺寸如图 5-140 所示。单击【草图】标签上的【完成草图】按钮，退出草图环境。

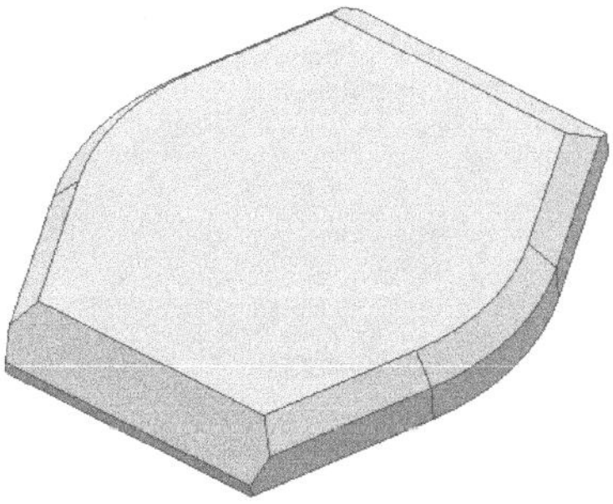

图 5-139　创建倒角

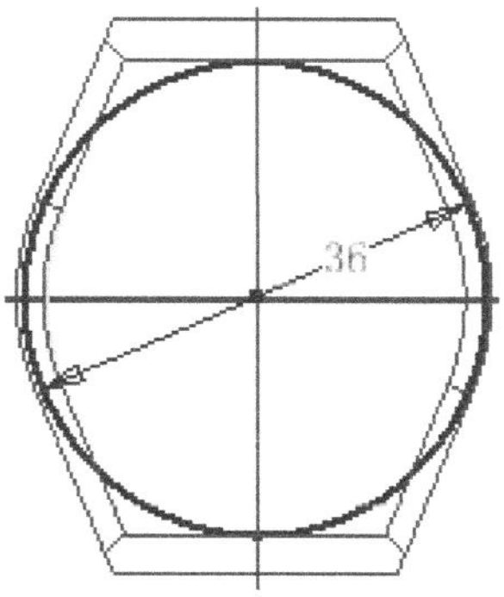

图 5-140　绘制草图 2

（6）创建拉伸体。单击【三维模型】标签栏【创建】面板上的【拉伸】按钮，打开【拉伸】对话框，系统自动选择第（5）步绘制的草图为拉伸截面轮廓，将拉伸距离设置为 7mm，如图 5-141 所示。单击【确定】按钮完成拉伸，结果如图 5-142 所示。

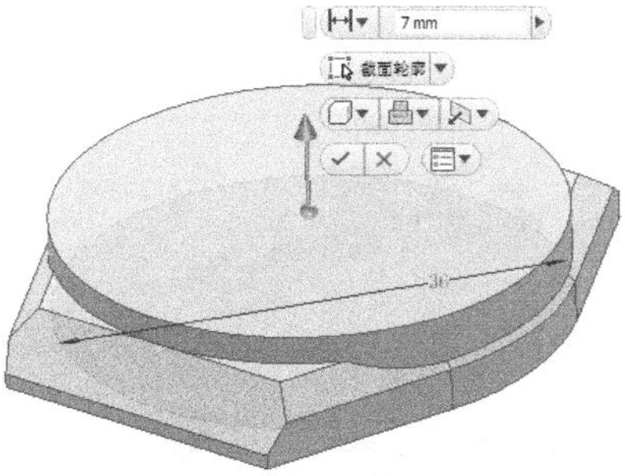

图 5-141　拉伸示意图

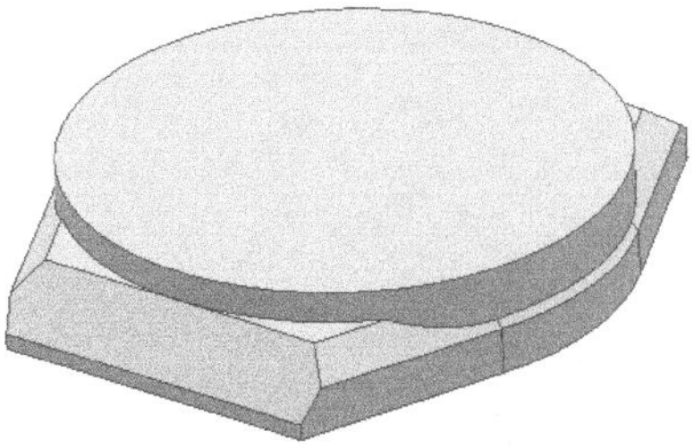

图 5-142　创建拉伸体

（7）创建倒角。单击【三维模型】标签栏【修改】面板上的【倒角】按钮，打开【倒角】对话框，选择【倒角边长】类型，选择如图 5-143 所示的边线，输入倒角边长为 1.5mm，单击【确定】按钮，结果如图 5-144 所示。

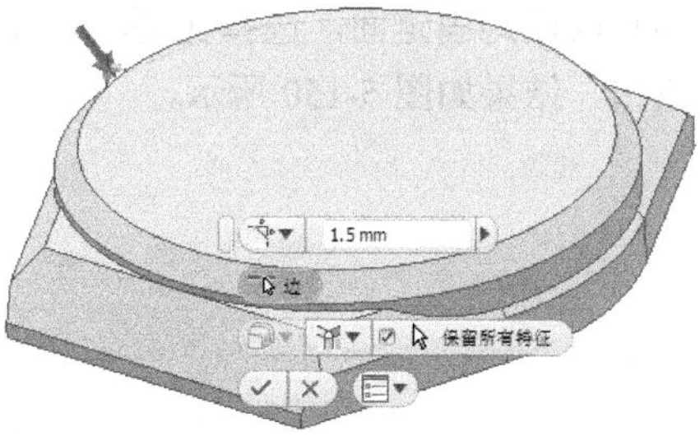

图 5-143　设置参数

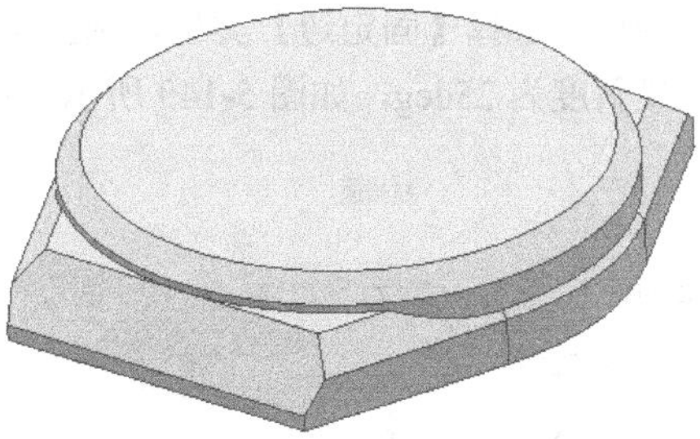

图 5-144　创建倒角

（8）创建直孔 1。单击【三维模型】标签栏【修改】面板上的【孔】按钮，打开【孔】特性面板，选择第二个拉伸体上表面拉伸体的边线，系统自动调整孔与圆同心。选择【距离】终止方式，输入距离为 0.8mm，孔直径为 30mm，选择【平直】的孔底按钮，如图 5-145 所示。单击【确定】按钮，结果如图 5-146 所示。

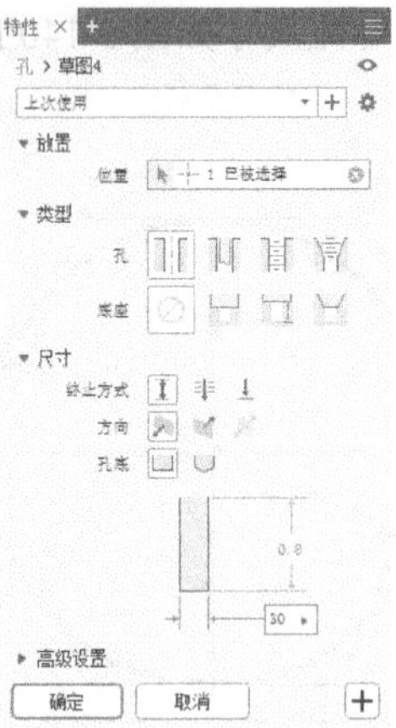

图 5-145　设置参数

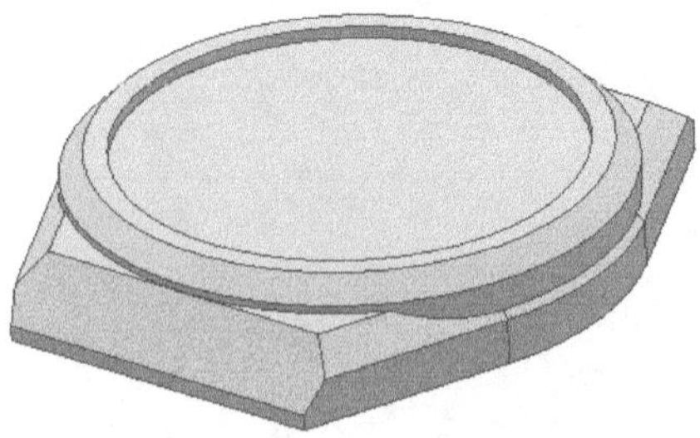

图 5-146　创建孔 1

（9）创建直孔 2。单击【三维模型】标签栏【修改】面板上的【孔】按钮，打开【孔】对话框。选择第（8）步创建的孔底面和孔边线，系统自动调整孔与圆同心。选择【距离】终止方式，输入距离为 2.2mm，孔直径为 29mm，选择【平直】的孔底，如图 5-147 所示，单击【确定】按钮，结果如图 5-148 所示。

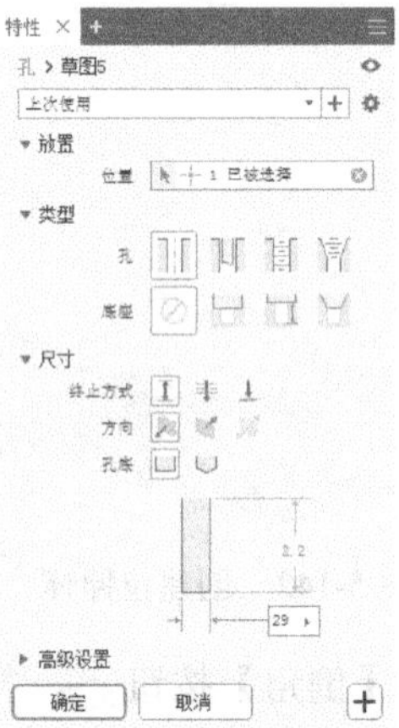

图 5-147　设置参数

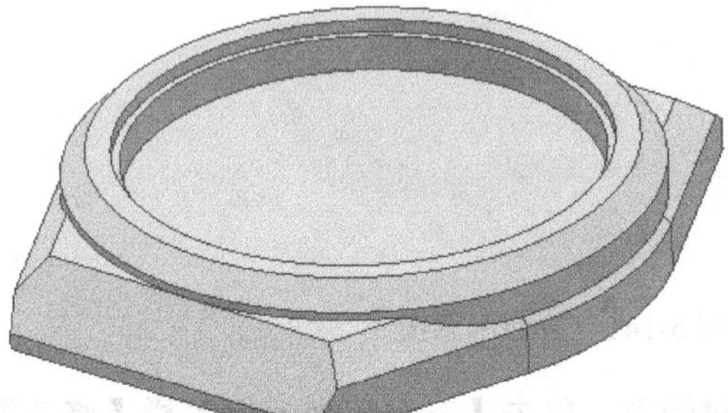

图 5-148　创建孔 2

（10）创建拔模特征。单击【三维模型】标签栏【修改】面板上的【拔模】按钮，打开【拔模】对话框。选择【固定边】类型，选择第（9）步创建的孔底面为固定面，选择孔侧面为拔模面，输入拔模斜度为 25deg，如图 5-149 所示，单击【确定】按钮，结果如图 5-150 所示。

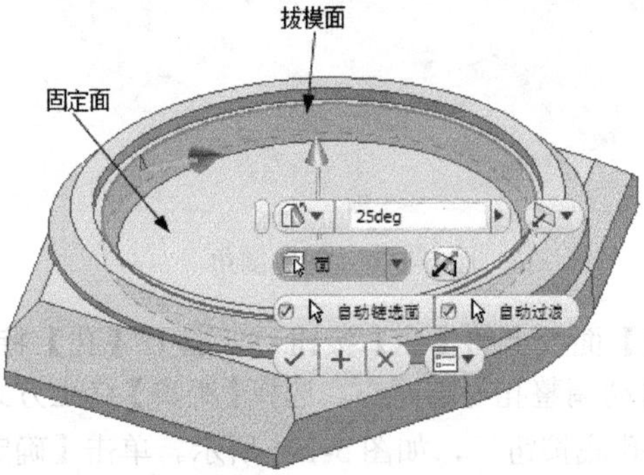

图 5-149　设置参数

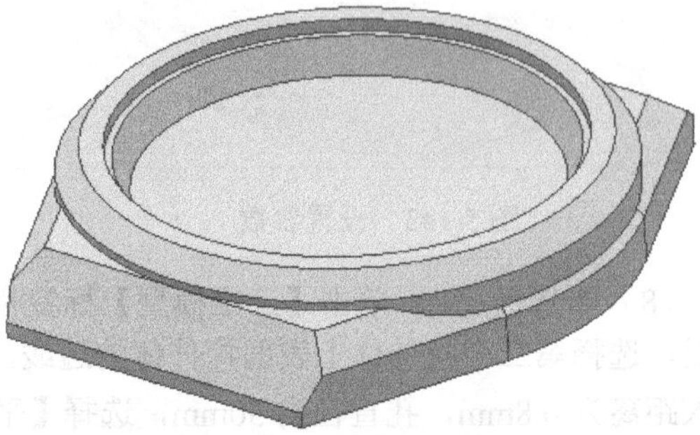

图 5-150　创建拔模特征

（11）创建草图 3。单击【三维模型】标签栏【草图】面板上的【开始创建二维草图】按钮，选择第二个孔的底面为草图绘制平面，进入草图绘制环境。单击【草图】标签栏【创建】面板上的【圆心圆】按钮，在圆心处绘制直径为 1.2mm 的圆。单击【草图】标签上的【完成草图】按钮，退出草图环境。

（12）创建拉伸体。单击【三维模型】标签栏【创建】面板上的【拉伸】按钮，打开【拉伸】对话框，系统自动选择第（11）步绘制的草图为拉伸截面轮廓，将拉伸距离设置为 1.2mm，如图 5-151 所示。单击【确定】按钮完成拉伸。

（13）重复执行第（11）和（12）步，创建直径为 0.6、高度为 0.5 和直径为 0.3、高度为 0.3 的拉伸体，结果如图 5-152 所示。

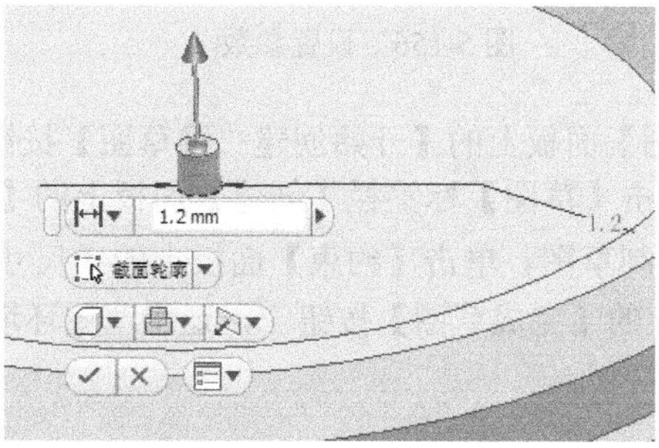

图 5-151　拉伸示意图

图 5-152　创建拉伸体

（14）创建草图 4。单击【三维模型】标签栏【草图】面板上的【开始创建二维草图】按钮，选择 *XY* 平面为草图绘制平面，进入草图绘制环境。单击【草图】标签栏【创建】面板上的【圆心圆】按钮，绘制草图。单击【约束】面板上的【尺寸】按钮，标注尺寸如图 5-153 所示。单击【草图】标签上的【完成草图】按钮，退出草图环境。

（15）创建拉伸体。单击【三维模型】标签栏【创建】面板上的【拉伸】按钮，打开【拉伸】对话框，选择第（14）步绘制的草图为拉伸截面轮廓，将拉伸距离设置为 2mm，在更多选项卡中设置锥度为 -20deg，如图 5-154 所示。单击【确定】按钮完成拉伸，结果如图 5-155 所示。

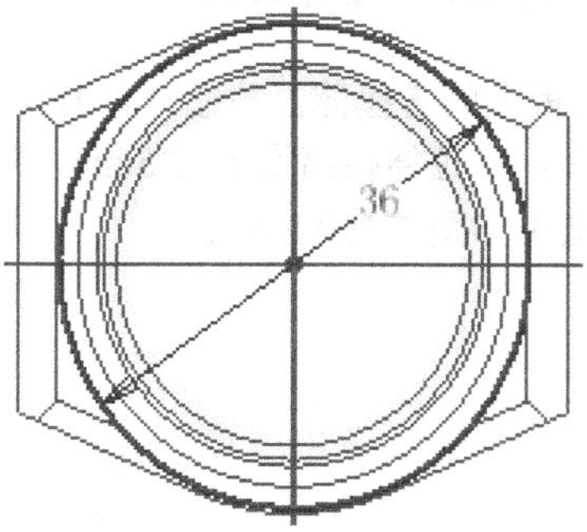

图 5-153　绘制草图 4

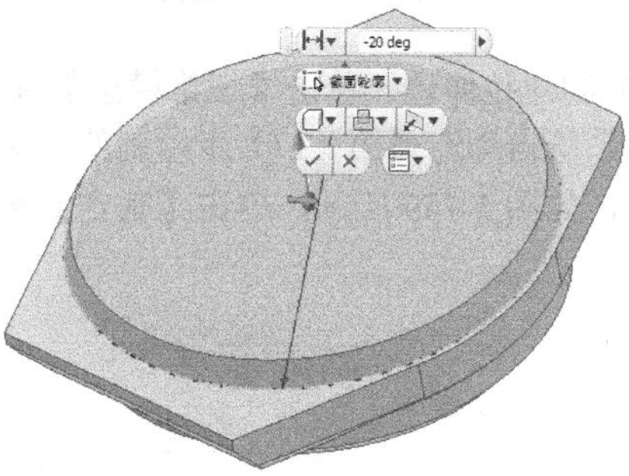

图 5-154　拉伸示意图

（16）创建直孔 3。单击【三维模型】标签栏【修改】面板上的【孔】按钮，打开【孔】特性面板。选择第（15）步创建的拉伸体表面和拉伸体边线，系统自动调整孔与圆同心。选择【距离】终止方式，输入距离为 1.5mm，孔直径为 31mm，选择【平直】的孔底，如图 5-156 所示，单击【确定】按钮，结果如图 5-157 所示。

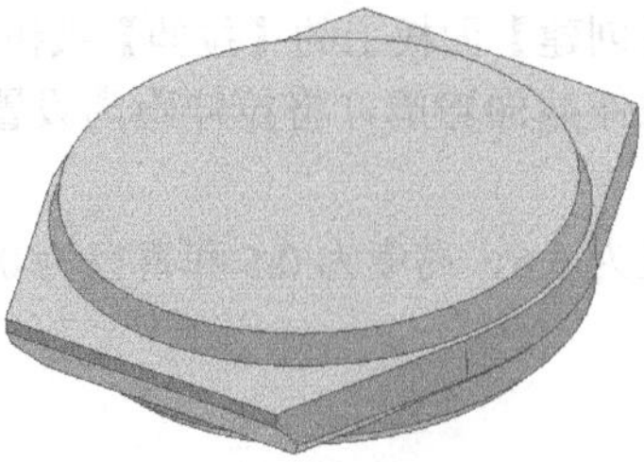

图 5-155 创建拉伸体

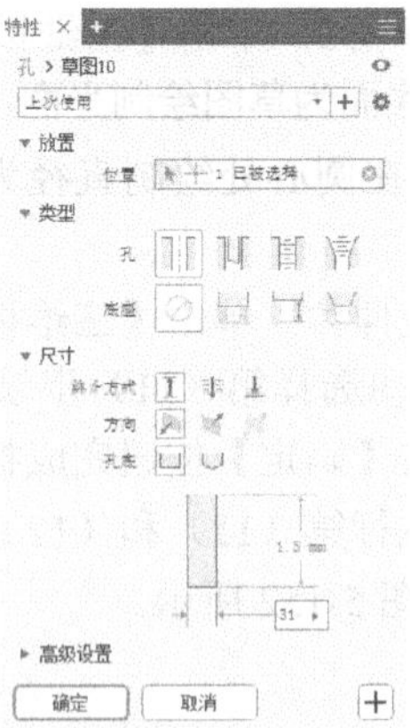

图 5-156 设置参数

（17）创建草图 5。单击【三维模型】标签栏【草图】面板上的【开始创建二维草图】按钮，选择 *XY* 平面为草图绘制平面，进入草图绘制环境。单击【草图】标签栏【创建】面板上的【两点矩形】按钮、【线】按钮和【镜像】按钮，绘制草图。单击【约束】面板上的【尺寸】按钮，标注尺寸如图 5-158 所示。单击【草图】标签上的【完成草图】按钮，退出草图环境。

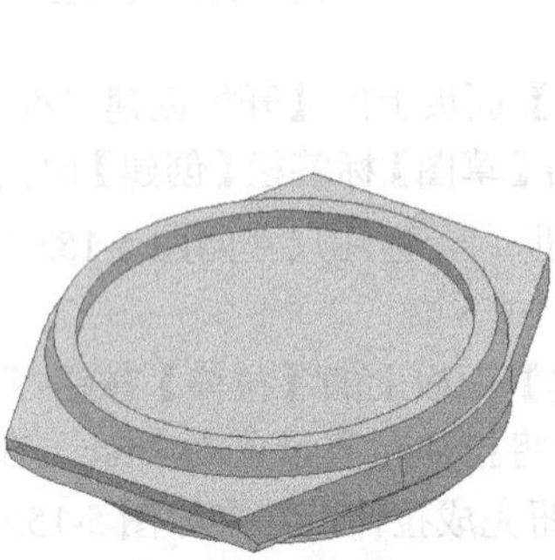

图 5-157 创建孔 3

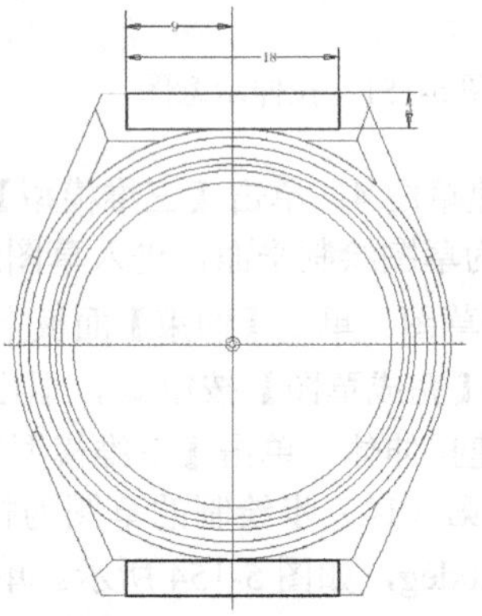

图 5-158 绘制草图 4

（18）创建拉伸体。单击【三维模型】标签栏【创建】面板上的【拉伸】按钮，打开【拉伸】对话框，系统自动选择第（17）步绘制的草图为拉伸截面轮廓，将拉伸距离设置为 5mm，选择【求差】方式，如图 5-159 所示。单击【确定】按钮完成拉伸，结果如图 5-160 所示。

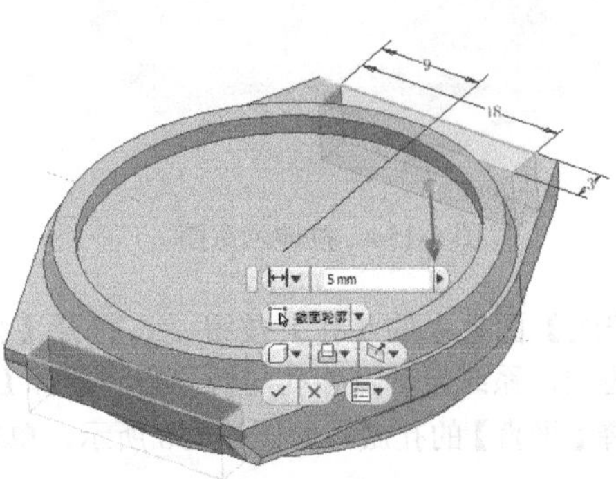

图 5-159 拉伸示意图

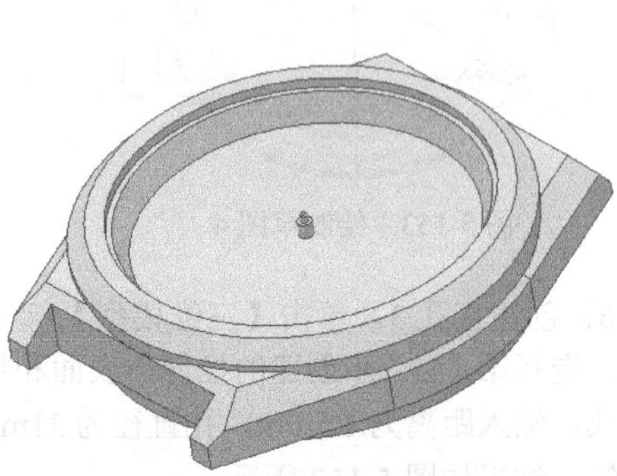

图 5-160 创建拉伸体

（19）创建工作平面。单击【三维模型】标签栏【定位特征】面板上的【从平面偏移】按钮，在原始坐标系中选择 *YZ* 平面并拖动，输入距离为 −18.5mm，如图 5-161 所示。

（20）创建草图 6。单击【三维模型】标签栏【草图】面板上的【开始创建二维草图】按钮，选择第（19）步创建的工作平面为草图绘制平面，进入草图绘制环境。单击【草图】标签栏【创建】面板上的【圆】按钮，绘制草图。单击【约束】面板上的【尺寸】按钮，标注尺寸如图 5-162 所示。单击【草图】标签上的【完成草图】按钮，退出草图环境。

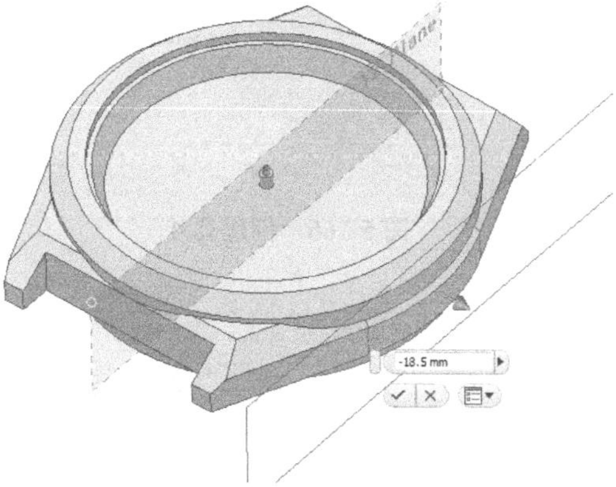

图 5-161　创建工作平面

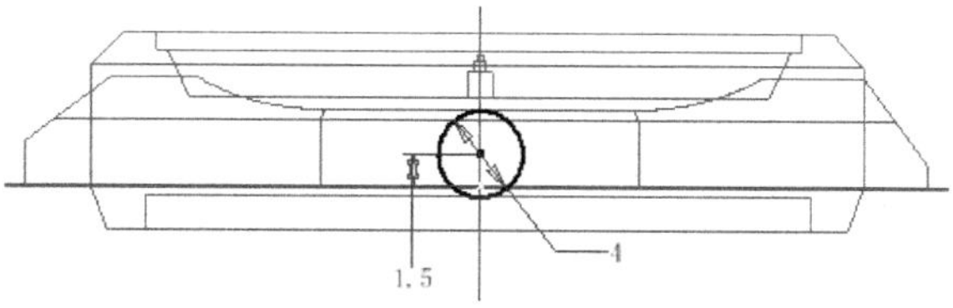

图 5-162　绘制草图 6

（21）创建拉伸体。单击【三维模型】标签栏【创建】面板上的【拉伸】按钮，打开【拉伸】对话框，选择第（20）步绘制的草图为拉伸截面轮廓，将拉伸距离设置为 1.5mm，选择【求差】方式，如图 5-163 所示。单击【确定】按钮完成拉伸，结果如图 5-164 所示。

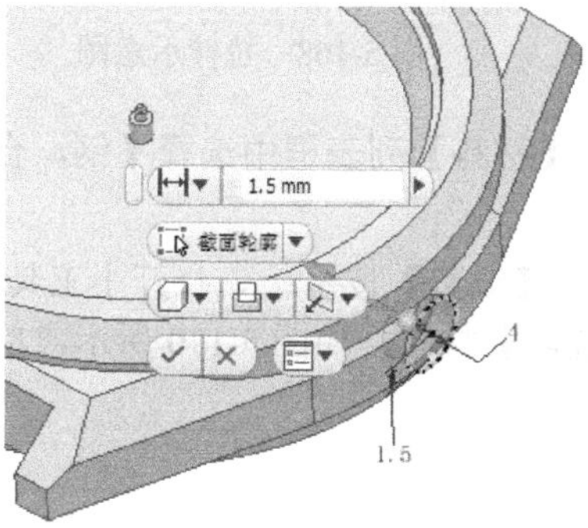

图 5-163　拉伸示意图

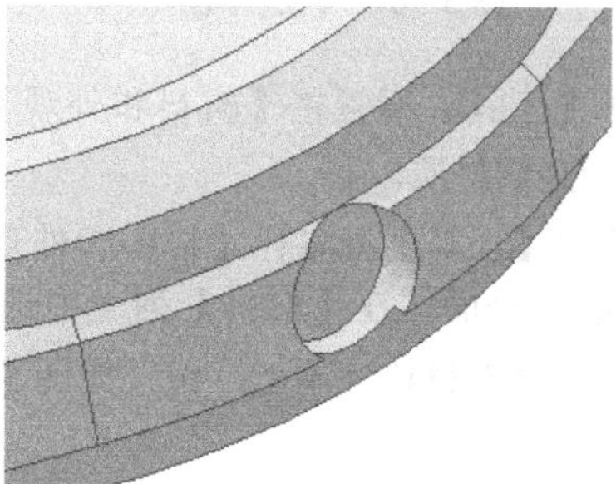

图 5-164　创建拉伸体

（22）创建直孔 4。单击【三维模型】标签栏【修改】面板上的【孔】按钮，打开【孔】特性面板，选择第（21）步创建的拉伸体表面和拉伸体边线，系统自动调整孔与圆同心。选择【距离】终止方式，输入距离为 2.5mm，孔直径为 0.5mm，选择【平直】的孔底，如图 5-165 所示，单击【确定】按钮，结果如图 5-166 所示。

（23）创建草图 7。单击【三维模型】标签栏【草图】面板上的【开始创建二维草图】按钮，选择图 5-166 所示的面 2 为草图绘制平面，进入草图绘制环境。单击【草图】标签栏【创建】面板上的【圆心圆】按钮，绘制草图。单击【约束】面板上的【尺寸】按钮，标注尺寸如图 5-167 所示。单击【草图】标签上的【完成草图】按钮，退出草图环境。

（24）创建拉伸体。单击【三维模型】标签栏【创建】面板上的【拉伸】按钮，打开【拉伸】对话框，系统自动选择第（23）步绘制的草图为拉伸截面轮廓，将拉伸距离设置为 1.5mm，如图 5-168

所示。单击【确定】按钮完成拉伸，结果如图 5-169 所示。

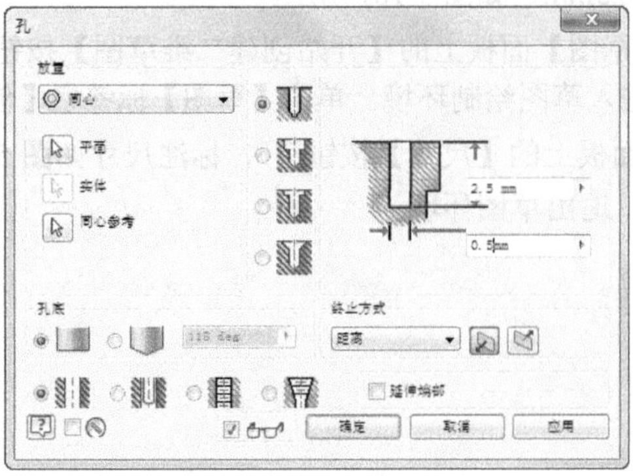

图 5-165　设置参数

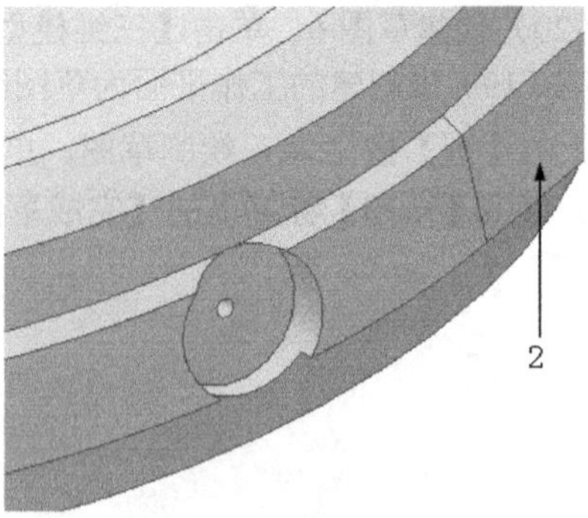

图 5-166　创建孔 4

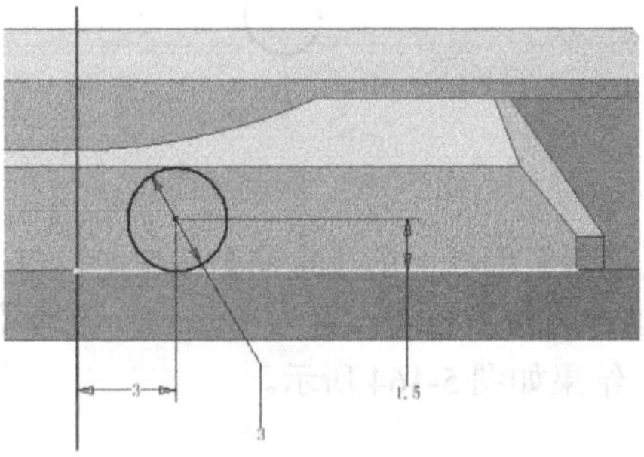

图 5-167　绘制草图 7

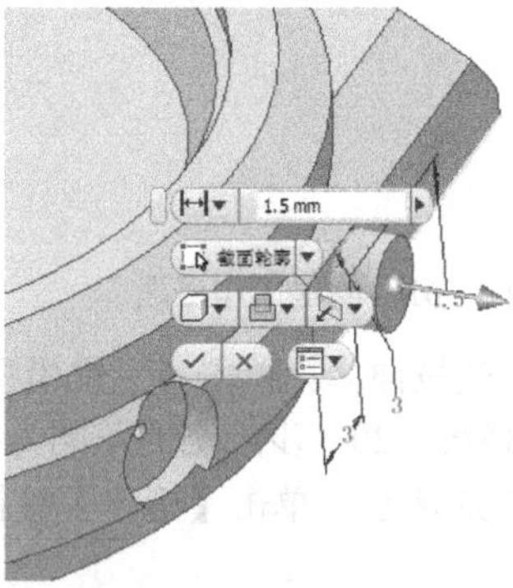

图 5-168　拉伸示意图

（25）在【工具】标签栏【材料和外观】面板下的【材料】列表框中选择【钢，合金】材质，对表壳添加合金钢材质。

（26）单击【工具】标签栏【材料和外观】面板中的【调整】按钮，打开小工具栏，选择表壳凸起部分的两个面，在【材料】列表中选择【金 - 金属】材质，如图 5-170 所示，单击【确定】按钮，完成表壳材料的添加，结果如图 5-133 所示。

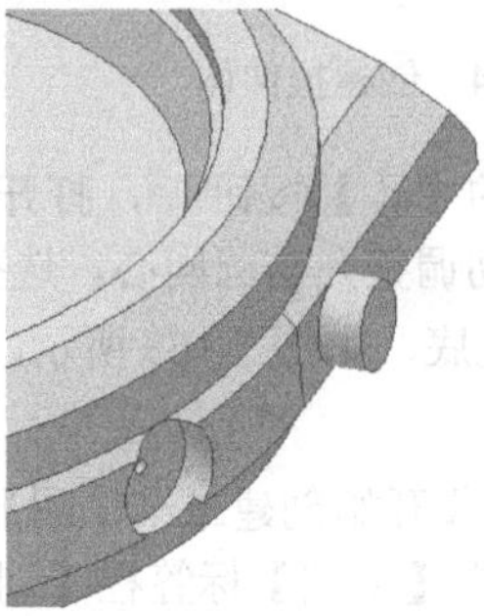

图 5-169　创建拉伸体

图 5-170　选择材质

（27）保存文件。单击【快速入门】工具栏上的【保存】按钮，打开【另存为】对话框，输入文件名为【表壳 .ipt】，单击【保存】按钮，保存文件。

第 6 章 特征和曲面编辑

在零件的创建过程中，有时会出现创建错误和中途添加其他零件特征的情况，或创建的曲面需要编辑入加厚、延伸、修剪等曲面编辑，本章就上面的问题具体讲解。

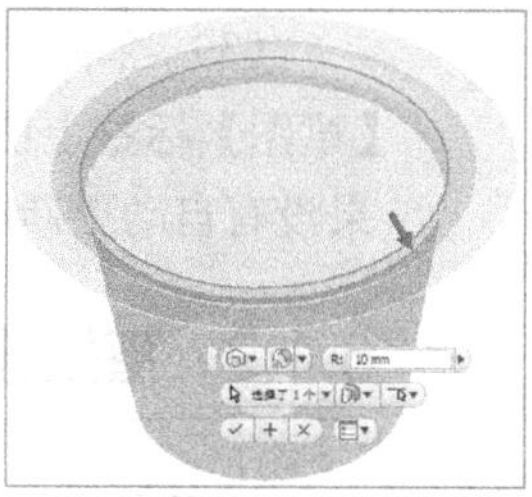

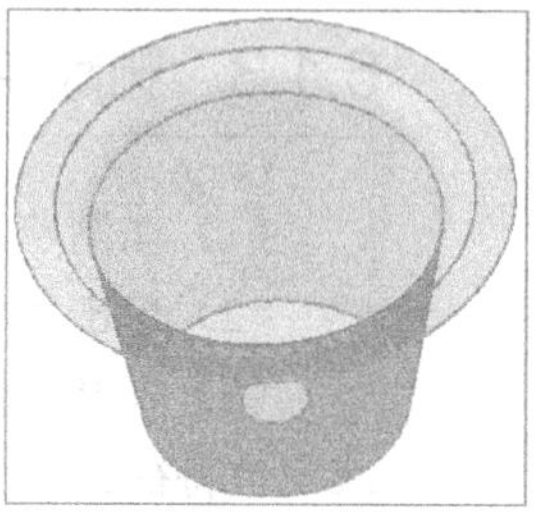

6.1 编辑特征

设计过程中，用户创建了特征以后往往需要对其进行修改，以满足设计或装配的要求。对于基于草图的特征，可编辑草图以编辑特征，还可直接对特征进行修改；对于非基于草图的放置特征，直接进行修改即可。

6.1.1 编辑退化的草图以编辑特征

要编辑基于草图创建的特征，可编辑退化的草图以更新特征，具体方法如下。

（1）在浏览器中，找到需要修改的特征。在该特征上单击右键，并从菜单中选择【编辑草图】选项。或右键单击该特征的退化的草图标志，在右键菜单中选择【编辑草图】选项，此时该特征将被暂时隐藏，同时显示其草图。

（2）进入草图环境后，用户可利用【草图】标签中的工具对草图进行所需的编辑。如要添加新尺寸，可单击【通用尺寸】工具，然后单击以选择几何图元并放置尺寸。

（3）当草图修改完毕以后，单击右键，在打开菜单中选择【完成二维草图】选项或者直接单击【草图】标签上的【完成草图】工具✓，则重新回来零件特征模式下，此时特征将会自动更新。如果没有自动更新的话，则单击【快速访问】工具栏上的【更新】按钮来更新特征。

6.1.2 直接修改特征

对于所有的特征，无论是基于草图的还是非基于草图的，都可直接修改。在图形显示的特征草图（如果适用）和特征对话框中根据需要修改特征的具体参数。如单击【截面轮廓】选项重新定义特征的截面轮廓，在选择一个有效的截面轮廓后，才能选择其他值。修改完成后一般特征会自动更新，如果没有自动更新，则单击【快速访问】工具栏上的【更新】按钮使用新值更新特征。

在编辑特征时，有些细节需要注意，如不能将特征类型从实体改为曲面；不能在浏览器中的特征上单击右键并选择【删除】选项，但可以选择是否保留特征草图几何图元，如果保留了草图几何图元，则用它们来重新创建一个特征，并选择不同的特征类型。

6.1.3 删除特征

（1）在浏览器或图形窗口中，选择要删除的定位特征、基于草图的特征或基于特征的特征。

（2）单击鼠标右键，在打开的快捷菜单中选择【删除】选项，如图 6-1 所示。

（3）打开如图 6-2 所示的【删除特征】对话框，在对话框中指定要另外删除的从属特征、草图或定位特征。

注意：该对话框中的颜色与图形窗口中所选几何图元的亮显颜色相对应。

（4）单击【确定】按钮，删除草图和特征。

【删除特征】对话框中的选项说明如下。

图 6-1　快捷菜单

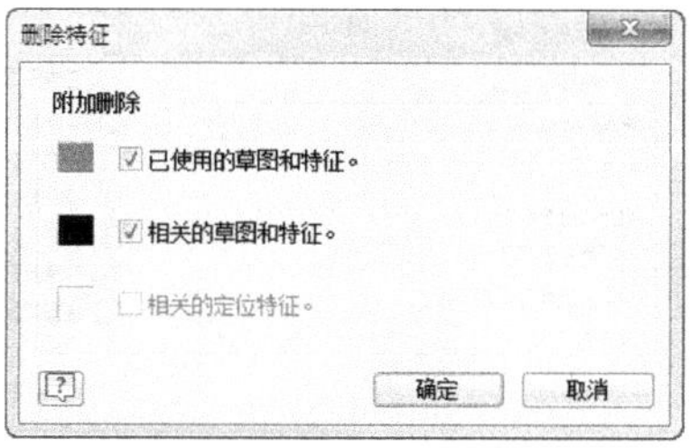

图 6-2 【删除特征】对话框

（1）已使用的草图和特征。默认情况下，选中此选项。除了选定的特征之外，特征使用的草图、曲面特征和定位特征也将删除。仅当存在一个或多个基于草图的特征时，才能使用该选项。这不影响那些未与父特征一起选中的从属略图特征。若要保留已使用的草图和特征，则取消该复选框的勾选。

（2）相关的草图和特征。如果特征包含从属的未使用的草图和基于草图的特征，则将自动选中该复选框。在删除父特征时，若要保留所有从属的未使用的草图和基于草图的特征，则取消该复选框的勾选。

注意　保留从属草图时会自动创建一个固定的工作平面。可以在零件环境中约束这些工作平面，或者使用【重定义】命令将草图移动到其他工作平面上。

（3）相关的定位特征。如果特征包含从属定位特征，则将自动选中该复选框。在删除父特征时，若要保留从属定位特征，则取消该复选框的勾选，被保留的定位特征会被固定。

注意　如果未删除从属草图和特征，则保留草图和特征将进入不良状态。在浏览器中，受影响的草图和特征旁会显示一个警告符号。

6.1.4　抑制或解除抑制特征

抑制特征可使它们暂时不可用。被抑制的特征不会显示在图形窗口中，并且在浏览器中处于暗显状态。在解除抑制之前，特征将保持被抑制状态。

（1）在浏览器或图形窗口中的该特征上单击鼠标右键，在打开的快捷菜单中选择【抑制特征】选项，如图 6-3 所示。

（2）选中的特征被抑制，如图 6-4 所示。

注意　选择该特征的顶级可抑制该特征和从属特征的所有引用，或者展开该特征仅选择从属特征或引用。

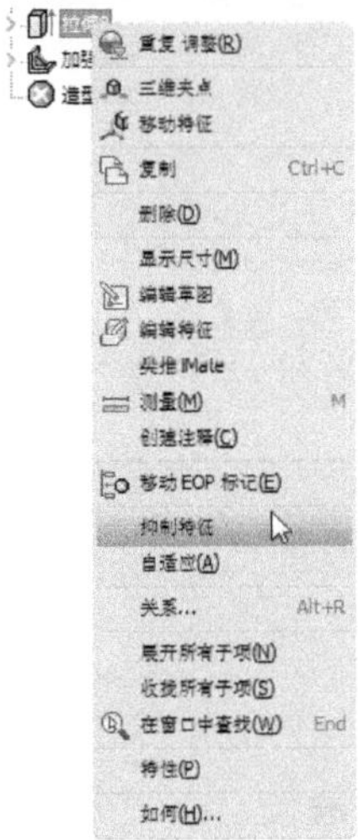

图 6-3 快捷菜单

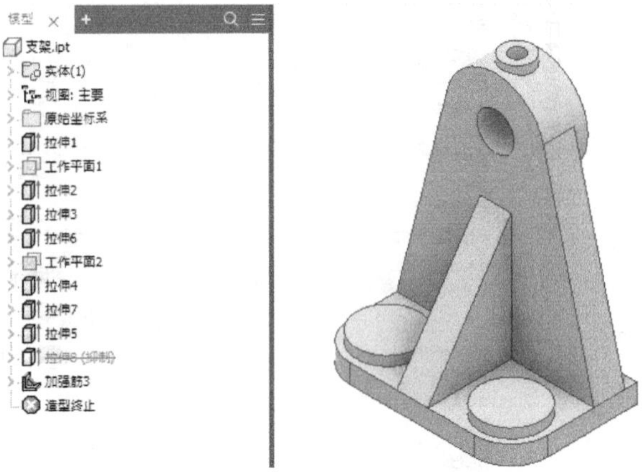

图 6-4 抑制特征

若要删除抑制，则在浏览器或图形窗口中的该特征上单击鼠标右键，然后在打开的快捷菜单中选择【解除抑制特征】选项。

6.2 曲面编辑

第 4 章中介绍了曲面和实体的创建，本节中主要介绍曲面的编辑方法。

6.2.1 加厚

在实际的设计中，经常根据零件材料的应力范围等因素对零件的厚度进行修改。在 Inventor 中，可使用【加厚 / 偏移】工具添加或去除零件的厚度，以及从零件面或其他曲面创建偏移曲面。典型的加厚 / 偏移特征如图 6-5 所示。

加厚曲面的操作步骤如下。

（1）单击【三维模型】标签栏【修改】面板中的【加厚 / 偏移】按钮，打开【加厚 / 偏移】对话框，如图 6-6 所示。

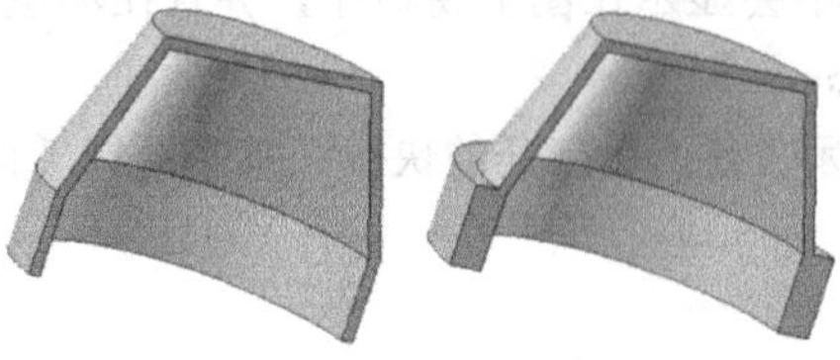

加厚前　　加厚后

图 6-5 典型的加厚 / 偏移特征

图 6-6 【加厚 / 偏移】对话框

（2）在视图中选择要加厚的面，如图 6-7 所示。

（3）在对话框中输入厚度，并为加厚特征指定求并、求差或求交操作，设置加厚方向。

（4）在对话框中单击【确定】按钮，完成曲面加厚，结果如图 6-8 所示。

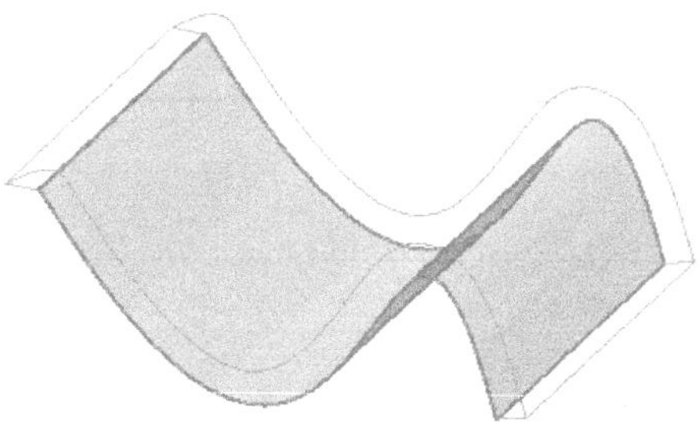

图 6-7　选择加厚面

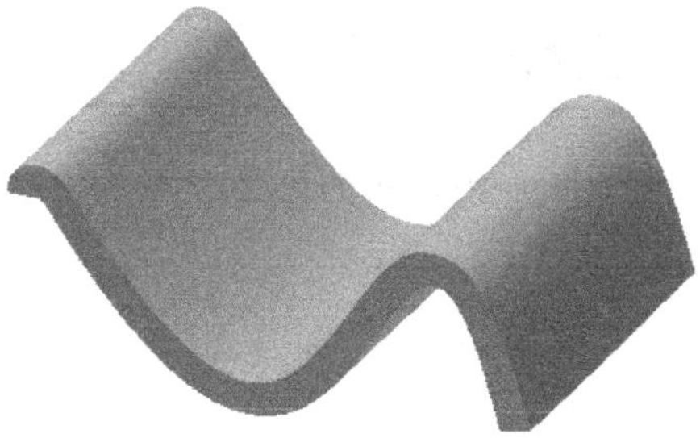

图 6-8　加厚面

【加厚 / 偏移】对话框中的选项说明如下。

（1）【加厚 / 偏移】选项卡。

① 选择。指定要加厚的面或要从中创建偏移曲面的面。

面：默认选择此选项，表示每单击一次，只能选择一个面。

缝合曲面：单击一次选择一组相连的面。

② 实体。如果存在多个实体，则选择参与体。

③ 选择模式。设置选择的是单个面或缝合曲面，可以选择多个相连的面或缝合曲面，但不能选择混合的面和缝合曲面。

④ 距离。指定加厚特征的厚度，或者指定偏移特征的距离。当输出为曲面时，偏移距离可以为零。

⑤ 输出。指定特征是实体还是曲面。

⑥ 操作。指定加厚特征与实体零件是进行求并、求差或求交操作。

⑦ 方向。将厚度或偏移特征沿一个方向延伸或在两个方向上同等延伸。

⑧ 自动过渡。勾选此复选框，可自动移动相邻的相切面，还可以创建新过渡。

（2）【更多】选项卡。【更多】选项卡如图 6-9 所示。

① 自动链选面。用于选择多个连续相切的面进行加厚，所有选中的面使用相同的布尔操作和方向加厚。

② 创建竖直曲面。对于偏移特征，应创建将偏移面连接到原始缝合曲面的竖直面，竖直曲面仅在内部曲面的边处创建，而不会在曲面边界的边处创建。

③ 允许近似值。如果不存在精确方式，则在计算偏移特征时，允许与指定的厚度有偏差。精确方式可以创建偏移曲面，该曲面中，原始曲面上的每一点在偏移曲面上都具有对应点。

图 6-9 【更多】选项卡

中等：将偏差分为近似指定距离的两部分。

不要过薄：保留最小距离。

不要过厚：保留最大距离。

④ 优化。使用合理公差和最短计算时间进行计算。

⑤ 指定公差。使用指定的公差进行计算。

技巧　可以一起选择面和曲面进行加厚吗？

不能一起选择面和曲面进行加厚。加厚的面和偏移的曲面不能在同一个特征中创建。厚度特征和偏移特征在浏览器中有各自的图标。

6.2.2 实例——花盆

绘制如图 6-10 所示的花盆。

扫码看视频

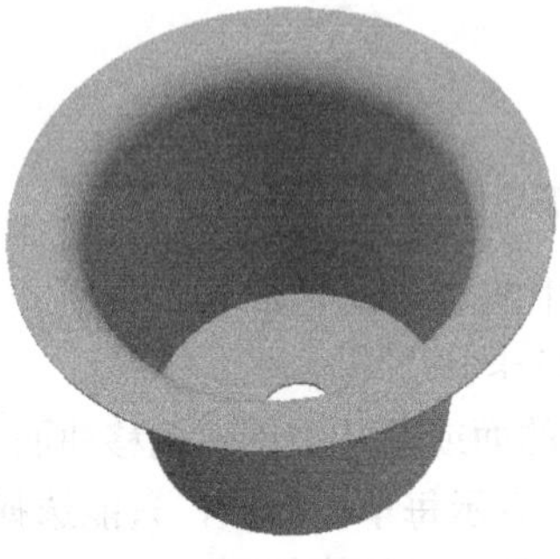

图 6-10 花盆

操作步骤

（1）新建文件。运行 Inventor，单击【快速入门】工具栏上的【新建】按钮，在打开的【新建文件】对话框中的【Templates】选项卡中的零件下拉列表中选择【Standard.ipt】选项，单击【创建】按钮，新建一个零件文件。

（2）创建草图。单击【三维模型】标签栏【草图】面板上的【创建二维草图】按钮，选择 *XZ* 平面为草图绘制平面，进入草图绘制环境。单击【草图】标签栏【绘图】面板上的【直线】按钮，绘制草图。单击【约束】面板上的【尺寸】按钮，标注尺寸如图 6-11 所示。单击【草图】标签上的【完成草图】按钮，退出草图环境。

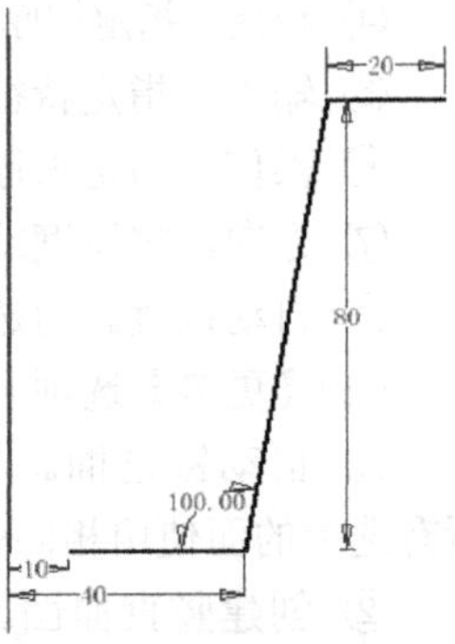

图 6-11 绘制草图

（3）创建旋转曲面。单击【三维模型】标签栏【创建】面板上的【旋转】按钮，打开【旋转】对话框，选择如图 6-11 所示的草图为旋转截面轮廓，选择竖直线段为旋转轴，如图 6-12 所示。单击【确定】按钮完成旋转，如图 6-13 所示。

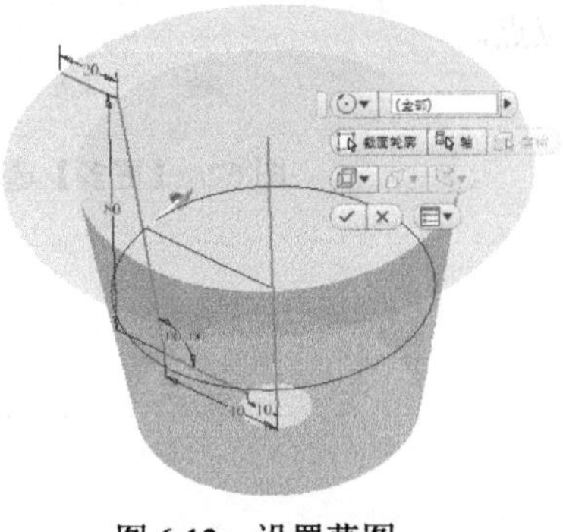

图 6-12 设置草图

图 6-13 创建旋转曲面

（4）创建圆角。单击【三维模型】标签栏【修改】面板上的【圆角】按钮，打开【圆角】对话框，选择【边圆角】类型，选择如图 6-14 所示的边线，输入半径为 10mm。单击【确定】按钮，结果如图 6-15 所示。

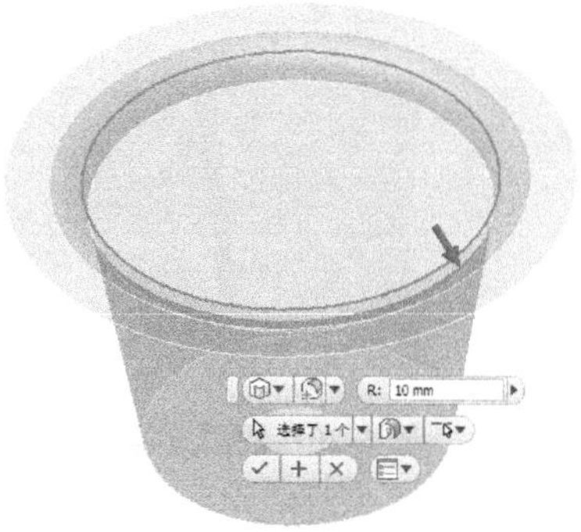

图 6-14　选择边线

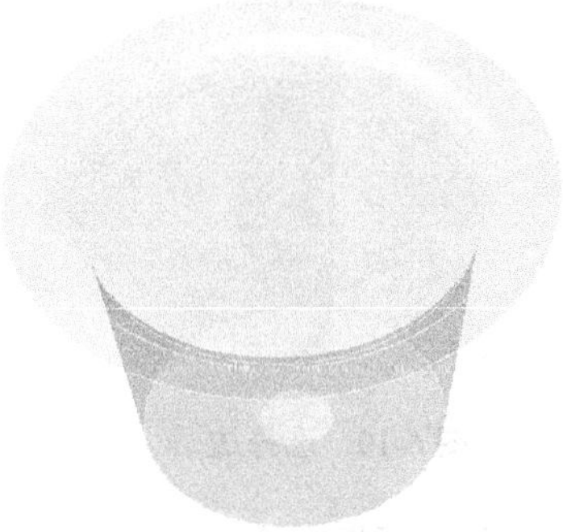
图 6-15　完成圆角

（5）加厚曲面。单击【三维模型】标签栏【曲面】面板上的【加厚】按钮，打开【加厚 / 偏移】对话框，选择图中所有曲面，输入距离为 1mm，如图 6-16 所示。单击【确定】按钮，结果如图 6-17 所示。

图 6-16　设置参数

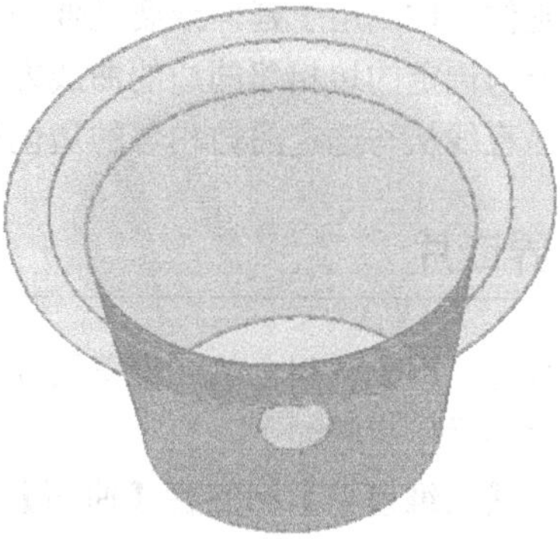
图 6-17　完成加厚曲面

（6）保存文件。单击【快速入门】工具栏上的【保存】按钮，打开【另存为】对话框，输入文件名为【花盆 .ipt】，单击【保存】按钮，保存文件。

6.2.3　延伸

延伸是通过指定距离或终止平面，使曲面在一个或多个方向上扩展。

延伸曲面的操作步骤如下。

（1）单击【三维模型】标签栏【曲面】面板中的【延伸】按钮，打开【延伸曲面】对话框，如图 6-18 所示。

（2）在视图中选择要延伸的个别曲面边，如图 6-19 所示。所有边均必须在单一曲面或缝合曲面上。

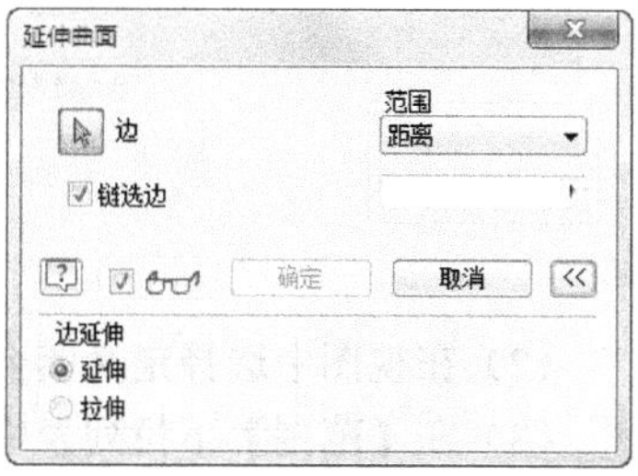

图 6-18 【延伸曲面】对话框

（3）在【范围】下拉列表中选择延伸的终止方式，并设置相关参数。

（4）在对话框中单击【确定】按钮，完成曲面延伸，结果如图 6-20 所示。

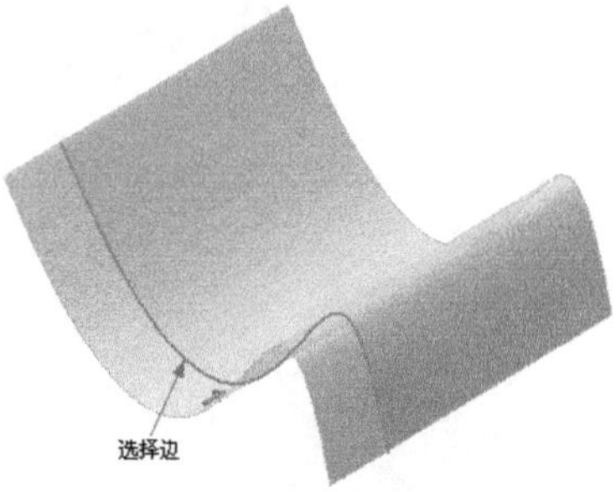

图 6-19　选择边

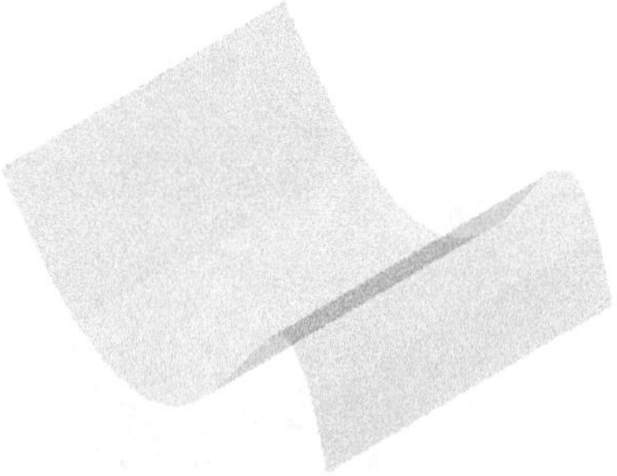

图 6-20　曲面延伸

【延伸曲面】对话框中的选项说明如下。

（1）边。选择并高亮显示单一曲面或缝合曲面的每个面边进行延伸。

（2）链选边。自动延伸所选边，以包含相切连续于所选边的所有边。

（3）范围。确定延伸的终止方式并设置其距离。

距离：将边延伸指定的距离。

到：选择在其上终止延伸的终止面或工作平面。

（4）边延伸。控制用于延伸或要延伸的曲面边相邻的边的方法。

延伸：沿与选定的边相邻的边的曲线方向创建延伸边。

拉伸：沿直线从与选定的边相邻的边创建延伸边。

6.2.4　边界嵌片

边界嵌片特征用于从闭合的二维草图或闭合的边界生成平面曲面或三维曲面。

边界嵌片的操作步骤如下。

（1）单击【三维模型】标签栏【曲面】面板中的【面片】按钮，打开【边界嵌片】对话框，如图 6-21 所示。

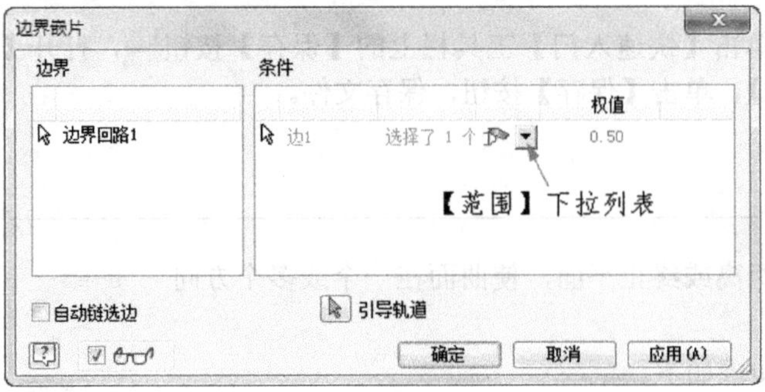

图 6-21　【边界嵌片】对话框

（2）在视图中选择定义闭合回路的相切、连续的链选边，如图 6-22 所示。

（3）在【范围】下拉列表中选择每条边或每组选定边的边界条件。

（4）在对话框中单击【确定】按钮，创建边界平面特征，结果如图 6-23 所示。

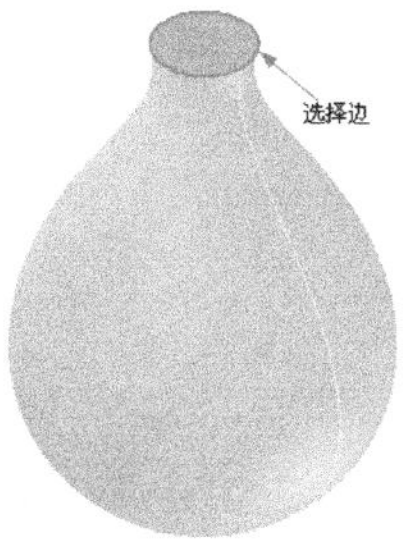

图 6-22　选择边

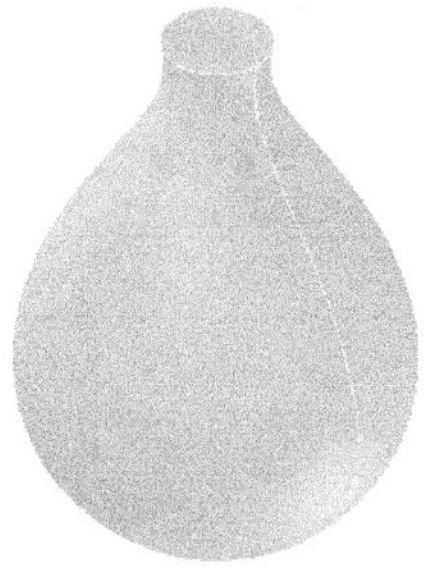

图 6-23　边界嵌片

【边界嵌片】对话框中的选项说明如下。

（1）边界。指定嵌片的边界。选择闭合的二维草图或相切连续的链选边，来指定闭合面域。

（2）条件。列出选定边的名称和选择集中的边数，还指定边条件应用到边界嵌片的每条边，条件包括无条件、相切条件和平滑（G2）条件，如图 6-24 所示。

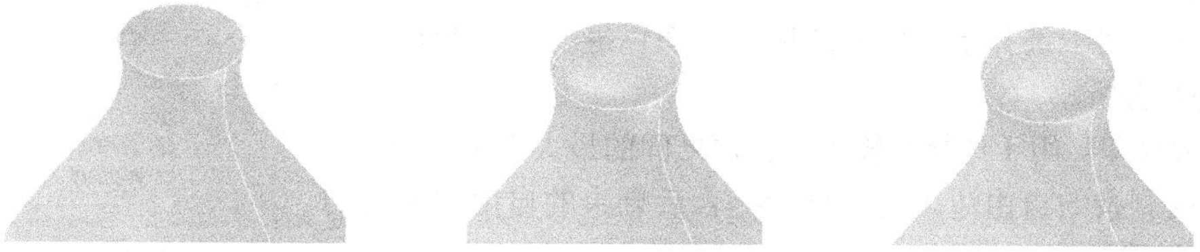

无条件　　相切条件　　平滑（G2）条件

图 6-24　条件

6.2.5　缝合

缝合用于选择参数化曲面以缝合在一起形成缝合曲面或实体。曲面的边必须相邻才能成功缝合。

缝合曲面的操作步骤如下。

（1）单击【三维模型】标签栏【曲面】面板中的【缝合】按钮，打开【缝合】对话框，如图 6-25 所示。

（2）在视图中选择一个或多个单独曲面，如图 6-26 所示。选中曲面后，将显示边条件，不具有公共边的边将变成红色，已成功缝合的边为黑色。

（3）输入公差。

（4）在对话框中单击【完毕】按钮，将曲面结合在一起形成缝合曲面或实体，结果如图 6-27 所示。

技巧　要缝合第一次未成功缝合的曲面，应在【最大公差】列表中选择或输入值来使用公差控制。查看要缝合在一起的剩余边，以及最小的关联【最大接缝】值。【最大接缝】值为使用【缝合】命令选择公差边时所考虑的最大间隙。将最小【最大接缝】值用作输入【最大公差】值时的参考值。例如，如果【最大接缝】为 0.003 62，则应在【最大公差】列表中输入 0.004，以实现成功缝合。

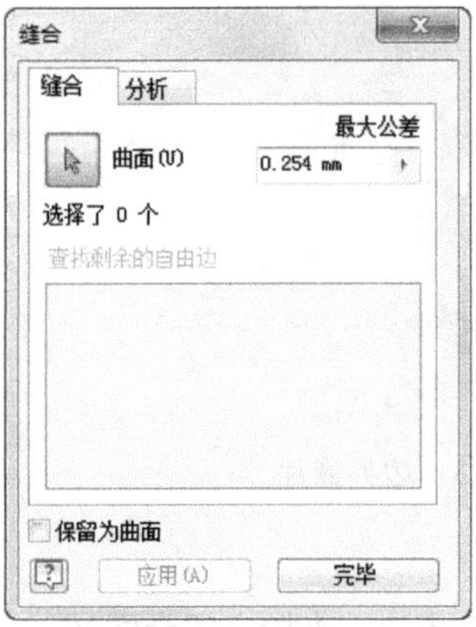

图 6-25 【缝合】对话框

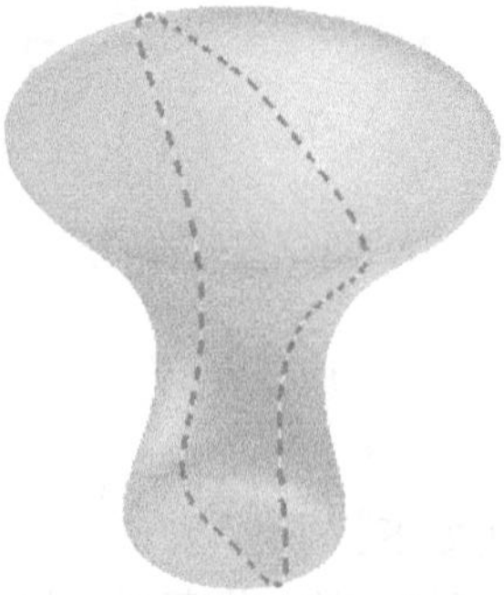

图 6-26 选择面

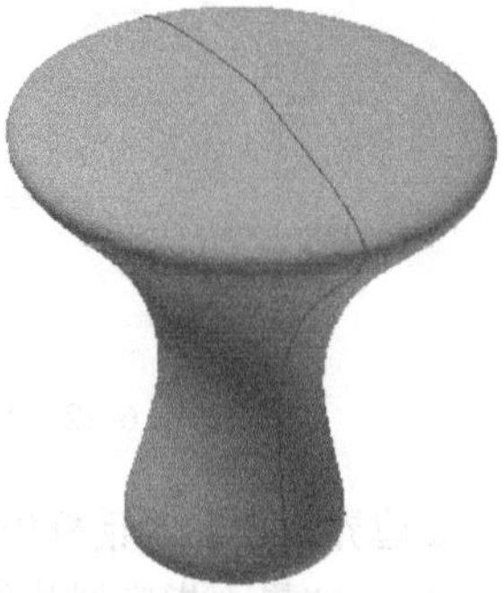

图 6-27 缝合

【缝合】对话框中的选项说明如下。

（1）【缝合】选项卡。

① 曲面。用于选择单个曲面或所有曲面以缝合在一起形成缝合曲面或进行分析。

② 最大公差。用于选择或输入自由边之间的最大许用公差值。

③ 查找剩余的自由边。用于显示缝合后剩余的自由边及它们之间的最大间隙。

④ 保留为曲面。如果不选中此选项，则具有有效闭合体积的缝合曲面将实体化。如果选中，则缝合曲面仍然为曲面。

（2）【分析】选项卡。【分析】选项卡如图 6-28 所示。

① 显示边条件。勾选该复选框，可以用颜色指示曲面边来显示分析结果。

② 显示接近相切。勾选该复选框，可以显示接近相切条件。

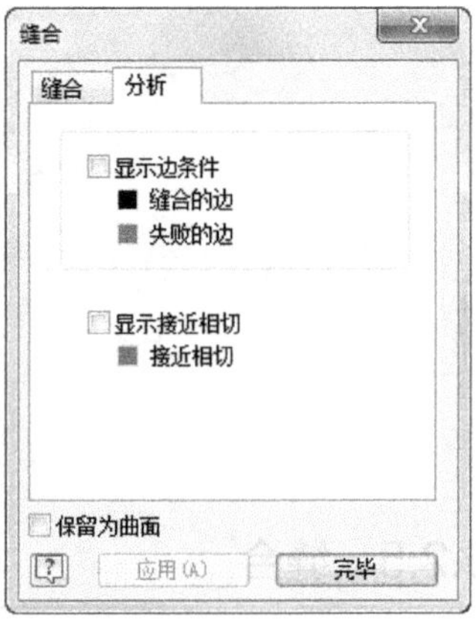

图 6-28 【分析】选项卡

6.2.6 修剪

修剪曲面删除用于通过切割命令定义的曲面区域。切割工具可以是形成闭合回路的曲面边、单个零件面、单个不相交的二维草图曲线或者工作平面。

修剪曲面的操作步骤如下。

（1）单击【三维模型】标签栏【曲面】面板中的【修剪】按钮，打开【修剪曲面】对话框，如图 6-29 所示。

（2）在视图中选择作为修剪工具的几何图元，如图 6-30 所示。

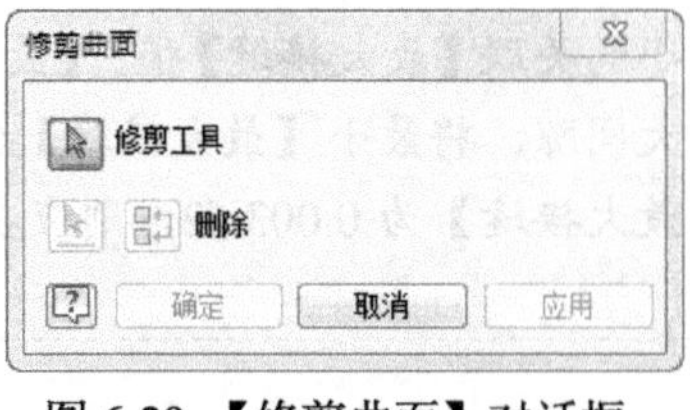

图 6-29 【修剪曲面】对话框

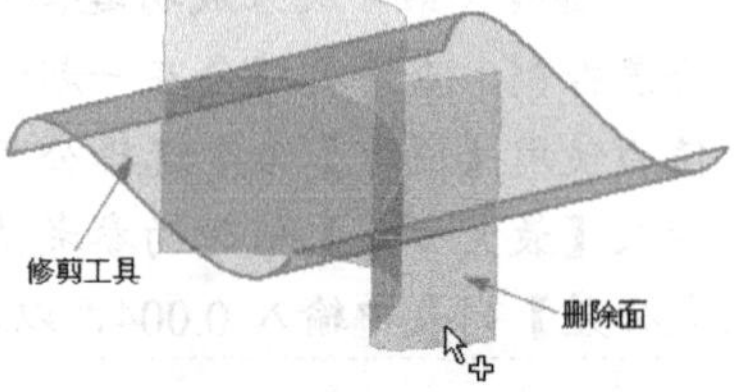

图 6-30 选择修剪工具和删除面

（3）选择要删除的区域，要删除的区域包含于切割工具相交的任何曲面。如果要删除的区域多于要保留的区域，则应选择要保留的区域，然后单击【反向选择】按钮，反转选择。

（4）在对话框中单击【确定】按钮，完成曲面修剪，结果如图 6-31 所示。

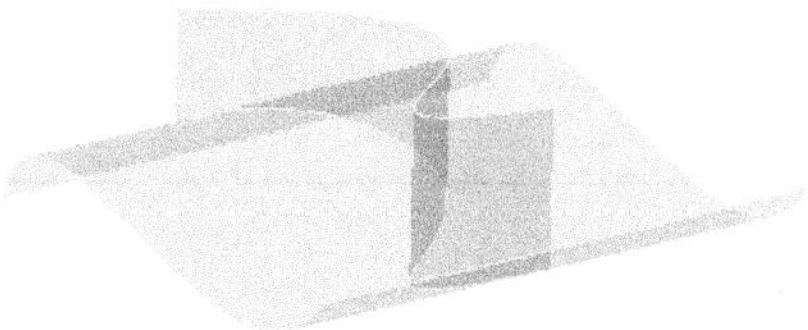

图 6-31　修剪曲面

【修剪曲面】对话框中的选项说明如下。

（1）修剪工具。选择用于修剪曲面的几何图元。

（2）删除。选择要删除的一个或多个区域。

（3）反向选择。取消当前选定的区域并选择先前取消的区域。

6.2.7　替换面

用不同的面替换一个或多个零件面，零件必须与新面完全相交。

替换面的操作步骤如下。

（1）单击【三维模型】标签栏【曲面】面板中的【替换面】按钮，打开【替换面】对话框，如图 6-32 所示。

（2）在视图中选择一个或多个要替换的零件面，如图 6-33 所示。

（3）单击【新建面】按钮，选择曲面、缝合曲面、一个或多个工作平面作为新建面。

（4）在对话框中单击【确定】按钮，完成替换面，结果如图 6-34 所示。

图 6-32　【替换面】对话框

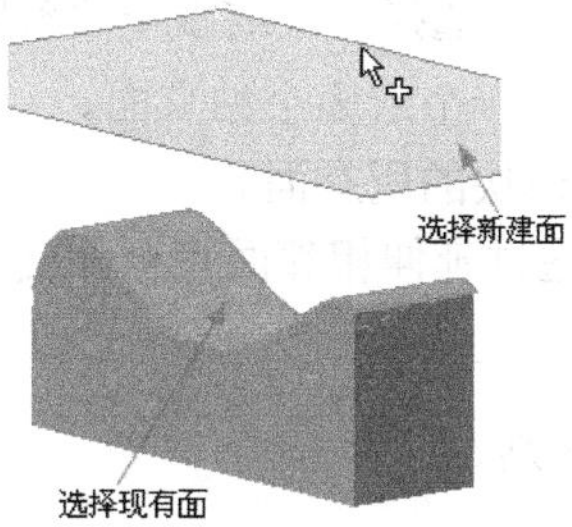

图 6-33　选择修剪工具和删除面

图 6-34　替换面

【替换面】对话框中的选项说明如下。

（1）现有面。选择要替换的单个面、相邻面的集合或不相邻面的集合。

（2）新建面。选择用于替换现有面的曲面、缝合曲面、一个或多个工作平面。零件将延伸以与新面相交。

（3）自动链选面。自动选择与选定面连续相切的所有面。

技巧

是否可以将工作平面用作替换面？

可以创建并选择一个或多个工作平面，以生成平面替换面。工作平面与选定曲面的行为相似，但范围不同。无论图形显示为何，工作平面范围均为无限大。

编辑替换面特征时，如果从选择的单个工作平面更改为选择的替代单个工作平面，则可保留从属特征。如果在选择的单个工作平面和多个工作平面（或替代多个工作平面）之间更改，则不会保留从属特征。

6.2.8 删除面

删除零件面、体块或中空体。

删除面的操作步骤如下。

（1）单击【三维模型】标签栏【修改】面板中的【删除面】按钮，打开【删除面】对话框，如图 6-35 所示。

（2）选择删除类型。

（3）在视图中选择一个或多个要删除的面，如图 6-36 所示。

（4）在对话框中单击【确定】按钮，完成删除面，如图 6-37 所示。

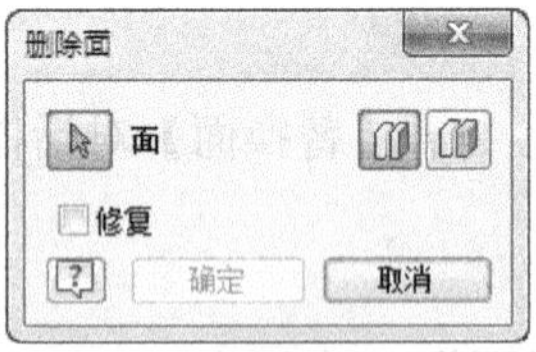

图 6-35 【删除面】对话框

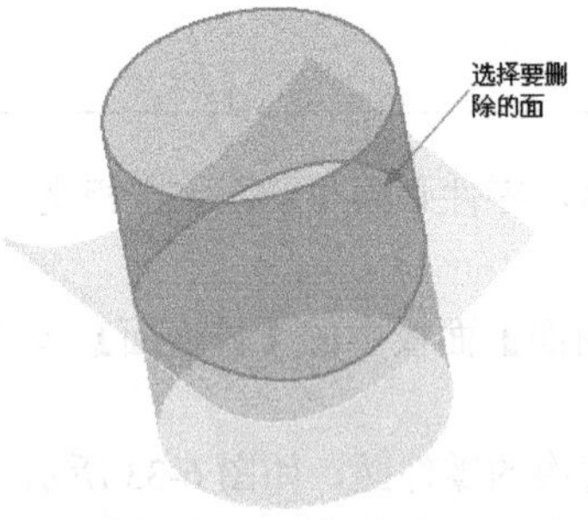

图 6-36 选择删除面

图 6-37 删除面

【删除面】对话框中的选项说明如下。

（1）面。根据单个面或体块的选择，选择一个或多个要删除的面。

（2）选择单个面。指定要删除的一个或多个独立面。

（3）选择体块。指定要删除的体块的所有面。

（4）修复。删除单个面后，尝试通过延伸相邻面直至相交来修复间隙。

技巧

删除面与删除命令的区别？

删除是按 Delete 键从零件中删除选定的几何图元，仅当立即使用【撤销】命令时才能对其进行检索。无法使用 Delete 键删除单个面。

利用删除面命令创建【删除面】特征，并在浏览器装配层次中放置一个图标。此操作自动将零件转换为曲面，并用曲面图标替换浏览器顶部的零件图标。与任何其他特征相同，可以使用【编辑特征】命令对其进行修改。

6.3 综合演练——金元宝

绘制如图 6-38 所示的金元宝。

图 6-38　金元宝

扫码看视频

操作步骤

（1）新建文件。运行 Inventor，单击【快速入门】工具栏上的【新建】按钮，在打开的【新建文件】对话框中的【Templates】选项卡中的零件下拉列表中选择【Standard.ipt】选项，单击【创建】按钮，新建一个零件文件。

（2）创建草图 1。单击【三维模型】标签栏【草图】面板上的【开始创建二维草图】按钮，选择 *XZ* 平面为草图绘制平面，进入草图绘制环境。单击【草图】标签栏【绘图】面板上的【圆】按钮，绘制草图。单击【约束】面板内的【尺寸】按钮，标注尺寸如图 6-39 所示。单击【草图】标签上的【完成草图】按钮，退出草图环境。

（3）创建工作平面 1。单击【三维模型】标签栏【定位特征】面板上的【从平面偏移】按钮，在浏览器的原始坐标系下选择 *XZ* 平面并拖动，输入距离为 80mm，如图 6-40 所示。

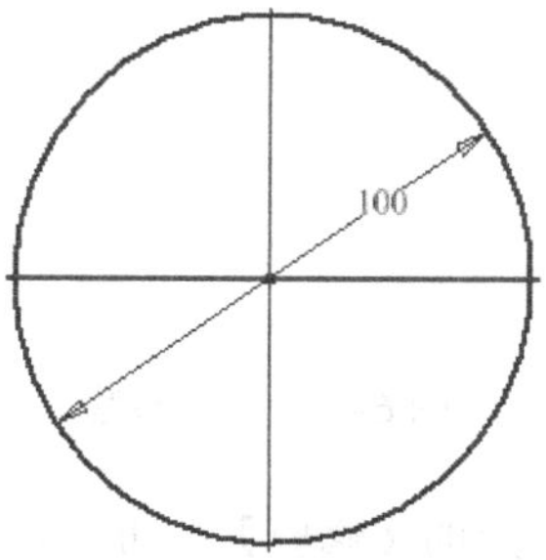

图 6-39　绘制草图 1

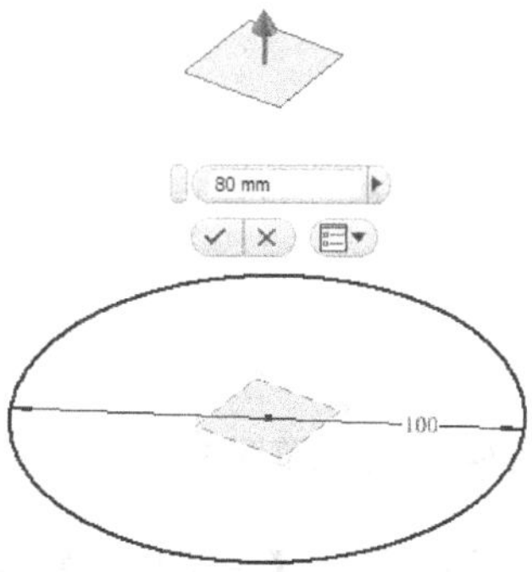

图 6-40　创建工作平面 1

（4）创建草图 2。单击【三维模型】标签栏【草图】面板上的【开始创建二维草图】按钮，选择第（3）步创建的工作平面 1 为草图绘制平面，进入草图绘制环境。单击【草图】标签栏【绘图】面板上的【椭圆】按钮，绘制草图。单击【约束】面板内的【尺寸】按钮，标注尺寸如图 6-41 所示。单击【草图】标签上的【完成草图】按钮，退出草图环境。

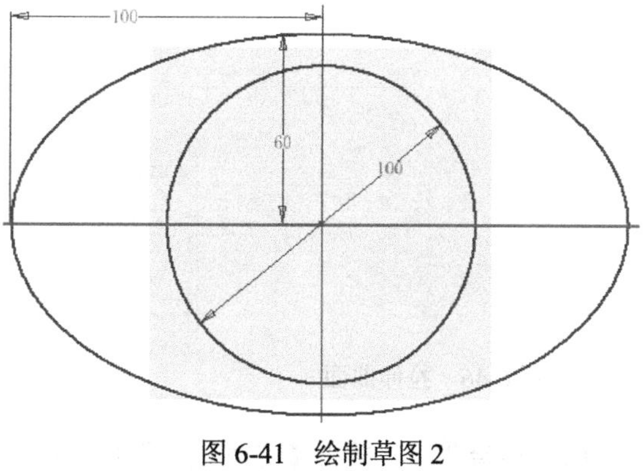

图 6-41　绘制草图 2

（5）放样曲面。单击【三维模型】标签栏【创建】面板上的【放样】按钮，打开【放样】

对话框，如图6-42所示，单击【曲线】输出类型，在截面栏中单击【单击以添加】选项，选择图6-39中的草图和图6-41中的草图为截面，单击【确定】按钮完成放样，如图6-43所示。

图6-42 【放样】对话框

图6-43 放样曲面

（6）创建草图3。单击【三维模型】标签栏【草图】面板上的【开始创建二维草图】按钮，选择*XY*平面为草图绘制平面，进入草图绘制环境。单击【草图】标签栏【绘图】面板上的【圆弧】按钮，绘制草图。单击【约束】面板内的【尺寸】按钮，标注尺寸如图6-44所示。单击【草图】标签上的【完成草图】按钮，退出草图环境。

（7）创建拉伸曲面。单击【三维模型】标签栏【创建】面板上的【拉伸】按钮，打开【拉伸】对话框，选择第（6）步绘制的草图为拉伸截面轮廓，将拉伸距离设置为200mm，单击【对称】按钮，如图6-45所示。单击【确定】按钮完成拉伸，隐藏工作平面如图6-46所示。

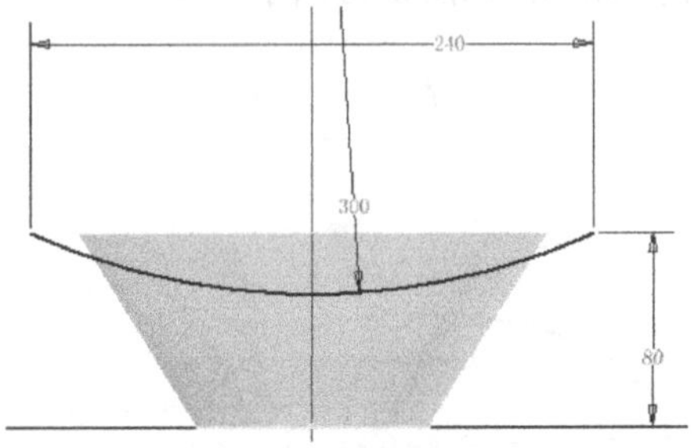

图6-44 绘制草图3

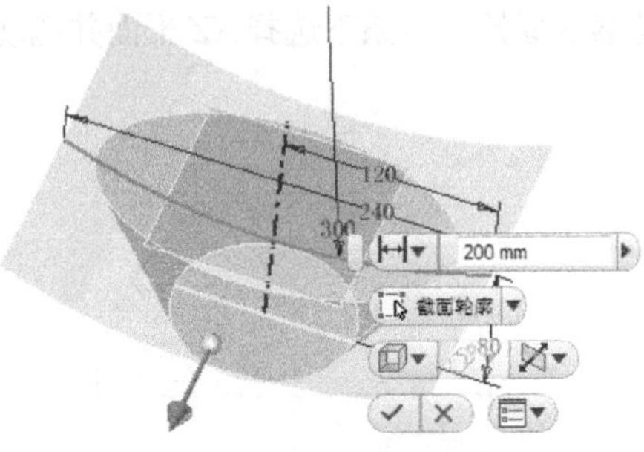

图6-45 设置参数

（8）修剪曲面1。单击【三维模型】标签栏【曲面】面板上的【修剪】按钮，打开【修剪曲面】对话框，选择如图6-47所示的拉伸面为修剪工具，选择放样曲面的上方为删除面，单击【确定】按钮。

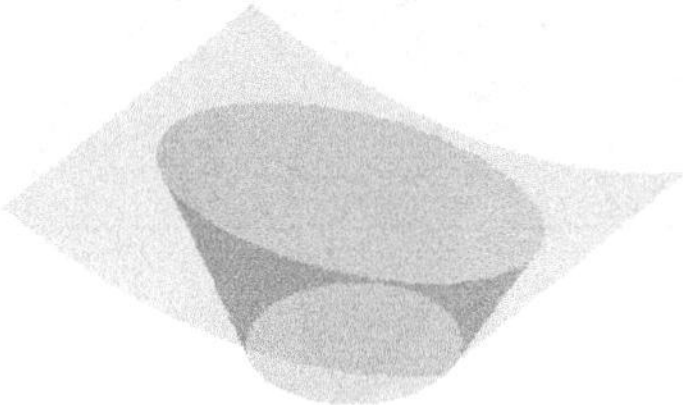

图6-46 拉伸曲面

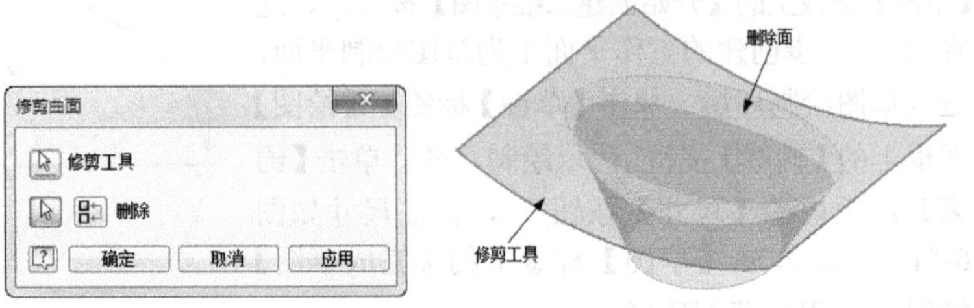

图6-47 设置参数

（9）删除曲面。单击【三维模型】标签栏【修改】面板上的【删除】按钮，打开【删除面】

对话框，如图 6-48 所示。选择拉伸曲面的外侧面为删除面，结果如图 6-49 所示。

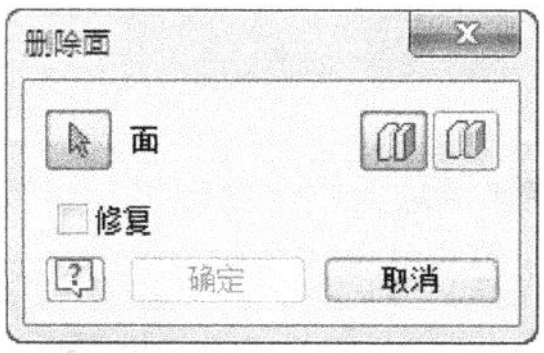

图 6-48　设置参数

（10）创建草图 4。单击【三维模型】标签栏【草图】面板上的【开始创建二维草图】按钮，选择 *XZ* 平面为草图绘制平面，进入草图绘制环境。单击【草图】标签栏【绘图】面板上的【圆弧】按钮，绘制草图。单击【约束】面板内的【尺寸】按钮，标注尺寸如图 6-50 所示。单击【草图】标签上的【完成草图】按钮，退出草图环境。

（11）创建旋转曲面。单击【三维模型】标签栏【创建】面板上的【旋转】按钮，打开【旋转】对话框，选择【曲面】输出类型，选择如图 6-50 所示的草图为截面轮廓，选择竖直线段为旋转轴，如图 6-51 所示。单击【确定】按钮完成旋转，如图 6-52 所示。

图 6-49　删除曲面

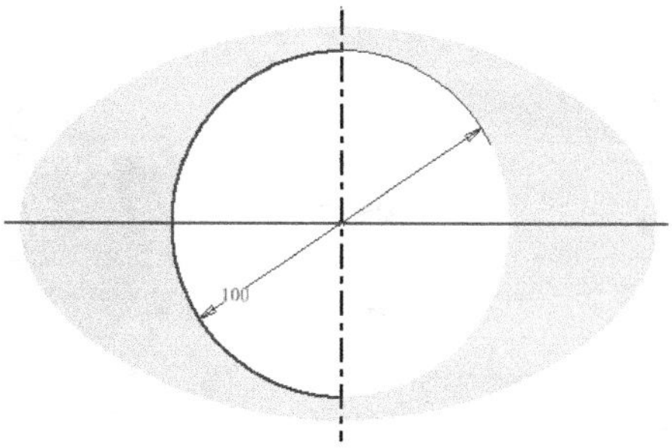

图 6-50　绘制草图 4

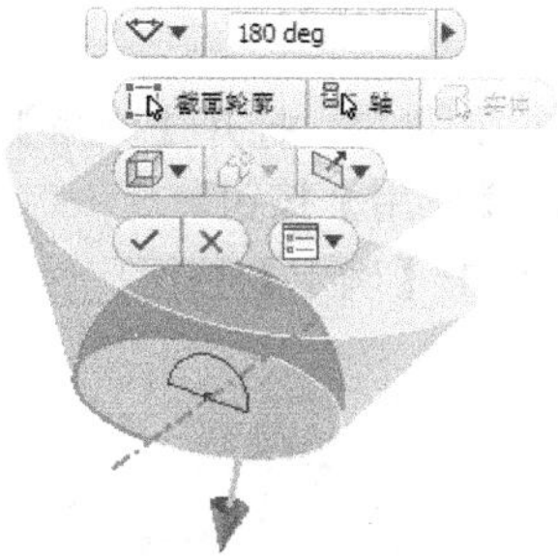

图 6-51　设置参数

图 6-52　创建旋转曲面

（12）缝合曲面。单击【三维模型】标签栏【曲面】面板上的【缝合】按钮，打开【缝合】对话框，选择图中所有曲面，采用默认设置，如图 6-53 所示，单击【应用】按钮，单击【完毕】按钮，退出对话框。

（13）加厚曲面 1。

① 单击【三维模型】标签栏【修改】面板上的【加厚】按钮，打开【加厚 / 偏移】对话框，

选择【面】单选项，选择如图 6-54 所示的曲面，输入距离为 10mm，单击【确定】按钮。

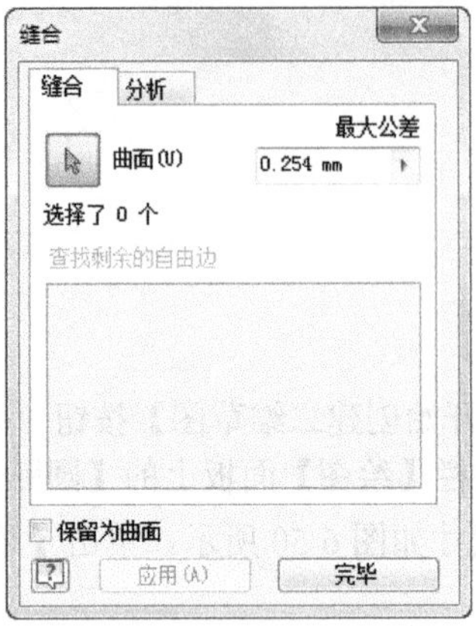

图 6-53 【缝合】对话框

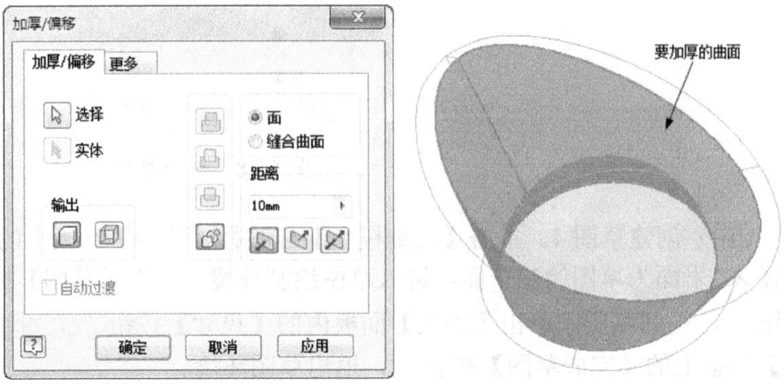

图 6-54 设置加厚参数

② 重复执行【加厚】命令，选择如图 6-55 所示的曲面，输入距离为 10mm，单击【方向 2】按钮，调整加厚方向，结果如图 6-56 所示。

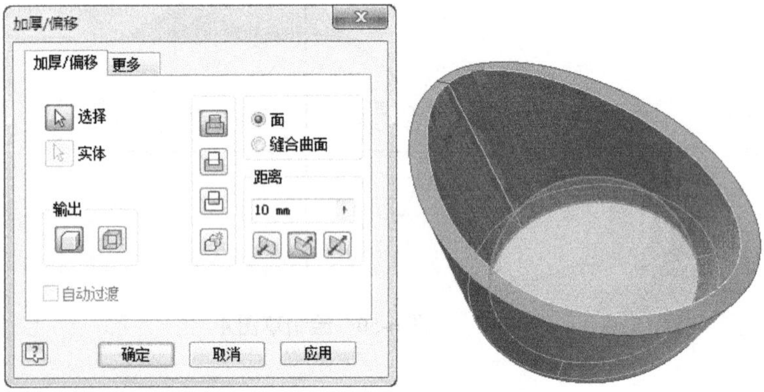

图 6-55 设置加厚参数

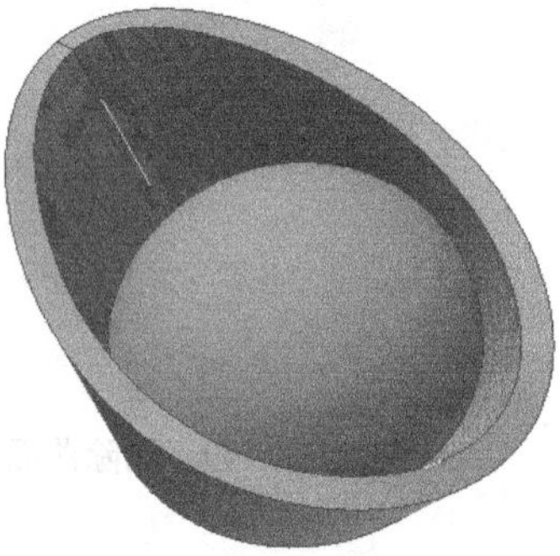

图 6-56 加厚曲面

（14）圆角处理。

① 单击【三维模型】标签栏【修改】面板上的【圆角】按钮，打开【圆角】对话框，在视图中选择如图 6-57 所示的边线，输入圆角半径为 5mm，单击【应用】按钮。

② 选择如图 6-58 所示的边线，输入圆角半径为 5mm，单击【确定】按钮。

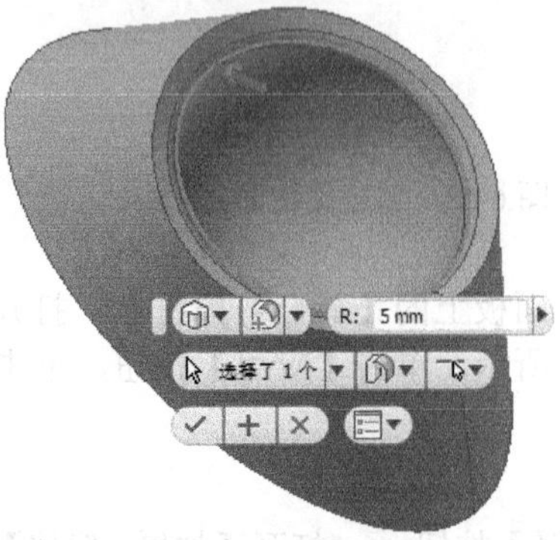

图 6-57 设置参数

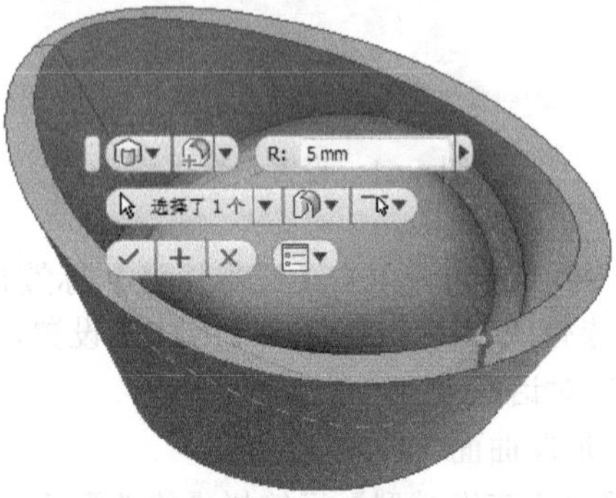

图 6-58 设置参数

（15）全圆角处理。单击【三维模型】标签栏【修改】面板上的【圆角】按钮，打开【圆角】对话框，单击【全圆角】按钮，在视图中选择如图 6-59 所示的侧面和中心面，单击【确定】按钮，结果如图 6-60 所示。

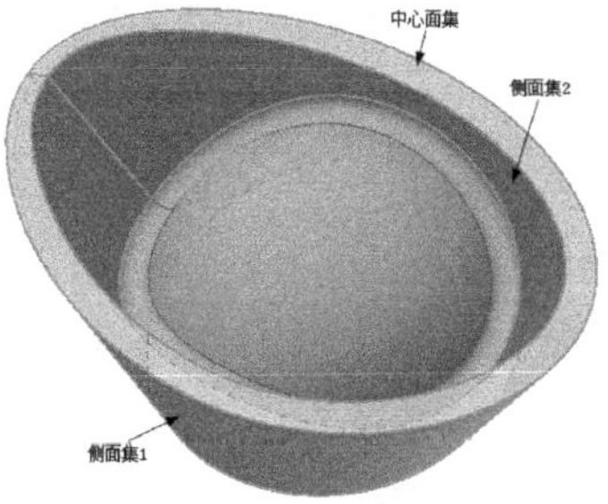

图 6-59 设置参数

图 6-60 全圆角处理

（16）添加材料。单击【工具】选项卡【材料和外观】面板中的【材料】按钮，弹出【材料浏览器】对话框，如图 6-61 所示。在 Inventor 材料库中选择金色金属，然后单击【将材质添加到文档中】按钮，材料添加到零件，如图 6-62 所示。关闭对话框。

（17）保存文件。单击【快速入门】工具栏上的【保存】按钮，打开【另存为】对话框，输入文件名为【金元宝 .ipt】，单击【保存】按钮，保存文件。

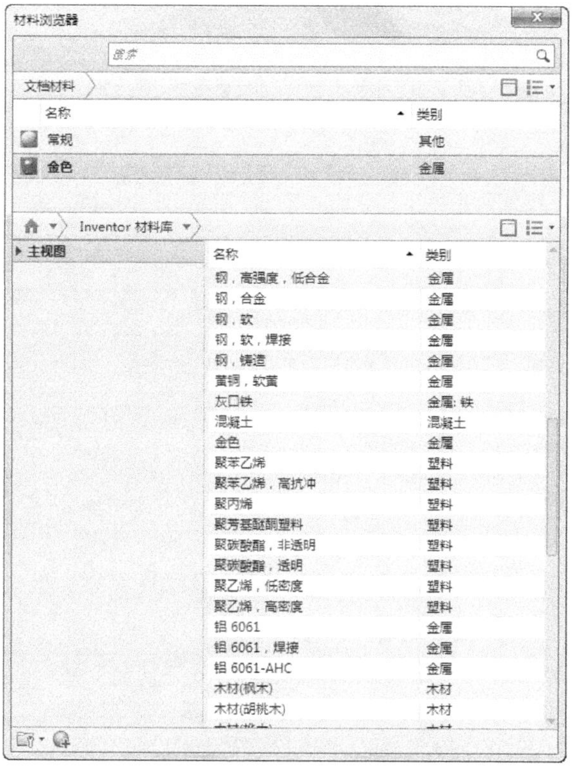

图 6-61 【材料浏览器】对话框

图 6-62 添加材料

第 7 章 钣金设计

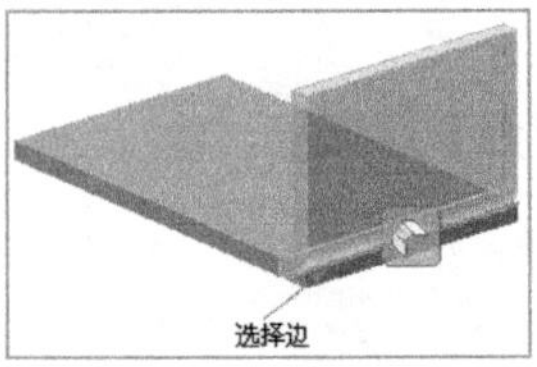

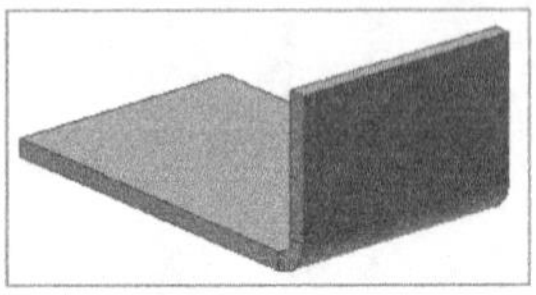

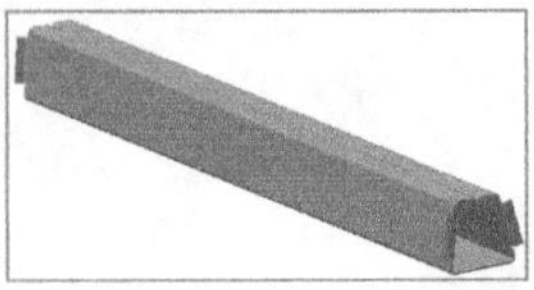

钣金零件通常用来作为零部件的外壳，在产品设计中的地位越来越大。本章主要介绍如何运用 Autodesk Inventor 2019 中的钣金特征创建钣金零件。

7.1　设置钣金环境

钣金零件的特点之一就是同一种零件都具有相同的厚度，它的加工方式和普通的零件不同，所以在三维【CAD】软件中，普遍将钣金零件和普通零件分开，并且提供不同的设计方法。在【Autodesk Inventor】中，将零件造型和钣金作为零件文件的子类型。用户可在任何时候通过选择单击【转换】菜单，然后选择子菜单中的【零件】选项或者【钣金】选项，将可在零件造型子类型和钣金子类型之间转换。零件子类型转换为钣金子类型后，零件被识别为钣金，并启用【钣金特征】面板和添加钣金参数。如果将钣金子类型改回零件子造型，钣金参数还将保留，但系统会将其识别为造型子类型。

7.1.1　进入钣金环境

创建钣金件的两种方法。

1. 启动新的钣金件

（1）单击【快速入门】标签栏【启动】面板中的【新建】按钮，打开【新建文件】对话框，在对话框中选择【SheetMetal.ipt】模板，如图 7-1 所示。

图 7-1 【新建文件】对话框

（2）单击【确定】按钮，进入钣金环境，如图 7-2 所示。

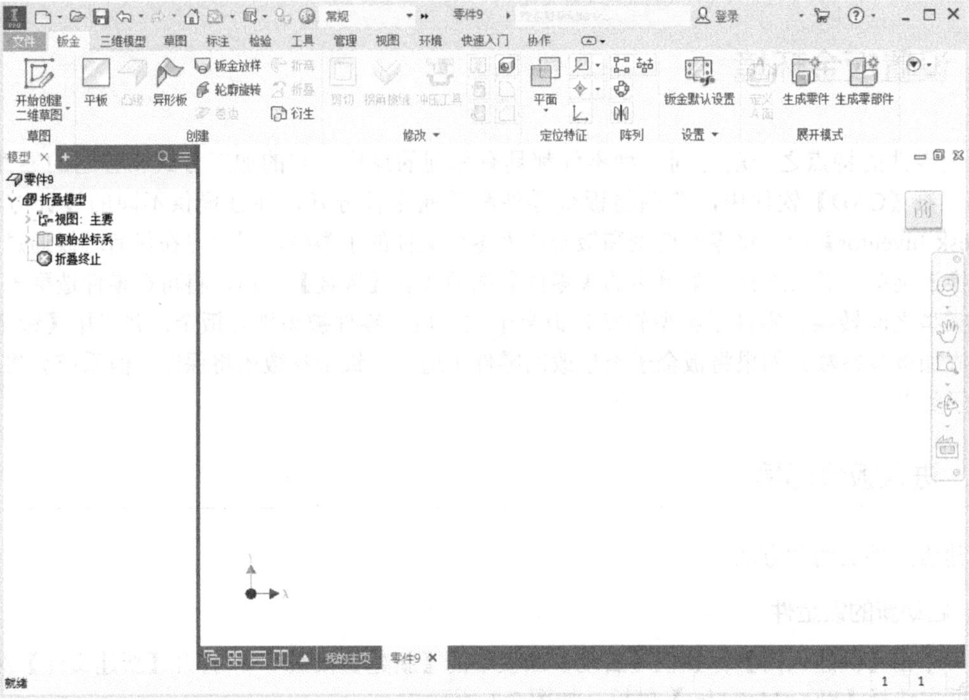

图 7-2　钣金环境

2. 将零件转换为钣金件

（1）打开要转换的零件。

（2）单击【三维模型】选项卡【转换】面板中的【转换为钣金件】按钮，选择基础平面。

（3）打开【钣金默认设置】对话框，设置钣金参数，单击【确定】按钮，进入钣金环境。

7.1.2　钣金默认设置

钣金零件具有描述其特性和制造方式的样式参数。在已命名的钣金规则中获取这些参数创建新的钣金零件时，将默认应用这些参数。

单击【钣金】标签栏【设置】面板中的【钣金默认设置】按钮，打开【钣金默认设置】对话框，如图 7-3 所示。

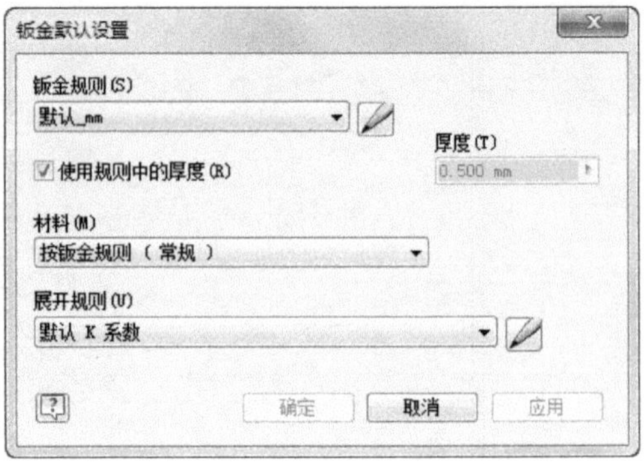

图 7-3　【钣金默认设置】对话框

【钣金默认设置】对话框选项说明如下。

（1）钣金规则。显示所有钣金规则的下拉列表。单击【编辑钣金规则】按钮，打开【样式和标准编辑器】对话框，对钣金规则进行修改。

（2）使用规则中的厚度。取消此复选框的勾选，在厚度文本框中输入厚度。

（3）材料。在下拉列表中选择钣金材料。如果所需的材料位于其他库中，可浏览该库，然后选择材料。

（4）展开规则。在下拉列表中选择钣金展开规则，单击【编辑展开规则】按钮，打开【样式和标准编辑器】对话框，编辑线性展开方式和折弯表驱动的折弯、K 系数值和折弯表公差选项。

7.2 创建钣金特征

钣金模块是 Autodesk Inventor 2019 众多模块中的一个，提供了基于参数、特征方式的钣金零件建模功能。

7.2.1 平板

通过为草图截面轮廓添加深度来创建拉伸钣金平板。平板通常是钣金零件的基础特征。

平板创建步骤如下。

（1）单击【钣金】标签栏【创建】面板中的【平板】按钮，打开【面】对话框，如图 7-4 所示。

（2）在视图中选择用于钣金平板的截面轮廓，如图 7-5 所示。

（3）在对话框中单击【偏移】按钮，更改平板厚度的方向。

（4）在对话框中单击【确定】按钮，完成平板的创建，结果如图 7-6 所示。

图 7-4 【面】对话框

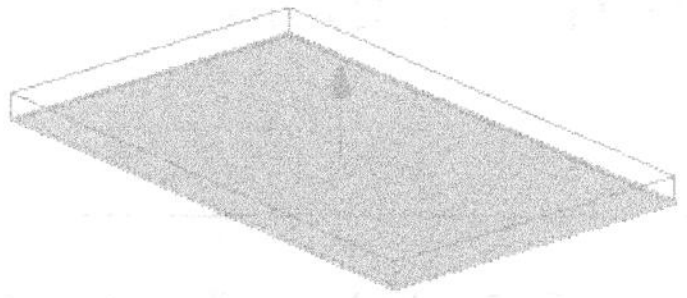

图 7-5 选择截面

图 7-6 平板

【面】对话框中的选项说明如下。

（1）【形状】选项卡。

①【形状】选项组。

截面轮廓：选择一个或多个截面轮廓，按钣金厚度进行拉伸。

偏移：选择偏移方向的类型可更改拉伸的方向。

②【折弯】选项组。

折弯半径：默认的折弯处过渡圆角的内角半径。包括测量、显示尺寸和列出参数选项。

边：选择要包含在折弯中的其他钣金平板边。

（2）【展开选项】选项卡。【展开选项】选项卡如图 7-7 所示。

展开规则：允许选择先前定义的任意展开规则。

（3）【折弯】选项卡。【折弯】选项卡如图 7-8 所示。

① 释压形状。

线性过渡：由方形拐角定义的折弯释压形状。

水滴形：由材料故障引起的可接受的折弯释压。

圆角：由使用半圆形终止的切割定义的折弯释压形状。

② 折弯过渡。

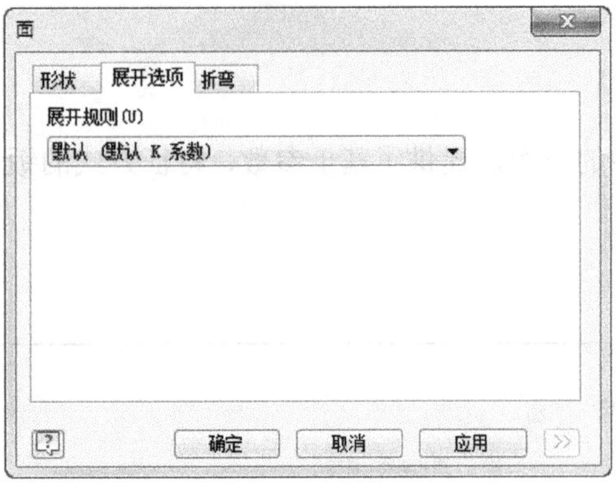

图 7-7 【展开选项】选项卡

图 7-8 【折弯】选项卡

无：根据几何图元，在选定折弯处相交的两个面的边之间会产生一条样条曲线。

相交：从与折弯特征的边相交的折弯区域的边上产生一条直线。

直线：从折弯区域的一条边到另一条边产生一条直线。

圆弧：根据输入的圆弧半径值，产生一条相应尺寸的圆弧，该圆弧与折弯特征的边相切且具有线性过渡。

修剪到折弯：折叠模型中显示此类过渡，将垂直于折弯特征对折弯区域进行切割。

③ 释压宽度。定义折弯释压的宽度。

④ 释压深度。定义折弯释压的深度。

⑤ 最小余量。定义了沿折弯释压切割允许保留的最小备料的可接受大小。

7.2.2 凸缘

凸缘特征包含一个平板以及沿直边连接至现有平板的折弯。通过选择一条或多条边并指定可确定添加材料位置和大小的一组选项来添加凸缘特征。

凸缘的创建步骤如下。

（1）单击【钣金】标签栏【创建】面板中的【凸缘】按钮，打开【凸缘】对话框，如图 7-9 所示。

（2）在钣金零件上选择一条边、多条边或回路来创建凸缘，如图 7-10 所示。

（3）在对话框中指定凸缘的角度，默认为 90°。

（4）使用默认的折弯半径或直接输入半径值。

（5）指定测量高度的基准，包括从两个外侧面的交线折弯、从两个内侧面的交线折弯、平行于凸缘终止面和对齐与正交。

（6）指定相对于选定边的折弯位置，包括基础面范围之内、从相邻面折弯、折弯面范围之外和与侧面相切的折弯。

（7）在对话框中单击【确定】按钮，完成凸缘的创建，如图 7-11 所示。

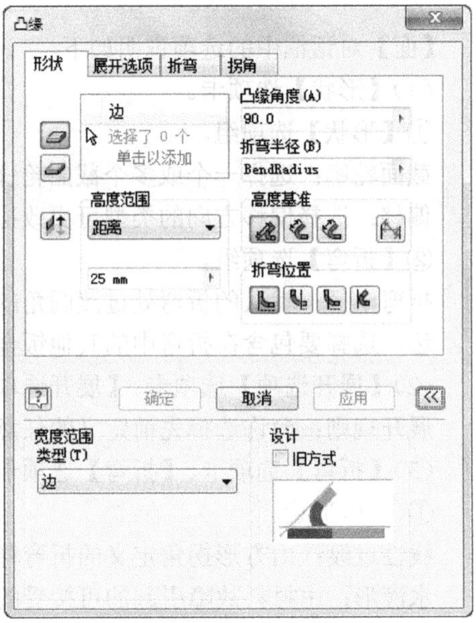

图 7-9 【凸缘】对话框

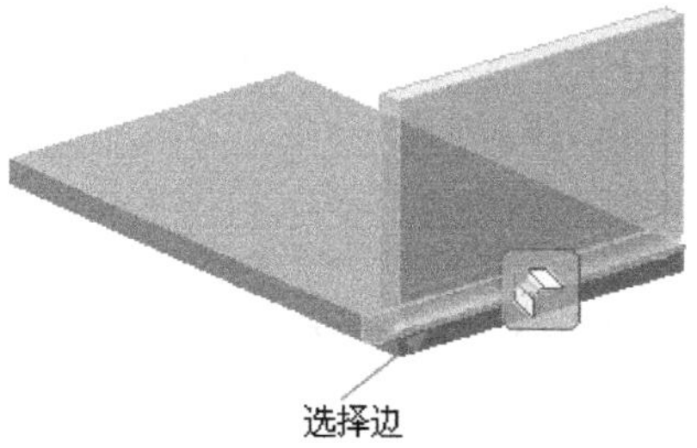

图 7-10　选择边

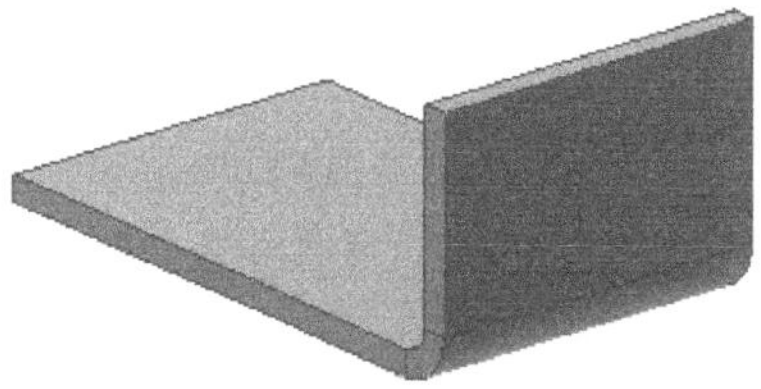

图 7-11　创建凸缘

【凸缘】对话框中的选项说明如下。

（1）边。选择用于凸缘的一条或多条边，或还可以选择由选定面周围的边回路定义的所有边。

边选择模式：选择应用于凸缘的一条或多条独立边。

回路选择模式：选择一个边回路，然后将凸缘应用于选定回路的所有边，并能自动处理拐角形状并设置拐角接缝间隙。

（2）凸缘角度。定义了相对于包含选定边的面的凸缘角度的数据字段。凸缘角度允许输入范围为 -180° ～ 180°，角度是以原有板的延长面与新的板之间的夹角。

（3）折弯半径。定义了凸缘和包含选定边的面之间的折弯半径的数据字段，折弯半径默认为钣金样式中设定的折弯半径值。

（4）高度范围。可以通过输入距离值来确定凸缘高度，也可以在图形窗口中动态拖曳凸缘高度。还可以选择【到】方式，通过选择其他特征上的一个点或工作点和【偏移量】来确定凸缘高度，单击按钮，使凸缘反向。

（5）高度基准。

从两个外侧面的交线折弯：从外侧面的交线测量凸缘高度，如图 7-12（a）所示。

从两个内侧面的交线折弯：从内侧面的交线测量凸缘高度，如图 7-12（b）所示。

平行于凸缘终止面：测量平行于凸缘面且折弯相切的凸缘高度，如图 7-12（c）所示。

对齐与平行：可以确定高度测量是与凸缘面对齐还是与基础面平行。

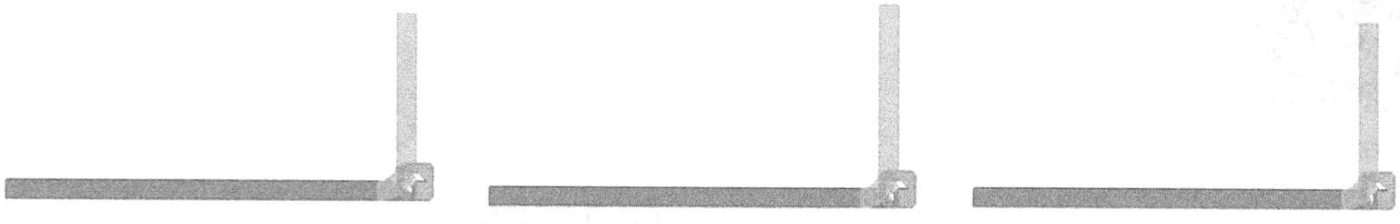

（a）从两个外侧面的交线折弯　（b）从两个内侧面的交线折弯　（c）平行于凸缘终止面

图 7-12　高度基准

（6）折弯位置。

折弯面范围之内：定位凸缘的外表面使其保持在选定边的面范围之内，如图 7-13（a）所示。

从相邻面折弯：将折弯定位在从选定面的边开始的位置，如图 7-13（b）所示。

折弯面范围之外：定位凸缘的内表面使其保持在选定边的面范围之外，如图 7-13（c）所示。

与侧面相切的折弯：将折弯定位在与选定边相切的位置，如图 7-13（d）所示。

（7）宽度范围 - 类型。

边：创建选定平板边的全长的凸缘。

（a）折弯面范围之内

（b）从相邻面折弯

（c）折弯面范围之外

（d）与侧面相切的折弯

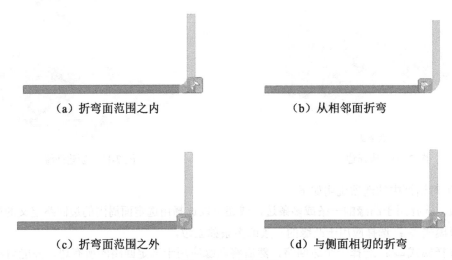

图 7-13　折弯位置

宽度：从现有面的边上的单个选定顶点、工作点、工作平面或平面的指定偏移量来创建指定宽度的凸缘。还可以指定凸缘为居中选定边中点的特定宽度。

偏移量：从现有面的边上的两个选定顶点、工作点、工作平面或平面的偏移量来创建凸缘。

从表面到表面：创建通过选择现有零件几何图元定义其宽度的凸缘，该几何图元定义了凸缘的自 / 至范围。

7.2.3　实例——提手

绘制如图 7-14 所示的提手。

扫码看视频

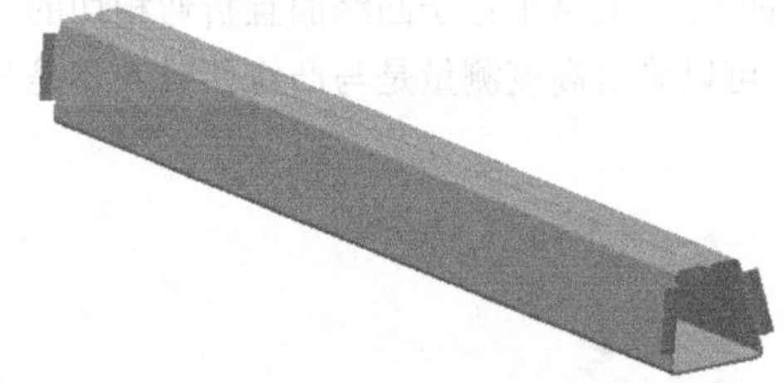

图 7-14　提手

操作步骤

（1）新建文件。运行 Inventor，单击【快速入门】工具栏上的【新建】按钮，在打开的【新建文件】对话框中的【Templates】选项卡中的零件下拉列表中选择【Sheet Metal.ipt】选项，单击【创建】按钮，新建一个零件文件。

（2）创建草图。单击【钣金】标签栏【草图】面板上的【创建二维草图】按钮，选择 *XZ* 平面为草图绘制平面，进入草图绘制环境。单击【草图】标签栏【绘图】面板上的【两点矩形】按钮，绘制草图。单击【约束】面板上的【尺寸】按钮，标注尺寸如图 7-15 所示。单击【草图】标签上的【完成草图】按钮，退出草图环境。

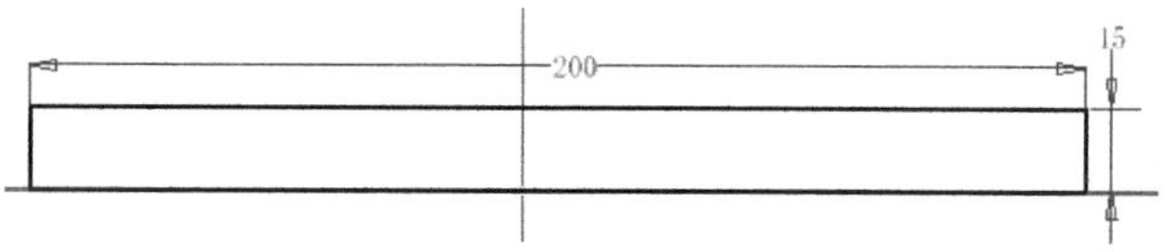

图 7-15　绘制草图

（3）创建平板。单击【钣金】标签栏【创建】面板上的【平板】按钮，打开【面】对话框，系统自动选择第（2）步绘制的草图为截面轮廓，如图 7-16 所示。单击【确定】按钮完成平板创建，如图 7-17 所示。

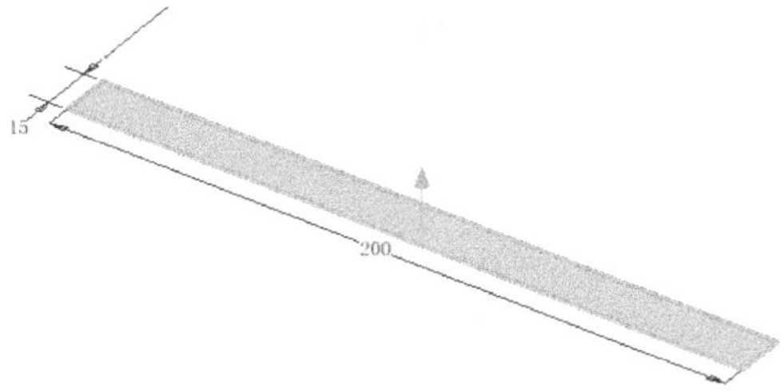

图 7-16　选择截面

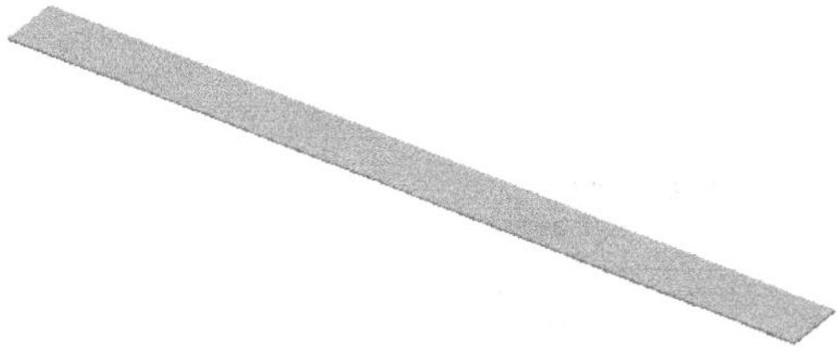

图 7-17　创建平板

（4）创建凸缘。单击【钣金】标签栏【创建】面板上的【凸缘】按钮，打开【凸缘】对话框，选择如图 7-18 所示的边，输入高度为 15mm，凸缘角度为 100，选择【从两个外侧面的交线折弯】选项和【折弯面范围之内】选项，单击【应用】按钮完成一侧凸缘的创建，在另一侧创建相同参数的凸缘，如图 7-19 所示。

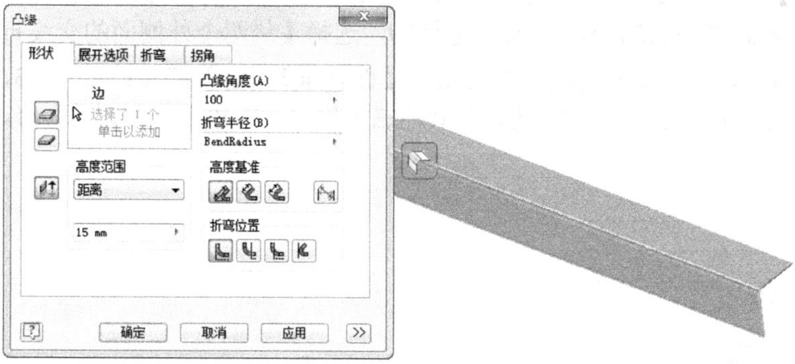

图 7-18　设置参数

图 7-19　创建凸缘

（5）创建凸缘。单击【钣金】标签栏【创建】面板上的【凸缘】按钮，打开【凸缘】对话框，选择如图 7-20 所示的边，输入高度为 4.8mm，凸缘角度为 80，选择【从两个外侧面的交线折弯】选项和【折弯面范围之内】选项，单击【应用】按钮完成一侧凸缘的创建，在另一侧创建相同参数的凸缘，如图 7-21 所示。

（6）创建凸缘。单击【钣金】标签栏【创建】面板上的【凸缘】按钮，打开【凸缘】对话框，选择如图 7-22 所示的边，输入高度为 2.5mm，凸缘角度为 90，选择【从两个外侧面的交线折弯】选项和【折弯面范围之内】选项，单击【应用】按钮完成一侧凸缘的创建，在另一侧创建相同参数的凸缘，如图 7-23 所示。

图 7-20 设置参数

图 7-21 创建凸缘

图 7-22 设置参数

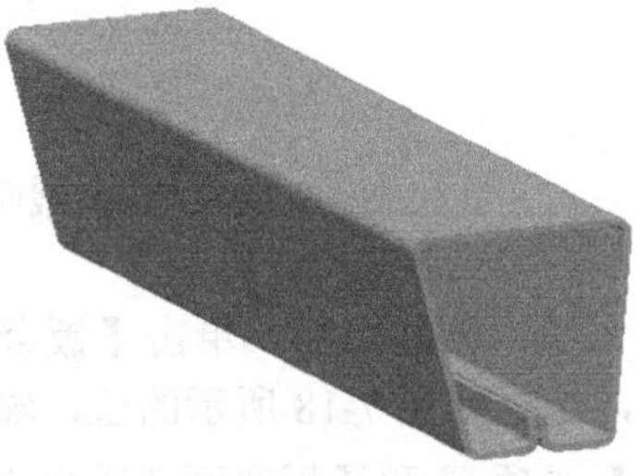

图 7-23 创建凸缘

（7）创建凸缘。单击【钣金】标签栏【创建】面板上的【凸缘】按钮，打开【凸缘】对话框，选择如图 7-24 所示的边，输入高度为 2.5mm，凸缘角度为 90，选择【从两个外侧面的交线折弯】选项和【从相邻面折弯】选项，设置宽度范围类型为【偏移量】，输入偏移量 1 为 2.3，偏移量 2 为 1.2，单击【应用】按钮完成一侧凸缘的创建，在其他三条边线上创建相同参数的凸缘，如图 7-14 所示。

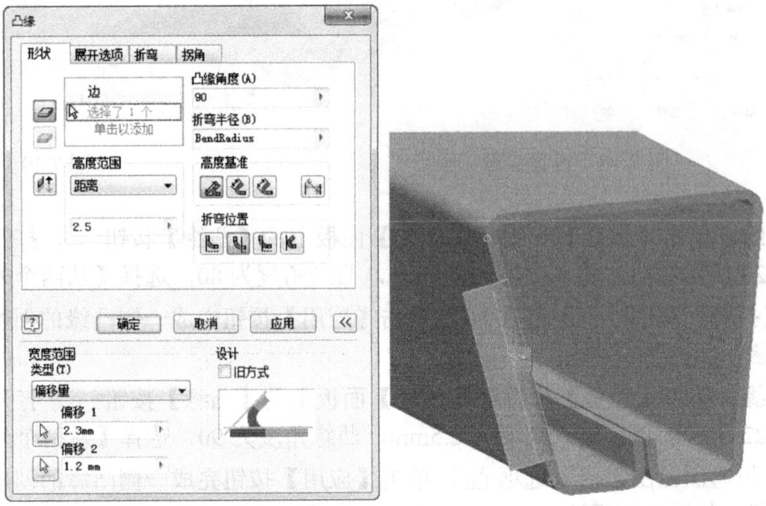

图 7-24 设置参数

（8）保存文件。单击【快速入门】工具栏上的【保存】按钮，打开【另存为】对话框，输入文件名为【提手.ipt】，单击【保存】按钮，保存文件。

7.2.4 卷边

沿钣金边创建折叠的卷边可以加强零件或删除尖锐边。

卷边的创建步骤如下。

（1）单击【钣金】标签栏【创建】面板中的【卷边】按钮，打开【卷边】对话框，如图7-25所示。

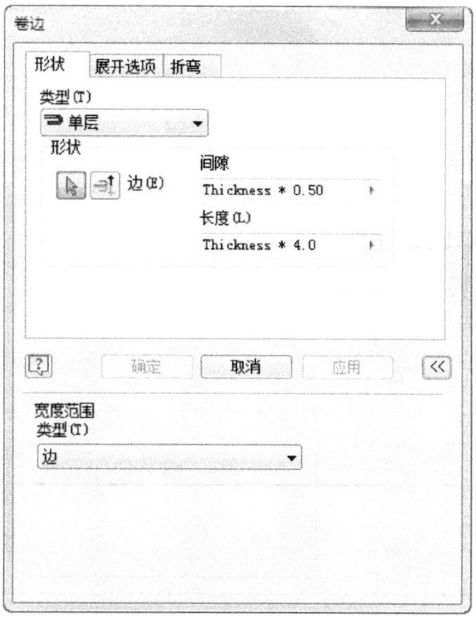

图7-25 【卷边】对话框

（2）在对话框中选择卷边类型。

（3）在视图中选择平板边，如图7-26所示。

（4）在对话框中根据所选类型设置参数，例如卷边的间隙、长度或半径等值。

（5）在对话框中单击【确定】按钮，完成卷边的创建，结果如图7-27所示。

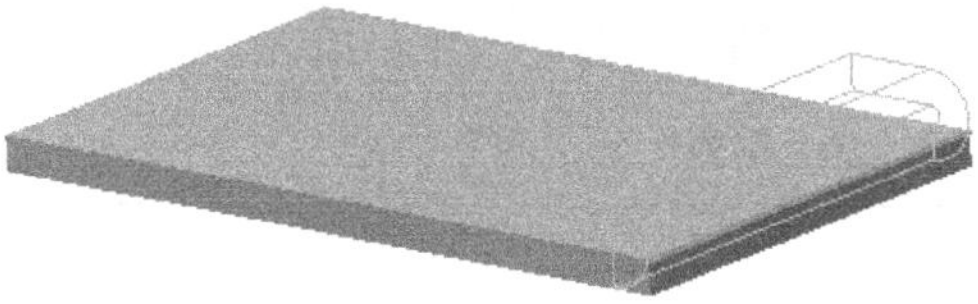

图7-26 选择边

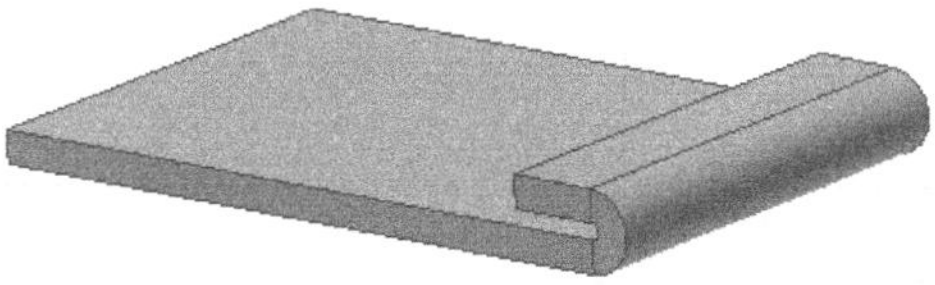

图7-27 创建卷边

【卷边】对话框中的选项说明如下。

① 类型。

单层：创建单层卷边，如图7-28（a）所示。

水滴形：创建水滴形卷边，如图7-28（b）所示。

滚边形：创建滚边形卷边，如图7-28（c）所示。

双层：创建双层卷边，如图 7-28（d）所示。

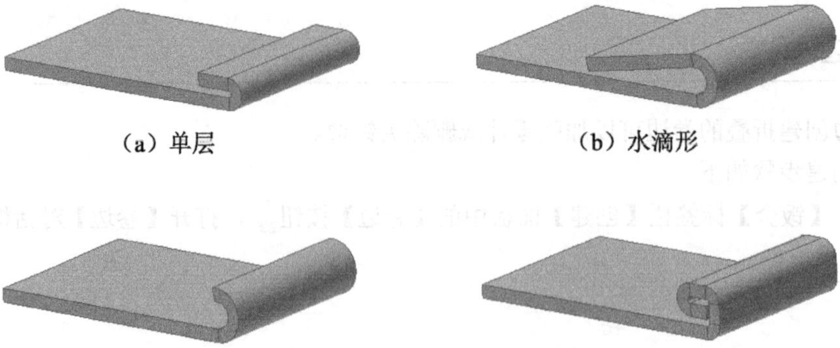

（a）单层　（b）水滴形　（c）滚边形　（d）双层

图 7-28　类型

② 形状。

选择边：用于选择钣金边以创建卷边。

反向：单击此按钮，反转卷边的方向。

间隙：指定卷边内表面之间的距离。

长度：指定卷边的长度。

7.2.5　实例——基座

绘制如图 7-29 所示的基座。

扫码看视频

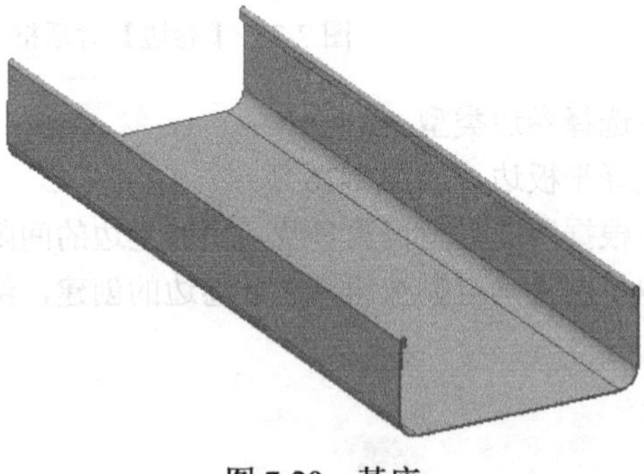

图 7-29　基座

操作步骤

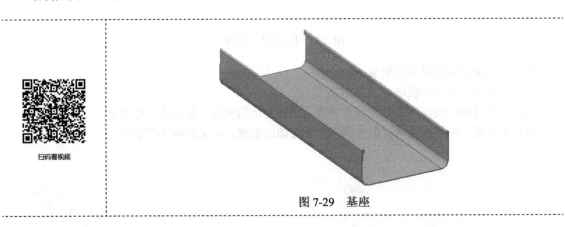

（1）新建文件。运行 Inventor，单击【快速入门】工具栏上的【新建】按钮，在打开的【新建文件】对话框中的【Templates】选项卡中的零件下拉列表中选择【Sheet Metal.ipt】选项，单击【创建】按钮，新建一个零件文件。

（2）创建草图。单击【钣金】标签栏【草图】面板上的【创建二维草图】按钮，选择 *XZ* 平面为草图绘制平面，进入草图绘制环境。单击【草图】标签栏【绘图】面板上的【两点矩形】按钮，绘制草图。单击【约束】面板上的【尺寸】按钮，标注尺寸如图 7-30 所示。单击【草图】标签上的【完成草图】按钮，退出草图环境。

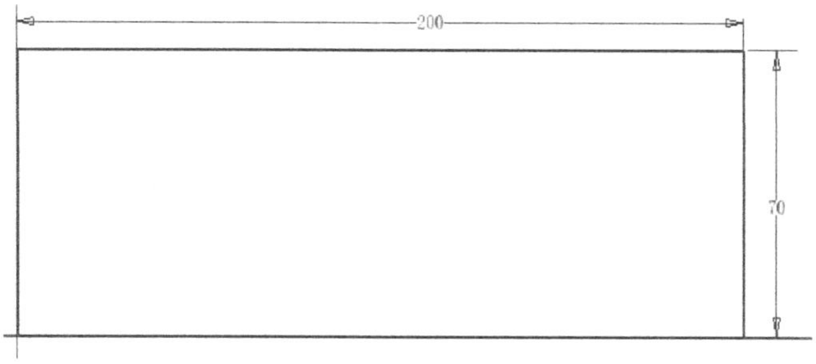

图 7-30　绘制草图

（3）创建平板。单击【钣金】标签栏【创建】面板上的【平板】按钮，打开【面】对话框，系统自动选择第（2）步绘制的草图为截面轮廓，如图 7-31 所示。单击【确定】按钮完成平板创建，如图 7-32 所示。

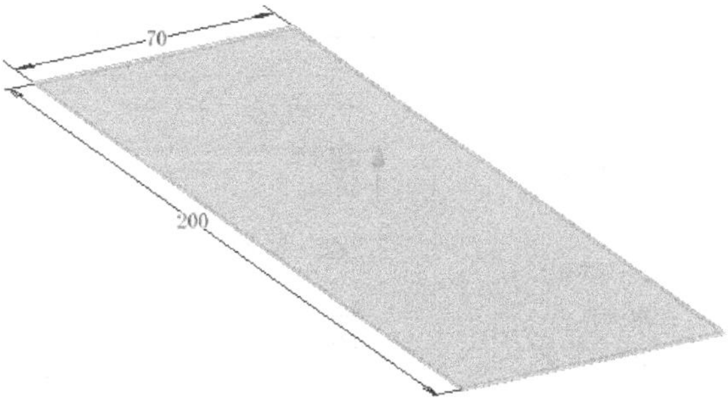

图 7-31　选择截面

图 7-32　创建平板

（4）创建凸缘。单击【钣金】标签栏【创建】面板上的【凸缘】按钮，打开【凸缘】对话框，选择如图 7-33 所示的边，输入高度为 28mm，凸缘角度为 90，折弯半径为 5，选择【从两个外侧面的交线折弯】选项和【折弯面范围之内】选项，单击【应用】按钮完成一侧凸缘的创建，在另一侧创建相同参数的凸缘，如图 7-34 所示。

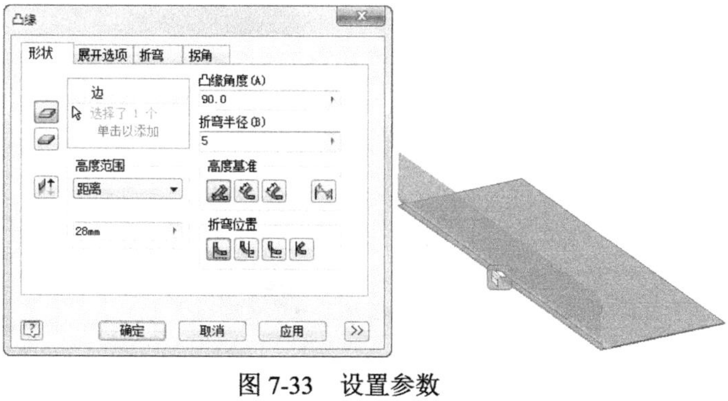

图 7-33　设置参数

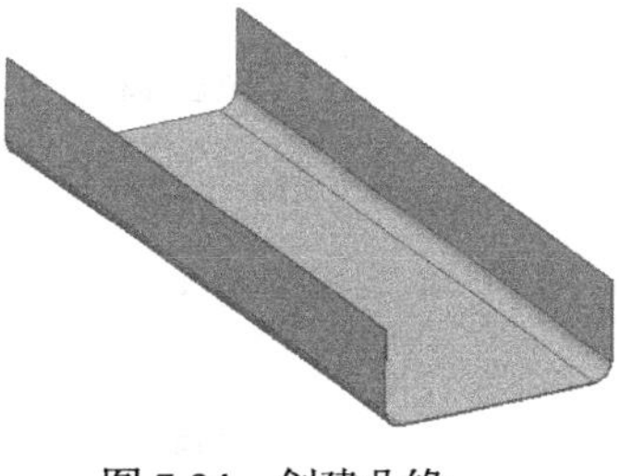

图 7-34　创建凸缘

（5）创建凸缘。单击【钣金】标签栏【创建】面板上的【卷边】按钮，打开【卷边】对话框，选择如图 7-35 所示的边，选择【单层】类型，输入间隙为 1，长度为 3，单击【应用】按钮完成一侧卷边的创建，在另一侧创建相同参数的卷边，如图 7-36 所示。

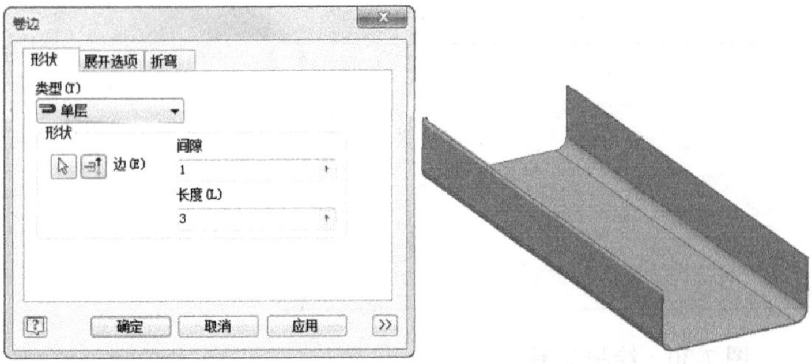

图 7-35　设置参数

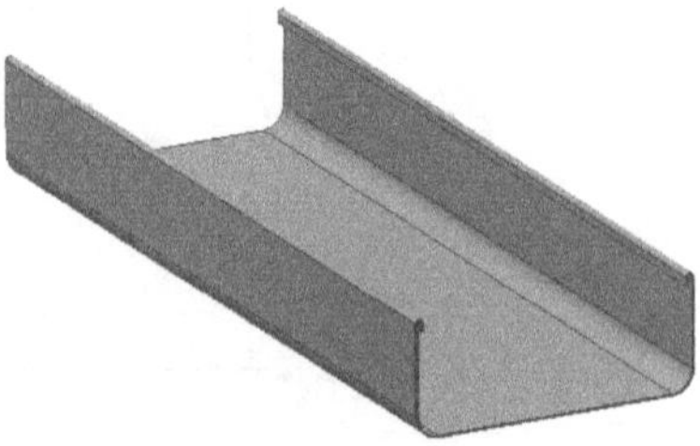

图 7-36　创建卷边

（6）保存文件。单击【快速入门】工具栏上的【保存】按钮，打开【另存为】对话框，输入文件名为【基座 .ipt】，单击【保存】按钮，保存文件。

7.2.6　轮廓旋转

轮廓旋转是通过旋转由线、圆弧、样条曲线和椭圆弧组成的轮廓创建。轮廓旋转特征可以是基础特征也可以是钣金零件模型中的后续特征。

轮廓旋转的操作步骤如下。

（1）单击【钣金】标签栏【创建】面板中的【轮廓旋转】按钮，打开【轮廓旋转】对话框，如图 7-37 所示。

（2）在视图中选择截面轮廓和旋转轴，如图 7-38 所示。

（3）在对话框中设置参数，单击【确定】按钮，完成轮廓旋转的创建，如图 7-39 所示。

图 7-37　【轮廓旋转】对话框

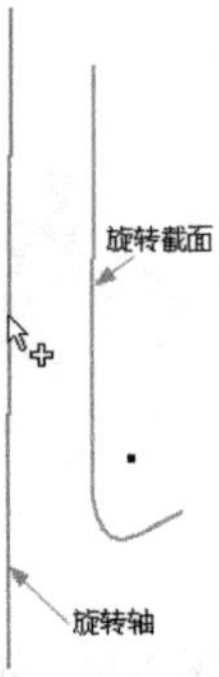

图 7-38　选择截面轮廓和旋转轴

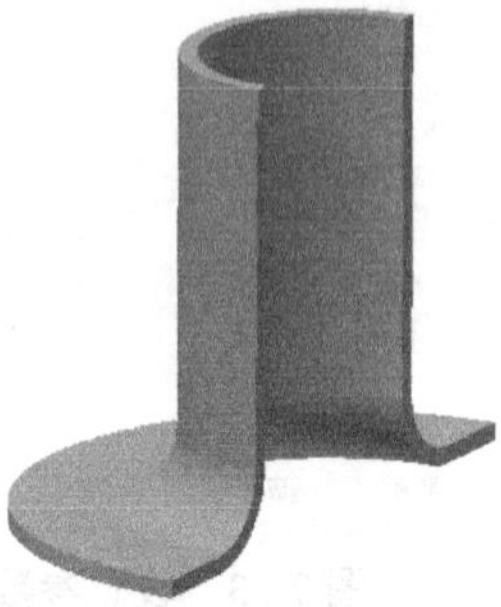

图 7-39　轮廓旋转

7.2.7　钣金放样

钣金放样特征允许使用两个截面轮廓草图定义形状。草图几何图元可以表示钣金材料的内侧面或外侧面，还可以表示材料中间平面。

钣金放样的创建步骤如下。

（1）单击【钣金】标签栏【创建】面板中的【钣金放样】按钮，打开【钣金放样】对话框，如图 7-40 所示。

（2）在视图中选择已经创建好的截面轮廓 1 和截面轮廓 2，如图 7-41 所示。

（3）在对话框中设置轮廓方向、折弯半径和输出形式。

（4）在对话框中单击【确定】按钮，创建钣金放样，如图 7-42 所示。

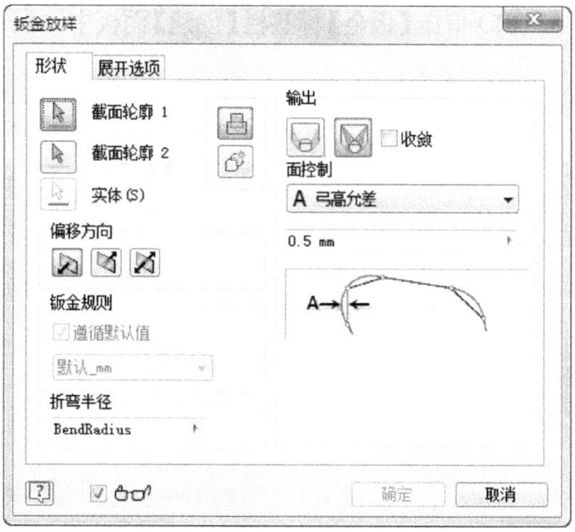

图 7-40　【钣金放样】对话框

【钣金放样】对话框中的选项说明如下。

① 形状。

截面轮廓 1：选择第一个用于定义钣金放样的截面轮廓草图。

截面轮廓 2：选择第二个用于定义钣金放样的截面轮廓草图。

反转到对侧 / ：单击此按钮，将材料厚度偏移到选定截面轮廓的对侧。

对称：单击此按钮，将材料厚度等量偏移到选定截面轮廓的两侧。

② 输出。

冲压成型：单击此按钮，生成平滑的钣金放样。

折弯成型：单击此按钮，生成镶嵌的折弯钣金放样，生成的钣金件如图 7-43 所示。

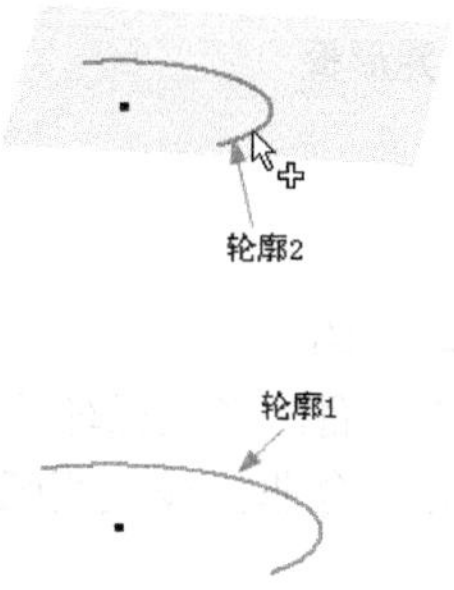

图 7-41　选择截面

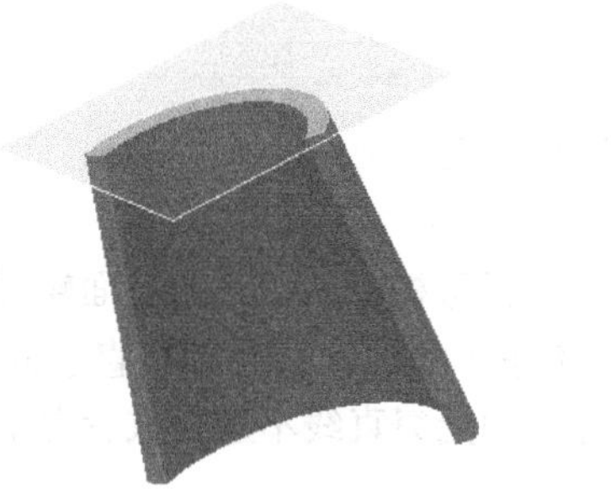
图 7-42　钣金放样

图 7-43　【折弯成型】放样

面控制：从下拉选项中选择方法来控制所得面的大小，包括 A 弓高允差、B 相邻面角度和 C 面宽度三种方法。

7.2.8　异形板

通过使用截面轮廓草图和现有平板上的直边来定义异形板。截面轮廓草图由线、圆弧、样条曲线和椭圆弧组成。截面轮廓中的连续几何图元会在轮廓中产生符合钣金样式的折弯半径值的折弯。可以通过使用特定距离、由现有特征定义的自/至位置和从选定边的任一端或两端偏移。

异形板的创建步骤如下。

（1）单击【钣金】标签栏【创建】面板中的【异形板】按钮，打开【异形板】对话框，如图7-44所示。

图7-44 【异形板】对话框

（2）在视图中选择已经绘制好的截面轮廓，如图7-45所示。

（3）在视图中选择边或回路，如图7-45所示。

（4）在对话框中设置参数，并单击【确定】按钮，完成异形板的创建，如图7-46所示。

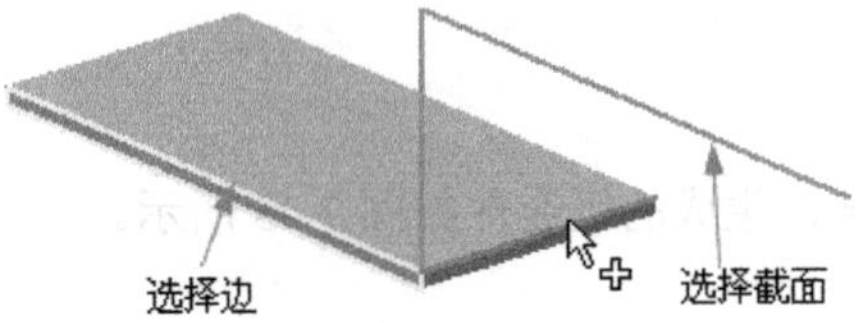

图7-45 选择边和回路

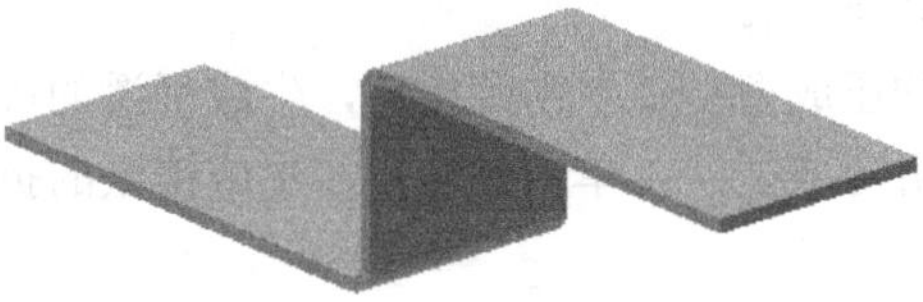

图7-46 异形板

【异形板】对话框中的选项说明如下。

（1）形状。

截面轮廓：选择一个包括定义了异形板形状的开放截面轮廓的未使用的草图。

边选择模式：选择一条或多条独立边。边必须垂直于截面轮廓草图平面。当截面轮廓草图的起点或终点与选定的第一条边定义的无穷直线不重合或者选定的截面轮廓包含非直线或圆弧段的几何图元时不能选择多边。

回路选择模式：选择一个边回路，然后将凸缘应用于选定回路的所有边。截面轮廓草图必须和回路的任一边重合。

（2）折弯半径。确定折弯参与平板的边之间的延伸材料。在折弯边不等长的情况下，可以选择【与侧面对齐的延伸折弯】和【与侧面垂直的延伸折弯】两种方式。

与侧面对齐的延伸折弯方式：沿由折弯连接的侧边上的平板延伸材料，而不是垂直于折弯轴。在平板的侧边不垂直的时候有用。

与侧面垂直的延伸折弯方式：与侧面垂直地延伸材料。

（3）宽度范围。可有各种终止方式来确定异形板的宽度，包括边、宽度、偏移量、从表面到表面、距离。

边：以之前选定的现有特征上的边的长度作为宽度。

宽度：以之前选定边的中点为基准，【居中】方式确定【宽度】；或者以现有特征上的顶点、平面、工作点或工作面为【偏移】基准确定宽度。

偏移量：选定两个现有特征上的顶点、平面、工作点或工作面为【偏移】基准，并输入两个相对【偏移量】距离。

从表面到表面：以两个现有特征的顶点、平面、工作点或工作面来确定距离。

距离：从平面按指定方向和【距离】来确定异形板的【宽度】。

技巧　可以通过使用哪些条件创建异形板？

可以通过特定距离、由现有特征定义的自 / 至位置和从选定边的任一端或两端偏移来创建异形板。

7.2.9　实例——消毒柜顶后板

绘制如图 7-47 所示的消毒柜顶后板。

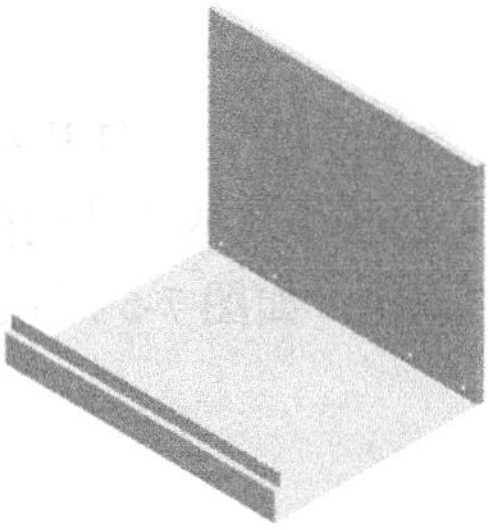

图 7-47　消毒柜顶后板

扫码看视频

操作步骤

（1）新建文件。单击【快速入门】工具栏上的【新建】按钮，在打开的【新建文件】对话框中的【Templates】选项卡中的零件下拉列表中选择【Sheet Metal.ipt】选项，单击【创建】按钮，新建一个钣金文件。

（2）创建草图。单击【钣金】标签栏【草图】面板上的【开始创建二维草图】按钮，选择 *XY* 平面为草图绘制平面，进入草图绘制环境。单击【草图】标签栏【创建】面板上的【线】按钮，绘制草图。单击【约束】面板上的【尺寸】按钮，标注尺寸如图 7-48 所示。单击【草图】标签上的【完成草图】按钮，退出草图环境。

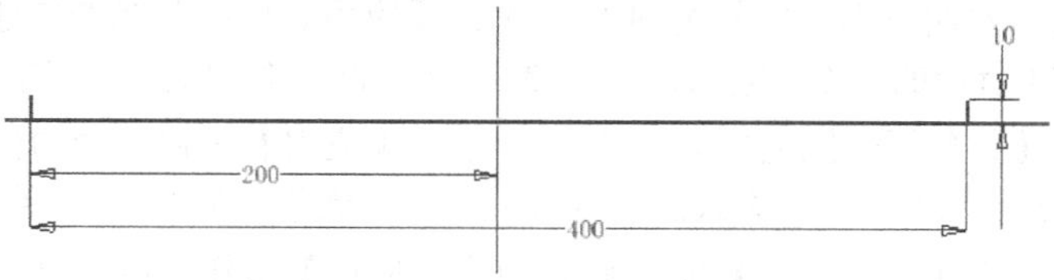

图 7-48　绘制草图

（3）创建异形板。单击【钣金】标签栏【创建】面板上的【异形板】按钮，打开【异形板】对话框，选择如图 7-49 所示的草图为截面轮廓，选择【距离】类型，输入距离为 300mm，如图 7-49 所示，单击【确定】按钮，如图 7-50 所示。

图 7-49　设置参数

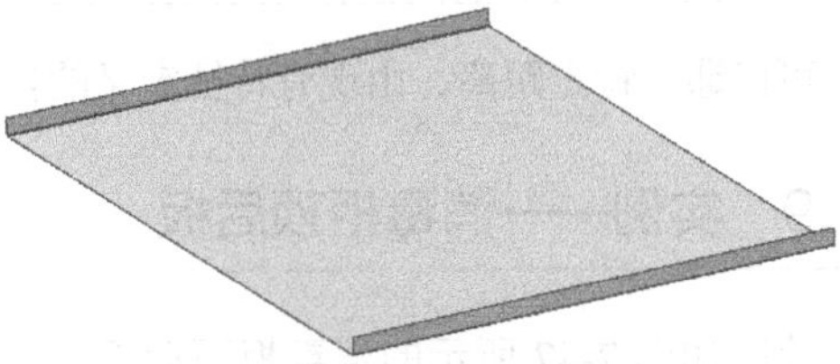

图 7-50　创建异形板

（4）创建凸缘。

① 单击【钣金】标签栏【创建】面板上的【凸缘】按钮，打开【凸缘】对话框，选择如图 7-51 所示的边 1，输入高度为 10mm，凸缘角度为 90，选择【从两个外侧面的交线折弯】选项和【从相邻面折弯】选项，单击【应用】按钮凸缘的创建，如图 7-52 所示。

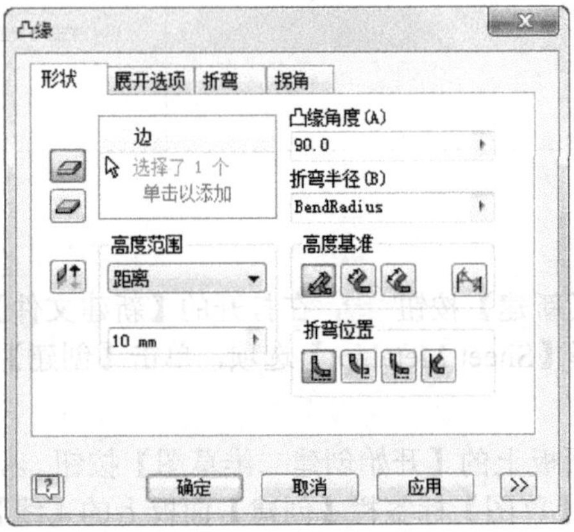

图 7-51　设置参数

图 7-52　选择边 1

② 选择如图 7-53 所示的边 2，输入高度为 15mm，凸缘角度为 90，选择【从两个外侧面的交线折弯】选项和【折弯面范围之内】选项，单击【应用】按钮凸缘的创建。

③ 选择如图 7-54 所示的边 3，输入高度为 300mm，凸缘角度为 90，选择【从两个外侧面的交线折弯】选项和【折弯面范围之内】选项，单击【应用】按钮凸缘的创建。

④ 选择如图 7-55 所示的边 4，输入高度为 40mm，凸缘角度为 90，选择【从两个外侧面的交线折弯】选项和【折弯面范围之内】选项，单击【应用】按钮凸缘的创建。

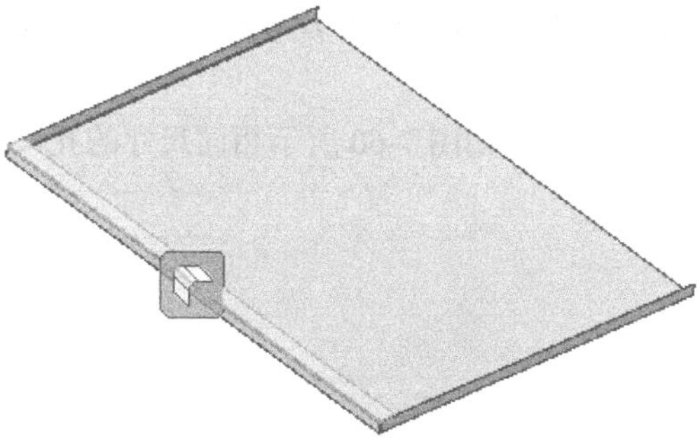

图 7-53　选择边 2

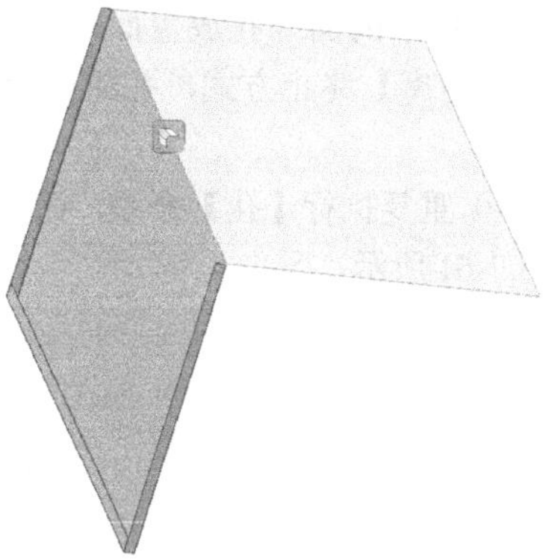

图 7-54　选择边 3

⑤ 选择如图 7-56 所示的边 5，输入高度为 8mm，凸缘角度为 90，选择【从两个外侧面的交线折弯】选项和【折弯面范围之内】选项，单击【应用】按钮凸缘的创建。

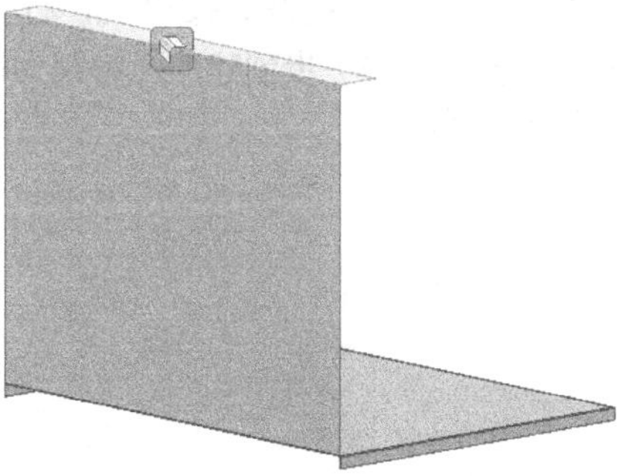

图 7-55　选择边 4

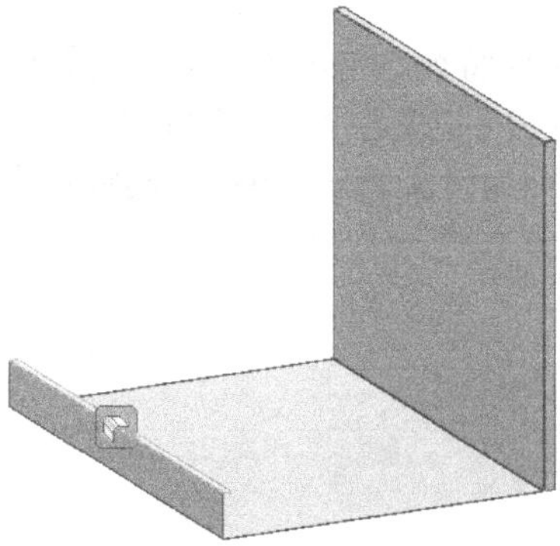

图 7-56　选择边 5

⑥ 选择如图 7-57 所示的边 6，输入高度为 20mm，凸缘角度为 90，选择【从两个外侧面的交线折弯】选项和【折弯面范围之内】选项，单击【确定】按钮凸缘的创建，如图 7-58 所示。

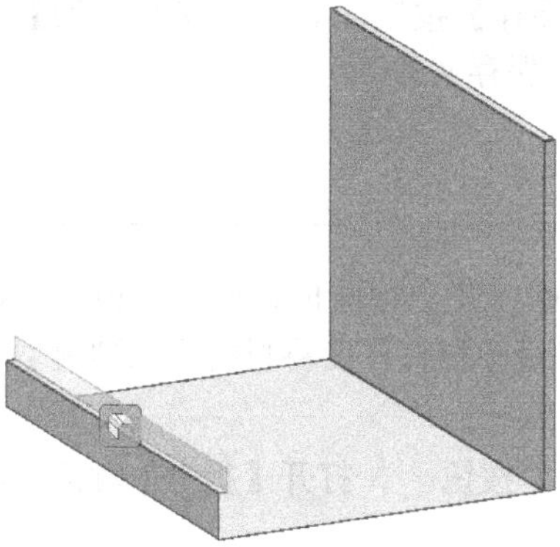

图 7-57　选择边 6

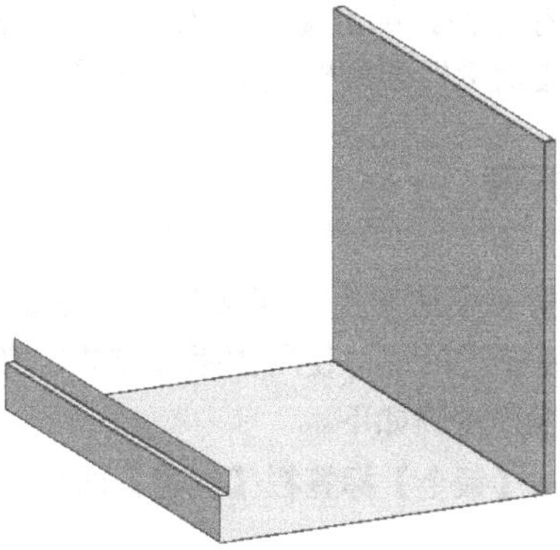

图 7-58　创建凸缘

（5）创建直孔 2。

① 单击【三维模型】标签栏【修改】面板上的【孔】按钮，打开【孔】特性面板。选择如

图 7-59 所示的面为孔放置面，选择边线 1，输入距离为 12mm，选择边线 2，输入距离为 20mm，选择【距离】终止方式，孔深度为钣金厚度，输入孔直径为 5mm，如图 7-59 所示，单击【确定】按钮。

② 重复执行【孔】命令，采用相同的方法在钣金件上创建如图 7-60 所示相同尺寸的孔，结果如图 7-61 所示。

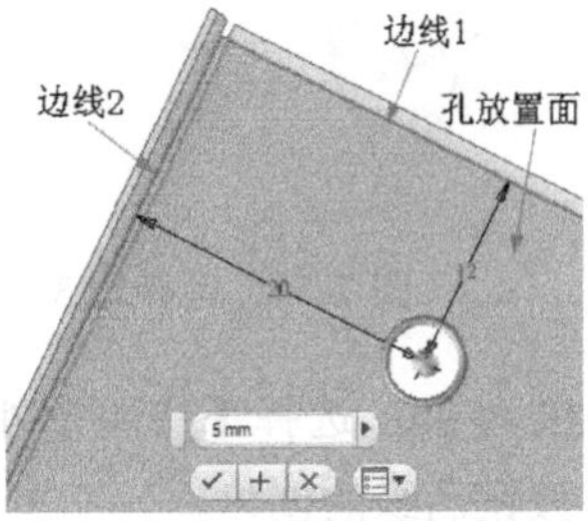

图 7-59　设置孔 1 参数

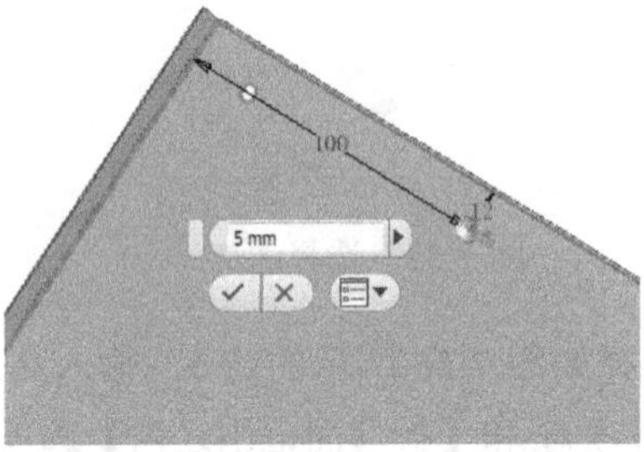

图 7-60　设置孔 2 参数

（6）镜像特征。单击【三维模型】标签栏【阵列】面板上的【镜像】按钮，打开【镜像】对话框，单击【镜像各个特征】按钮，如图 7-62 所示，选择第（5）步创建的孔特征为镜像特征，选择 *YZ* 平面为镜像平面，单击【确定】按钮，结果如图 7-63 所示。

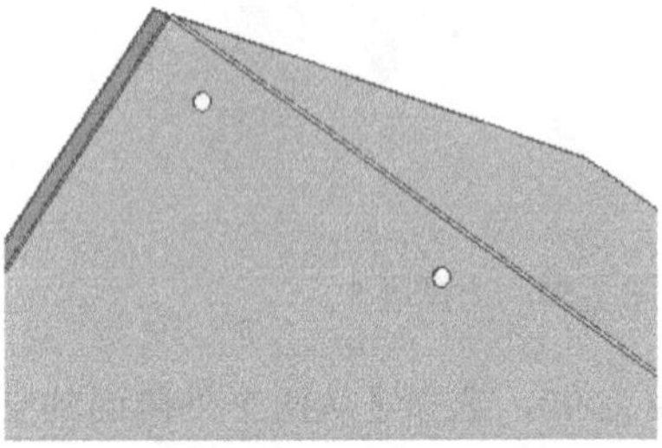

图 7-61　创建孔

图 7-62　【镜像】对话框

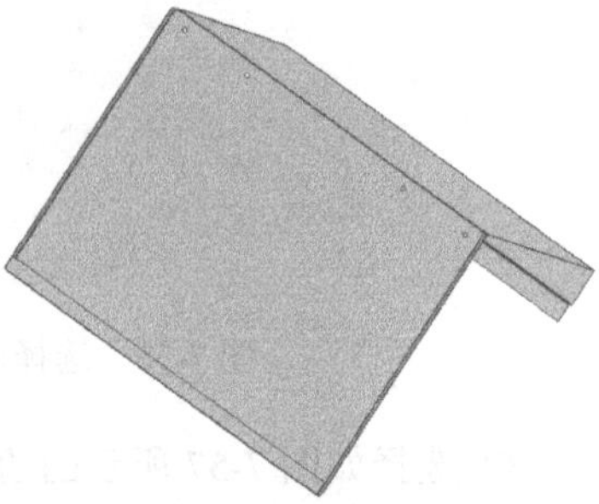

图 7-63　镜像特征

（7）保存文件。单击【快速入门】工具栏上的【保存】按钮，打开【另存为】对话框，输入文件名为【消毒柜顶后板 .ipt】，单击【保存】按钮，保存文件。

7.2.10　折弯

钣金折弯特征通常用于连接为满足特定设计条件而在某个特殊位置创建的钣金平板。通过选择现有钣金特征上的边，使用由钣金样式定义的折弯半径和材料厚度将材料添加到模型。

折弯的操作步骤如下。

（1）单击【钣金】标签栏【创建】面板中的【折弯】按钮，打开【折弯】对话框，如图 7-64 所示。

（2）在视图中的平板上选择模型边，如图 7-65 所示。

（3）在对话框中选择折弯类型，设置折弯参数，如图 7-66 所示。如果平板平行但不共面，则在双向折弯选项中选择折弯方式。

（4）在对话框中单击【确定】按钮，完成折弯特征，结果如图 7-67 所示。

图 7-64 【折弯】对话框

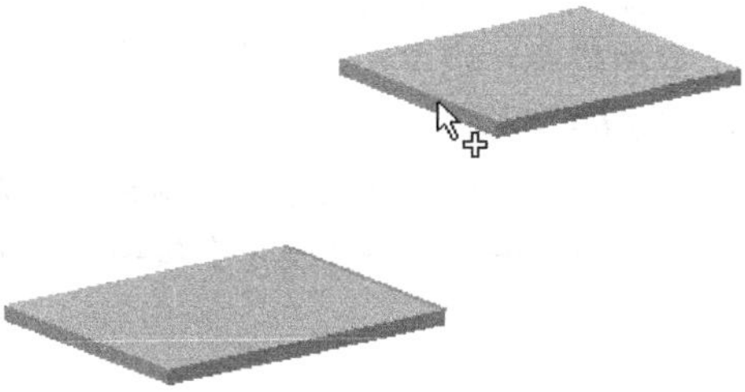

图 7-65 选择边

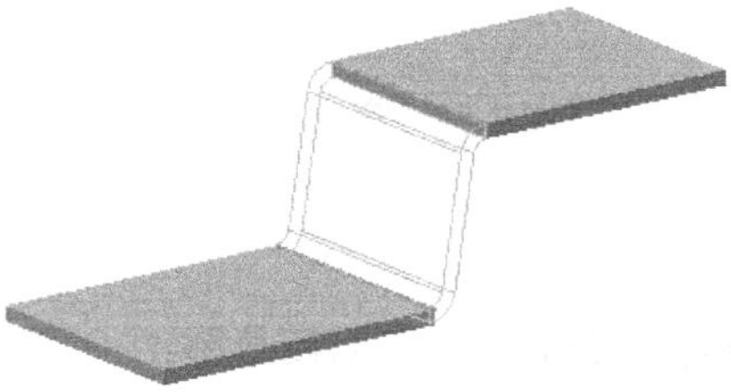

图 7-66 设置折弯参数

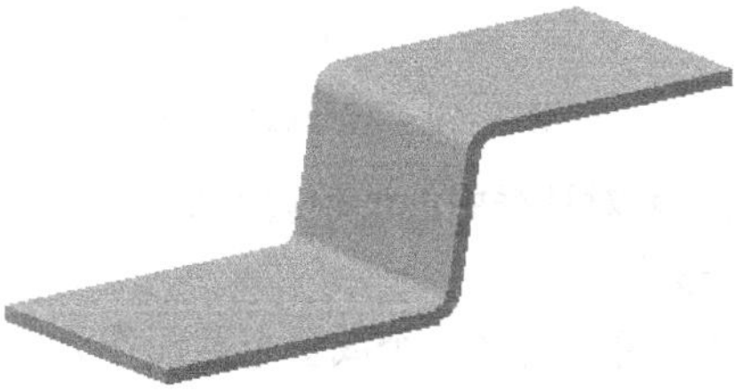

图 7-67 折弯特征

【折弯】对话框中的选项说明如下。

① 折弯。

边：在每个平板上选择模型边，根据需要修剪或延伸平板创建折弯。

折弯半径：显示默认的折弯半径。

② 双向折弯。

固定边：添加等长折弯到现有的钣金边。

45 度：对平板根据需要进行修剪或延伸，并插入 45° 折弯。

全半径：对平板根据需要进行修剪或延伸，并插入半圆折弯。

90 度：对平板根据需要进行修剪或延伸，并插入 90° 折弯。

固定边反向：反转顺序。

7.3 修改钣金特征

在 Autodesk Inventor 中可以生成复杂的钣金零件，并可以对其进行参数化编辑，能够定义和仿真钣金零件的制造过程，对钣金模型进行展开和重叠的模拟操作。

7.3.1 剪切

剪切就是从钣金平板中删除材料，在钣金平板上绘制截面轮廓，然后贯穿一个或多个平板进行切割。

剪切钣金特征的操作步骤如下。

（1）单击【钣金】标签栏【修改】面板中的【剪切】按钮，打开【剪切】对话框，如图 7-68 所示。

（2）如果草图中只有一个截面轮廓，则系统将自动选择。如果有多个截面轮廓，则单击【截面轮廓】按钮，选择要切割的截面轮廓，如图 7-69 所示。

（3）在范围下选择终止方式，调整剪切方向。

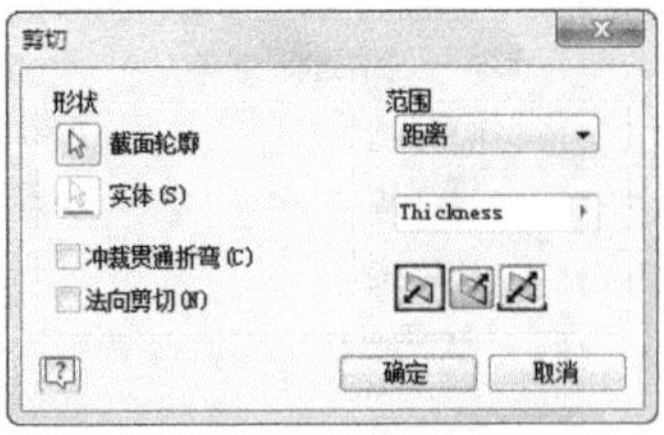

图 7-68 【剪切】对话框

（4）在对话框中单击【确定】按钮，完成剪切，结果如图 7-70 所示。

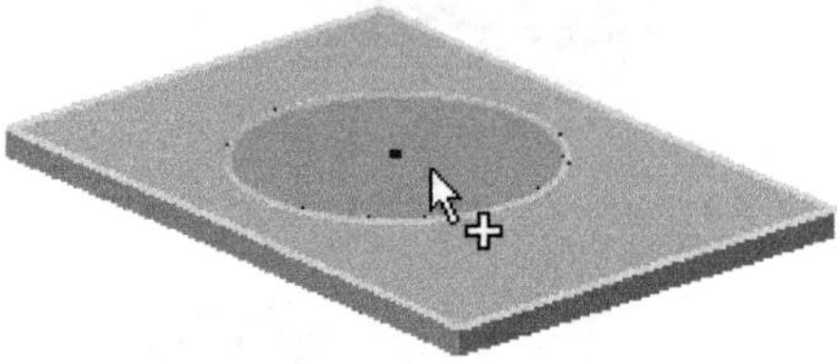

图 7-69 选择截面轮廓

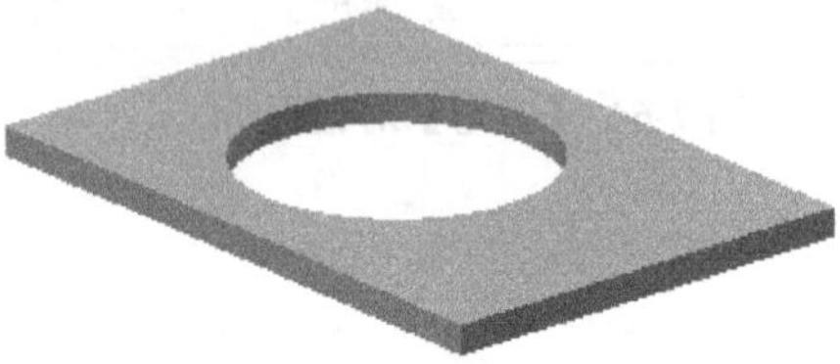

图 7-70 完成剪切

【剪切】对话框中的选项说明如下。

① 形状。

截面轮廓：选择一个或多个截面作为要删除材料的截面轮廓，必须是封闭草图。

冲裁贯通折弯：勾选此复选框，通过环绕截面轮廓贯通平板以及一个或多个钣金折弯的截面轮廓来删除材料。

法向剪切：将选定的截面轮廓投影到曲面，然后按垂直于投影相交的面进行剪切。

② 范围。

距离：默认为平板的厚度，如图 7-71（a）所示。

到表面或平面：剪切终止于下一个表面或平面，如图 7-71（b）所示。

到：选择终止剪切的表面或平面。可以在所选面或其延伸面上终止剪切，如图 7-71（c）所示。

从表面到表面：选择终止拉伸的起始和终止面或平面，如图 7-71（d）所示。

贯通：在指定方向上贯通所有特征和草图拉伸截面轮廓，如图 7-71（e）所示。

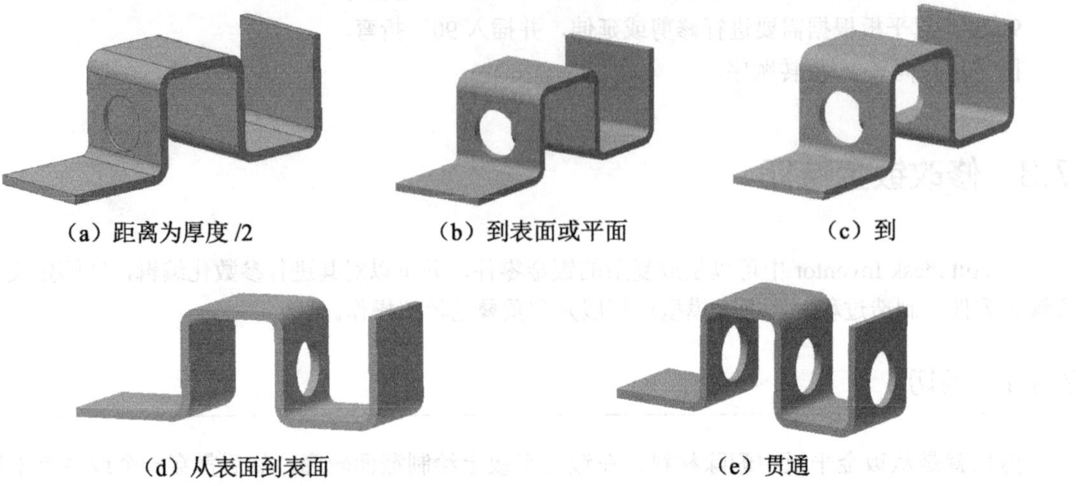

（a）距离为厚度 /2　（b）到表面或平面　（c）到

（d）从表面到表面　（e）贯通

图 7-71 范围示意图

7.3.2 实例——显卡支架

绘制如图 7-72 所示的显卡支架。

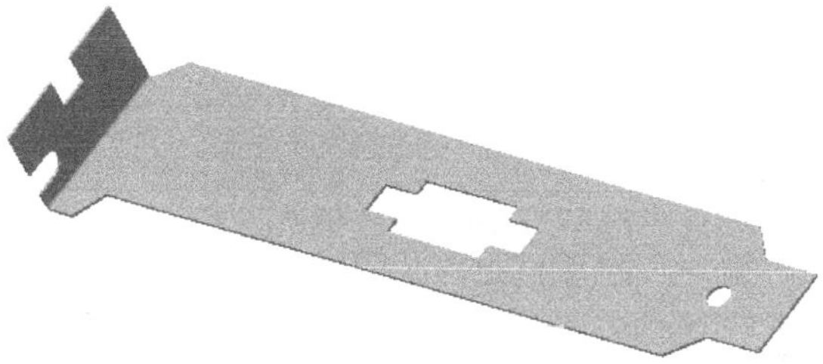

扫码看视频

图 7-72 显卡支架

操作步骤

（1）新建文件。运行 Inventor，单击【快速入门】工具栏上的【新建】按钮，在打开的【新建文件】对话框中的【Templates】选项卡中的零件下拉列表中选择【Sheet Metal.ipt】选项，单击【创建】按钮，新建一个零件文件。

（2）创建草图。单击【钣金】标签栏【草图】面板上的【创建二维草图】按钮，选择 *XZ* 平面为草图绘制平面，进入草图绘制环境。单击【草图】标签栏【绘图】面板上的【直线】按钮，绘制草图。单击【约束】面板上的【尺寸】按钮，标注尺寸如图 7-73 所示。单击【草图】标签上的【完成草图】按钮，退出草图环境。

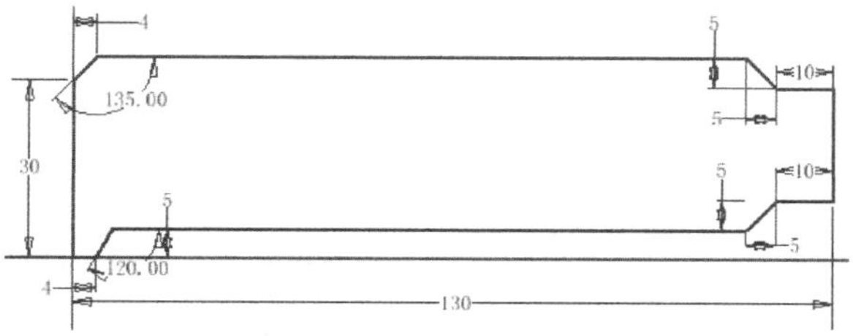

图 7-73 绘制草图

（3）创建平板。单击【钣金】标签栏【创建】面板上的【平板】按钮，打开【面】对话框，系统自动选择第（2）步绘制的草图为截面轮廓，如图 7-74 所示。单击【确定】按钮完成平板创建，如图 7-75 所示。

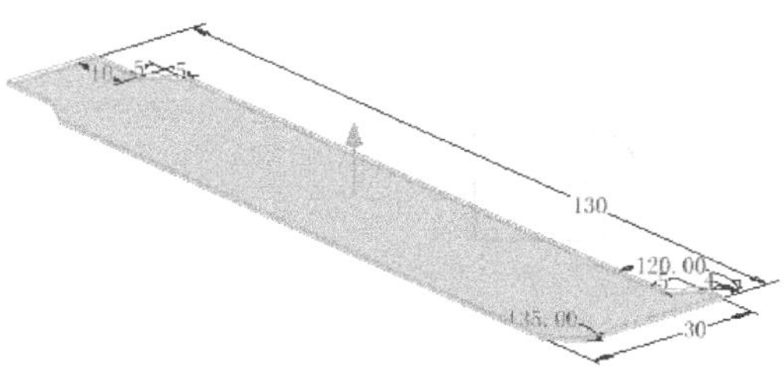

图 7-74 选择截面

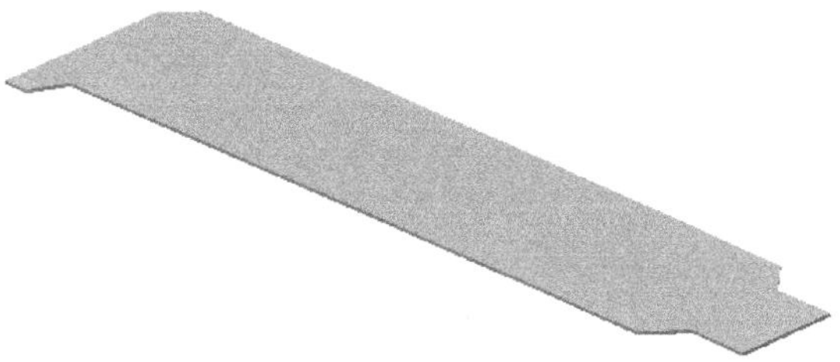

图 7-75 创建平板

（4）创建凸缘。单击【钣金】标签栏【创建】面板上的【凸缘】按钮，打开【凸缘】对话框，选择如图 7-76 所示的边，输入高度为 15mm，凸缘角度为 90，选择【从两个外侧面的交线折弯】选项和【从相邻面折弯】选项，如图 7-76 所示，单击【确定】按钮完成凸缘的创建，如图 7-77 所示。

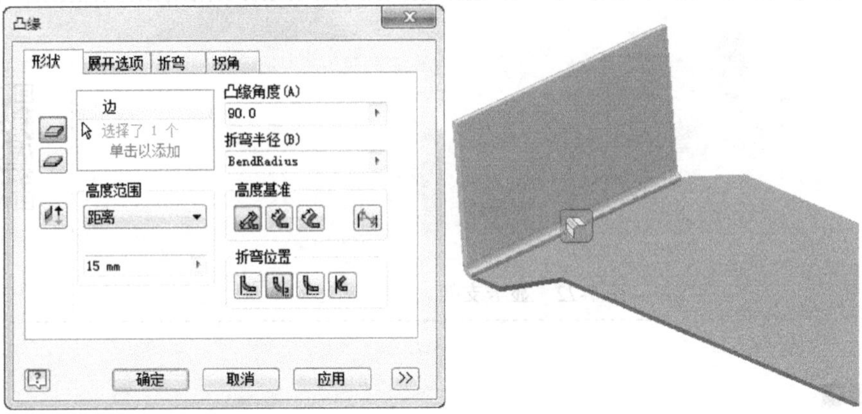

图 7-76　设置参数

（5）创建草图。单击【钣金】标签栏【草图】面板上的【创建二维草图】按钮，选择如图 7-78 所示的平面为草图绘制平面，进入草图绘制环境。利用草图命令绘制草图，单击【约束】面板上的【尺寸】按钮，标注尺寸如图 7-79 所示。单击【草图】标签上的【完成草图】按钮，退出草图环境。

图 7-77　创建凸缘

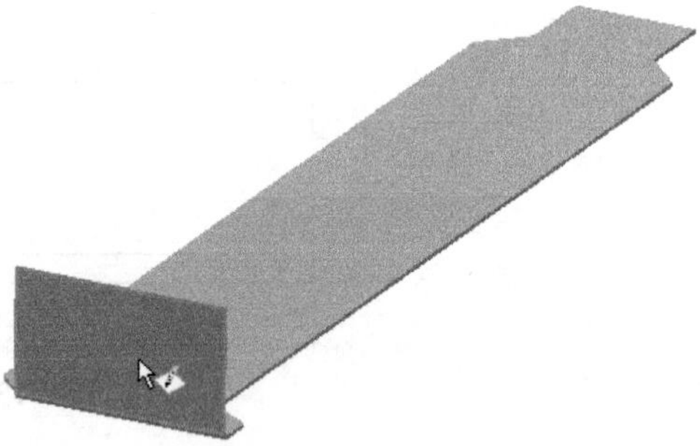

图 7-78　选择平面

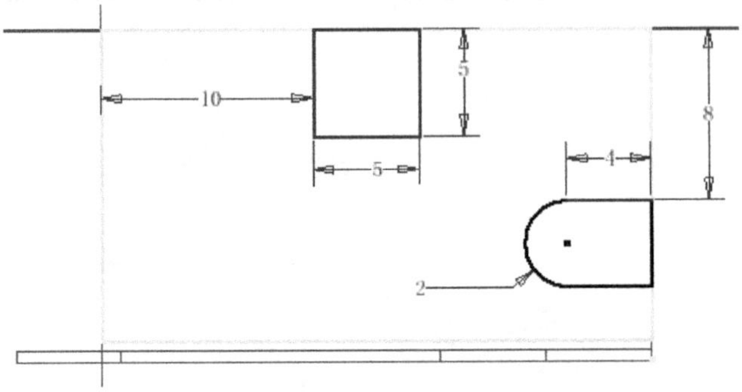

图 7-79　绘制草图

（6）创建剪切。单击【钣金】标签栏【修改】面板上的【剪切】按钮，打开【剪切】对话框，选择如图 7-80 所示的截面轮廓。采用默认设置，单击【确定】按钮，如图 7-81 所示。

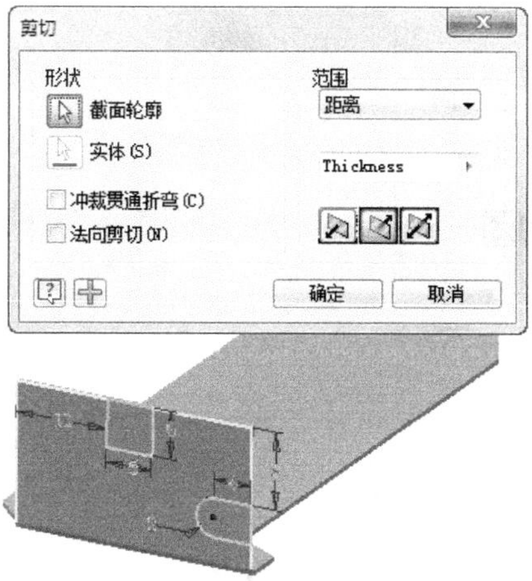

图 7-80　设置参数

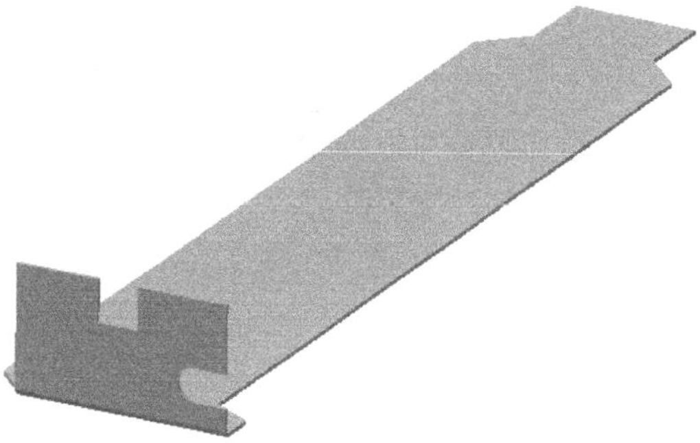

图 7-81　剪切钣金

（7）创建草图。单击【钣金】标签栏【草图】面板上的【创建二维草图】按钮，选择如图 7-82 所示的平面为草图绘制平面，进入草图绘制环境。利用草图命令，绘制草图。单击【约束】面板上的【尺寸】按钮，标注尺寸如图 7-83 所示。单击【草图】标签上的【完成草图】按钮，退出草图环境。

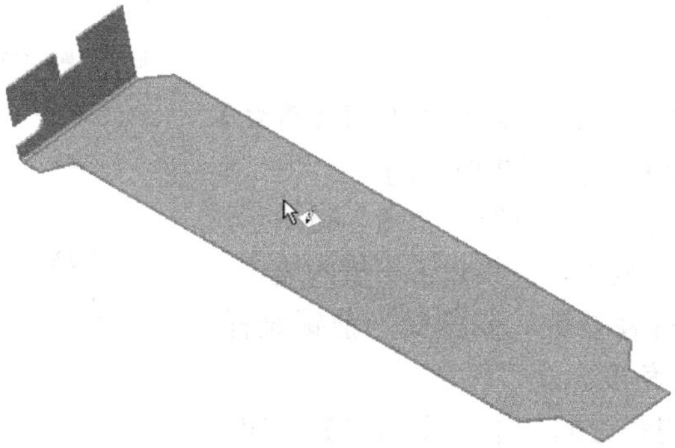

图 7-82　选择平面

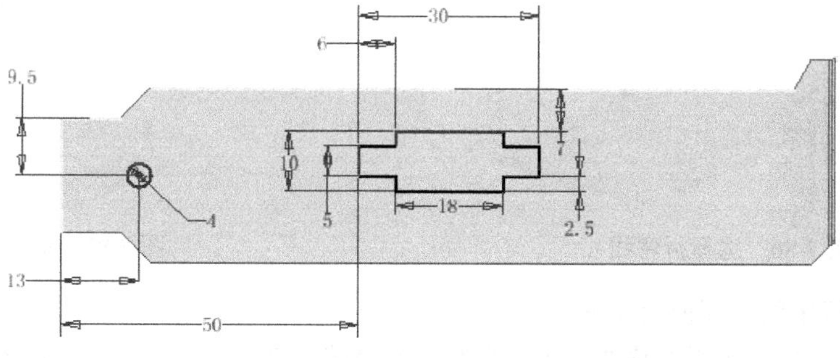

图 7-83　绘制草图

（8）创建剪切。单击【钣金】标签栏【修改】面板上的【剪切】按钮，打开【剪切】对话框，选择如图 7-84 所示的截面轮廓。采用默认设置，单击【确定】按钮，如图 7-72 所示。

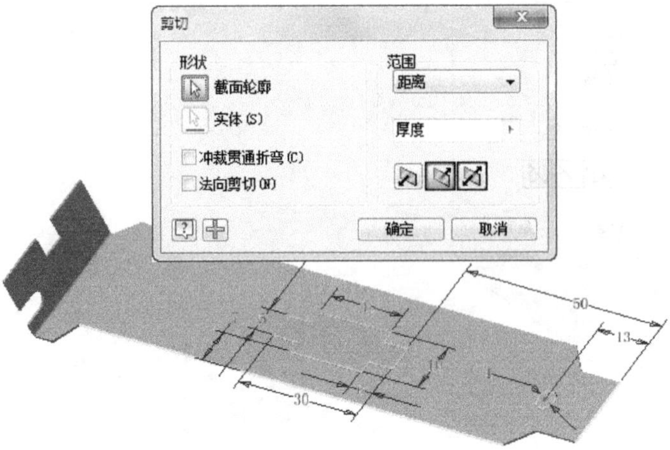

图 7-84　设置参数

（9）保存文件。单击【快速入门】工具栏上的【保存】按钮，打开【另存为】对话框，输入文件名为【显卡支架 .ipt】，单击【保存】按钮，保存文件。

7.3.3　折叠

在现有平板上沿折弯草图线折弯钣金平板。

折叠的操作步骤如下。

（1）单击【钣金】标签栏【创建】面板中的【折叠】按钮，打开【折叠】对话框，如图 7-85 所示。

（2）在视图中选择用于折叠的折弯线，如图 7-86 所示。折弯线必须放置在要折叠的平板上，并终止于平板的边。

（3）在对话框中设置折叠参数，或接受当前钣金样式中指定的默认折弯钣金和角度。

（4）设置折叠的折叠侧和方向，单击【确定】按钮，结果如图 7-87 所示。

图 7-85　【折叠】对话框

图 7-86　选择折弯线

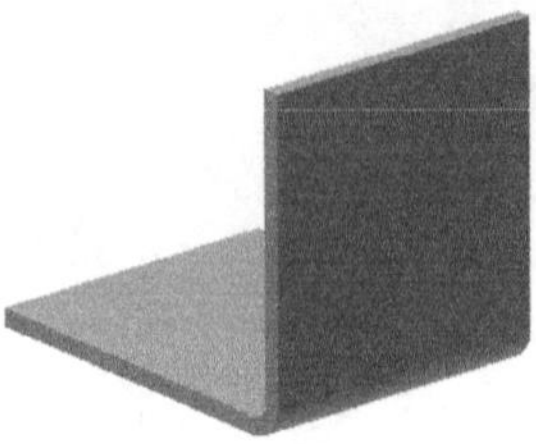

图 7-87　折叠

【折叠】对话框中的选项说明如下。

（1）折弯线。指定用于折叠线的草图。直线的两个端点必须落在现有板的边界上，否则该线不能选作折弯线。

（2）反向控制。

反转到对侧选项：将折弯线的折叠侧改为向上或向下，如图 7-88（a）所示。

反向选项：更改折叠的上 / 下方向，如图 7-88（b）所示。

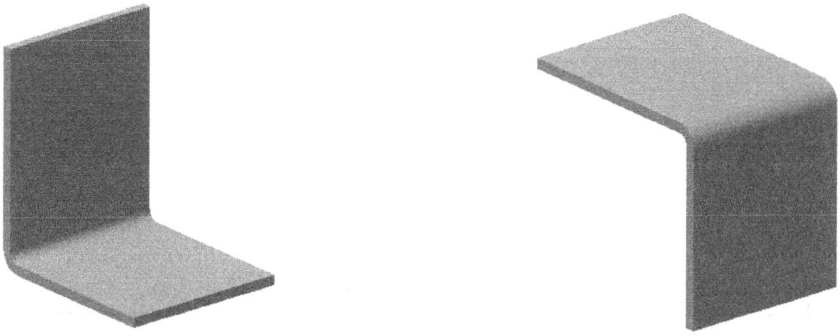

（a）反转到对侧　　（b）反向

图 7-88　反向控制

（3）折叠位置。

折弯中心线选项：将草图线用作折弯的中心线，如图 7-89（a）所示。

折弯起始线选项：将草图线用作折弯的起始线，如图 7-89（b）所示。

折弯终止线选项：将草图线用作折弯的终止线，如图 7-89（c）所示。

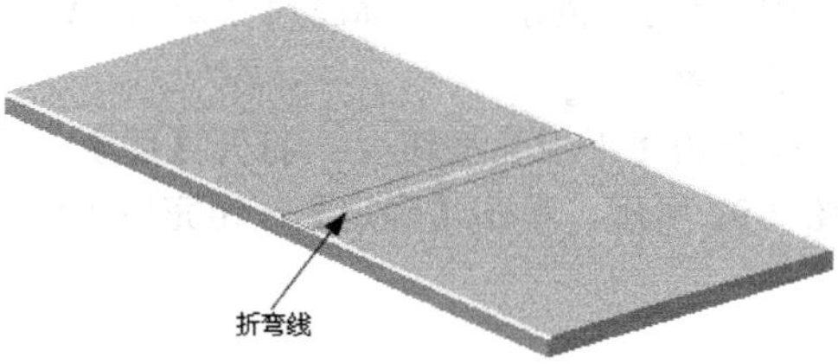

（a）折弯中心线

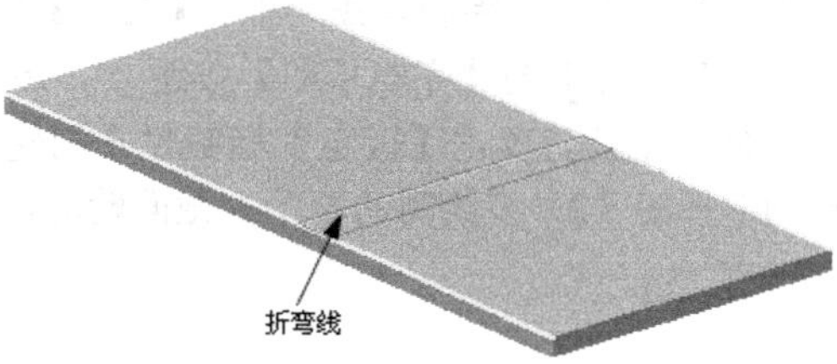

（b）折弯起始线

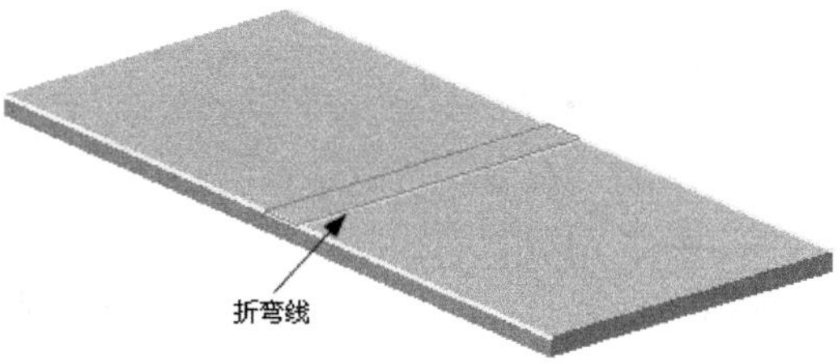

（c）折弯终止线

图 7-89　折叠位置

（4）折叠角度：指定用于折叠的角度。

7.3.4　实例——书架

绘制如图 7-90 所示的书架。

扫码看视频

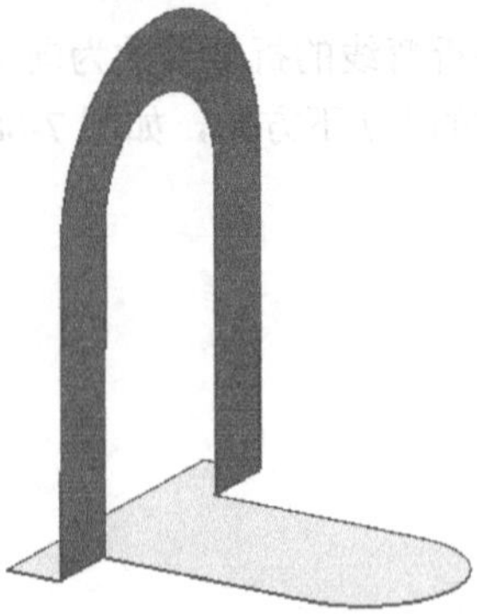

图 7-90　书架

操作步骤

（1）新建文件。单击【快速入门】工具栏上的【新建】按钮，在打开的【新建文件】对话框中的【Templates】选项卡中的零件下拉列表中选择【Sheet Metal.ipt】选项，单击【创建】按钮，新建一个钣金文件。

（2）创建草图 1。单击【钣金】标签栏【草图】面板上的【开始创建二维草图】按钮，选择 *XY* 平面为草图绘制平面，进入草图绘制环境。单击【草图】标签栏【创建】面板上的【线】按钮和【圆弧】按钮，绘制草图。单击【约束】面板上的【尺寸】按钮，标注尺寸如图 7-91 所示。单击【草图】标签上的【完成草图】按钮，退出草图环境。

（3）创建平板。单击【钣金】标签栏【创建】面板上的【平板】按钮，打开【面】对话框，系统自动选择第（2）步绘制的草图为截面轮廓，如图 7-92 所示。单击【确定】按钮完成平板创建，如图 7-93 所示。

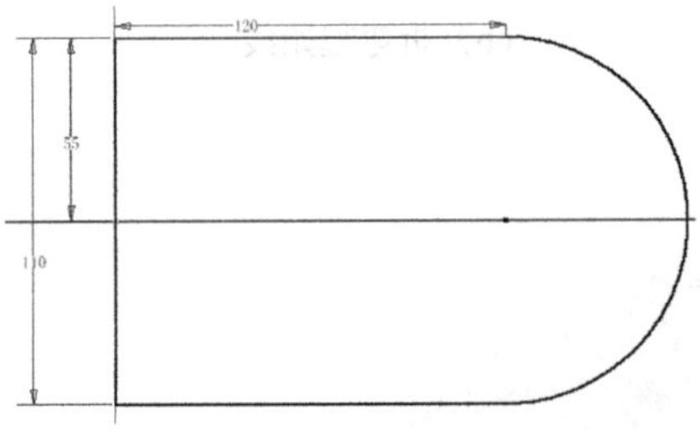

图 7-91　绘制草图 1

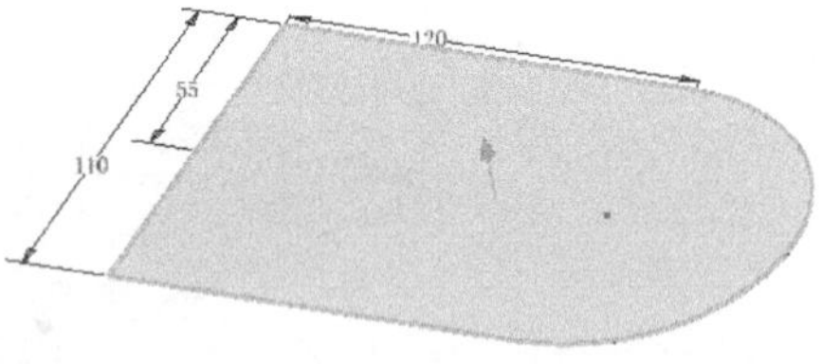

图 7-92　选择截面

（4）创建草图 2。单击【钣金】标签栏【草图】面板上的【开始创建二维草图】按钮，选择平板的上表面为草图绘制平面，进入草图绘制环境。单击【草图】标签栏【创建】面板上的【线】按钮和【圆弧】按钮，绘制草图。单击【约束】面板上的【尺寸】按钮，标注尺寸如图 7-94 所示。单击【草图】标签上的【完成草图】按钮，退出草图环境。

（5）创建剪切。单击【钣金】标签栏【修改】面板上的【剪切】按钮，打开【剪切】对话框，选择如图 7-95 所示的截面轮廓。采用默认设置，单击【确定】按钮。

（6）创建草图 3。单击【钣金】标签栏【草图】面板上的【开始创建二维草图】按钮，选择平板上表面为草图绘制平面，进入草图绘制环境。单击【草图】标签栏【创建】面板上的

【线】按钮╱，绘制草图如图 7-96 所示。单击【草图】标签上的【完成草图】按钮✓，退出草图环境。

图 7-93 创建平板

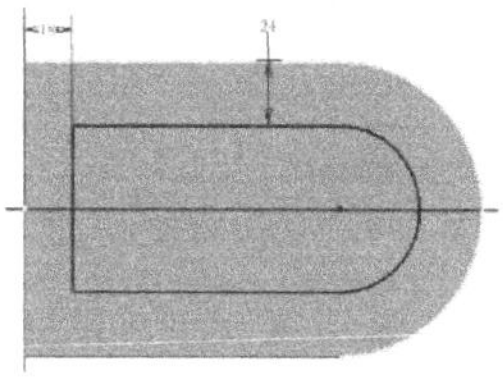

图 7-94 绘制草图 2

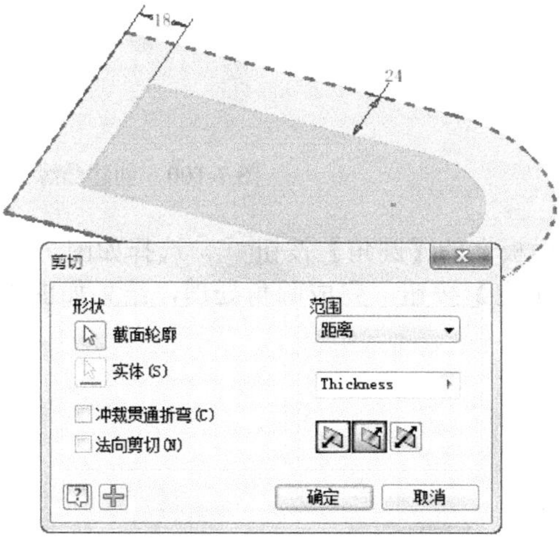

图 7-95 【剪切】对话框

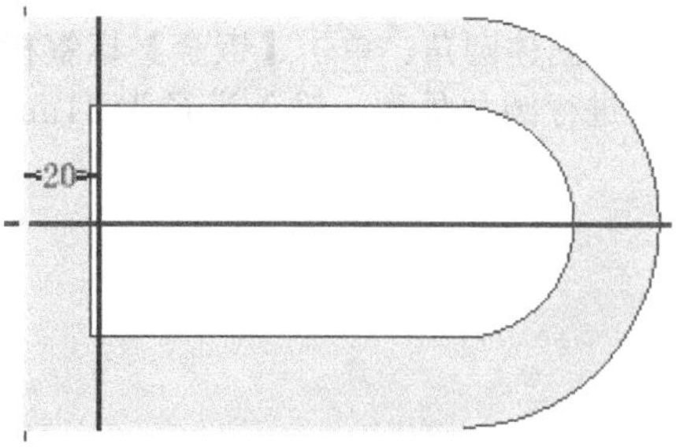

图 7-96 绘制草图 3

（7）创建折叠。单击【钣金】标签栏【创建】面板上的【折叠】按钮，打开【折叠】对话框，选择如图 7-97 所示的草图线，输入折叠角度为 90，选择【折弯起始线】选项，如图 7-97 所示。单击【确定】按钮，如图 7-98 所示。

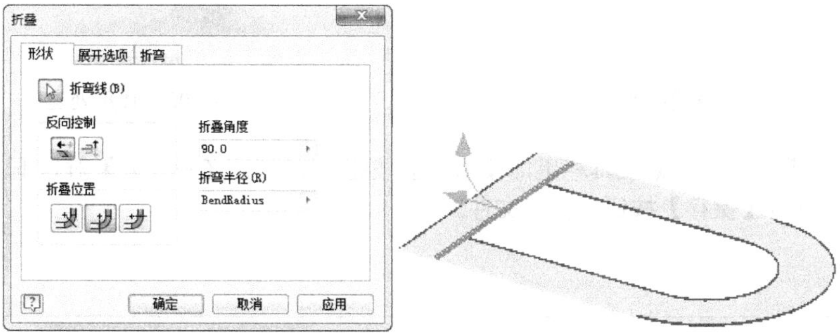

图 7-97 设置参数

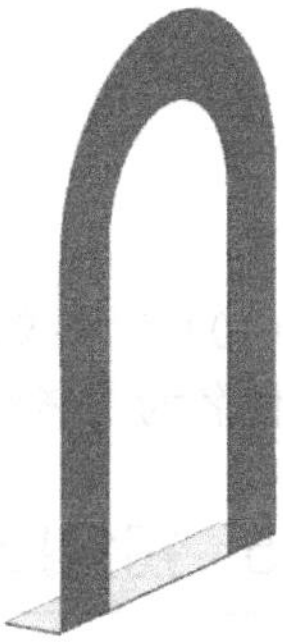

图 7-98 创建折叠

（8）创建凸缘。单击【钣金】标签栏【创建】面板上的【凸缘】按钮，打开【凸缘】对话框，选择如图 7-99 所示的边，输入高度为 102mm，凸缘角度为 0，选择【从两个外侧面的交线折弯】

选项和【折弯面范围之内】选项，单击按钮，展开对话框，选择【宽度】类型，选择【居中】选项，输入宽度为62mm，如图7-99所示，单击【确定】按钮，结果如图7-100所示。

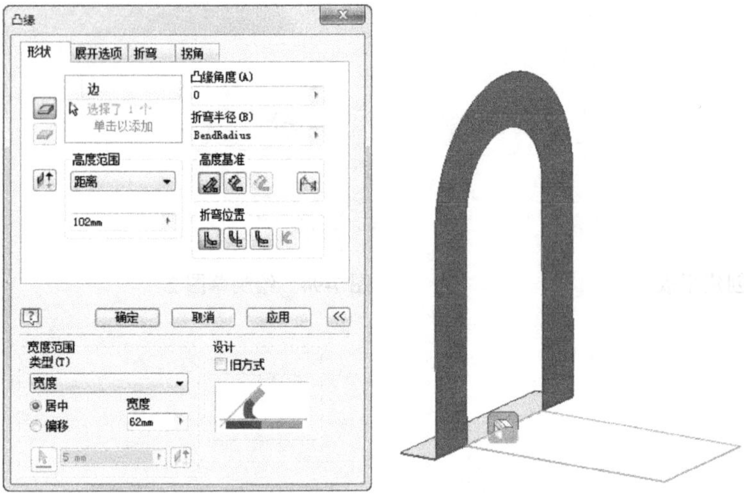

图7-99　设置参数

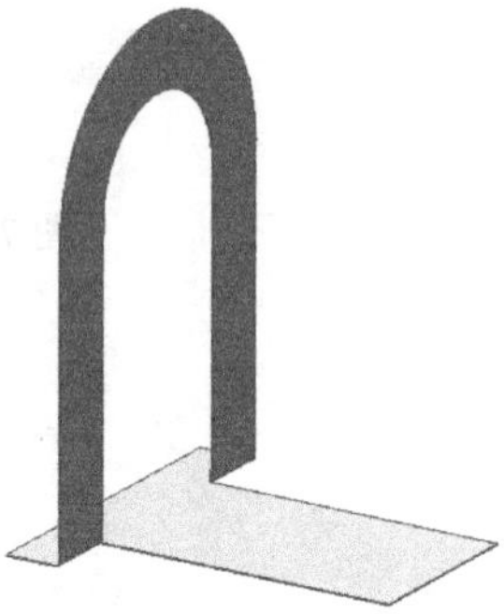
图7-100　创建凸缘

（9）创建圆角。单击【钣金】标签栏【修改】面板上的【圆角】按钮，选择如图7-101所示的边进行圆角处理，输入半径为31mm，单击【确定】按钮，完成圆角处理，结果如图7-102所示。

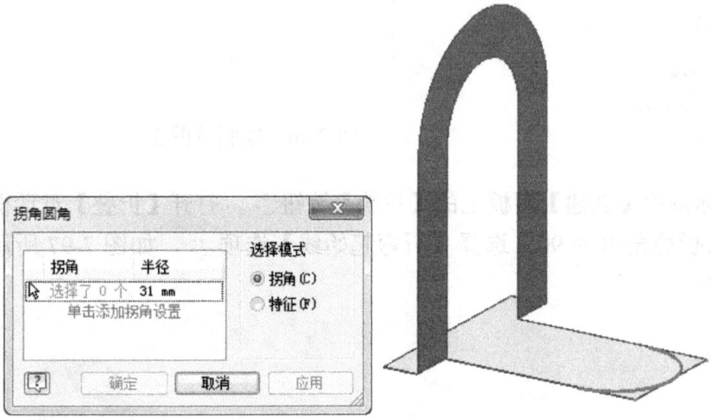

图7-101　设置参数

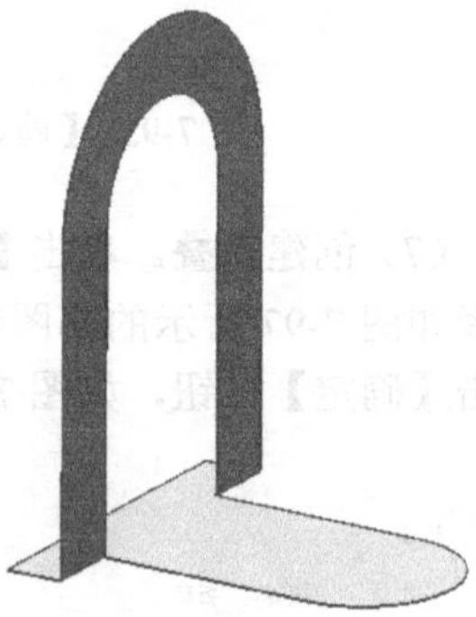
图7-102　圆角处理

（10）保存文件。单击【快速入门】工具栏上的【保存】按钮，打开【另存为】对话框，输入文件名为【书架.ipt】，单击【保存】按钮，保存文件。

7.3.5　拐角接缝

在钣金平板中添加拐角接缝，可以在相交或共面的两个平板之间创建接缝。

拐角接缝的操作步骤如下。

（1）单击【钣金】标签栏【修改】面板中的【拐角接缝】按钮，打开【拐角接缝】对话框，如图 7-103 所示。

（2）在相邻的两个钣金平板上均选择模型边，如图 7-104 所示。

（3）在对话框中接受默认接缝类型或选择其他接缝类型。

（4）在对话框中单击【确定】按钮，完成拐角接缝，结果如图 7-105 所示。

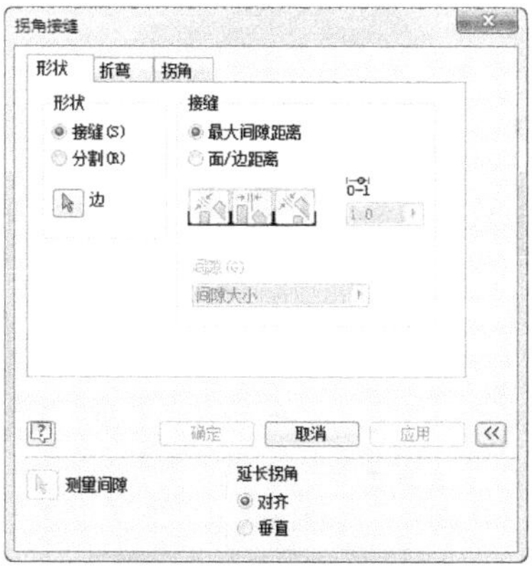

图 7-103 【拐角接缝】对话框

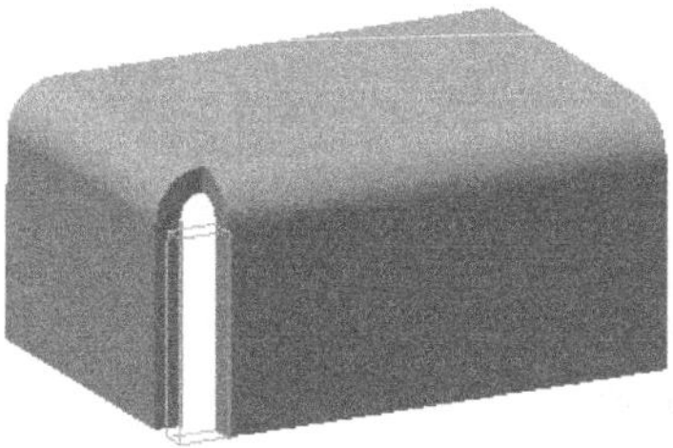

图 7-104 选择边

图 7-105 拐角接缝

【拐角接缝】对话框中的选项说明如下。

（1）形状。选择模型的边并指定是否接缝拐角。

接缝：指定现有的共面或相交钣金平板之间的新拐角结构。

分割：用于将等壁厚零件转换为钣金件之后，以创建钣金拐角接缝。

边：在每个面上选择模型边。

（2）接缝。

最大间隙距离：使用该选项创建拐角接缝间隙，可以与使用物理检测标尺方式一致的方式对其进行测量。

面 / 边距离：使用该选项创建拐角接缝间隙，可以测量从与选定的第一条相邻的面到选定的第二条边的距离。

（3）延长拐角。

对齐：平行于所选边侧面的方向延长原始面。

垂直：垂直于所选边的方向延长原始面。

技巧

可以使用哪两种方法来创建和测量拐角接缝间隙？

（1）面 / 边距离方法。基于从与第一个选定边相关联的凸缘边到第二个选定边的测量单位而应用接缝间隙的方法。

（2）最大间隙距离方法。指通过滑动物理检测厚薄标尺的应用接缝间隙的方法。

7.3.6 冲压工具

在已有板的基础上，以一个草图点为基准，插入已经做好的、标准的冲压的型孔或拉伸结构。这样的特征也可以被进一步阵列处理。冲压工具原型是 iFearture。

冲压工具的操作步骤如下。

（1）单击【钣金】标签栏【修改】面板中的【冲压工具】按钮，打开【冲压工具目录】对话框，如图 7-106 所示。

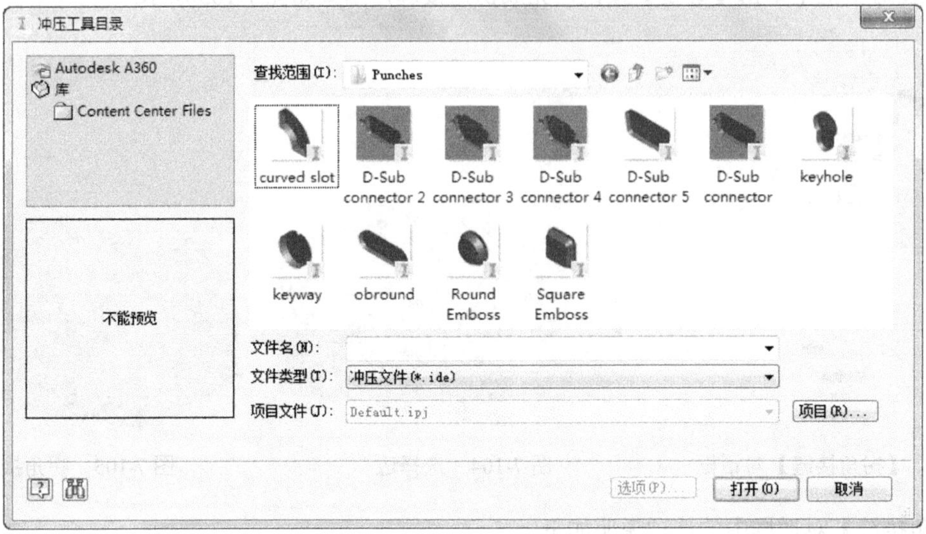

图 7-106 【冲压工具目录】对话框

（2）在【冲压工具目录】对话框中浏览到包含冲压形状的文件夹，选择冲压形状进行预览，选择好冲压工具后，单击【打开】按钮，打开【冲压工具】对话框，如图 7-107 所示。

（3）如果草图中存在多个中心点，则按 Ctrl 键并单击任何不需要的位置，以防止在这些位置放置冲压。

（4）在【几何图元】选项卡上指定角度以使冲压相对于平面进行旋转。

（5）在【规格】选项卡上双击参数值进行修改，单击【完成】按钮，完成冲压，如图 7-108 所示。

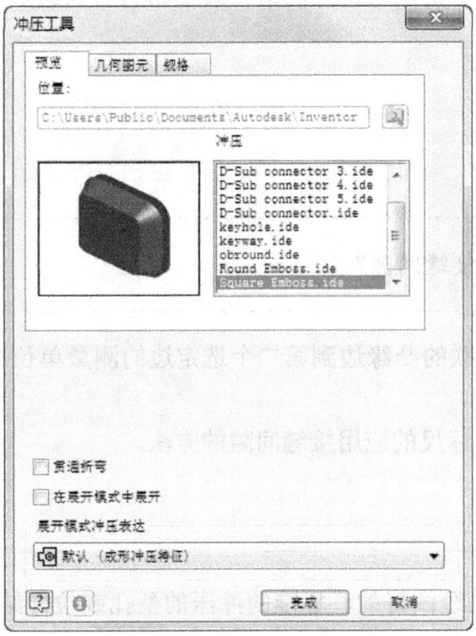

图 7-107 【冲压工具】对话框

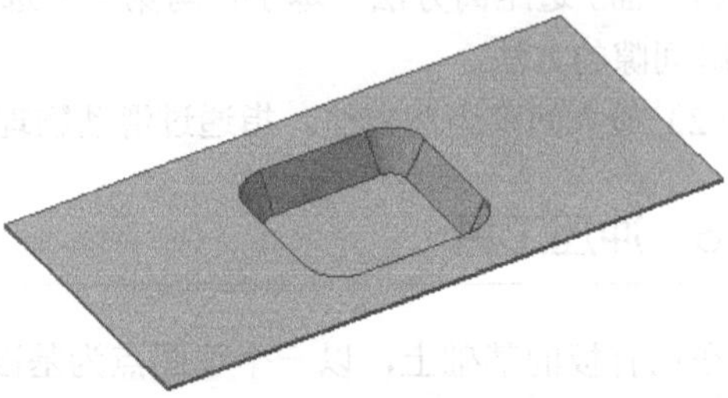

图 7-108 冲压

【冲压工具】对话框中的选项说明如下。

（1）预览。

位置：允许选择包含钣金冲压 iFeature 的文件夹。

冲压：在选择列表左侧的图形窗格中预览选定的 iFeature。

（2）【几何图元】选项卡。【几何图元】选项卡如图 7-109 所示。

中心：自动选择用于定位 iFeature 的孔中心。如果钣金平板上有多个孔中心，则每个孔中心上都会放置 iFeature。

角度：指定用于定位 iFeature 的平面角度。

刷新：重新绘制满足几何图元要求的 iFeature。

（3）【规格】选项卡。【规格】选项卡如图 7-110 所示。

修改冲压形状的参数以更改其大小。列表框中列出每个控制形状的参数的【名称】和【值】，双击修改值。

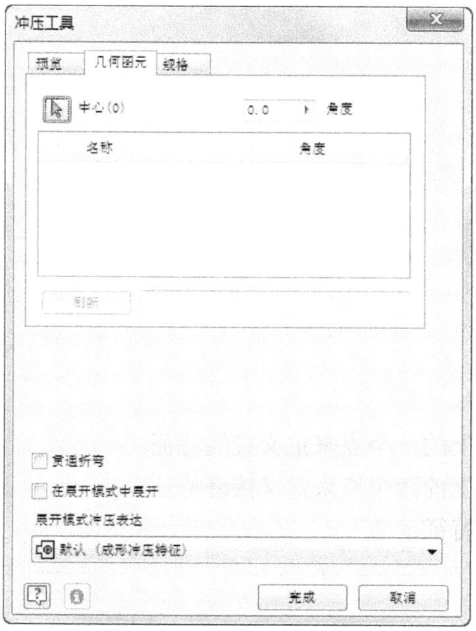

图 7-109 【几何图元】选项卡

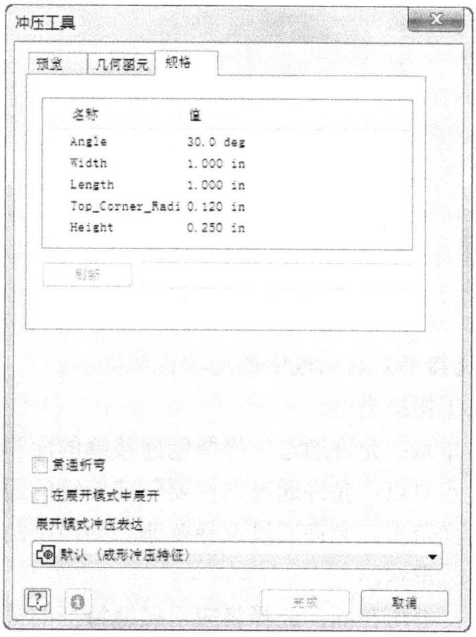

图 7-110 【规格】选项卡

7.3.7 接缝

在使用封闭的截面轮廓草图创建的允许展平的钣金零件创建一个间隙。点到点接缝类型需要选择一个模型面和两个现有的点，来定义接缝的起始和结束位置，就像单点接缝类型一样，选择的点可以是工作点、边的中点、面顶点上的端点或先前所创建草图上的草图点。

接缝的操作步骤如下。

（1）单击【钣金】标签栏【修改】面板中的【接缝】按钮，打开【接缝】对话框，如图 7-111 所示。

（2）在视图中选择要进行接缝的钣金模型的面，如图 7-112 所示。

（3）在视图中选择定义接缝起始位置的点和结束位置的点，如图 7-113 所示。

（4）在对话框中设置接缝间隙位于选定点或者向右或向左偏移，单击【确定】按钮，完成接缝的创建，结果如图 7-114 所示。

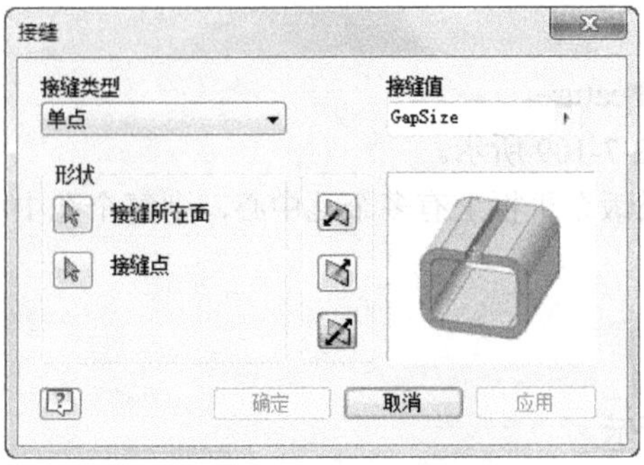

图 7-111 【接缝】对话框

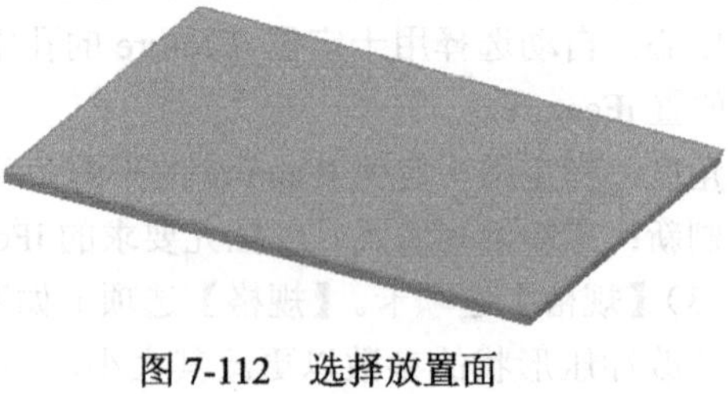

图 7-112 选择放置面

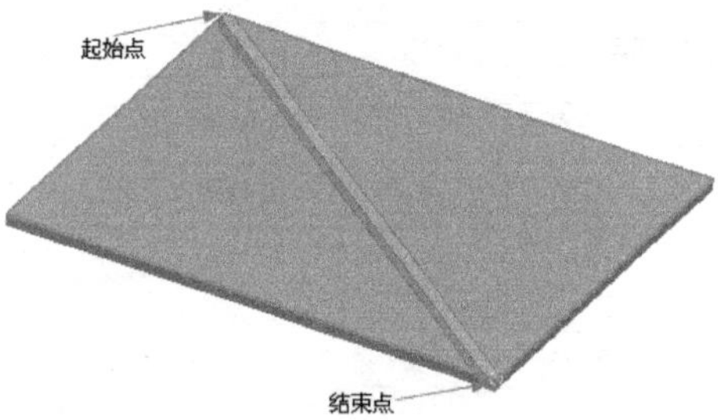

图 7-113 选择点

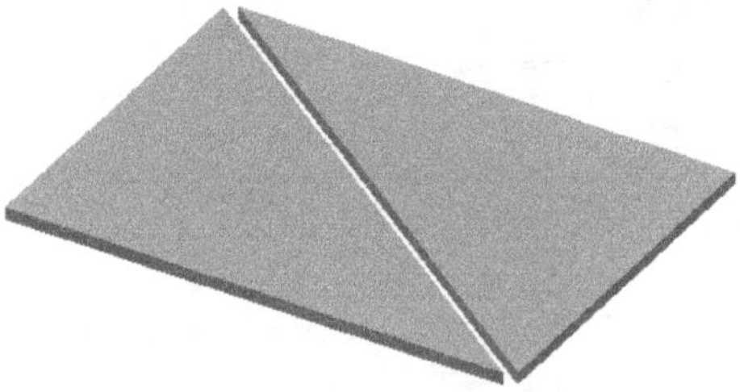

图 7-114 创建接缝

【接缝】对话框中的选项说明如下。

①接缝类型。

单点：允许通过选择要创建接缝的面和该面某条边上的一个点来定义接缝特征。

点对点：允许通过选择要创建接缝的面和该面的边上的两个点来定义接缝特征。

面范围：允许通过选择要删除的模型面来定义接缝特征。

②形状。

接缝所在面：选择将应用接缝特征的模型面。

接缝点：选择定义接缝位置的点。

技巧 创建分割的方式有哪些？

（1）选择曲面边上的点。选择的点可以是边的中点、面顶点上的端点、工作点或先前所创建草图上的草图点。

（2）在选定面的相对侧上的两点之间分割。这两个点可以是工作点、面边的中点、面顶点上的端点或先前所创建草图上的草图点。

（3）删除整个选定的面。

7.3.8 展开

展开一个或多个钣金折弯或相对参考面的卷曲。展开命令会向钣金零件浏览器中添加展开特征，并允许向模型的展平部分添加其他特征。

展开的操作步骤如下。

（1）单击【钣金】标签栏【修改】面板中的【展开】按钮，打开【展开】对话框，如图 7-115 所示。

（2）在视图中选择用于作展开参考的面或平面，如图 7-115 所示。

（3）在视图中选择要展开的各个亮显的折弯或卷曲，也可以单击【添加所有折弯】按钮来选择所有亮显的几何图元，如图 7-116 所示。

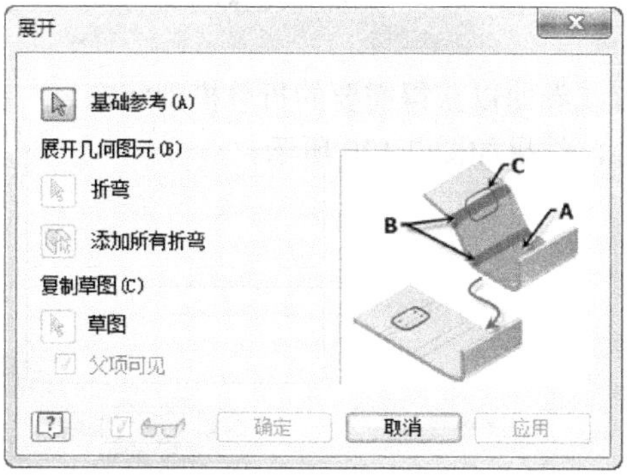

图 7-115 【展开】对话框

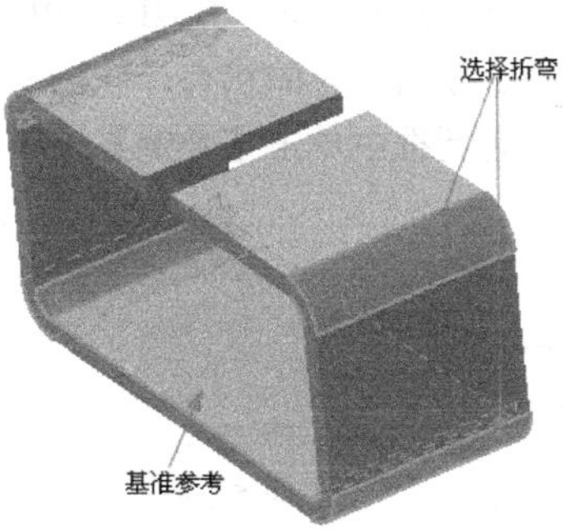

图 7-116　选择基础参考

（4）预览展平的状态，并添加或删除折弯或卷曲以获得需要的平面。

（5）在【展开】对话框中单击【确定】按钮，完成展开，结果如图 7-117 所示。

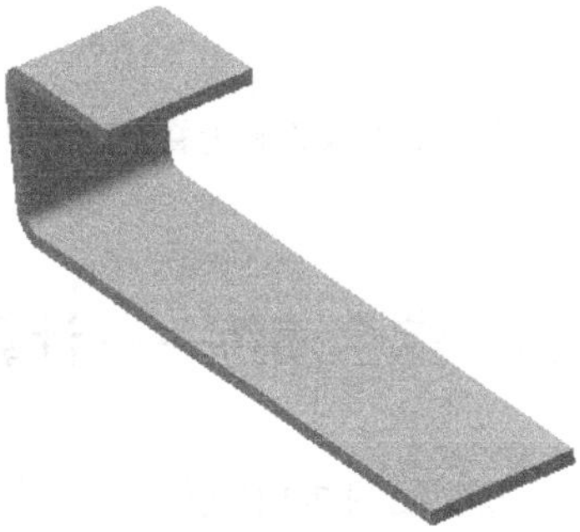

图 7-117　展开钣金

【展开】对话框中的选项说明如下。

（1）基础参考。选择用于定义展开或重新折叠折弯或旋转所参考的面或参考平面。

（2）展开几何图元。

折弯：选择要展开或重新折叠的各个折弯或旋转特征。

添加所有折弯：选择要展开或重新折叠的所有折弯或旋转特征。

（3）复制草图。

选择要展开或重新折叠的未使用的草图。

技巧

阵列中的钣金特征需要注意几点？

（1）展开特征通常沿整条边进行拉伸，可能不适用于阵列。

（2）钣金剪切类似于拉伸剪切。使用【完全相同】终止方式获得的结果可能会与使用【根据模型调整】终止方式获得的结果不同。

（3）冲裁贯通折弯特征阵列结果因折弯几何图元和终止方式的不同而不同。

（4）不支持多边凸缘阵列。

（5）【完全相同】终止方式仅适用于面特征、凸缘、异形板和卷边特征。

7.3.9 重新折叠

使用此命令可以相对于参考重新折叠一个或多个钣金折弯或旋转。

重新折叠的操作步骤如下。

（1）单击【钣金】标签栏【修改】面板中的【重新折叠】按钮，打开【重新折叠】对话框，如图 7-118 所示。

（2）在视图中选择用于作重新折叠参考的面或平面，如图 7-119 所示。

（3）在视图中选择要重新折叠的各个亮显的折弯或卷曲，也可以单击【添加所有折弯】按钮来选择所有亮显的几何图元，如图 7-119 所示。

（4）预览重新折叠的状态，并添加或删除折弯或卷曲以获得需要的折叠模型状态。

（5）在对话框中单击【确定】按钮，完成折叠，结果如图 7-120 所示。

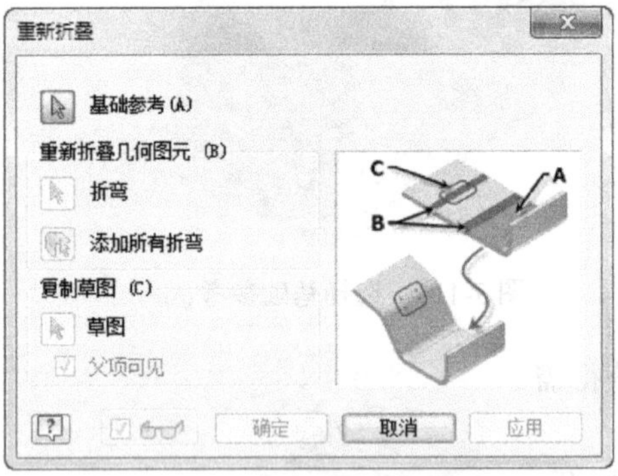

图 7-118 【重新折叠】对话框

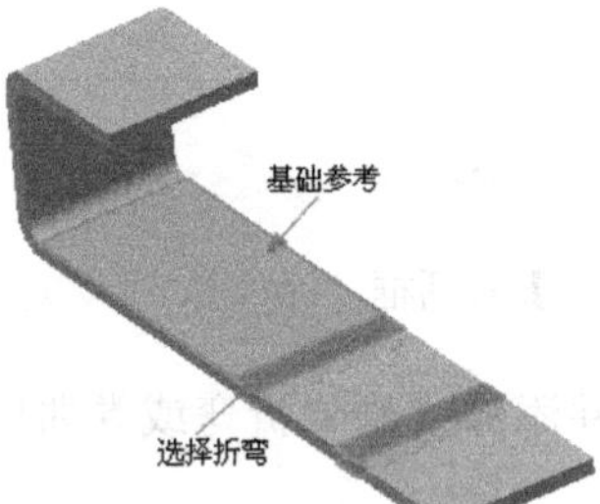

图 7-119 选择基础参考

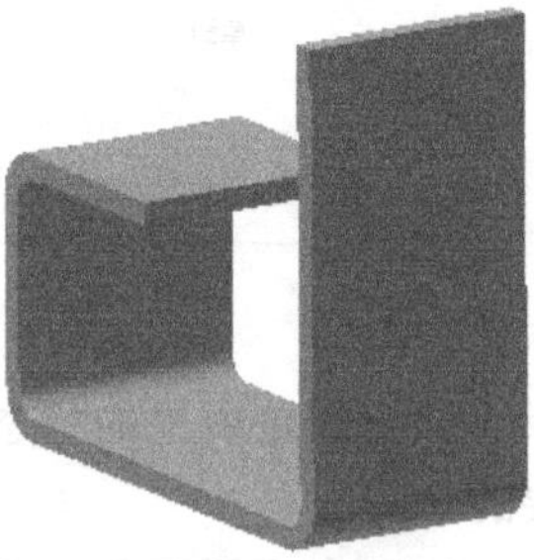
图 7-120 重新折叠

7.4 综合演练——计算机机箱顶板

绘制如图 7-121 所示的计算机机箱顶板。

扫码看视频

图 7-121 计算机机箱顶板

操作步骤

（1）新建文件。运行 Inventor，单击【快速入门】工具栏上的【新建】按钮，在打开的【新建文件】对话框中的【Templates】选项卡中的零件下拉列表中选择【Sheet Metal.ipt】选项，单击【创建】按钮，新建一个零件文件。

（2）创建草图。单击【钣金】标签栏【草图】面板上的【创建二维草图】按钮，选择

XZ 平面为草图绘制平面，进入草图绘制环境。单击【草图】标签栏【绘图】面板上的【两点矩形】按钮，绘制草图。单击【约束】面板上的【尺寸】按钮，标注尺寸如图 7-122 所示。单击【草图】标签上的【完成草图】按钮，退出草图环境。

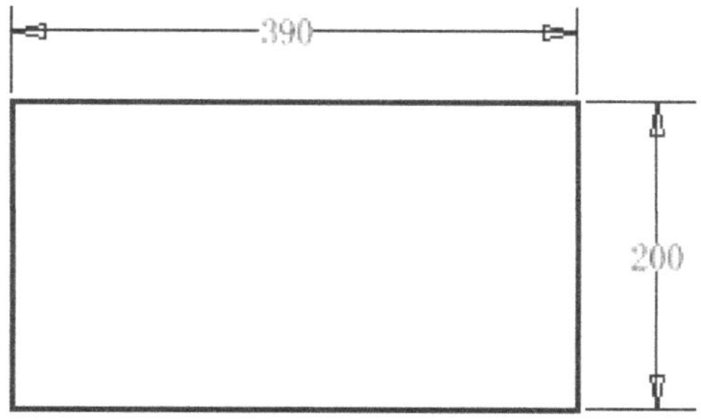

图 7-122　绘制草图

（3）创建平板。单击【钣金】标签栏【创建】面板上的【平板】按钮，打开【面】对话框，系统自动选择第（2）步绘制的草图为截面轮廓，如图 7-123 所示。单击【确定】按钮完成平板创建，如图 7-124 所示。

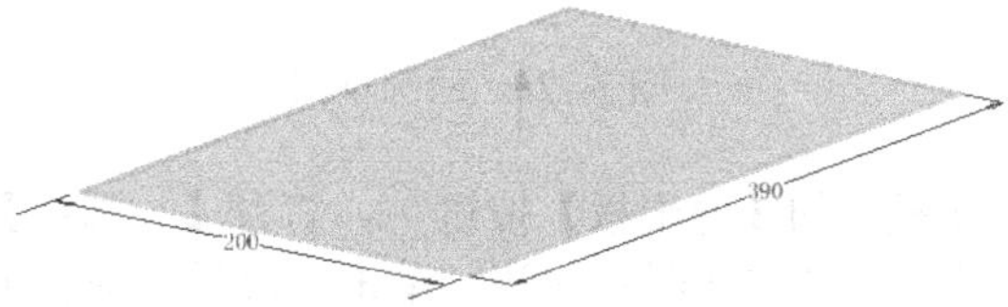

图 7-123　选择截面

图 7-124　创建平板

（4）创建凸缘。单击【钣金】标签栏【创建】面板上的【凸缘】按钮，打开【凸缘】对话框，选择如图 7-125 所示的边，输入高度为 23mm，凸缘角度为 90，选择【从两个外侧面的交线折弯】选项和【折弯面范围之内】选项，如图 7-125 所示，单击【确定】按钮完成凸缘的创建，如图 7-126 所示。

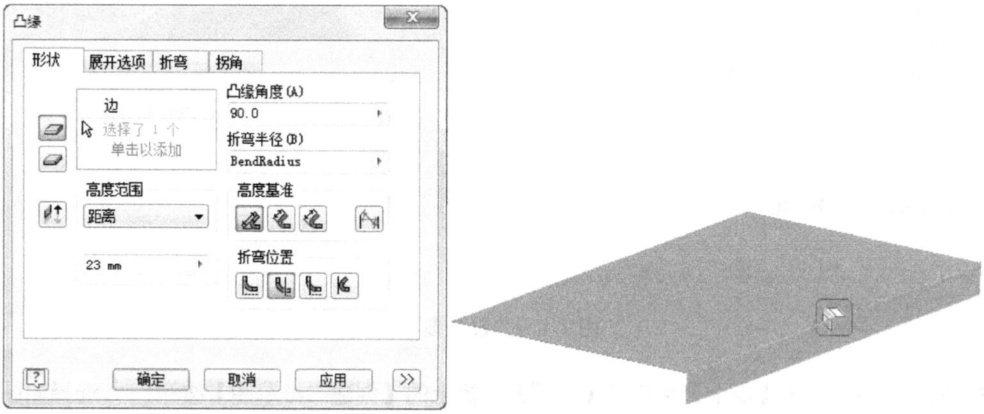

图 7-125　设置参数

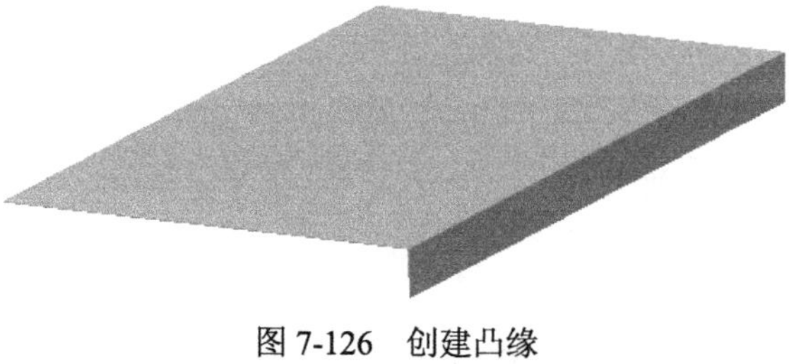

图 7-126　创建凸缘

（5）创建草图。单击【钣金】标签栏【草图】面板上的【创建二维草图】按钮，选择如图 7-127 所示的平面为草图绘制平面，进入草图绘制环境。单击【草图】标签栏【绘图】面板上的【直线】按钮，绘制草图。单击【约束】面板上的【尺寸】按钮，标注尺寸如图 7-128 所示。单击【草图】标签上的【完成草图】

按钮，退出草图环境。

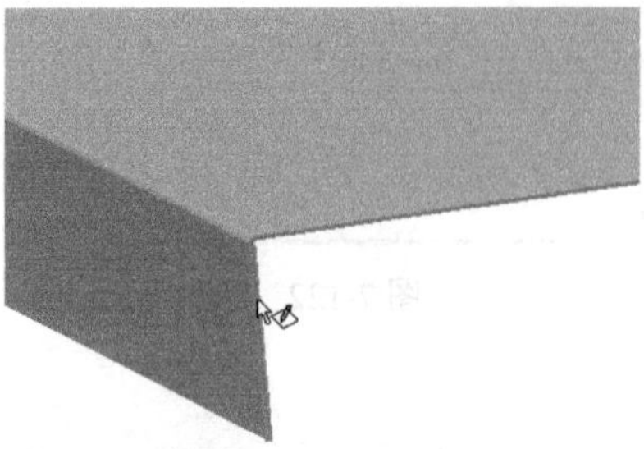

图 7-127 选择平面

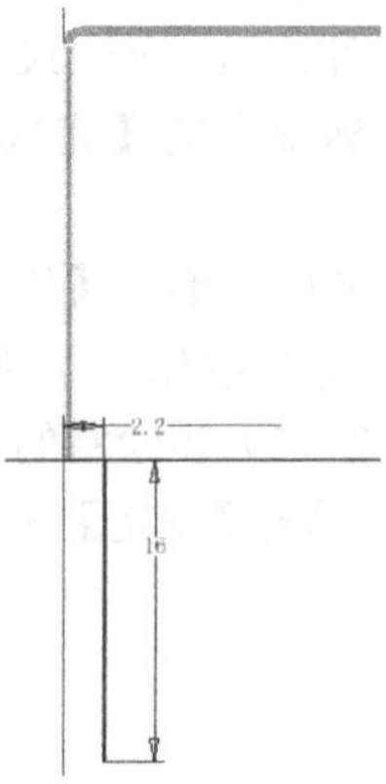

图 7-128 绘制草图

（6）创建异形板。单击【钣金】标签栏【创建】面板上的【异形板】按钮，打开【异形板】对话框，选择第（5）步绘制的草图为截面轮廓，选择如图 7-129 所示的边。单击【反转到对侧】按钮，调整方向，单击【确定】按钮，如图 7-130 所示。

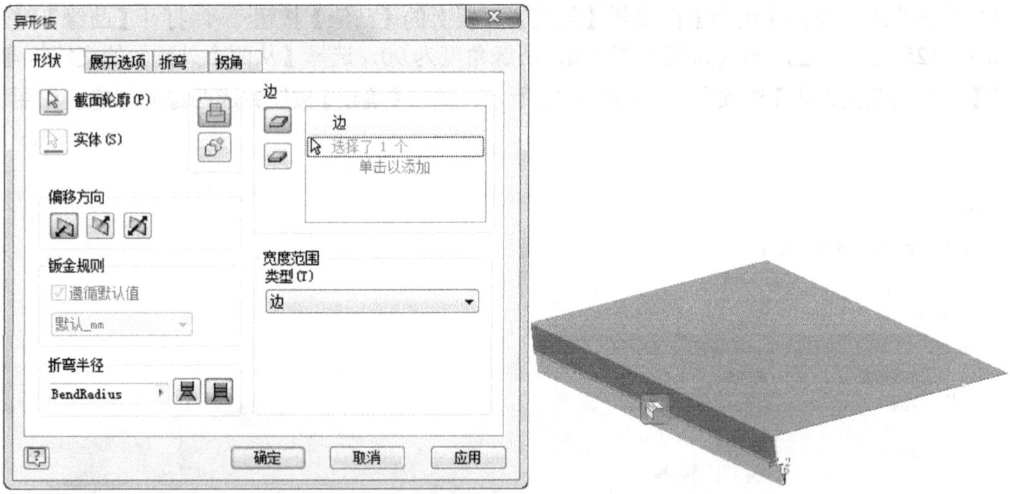

图 7-129 设置参数

（7）创建草图。单击【钣金】标签栏【草图】面板上的【创建二维草图】按钮，选择如图 7-131 所示的平面为草图绘制平面，进入草图绘制环境。利用草图命令，绘制草图。单击【约束】面板上的【尺寸】按钮，标注尺寸如图 7-132 所示。单击【草图】标签上的【完成草图】按钮，退出草图环境。

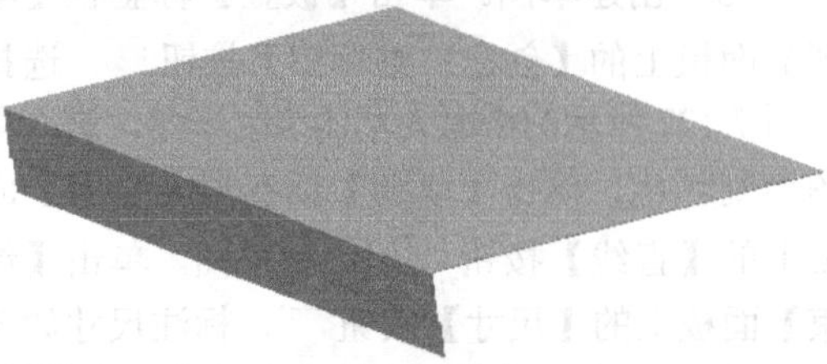

图 7-130 异形板

图 7-131 选择平面

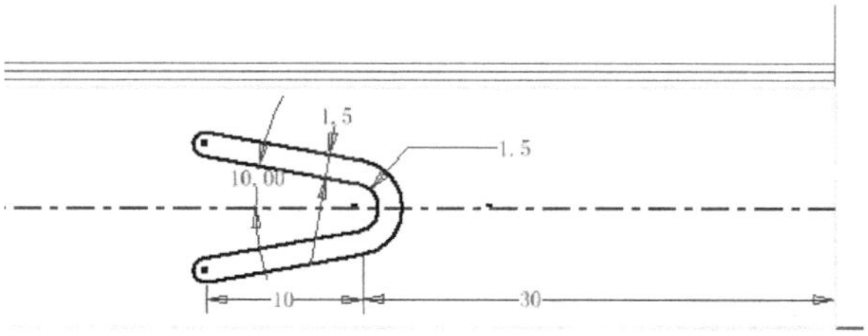

图 7-132 创建草图

（8）创建剪切。单击【钣金】标签栏【修改】面板上的【剪切】按钮，打开【剪切】对话框，选择如图 7-133 所示的截面轮廓。采用默认设置，单击【确定】按钮，如图 7-134 所示。

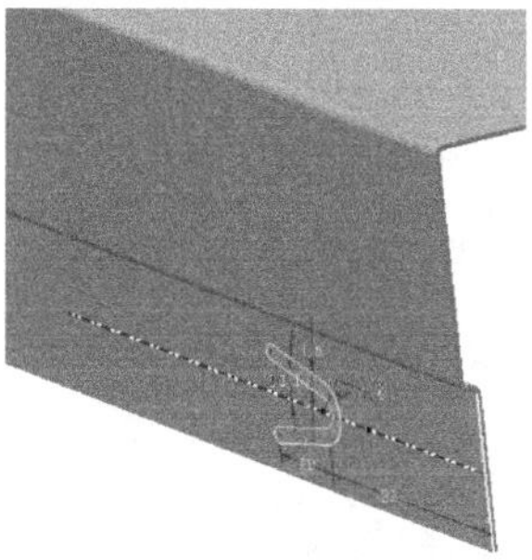

图 7-133 选择截面

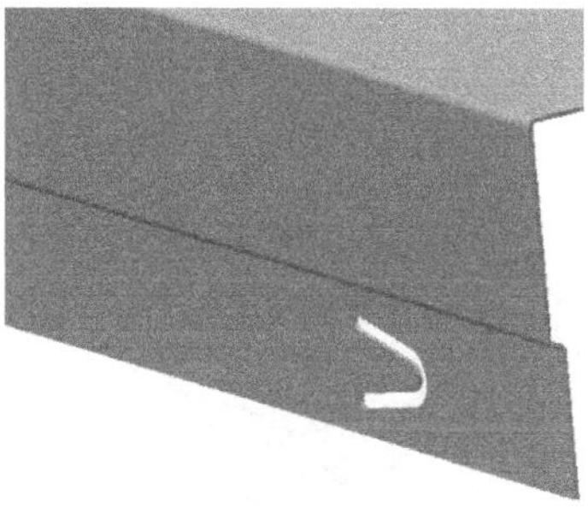

图 7-134 创建剪切

（9）矩形阵列特征。单击【钣金】标签栏【阵列】面板上的【矩形阵列】按钮，打开【矩形阵列】对话框，选择第（8）步创建的剪切特征为阵列特征，选择如图 7-135 所示的边为参考并输入参数；单击【确定】按钮，结果如图 7-136 所示。

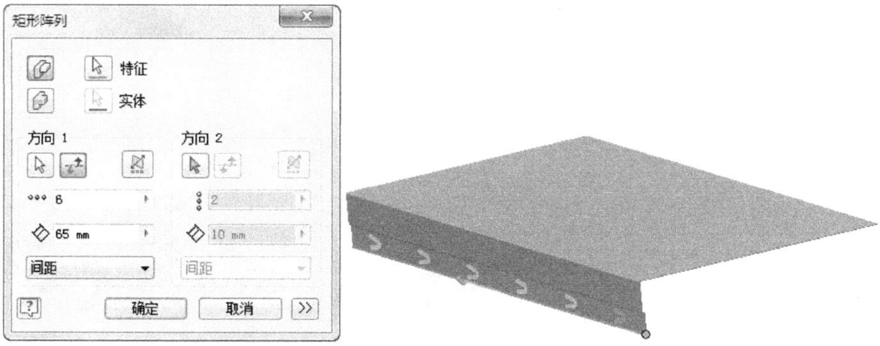

图 7-135 设置参数

（10）创建草图。单击【钣金】标签栏【草图】面板上的【创建二维草图】按钮，选择如图 7-137 所示的平面为草图绘制平面，进入草图绘制环境。利用草图命令，绘制草图。单击【约束】面板上的【尺寸】按钮，标注尺寸如图 7-138 所示。单击【草图】标签上的【完成草图】按钮，退出草图环境。

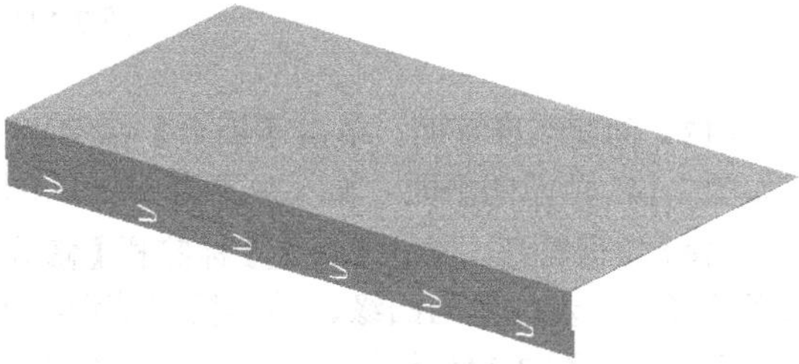

图 7-136 阵列特征

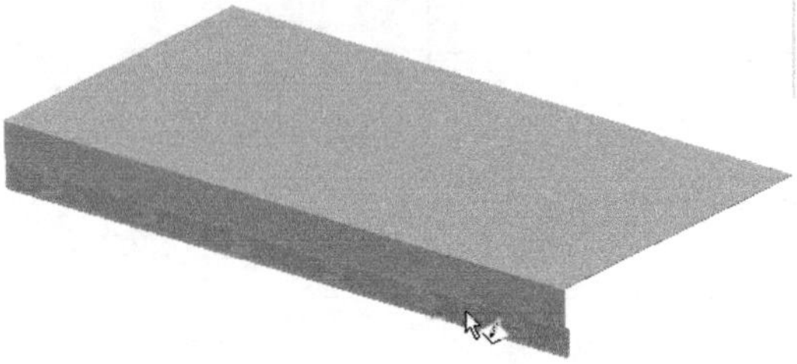

图 7-137　选择平面

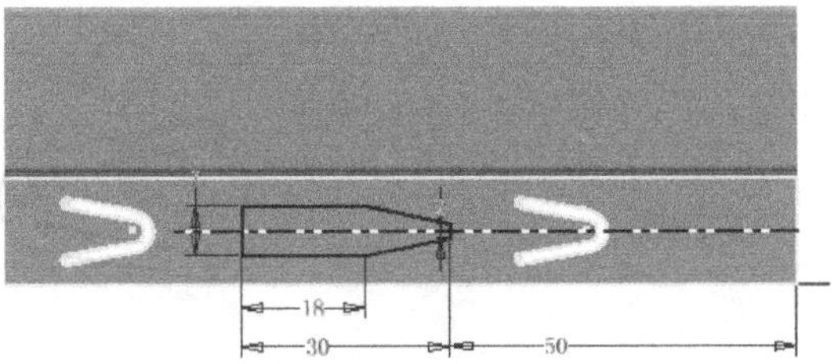

图 7-138　绘制草图

（11）创建剪切。单击【钣金】标签栏【修改】面板上的【剪切】按钮，打开【剪切】对话框，选择如图 7-139 所示的截面轮廓。采用默认设置，单击【确定】按钮，如图 7-140 所示。

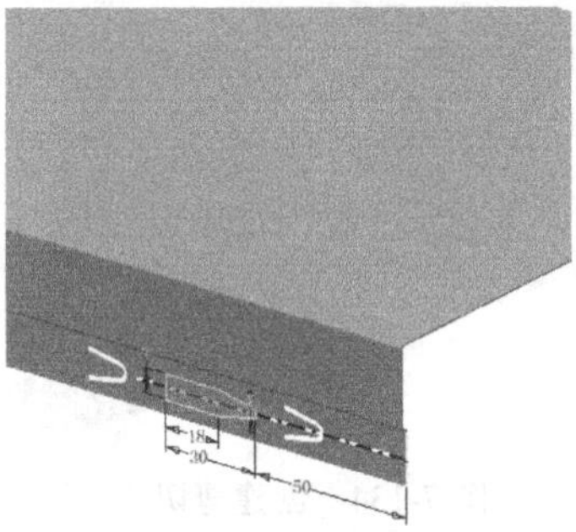

图 7-139　选择截面

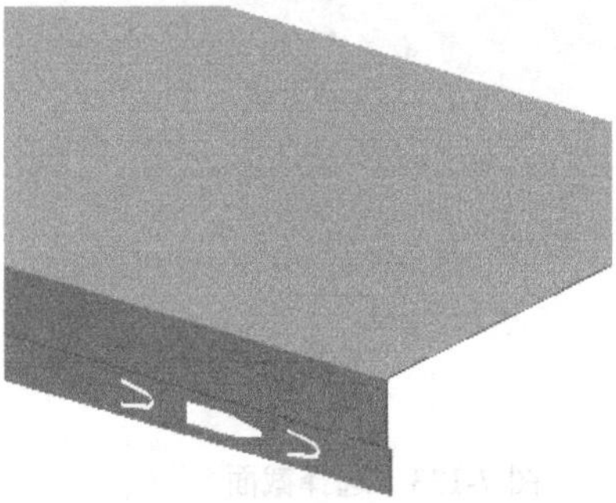

图 7-140　创建剪切

（12）矩形阵列特征。单击【钣金】标签栏【阵列】面板上的【矩形阵列】按钮，打开【矩形阵列】对话框，选择第（11）步创建的孔特征为阵列特征，选择如图 7-141 所示的参考并输入参数；单击【确定】按钮，结果如图 7-142 所示。

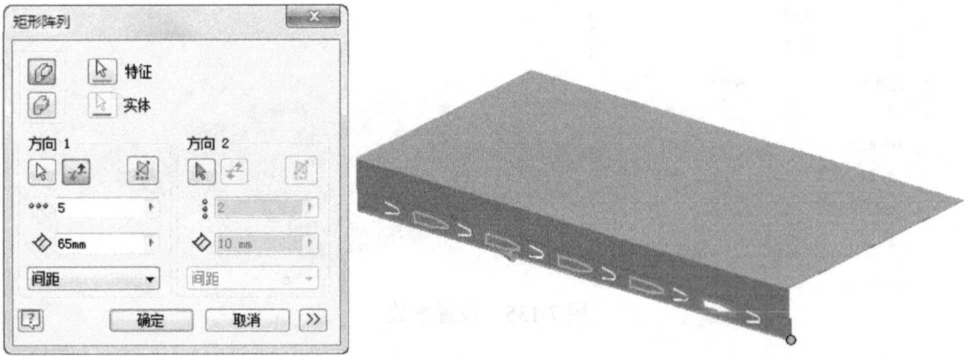

图 7-141　设置参数

（13）创建基准平面。单击【钣金】标签栏【定位特征】面板上的【从平面偏移】按钮，选择如图 7-143 所示的平面，输入距离为 -100。创建如图 7-144 所示的平面。

（14）镜像特征。单击【钣金】标签栏【修改】面板上的【镜像】按钮，打开【镜像】对话框，选择第（13）步创建的凸缘、异形板和剪切特征为镜像特征，选择第（13）步创建的基准平面为镜像平面，如图 7-145 所示，单击【确定】按钮，如图 7-146 所示。

图 7-142　矩形阵列

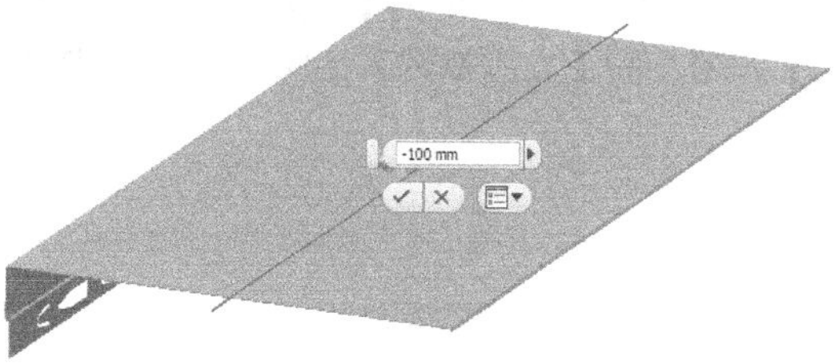

图 7-143　设置参数

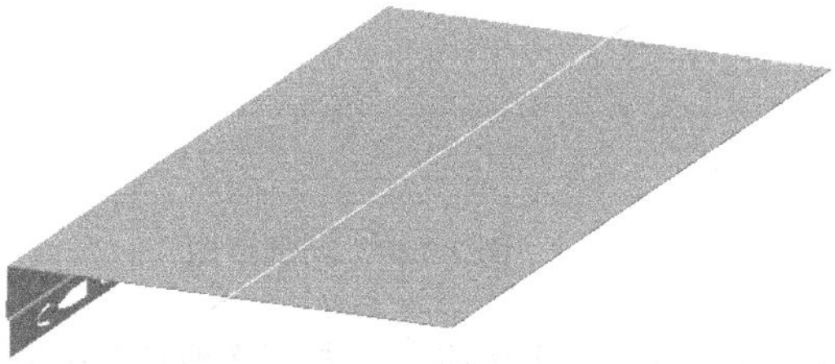

图 7-144　创建基准平面

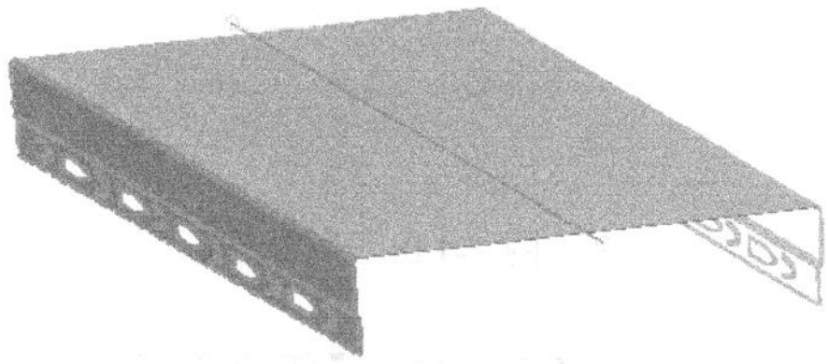

图 7-145　选择镜像特征

（15）创建凸缘。单击【钣金】标签栏【创建】面板上的【凸缘】按钮，打开【凸缘】对话框，选择如图 7-147 所示的边，输入高度为 14mm，凸缘角度为 90，选择【从两个外侧面的交线折弯】选项和【从相邻面折弯】选项，在宽度范围中选择【宽度】类型，选择【居中】选项，输入宽度为 198mm，如图 7-147 所示，单击【确定】按钮创建凸缘，如图 7-148 所示。

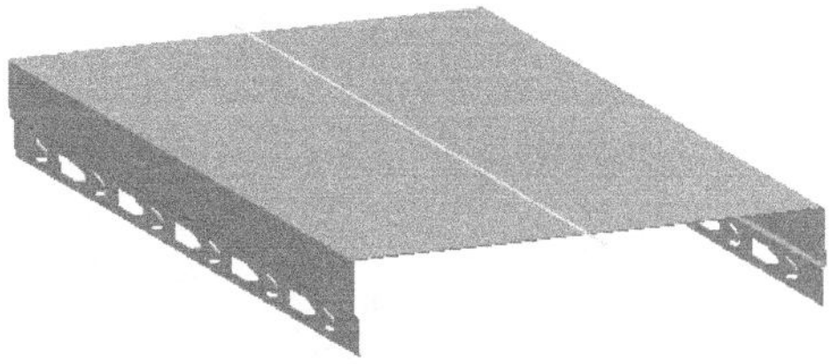

图 7-146　镜像特征

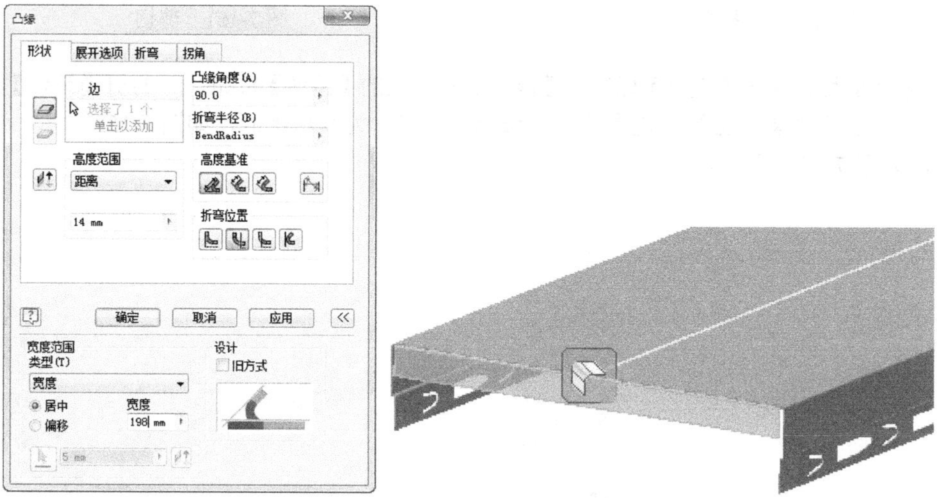

图 7-147　设置参数

（16）创建草图。单击【钣金】标签栏【草图】面板上的【创建二维草图】按钮，选择如图所示的平面为草图绘制平面，进入草图绘制环境。单击【草图】标签栏【绘图】面板上的【直线】

按钮，绘制草图。单击【约束】面板上的【尺寸】按钮，标注尺寸如图 7-149 所示。单击【草图】标签上的【完成草图】按钮，退出草图环境。

图 7-148　创建凸缘

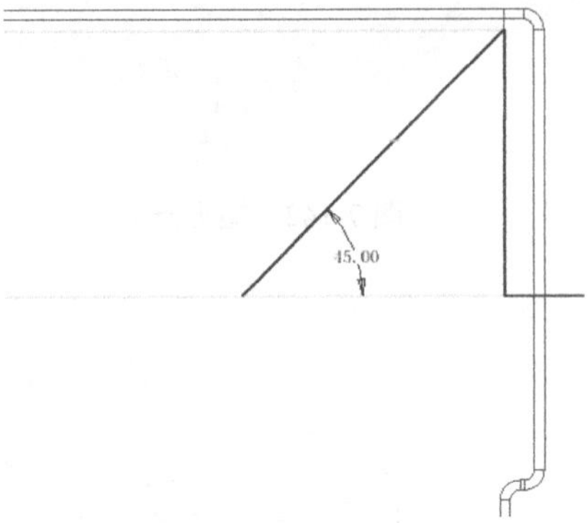

图 7-149　绘制草图

（17）创建剪切。单击【钣金】标签栏【修改】面板上的【剪切】按钮，打开【剪切】对话框，选择如图 7-150 所示的截面轮廓。采用默认设置，单击【确定】按钮，如图 7-151 所示。

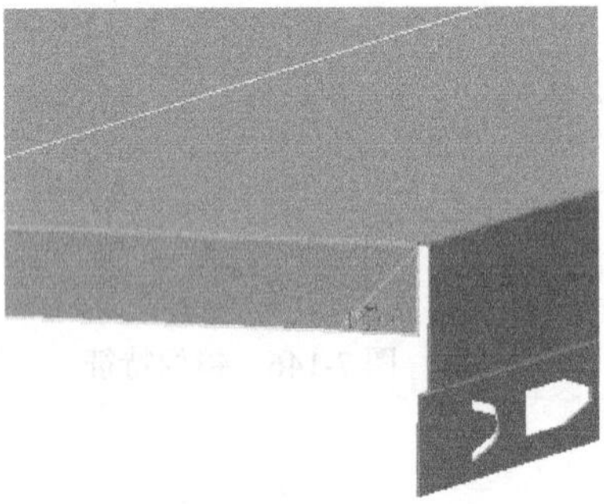

图 7-150　选择截面

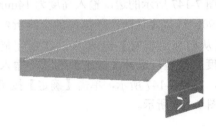

图 7-151　剪切

（18）创建剪切。单击【钣金】标签栏【修改】面板上的【镜像】按钮，打开【镜像】对话框，选择第（17）步创建的剪切特征为镜像特征，选择工作平面为镜像平面，如图 7-152 所示，单击【确定】按钮，如图 7-153 所示。

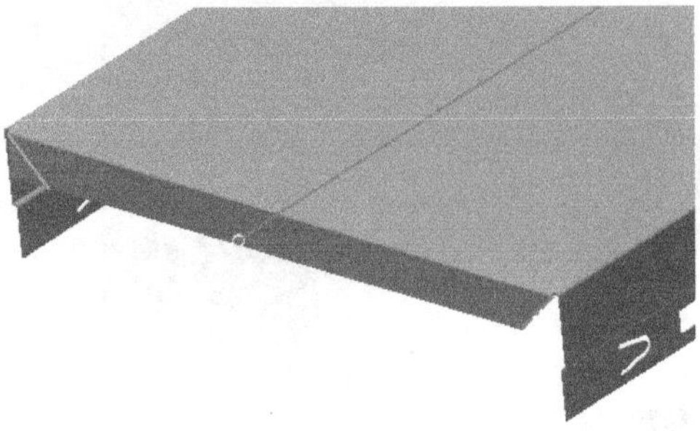

图 7-152　选择镜像特征

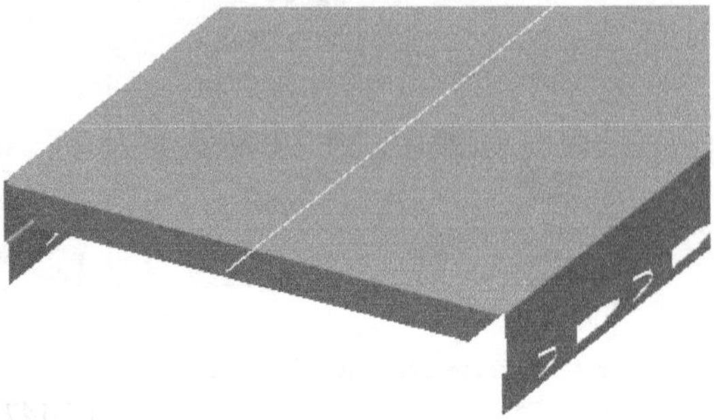

图 7-153　镜像特征

（19）创建展开。单击【钣金】标签栏【修改】面板上的【展开】按钮，打开【展开】对话框。选择如图 7-154 所示的面为基础参考，选择如图 7-154 所示的折弯，单击【确定】按钮，结果如图 7-155 所示。

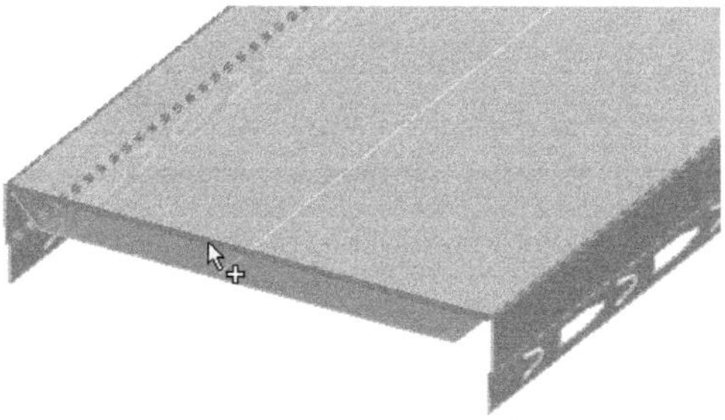

图 7-154　选择参考

图 7-155　展开平面

（20）创建凸缘。单击【钣金】标签栏【创建】面板上的【凸缘】按钮，打开【凸缘】对话框，选择如图 7-156 所示的边，输入高度为 14mm，凸缘角度为 90，选择【从两个内侧面的交线折弯】选项和【从相邻面折弯】选项，如图 7-156 所示，单击【确定】按钮，如图 7-157 所示。

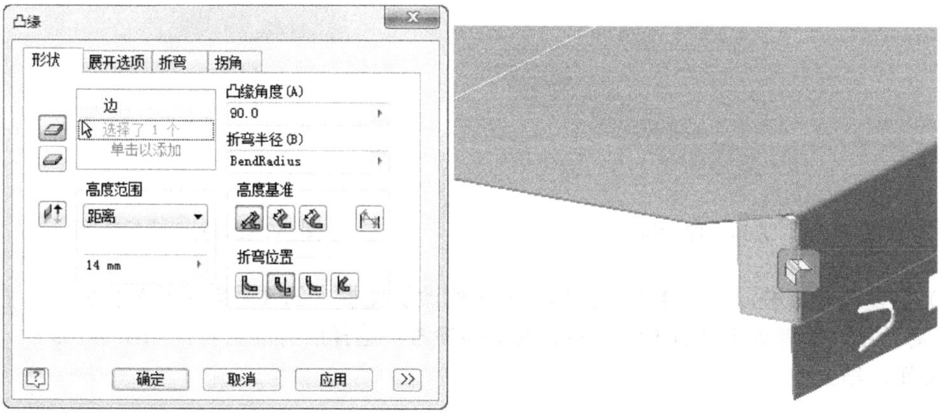

图 7-156　设置参数

（21）创建草图。单击【钣金】标签栏【草图】面板上的【创建二维草图】按钮，选择 *XZ* 平面为草图绘制平面，进入草图绘制环境。单击【草图】标签栏【绘图】面板上的【直线】按钮，绘制草图。单击【约束】面板上的【尺寸】按钮，标注尺寸如图 7-158 所示。单击【草图】标签上的【完成草图】按钮，退出草图环境。

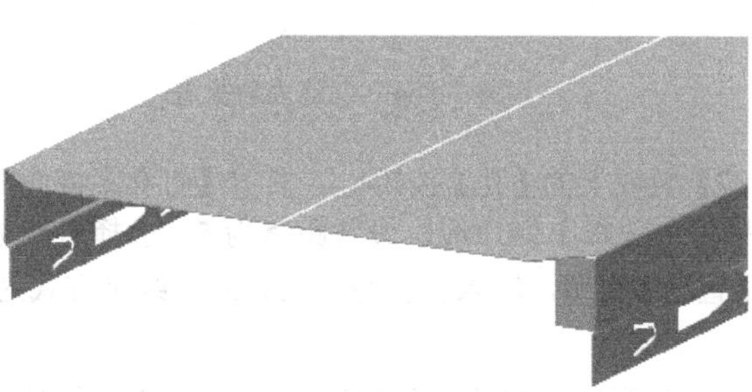

图 7-157　创建凸缘

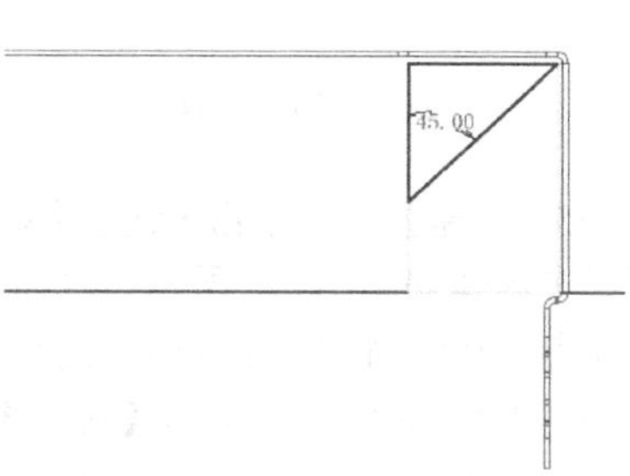

图 7-158　绘制草图

（22）创建剪切。单击【钣金】标签栏【修改】面板上的【剪切】按钮，打开【剪切】对话框，选择如图 7-159 所示的截面轮廓。采用默认设置，单击【确定】按钮，如图 7-160 所示。

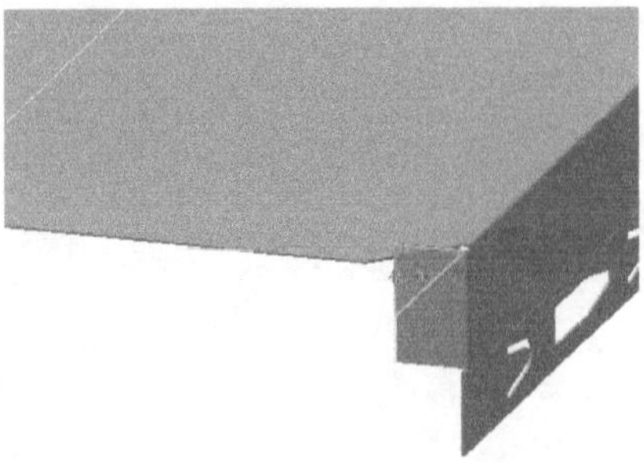

图 7-159 选择截面

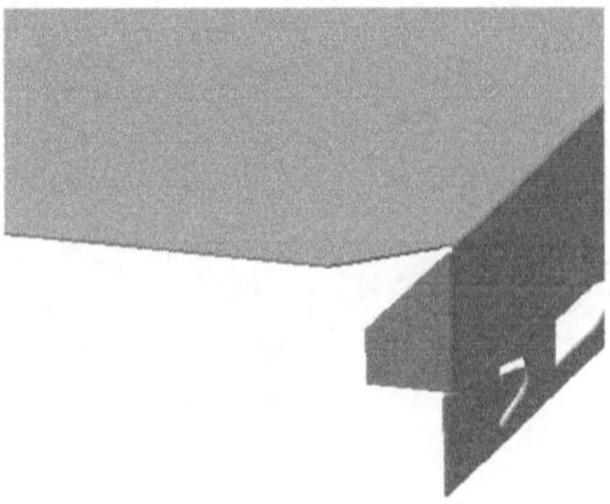

图 7-160 创建剪切

（23）创建镜像特征。单击【钣金】标签栏【修改】面板上的【镜像】按钮，打开【镜像】对话框，选择第（22）步创建的剪切特征为镜像特征，选择工作平面为镜像平面，如图 7-161 所示，单击【确定】按钮，如图 7-162 所示。

图 7-161 选择镜像特征

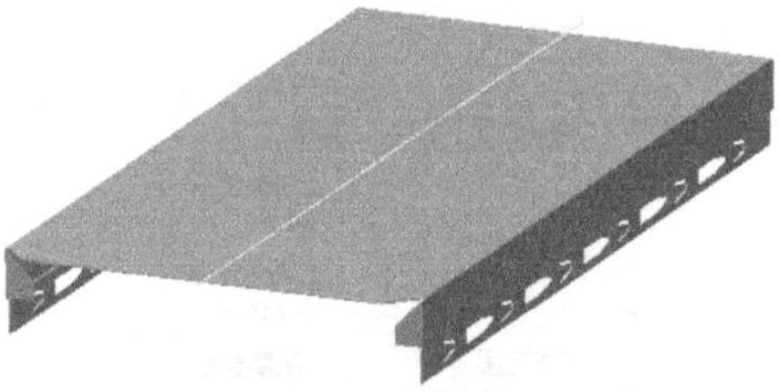

图 7-162 创建镜像特征

（24）创建重新折叠。单击【钣金】标签栏【修改】面板上的【重新折叠】按钮，打开【重新折叠】对话框。选择如图 7-163 所示的面为基础参考，选择所有的折弯，如图 7-163 所示，单击【确定】按钮，结果如图 7-164 所示。

图 7-163 选择面

图 7-164 创建重新折叠

（25）创建直孔。单击【钣金】标签栏【修改】面板上的【孔】按钮，打开【打孔】特性面板。在视图中选择如图 7-165 所示的表面为孔放置平面，选择上侧边线，设置距离为 5，选择右侧边线，设置距离为 90，如图 7-165 所示的参考，选择【直孔】类型，输入孔直径为 5.5mm，终止方式为【贯通】，如图 7-166 所示，单击【确定】按钮。

（26）创建直孔。单击【钣金】标签栏【修改】面板上的【孔】按钮，打开【孔】对话框。在视图中选择如图 7-167 所示的表面为孔放置平面，选择如图 7-167 所示的参考，选择【直孔】类型，输入孔直径为 5mm，终止方式为【贯通】，如图 7-168 所示，单击【确定】按钮。

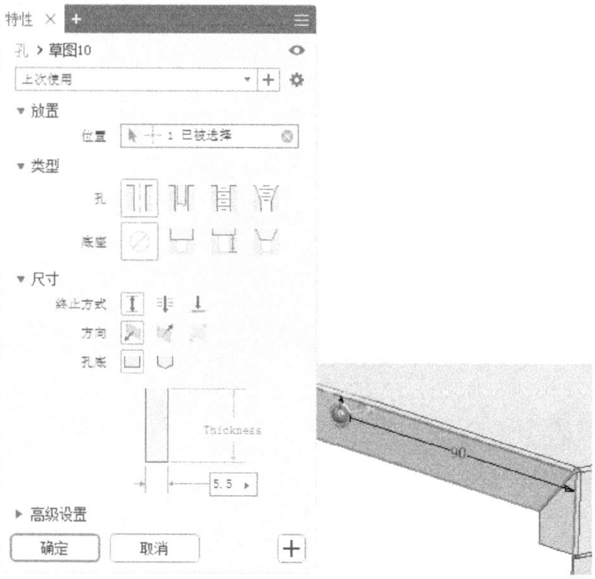

图 7-165　设置参数

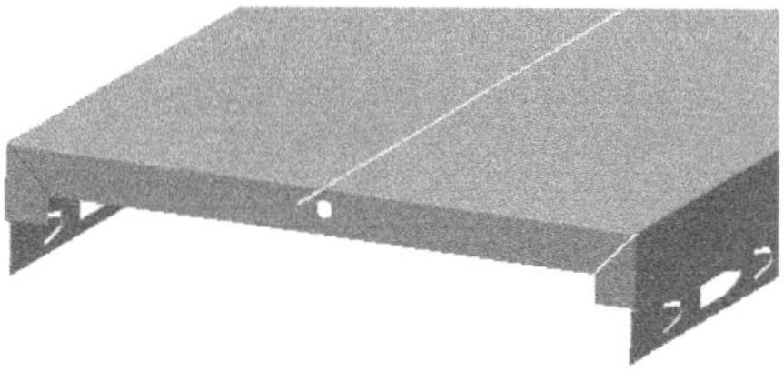

图 7-166　创建孔

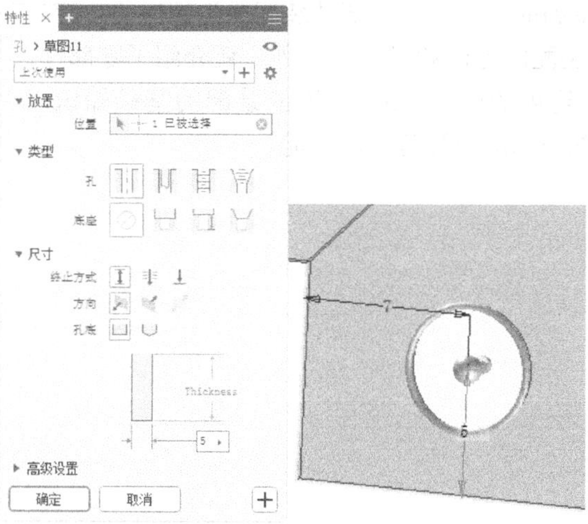

图 7-167　设置参数

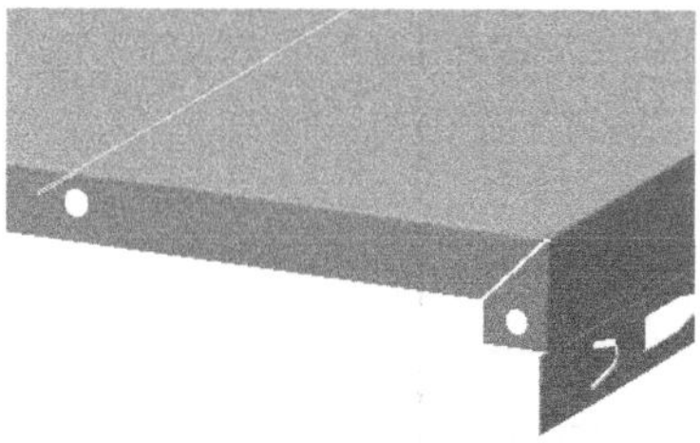

图 7-168　创建孔

（27）创建镜像特征。单击【钣金】标签栏【修改】面板上的【镜像】按钮，打开【镜像】对话框，选择第（26）步创建的剪切特征为镜像特征，选择工作平面为镜像平面，如图 7-169 所示，单击【确定】按钮，如图 7-121 所示。

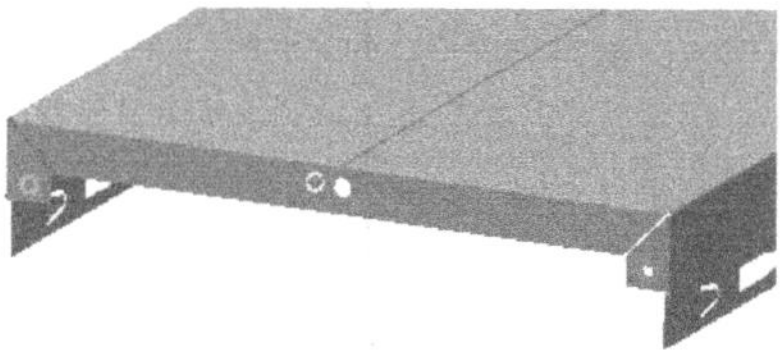

图 7-169　选择镜像特征

（28）保存文件。单击【快速入门】工具栏上的【保存】按钮，打开【另存为】对话框，输入文件名为【机箱顶板 .ipt】，单击【保存】按钮，保存文件。

第 8 章 部件装配

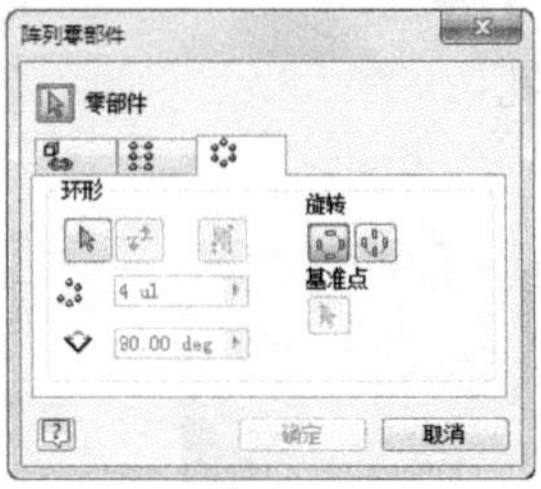

Inventor 提供将单独的零件或者子部件装配成为部件的功能，本章扼要讲述了部件装配的方法和过程。另外，还介绍了零部件的衍生，干涉检查与约束的驱动，iMate 智能装配的基础知识，以及 Inventor 中独有的自适应设计等常用功能。

8.1 Inventor 的部件设计

在 Inventor 中，可以将现有的零件或者部件按照一定的装配约束条件装配成一个的部件，同时这个部件也可以作为子部件装配到其他的部件中，最后零件和子部件构成一个符合设计构想的整体部件，如图 8-1 所示。

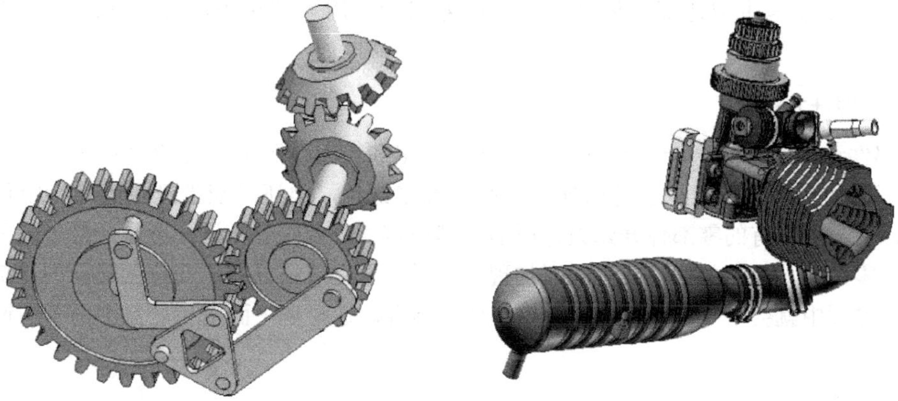

图 8-1 Inventor 中的装配完毕的部件

按照通常的设计思路，设计者和工程师首先创建布局，然后设计零件，最后把所有零部件组装为部件，这种方法称为自下而上的设计方法。使用 Inventor 创建部件时可以在位创建零件或者放置现有零件，从而使设计过程更加简单有效，称为自上而下的设计方法。这种自上而下的设计方法的优点如下。

（1）这种以部件为中心的设计方法支持自上而下、自下而上和混合的设计策略。Inventor 可以在设计过程中的任何环节创建部件，而不是在最后才创建部件。

（2）如果用户正在做一个全新的设计方案，则可以从一个空的部件开始，然后在具体设计时创建零件。

（3）如果要修改部件，则可以在位创建新零件，以使它们与现有的零件相配合。对外部零部件所做的更改将自动反映到部件模型和用于说明它们的工程图中。

在 Inventor 中，可以自由地使用自下而上的设计方法、自上而下的设计方法以及二者同时使用的混合设计方法，下面分别简要介绍。

1. 自下而上的设计方法

对于从零件到部件的设计方法，也就是自下而上的部件设计方法，在进行设计时，需要向部件文件中放置现有的零件和子部件，并通过应用装配约束（例如配合和表面齐平约束）将其定位。如果可能，则应按照制造过程中的装配顺序放置零部件，除非零部件在它们的零件文件中是以自适应特征创建的，否则它们就有可能无法满足部件设计的要求。

在 Inventor 中，可以在部件中放置零件，然后在部件环境中使零件自适应功能。当零件的特征被约束到其他的零部件时，在当前设计中零件将自动调整本身大小以适应装配尺寸。如果希望所有欠约束的特征在被装配约束定位时自适应，则可以将子部件指定为自适应。如果子部件中的零件被约束到固定几何图元，它的特征将根据需要调整大小。

2. 自上而下的设计方法

对于从部件到零件的设计方法，也就是自上而下的部件设计方法，用户在进行设计时，会遵循一定的设计标准并创建满足这些标准的零部件。设计者列出已知的参数，并且会创建一个工程布局（贯穿并推进整个设计过程的二维设计）。布局可能包含一些关联项目，例如部件靠立的墙和底板、从部件设计中传入或接受输出的机械以及其他固定数据。布局中也可以包含其他标准，例如机械特征。可以在零件文件中绘制布局，然后将它放置到部件文件中。在设计进程中，草图将不断地生成特征。最终的部件是专门设计用来解决当前设计问题的相关零件的集合体。

3. 混合设计方法

混合部件设计的方法结合了自下而上的设计策略和自上而下的设计策略的优点。在这种设计思路下，可以知道某些需求，也可以使用一些标准零部件，但还是应当产生满足特定目的的新设计。通常，从一些现有的零部件开始设计所需的其他零件，首先分析设计意图，接着插入或创建固定（基础）零部件。设计部件时，可以添加现有的零部件，或根据需要在位创建新的零部件。这样部件的设计过程中就会十分灵活，可以根据具体的情况，选择自下而上还是自上而下的设计方法。

8.2 定制装配工作区环境

单击【工具】标签栏【选项】面板中的【应用程序选项】按钮，则打开【应用程序选项】对话框，打开【部件】选项卡，如图 8-2 所示。

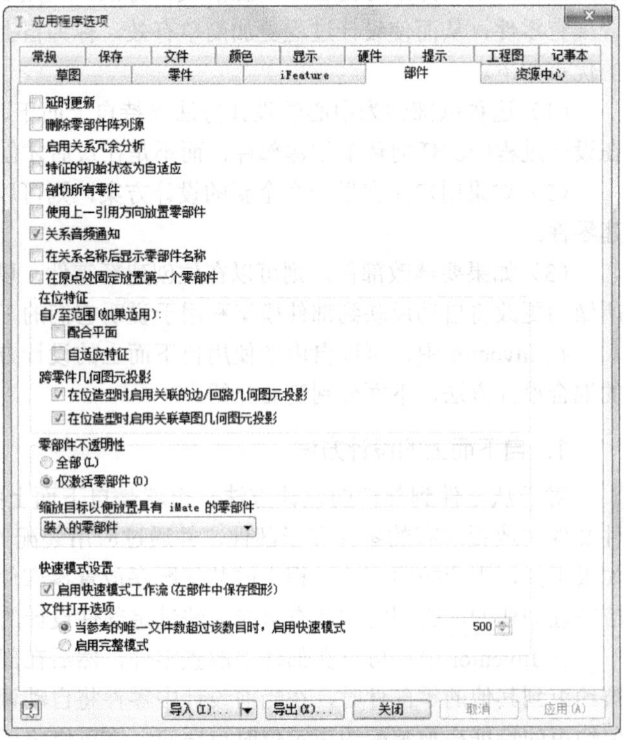

图 8-2 【部件】选项卡

（1）延时更新。利用该选项在编辑零部件时设置更新零部件的优先级。选中则延迟部件更新，直到单击了该部件文件的【更新】按钮为止，清除该项则在编辑零部件后自动更新部件。

（2）删除零部件阵列源。该选项设置删除阵列元素时的默认状态。选中则在删除阵列时删除源零部件，清除则在删除阵列时保留源零部件引用。

（3）启用关系冗余分析。该选项用于指定 Inventor 是否检查所有装配零部件，以进行自适应调整。默认设置为未选中。如果该项未选中，则 Inventor 将跳过辅助检查，辅助检查通常会检查是否有冗余关系并检查所有零部件的自由度。系统仅在显示自由度符号时才会更新自由度检查。选中该项后，Autodesk Inventor 将执行辅助检查，并在发现关系约束时通知用户。即使没有显示自由度，系统也将对其进行更新。

（4）特征的初始状态为自适应。控制新创建的零件特征是否可以自动设为自适应。

（5）剖切所有零件。控制是否剖切部件中的零件。子零件的剖视图方式与父零件相同。

（6）使用上一引用方向放置零部件。控制放置在部件中的零部件是否继承与上一个引用的浏览器中的零部件相同的方向。

（7）关系音频通知。选择此复选框以在创建约束时播放提示音。清除复选框则关闭声音。

（8）在关系名称后显示零部件名称。是否在浏览器中的约束后附加零部件实例名称。

（9）在位特征。当在部件中创建在位零件时，可以通过设置该选项来控制在位特征。勾选【配合平面】复选框，则设置构造特征得到所需的大小并使之与平面配合，但不允许它调整。勾选【自适应特征】复选框，则当其构造的基础平面改变时，自动调整在位特征的大小或位置。勾选【在位造型时启用关联的边 / 回路几何图元投影】复选框，则当部件中新建零件的特征时，将所选的几何图元从一个零件投影到另一个零件的草图来创建参考草图。投影的几何图元是关联的，并且会在父零件改变时更新。投影的几何图元可以用来创建草图特征。

（10）零部件不透明性。该选项用来设置当显示部件截面时，哪些零部件以不透明的样式显示。如果选中【全部】单选项，则所有的零部件都以不透明样式显示（当显示模式为着色或带显示边着色时）。如果选中【仅激活零部件】单选项，则以不透明样式显示激活的零件，强调激活的零件，暗显未激活的零件。这种显示样式可忽略【显示选项】选项卡的一些设置。另外，也可以用标准工具栏上的【不透明性】按钮设置零部件的不透明性

（11）缩放目标以便放置具有 iMate 的零部件。该选项设置当使用 iMate 放置零部件时，图形窗口的默认缩放方式。选择【无】选项，则使视图保持原样。不执行任何缩放。选择【装入的零部件】选项，将放大放置的零件，使其填充图形窗口。选中【全部】选项，则缩放部件，使模型中的所有元素适合图形窗口。

8.3 零部件基础操作

本节讲述如何在部件环境中装入零部件、替换零部件、旋转和移动零部件、阵列零部件等基本的操作技巧，这些是在部件环境中进行设计的必需技能。

8.3.1 添加和替换零部件

在 Inventor 中，不仅仅可以装入用 Inventor 创建的零部件，还可以输入并使用 SAT、STEP 和 Pro/Engineer 等格式和类型的文件。也可以输入 Mechanical Desktop 零件和部件，其特征将被转换为 Inventor 特征，或将 Mechanical Desktop 零件或部件作为零部件放置到 Inventor 的部件中。输入的各种非 Inventor 格式的文件被认为是一个实体，不能在 Inventor 中编辑其特征，但是可以向作为基础特征的实体添加特征，或创建特征从实体中去除材料。

1. 添加零部件

要在 Inventor 中添加已有的零部件，可以进行以下操作。

（1）单击【装配】标签栏【零部件】面板上的【放置】按钮，弹出【装入零部件】对话框，用户可以选择需要装入进行装配的零部件。

（2）选择完毕以后单击该对话框的【打开】按钮，则选择的零部件会添加到部件文件中来。另外，从 Windows 的浏览器中将文件拖曳到显示部件装配的图形窗口中，也可以装入零部件。

（3）装入第一个零部件后，单击右键，在打开的菜单中选择【在原点处固定放置】选项，系统会自动将其固定，也就是说删除该零部件所有的自由度。并且，它的原点及坐标轴与部件的原点及坐标轴完全重合。这样后续零件就可以相对于该零部件进行放置和约束。要恢复零部件的自由度（解除固定），可以在图形窗口或部件浏览器中的零部件引用上单击鼠标右键，然后清除右键菜单中【固定】选项旁边的复选标记。在部件浏览器中，固定的零部件会显示一个图钉图标。

（4）如果用户需要放置多个同样的零件，则可以单击左键，继续装入第二个相同的零件，否则单击右键，在打开菜单中选择【取消】选项即可。在实际的装配设计过程中，最好按照制造中的装配顺序来装入零部件，因为这样可以尽量与真实的装配过程吻合，如果出现问题，则可以尽快找到原因。

2. 替换零部件

在设计过程中，可以根据设计的需要替换部件中的某个零部件。要替换零部件，可以进行以下操作。

（1）单击【装配】标签栏【零部件】面板上的【替换】按钮，在工作区域内选择要替换的零部件。

（2）打开选择文件的【打开】对话框，可以自行选择用来替换原来零部件的新零部件。

（3）新的零部件或零部件的所有引用被放置在与原始零部件相同的位置，替换零部件的原点与被替换零部件的原点重合。如果可能，则装配约束将被保留。

（4）如果替换零部件具有与原始零部件不同的形状，则原始零部件的所有装配约束都将丢失。必须添加新的装配约束以正确定位零部件。如果装入的零件为原始零件的继承零件（包含编辑内容的零件副本），则替换时约束就不会丢失。

8.3.2 旋转和移动零部件

约束零部件时，可能需要暂时移动或旋转约束的零部件，以便更好地查看其他零部件或定位某个零部件以便于放置约束。要移动零部件，可以进行以下操作。

（1）单击【装配】标签栏【位置】面板上的【自由移动】按钮，然后单击零部件同时拖动鼠标即可拖动。

（2）要旋转零部件，可以选择【装配】标签栏内【位置】面板上的【自由旋转】按钮，在要旋转的零部件上单击左键，出现三维旋转符号。

要进行自由旋转，请在三维旋转符号内单击鼠标，并拖曳到要查看的方向。

要围绕水平轴旋转，可以单击三维旋转符号的顶部或底部控制点并竖直拖曳。

要围绕竖直轴旋转，可以单击三维旋转符号的左边或右边控制点并水平拖曳。

要平行于画面旋转，可以在三维旋转符号的边缘上移动，直到符号变为圆，然后单击边框并在环形方向拖动。

要改变旋转中心，可以在边缘内部或外部单击鼠标以设置新的旋转中心。

当旋转或移动零部件时，将暂时忽略零部件的约束。当单击工具栏上的【更新】按钮更新部件的时候，将恢复由零部件约束确定的零部件的位置。如果零部件没有约束或固定的零部件位置，则它将重新定位到移动或者旋转到的新位置。对于固定的零部件来说，旋转将忽略其固定位置，零部件仍被固定，但它的位置被旋转了。

8.3.3　镜像和阵列零部件

在特征环境下可以阵列和镜像特征，在部件环境下也可以阵列和镜像零部件。通过阵列的镜像零部件，可以减小不必要的重复设计的工作量，增加工作效率。镜像和阵列零部件分别如图 8-3 和图 8-4 所示。

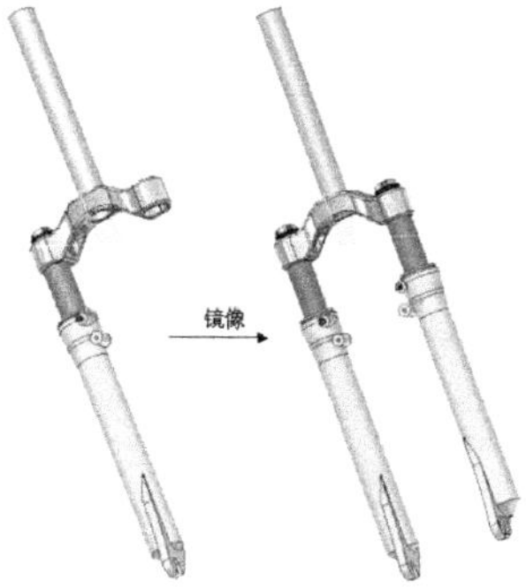

图 8-3　镜像零部件

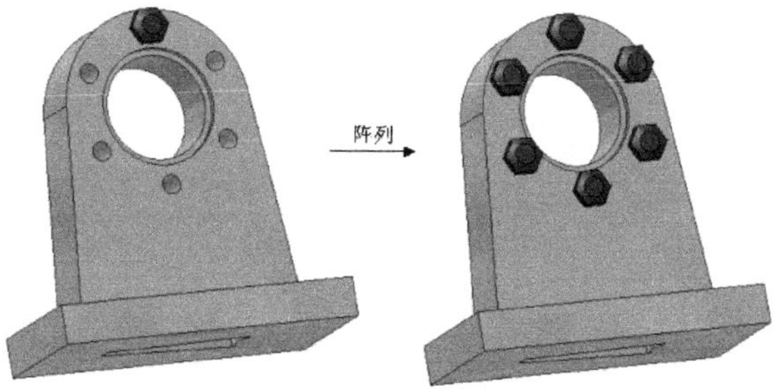

图 8-4　阵列零部件

1. 镜像

（1）单击【装配】标签栏【阵列】面板中的【镜像】按钮，则打开【镜像零部件】对话框，如图 8-5 所示。

（2）选择镜像平面，可以将工作平面或零件上的已有平面指定为镜像平面。

（3）选择需要进行镜像的零部件，选择后在白色窗口中会显示已经选择的零部件。该窗口中零部件标志的前面会有各种标志，如、等，单击之，这些标志则会改变，如单击则变成，再次单击变成等。这些符号表示了如何创建所选零部件的引用。

表示在新部件文件中创建镜像的引用，引用和源零部件关于镜像平面对称，如图 8-6 所示。

图 8-5　【镜像零部件】对话框

图 8-6　引用和源零部件关于镜像平面对称

表示在当前或新部件文件中创建重复使用的新引用，引用将围绕最靠近镜像平面的轴旋转并相对于镜像平面放置在相对的位置，如图 8-7 所示。

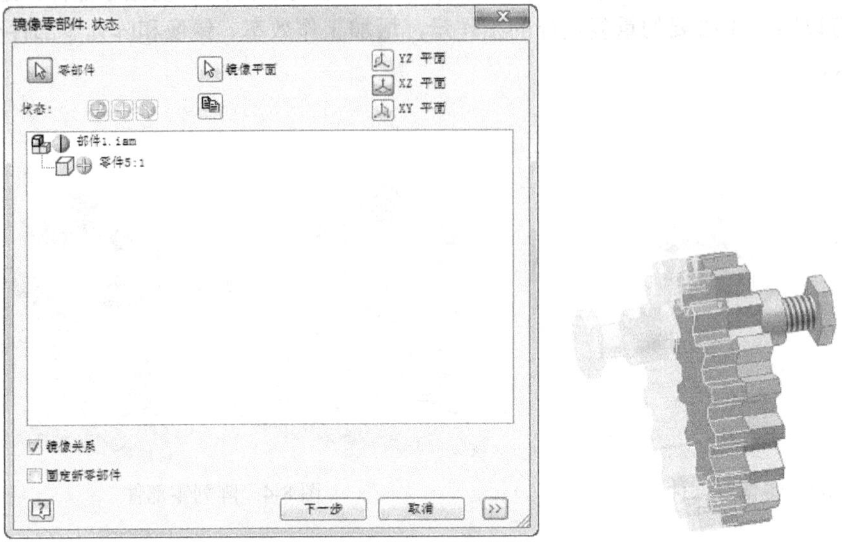

图 8-7　创建重复使用的新引用

表示子部件或零件不包含在镜像操作中，如图 8-8 所示。

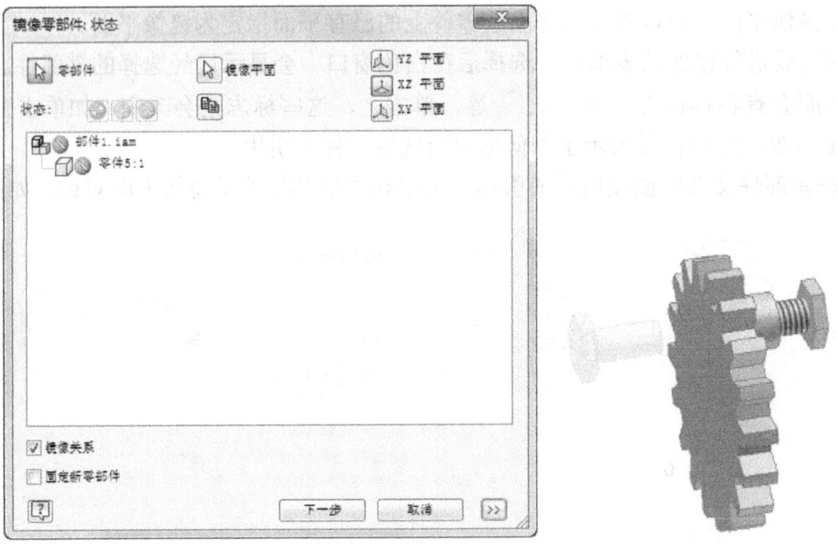

图 8-8　子部件或零件不包含在镜像操作中

如果部件包含重复使用的和排除的零部件，或者重复使用的子部件不完整，则显示图标。该图标不会出现在零件图标左侧，仅出现在部件图标左侧。

（4）勾选【重用标准件和工厂零件】复选框可以限制库零部件的镜像状态。在【预览零部件】选项中，选择某个复选框，则可以在图形窗口中以【幻影色】显示镜像的与选中项类型一致的零部件的状态。

（5）每一个 Inventor 的零部件都将作为一个新的文件保存在硬盘中，所以此时将打开图 8-9 所示的【镜像副本：文件名】对话框以设置保存镜像零部件文件。用户可以单击显示在窗口中的副本文件名以重命名该文件。

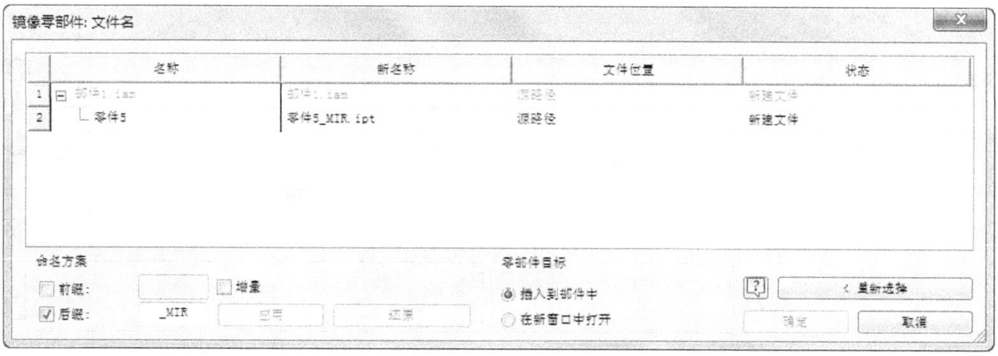

图 8-9 【镜像副本：文件名】对话框

在【命名方案】选项中，用户可以指定的前缀或后缀（默认值为 _MIR）来重命名【名称】列中选定的零部件。选择【增量】选项，则可以用依次递增的数字来命名文件。

在【零部件目标】选项中，用户可以指定部件结构中镜像零部件的目标。选择【插入到部件中】单选项，则将所有新部件作为同级零部件放到顶层部件中。选择【在新窗口中打开】选项，则在新窗口中打开包含所有镜像的部件的新部件。

（6）单击【确定】按钮以完成零部件的镜像。

对零部件进行镜像复制需要注意以下事项。

（1）生成的镜像零部件并不关联，因此如果修改原始零部件，它并不会更新。

（2）装配特征（包含工作平面）不会从源部件复制到镜像的部件中。

（3）焊接不会从源部件复制到镜像的部件中。

（4）零部件阵列中包含的特征将作为单个元素（而不是作为阵列）被复制。

（5）镜像的部件使用与原始部件相同的设计视图。

（6）仅当镜像或重复使用约束关系中的两个引用时，才会保留约束关系，如果仅镜像其中一个引用，则不会保留。

（7）镜像的部件中维护了零件或子部件中的工作平面间的约束；如果有必要，则必须重新创建零件和子部件间的工作平面以及部件的基准工作平面。

2. 阵列

Inventor 中可以在部件中将零部件排列为矩形或环形阵列。使用零部件阵列可以提高生产效率，并且可以更有效地实现用户的设计意图。比如，用户可能需要放置多个螺栓，以便将一个零部件固定到另一个零部件上，或者将多个零件或子部件装入一个复杂的部件中。在零件特征环境中已经有了关于阵列特征的内容，在部件环境中的阵列操作与其类似，这里仅重点介绍不同点。

（1）创建阵列。要创建零部件的阵列，可以选择【管理】标签栏内【阵列】面板上的【阵列】按钮，则打开如图 8-10 所示【阵列零部件】对话框。可以有三种创建阵列的方法。

可以创建关联的零部件阵列，这是默认的阵列创建方式，如图 8-10 所示。

首先选择要阵列的零部件，然后在【特征阵列选择】框中选择特征阵列，则需进行阵列的零部件将参照特征阵列的放置位置和间距进行阵列。对特征阵列的修改将自动更新部件阵列中零部件的数量和间距，同时与阵列的零部件相关联的约束在部件阵列中被复制和保留。创建关联的零部件阵列如图 8-11 所示，螺栓为要阵列的零件，特征阵列为机架部件上的孔阵列。

图 8-10 【阵列零部件】对话框

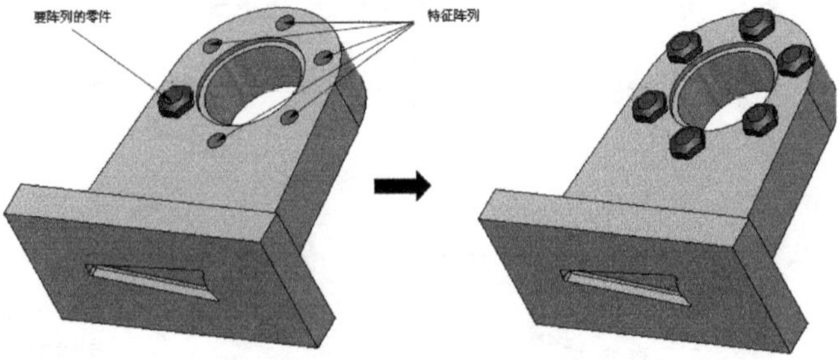

图 8-11 创建关联的零部件阵列

矩形阵列，需要选择【阵列零部件】面板上的【矩形】选项卡，如图 8-12 所示。依次选择要阵列的特征、矩形阵列的两个方向、副本在两个方向上的数量和距离即可。

环形阵列，需要选择【阵列零部件】面板上的【环形】选项卡，如图 8-13 所示。依次选择要阵列的特征、环形阵列的旋转轴、副本的数量和副本之间的角度间隔即可。

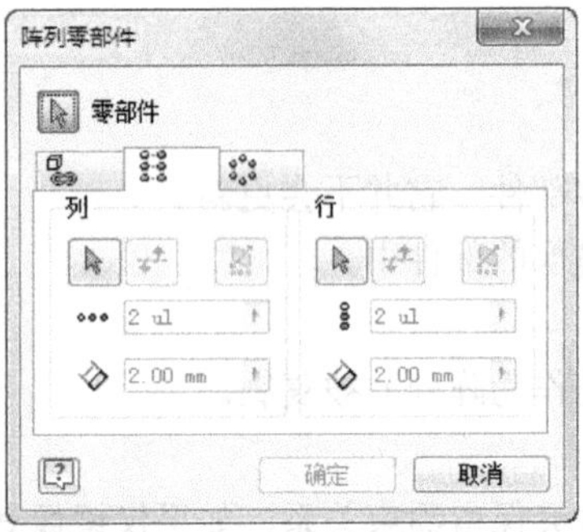

图 8-12 【矩形】阵列选项卡

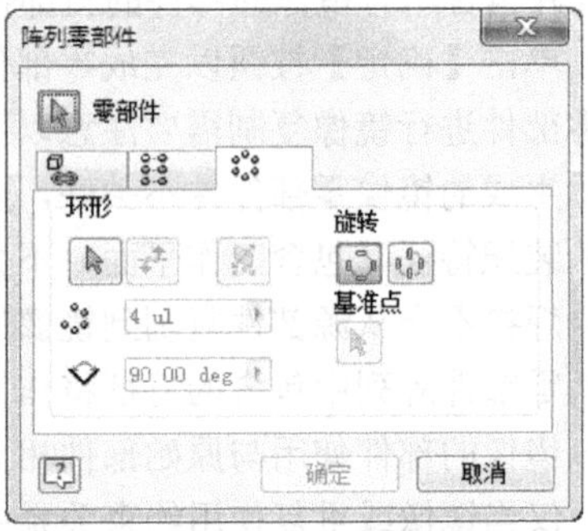

图 8-13 【环形】阵列选项卡

（2）阵列元素的抑制。在进行各种阵列操作时，如果阵列产生的个别元素与别的零部件（例如与阵列冲突的杆、槽口、紧固件或其他几何图元）发生干涉，则可以抑制一个或多个装配阵列元素。被抑制的阵列元素不会在图形窗口中显示，并且当部件更新时不会重新计算。其他几何图元可以占据被抑制元素相同的位置而不会发生干涉。要抑制某一个元素，可以在浏览器中选择该元素，单击右键在打开菜单中选择【抑制】选项即可。在图 8-14 中我们抑制了两个阵列元素。如果要接触某个元素的抑制，同样在右键菜单中去掉【抑制】前面的钩号即可。

（3）阵列元素的独立。默认情况下，所有创建的非源阵列元素与源零部件是关联的。如果修改了源零部件的特征，则所有的阵列元素也随之改变。但是也可以选择打断这种关联，使得阵列元素独立于源零部件。要使得某个非源阵列元素独立，可以在浏览器中选择一个或多个非源阵列元素，单击鼠标右键，并选择右键菜单中的【独立】选项以打断阵列链接。当阵列元素独立时，所选阵列元素将被抑制，元素中包含的每个零部件引用的副本都放置在与被抑制元素相同的位置和方向上，新的零部件在浏览器装配层次的底部独立列出，浏览器中的符号指示阵列链接被打断，如图 8-15 所示。

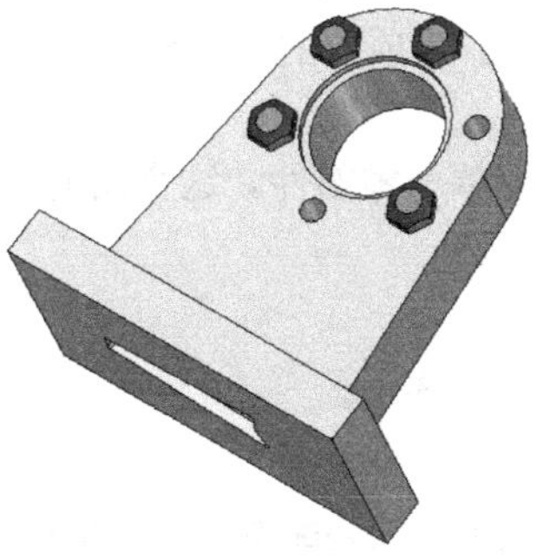

图 8-14　抑制两个阵列元素

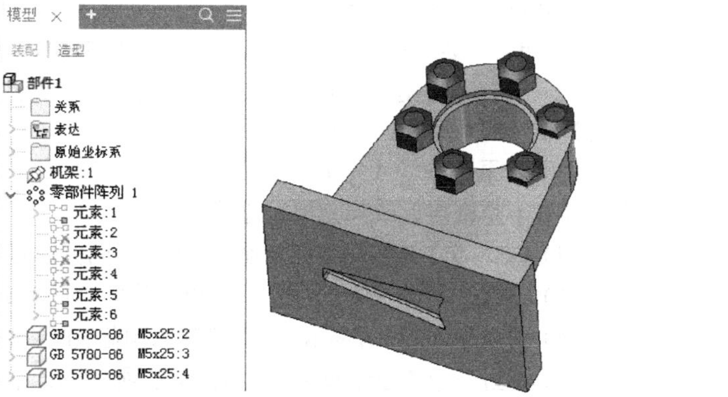

图 8-15　阵列链接被打断

8.4　添加和编辑约束

本节主要关注如何正确使用装配约束来装配零部件。

除了添加装配约束以组合零部件以外，Inventor 还可以添加运动约束以驱动部件的转动部分转动，方便进行部件运动动态的观察，甚至可以录制部件运动的动画视频文件；还可以添加过渡约束，使得零部件之间的某些曲面始终保持一定的关系。下面分别讲解。

在部件文件中装入或创建零部件后，可以使用装配约束建立部件中的零部件的方向并模拟零部件之间的机械关系。例如，可以使两个平面配合，将两个零件上的圆柱特征指定为保持同心关系，或约束一个零部件上的球面，使其与另一个零部件上的平面保持相切关系。装配约束决定了部件中的零部件如何配合在一起。当应用了约束，就删除了自由度，限制了零部件移动的方式。

装配约束不仅仅是将零部件组合在一起，正确应用装配约束还可以为 Inventor 提供执行干涉检查、冲突和接触动态及分析以及质量特性计算所需的信息。当正确应用约束时，可以驱动基本约束的值并查看部件中零部件的移动，关于驱动约束的问题将在后面章节中讲述。

8.4.1　配合约束

配合约束将零部件面对面放置或使这些零部件表面齐平相邻，该约束将删除平面之间的一个线性平移自由度和两个角度旋转自由度。

配合约束有两种类型：一是【配合】，互相垂直地相对放置选中的面，使面重合，如图 8-16 所示；二是【对齐】，用来对齐相邻的零部件，可以通过选中的面、线或点来对齐零部件，使其表面法线指向相同方向，如图 8-17 所示。

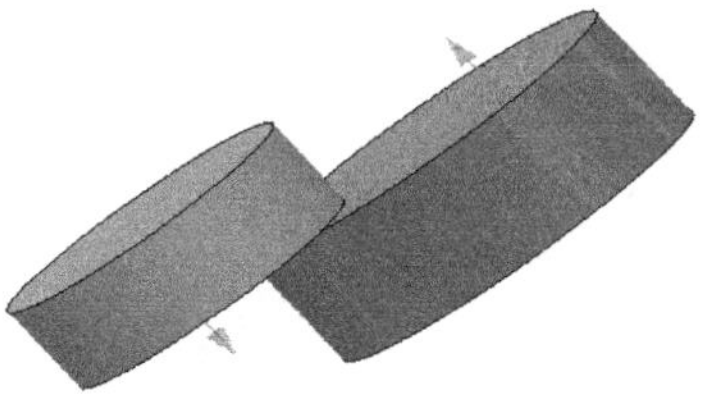

图 8-16 【配合】约束

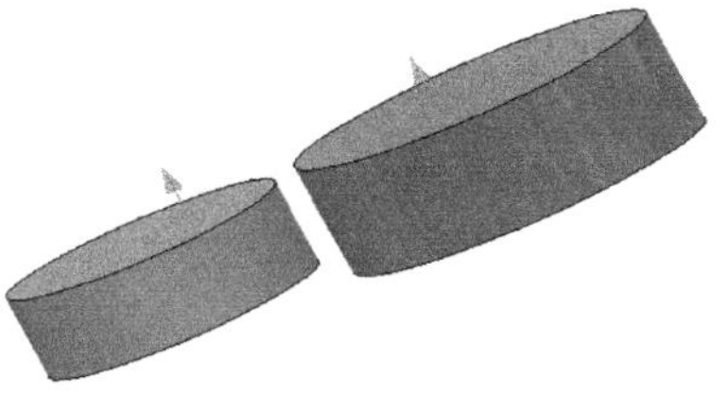

图 8-17 【对齐】约束

要在两个零部件之间添加配合约束，可以进行以下操作。

（1）单击【装配】标签栏【位置】面板上的【约束】按钮，打开【放置约束】对话框，如图 8-18 所示。

（2）选择【类型】选项中的【配合】按钮，然后单击【选择】选项中的两个红色箭头，分别选择配合的两个平面、曲线、平面、边或点。

（3）如果选择了【先单击零件】选项，则将可选几何图元限制为单一零部件。这个功能适合在零部件处于紧密接近或部分相互遮挡时使用。

（4）【偏移量】选项用来指定零部件相互之间偏移的距离。

（5）在【求解方法】选项中，可以选择配合的方式即配合或者表面齐平。

（6）可以通过选中【显示预览】选项来预览装配后的图形。

（7）通过选中【预计偏移量和方向】选项在装配时由系统自动预测合适的装配偏移量和偏移方向。

（8）如果选择的约束对象为两个轴线，【放置约束】对话框变为如图 8-19 所示，对话框提供了 3 种方案来约束两个轴。

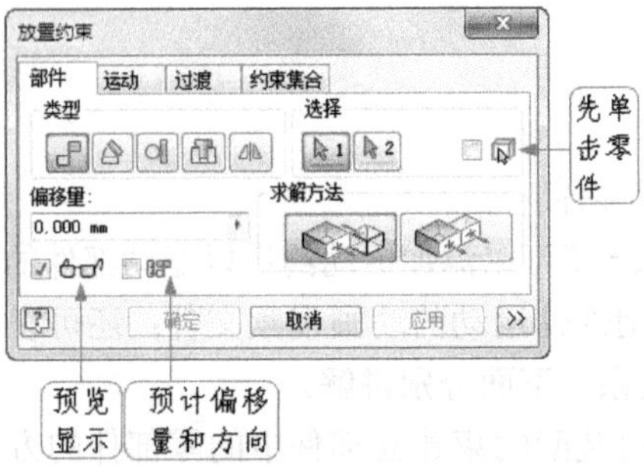

图 8-18 【放置约束】对话框

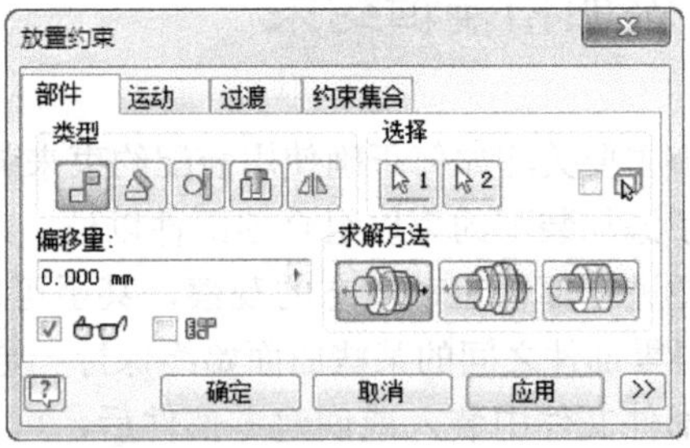

图 8-19 【放置约束】对话框

- 反向：反转第一个选定零部件的配合方向。
- 对齐：保持第一个选定零部件的配合方向。
- 为定向：保持第一个选定零部件的配合方向。

下面的示例显示了第一个选定零部件的中心轴和第二个选定零部件的中心轴，如图 8-20 所示。选择“反向”后，将反转第一个选定零部件的轴方向，如图 8-21 所示。

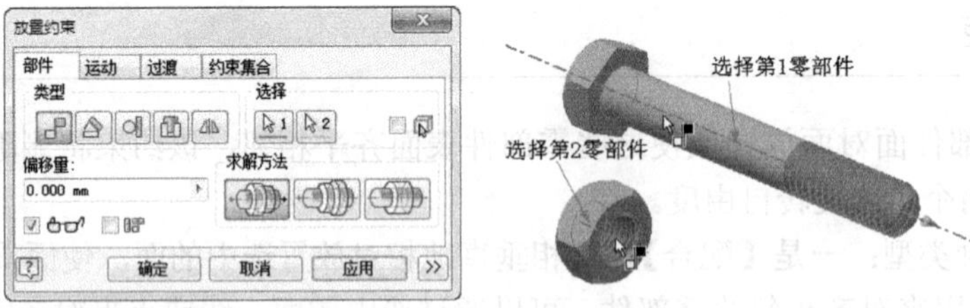

图 8-20 选择装配对象

选择“对齐”后，将保留第一个选定零部件的轴方向，如图 8-22 所示。

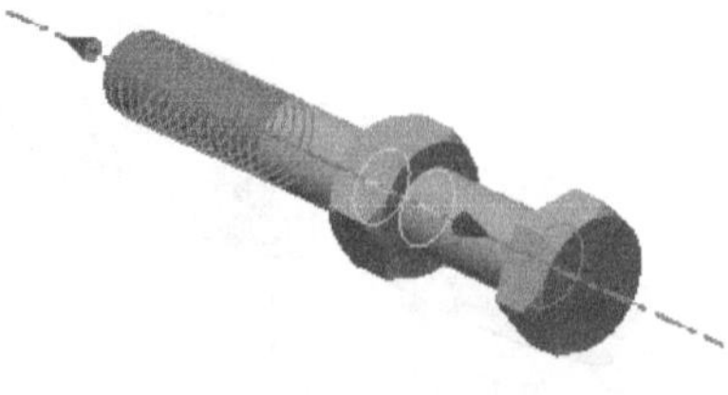

图 8-21 【反向】约束结果

图 8-22 【对齐】约束结果

（9）单击【确定】按钮以完成配合装配。

8.4.2　角度约束

对准角度约束可以使得零部件上平面或者边线按照一定的角度放置，该约束删除平面之间的一个旋转自由度或两个角度旋转自由度。

可以有两种对准角度的约束方法：一是【定向角度】方式，它始终应用于右手规则，也就是说右手的拇指外的四指指向旋转的方向，拇指指向为旋转轴的正向。当设定了一个对准角度之后，需要对准角度的零件总是沿一个方向旋转（即旋转轴的正向）。二是【非定向角度】方式，它是默认的方式，在该方式下可以选择任意一种旋转方式。如果解出的位置近似于上次计算出的位置，则自动应用左手定则。典型的对准角度约束如图 8-23 所示。

要在两个零部件之间添加角度约束，可以进行以下操作。

（1）单击【装配】标签栏【位置】面板上的【约束】按钮，打开【放置约束】对话框，如图 8-18 所示。

（2）选择【类型】选项中的【角度】按钮，对话框中出现【角度】选项，如图 8-24 所示。

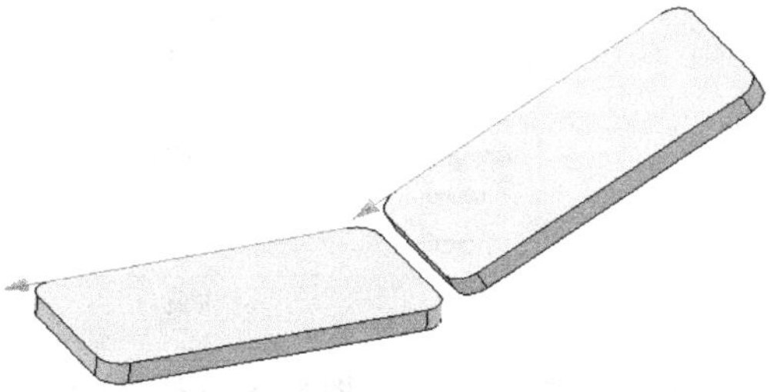

图 8-23 【角度】约束

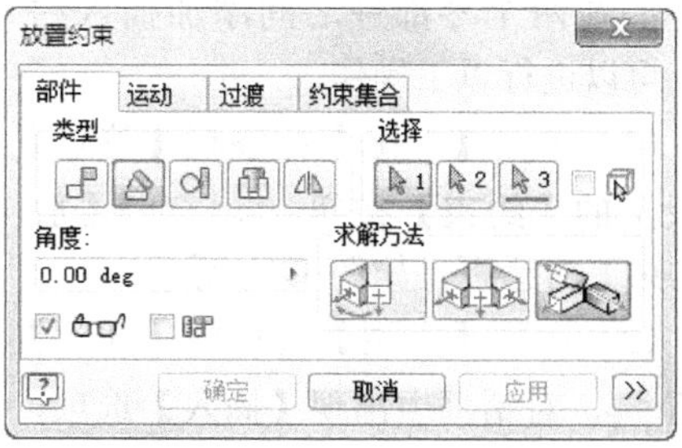

图 8-24 【角度】装配选项

（3）同添加【配合】约束一样，首先选择面或者边，然后指定面或者边之间的夹角，选择对准角度的方式等。

（4）单击【确定】按钮完成对准角度约束的创建。

8.4.3　相切约束

相切约束定位面、平面、圆柱面、球面、圆锥面和规则的样条曲线在相切点处相切，相切约束将删除线性平移的一个自由度，或在圆柱和平面之间，删除一个线性自由度和一个旋转自由度。相切约束有两种方式：内切和外切，如图 8-25 所示。

要在两个零部件之间添加相切约束，可以进行以下操作。

（1）单击【装配】标签栏【位置】面板上的【约束】按钮，打开【放置约束】对话框，如图 8-18 所示。

（2）选择【类型】选项中的【相切】按钮，出现【相切】选项，如图 8-26 所示。

（3）依次选择相切的面、曲线、平面或点，指定偏移量，选择内切或者外切的相切方式。

（4）单击【确定】按钮即可完成相切约束的创建。

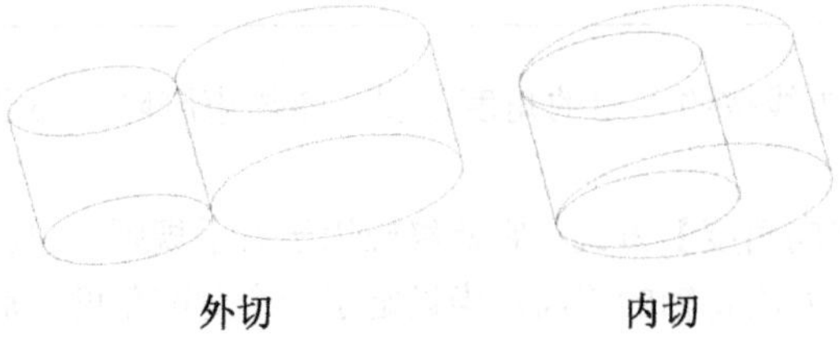

图 8-25 内切和外切

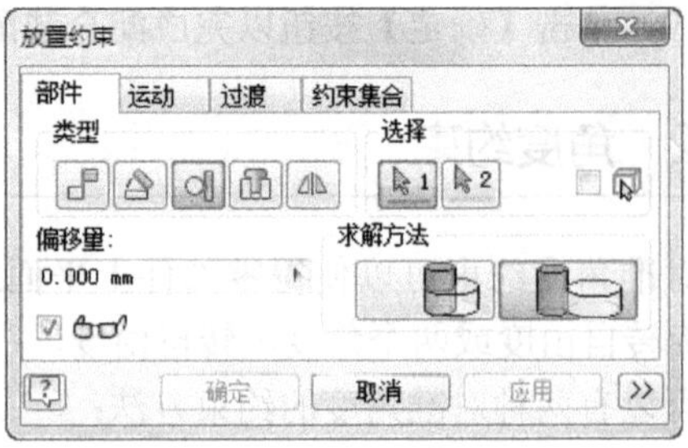

图 8-26 【相切】选项

8.4.4 插入约束

插入约束是平面之间的面对面配合约束和两个零部件的轴之间的配合约束的组合，它将配合约束放置于所选面之间，同时将圆柱体沿轴向同轴放置。插入约束保留了旋转自由度，平动自由度将被删除。插入约束可用于在孔中放置螺栓杆部，杆部与孔对齐，螺栓头部与平面配合等，典型的插入约束如图 8-27 所示。

要在两个零部件之间添加插入约束，可以进行以下操作。

(1) 单击【装配】标签栏【位置】面板上的【约束】按钮，打开【放置约束】对话框，如图 8-18 所示。

(2) 选择【类型】选项中【插入】按钮，对话框中出现【插入】选项，如图 8-28 所示。

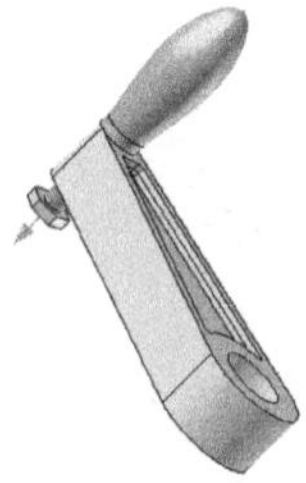

图 8-27 典型的插入约束

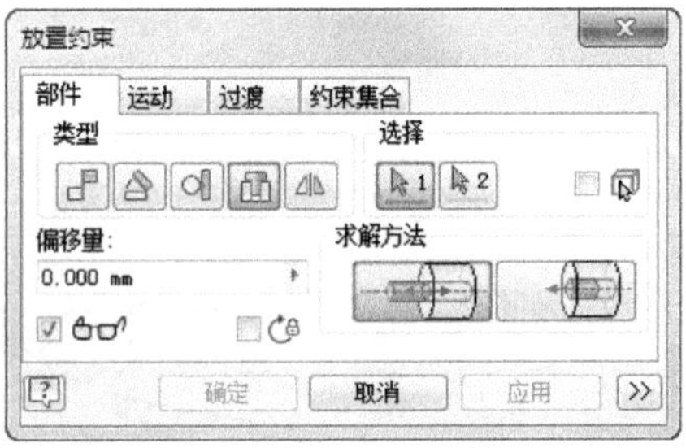

图 8-28 【插入】选项

(3) 依次选择装配的两个零件的面或平面，指定偏移量，选择插入方式，选择【反向】选项，则使第一个选中的零部件的配合方向反向。选择【对齐】选项，将使第二个选中的零部件的配合方向反向。

(4) 单击【确定】按钮完成约束的创建。

这里再次强调一下，插入装配不仅仅约束同轴，还约束表面的平齐，在装配表面选择不同时，最终的装配结果会截然不同。

8.4.5 对称约束

对称约束根据平面或平整面对称地放置两个对象，如图 8-29 所示。

对称约束的操作步骤如下。

(1) 单击【装配】标签栏【位置】面板上的【约束】按钮，打开【放置约束】对话框，如图 8-18 所示。

(2) 选择【类型】选项中【对称】按钮，对话框中出现【对称】选项，如图 8-30 所示。

(3) 依次选择装配的两个零件，然后选择对称面。

(4) 单击【确定】按钮完成约束的创建。

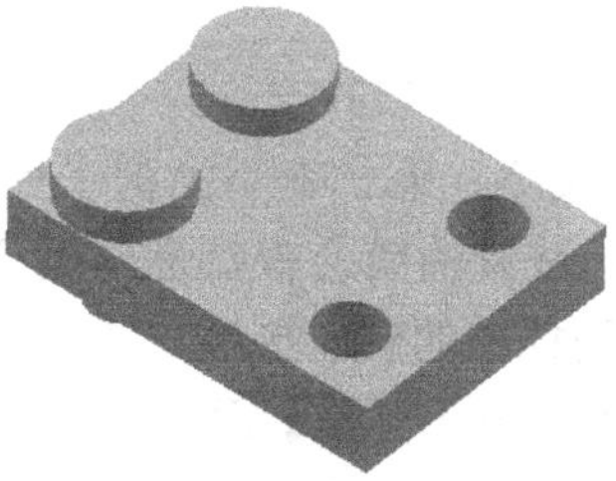

图 8-29 【对称】约束

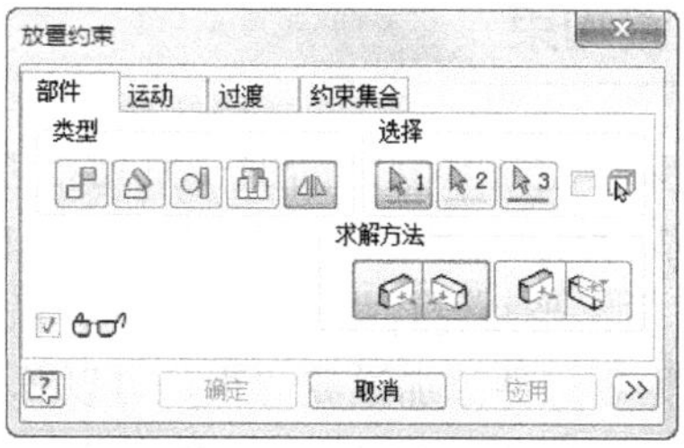

图 8-30 【对称】选项

8.4.6 运动约束

在 Inventor 中，还可以向部件中的零部件添加运动约束。运动约束用于驱动齿轮、带轮、齿条与齿轮以及其他设备的运动。可以在两个或多个零部件间应用运动约束，通过驱动一个零部件并使其他零部件作相应的运动。

运动约束指定了零部件之间的预定运动，因为它们只在剩余自由度上运转，所以不会与位置约束冲突、不会调整自适应零件的大小或移动固定零部件。重要的一点是，运动约束不会保持零部件之间的位置关系，所以在应用运动约束之前，先完全约束零部件，然后可以抑制限制要驱动的零部件的运动的约束。

要为零部件添加运动约束，可以进行以下操作。

（1）单击【装配】标签栏【位置】面板上的【约束】按钮，打开【放置约束】对话框，选择【运动】选项卡，如图 8-31 所示。

（2）选择运动的类型，在 Inventor 2019 中可以选择两种运动类型。

转动约束类型：指定了选择的第一个零件按指定传动比相对于另一个零件转动，典型的例子是齿轮和滑轮。

转动 - 平动约束类型：指定了选择的第一个零件按指定距离相对于另一个零件的平动而转动，典型的使用是齿条与齿轮运动。

（3）指定了运动方式以后，选择要约束到一起的零部件上的几何图元，可以指定一个或更多的曲面、平面或点以定义零部件如何固定在一起。

（4）指定转动运动类型下的传动比、转动 - 平动类型下的距离即指定相对于第一个零件旋转一次时，第二个零件所移动的距离，以及两种运动类型下的运动方式。

（5）单击【确定】按钮以完成运动约束的创建，如图 8-32 所示。

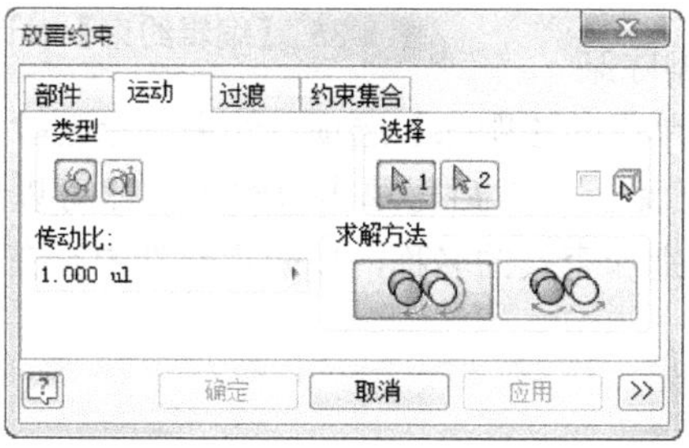

图 8-31 【运动】选项卡

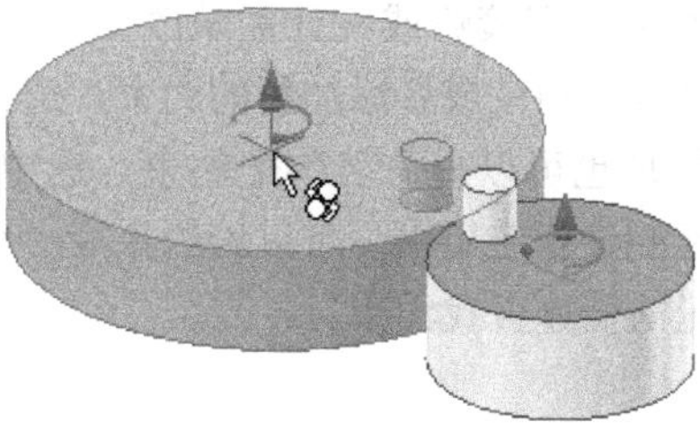

图 8-32　完成运动约束的创建

运动约束创建以后，可以在浏览器中看到它的图标。还可以驱动运动约束，使得约束的零部件按照约束的规则运动，这方面的内容将在驱动约束小节中讲述。

8.4.7 过渡约束

过渡约束指定了零件之间的一系列相邻面之间的预定关系，非常典型的例子如插槽中的凸轮，如图 8-33 所示。当零部件沿着开放的自由度滑动时，过渡约束会保持面与面之间的接触。如在图 8-33 中，当凸轮再插槽中移动时，凸轮的表面一直同插槽的表面接触。

（1）要为零部件添加过渡约束，可以单击【装配】标签栏内【位置】面板上的【约束】按钮，则打开【放置约束】对话框，选择【过渡】选项卡，如图 8-34 所示。

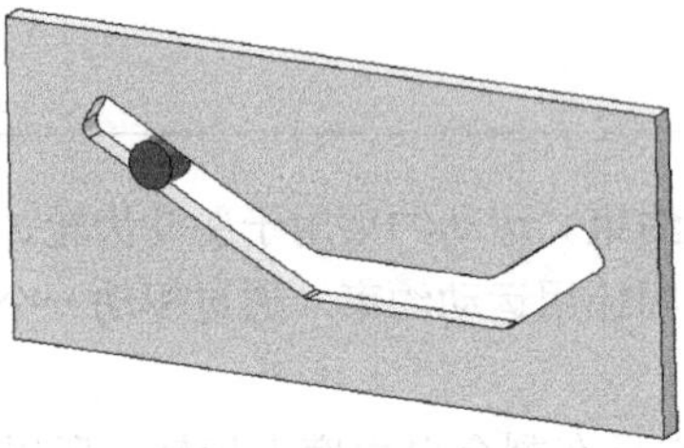

图 8-33　过渡约束范例

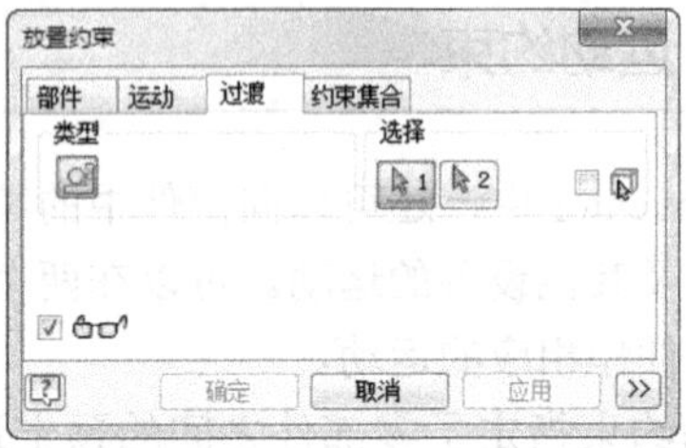

图 8-34 【过渡】选项卡

（2）分别选择要约束在一起的两个零部件的表面，第一次选择移动面，第二次选择过渡面。

（3）单击【确定】按钮即可完成过渡约束的创建。

8.4.8 编辑约束

当装配约束不符合实际的设计要求时，就需要更改，在 Inventor 中可以快速地修改装配约束。首先选择浏览器中的某个装配约束，单击右键，在打开菜单中选择【编辑】选项，打开如图 8-35 所示的【编辑约束】对话框。用户可以通过重新定义装配约束的每一个要素来进行对应的修改，如重新选择零部件、重新定义运动方式和偏移量等。

（1）如果要快速的修改装配约束的偏移量，则可以选择右键菜单中的【修改】选项，打开【编辑尺寸】对话框，用户可以输入新的偏移量数值。

（2）如果要使某个约束不再有效，则可以选择右键菜单中的【抑制】选项，此时装配约束被抑制，浏览器中的装配图标变成灰色。要解除抑制，可以再次选择右键菜单中的【抑制】选项，将其前面的钩号去除。

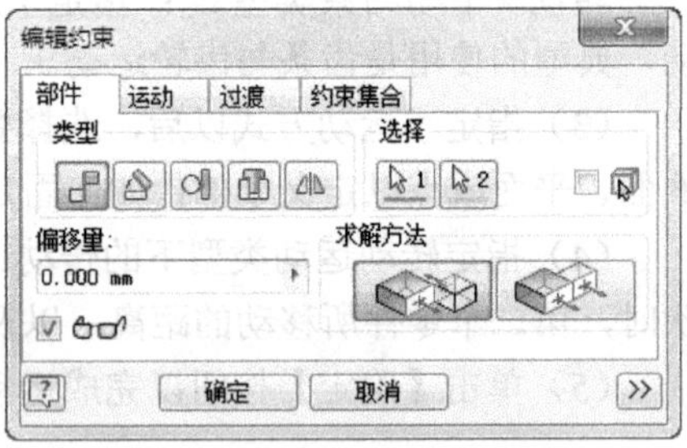

图 8-35 【编辑约束】对话框

（3）如果约束策略或设计需求改变，则也可以删除某个约束，以解除约束或者添加新的约束，选择右键菜单中的【删除】选项将约束完全删除。

（4）用户也可以重命名装配约束，选中对应的约束上，然后再单击该约束，即可以进行重命名。在实际的设计应用中，可以给约束取一个易于辨别和查找的名称，以防止部件中存在大量的装配约束时无法快速查找约束。

8.5 观察和分析部件

在 Inventor 中，可以利用它提供的工具方便地观察和分析零部件，如创建各个方向的剖视图以观察部件的装配是否合理；可以分析零件的装配干涉以修正错误的装配关系；还可以驱动运动约束使零部件发生运动，可以更加直观地观察部件的装配是否可以达到预定的要求等。下面分别讲述如何实现上述功能。

8.5.1　部件剖视图

部件的剖视图可以帮助用户更加清楚地了解部件的装配关系，因为在剖切视图中，腔体内部或被其他零部件遮挡的部件部分完全可见。典型的部件剖切视图如图 8-36 所示。在剖切部件时，仍然可以使用零件和部件工具在部件环境中创建或修改零件。

要在部件环境中创建剖切视图，可以选择【视图】标签栏内【外观】面板上的【剖切】按钮，可以看到有四种剖切方式，即不剖切、1/4 剖、半剖和 3/4 剖。下面以半剖和 1/4 剖为例说明在部件环境中进行剖切的方法。

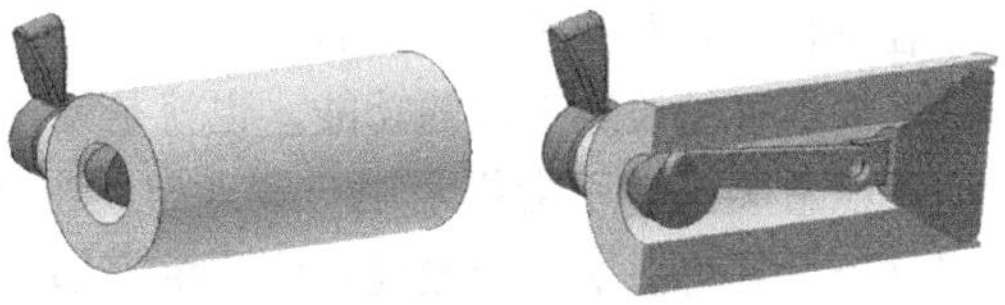

图 8-36　典型的部件剖切视图

（1）进行部件剖切的首要工作是选择剖切平面，在图 8-36 所示的装配部件中，因为没有现成的平面可以让我们对其进行半剖切，所以需要创建一个工作平面。选择在如图 8-37 所示的位置创建一个工作平面，以该平面为剖切平面可以恰好使得部件的圆柱形外壳可以被半剖。

（2）选择【视图】标签栏内【外观】面板上的【半剖】按钮，用鼠标左键选择创建的工作平面，部件被剖切成如图 8-36 所示的剖视图形式。

（3）1/4 剖切需要两个互相垂直的平面，面向用户的 3/4 的部分被删除。在图 8-36 所示的部件中，需要创建如图 8-38 所示的两个互相垂直的工作平面。

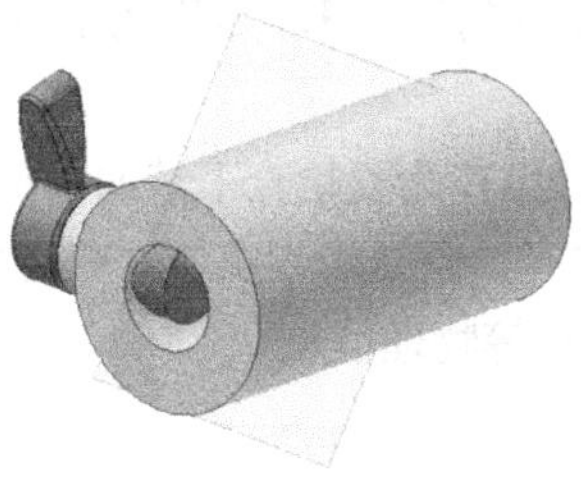

图 8-37　建立作为剖切面的工作平面

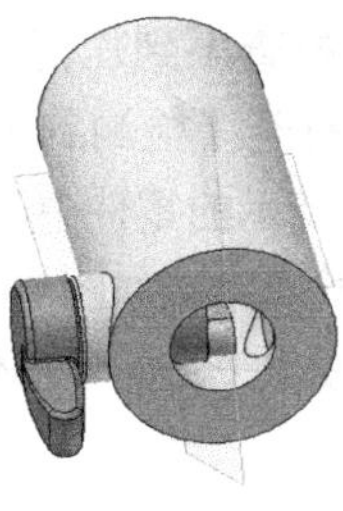

图 8-38　两个互相垂直的工作平面作为剖切面

（4）选择【视图】标签栏内【外观】面板上的【1/4 剖切】按钮，再选择部件上如图 8-38 所示的两个互相垂直的工作平面中的任意工作平面，单击按钮，然后再选择部件上的另一工作平面，单击按钮，则部件被剖切成如图 8-39 所示的形状。

（5）在部件上单击右键，可以看见右键菜单中有【反向剖切】【3/4 剖】选项。如果选择【反向剖切】选项，则可以显示在相反方向上进行剖切的结果，如图 8-40 所示的 1/4 反向剖切。

（6）需要注意的是，如果不断地选择【反向剖切】，则部件的每一个剖切部分都会依次成为剖切结果。如果选择右键菜单中的【3/4 剖切】选项，则部件的被 1/4 剖切后的剩余部分即部件的 3/4 将成为剖切结果显示，如果在图 8-39 所示的剖切中选择【3/4 剖】，剖切结果如图 8-41 所示。同样，在 3/4 剖的右键菜单中也会出现【1/4 剖】选项，作用与此相反。

（7）如果要恢复部件的完整形式，即不剖切形式，则可以选择【视图】标签栏内【外观】面板上的【全剖视图】按钮。

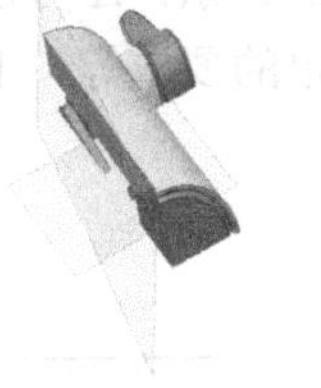

图 8-39　1/4 剖切

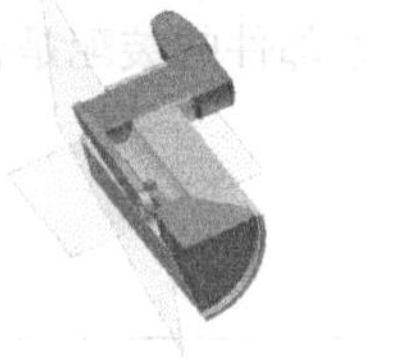

图 8-40　1/4 反向剖切

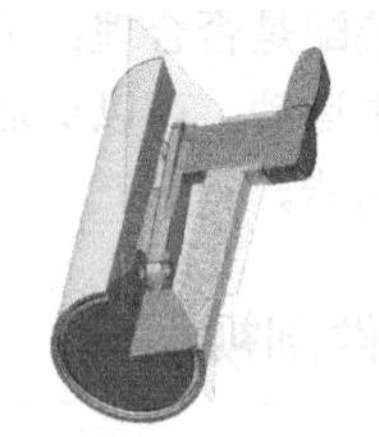

图 8-41　3/4 剖切

8.5.2　干涉检查（过盈检查）

在部件中，如果两个零件同时占据了相同的空间，则称部件发生了干涉。Inventor 的装配功能本身不提供智能检测干涉的功能，也就是说，如果装配关系使得某个零部件发生了干涉，则也会按照约束照常装配，不会提示用户或者自动更改。所以 Inventor 在装配之外提供了干涉检查的工具，利用这个工具可以很方便地检查到两组零部件之间以及一组零部件内部的干涉部分，并且将干涉部分暂时显示为红色实体，以方便用户观察。同时还会给出干涉报告列出干涉的零件或者子部件，显示干涉信息，如干涉部分的质心的坐标、干涉的体积等。

要检查一组零部件内部或者两组零部件之间的干涉，可以进行以下操作。

（1）单击【检验】标签栏内【干涉】面板中的【干涉检查】按钮，打开如图 8-42 所示的【干涉检查】对话框。

（2）如果要检查一组零部件之间的干涉，则可以单击【定义选择集 1】按钮前的箭头按钮，然后选择一组部件，单击【确定】按钮显示检查结果。

（3）如果要检查两组零部件之间的干涉，则要分别在【干涉检查】对话框中定义选择集 1 和定义选择集 2，也就是要检查干涉的两组零部件，单击【确定】按钮显示检查结果。

（4）如果检查不到任何干涉，则打开对话框显示【没有检测到干涉】，则说明部件中没有干涉存在。否则会打开【检测到干涉】对话框。

在图 8-43 所示的零件中，分别选择手柄连杆组和齿轮凸轮轴组作为要检查干涉的零部件，对其进行干涉检查，检查结果如图 8-43 中右侧所示。干涉部分以红色显示，且显示为实体，在【检测到干涉】对话框中显示发生干涉的零部件名称、干涉部分的形心坐标和体积等物理信息。

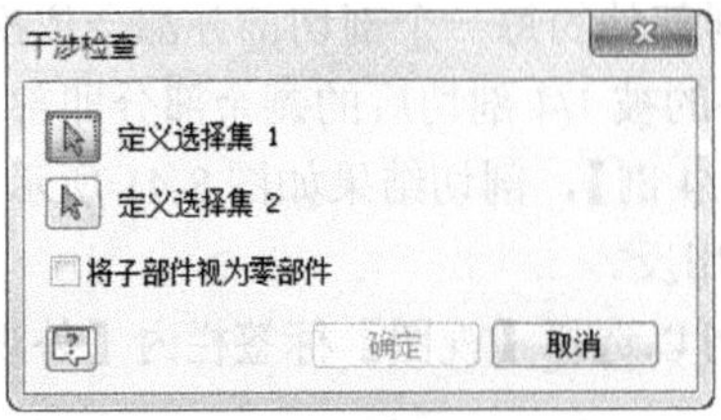

图 8-42 【干涉检查】对话框

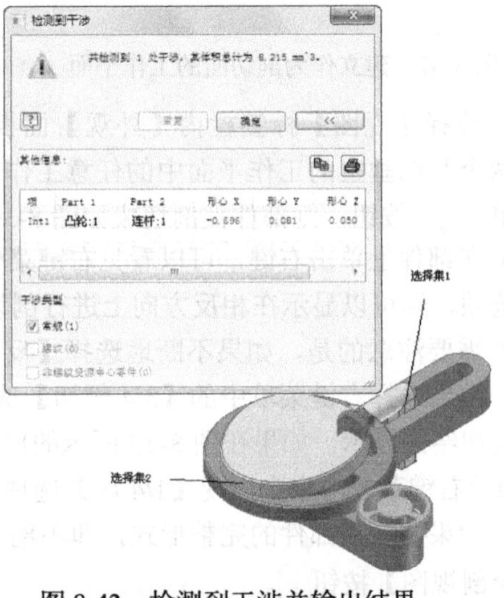

图 8-43　检测到干涉并输出结果

8.5.3　驱动约束

往往在装配完毕的部件中包含有可以运动的机构，这时候可以利用 Inventor 的驱动约束工具来模拟机构运动，驱动约束是按照顺序步骤来模拟机械运动的，零部件按照指定的增量和距离依次进行定位。

进行驱动约束都是从浏览器中进行的，步骤如下。

（1）选择浏览器中的某一个装配的图标，单击右键，可以在打开菜单中看到【驱动约束】选项，选择后打开如图 8-44 所示的【驱动】对话框。

（2）【开始】选项用来设置偏移量或角度的起始位置，数值可以被输入、测量或设置为尺寸值，默认值是定义的偏移量或角度。

（3）【结束】选项用来设置偏移量或角度的终止位置，默认是起始值加 10。

（4）【暂停延迟】选项以秒为单位设置各步之间的延迟，默认值是 0.0。一组播放控制按钮用来控制演示动画的播放。

（5）【录像】按钮用来将动画录制为 AVI 文件。

（6）如果勾选【驱动自适应】复选框，则可以在调整零部件时保持约束关系。

（7）如果勾选【碰撞检测】复选框，则驱动约束的部件同时检测干涉，如果检测到内部干涉，则将给出警告并停止运动，同时在浏览器和工作区域内显示发生干涉的零件和约束值，如图 8-45 所示。

图 8-44　【驱动】对话框

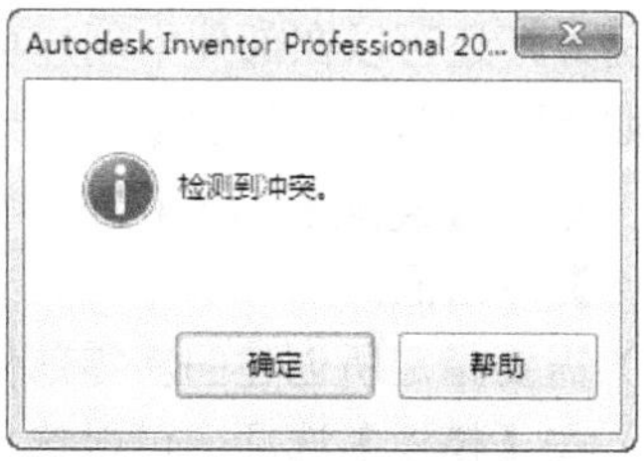

图 8-45　检测到内部干涉

（8）在增量选项中，【增量值】文本框中指定的数值将作为增量，【总步数】单选项用以指定以相等步长将驱动过程分隔为指定的数目。

（9）在【重复次数】选项中，如果选择【开始 / 结束】单选项，则从起始值到结束值驱动约束，在起始值处重设。如果选择【开始 / 结束 / 开始】单选项，则从起始值到结束值驱动约束并返回起始值，一次重复中完成的周期数取决于编辑框中的值。

（10）【Avi 速率】选项用来指定在录制动画时拍摄【快照】作为一帧的增量。

8.6　自上而下的装配设计

下面分别讲述如何在部件环境下设计和修改零部件。这是进行自上而下设计零件的基础所在。

在产品的设计过程中，有两种较为常用的设计方法：一种是首先设计零件，最后把所有零部件组装为部件，在组装过程中随时根据发现的问题进行零件的修改；另一种则是遵循从部件到零件的设计思路，即从一个空的部件开始，然后在具体设计时创建零件。如果要修改部件，则可以在位创建新零件，以使它们与现有的零件相配合。前者称作自下而上的设计方法，后者称作自上而下的设计方法。

自下而上的设计方法是传统的设计方法，在这种方法中，已有的特征将决定最终的装配体特征，这样设计者就往往不能够对总体设计特征有很强的把握力度。因此，自上而下的设计方法应运而生。在这种设计思路下，用户首先从总体的装配组件入手，根据总体装配的需要，在位创建零件，同时创建的零件与其母体部件自动添加系统认为最合适的装配约束，当然用户可以选择是否保留这些自动添加的约束，也可以手工添加所需的约束。所以，在自上而下的设计过程中，最后完成的零件是最下一级的零件。

在设计中，往往混合应用自上而下和自下而上的设计方法。混合部件设计的方法结合了自下而上的设计策略和自上而下的设计策略的优点，这样部件的设计过程中就会十分灵活，可以根据具体的情况，选择自下而上还是自上而下的设计方法。

如果掌握了自上而下的装配设计思想，则要实现自上而下的装配设计方法其实十分简单。自上而下的设计方法的实现主要依靠在位创建和编辑零部件的功能来实现。

8.6.1 在位创建零件

在位创建零件就是在部件文件环境中新建零件，新建的零件是一个独立的零件，在位创建零件时需要制定创建的零件的文件名和位置，以及使用的模板等。

创建在位零件与插入先前创建的零件文件结果相同，而且可以方便地在零部件面（或部件工作平面）上绘制草图和在特征草图中包含其他零部件的几何图元。当创建的零件约束到部件中的固定几何图元时，可以关联包含于其他零件的几何图元，并把零件指定为自适应以允许新零件改变大小。用户还可以在其他零件的面上开始和终止拉伸特征。默认情况下，这种方法创建的特征是自适应的。另外，还可以在部件中创建草图和特征，但它们不是零件。它们包含在部件文件（.iam）中。下面按照步骤说明在位创建零件的方法。

（1）单击【装配】标签栏【零部件】面板上的【创建】按钮，打开如图 8-46 所示【创建在位零部件】对话框。

（2）需要指定所创建的新零部件的文件名。

（3）在【模板】选项中可以选择创建何种类型的文件。

（4）另外还需要指定新文件的位置。

（5）如果勾选【将草图平面约束到选定的面或平面】复选框，则在所选零件面和草图平面之间创建配合约束。如果新零部件是部件中的第一个零部件，则该选项不可用。

（6）单击【确定】按钮，则对话框关闭，回到部件环境中，首先需要选择一个用来创建在位零部件的草图，可以选择原始坐标系中的坐标平面、零部件的表面或者工作平面等以创建草图，绘制草图几何图元。

（7）草图创建完毕后，选择【拉伸】【旋转】【放样】等造型工具创建零件的特征。

（8）当一个特征创建完毕以后，还可以继续创建基于草图的特征或者放置特征。

（9）当零件已经创建完毕后，在工作区域内单击右键，在打开菜单中选择【完成编辑】选项即可回到部件环境中。

在图 8-47 中，在圆柱体零件的上表面在位创建了一个锥形零件，则锥形零件的底面自动与圆柱体零件的上表面添加了一个配合约束，从部件的浏览器中可以清楚地看出这一点。

图 8-46 【创建在位零部件】对话框

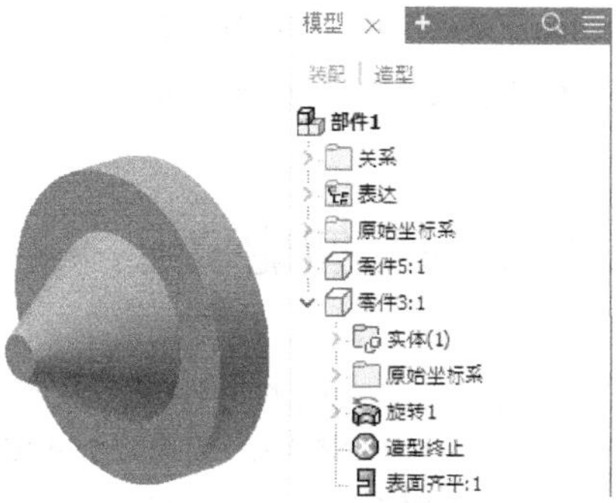

图 8-47　自动放置约束

8.6.2　在位编辑零件

Inventor 可以方便地直接在部件环境中编辑零部件，这和在特征环境中编辑零件的方法和形式完全一样。

要在部件环境中编辑零部件，首先要激活零部件。有两种激活零部件的方法：一是在浏览器中单击要激活的零部件，单击右键，在右键菜单中选择【编辑】选项；二是在工作区域内双击要激活的零部件。

当零部处于激活状态下，浏览器内其他零部件的符号变得灰暗，而激活的零件的特征和以前一样，如图 8-48 所示。而在工作区域内，如果在着色显示模式下工作，则激活的零件处于着色显示模式，所有其他的零部件以线框模式显示。如果在线框显示模式下工作，则激活的零件会处于普通的线框显示模式，未激活的零部件以暗显的线框显示。图 8-49 所示为在着色模式下激活零部件与未激活零部件的区别。

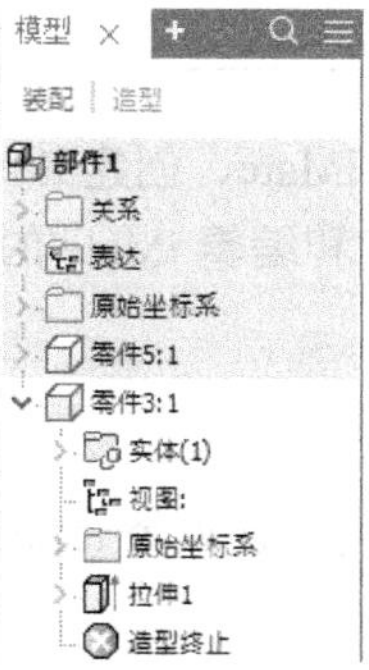

图 8-48　浏览器中的激活零部件与未激活零部件

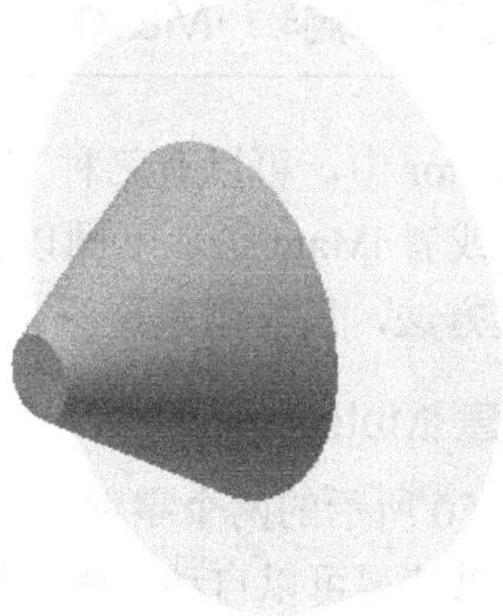

图 8-49　着色模式下激活零部件与未激活零部件

（1）当零件激活以后，【装配】标签栏变为【三维模型】标签栏。

（2）既以为该零件添加新的特征，也可以修改、删除零件的已有特征；既可以通过修改特征的草图以修改零件的特征，也可以直接修改特征。要修改特征的草图，可以右键单击该特征，在打开菜单上选择【编辑草图】选项；要编辑特征，可以选择右键菜单中的【编辑特征】选项。

（3）可以通过右键菜单中的【显示尺寸】选项显示选中特征的关键尺寸，通过【抑制特征】选项抑制选中的特征，通过【自适应】选项使得当前零件变为自适应零件等。

当子部件被激活以后，可以删除零件、改变固定状态、显示自由度或把零部件指定为自适应，但不能直接编辑子部件中的零件。要编辑部件中的零件，方法同在部件环境中编辑零件的过程一样，首先要在子部件中激活这个零件，然后进行编辑操作。

如果要从激活的零部件环境退回到部件环境下，则可以在工作区域内单击右键，在打开菜单中选择【完成编辑】选项，或单击【三维模型】标签栏内的【返回】按钮返回部件环境下。

8.7 iMate 智能装配

在装配一个大型的部件时，经常有很多零部件都使用相同的装配约束，如一个箱体盖上有很多大小不同的固定螺栓，如果手工装配的话费时费力。在 Inventor 中，为了解决这个问题，引入了 iMate 的设计概念。下面介绍如何创建和编辑 iMate，并用 iMate 来装配零件。

8.7.1 iMate 基础知识

iMate 是随零部件保存的约束，可以在以后重复使用。iMate 使用在零部件中存储的预定义信息告知零部件如何与部件中的其他零部件建立连接。插入带有 iMate 的零部件时，它会智能化地捕捉到装配位置。带有 iMate 的零部件可以被其他零部件替换，但是仍然保留这些智能的 iMate 约束。iMate 技术提高了在部件中装入和替换零部件的精确度和速度，因此在大型部件的装配中得到广泛的应用，大大提高了工作效率。

当 iMate 创建以后，它将保存在零部件中，定义零部件约束对中的一个。当在部件中放置零部件时，它会自动定位到具有相同名称的 iMate 上。这就是利用 iMate 智能装配的基本原理。创建了单个 iMate 以后，可以在浏览器中选择多个 iMate 以创建由 iMate 组合的 iMate 组，这样就可以同时放置多个约束，对于同时具有多个约束的零部件装配，iMate 组可以使装配具有更高的精度和速度。

8.7.2 创建和编辑 iMate

在 Inventor 中，可以有三种方法来创建 iMate，即创建单个 iMate、创建 iMate 组和从现有约束创建 iMate 或者 iMate 组。下面以创建单个 iMate 为例讲述创建和编辑 iMate 的基本方法，关于另外两种创建方法，只作简单介绍。

1. 创建 iMate

以图 8-50 所示的两个零件——螺栓和阀盖零件为例讲述如何创建单个 iMate，在这两个零件中创建 iMate 以使得可以自动将螺栓装配到机架的孔中。

（1）在螺栓零件中，单击【管理】标签栏【编写】面板中的【iMate】按钮，则打开【创建 iMate】对话框，如图 8-51 所示。

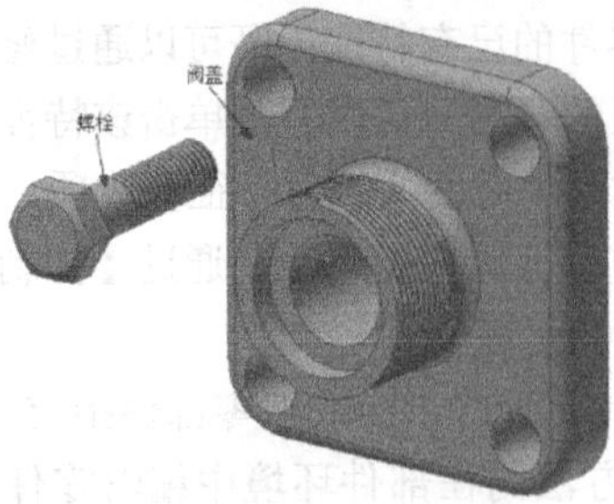

图 8-50　螺栓和阀盖零件

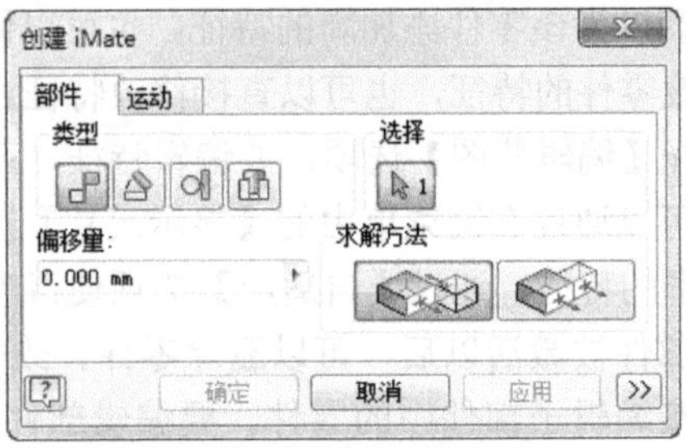

图 8-51 【创建 iMate】对话框

（2）选择一种装配约束或者运动约束的类型，这里选择了插入约束方式。

（3）在零件上选择要放置约束的特征，如图 8-52 所示。

（4）设定偏移量（传动比）和装配方式（运动方式）等，这里我们全部采用默认值。

（5）单击【确定】按钮以完成 iMate 的创建。

当 iMate 创建完毕以后，在零件上会出现一个小图标，在零件的浏览器上出现 iMate 文件夹，如图 8-53 所示，其中包含有创建的 iMate 的名称，名称显示了 iMate 的类型。为螺栓添加了插入约束，则 iMate 的默认名称为【iInsert：1】。

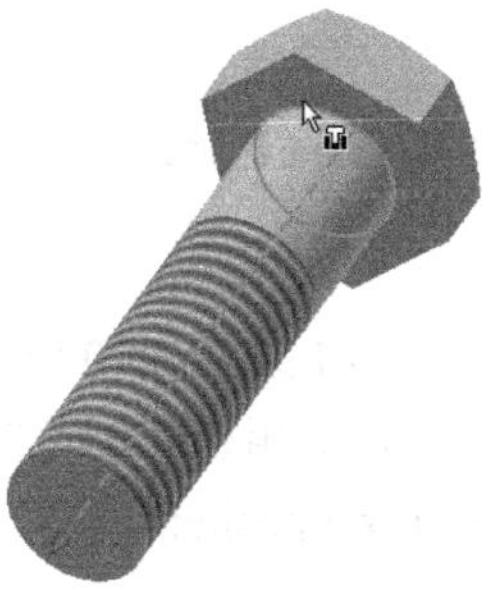

图 8-52 选择要放置约束的特征

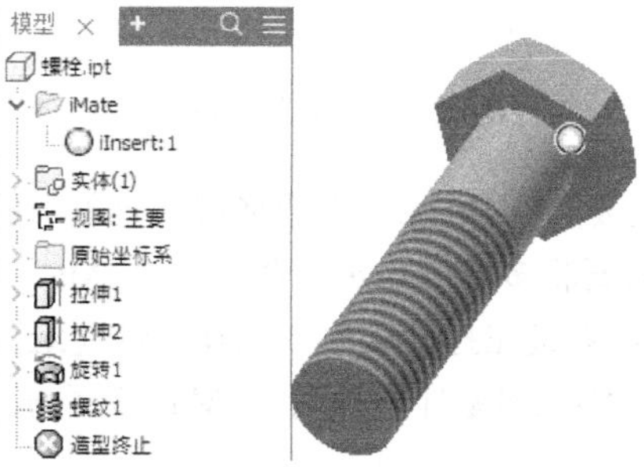

图 8-53 浏览器中的 iMate 文件夹

按照同样的步骤为阀盖零件上的螺栓孔设置 iMate，iMate 约束类型等设置同螺栓零件的一样。为机架零件创建 iMate 所选择的零件特征和生成 iMate 后的浏览器和机架零件如图 8-54 所示。

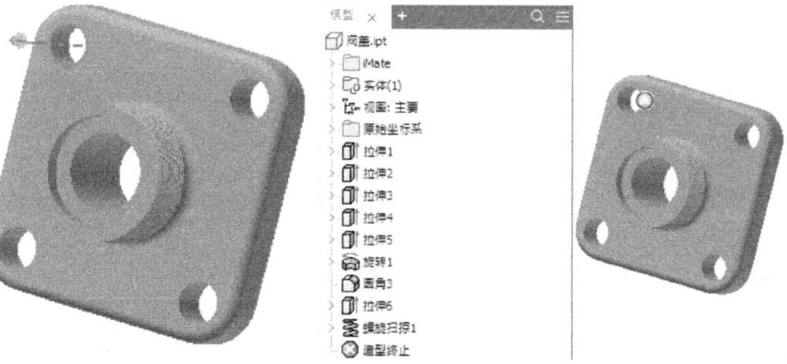

图 8-54 生成 iMate 后的浏览器和机架零件

按照同样的步骤可以继续为零件添加其他类型的 iMate 约束。创建的每一个 iMate 是系统自动命名的，其名称反映了 iMate 约束的类型，如插入 iMate 约束的名称可以是【iInset:1】（插入类型）或者【iMate:2】（配合类型）等。但是如果在一个零件中存在多个相同类型的 iMate 时，iMate 的名称诸如 iInsert:1、iInsert:2……就会很容易令人混淆。所以，建议将系统默认的 iMate 名称重命名为更具含义的名称，例如，为标识几何图元，可以将【Mate1】重命名为【轴 1】，将名为【Mate2】的第二个 iMate 重命名为【面 1】。

2. 编辑 iMate

要对 iMate 进行重命名以及编辑等操作，可以在浏览器中选中 iMate，单击右键，在打开菜单中选择对应的选项。

（1）选择【特性】选项可以打开【iMate 特性】对话框，如图 8-55 所示。在该对话框中可以修改 iMate 的名称，选择是否抑制该 iMate 约束，更改偏移量和该 iMate 的索引等。

（2）选择【编辑】选项可以打开【编辑 iMate】对话框，如图 8-56 所示。用户可以重新定义 iMate。

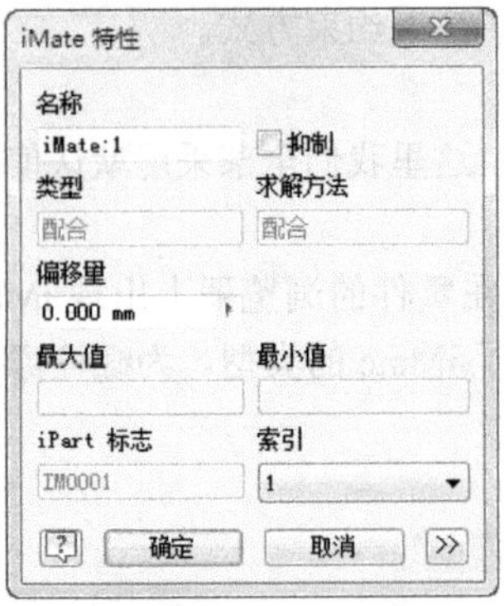

图 8-55 【iMate 特性】对话框

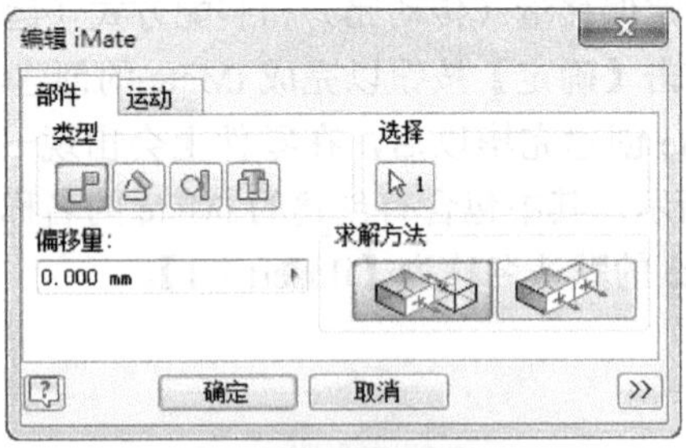

图 8-56 【编辑 iMate】对话框

（3）如果要删除 iMate，则选择右键菜单中的【删除】选项。

（4）如果要将多个 iMate 组合为一个 iMate 组，则可以在按住 Ctrl 或者 Shift 键的同时选中多个 iMate，单击右键在打开菜单中选择【创建组合】选项，创建的 iMate 组也在浏览器中显示出来，图 8-57 所示为将机架零件中的两个 iMate 组合成一个 iMate 组——iComposite:1。

3. 类推 iMate

如果部件中的一个零部件具有多个约束的话，则还可以将这个零部件的约束类推到一个 iMate 约束中去，这就是 Inventor 的 iMate 类推功能，基本步骤如下。

（1）在装配约束上单击鼠标右键，然后选择【类推 iMate】选项，则打开【类推 iMate】对话框，如图 8-58 所示。

图 8-57 浏览器中的 iMate 组

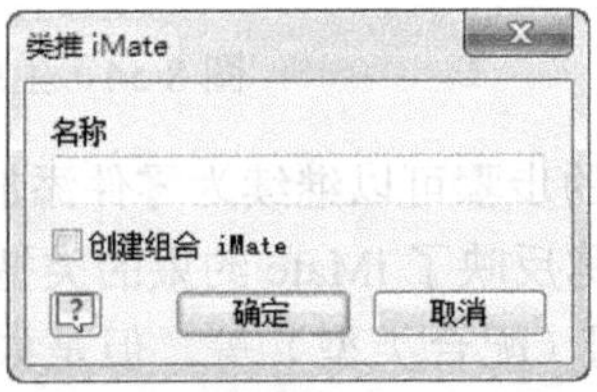

图 8-58 【类推 iMate】对话框

（2）在【名称】选项中，为所选引用上包含的约束创建的 iMate 取个名字。

（3）勾选【创建组合 iMate】复选框，则自动将从类推约束创建的 iMate 合并到单个组合 iMate 中，清除该复选框将创建多个单一 iMate。

（4）单击【确定】按钮即完成 iMate 的创建，同时创建的 iMate 出现在浏览器中。

8.7.3 用 iMate 来装配零部件

当零部件中的 iMate 创建完毕后，就可以利用 iMate 来快速地装配零部件了。使用 iMate 装配零部件的方法有利用【放置约束】工具进行装配、使用 Alt 键拖曳快捷方式来进行装配和通过自动放置 iMate 进行装配，这里分别简要介绍。

1. 利用【放置约束】工具进行装配

（1）利用【装配】标签栏内【零部件】面板上的【放置】工具打开包含要连接的且已经创建了 iMate 的零件或者部件文件。

（2）按住 Ctrl 键并单击包含要匹配的 iMate 定义的零部件，单击鼠标右键，在打开菜单中选择【iMate 图示符可见性】选项，则所选零部件上的 iMate 图示符将显示出来。

（3）选择【装配】标签栏内【位置】面板工具栏上的【放置约束】工具，选择好与 iMate 相同的装配类型，单击两个零部件上对应的 iMate 图示符，然后单击【应用】按钮即完成装配。

2. 使用 Alt 键拖曳快捷方式来进行装配

（1）单击【装配】标签栏【零部件】面板上的【放置】按钮，装入一个或多个具有已定义 iMate 的零部件，注意确保在【装入零部件】对话框中未选中【使用 iMate 交互放置】选项，如图 8-59 所示。

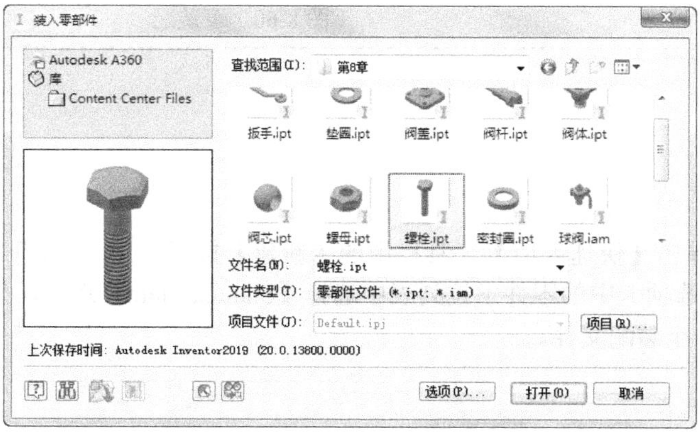

图 8-59 【装入零部件】对话框

（2）选择包含要匹配的 iMate 的零部件。

（3）按住 Alt 键，单击一个 iMate 图示符并将其拖曳到另一个零部件上的匹配 iMate 图示符上。开始拖曳后，如果需要，则可以松开 Alt 键。当第二个 iMate 图示符亮显，并且听到捕捉声音表明零部件已被约束时，单击以添加。

（4）根据需要，继续选择和匹配 iMate。

3. 通过自动放置 iMate 进行装配

这是装配速度最快的一种装配方式，步骤如下。

（1）单击【装配】标签栏【零部件】面板上的【放置】按钮，在图 8-59 所示的【装入零部件】对话框中选择具有一个或多个已定义 iMate 的零部件。注意一定要选中【使用 iMate 交互放置】选项，然后单击【打开】按钮。

（2）零部件被自动放置，并且浏览器中显示一个退化的 iMate 符号。注意：如果所放置的零部件没有自动求解，则所选零部件将附着到图形窗口中的光标位置。单击以放置它，单击鼠标右键，然后选择【取消】选项。

（3）选择和放置带有已定义 iMate 的其他零部件，确保每次都在【装入零部件】对话框中选中【使用 iMate 交互放置】选项。当新的零部件装入后，系统将根据零部件之间匹配的 iMate 名称自动完成装配。用户在这种模式下所需要进行的工作仅仅是装入零部件。

8.8 综合演练——表装配

装配如图 8-60 所示的表。

扫码看视频

图 8-60 表装配

操作步骤

1. 新建文件

运行 Inventor，单击【快速入门】工具栏中的【新建】按钮，在打开的【新建文件】对话框中的【Templates】选项卡中的零件下拉列表中选择【Standard.iam】选项，如图 8-61 所示，单击【创建】按钮，新建一个装配文件。

图 8-61 【新建文件】对话框

2. 安装表壳

单击【装配】标签栏【零部件】面板中的【放置】按钮，打开【装入零部件】对话框，选择【表壳】零件，如图 8-62 所示，单击【打开】按钮，装入表壳，单击鼠标右键，在打开的快捷菜单中选择【在原点处固定放置】选项，如图 8-63 所示，表壳固定放置到坐标原点，继续单击鼠标右键，在打开的快捷菜单中选择【确定】选项，如图 8-64 所示，完成表壳的放置，结果如图 8-65 所示。

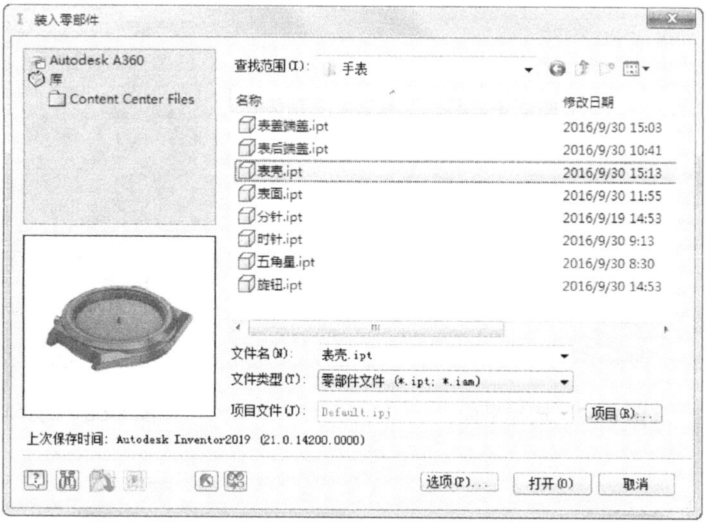

图 8-62 【装入零部件】对话框

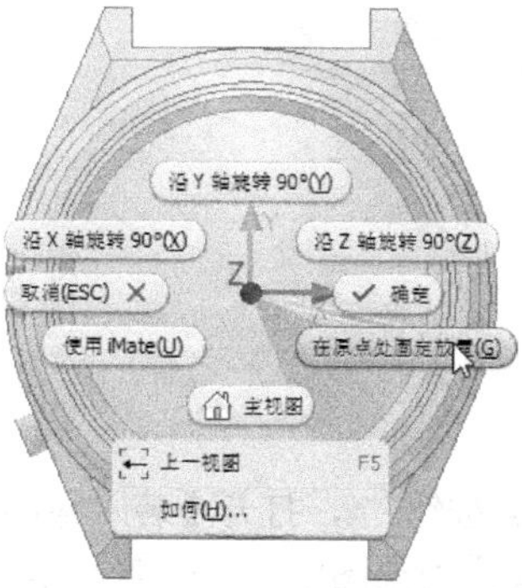

图 8-63 快捷菜单（1）

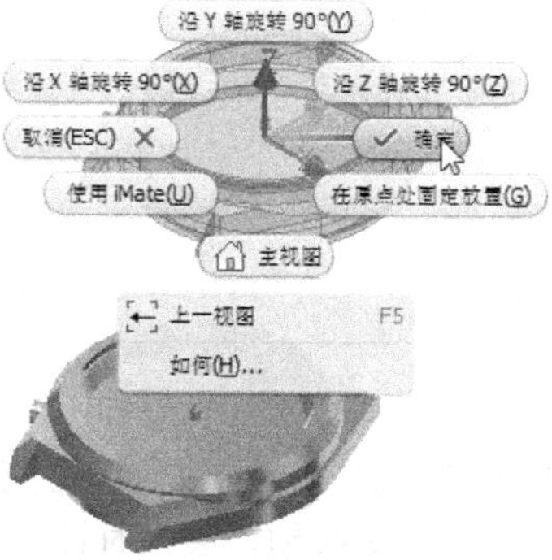

图 8-64 快捷菜单（2）

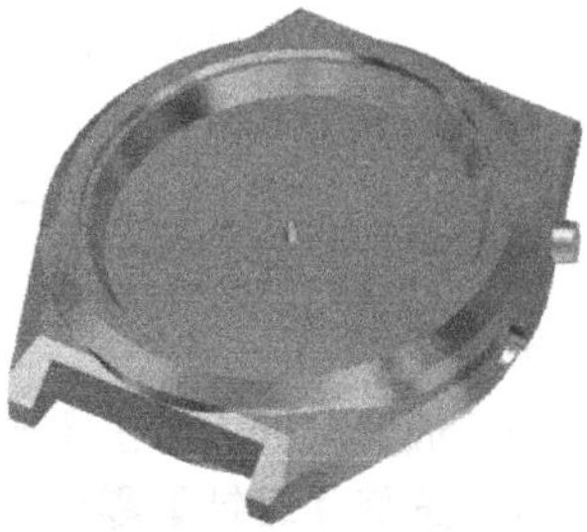

图 8-65 放置表壳

3. 安装表面

（1）放置表面。单击【装配】标签栏【零部件】面板中的【放置】按钮，打开【装入零部件】对话框，选择【表面】零件，单击【打开】按钮，装入表面，将其放置到视图中适当位置。单击鼠标右键，在打开的快捷菜单中选择【确定】选项，完成表面的放置，如图 8-66 所示。

（2）装配表面。单击【装配】标签栏【位置】面板中的【约束】按钮，打开【放置约束】对话框，选择【配合】类型，在视图中选择如图 8-67 所示的表面的底面和表壳孔底面，设置偏移量为 0，选择【配合】求解方法，单击【应用】按钮；选择【配合】类型，在视图中选择如图 8-68 所示的表面上孔的轴线和表壳上中间轴的轴线，设置偏移量为 0，选择【对齐】求解方法，单击【应

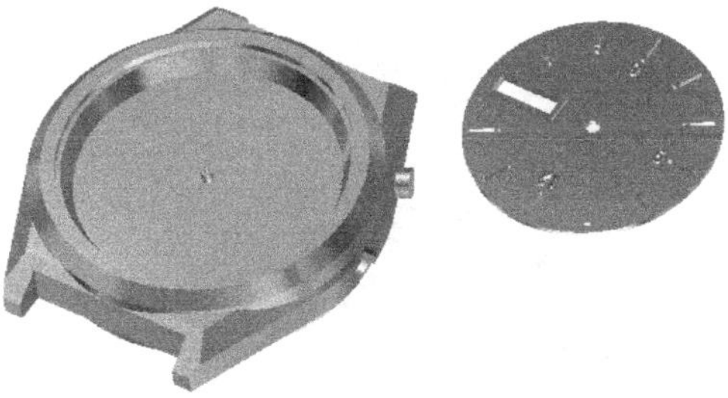

图 8-66 装入表面

用】按钮；选择【配合】类型，在视图中选择如图 8-69 所示的表面的 *YZ* 平面和表壳的 *YZ* 平面，设置偏移量为 0，选择【配合】求解方法，单击【确定】按钮，结果如图 8-70 所示。

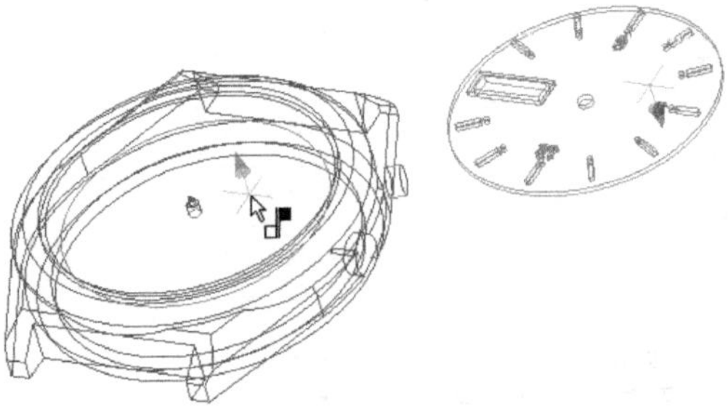

图 8-67　选择平面

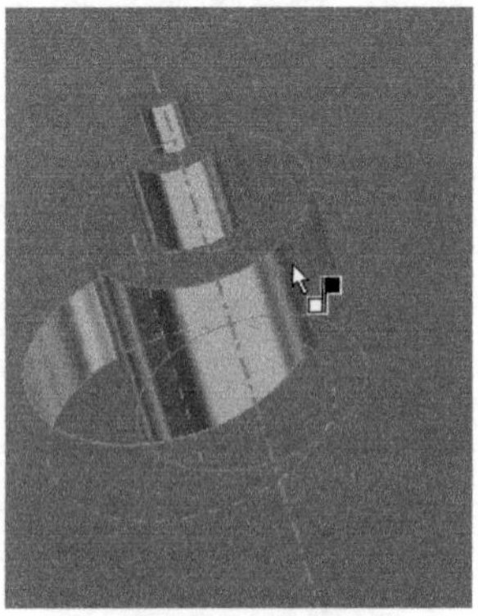

图 8-68　选择轴线

图 8-69　选择平面

图 8-70　安装表面

4．安装时针

（1）放置时针。单击【装配】标签栏【零部件】面板中的【放置】按钮，打开【装入零部件】对话框，选择【时针】零件，单击【打开】按钮，装入时针，将其放置到视图中适当位置。单击鼠标右键，在打开的快捷菜单中选择【确定】选项，完成时针的放置，如图 8-71 所示。

（2）装配时针。单击【装配】标签栏【位置】面板中的【约束】按钮，打开【放置约束】对话框，选择【配合】类型，在视图中选择如图 8-72 所示的时针底面和表壳上中间轴的第二台阶面，设置偏移量为 0，选择【配合】求解方法，单击【应用】按钮；选择【配合】类型，在视图中选择如图 8-73 所示的时针上孔的轴线和表壳上中间轴的轴线，设置偏移量为 0，选择【对齐】求解方法，单击【确定】按钮，拖曳时针调整时针的位置，结果如图 8-74 所示。

图 8-71　装入时针

图 8-72　选择平面

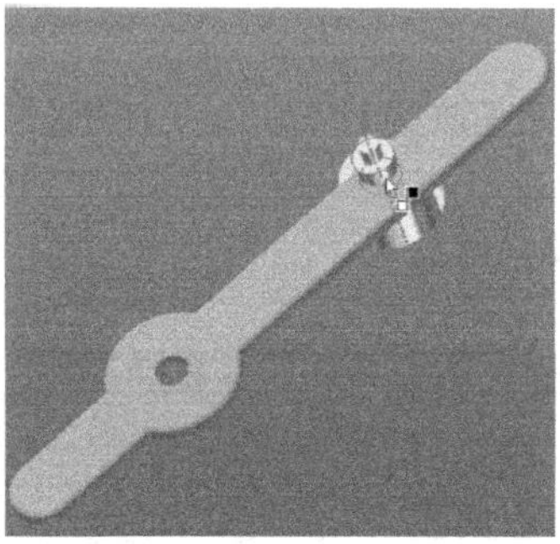

图 8-73　选择轴线

图 8-74　安装时针

5. 安装分针

（1）分针。单击【装配】标签栏【零部件】面板中的【放置】按钮，打开【装入零部件】对话框，选择【分针】零件，单击【打开】按钮，装入分针，将其放置到视图中适当位置。单击鼠标右键，在打开的快捷菜单中选择【确定】选项，完成分针的放置，如图 8-75 所示。

（2）装配分针。单击【装配】标签栏【位置】面板中的【约束】按钮，打开【放置约束】对话框，选择【配合】类型，在视图中选择如图 8-76 所示的分针底面和表壳上中间轴的第三台阶面，设置偏移量为 0，选择【配合】求解方法，单击【应用】按钮；选择【配合】类型，在视图中选择如图 8-77 所示的分针上孔的轴线和表壳上中间轴的轴线，设置偏移量为 0，选择【对齐】求解方法，单击【确定】按钮，拖曳时针调整分针的位置，结果如图 8-78 所示。

图 8-75　装入分针

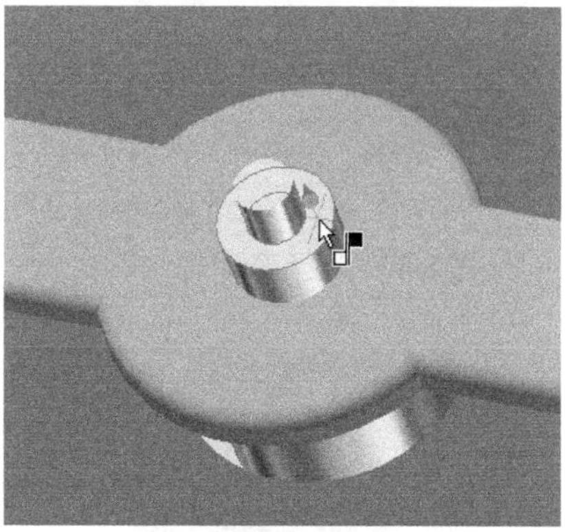

图 8-76　选择平面

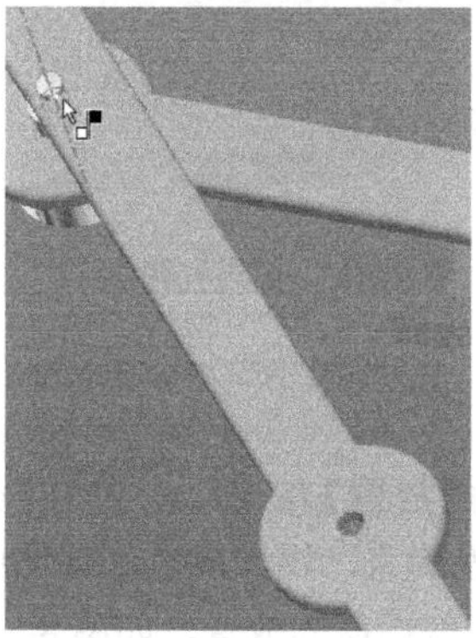

图 8-77　选择轴线

图 8-78　安装分针

6. 安装五角星

（1）放置五角星。单击【装配】标签栏【零部件】面板中的【放置】按钮，打开【装入零部件】对话框，选择【五角星】零件，单击【打开】按钮，装入五角星，将其放置到视图中适当位置。单击鼠标右键，在打开的快捷菜单中选择【确定】选项，完成五角星的放置，如图 8-79 所示。

图 8-79　装入五角星

（2）装配五角星。单击【装配】标签栏【位置】面板中的【约束】按钮，打开【放置约束】对话框，选择【配合】类型，在视图中选择如图 8-80 所示的五角星底面和表面零件的上表面，设置偏移量为 0，选择【配合】求解方法，单击【应用】按钮；选择【配合】类型，在视图中选择如图 8-81 所示表壳的 *YZ* 平面和五角星的 *XY* 平面，设置偏移量为 -2mm，选择【配合】求解方法，单击【应用】按钮；选择【配合】类型，在视图中选择如图 8-82 所示表壳的 *XZ* 平面和五角星的 *YZ* 平面，设置偏移量为 6mm，选择【表面平齐】求解方法，单击【确定】按钮，结果如图 8-83 所示。

图 8-80　选择平面

图 8-81　选择平面

图 8-82　选择平面

图 8-83　安装五角星

7. 安装表盖端盖

（1）放置表盖端盖。单击【装配】标签栏【零部件】面板中的【放置】按钮，打开【装入零部件】对话框，选择【表盖端盖】零件，单击【打开】按钮，装入表盖端盖，将其放置到视图中适当位置。单击鼠标右键，在打开的快捷菜单中选择【确定】选项，完成表盖端盖的放置，如图 8-84 所示。

（2）装配表盖端盖。单击【装配】标签栏【位置】面板中的【约束】按钮，打开【放置约束】对话框，选择【配合】类型，在视图中选择如图 8-85 所示的表盖端盖底面和表壳的台阶面，设置偏移量为 0，选择【配合】求解方法，单击【应用】按钮；选择【配合】类型，在视图中选择如图 8-86 所示的表盖端盖的轴线和表壳孔的轴线，选择【反向】求解方法，单击【应用】按钮；选择【配合】类型，在视图中选择如图 8-87 所示表壳的 *XZ* 平面和表盖端盖的 *YZ* 平面，设置偏移量为0mm，选择【配合】求解方法，单击【确定】按钮，结果如图 8-88 所示。

图 8-84　装入表前端盖

图 8-85　选择平面

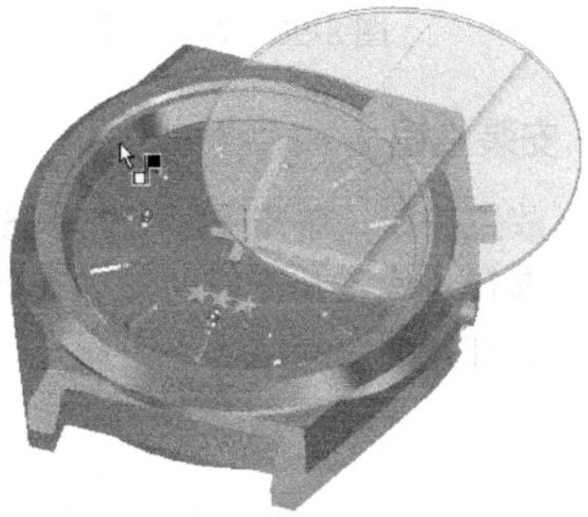

图 8-86　选择轴线

图 8-87　选择平面

图 8-88　安装表面端盖

8. 安装表后端盖

（1）放置表后端盖。单击【装配】标签栏【零部件】面板中的【放置】按钮，打开【装入零部件】对话框，选择【表后端盖】零件，单击【打开】按钮，装入表后端盖，将其放置到视图中适当位置。单击鼠标右键，在打开的快捷菜单中选择【确定】选项，完成表后端盖的放置，如图 8-89 所示。

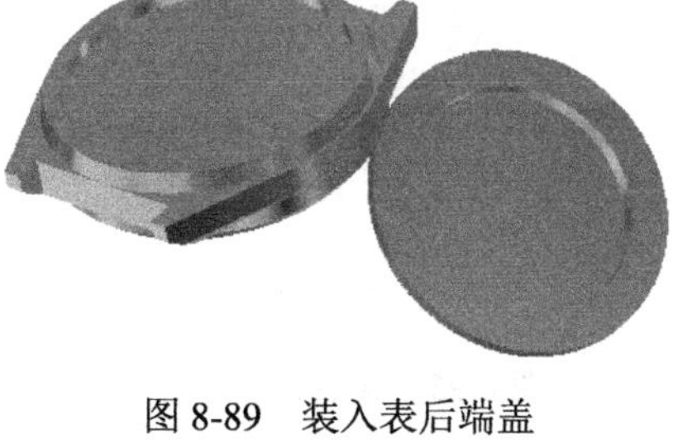

图 8-89　装入表后端盖

（2）装配表后端盖。单击【装配】标签栏【位置】面板中的【约束】按钮，打开【放置约束】对话框，选择【配合】类型，在视图中选择如图 8-90 所示的表后端盖底面和表壳的下底面，设置偏移量为 0，选择【配合】求解方法，单击【应用】按钮；选择【配合】类型，在视图中选择如图 8-91 所示的表后端盖的轴线和表壳孔的轴线，选择【对齐】求解方法，单击【确定】按钮，结果如图 8-92 所示。

图 8-90　选择平面

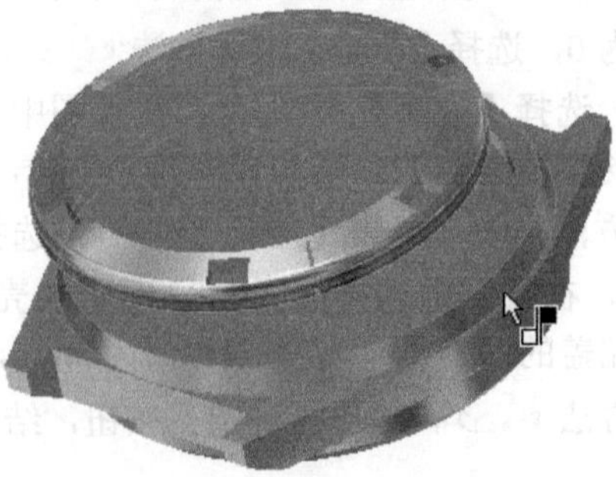

图 8-91　选择轴线

9. 安装旋钮

（1）放置旋钮。单击【装配】标签栏【零部件】面板中的【放置】按钮，打开【装入零部件】对话框，选择【旋钮】零件，单击【打开】按钮，装入旋钮，将其放置到视图中适当位置。单击鼠标右键，在打开的快捷菜单中选择【确定】选项，完成旋钮的放置，如图 8-93 所示。

图 8-92　安装表后端盖

图 8-93　装入旋钮

（2）装配表后端盖。单击【装配】标签栏【位置】面板中的【约束】按钮，打开【放置约束】对话框，选择【插入】类型，在视图中选择如图 8-94 所示的旋钮的圆弧边线和表壳的侧面孔边线，设置偏移量为 0，选择【反向】求解方法，单击【确定】按钮，结果如图 8-95 所示。

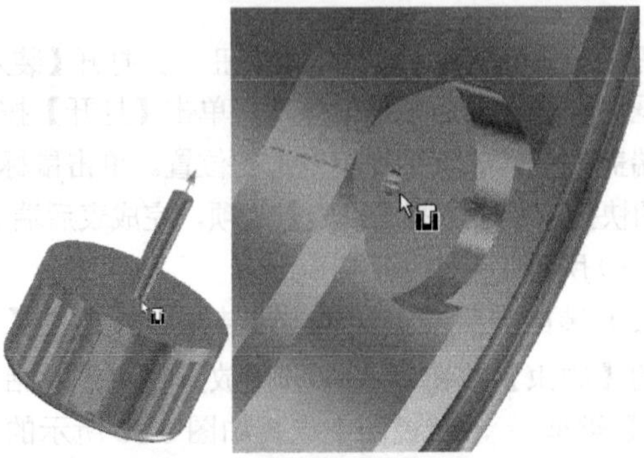

图 8-94　选择平面

图 8-95　安装旋钮

第 9 章 零部件设计加速器

设计加速器是在装配模式中运行的，可以用来对零部件进行设计和计算。它是 Inventor 功能设计中的一个重要组件，可以进行工程计算、设计使用标准零部件或创建基于标准的几何图元。有了这个功能，工程师可以节省大量设计和计算的时间，这也是它被称为设计加速器的原因。设计加速器包括紧固件生成器、动力传动生成器和机械计算器等。

采用设计加速器命令可以完成以下操作。

- 简化设计过程。
- 自动完成选择和创建几何图元。
- 通过针对设计要求进行验证，提高初始设计质量。
- 通过为相同的任务选择相同的零部件，提高标准化。

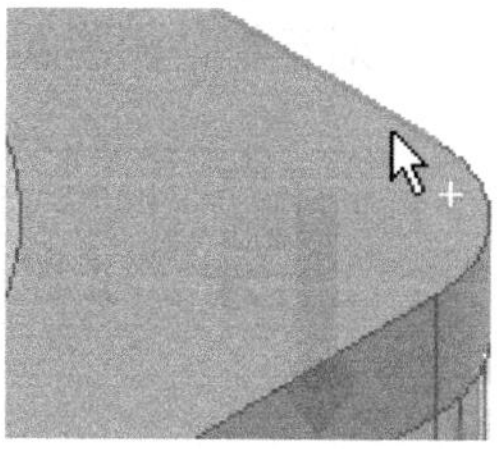

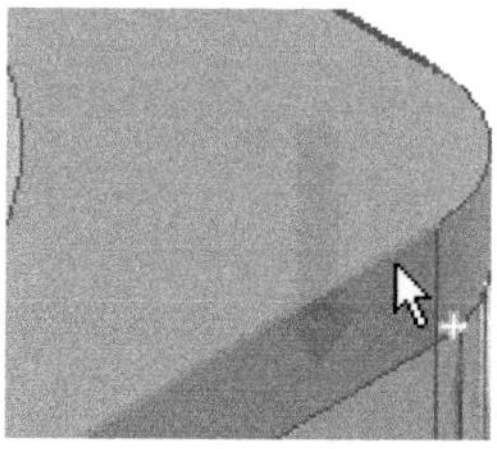

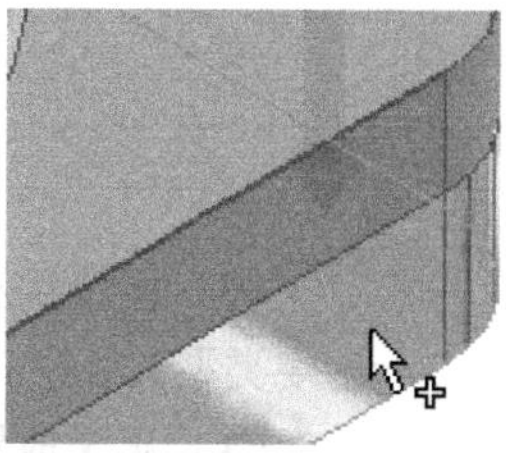

9.1 紧固件生成器

紧固件包括螺栓连接和各种销连接，可以通过输入简单或详细的机械属性来自动创建符合机械原理的零部件。例如，使用螺栓连接生成器一次插入一个螺栓连接。通过主动选择正确的零件插入螺栓连接，选择孔，然后将零部件装配在一起。

9.1.1 螺栓连接

使用螺栓连接零部件生成器可以设计和检查承受轴向力或切向力载荷的预应力的螺栓连接，在指定要求的工作载荷后选择适当的螺栓连接，强度计算执行螺栓连接校核（例如，连接紧固和操作过程中螺纹的压力和螺栓应力）。

1. 插入螺栓连接的操作步骤

（1）单击【设计】标签栏【紧固】面板中的【螺栓联接】按钮，打开【螺栓联接零部件生成器】对话框，如图 9-1 所示。

注意 若要使用螺栓连接生成器插入螺栓连接，部件必须至少包含一个零部件（这是放置螺栓连接所必需的条件）。

图 9-1 【螺栓联接零部件生成器】对话框

（2）在【类型】区域中，选择螺栓连接的类型（如果部件仅包含一个零部件，则选择【贯通】连接类型）。

（3）从【放置】下拉菜单中选择放置类型。

【线性】通过选择两条线性边来指定放置。

【同心】通过选择环形边来指定放置。

【参考点】通过选择一个点来指定放置。

【随孔】通过选择孔来指定放置。

（4）指定螺栓连接的位置。根据选择的放置，系统会提示指定起始平面、边、点、孔和终止平面。显示的选项取决于所选的放置类型，如图 9-2 所示。

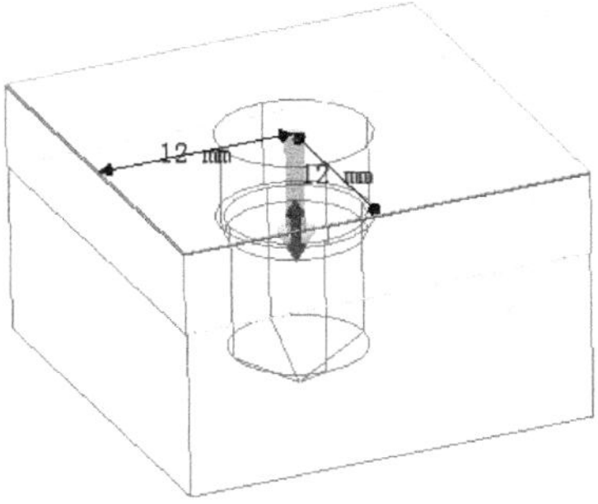

图 9-2　指定螺栓连接的位置

（5）指定螺栓连接的放置，以选择用于螺栓连接的紧固件。螺栓连接生成器根据在【设计】标签栏左侧指定的放置过滤紧固件选择。当未确立放置规格时，【设计】标签栏右侧的紧固件选项不会启用。

（6）将螺栓连接插入到包含两个或多个零部件的部件中，并选择【盲孔】连接类型。在【放置】区域中，系统将提示选择【盲孔起始平面】（而不是终止平面）来指定盲孔的起始位置。

（7）在【螺纹】区域中，从【螺纹】下拉菜单中指定螺纹类型，然后选择直径尺寸，如图 9-3 所示。

（8）选择【单击以添加紧固件】选项以连接到可从中选择零部件的资源中心，选择螺栓件，最后生成的螺栓结构如图 9-4 所示。

图 9-3 【螺栓联接零部件生成器】对话框

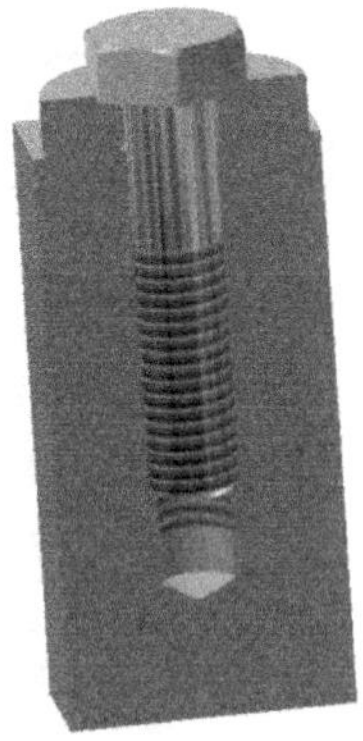

图 9-4　创建螺栓连接

2. 使用线性放置选项插入螺栓连接

选择线性类型的放置以通过选择两条线性边来指定螺栓连接位置。

（1）在【设计】标签栏的【放置】区域中，从下拉列表中单击【线性】按钮，如图 9-5 所示。

（2）在图形窗口中，选择起始平面，如图 9-6 所示。选择后，将启用其他用于放置的按钮（【线性边 1】【线性边 2】【终止方式】）。

（3）如图 9-7 所示，选择第 1 条线性边，之后如图 9-8 所示再选择第 2 条线性边。

（4）选择终止平面，如图 9-9 所示。

图 9-5　选择线性类型

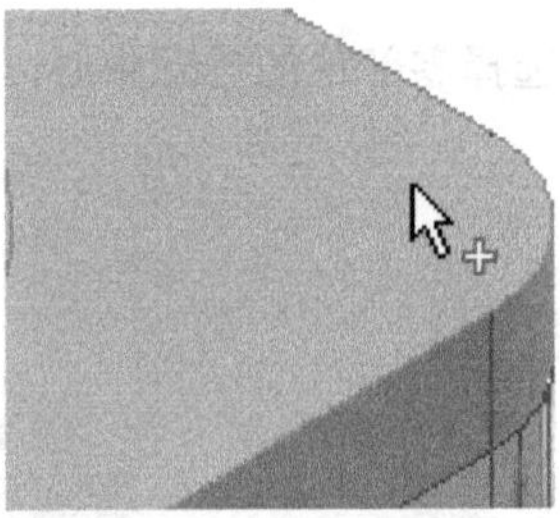

图 9-6　选择起始平面

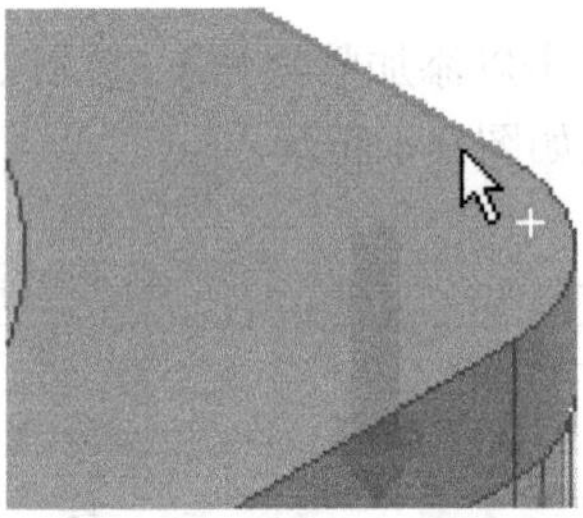

图 9-7　选择第 1 条线性边

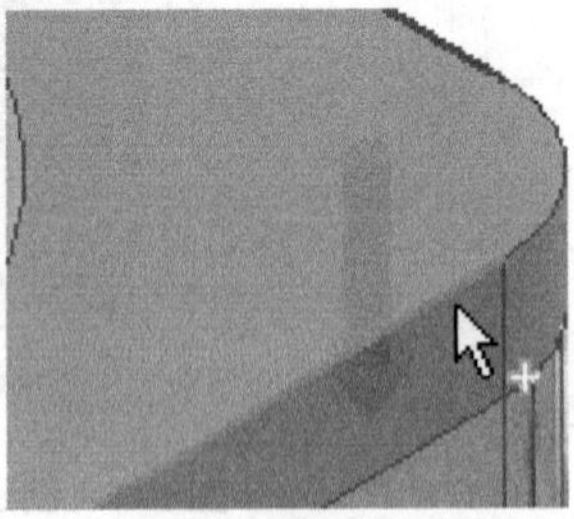

图 9-8　选择第 2 条线性边

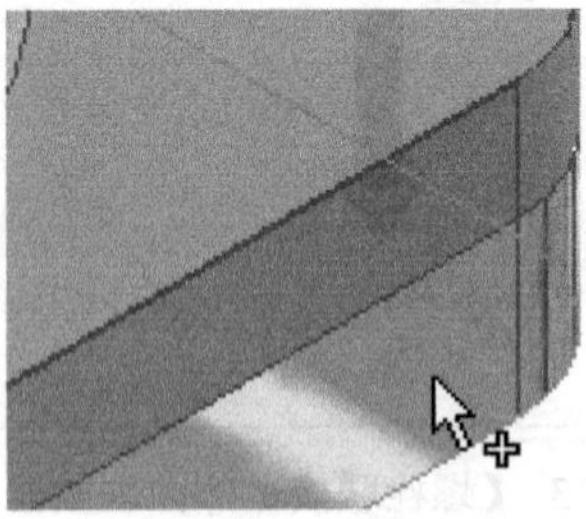

图 9-9　选择终止平面

9.1.2　带孔销

计算、设计和校核带孔销强度、最小直径和零件材料的带孔销连接。

带孔销用于机器零件的可分离、旋转连接。通常，这些连接仅传递垂直作用于带孔销轴上的横向力。带孔销通常为间隙配合以构成耦合连接（杆 –U 形夹耦合）。H11/h11、H10/h8、H8/f8、H8/h8、D11/h11、D9/h8 是最常用的配合方式。带孔销的连接应通过开口销、软制安全环、螺母、调整环等来确保无轴向运动。标准化的带孔销可以加工头也可以不加工头，无论哪种情况，都应为开口销提供孔。

1. 插入整个带孔销连接的操作步骤

（1）单击【设计】标签栏【紧固】面板中的【带孔销】按钮，打开【带孔销零部件生成器】对话框，如图 9-10 所示。

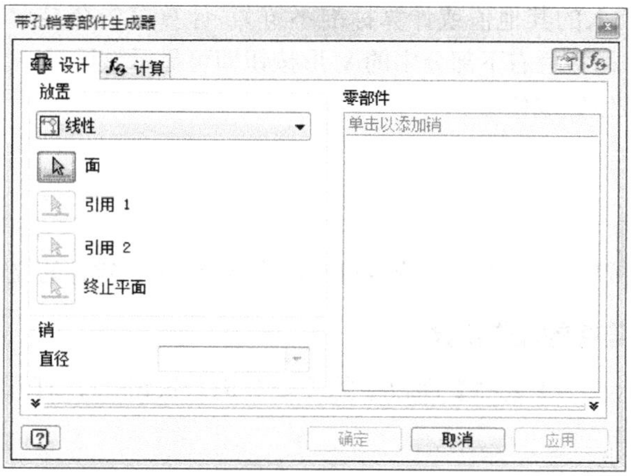

图 9-10 【带孔销零部件生成器】对话框

（2）从【放置】区域的选择列表中选择放置类型，放置方式与螺栓连接方式相同。

指定销直径。

生成器设计孔，或者添加孔或删除所有内容。

（3）选择【单击以添加销】选项，以连接到可从中选择零部件的资源中心，选择带孔销类型，如图 9-11 所示。

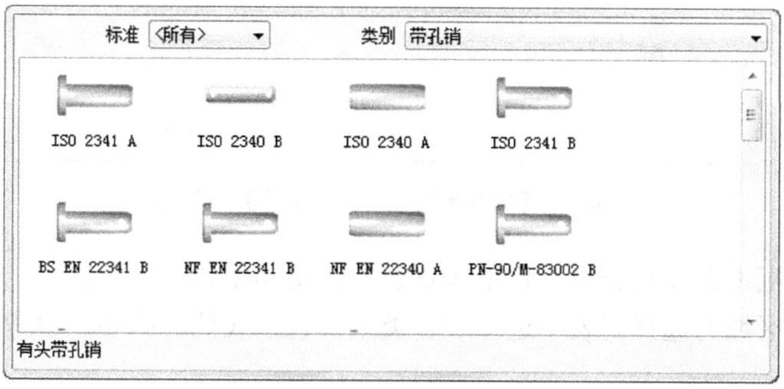

图 9-11 资源中心

注意：必须连接到资源中心服务器，并且必须在计算机上对资源中心进行配置，才能选择带孔销。

（4）单击【确定】按钮完成插入带孔销的操作。

注意：可以切换至【计算】标签栏，以执行计算和强度校核。单击【计算】即可执行计算。

2. 编辑带孔销

（1）打开已插入设计加速器带孔销的 Autodesk Inventor 部件。

（2）选择带孔销，单击鼠标右键以显示关联菜单，然后选择【使用设计加速器进行编辑】命令。

（3）编辑带孔销。可以更改带孔销的尺寸或更改计算参数。如果更改了计算值，则需单击【计算】标签栏查看是否通过强度校核。计算结果会显示在【结果】区域中。导致计算失败的输入将以红色显示（它们的值与插入的其他值或计算标准不符）。计算报告会显示在【消息摘要】区域中，单击【计算】和【设计】标签栏右下部分中的 V 形按钮即可显示该区域。

（4）单击【确定】按钮完成修改。

9.1.3 安全销

安全销用于使两个机械零件之间形成牢靠且可拆开的连接，确保零件的位置正确，消除横向滑动力。

1. 插入整个安全销连接的操作步骤

（1）单击【设计】标签栏【紧固】面板中的【安全销】按钮，打开【安全销零部件生成器】对话框，如图 9-12 所示。

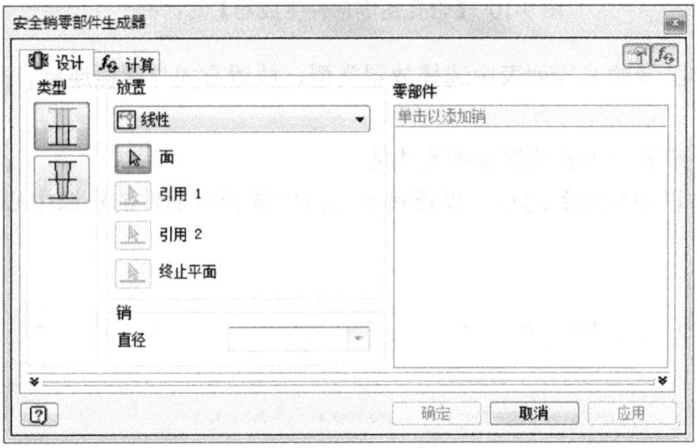

图 9-12 【安全销零部件生成器】对话框

（2）从【类型】框中选择孔类型，包括【贯通】连接类型和锥形孔。

（3）从【放置】区域的选择列表中选择放置类型，包括线性、同心、参考点和随孔。

（4）输入销直径。

（5）选择【单击以添加销】选项，从【资源中心】中选择安全销类型。

注意：必须连接到资源中心服务器，并且必须在计算机上对资源中心进行配置，才能选择安全销。

（6）单击【确定】按钮完成插入安全销的操作。

注意：在【计算】标签栏中，可以执行计算和强度校核。单击【计算】按钮即可执行计算。

2. 编辑安全销

（1）打开已插入设计加速器安全销的 Autodesk Inventor 部件。

（2）选择安全销，单击鼠标右键以显示快捷菜单，然后选择【使用设计加速器编辑】选项。

（3）编辑安全销。可以更改安全销的尺寸和计算参数。如果更改计算值，则单击【计算】以查看是否通过强度校核，计算结果会显示在【结果】区域中，导致计算失败的输入将以红色显示（它们的值与插入的其他值或计算标准不符）。计算报告会显示在【消息摘要】区域中，单击【计算】和【设计】标签栏右下部分中的 V 形按钮即可显示该区域。

（4）单击【确定】按钮完成修改。

3. 计算安全销

（1）单击【设计】标签栏【紧固】面板中的【安全销】按钮，打开【安全销零部件生成器】对话框。

（2）在安全销连接生成器的【设计】标签栏上，从资源中心选择安全销。在【零部件】区域中，单击编辑字段旁边的箭头。选择标准和安全销。

注意　必须连接到资源中心服务器，并且必须在计算机上对资源中心进行配置，才能选择安全销。

（3）切换到【计算】标签栏。

（4）选择强度计算类型。

（5）输入计算值，可以在编辑字段中直接更改值和单位。

（6）单击【计算】以执行计算。计算结果会显示在【结果】区域中。导致计算失败的输入将以红色显示（它们的值与插入的其他值或计算标准不符）。计算报告会显示在【消息摘要】区域中，单击【计算】和【设计】标签栏右下部分中的 V 形按钮即可显示该区域。

（7）如果计算结果与设计相符，则单击【确定】按钮完成计算。

9.1.4　实例——向球阀添加螺栓

本例为球阀安装螺栓，如图 9-13 所示。

扫码看视频

图 9-13　为球阀安装螺栓

1. 打开文件

运行 Inventor，单击【快速入门】工具栏中的【打开】按钮，在打开的【打开】对话框中选择【球阀 .iam】装配文件，单击【打开】按钮，打开螺栓装配文件，如图 9-14 所示。

2. 添加螺栓

单击【设计】标签栏【紧固】面板中的【螺栓联接】按钮，打开【螺栓联接零部件生成器】对话框，选择【贯通】连接类型，选择【同心】放置方式。

在视图中选择阀盖的表面为起始平面，选择孔的圆形边线为圆形参考，选择阀体的表面为终止平面，如图 9-15 所示。

图 9-14　球阀装配体

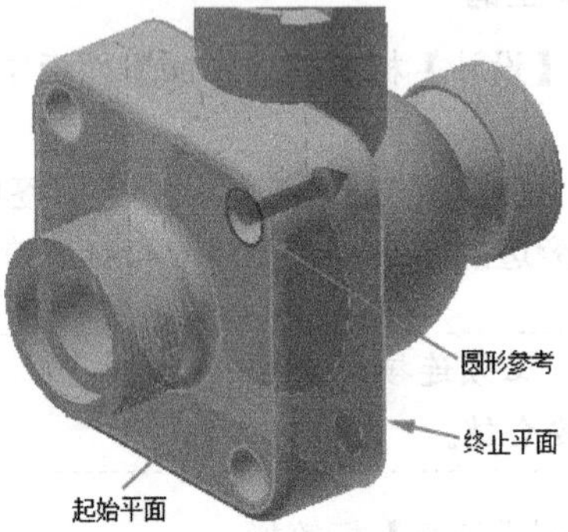

图 9-15　选择放置面

在对话框中选择【GB Metric profile】螺纹类型，直径为 10mm，单击【单击以添加紧固件】选项，连接到零部件的资源中心，选择【六角头螺栓】类别，在列表中选择【螺栓 GB/T 5780-2000】类型，默认尺寸为 M10×40，如图 9-16 所示。

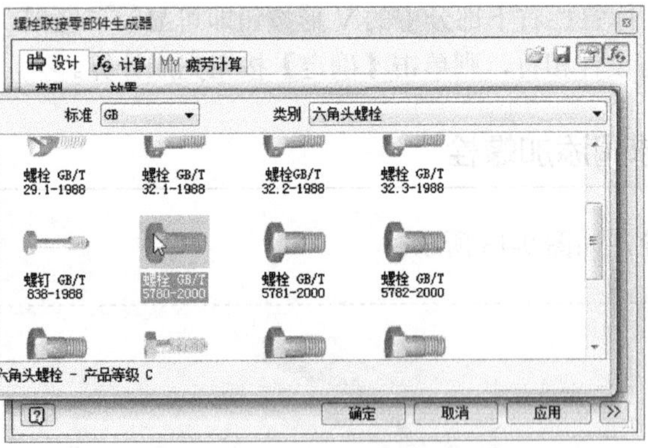

图 9-16　选择螺钉

在对话框添加的螺栓下方单击【单击以添加紧固件】选项，如图 9-17 所示，连接到零部件的资源中心，选择【垫圈 GB/T 95-2002】类型，如图 9-17 所示，完成垫圈的选择，返回【螺栓联接零部件生成器】对话框。

在对话框添加的垫圈下方单击【单击以添加紧固件】选项，连接到零部件的资源中心，选择【螺母】类别，在列表框中选择【螺母 GB/T 6170-2000】类型，如图 9-18 所示，完成螺母的选择，返回【螺栓联接零部件生成器】对话框。

在视图中可以拖曳箭头调整螺栓的长度，如图 9-19 所示，在本例中采用默认设置，此时对话框如图 9-20 所示，单击【确定】按钮，完成第一个螺栓的添加，如图 9-21 所示。

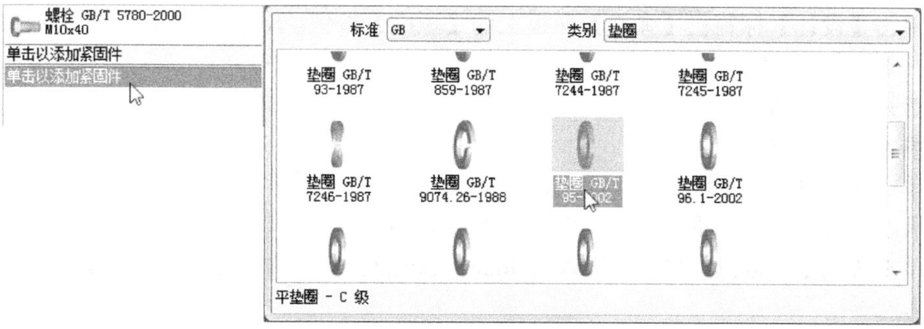

图 9-17　选择垫圈

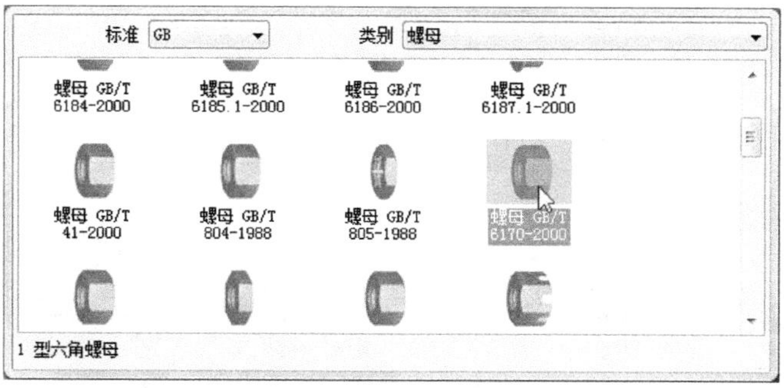

图 9-18　选择螺母

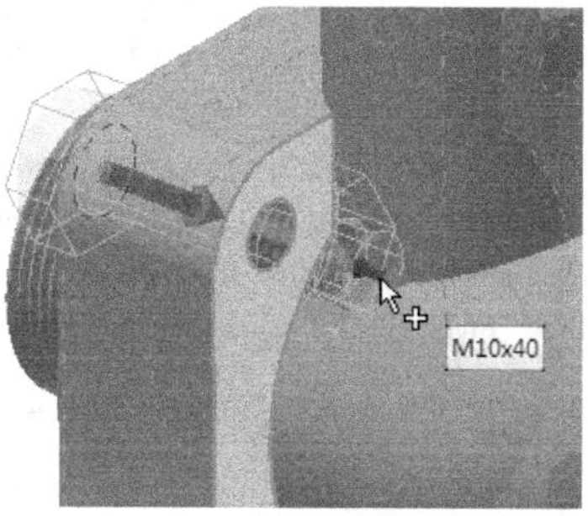

图 9-19　拖曳螺纹深度

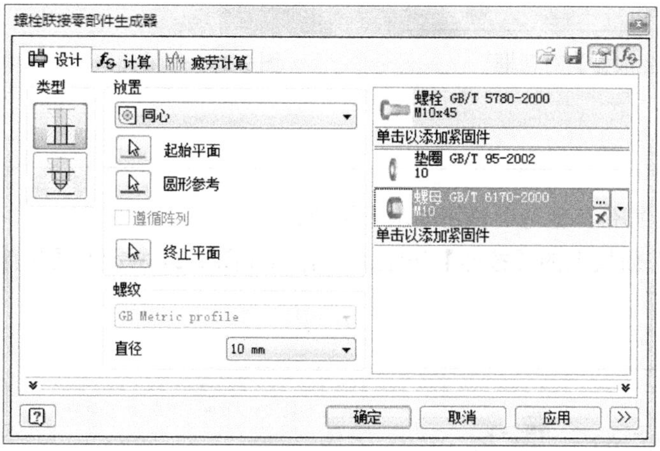

图 9-20　【螺栓联接零部件生成器】对话框

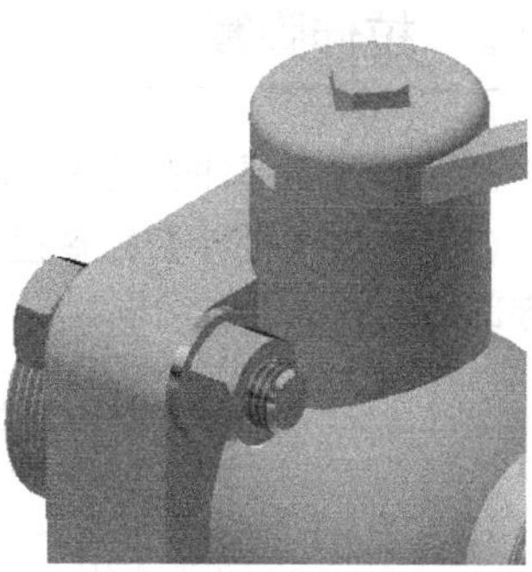

图 9-21　添加第一个螺栓

重复执行第 2 步，在球阀上添加其他三个螺栓，结果如图 9-13 所示。

9.2　弹簧

9.2.1　压缩弹簧

压缩弹簧零部件生成器用于计算具有其他弯曲修正的水平压缩。

（1）单击【设计】标签栏【弹簧】面板上的【压缩】按钮，弹出如图 9-22 所示的【压缩弹簧零部件生成器】对话框。

（2）选择轴和起始平面放置弹簧。

（3）输入弹簧参数。

（4）单击【计算】按钮进行计算，计算结果会显示在【结果】区域里，导致计算失败的输入将以红色显示，即它们的值与插入的其他值或计算标准不符。

（5）单击【确定】按钮，将弹簧插入 Autodesk Inventor 部件中，如图 9-23 所示。

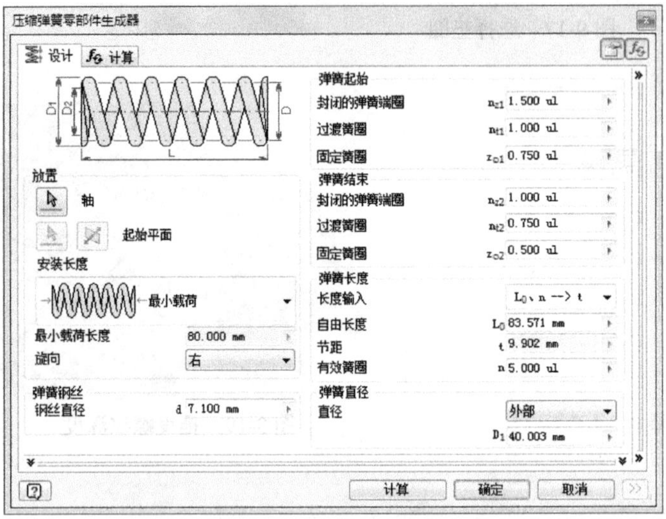

图 9-22 【压缩弹簧零部件生成器】对话框

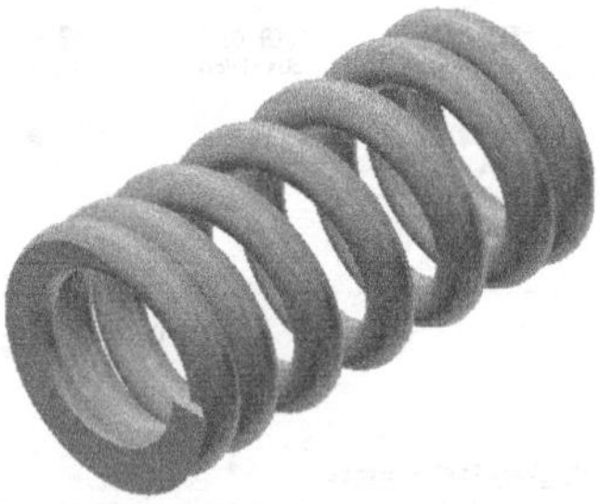

图 9-23 压缩弹簧

9.2.2 拉伸弹簧

拉伸弹簧零部件生成器专门用于计算带其他弯曲修正的水平拉伸。

（1）单击【设计】标签栏【弹簧】面板上的【拉伸】按钮，弹出如图 9-24 所示的【拉伸弹簧零部件生成器】对话框。

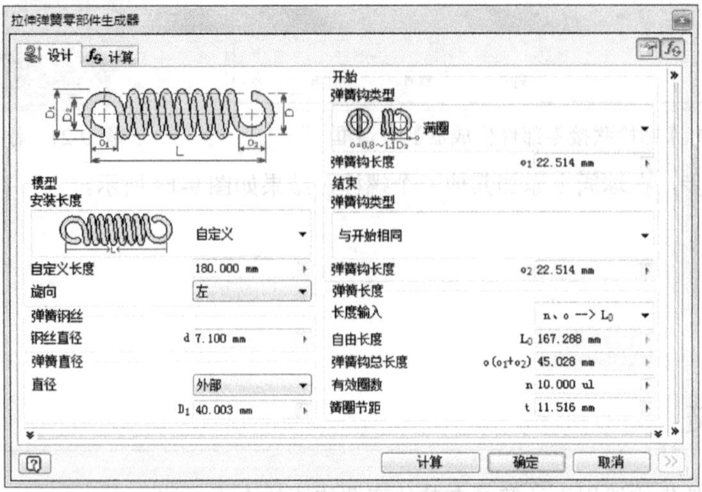

图 9-24 【拉伸弹簧零部件生成器】对话框

（2）选择用于所设计的拉伸弹簧的选项，输入弹簧参数。

（3）在【计算】选项卡中选择强度计算类型并设置载荷与弹簧材料。

（4）单击【计算】按钮进行计算，计算结果会显示在【结果】区域里，导致计算失败的输入将以红色显示，即它们的值与插入的其他值或计算标准不符。

（5）单击【确定】按钮，将弹簧插入 Autodesk Inventor 部件中，如图 9-25 所示。

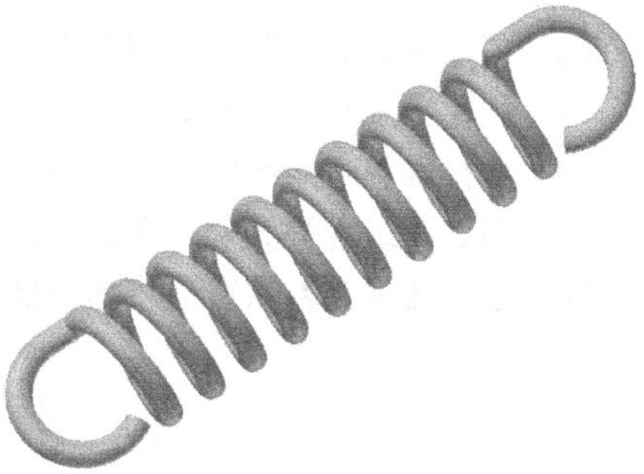

图 9-25 拉伸弹簧

9.2.3 碟形弹簧

碟形弹簧可用于承载较大的载荷而只产生较小的变形。它们可以单独使用，也可以成组使用。组合弹簧具有以下装配方式。

① 叠合组合（依次装配弹簧）。

② 对合组合（反向装配弹簧）。

③ 复合组合（反向部件依次装配的组合弹簧）。

1. 插入独立弹簧

（1）单击【设计】标签栏【弹簧】面板上的【碟形】按钮，弹出如图 9-26 所示的【碟形弹簧生成器】对话框。

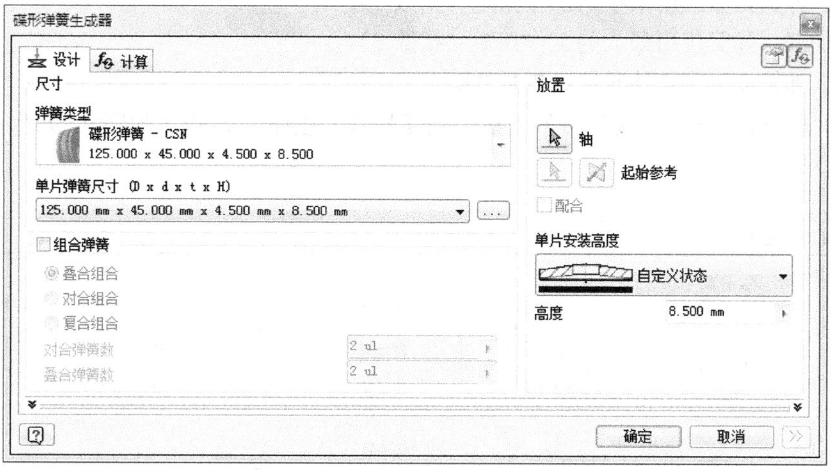

图 9-26 【碟形弹簧生成器】对话框

（2）从【弹簧类型】下拉列表中选择适当的标准弹簧类型。

（3）从【单片弹簧尺寸】下拉列表中选择弹簧尺寸。

（4）选择轴和起始平面放置弹簧。

（5）单击【确定】按钮，将弹簧插入 Autodesk Inventor 部件中，如图 9-27 所示。

2. 插入组合弹簧

（1）单击【设计】标签栏【弹簧】面板上的【碟形】按钮，弹出如图 9-26 所示的【碟形弹簧生成器】对话框。

（2）从【弹簧类型】下拉列表中选择适当的标准弹簧类型。

（3）从【单片弹簧尺寸】下拉列表中选择弹簧尺寸。

（4）选择轴和起始平面放置弹簧。

（5）勾选【组合弹簧】复选框，选择组合弹簧类型，然后输入对合弹簧数和叠合弹簧数。

（6）单击【确定】按钮，将弹簧插入 Autodesk Inventor 部件中，如图 9-28 所示。

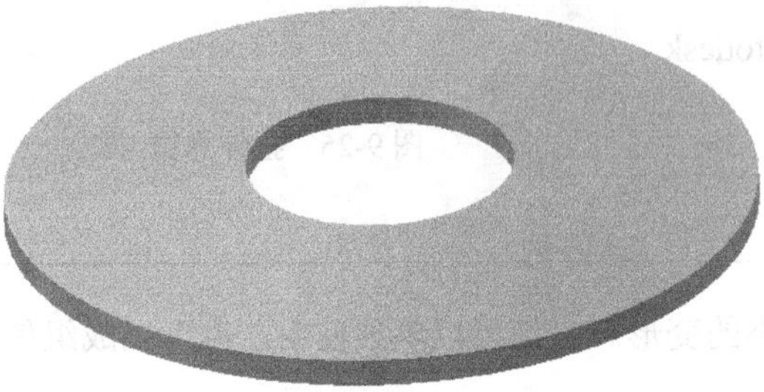

图 9-27　碟形弹簧（1）

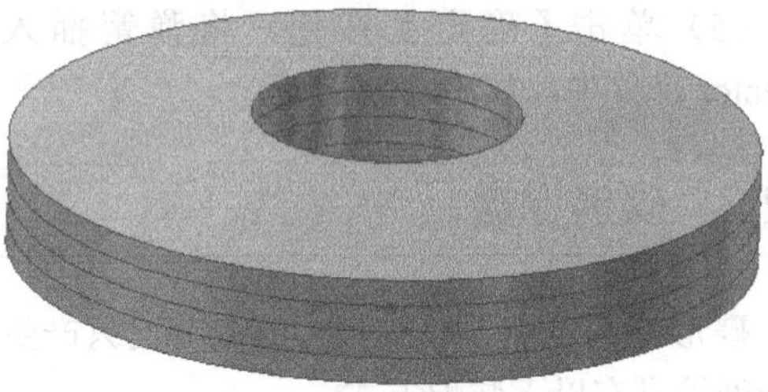

图 9-28　碟形弹簧（2）

9.2.4　扭簧

扭簧零部件生成器计算用于设计和校核由冷成形线材或由环形剖面的钢条制成的螺旋扭簧。扭簧有以下四种基本弹簧状态。

① 自由。弹簧未加载（指数 0）。

② 预载。弹簧指数应用最小的工作扭矩（指数 1）。

③ 完全加载。弹簧应用最大的工作扭矩（指数 8）。

④ 限制。弹簧变形到实体长度（指数 9）。

（1）单击【设计】标签栏【弹簧】面板上的【扭簧】按钮，弹出如图 9-29 所示的【扭簧零部件生成器】对话框。

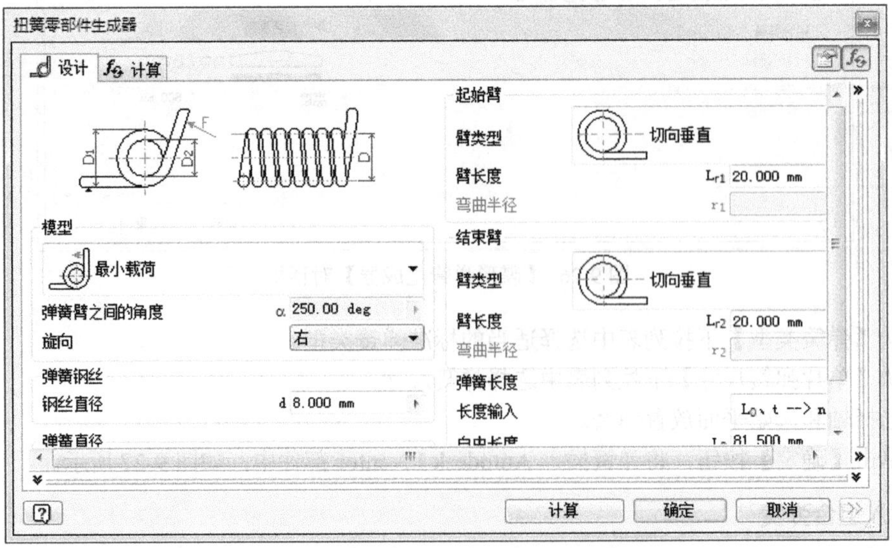

图 9-29　【扭簧零部件生成器】对话框

（2）在【设计】选项卡中输入弹簧的钢丝直径、臂类型等参数。

（3）在【计算】选项卡中输入载荷、弹簧材料等用于扭簧计算的参数。

（4）单击【计算】按钮进行计算，计算结果会显示在【结果】区域里，导致计算失败的输入将以红色显示，即它们的值与插入的其他值或计算标准不符。

（5）单击【确定】按钮，将弹簧插入 Autodesk Inventor 部件中，如图 9-30 所示。

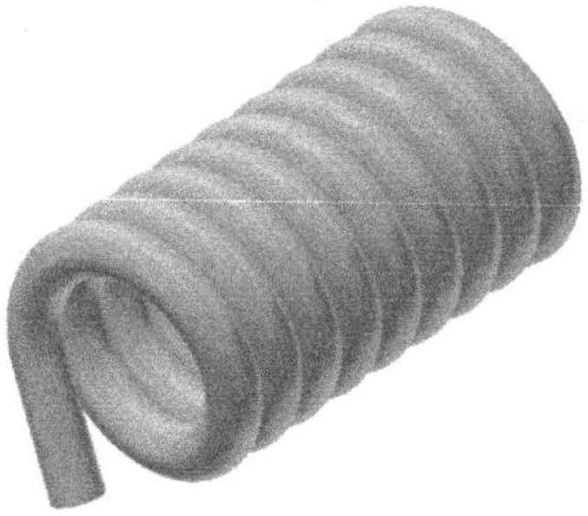

图 9-30　扭簧

9.3　动力传动生成器

利用动力传动生成器可以直接生成轴、圆柱齿轮、蜗轮、轴承、V 型皮带和凸轮等动力传动部件，图 9-31 所示为动力传动生成器面板。

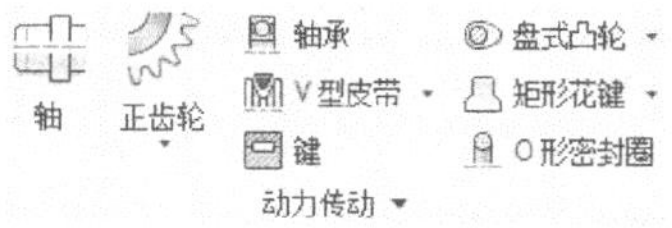

图 9-31　动力传动生成器面板

9.3.1　轴生成器

使用轴生成器可以直接设计轴的形状、计算校核及在 Autodesk Inventor 中生成轴的模型。创建轴需要由不同的特征（倒角、圆角、颈缩等）和截面类型和大小（圆柱、圆锥和多边形）装配而成。

使用轴生成器可执行以下操作。

① 设计和插入带有无限多个截面（圆柱、圆锥、多边形）和特征（圆角、倒角、螺纹等）的轴。

② 设计空心形状的轴。

③ 将特征（倒角、圆角、螺纹）插入内孔。

④ 分割轴圆柱并保留轴截面的长度。

⑤ 将轴保存到模板库。

⑥ 向轴设计添加无限多个载荷和支承。

轴生成器的窗口分为设计（图 9-32）、计算（图 9-33）和图形（图 9-34）三个标签栏，分别实现不同的功能。

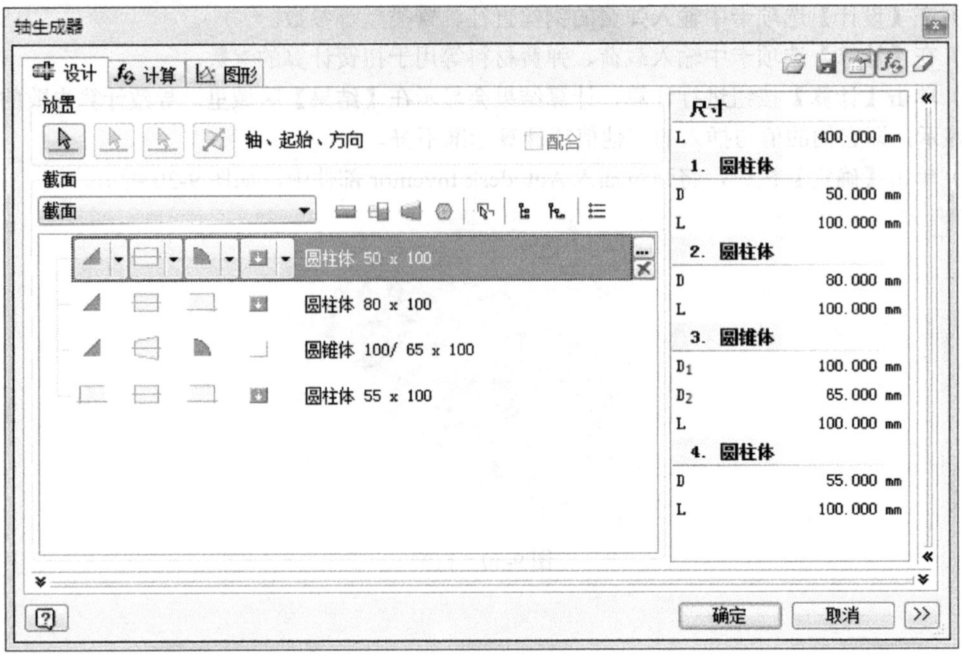

图 9-32 【设计】标签栏

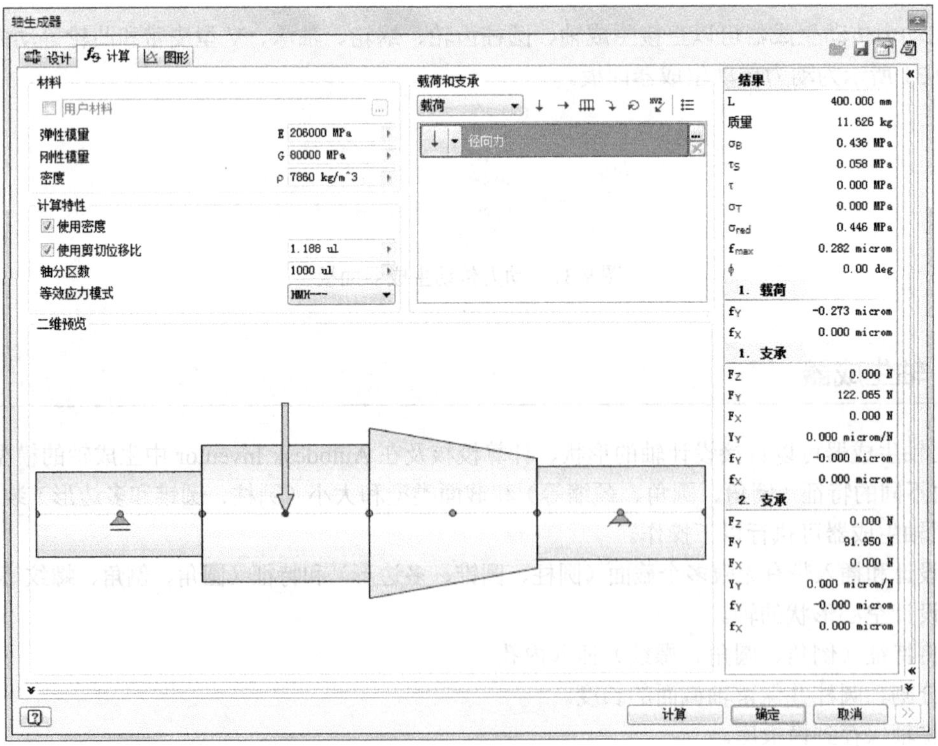

图 9-33 【计算】标签栏

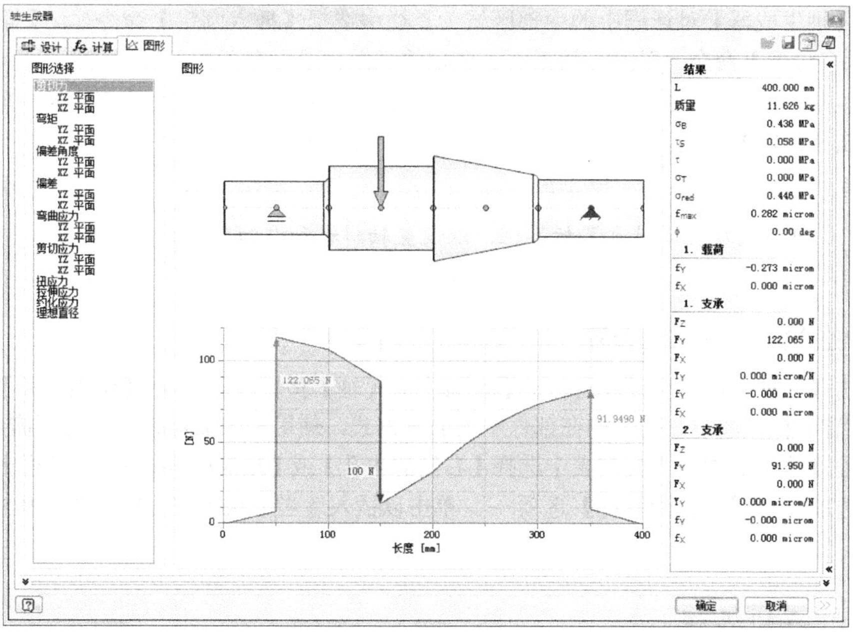

图 9-34 【图形】标签栏

1. 设计轴的创建步骤

（1）单击【设计】标签栏【动力传动】面板上的【轴】按钮，弹出如图 9-35 所示的【轴生成器】对话框。

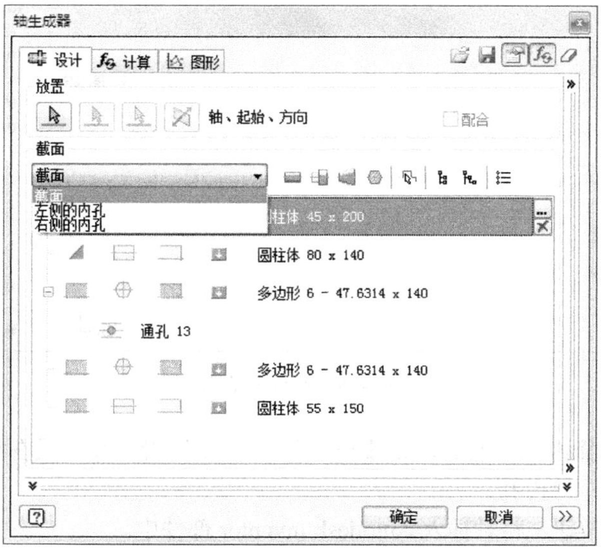

图 9-35 【轴生成器】对话框

（2）【放置】框区域中，可以根据需要指定轴在部件中的放置。使用轴生成器设计轴时不需要放置。

（3）【截面】框区域中，使用下拉列表设计轴的形状。根据选择，工具栏中将显示命令。

① 选择【截面】以插入轴特征和截面。

② 选择【右侧的内孔】或【左侧的内孔】可以设计中空轴形状。

（4）从【轴生成器】对话框中的中部区域工具栏中选择【插入圆锥】命令、【插入圆柱】命令、【插入多边形】命令以插入轴截面。选定的截面将显示在下方。

（5）可以从工具栏中单击【选项】按钮，以设定三维图形预览和二维预览的选项。

（6）单击【确定】按钮，将轴插入 Autodesk Inventor 部件中。

注意　可以切换至【计算】标签栏，以设置轴材料和添加载荷和支承。

2. 设计空心轴形状的创建步骤

（1）单击【设计】标签栏【动力传动】面板上的【轴】按钮，弹出【轴生成器】对话框。

（2）【放置】框区域中，指定轴在部件中的放置方式。使用轴生成器设计轴时不需要放置。

（3）【截面】框区域中的下拉列表中选择【右侧的内孔】或【左侧的内孔】。工具栏上将显示【插入圆柱孔】选项和【插入圆锥孔】选项。单击以插入适当形状的空心轴，如图 9-36 所示。

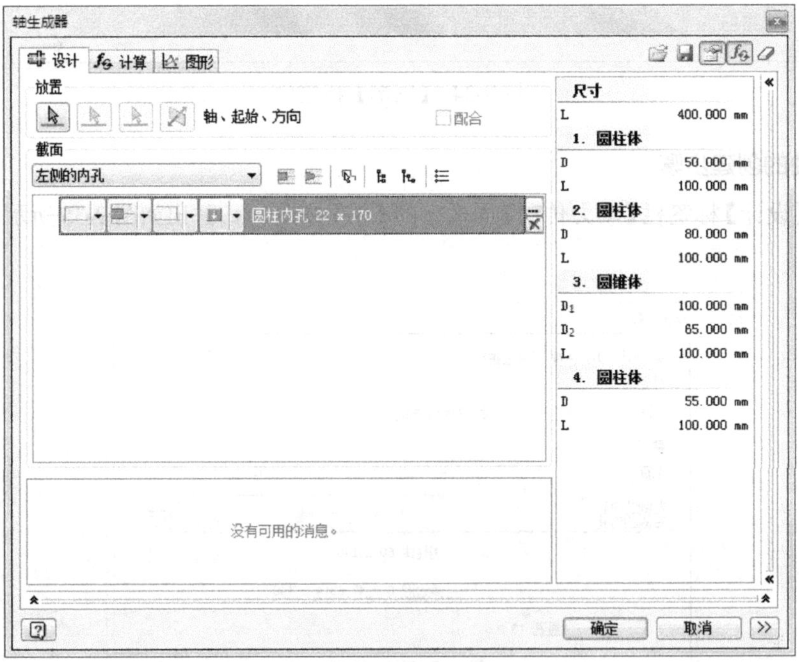

图 9-36　设计空心轴

（4）在树控件中选择内孔，然后单击【更多】按钮编辑尺寸，或在树控件中选择内孔，然后单击【删除】按钮删除内孔。

（5）单击【确定】按钮，将轴插入 Autodesk Inventor 部件中。

9.3.2 正齿轮

利用正齿轮零部件生成器，可以计算外部和内部齿轮传动装置（带有直齿和螺旋齿）的尺寸并校核其强度。它包含的几何计算可设计不同类型的变位系数分布，包括滑动补偿变位系数。正齿轮零部件生成器可以计算、检查尺寸和载荷力，并可以执行强度校核。

【正齿轮零部件生成器】的窗口分为设计（图 9-37）和计算（图 9-38）两个标签栏，分别实现不同的功能。

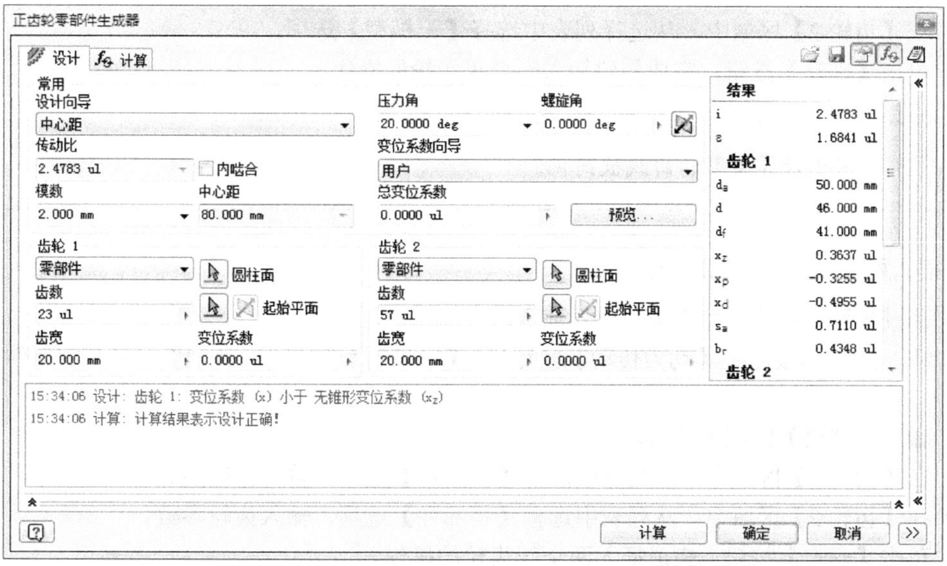

图 9-37 【设计】标签栏

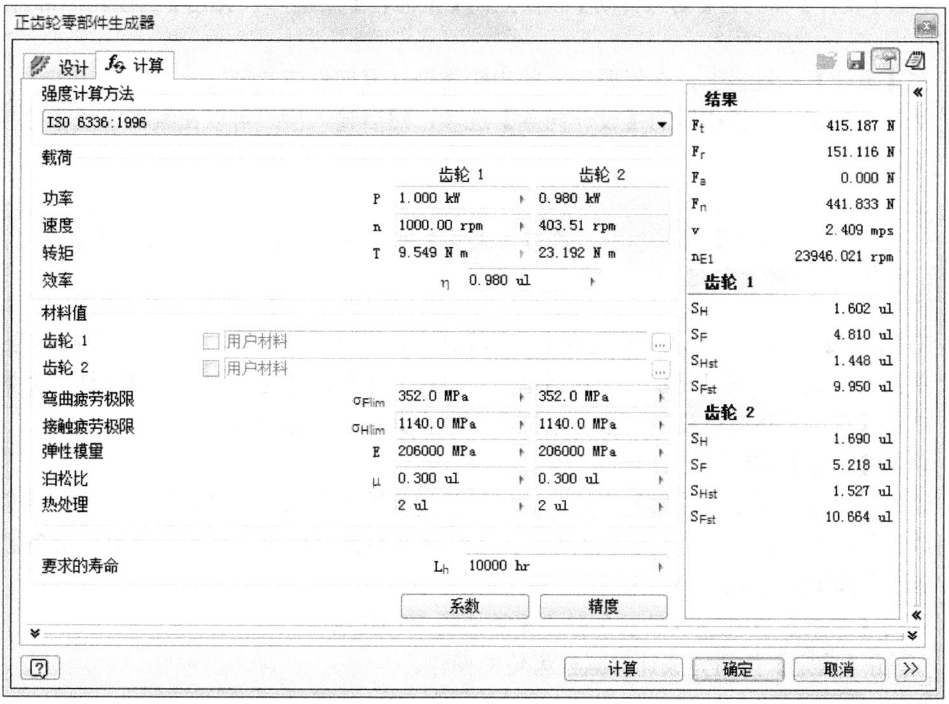

图 9-38 【计算】标签栏

1. 插入一个正齿轮的创建步骤

（1）单击【设计】标签栏【动力传动】面板上的【正齿轮】按钮，弹出如图 9-37 所示的【正齿轮零部件生成器】对话框。

（2）输入【常用】区域中的值。

（3）在【齿轮 1】区域中，从列表中选择【零部件】选项，输入齿轮参数。

（4）在【齿轮 2】区域中，从选择列表中选择【无模型】选项。

（5）单击【确定】按钮，完成创建插入一个正齿轮的操作。

注意　用于计算齿形的曲线被简化。

2. 插入两个正齿轮的创建步骤

使用圆柱齿轮生成器，一次最多可以插入两个齿轮。

（1）单击【设计】标签栏【动力传动】面板上的【正齿轮】按钮，弹出【正齿轮零部件生成器】对话框。

（2）输入【常用】区域中的值。

（3）在【齿轮 1】区域中，从列表中选择【零部件】选项，输入齿轮参数。

（4）在【齿轮 2】区域中，从列表中选择【零部件】选项，输入齿轮参数。

（5）单击【确定】按钮，完成插入两个正齿轮的操作。

3. 计算圆柱齿轮的步骤

（1）单击【设计】标签栏【动力传动】面板上的【正齿轮】按钮，弹出【正齿轮零部件生成器】对话框。

（2）在【设计】标签栏上，选择要插入的齿轮类型（零部件或特征）。

（3）从下拉列表中选择相应的【设计向导】选项，然后输入值。可以在编辑字段中直接更改值和单位。

注意　单击【设计】标签栏右下角的【更多】按钮>>，打开【更多选项】区域，可以在其中选择其他计算选项。

（4）在【计算】标签栏上，从下拉列表中选择【强度计算方式】选项，并输入值以执行强度校核。

（5）单击【系数】按钮以显示一个对话框，可以在其中更改选定的强度计算方法的系数。

（6）单击【精度】按钮以显示一个对话框，可以在其中更改精度设置。

（7）单击【计算】按钮进行计算。

（8）计算结果会显示在【结果】区域中。导致计算失败的输入将以红色显示（它们的值与插入的其他值或计算标准不符）。计算报告会显示在【消息摘要】区域中，单击【计算】标签栏右下部分中的 V 形按钮即可显示该区域。

（9）单击【结果】按钮以显示含有计算的值的 HTML 报告。

（10）单击【确定】按钮完成计算圆柱齿轮的操作。

4. 根据已知的参数设计齿轮组

使用正齿轮生成器将齿轮模型插入部件中。当已知所有参数，并且希望仅插入模型而不执行任何计算或重新计算值，则可以使用以下设置。

可以使用这些设置插入一个或两个齿轮。

（1）单击【设计】标签栏【动力传动】面板上的【正齿轮】按钮，弹出【正齿轮零部件生成器】对话框。

（2）在【常用】区域中，从【设计向导】下拉列表中选择【中心距】或【总变位系数】选项。根据从下拉菜单中选择的选项，【设计】标签栏上的选项将处于启用状态。这两个选项可以启用大多数逻辑选项以便插入齿轮模型。

（3）设定需要的值，例如压力角、螺旋角或模量。

（4）在【齿轮 1】和【齿轮 2】区域中，从下拉列表中选择【零部件】、【特征】或【无模型】。

（5）单击右下角的【更多】按钮>>，以插入更多计算值和标准。

（6）单击【确定】按钮将齿轮组插入部件中。

9.3.3　蜗轮

利用蜗轮零部件生成器，可以计算蜗轮传动装置（普通齿或螺旋齿）的尺寸、力比例和载荷。它包含对中心距的几何计算或基于中心距的计算，以及齿轮传动比的计算，以此来进行齿轮变位系数设计。

生成器可计算主要产品并校核尺寸、载荷力的大小、蜗轮与蜗杆材料的最小要求，并基于 CSN 与 ANSI 标准执行强度校核。【蜗轮零部件生成器】对话框分为设计（图 9-39）和计算（图 9-40）两个标签栏，分别实现不同的功能。

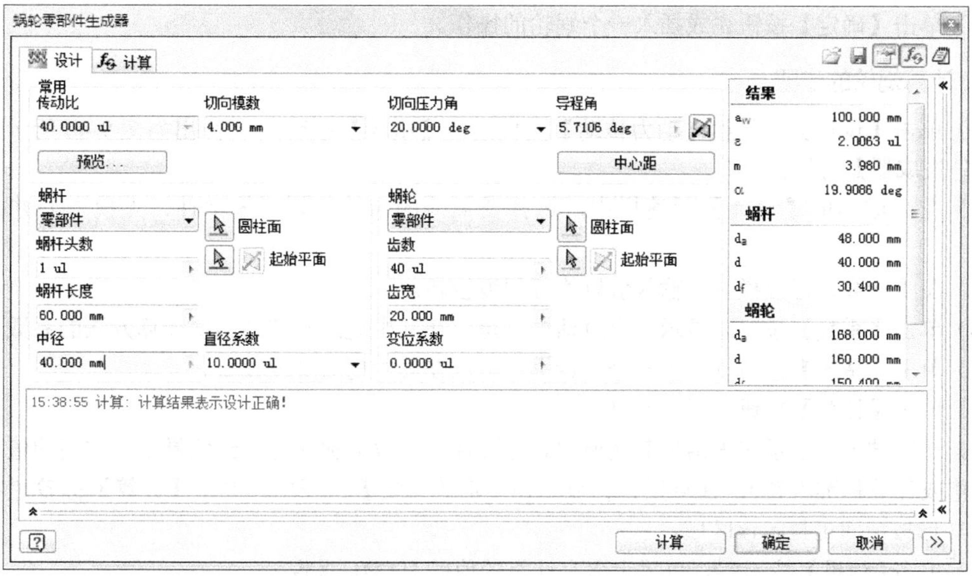

图 9-39　【设计】标签栏

1. 插入一个蜗轮的步骤

（1）单击【设计】标签栏【动力传动】面板上的【蜗轮】按钮，弹出如图 9-39 所示的【蜗轮零部件生成器】对话框。

（2）在【常用】区域中输入值。

（3）在【蜗轮】区域中，从列表中选择【零部件】选项，输入齿轮参数。

（4）在【蜗杆】区域中，从列表中选择【无模型】选项。

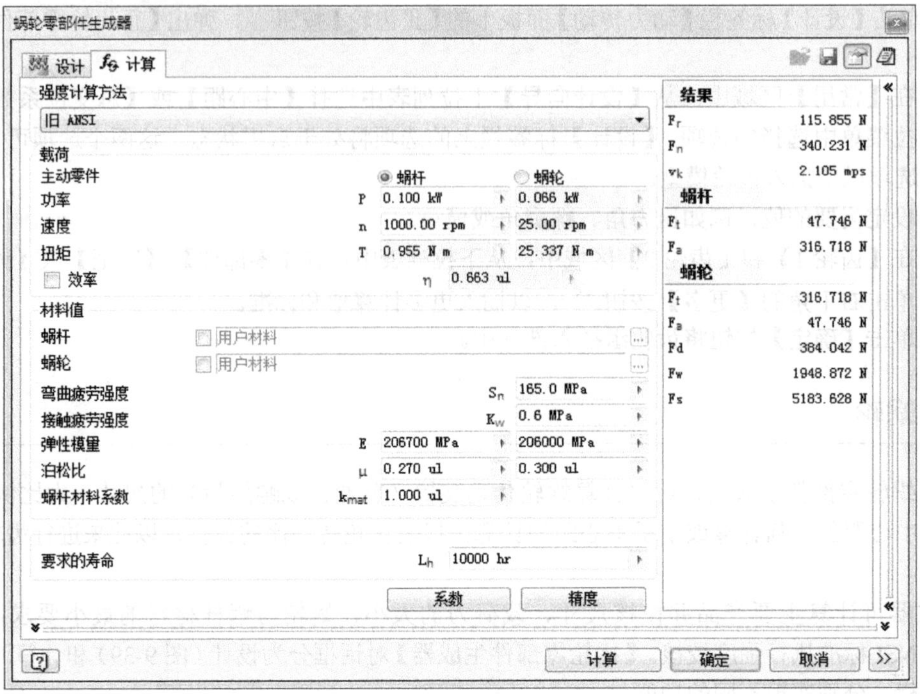

图 9-40 【计算】标签栏

（5）单击【确定】按钮完成插入一个蜗轮的操作。

2. 计算蜗轮的步骤

（1）单击【设计】标签栏【动力传动】面板上的【蜗轮】按钮，弹出如图 9-40 所示的【蜗轮零部件生成器】对话框。

（2）在生成器的【设计】标签栏中，选择要插入的齿轮类型（零部件、无模型）并指定齿轮数。

（3）在【计算】标签栏中，输入值以执行强度校核。

（4）单击【系数】按钮以显示一个对话框，可以在其中更改选定的强度计算方法的系数。

（5）单击【精度】按钮以显示一个对话框，可以在其中更改精度设置。

（6）单击【计算】按钮，开始计算。

（7）计算结果会显示在【结果】区域中。导致计算失败的输入将以红色显示（它们的值与插入的其他值或计算标准不符）。计算报告会显示在【消息摘要】区域中，单击【计算】标签栏右下部分中的 V 形按钮即可显示该区域。

（8）单击【结果】按钮，以显示含有计算的值的 HTML 报告。

（9）单击【确定】按钮完成蜗轮的操作。

9.3.4 锥齿轮

锥齿轮零部件生成器用于计算锥齿轮传动装置（带有直齿和螺旋齿）的尺寸，并可以进行强度校核。它不仅包含几何计算可设计不同类型的变位系数分布，还包括滑动补偿变位系数。

该生成器将根据 Bach、Merrit、CSN 01 4686、ISO 6336、DIN 3991、ANSI/AGMA 2001-D04:2005 或旧 ANSI 计算所有主要产品、校核尺寸以及载荷力大小，并执行强度校核。锥齿轮零部件生成器的对话框分为设计（图 9-41）和计算（图 9-42）两个标签栏，分别实现不同的功能。

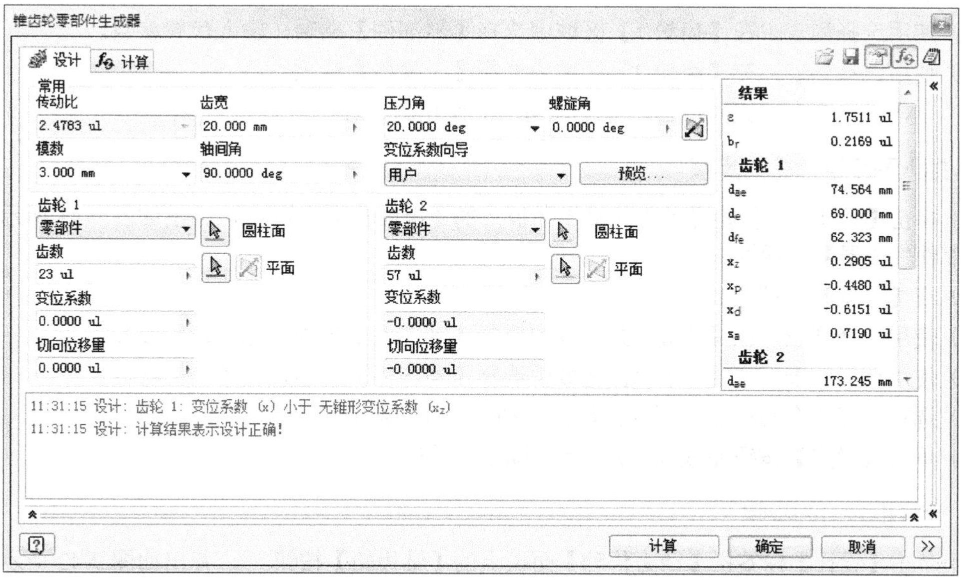

图 9-41 【设计】标签栏

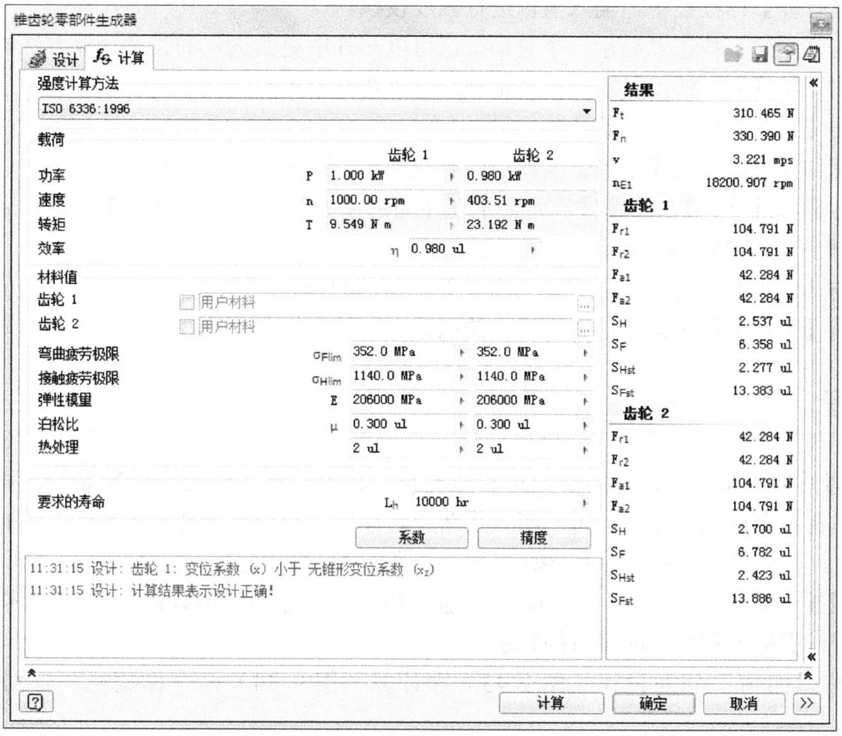

图 9-42 【计算】标签栏

1. 插入一个锥齿轮的步骤

（1）单击【设计】标签栏【动力传动】面板上的【锥齿轮】按钮，弹出如图 9-41 所示的【锥齿轮零部件生成器】对话框。

（2）在【常用】区域中输入值。

（3）使用选择列表，在【齿轮 1】区域中选择【零部件】选项，输入齿轮参数。

（4）使用选择列表，在【齿轮 2】区域中选择【无模型】选项。

（5）单击【确定】按钮完成插入一个锥齿轮的操作。

2. 插入两个锥齿轮的步骤

（1）单击【设计】标签栏【动力传动】面板上的【锥齿轮】按钮，弹出如图 9-41 所示的【锥齿轮零部件生成器】对话框。

（2）在【常用】区域中插入值。

（3）使用选择列表，在【齿轮 1】区域中选择【零部件】选项，输入齿轮参数。

（4）使用选择列表，在【齿轮 2】区域中选择【零部件】选项，输入齿轮参数。

（5）选择所有两个圆柱面，因为齿轮会自动啮合在一起。

（6）单击【确定】按钮完成插入两个锥齿轮的操作。

3. 计算锥齿轮的步骤

（1）单击【设计】标签栏【动力传动】面板上的【锥齿轮】按钮，弹出如图 9-42 所示的【锥齿轮零部件生成器】对话框。

（2）在【设计】标签栏上，选择要插入的齿轮类型（零部件、无模型）并指定齿轮数。

（3）在【计算】标签栏中，输入值以进行强度校核。

（4）单击【系数】按钮以显示一个对话框，可以在其中更改选定的强度计算方法的系数。

（5）单击【精度】按钮以显示一个对话框，可以在其中更改精度设置。

（6）单击【计算】按钮，开始计算。

（7）计算结果会显示在【结果】区域中。导致计算失败的输入将以红色显示（它们的值与插入的其他值或计算标准不符）。计算报告会显示在【消息摘要】区域中，单击【计算】标签栏右下部分中的 V 形按钮即可显示该区域。

（8）单击【结果】按钮，以显示含有计算的值的 HTML 报告。

（9）单击【确定】按钮完成计算锥齿轮的操作。

9.3.5 轴承

轴承零部件生成器用于计算滚子轴承和球轴承。其中包含完整的轴承参数设计和计算。计算参数及其表达都保存在工程图中，可以随时重新开始计算。使用滚动轴承零部件生成器可以在【设计】标签栏上，根据输入条件（轴承类型、外径、轴直径、轴承宽度）选择轴承。也可以在【计算】标签栏上，设置计算轴承的参数。例如，执行强度校核（静态和动态载荷）、计算调整后的轴承寿命。选择符合计算标准和要求的寿命的轴承。

轴承生成器的窗口分为设计（图 9-43）和计算（图 9-44）两个标签栏，分别实现不同的功能。

1. 插入轴承的步骤

（1）单击【设计】标签栏【动力传动】面板上的【轴承】按钮，弹出如图 9-43 所示的【轴承生成器】对话框。

图 9-43 【设计】标签栏

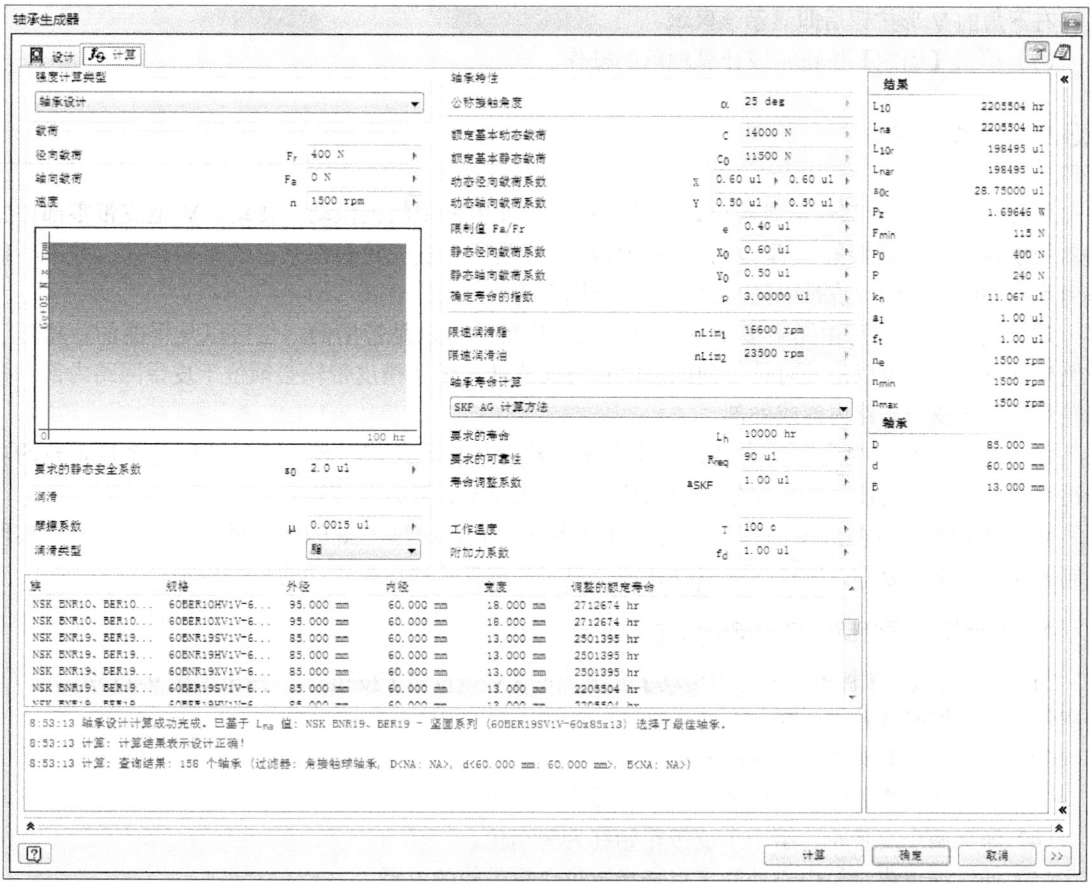

图 9-44 【计算】标签栏

（2）选择轴的圆柱面和起始平面。轴的直径值将自动插入到【设计】标签栏中。

（3）从【资源中心】中选择轴承的类型。若要打开资源中心，则单击【族】/【类别】编辑字段旁边的箭头。

（4）根据的选择（族 / 类别）并指定轴承过滤器值，与标准相符的轴承列表显示在【设计】标签栏的下半部分。

（5）在列表中，单击适当的轴承。选择的结果将显示在选择列表上方的字段中，并且单击【确定】按钮将可用。

（6）单击【确定】按钮完成插入轴承的操作。

2. 计算轴承的步骤

（1）单击【设计】标签栏【动力传动】面板上的【轴承】按钮，弹出如图 9-44 所示的【轴承生成器】对话框。

（2）在【设计】标签栏上，选择轴承。

（3）单击切换到【计算】标签栏。选择强度计算的方法。

（4）输入计算值。可以在编辑字段中直接更改值和单位。

（5）单击【计算】按钮进行计算。

（6）计算结果会显示在【结果】区域中。导致计算失败的输入将以红色显示（它们的值与插入的其他值或计算标准不符）。不满足条件的结果说明显示在【消息摘要】区域中，单击【计算】标签栏右下角的 V 形按钮后即显示该区域。

（7）单击【确定】按钮完成计算轴承的操作。

9.3.6 V 型皮带

使用 V 型皮带零部件生成器可设计和分析在工业中使用的机械动力传动。V 型皮带零部件生成器用于设计两端连接的 V 型皮带。这种传动只能是所有皮带轮毂都平行的平面传动。并不考虑任何不对齐的皮带轮。皮带中间平面是皮带坐标系的 *XY* 平面。

动力传动理论上可由无限多个皮带轮组成。皮带轮可以是带槽的，也可以是平面的。相对于右侧坐标系，皮带可以沿顺时针方向或逆时针方向旋转。带凹槽皮带轮必须位于皮带回路内部。张紧轮可以位于皮带回路内部或外部。

第一个皮带轮被视为驱动皮带轮。其余皮带轮为从动轮或空转轮。可以使用每个皮带轮的功率比系数在多个从动皮带轮之间分配输入功率，并相应地计算力和转矩。

V 型皮带零部件生成器的窗口分为设计（图 9-45）和计算（图 9-46）两个标签栏，分别实现不同的功能。下面分别介绍设计窗口设计两个和三个皮带轮的皮带传动的相关步骤。

1. 设计使用两个皮带轮的皮带传动的步骤

（1）单击【设计】标签栏【动力传动】面板上的【V 型皮带】按钮，弹出如图 9-45 所示的【V 型皮带零部件生成器】对话框。

（2）选择皮带轨迹的基础中间平面。

（3）单击【皮带】编辑字段旁边的向下箭头以选择皮带。

（4）添加两个皮带轮。第一个皮带轮始终为驱动轮。

（5）通过拖曳皮带轮中心处的夹点来指定每个皮带轮的位置。

（6）通过拖曳夹点或使用【皮带轮特性】对话框指定皮带轮直径。

图 9-45 【设计】标签栏

图 9-46 【计算】标签栏

（7）单击【确定】按钮以生成皮带传动。

2. 设计使用三个皮带轮的皮带传动的步骤

（1）单击【设计】标签栏【动力传动】面板上的【V 型皮带】按钮，弹出如图 9-45 所示的【V 型皮带零部件生成器】对话框。

（2）选择皮带轨迹的基础中间平面。

（3）单击【皮带】编辑字段旁边的向下箭头以选择皮带。

（4）添加 3 个皮带轮。第一个皮带轮始终为驱动轮。

（5）通过拖曳皮带轮中心处的夹点来指定每个皮带轮的位置。

（6）通过拖曳夹点或使用【皮带轮特性】对话框指定皮带轮直径。

（7）打开【皮带轮特性】对话框以确定功率比。如果皮带轮的功率比为 0.0，则认为该皮带轮是空转轮。

（8）单击【确定】以生成皮带传动。

9.3.7 凸轮

设计和计算平动臂或摆动臂类型从动件的盘式凸轮、线性凸轮和圆柱凸轮。可以完整地计算和设计凸轮参数，并可使用运动参数的图形结果。

这些生成器可根据最大行程、加速度、速度或压力角等凸轮特性来设计凸轮。

盘式凸轮零部件生成器的窗口分为设计（图 9-47）和计算（图 9-48）两个标签栏，分别实现不同的功能。

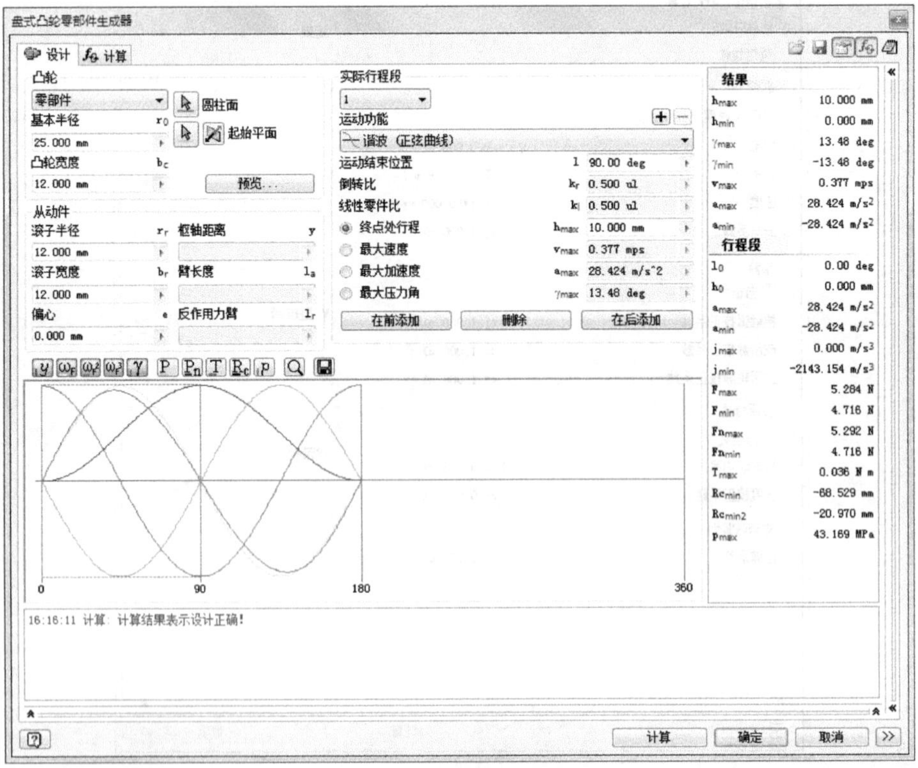

图 9-47 【设计】标签栏

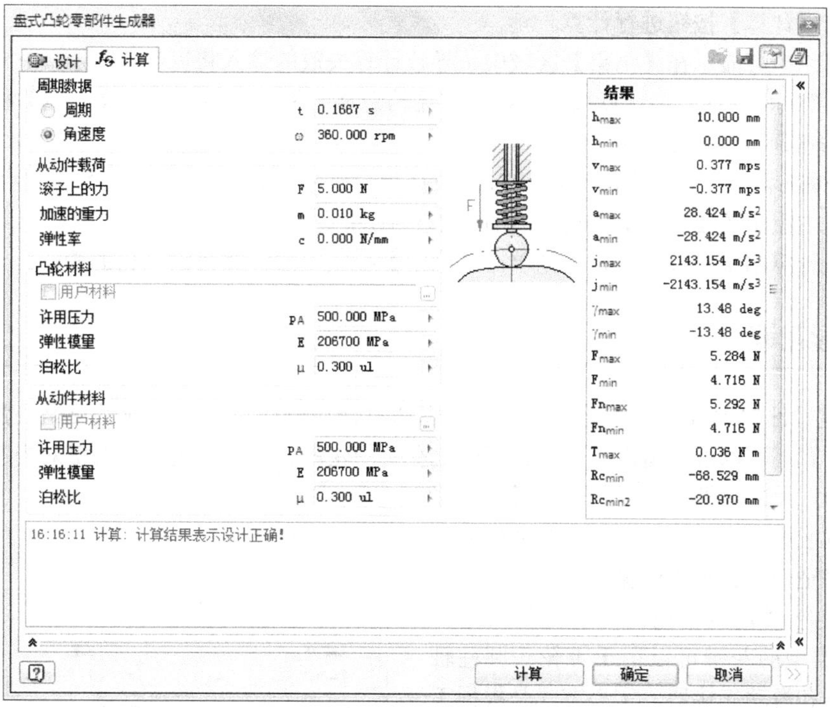

图 9-48 【计算】标签栏

1. 插入盘式凸轮的步骤

（1）单击【设计】标签栏【动力传动】面板上的【盘式凸轮】按钮，弹出如图 9-47 所示的【盘式凸轮零部件生成器】对话框。

（2）在【凸轮】分组框中，从下拉列表中选择【零部件】选项。

（3）在部件中，选择圆柱面和起始平面。

（4）输入基本半径和凸轮宽度的值。

（5）在【从动件】分组框中，输入从动轮的值。

（6）在【实际行程段】分组框中选择实际行程段，或通过在图形区域单击选择【1】，然后输入图形值。

（7）从下拉列表中选择运动类型。单击（【添加】）按钮可以添加自己的运动，并在【添加运动】对话框中指定运动名称和值。新运动即会添加到运动列表中。若要从列表中删除任何运动，则单击按钮（【删除】）。

（8）单击【设计】标签栏右下角的【更多】按钮，为凸轮设计设定其他选项。

（9）单击图形区域上方的【保存到文件】按钮，将图形数据保存到文本文件。

（10）单击【确定】按钮完成插入盘式凸轮的操作。

2. 计算盘式凸轮的步骤

（1）单击【设计】标签栏【动力传动】面板上的【盘式凸轮】按钮，弹出如图 9-48 所示的【盘式凸轮零部件生成器】对话框。

（2）在【凸轮】区域中，选择要插入的凸轮类型（【零部件】【无模型】）。

（3）插入凸轮和从动轮的值以及凸轮行程段。

（4）切换到【计算】标签栏，输入计算值。

（5）单击【计算】按钮进行计算。

（6）计算结果会显示在【结果】区域中。导致计算失败的输入将以红色显示（它们的值与插入的其他值或计算标准不符）。计算报告会显示在【消息摘要】区域中，单击【计算】标签栏右下部分中的 V 形按钮即可显示该区域。

（7）单击图形区域上方的【设计】标签栏中的【保存到文件】按钮，将图形数据保存到文本文件。

（8）单击右上角的【结果】按钮，打开 HTML 报告。

（9）如果计算结果与设计相符，则单击【确定】按钮完成计算盘式凸轮的操作。

9.3.8 矩形花键

矩形花键零部件生成器用于矩形花键的计算和设计。可以设计花键轴以及提供强度校核。使用花键连接计算，可以根据指定的传递转矩确定有效的轮毂长度。通过轴上的键对内花键的侧面压力传递切向力，反之亦然。所需的轮毂长度由不能超过槽轴承区域的许用压力这一条件来决定。

矩形花键适合于传递大的循环冲击扭矩。实际上，这类连接器是最常用的一种花键（约占 80%）。这种类型的花键可以用于带轮毂圆柱轴的固定连接器和滑动连接器。定心方式是根据工艺、操作及精度要求进行选择的。可以根据内径（很少用）或齿侧面进行定心。直径定心适用于需要较高精度轴承的场合。以侧面定心的连接器显示出大的载荷能力，适合于承受可变力矩和冲击。矩形花键零部件生成器的窗口分为设计（图 9-49）和计算（图 9-50）两个标签栏，分别实现不同的功能。

图 9-49 【设计】标签栏

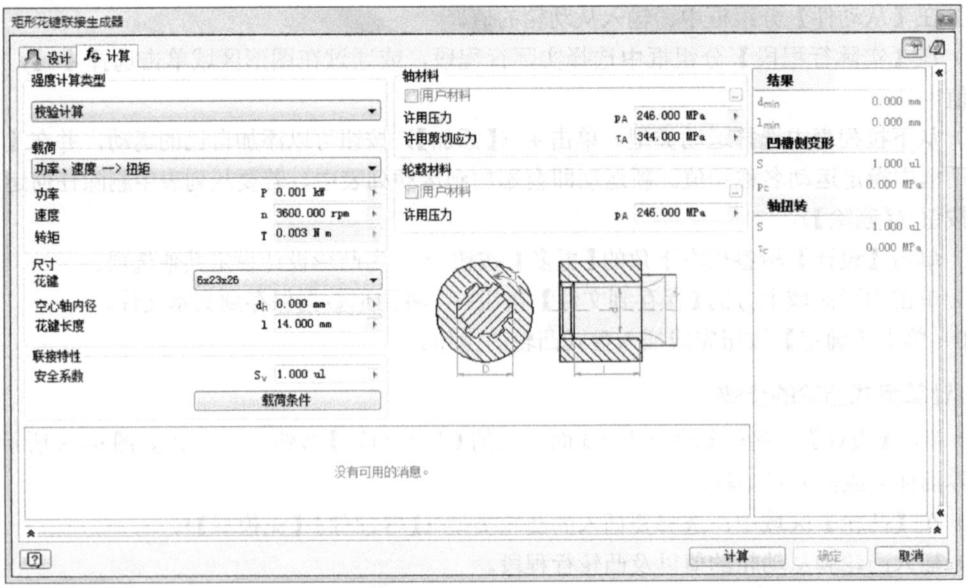

图 9-50 【计算】标签栏

（1）设计矩形花键的步骤。

① 单击【设计】标签栏【动力传动】面板上的【矩形花键】按钮，弹出如图 9-49 所示的【矩形花键联接生成器】对话框。

② 单击【花键类型】编辑字段旁边的箭头以选择花键。

③ 输入花键尺寸。

④ 指定轴槽的位置。用户既可以创建新的轴槽，也可以选择现有的槽。根据用户的选择，将启用【轴槽】区域中的放置选项。

⑤ 指定轮毂槽的位置。

⑥ 在【选择要生成的对象】区域中，选择要插入的对象。默认情况下会启用这两个选项。

⑦ 单击【确定】按钮，生成矩形花键。

（2）计算矩形花键的步骤。

单击【设计】标签栏【动力传动】面板上的【矩形花键】按钮，弹出如图 9-50 所示的【矩形花键联接生成器】对话框。

（3）在【设计】标签栏上，单击【花键类型】编辑字段旁边的箭头，选择花键并输入花键尺寸。

（4）切换到【计算】标签栏，选择强度计算类型，输入计算值。

（5）单击【计算】按钮进行计算。

（6）计算结果会显示在【结果】区域中。导致计算失败的输入将以红色显示（它们的值与插入的其他值或计算标准不符）。计算报告会显示在【消息摘要】区域中，单击【计算】和【设计】标签栏右下部分中的 V 形按钮即可显示该区域。

（7）单击【确定】按钮完成的操作。

9.3.9　O 形密封圈

O 形密封圈零部件生成器将在圆柱和平面（轴向密封）上创建密封和凹槽。如果在柱面上插入密封，则要求杆和内孔具有精确直径。必须创建圆柱曲面才能使用 O 形密封圈生成器。

O 形密封圈在多种材料和横截面上可用。仅有圆形横截面的 O 形密封圈受支持。不能将材料添加到资源中心中现有的 O 形密封圈。

1. 插入径向 O 形密封圈的步骤

（1）单击【设计】标签栏【动力传动】面板上的【O 形密封圈】按钮，弹出如图 9-51 所示的【O 形密封圈零部件生成器】对话框。

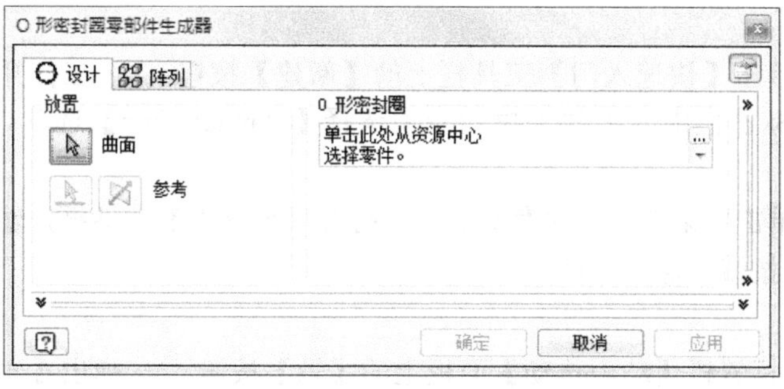

图 9-51　【O 形密封圈零部件生成器】对话框

（2）选择圆柱面为放置参考面。

（3）选择要放置凹槽的平面或工作平面。单击【反向】按钮以更改方向。

（4）输入从参考边到凹槽的距离。

（5）在【O 形密封圈】区域中，单击此处从资源中心选择零件以选择 O 形密封圈。在【类别】下拉菜单中，选择【径向朝外】或【径向朝内】选项，然后选择 O 形密封圈。

（6）单击【确定】按钮以向部件中插入 O 形密封圈。

2. 插入轴向 O 形密封圈的步骤

（1）单击【设计】标签栏【动力传动】面板上的【O 形密封圈】按钮，弹出如图 9-51 所示的【O 形密封圈零部件生成器】对话框。

（2）选择平面或工作平面为放置参考面。

（3）选择参考边（圆或弧）、垂直面或垂直工作平面以定位槽。单击【反向】按钮以更改方向。

（4）在【O 形密封圈】区域中，单击此处从资源中心选择零件以选择 O 形密封圈。在【类别】下拉菜单中，选择【轴向外部压力】或【轴向内部压力】选项，选择 O 形密封圈，凹槽直径基于密封的内径还是外径取决于密封承受的是外部压力还是内部压力。

（5）单击【确定】按钮向部件中插入 O 形密封圈。

9.3.10 实例——齿轮轴组件

本例创建如图 9-52 所示的齿轮轴组件。

扫码看视频

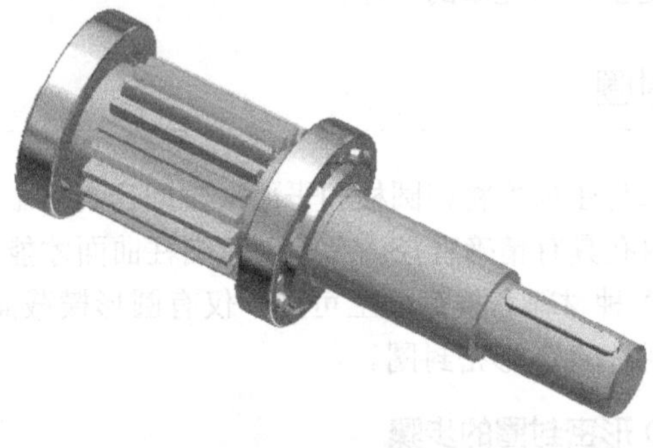

图 9-52 齿轮轴组件

操作步骤

（1）新建文件。单击【快速入门】工具栏上的【新建】按钮，在打开的【新建文件】对话框中的【Templates】标签栏中的零件下拉列表中选择【Standard.iam】选项，单击【创建】按钮，新建一个装配体文件。

（2）保存文件。单击主菜单下【保存】命令，打开【另存为】对话框，输入文件名为【传动轴组件】，单击【保存】按钮，保存文件。

（3）创建轴。

① 单击【设计】标签栏【动力传动】面板上的【轴】按钮，弹出【轴生成器】对话框，如图 9-53 所示。

图 9-53 【轴生成器】对话框

② 选择第一段轴，对第一段轴进行配置，单击【第一条边的倒角特征】按钮，弹出【倒角】对话框，单击【倒角边长】按钮，输入倒角边长为 1.5mm，如图 9-54 所示，单击【确定】按钮，返回【轴生成器】对话框，单击【第二条边特征】下拉按钮，打开下拉菜单，选择【无特征】选项，如图 9-55 所示；单击【截面特性】按钮，弹出【圆柱体】对话框，更改直径 *D* 为 40mm，长度 *L* 为 18mm，如图 9-56 所示，单击【确定】按钮，返回【轴生成器】对话框，完成第一段轴的设计。

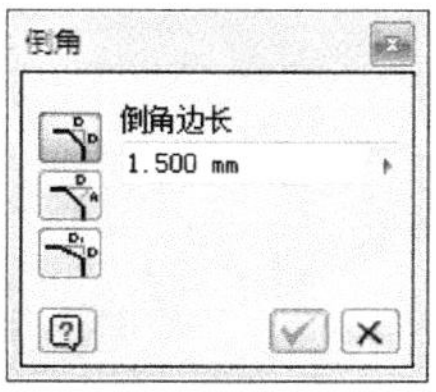

图 9-54 【倒角】对话框

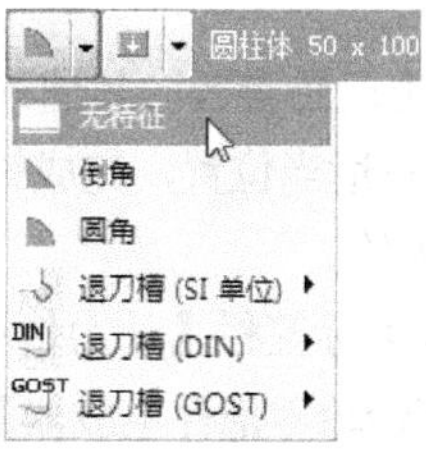

图 9-55　下拉菜单

③ 选择第二段轴，对第二段轴进行配置，将第一条边特征设置为【无特征】，单击【截面特性】按钮，弹出【圆柱体】对话框，更改直径 *D* 为 48mm，长度 *L* 为 85mm，其他采用默认设置。

④ 选择第三段轴，对第三段轴进行配置，将第一条边特征设置为【无特征】，单击【截面类型】下拉按钮，打开如图 9-57 所示的下拉菜单选择【圆柱】截面类型；单击【截面特性】按钮，弹出【圆柱体】对话框，更改直径 *D* 为 40mm，长度 *L* 为 20mm。

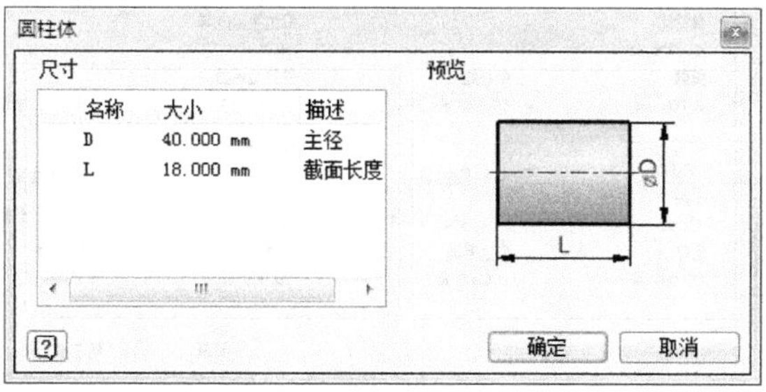

图 9-56 【圆柱体】对话框

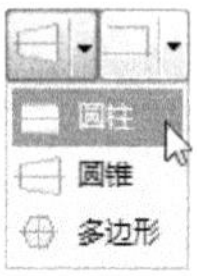

图 9-57　截面类型下拉菜单

⑤ 选择第四段轴，对第四段轴进行配置，单击【截面特性】按钮，弹出【圆柱体】对话框，更改直径 D 为 38mm，长度 L 为 70mm，其他采用默认设置。

⑥ 单击【插入圆柱】按钮，添加第五段轴，单击【第二条边特征】下拉按钮，打开下拉菜单，选择【倒角】选项，弹出【倒角】对话框，单击【倒角边长】按钮，输入倒角边长为 1.5mm，单击【确定】按钮，返回【轴生成器】对话框；单击【截面特征】下拉按钮，打开如图 9-58 所示的下拉菜单，选择【添加键槽】选项，添加键槽，然后单击【键槽特征特性】按钮，弹出【键槽】对话框，选择【键 GB/T 1566-2003 A 型】，更改键槽长度 L 为 50，更改键槽距离轴端的距离 X 为 5mm，如图 9-59 所示，单击【确定】按钮，返回【轴生成器】对话框，单击【截面特性】按钮，弹出【圆柱体】对话框，更改直径 D 为 30mm，长度 L 为 60mm。

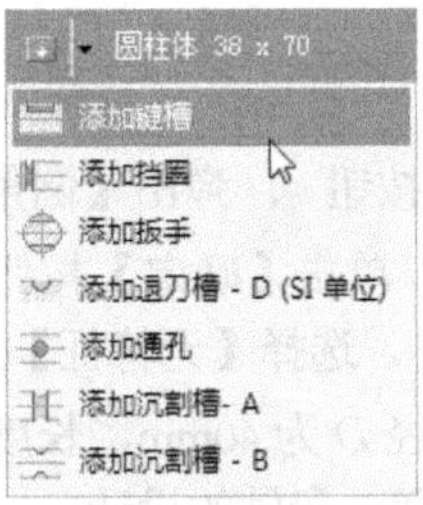

图 9-58 下拉菜单

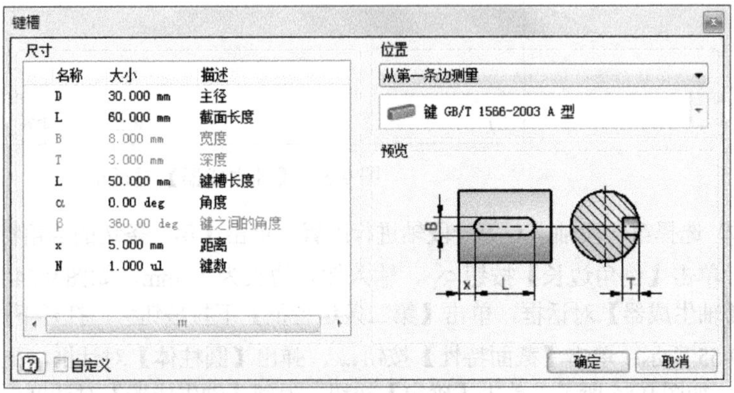

图 9-59 【键槽】对话框

⑦ 设置完五段轴参数，其他采用默认设置，单击【确定】按钮，将轴放置在适当位置，完成轴的设计，如图 9-60 所示。

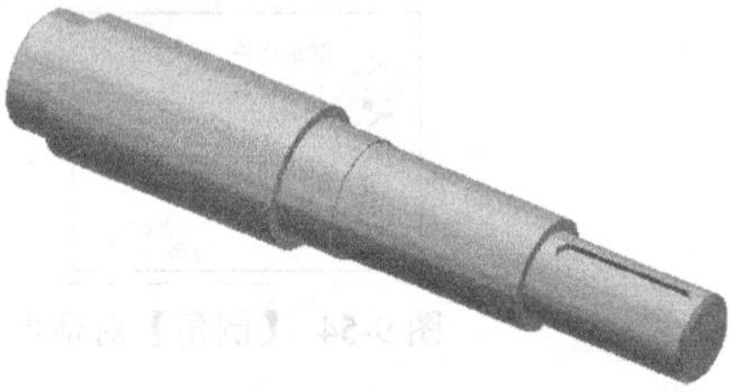

图 9-60 轴

（4）创建齿轮。

单击【设计】标签栏【动力传动】面板上的【正齿轮】按钮，弹出【正齿轮零部件生成器】对话框，如图 9-61 所示。

在对话框中输入模数为 3，输入齿轮 1 的齿数为 19，齿宽为 65，在齿轮 2 选项组中设置齿轮 2 为无模型，在视图中选择第二段轴的圆柱面为齿轮的放置参考，选择轴端面为起始参考，单击【反转到对侧】按钮，调整齿轮的生成方向，其他采用默认设置。

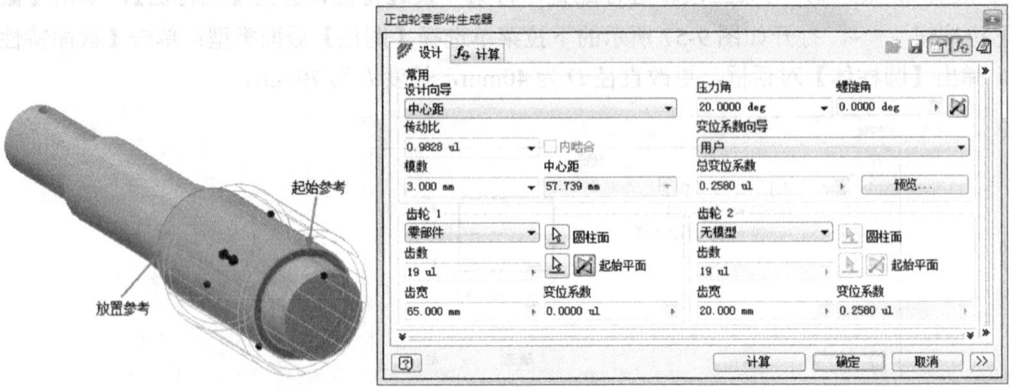

图 9-61 【正齿轮零部件生成器】对话框

在对话框中单击【确定】按钮，生成如图 9-62 所示的齿轮，由于齿轮不符合设计要求，下面对齿轮进行编辑。

在模型树中单击【正齿轮】节点，在展开的根目录下单击【表面齐平】选项，输入距离为 -10，如图 9-63 所示，按回车键确认，结果如图 9-64 所示。

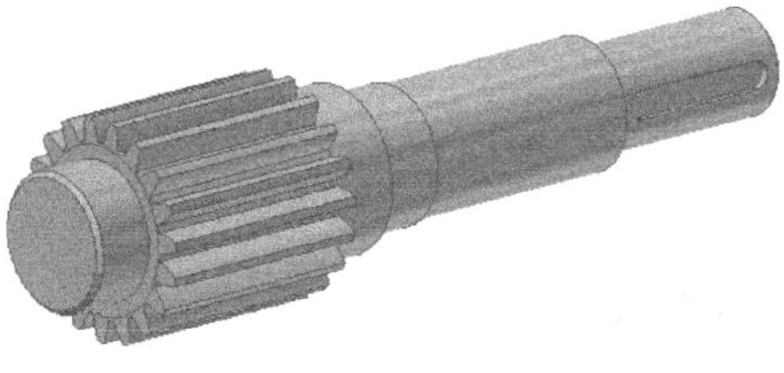

图 9-62　齿轮

图 9-63　输入距离

在模型树中选择【正齿轮：1】零部件，单击鼠标右键，在打开的快捷菜单中选择【打开】选项，打开正齿轮组件，继续打开正齿轮零件，进入三维模型创建环境。

单击【三维模型】标签栏【草图】面板中的【开始创建二维草图】按钮，选择齿轮端面为草图绘制平面，进入草图绘制环境。单击【草图】标签栏【创建】面板中的【圆】按钮，绘制草图轮廓。单击【约束】面板中的【尺寸】按钮，标注尺寸如图 9-65 所示。单击【草图】标签中的【完成草图】按钮，退出草图环境。

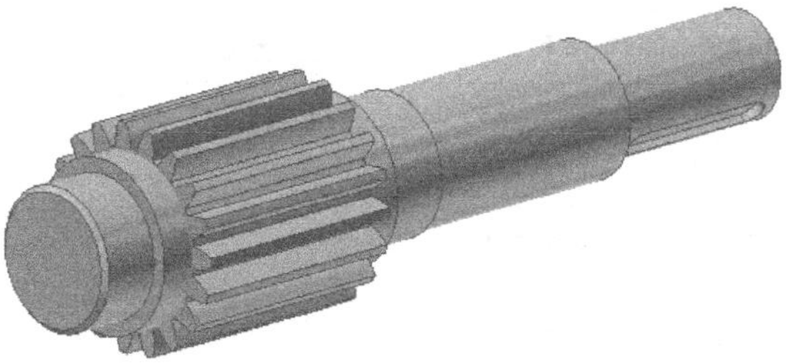

图 9-64　调整齿轮到轴端的距离

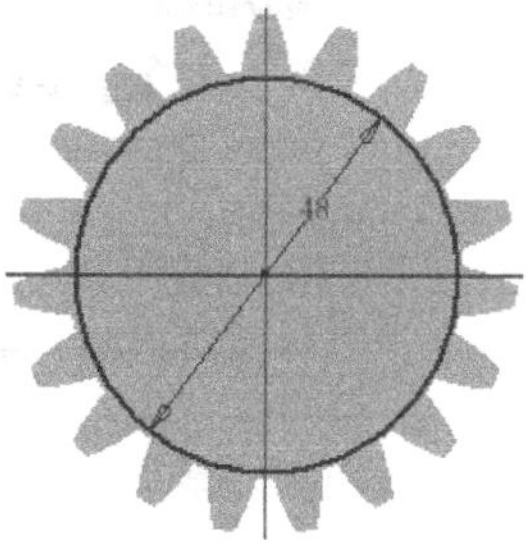

图 9-65　绘制轴孔草图

单击【三维模型】标签栏【创建】面板中的【拉伸】按钮，打开【拉伸】对话框，系统自动选择上一步绘制的草图为拉伸截面轮廓，将拉伸范围设置为【贯通】，选择【求差】方式，单击【方向 2】按钮，调整拉伸方向，如图 9-66 所示。单击【确定】按钮，完成轴孔创建，如图 9-67 所示。

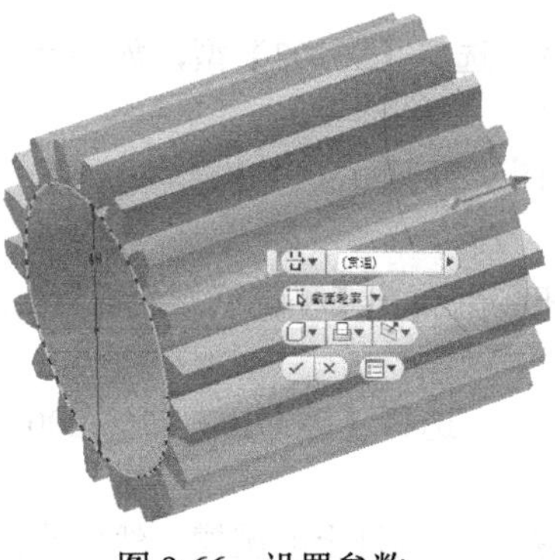

图 9-66　设置参数

图 9-67　创建拉伸切除

将文件保存，关闭返回传动轴组件界面，完成齿轮的设计，结果如图 9-68 所示。

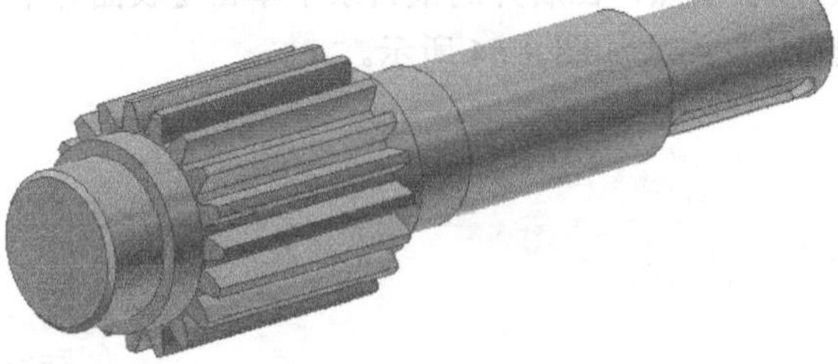

图 9-68　更改齿轮

（5）设计轴承。

单击【设计】标签栏【动力传动】面板上的【轴承】按钮，弹出【轴承生成器】对话框。

选择第一段轴圆柱面为轴承放置面，选择大轴端面为起始平面，单击【浏览轴承】按钮，在资源环境中加载轴承，选择【圆锥滚子轴承】类型，在列表中选择【滚动轴承 GB/T 297 1994 型】，如图 9-69 所示。

图 9-69　选择轴承

在对话框中单击【更新】按钮，显示轴承规格列表，选择【30208】型，如图 9-70 所示。单击【确定】按钮，完成第一个轴承的设计，如图 9-71 所示。

采用相同的方法在第三段轴上设计相同参数的轴承，如图 9-72 所示。

（6）创建平键。

单击【设计】标签栏【动力传动】面板上的【平键】按钮，弹出【平键联接生成器】对话框，如图 9-73 所示。

单击类型下拉列表上的【浏览键】按钮，加载资源中心，选择【键 GB/T 1566-2003 A 型】，如图 9-74 所示，返回【平键联接生成器】对话框。

在轴槽选项组中选择【选择现有的】选项，在视图中选择第五段轴上的键槽，然后选择第五段轴圆柱面为圆柱面参考，选择轴端面为起始面并单击【反转到对侧】按钮，调整键的放置方向，在对话框中单击【插入键】按钮，取消【开轮毂槽】按钮的选择，其他采用默认设置，如图9-75所示。

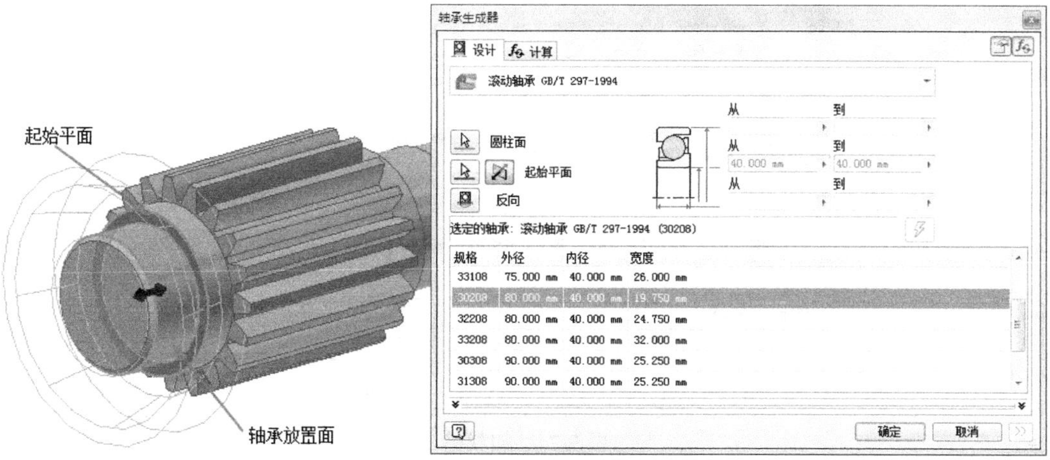

图 9-70　设计轴承参数

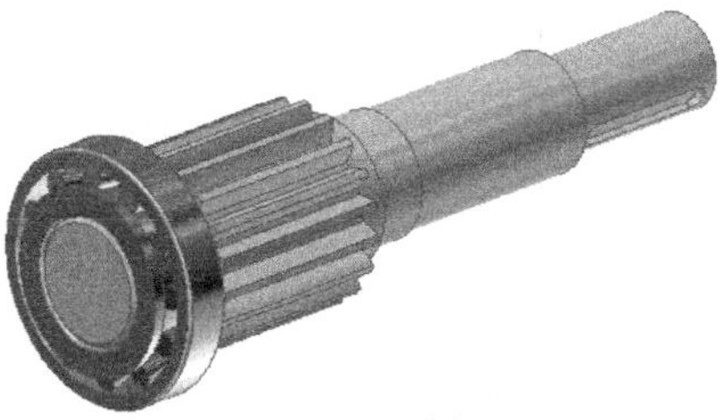

图 9-71　设计轴承

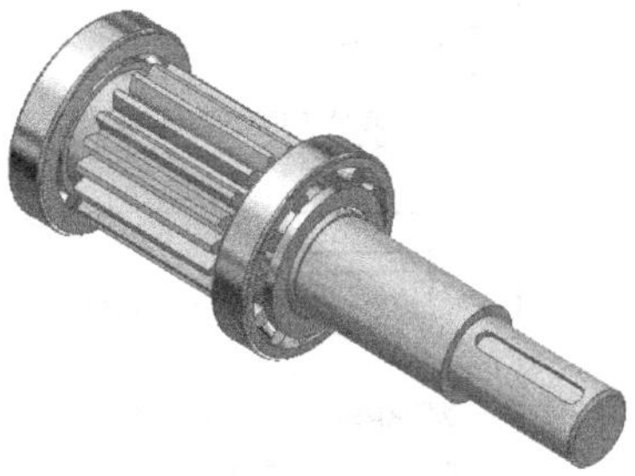

图 9-72　创建另一个轴承

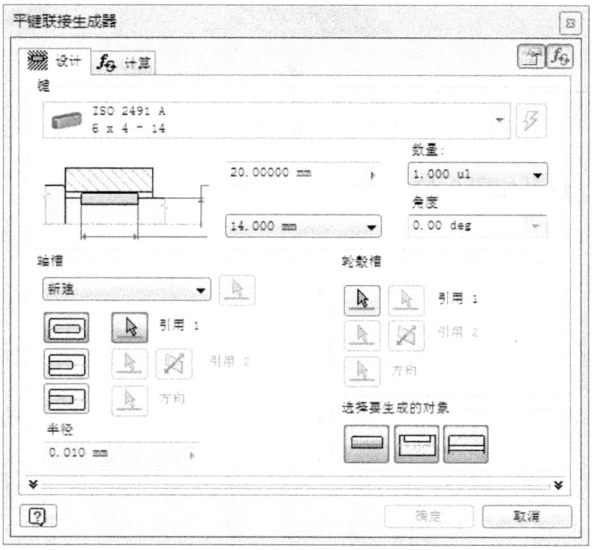

图 9-73　【平键联接生成器】对话框

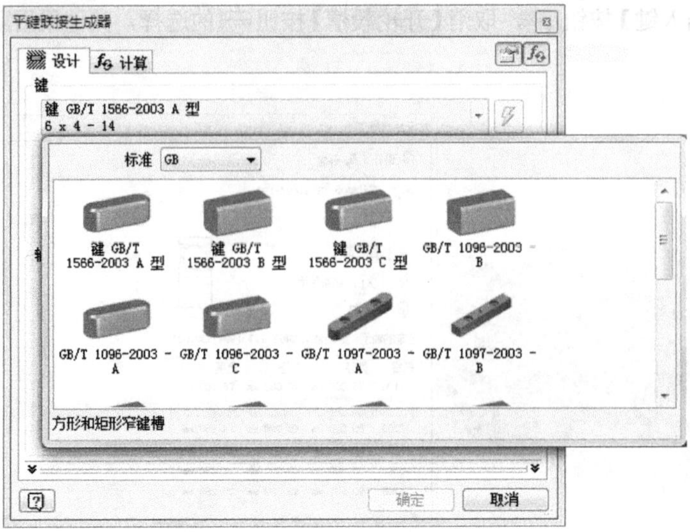

图 9-74　加载键

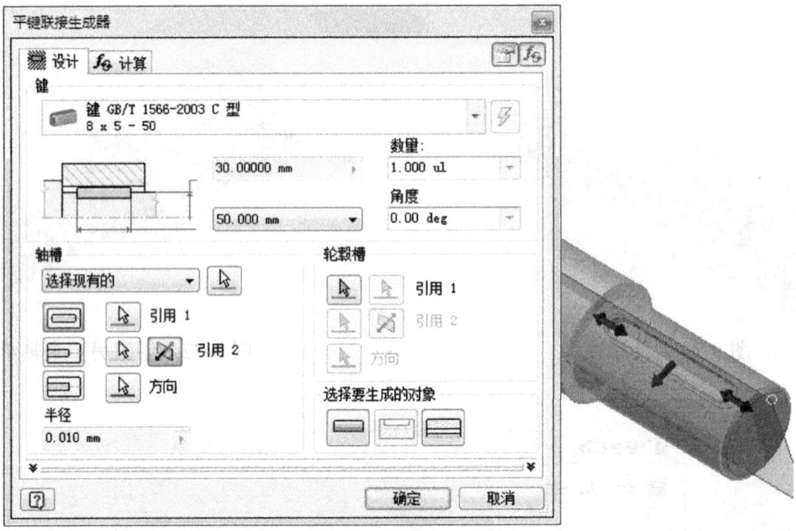

图 9-75　键设计参数

单击【确定】按钮，结果如图 9-52 所示。

第 10 章 工程图和表达视图

在实际生产中，二维工程图依然是表达零件和部件信息的一种重要方式。本章重点讲述了 Inventor 中二维工程图的创建和编辑等相关知识。此外本章也介绍了用来表达零部件的装配过程和装配关系的表达视图的有关知识。

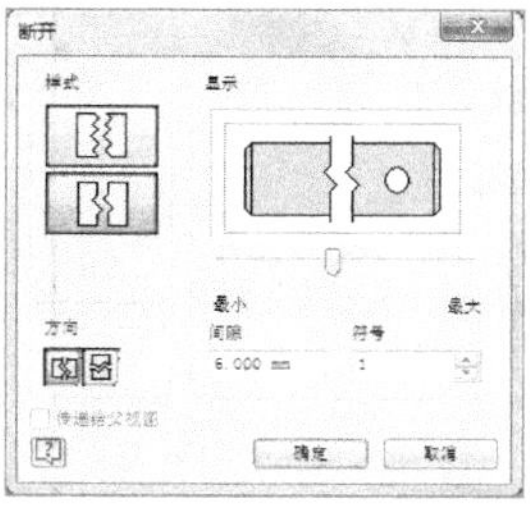

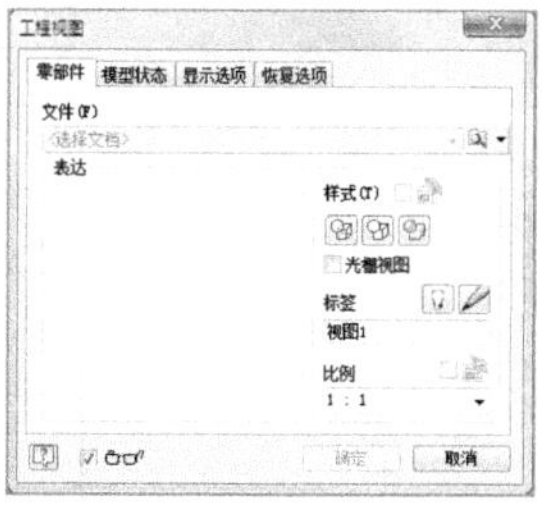

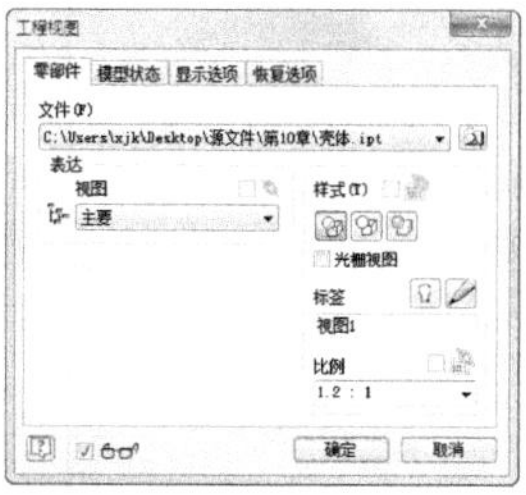

10.1 工程图概述

在前面的章节中，我们已经领会了 Inventor 强大的三维造型功能。但是就目前国内的加工制造条件来说还不能够达到无图化生产加工的条件，工人还必须依靠二维工程图来加工零件，依靠二维装配图来组装部件。因此，二维工程图仍然是表达零部件信息的一种重要的方式。

图 10-1 所示是在 Inventor 中创建的零件的二维工程图，图 10-2 所示是在 Inventor 中创建的部件的装配图。

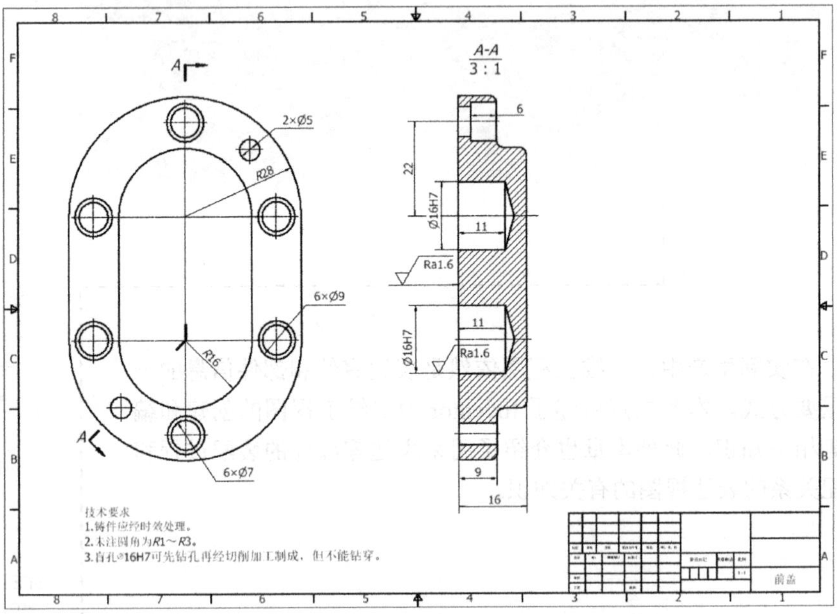

图 10-1　在 Inventor 中创建的零件的二维工程图

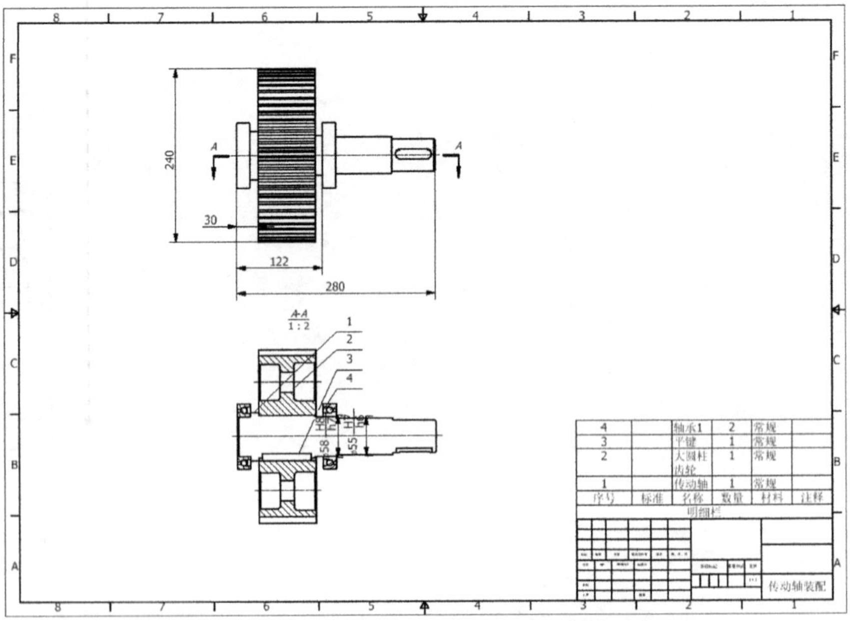

图 10-2　在 Inventor 中创建的部件的装配图

与 Autodesk 公司的二维绘图软件 AutoCAD 相比，Inventor 的二维绘图功能更加强大和智能。

（1）Inventor 可以自动由三维零部件生成二维工程图，不管是基础的三视图，还是局部视图、剖视图、打断视图等，都可以十分方便、快速地生成。

（2）由实体生成的二维图也是参数化的，二维三维双向关联，如果更改了三维零部件的尺寸参数，则它的工程图上的对应尺寸参数自动更新。用户也可以通过直接修改工程图上的零件尺寸而对三维零件的特征进行修改。

（3）有些时候，快速创建二维工程图要比设计实体模型具有更高的效率。使用 Autodesk Inventor，用户可以创建二维参数化工程图视图，这些视图也可以用作三维造型的草图。

10.2　创建工程图与绘图环境设置

10.2.1　创建工程图

1. 创建工程图文件

在 Inventor 中可以通过自带的文件模板来快捷的创建工程图，步骤如下。

（1）选择【快速入门】标签栏中的【新建】选项，在打开的【新建文件】对话框中选择【Standard.idw】选项来使用默认的文档模板来新建一个工程图文件。

（2）如果要创建英制或者公制单位下的工程图，则可以从该对话框的【English】或者【Metric】选项卡下选择对应的模板文件（*.idw）。

（3）在【Metric】选项卡里面还提供了很多不同标准的模板，其中，模板的名称代表了该模板所遵循的标准，如【ISO.idw】是符合 ISO 国际标准的模板，【ANSI.idw】则符合 ANSI 美国国家标准，【GB.idw】符合中国国家标准等。用户可以根据不同的环境，选择不同的模板以创建工程图。

（4）需要说明一点，在安装 Inventor 时，需要选择绘图的标准，如 GB 或 ISO 等，然后在创建工程图时，会自动按照安装时选择的标准创建图纸。

（5）单击【确定】按钮完成工程图文件的创建。

2. 编辑图纸

要设置当前工程图的名称、大小等，可以在浏览器中的图纸名称单击右键，在打开的菜单中选择【编辑图纸】选项，则打开【编辑图纸】对话框，如图 10-3 所示。

在该对话框中，可以进行以下操作。

（1）可以设定图纸的名称，设置图纸的大小如 A4、A2 图纸等，也可以选择【自定义大小】选项来具体指定图纸的高度和宽度，可以设置图纸的方向，如纵向或者横向等。

（2）选择【不予计数】选项，则所选择图纸不算在工程图的计数之内。选择【不予打印】选项，则在打印工程图时不打印所选图纸。

（3）【编辑图纸】对话框中的参数的设置主要是为了在不同类型的打印机中打印图纸的需要。如在普通的家用或者办公打印机中打印图纸，图纸的大小最大只能设定为 A4，因为这些打印机最大只能支持 A4 图幅的打印。

3. 编辑图纸的样式和标准

如果要对工程图环境进行更加具体的设定，则可以选择【管理】标签栏内【样式和标准】面板中的【样式编辑器】选项，也可以选择工程图的标准，以及对所选择的标准下的图纸参数进行修改，选择【样式编辑器】选项后打开的【样式和标准编辑器】对话框，如图 10-4 所示，还可以在该对话框中设置长度单位、中心标记样式、各种线（如可见边、剖切线等）的样式、图纸的颜色、尺寸样式、形位公差符号、焊接符号、尺寸样式文本样式等。在【样式和标准编辑器】对话框左下方有一个【导入】按钮，通过该按钮可以将样式定义文件（*.styxml）文件中定义的样式应用到当前的文档样式设置中来。

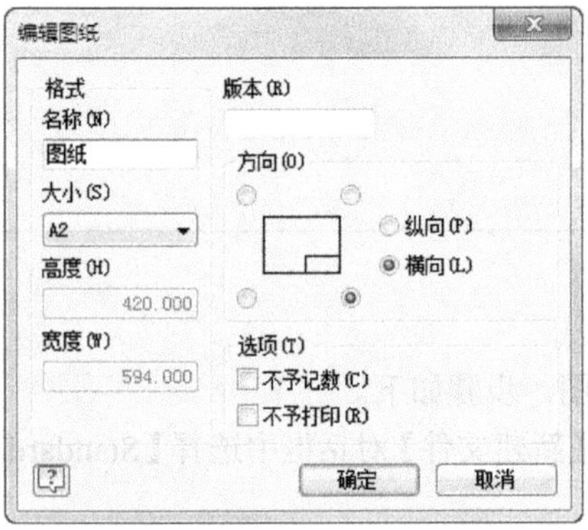

图 10-3 【编辑图纸】对话框

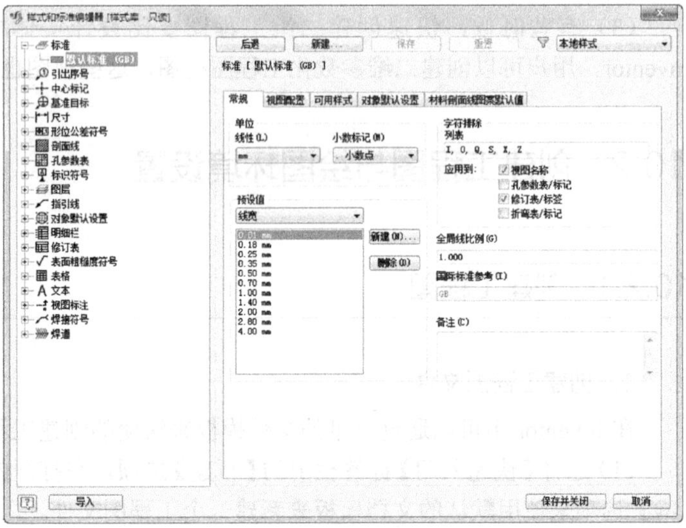

图 10-4 【样式和标准编辑器】对话框

4. 创建和管理多个图纸

可以在一个工程图文件中创建和管理多个图纸。

（1）要新建图纸，可以在浏览器内单击右键，从打开的菜单中选择【新建图纸】选项。

（2）要删除图纸，则选中该图纸，单击右键，选择打开菜单中的【删除图纸】选项。

（3）要复制一幅图纸，则需要选择右键菜单中的【复制】选项。

（4）虽然在一幅工程图中允许有多幅图纸，但是只能有一个图纸同时处于激活状态，图纸只有处于激活状态，才可以进行各种操作（如创建各种视图）。要激活图纸，选中该图纸后单击右键，在打开的菜单中选择【激活】选项即可。在浏览器中，激活的图纸将被亮显，未激活的图纸将暗显。

10.2.2 工程图环境设置

单击【工具】标签栏【选项】面板中的【应用程序设置】按钮，打开【选项】对话框，选择【工程图】选项卡，如图 10-5 所示，可以对工程图环境进行定制。

1. 在工程图上检索所有模型尺寸

勾选【放置视图时检索所有模型尺寸】复选框，则设置在工程图中放置视图时检索所有模型尺寸。选中此选项，则在放置工程视图时，将向各个工程视图添加适用的模型尺寸；不选择该项的话，可以在放置视图后手动检索尺寸。

2. 创建标注文字时居中对齐

【创建标注文字时居中对齐】选项用于设置尺寸文本的默认位置。创建线性尺寸或角度尺寸时，勾选该复选框可以使标注文字居中对齐；清除该复选框可以使标注文字的位置由放置尺寸时的鼠标位置决定。

3. 启用同基准尺寸几何图元选择

【启用同基准尺寸几何图元选择】选项用以设置创建同基准尺寸时如何选择工程图几何图元。

4. 标注类型配置

【标注类型配置】框中的选项为线性、直径和半径尺寸标注设置首选类型。如在标注圆的尺寸时，选择 则标注直径尺寸，选择 则标注半径尺寸。

5. 视图对齐

【视图对齐】选项用于为工程图设置默认的对齐方式，有居中和固定两种。

6. 剖视标准零件

在【剖视标准零件】选项中，可以设置标准零件在部件的工程视图中的剖切操作。默认情况下选中【遵从浏览器】选项，图形浏览器中的【剖视标准零件】被关闭，当然可以将此设置更改为【始终】或【从不】。

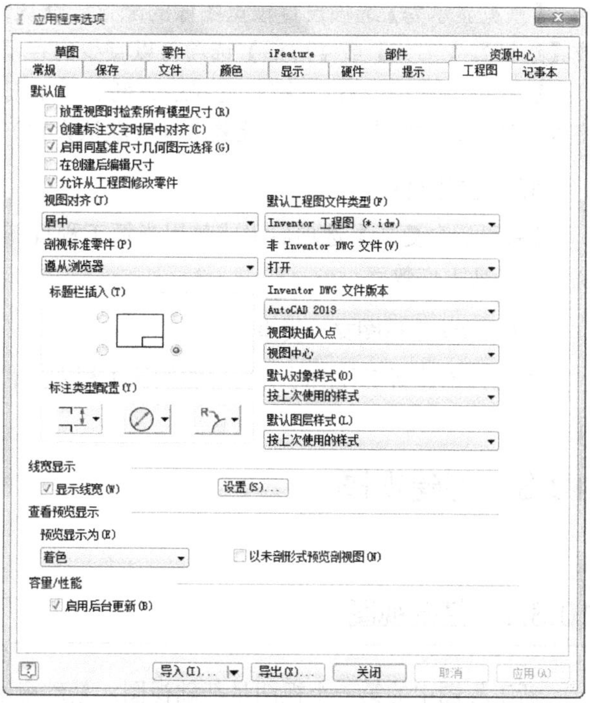

图 10-5 【应用程序选项】对话框的【工程图】选项卡

7. 标题栏插入

【标题栏插入】选项为工程图文件中所创建的第一张图纸指定标题栏的插入点。定位点对应于标题栏的最外角，单击以选择所需的定位器。注意：激活的图纸的标题栏插入点设置将覆盖【应用程序选项】对话框中的设置，并决定随后创建的新图纸的插入点设置。

8. 显示线宽选项

【显示线宽】选项启用工程图中特殊线宽的显示。如果选中该项，则工程图中的可见线条将以激活的绘图标准中定义的线宽显示。如果清除复选框，则所有可见线条将以相同线宽显示。注意：此设置不影响打印工程图的线宽。

9. 默认对象样式

【按标准】选项在默认情况下，将对象默认样式指定为采用当前标准的【对象默认值】中指定的样式。

【按上次使用的样式】选项指定在关闭并重新打开工程图文档时，默认使用上次使用的对象和尺寸样式。该设置可在任务之间继承。

10. 默认图层样式

【按标准】选项将图层默认样式指定为采用当前标准的【对象默认值】中指定的样式。

【按上次使用的样式】选项指定在关闭并重新打开工程图文档时，默认使用上次使用的图层样式。该设置可在任务之间继承。

11. 查看预览显示

【预览显示为】选项设置预览图像的配置。默认设置为【所有零部件】。单击箭头，选择【部分】或【边框】。【部分】或【边框】选项可以减少内存消耗。

【以未剖形式预览剖视图】选项通过剖切或不剖切零部件来控制剖视图的预览。勾选此复选框将以未剖形式预览模型；清除此复选框（默认设置）将以剖切形式预览。

12. 容量 / 性能

【启用后台更新】选项启用或禁用光栅工程视图显示。处理为大型部件创建的工程图时，光栅视图可提高工作效率。

13. 默认工程图文件类型

设置当创建新工程图时所使用的默认工程图文件类型（.idw 或 .dwg）。

10.3 创建视图

10.3.1 基础视图

新工程图中的第一个视图是基础视图，基础视图是创建其他视图如剖视图、局部视图的基础。用户也可以随时为工程图添加多个基础视图。

要创建基础视图，可以单击【放置视图】标签栏【创建】面板上的【基础视图】按钮，则打开【工程视图】对话框，如图 10-6 所示。下面分别说明创建工程图的各个关键要素。

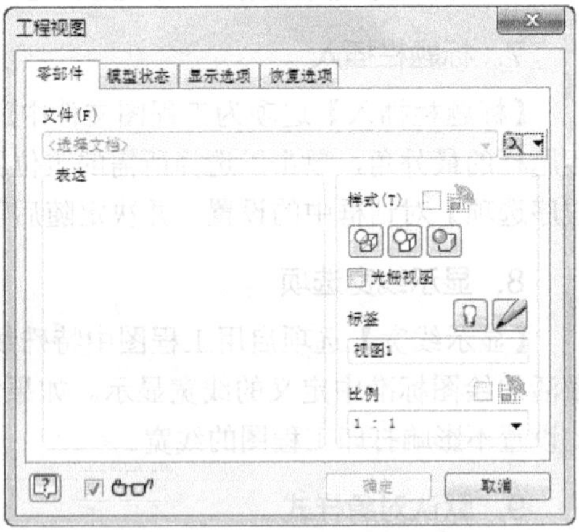

图 10-6 【工程视图】对话框

1.【零部件】选项

（1）【文件】选项。用来指定要用于工程视图的零件、部件或表达视图文件。单击【打开现有文件】按钮浏览并选择文件。

（2）比例。用来设置生成的工程视图相对于零件或部件的比例。另外在编辑从属视图时，该选项可以用来设置视图相对于父视图的比例。可以在框中输入所需的比例，或者单击箭头从常用比例列表中选择。

（3）【标签】选项。标签选项用来指定视图的名称。默认的视图名称由激活的绘图标准所决定，要修改名称，可以选择编辑框中的名称并输入新名称。【切换标签可见性】选项用来显示或隐藏视图名称。

（4）样式。可以用来定义工程图视图的显示样式，可以选择三种显示样式：显示隐藏线、不显示隐藏线和着色。同一个零件及其在三种显示样式下的工程图如图 10-7 所示。

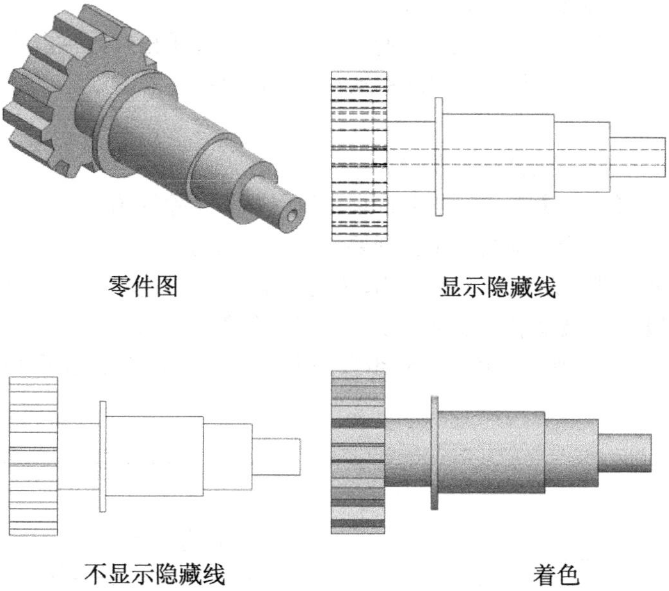

图 10-7 三种显示样式下的工程图

2.【模型状态】选项

如图 10-8 所示,【模型状态】选项可以指定要在工程视图中使用的焊接件状态和 iAssembly 或 iPart 成员。指定参考数据,例如线样式和隐藏线计算配置。

(1)焊接件。仅在选定文件包含焊接件时可用。单击要在视图中表达的焊接件状态。【准备】分隔符行下列出了所有处于准备状态的零部件。

(2)成员。对于 iAssembly 工厂,选择要在视图中表达的成员。

(3)参考数据。用来设置视图中参考数据的显示。

线样式:为所选的参考数据设置线样式,单击列表框以选择样式,可选样式有【按参考零件】、【按零件】和【关】。

边界:可以通过设置【边界】选项的值来查看更多参考数据。设置边界值可以使得边界在所有边上以指定值扩展。

图 10-8 【工程视图】对话框的【模型状态】选项卡

隐藏线计算:可以指定是计算【所有实体】的隐藏线还是计算【分别参考数据】的隐藏线。

3. 显示选项

显示选项用来设置工程视图的元素是否显示。注意只有适用于指定模型和视图类型的选项才可用。可以选中或者清除一个选项来决定该选项对应的元素是否可见。

在打开【工程视图】对话框并且选择了要创建工程图的零部件以后,图纸区域内出现要创建的零部件视图的预览,可以移动鼠标指针把视图放置到合适的位置。当【工程视图】对话框中所有的参数都已经设定完毕以后,单击【确定】按钮或者在图纸上单击左键,即可完成基础视图的创建。

要编辑已经创建的基础视图，可以进行以下操作。

（1）把鼠标指针移动到创建的基础视图的上面，则视图周围出现红色虚线形式的边框。当把鼠标指针移动到边框的附近时，指针旁边出现移动符号，此时按住左键就可以拖曳视图，以改变视图在图纸中的位置。

（2）在视图上单击右键，则会打开菜单。

选择右键菜单中的【复制】和【删除】选项可以复制和删除视图。

选择【打开】选项，则会在新窗口中打开要创建工程图的源零部件。

在视图上双击左键，则重新打开【工程视图】对话框，用户可以修改其中可以进行修改的选项。

选择【对齐视图】或者【旋转】选项可以改变视图在图纸中的位置。

如果要为部件创建基础视图，其方法和步骤同上所述。图 10-9 显示了在同一幅图纸中创建的三个零部件的基础视图。

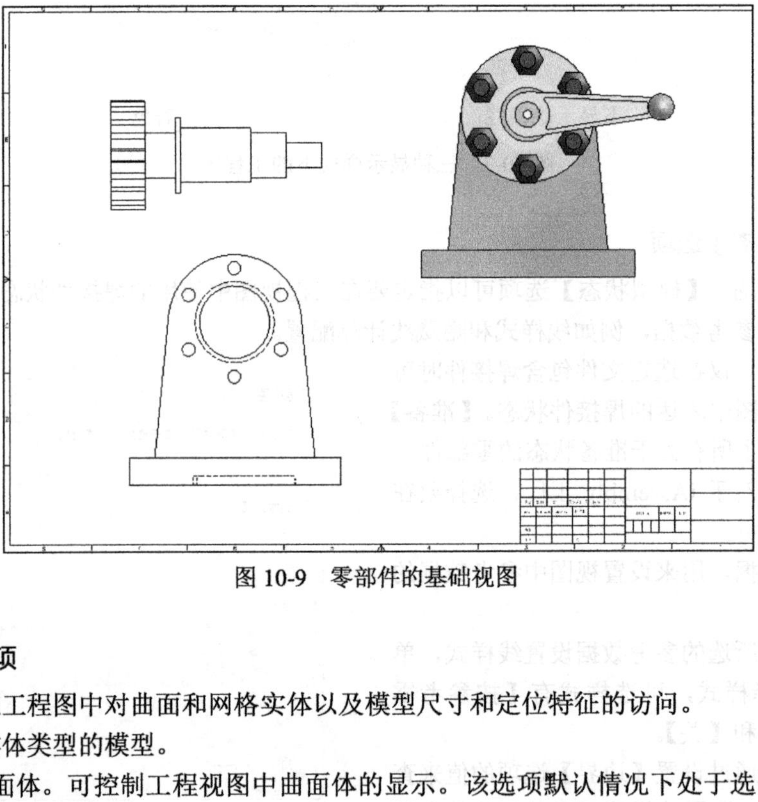

图 10-9　零部件的基础视图

4. 恢复选项

用于定义在工程图中对曲面和网格实体以及模型尺寸和定位特征的访问。

（1）混合实体类型的模型。

① 包含曲面体。可控制工程视图中曲面体的显示。该选项默认情况下处于选中状态，用于包含工程视图中的曲面体。

② 包含网格实体。可控制工程视图中网格实体的显示。该选项默认情况下处于选中状态，用于包含工程视图中的网格实体。

（2）所有模型尺寸。

勾选该复选框以检索模型尺寸。只显示与视图平面平行并且没有被图纸上现有视图使用的尺寸。清除该复选框，则在放置视图时不带模型尺寸。

如果模型中定义了尺寸公差，则模型尺寸中会包括尺寸公差。

（3）用户定位特征。

从模型中恢复定位特征，并在基础视图中将其显示为参考线。选择复选框来包含定位特征。

此设置仅用于最初放置基础视图。若要在现有视图中包含或排除定位特征，则在【模型】浏览器中展开视图节点，然后在模型上单击鼠标右键。选择【包含定位特征】选项，然后在【包含定位特征】对话框中指定相应的定位特征。或者，在定位特征上单击鼠标右键，然后选择【包含】选项。

若要从工程图中排除定位特征，则在单个定位特征上单击鼠标右键，然后清除【包含】复选框。

10.3.2　投影视图

创建了基础视图以后，可以利用一角投影法或者三角投影法创建投影视图。在创建投影视图以前，必须首先创建一个基础视图。图 10-10 中所示为利用一个基础视图创建三个投影视图，即俯视图、左视图和轴测视图。

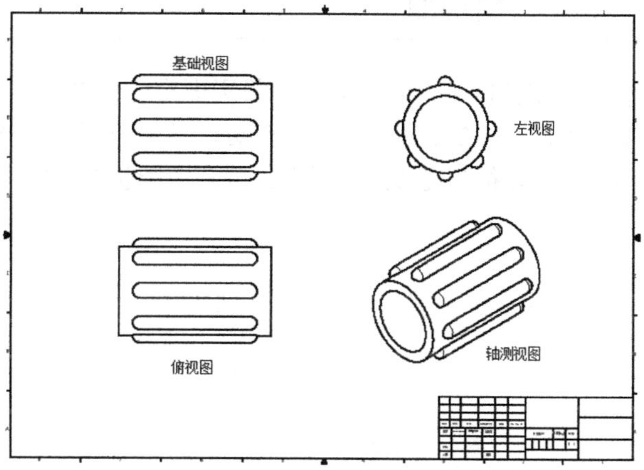

图 10-10　利用一个基础视图创建三个投影视图

创建投影视图的基本步骤如下。

（1）单击【放置视图】标签栏【创建】面板中的【投影视图】按钮，用左键单击图纸上的一个基础视图。

（2）向不同的方向拖曳鼠标指针，以预览不同方向的投影视图。如果竖直向上或者向下拖曳鼠标指针，则可以创建仰视图或者俯视图，如图 10-10 中的俯视图；水平向左或者向右拖曳鼠标指针则可以创建左视图或者右视图，如图 10-10 中的左视图；如果向图纸的四个角落处拖曳，则可以创建轴测视图，如图 10-10 中的轴测视图。

（3）确定投影视图的形式和位置以后，单击鼠标左键，指定投影视图的位置。

（4）此时在鼠标单击的位置处出现一个矩形轮廓，单击右键，在打开菜单中选择【创建】选项，则在矩形轮廓内部创建投影视图。创建完毕后矩形轮廓自动消失。

由于投影视图是基于基础视图创建的，因此常称基础视图为父视图，称投影视图以及其他以基础视图为基础创建的视图为子视图。在默认的情况下，子视图的很多特性继承自父视图。

（1）如果拖曳父视图，则子视图的位置随之改变，以保持其和父视图之间的位置关系。

（2）如果删除了父视图，则子视图也同时被删除。

（3）子视图的比例和显示方式同父视图保持一致，当修改父视图的比例和显示方式时，子视图的比例和显示方式也随之改变。

但是有两点需要特别注意。

（1）虽然轴测视图也是从基础视图创建的，但是它独立于基础视图。当移动基础视图时，轴测视图的位置不会改变。修改父视图的比例，轴测视图的比例不会随之改变。如果删除基础视图，则轴测视图不会被删除。

（2）虽然子视图的比例和显示方式继承自父视图，但是可以指定这些特征不再与父视图之间存在关联，可以在【工程视图】对话框中通过清除【与基础视图样式一致】选项来去除父视图与子视图的比例联系。关于投影视图的编辑以及复制、删除等均与基础视图相同，读者可以参考基础视图部分的相关内容。

当创建了投影视图后，浏览器中会显示对应的视图名称，并且显示了视图之间的关系，子视图位于父视图的下方并且包含在父视图内部，如图 10-11 所示。

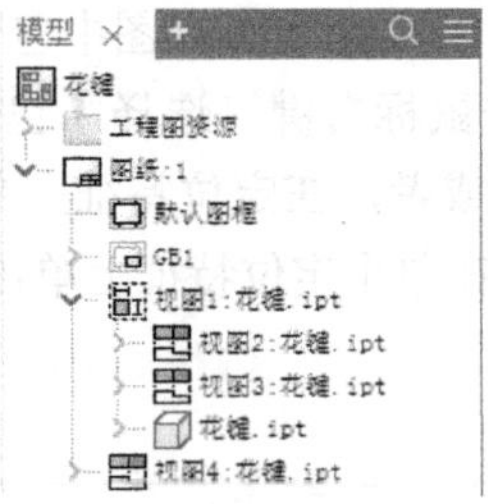

图 10-11　浏览器中的视图名称以及关系

10.3.3　斜视图

当零件的某个表面与基本投影面有一定的夹角时，在基本视图上就无法反映该部分的真实形状，如图 10-12 中零件的斜面部分。这时可以改变投影的方向，沿着与斜面部分垂直的方向投影，那么就可以得到能够反映斜面部分真实形状的视图，如图 10-13 所示。

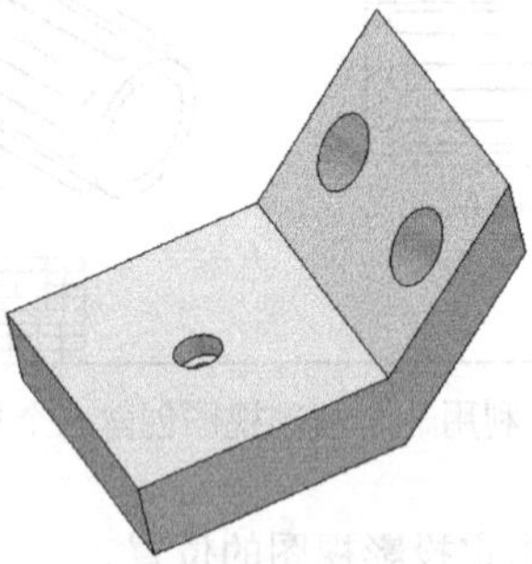

图 10-12　具有斜面的零件

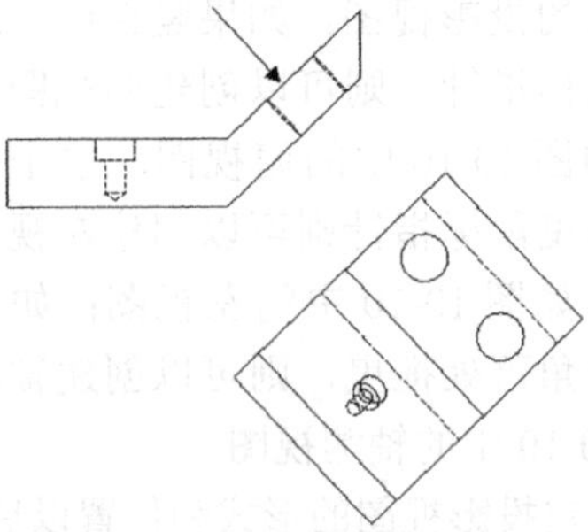

图 10-13　零件的斜视图

可以从父视图中的一条边或直线投影来放置斜视图，得到的视图将与父视图在投影方向上对齐。创建斜视图的一般步骤如下。

（1）要创建斜视图，当前图纸上必须有一个已经存在的视图，单击【放置视图】标签栏【创建】面板上的【斜视图】按钮，选择一个基础视图，然后会打开【斜视图】对话框，如图 10-14 所示。

（2）在【斜视图】对话框中，指定视图的名称和比例等基本参数以及显示方式。

（3）此时鼠标指针旁边出现一条直线标志，选择垂直于投影方向的平面内的任意一条直线，此时移动鼠标指针则出现斜视图的预览。

（4）在合适的位置上单击左键，或者单击【斜视图】对话框中的【确定】按钮，则斜视图被创建。

斜视图的编辑与前面所讲述的投影视图、基础视图的编辑方法是一样的，这里不赘述。

10.3.4　剖视图

剖视图是表达零部件上被遮挡的特征以及部件装配关系的有效方式。在 Inventor 中，可以从指定的父视图创建全剖、半剖、阶梯剖或旋转剖视图，也可以使用【剖视】创建斜视图或局部视图的视图剖切线。图 10-15 所示是在 Inventor 中创建的剖视图。

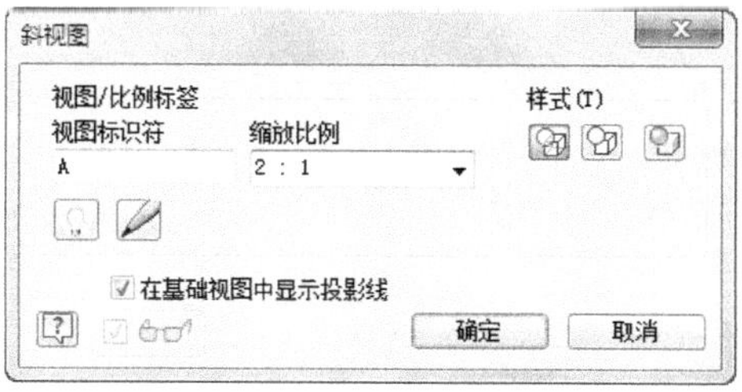

图 10-14 【斜视图】对话框

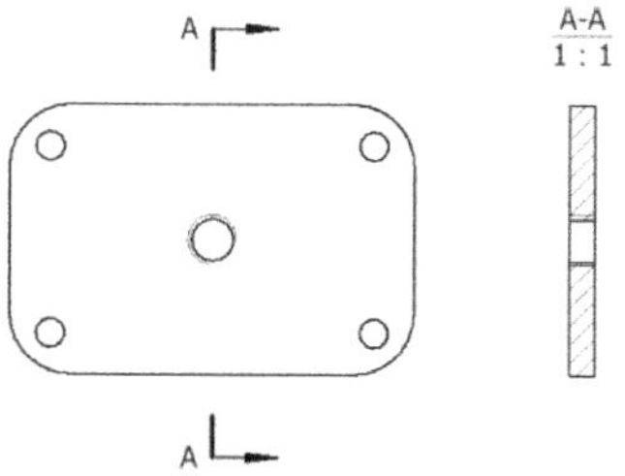

图 10-15 在 Inventor 中创建的剖视图

创建剖视图的步骤如下。

（1）单击【放置视图】标签栏【创建】面板上的【剖视】按钮，选择一个父视图，这时鼠标指针形状变为十字形。

（2）单击左键设置视图剖切线的起点，然后单击以确定剖切线的其余点，视图剖切线上点的个数和位置决定了剖视图的类型。

（3）当剖切线绘制完毕后，单击右键在打开菜单中选择【继续】选项，此时打开【剖视图】对话框，如图 10-16 所示。可以设置视图名称、比例、显示方式等参数，剖切深度的选项。可以设置【剖切深度】为【全部】，则零部件被完全剖切。也可以选择【距离】方式，则按照指定的深度进行剖切。【断面图】选项，包含断面图选项，如果选中此选项，则会根据浏览器属性创建包含一些切割零部件和剖视零部件的剖视图。如果选中【切割所有零件】选项，则会取代浏览器属性，并会根据剖视线几何图元切割视图中的所有零部件。剖视线未交叉的零部件将不会参与结果视图。

（4）图纸内出现剖视图的预览，移动鼠标指针以选择创建位置。

（5）确定好视图位置以后，单击左键或者单击【剖视图】对话框中的【确定】按钮以完成剖视图的创建。

创建剖视图最关键的步骤是如何正确地选择剖切线以及投影方向，使得生成的剖面图能够合适的表现零件的内部形状或者部件的装配关系。有以下几点值得注意。

（1）一般来说，剖切面由绘制的剖切线决定，剖切面过剖切线且垂直于画面方向。对于同一个剖切面，不同的投影方向生成的剖视图也不相同。因此在创建剖面图时，一定要选择合适的剖切面和投影方向。在图 10-17 所示的具有内部凹槽的零件中，要表达零件内壁的凹槽，必须使用剖视图。为了表现方形的凹槽特征和圆形的凹槽特征，必须创建不同的剖切平面。表现方形凹槽所选择的剖切平面以及生成的剖视图如图 10-18 所示，表现圆形凹槽所选择的剖切平面以及生成的剖视图如图 10-19 所示。

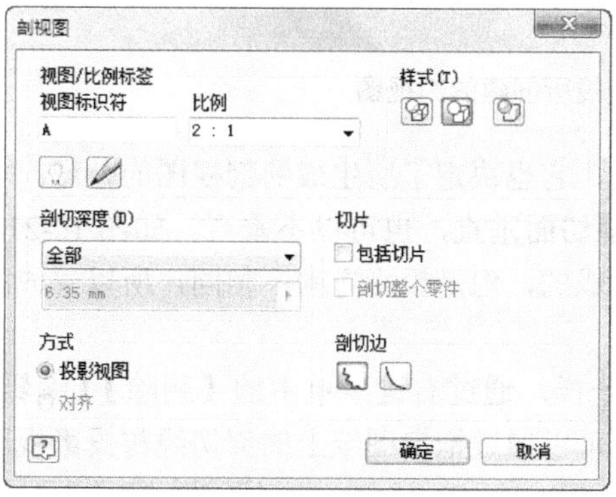

图 10-16 【剖视图】对话框

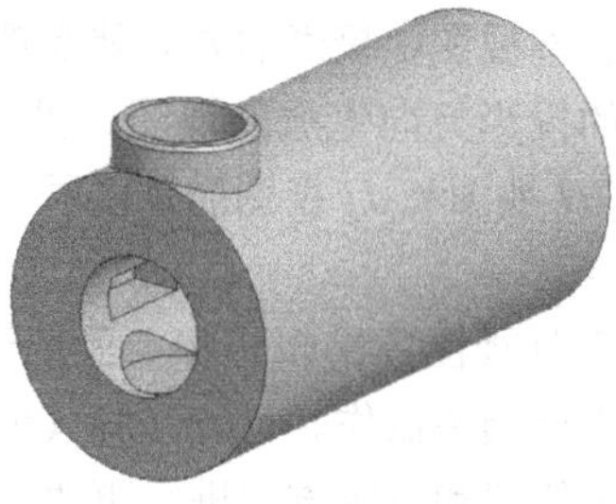

图 10-17　具有内部凹槽的零件

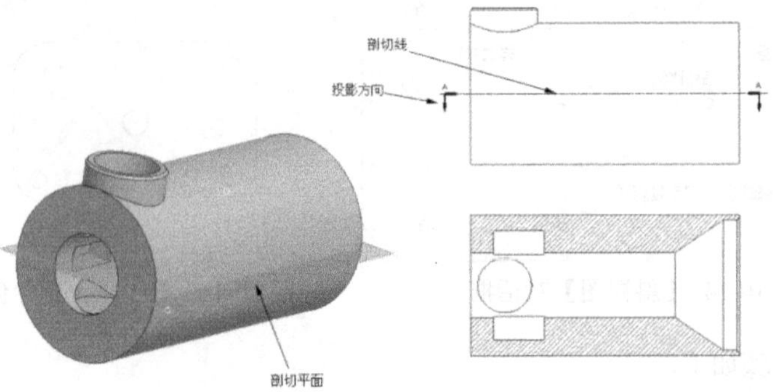

图 10-18　表现方形凹槽的剖视图

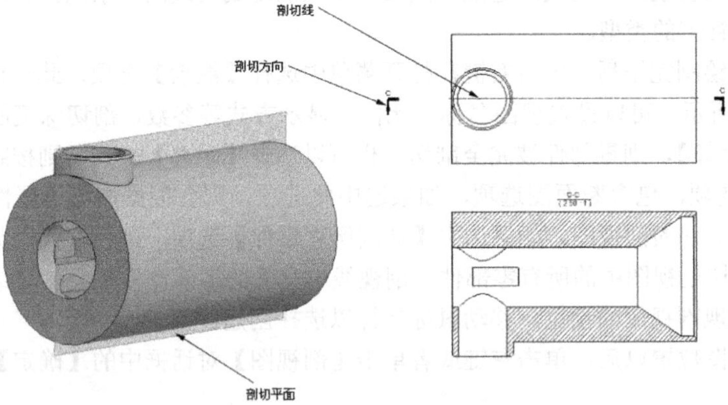

图 10-19　表现圆形凹槽的剖视图

（2）需要特别注意的是，剖切的范围完全由剖切线的范围决定，剖切线在其长度方向上延展的范围决定了所能够剖切的范围。图 10-20 显示了不同长度的剖切线所创建的剖视图是不同的。

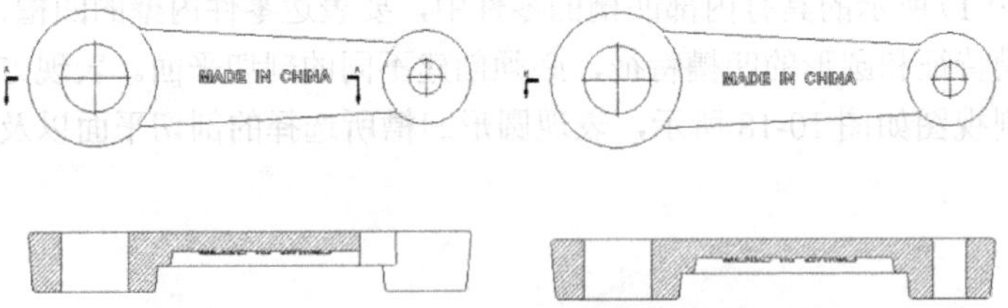

图 10-20　不同长度的剖切线所创建的剖视图

（3）剖视图中投影的方向就是观察剖切面的方向，它也决定了所生成的剖视图的外观。可以选择任意的投影方向生成剖视图，投影方向既可以与剖切面垂直，也可以不垂直，如图 10-21 所示，其中，*HH* 视图和 *JJ* 视图的是由同一个剖切面剖切生成的，但是投影方向不相同，所以生成的剖视图也不相同。

对于剖视图的编辑，和前面所述的基础视图等一样，通过右键菜单中的【删除】【编辑视图】等选项进行相关操作。另外，与其他视图不同的是，可以通过拖曳图纸上的剖切线与投影视图符号来对视图位置和投影方向进行更改。

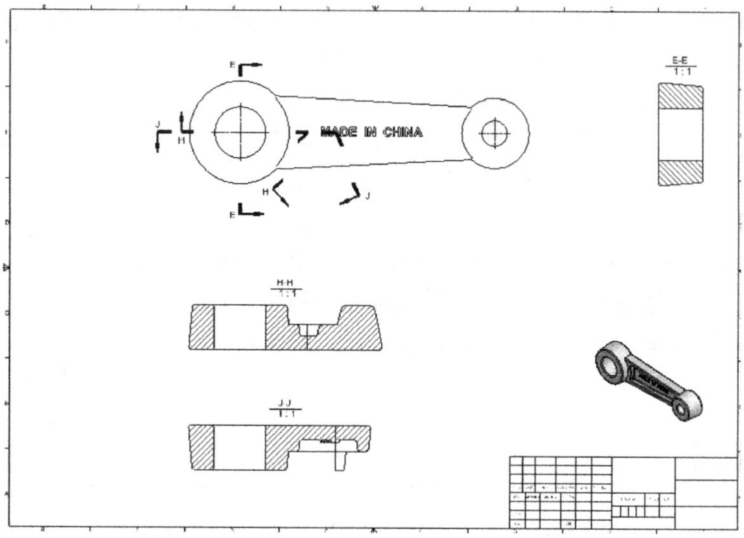

图 10-21　选择任意的投影方向生成剖视图

10.3.5　局部视图

局部视图可以用来突出显示父视图的局部特征。局部视图并不与父视图对齐，缺省情况下也不与父视图同比例。图 10-22 所示是创建的局部视图范例。

要创建局部视图，可以进行以下操作。

（1）单击【放置视图】标签栏【创建】面板上的【局部视图】按钮，选择一个视图，则打开如图 10-23 所示【局部视图】对话框。

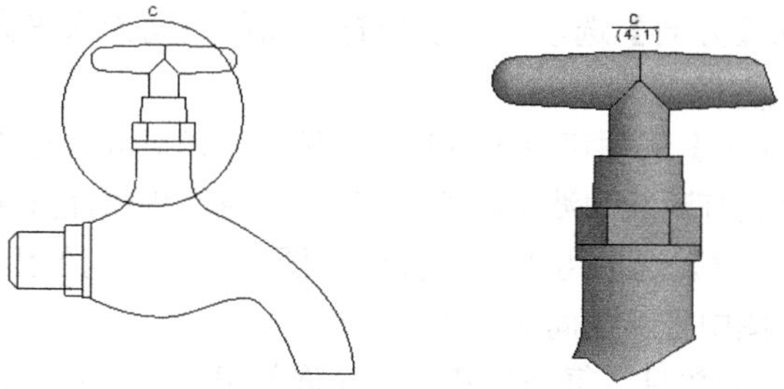

图 10-22　局部视图

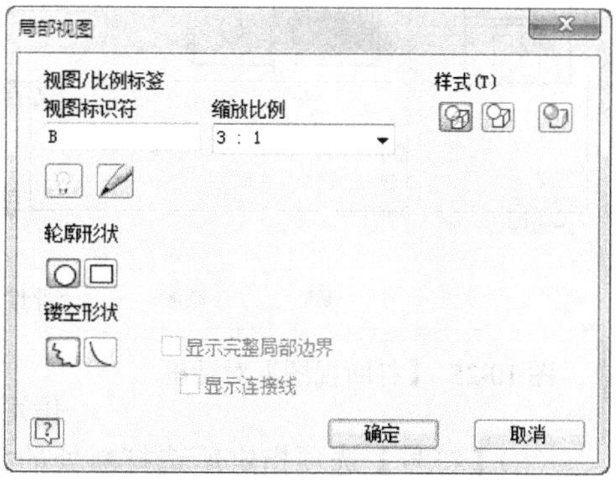

图 10-23　【局部视图】对话框

（2）在【局部视图】对话框中设置局部视图的视图名称、比例以及显示方式等选项。然后在视图上选择要创建局部视图的区域，区域可以是矩形区域，也可以是圆形区域。

（3）选择【轮廓形状】选项，为局部视图指定圆形或矩形轮廓形状。父视图和局部视图的轮廓形状相同。

（4）【镂空形状】选项，可以将切割线型指定为【锯齿过渡】或【平滑过渡】。

（5）勾选【显示完整局部边界】复选框，会在产生的局部视图周围显示全边界（环形或矩形）。

（6）勾选【显示连接线】复选框，会显示局部视图中轮廓和全边界之间的连接线。

局部视图创建以后，可以通过局部视图的右键菜单中的【编辑视图】选项来进行编辑以及复制、删除等操作。

如果要调整父视图中创建局部视图的区域，可以在父视图中将鼠标指针移动到创建局部视图时拉出的圆形或者矩形上，则圆形或者矩形的中心和边缘上出现的绿色小原点，如图10-24所示。在中心的小圆点上按住鼠标，移动鼠标指针则可以拖动区域的位置；在边缘的小圆点上按住鼠标左键拖曳，可以改变区域大小。当改变了区域大小或者位置以后，局部视图会自动随之更新。

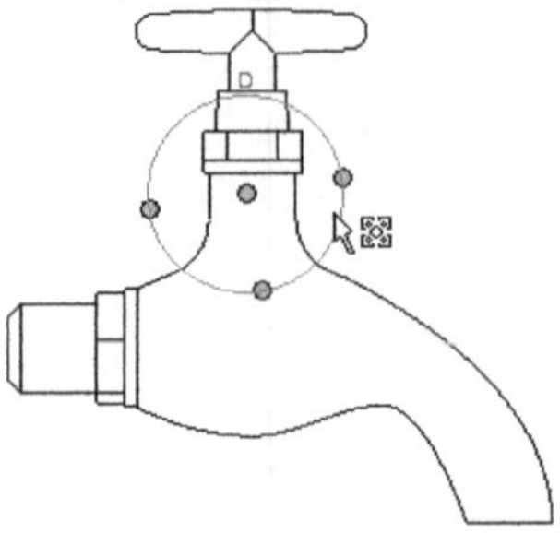

图 10-24 鼠标指针移动到圆形或矩形的中心和边缘

10.3.6 打断视图

在制图时，有时零部件尺寸过大会造成视图超出工程图的长度范围，或者为了使零部件视图适合工程图而缩小零部件视图的比例使得视图变得非常小，或者当零部件视图包含大范围的无特征变化的几何图元时，都可以使用打断视图来解决这些问题。打断视图可以应用于零部件长度的任何地方，也可以在一个单独的工程视图中使用多个打断。

打断视图是通过修改已建立的工程视图来创建的，可以创建打断视图的工程图有零件视图、部件视图、投影视图、等轴测视图、剖视图、局部视图，也可以用打断视图来创建其他视图，例如可以用一个投影的打断视图创建一个打断剖视图。

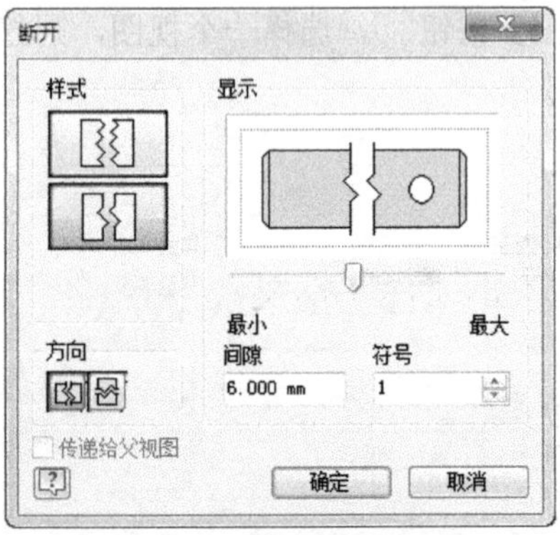

图 10-25 【打断视图】对话框

要创建打断视图，可以进行以下操作。

（1）单击【放置视图】标签栏【修改】面板中的【断裂画法】按钮，在图纸上选择一个视图，则打开如图10-25所示【打断视图】对话框。

（2）在【样式】选项中可以选择打断样式为【矩形样式】或者【构造样式】。

（3）在【方向】选项中可以设置打断的方向为水平方向或者竖直方向。

（4）【显示】选项可以设置每个打断类型的外观。当拖曳滑块时，控制打断线的波动幅度，表示为打断间隙的百分比。

（5）【间隙】选项用来指定打断视图中打断之间的距离，指定打断视图中打断之间的距离。

（6）【符号】选项指定所选打断处的打断符号的数目，每处打断最多允许使用3个符号，并且只能在【结构样式】的打断中使用。

（7）如果勾选【传递给父视图】复选框，则打断操作将扩展到父视图。此选项的可用性取决于视图类型和【打断继承】选项的状态。

设定好所有参数以后，可以在图纸中单击鼠标左键，以放置第一条打断线，然后在另外一个位置单击鼠标左键以放置第二条打断线，两条打断线之间的区域就是零件中要被打断的区域。放置完毕两条打断线，打断视图即被创建。其过程如图10-26所示。

由于打断视图是基于其他视图而创建的，所以，不能够在打断视图上单击右键通过打开菜单中的选项来对打断视图进行编辑。如果要编辑打断视图，可以进行以下操作。

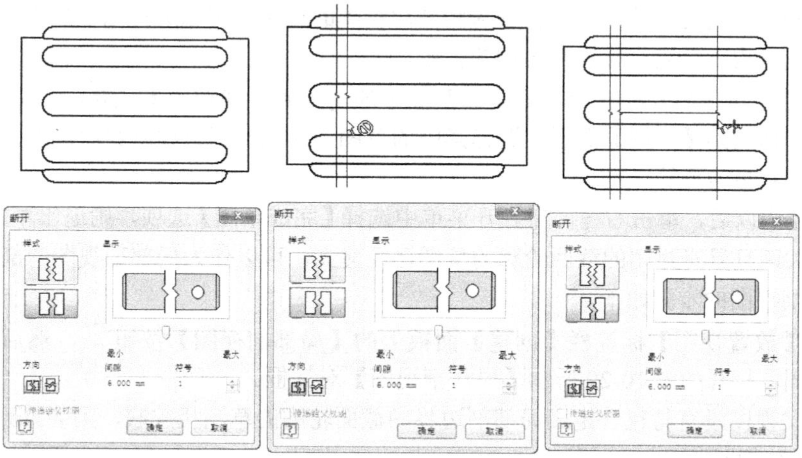

设置参数　　　　放置第一条打断线　　　　放置第二条打断线

图 10-26　打断视图的创建过程

（1）在打断视图的打断符号上单击右键，在打开菜单中选择【编辑打断】选项，则重新打开【断开视图】对话框，可以重新对打断视图的参数进行定义。

（2）如果要删除打断视图，则选择右键菜单中的【删除】选项。

（3）打断视图提供了打断控制器，以直接在图纸上对打断视图进行修改。当鼠标指针位于打断视图符号的上方时，打断控制器（一个绿色的小圆形）即会显示，可以用鼠标左键点住该控制器，左右或者上下拖曳以改变打断的位置，如图 10-27 所示。还可以通过拖曳两条打断线来改变去掉的零部件部分的视图量。如果将打断线从初始视图的打断位置移走，则会增加去掉零部件的视图量，将打断线移向初始视图的打断位置，会减少去掉零部件的视图量，如图 10-28 所示。

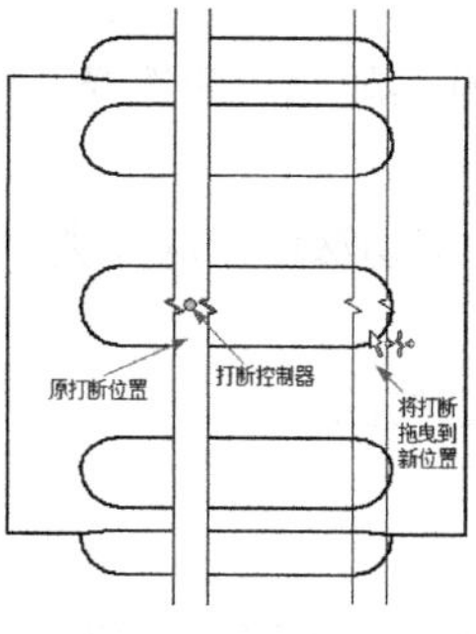

图 10-27　改变打断的位置

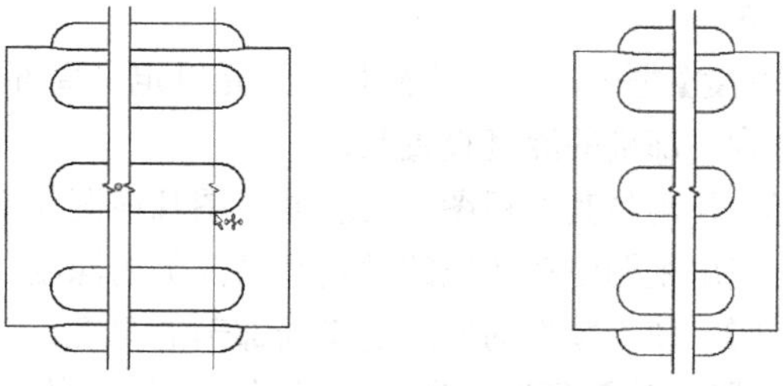

拖曳一条打断线　　　　拖曳完毕后的打断视图

图 10-28　拖曳打断线

10.3.7　局部剖视图

要显示零件局部被隐藏的特征，可以创建局部剖视图，通过去除一定区域的材料，以显示现有工程视图中被遮挡的零件或特征。局部剖视图需要依赖于父视图，所以要创建局部剖视图，必须先放置父视图，然后创建与一个或多个封闭的截面轮廓相关联的草图，来定义局部剖区域的边界。需要注意的是，父视图必须与包含定义局部剖边界的截面轮廓的草图相关联。

要为一个视图创建与之关联且包含有封闭截面轮廓的草图，可以进行以下操作。

（1）选择图纸内一个要进行局部剖切的视图。

（2）单击【放置视图】标签栏【草图】面板中的【开始创建草图】按钮，此时在图纸内新建了一个草图，切换到【草图】面板，选择其中的草图图元绘制工具绘制封闭的作为剖切边界的几何图形，如圆形和多边形等。

（3）绘制完毕以后，单击右键，在打开菜单中选择【完成草图】选项，则退出草图环境。此时，一个与该视图关联且具有封闭的截面轮廓的草图已经建立，可以作为局部剖视图的剖切边界了。

创建局部剖视图的步骤如下。

（1）单击【放置视图】标签栏【创建】面板上的【局部剖视图】按钮，然后选择图纸内的一个已有的视图，打开如图 10-29 所示【局部剖视图】对话框。

（2）如果父视图没有与包含定义局部剖边界的截面轮廓的草图相关联，则会打开如图 10-30 所示的 Inventor 警告对话框。

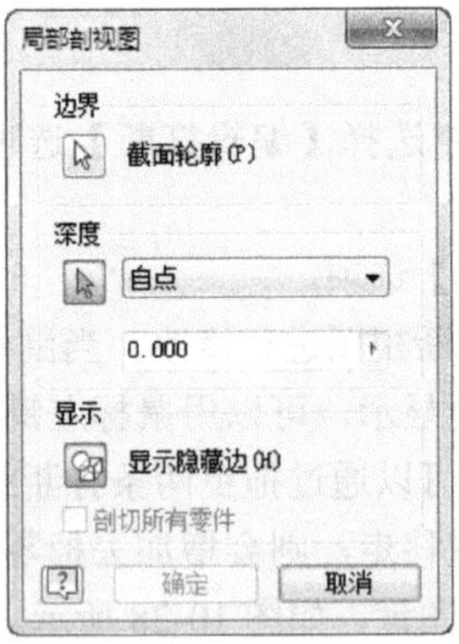

图 10-29 【局部剖视图】对话框

图 10-30 警告对话框

（3）在【局部剖视图】对话框中的【边界】选项中需要定义截面轮廓，即选择草图几何图元以定义局部剖边界。

（4）在【深度】框中，需要选择几何图元以定义局部剖区域的剖切深度。深度类型有以下几种。

【自点】：为局部剖的深度设置数值。

【至草图】：使用与其他视图相关联的草图几何图元定义局部剖的深度。

【至孔】：使用视图中孔特征的轴定义局部剖的深度。

【贯通零件】：使用零件的厚度定义局部剖的深度。

（5）【显示隐藏边】复选框用于临时显示视图中的隐藏线，可以在隐藏线几何图元上拾取一点来定义局部剖深度。局部剖切视图的创建过程如图 10-31 所示。

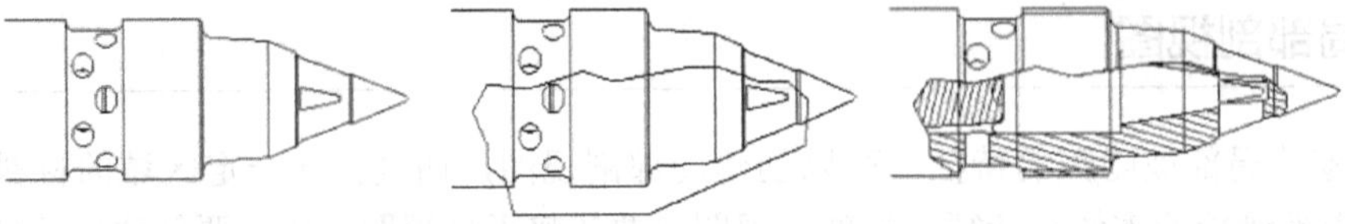

父视图　　创建边界轮廓　　形成局部剖视图

图 10-31 局部剖切视图的创建过程

10.3.8　实例——创建壳体工程视图

本例绘制壳体工程视图，如图 10-32 所示。

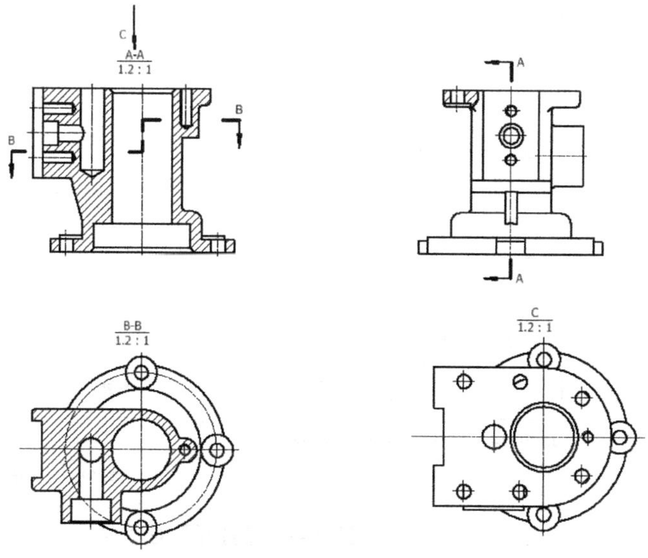

图 10-32　壳体工程图

扫码看视频

操作步骤

（1）新建文件。单击【快速入门】标签栏【启动】面板中的【新建】按钮，在打开的如图 10-33 所示的【新建文件】对话框中的【Templates】选项卡中的零件下拉列表中选择【Standard.idw】选项，然后单击【确定】按钮，新建一个工程图文件。

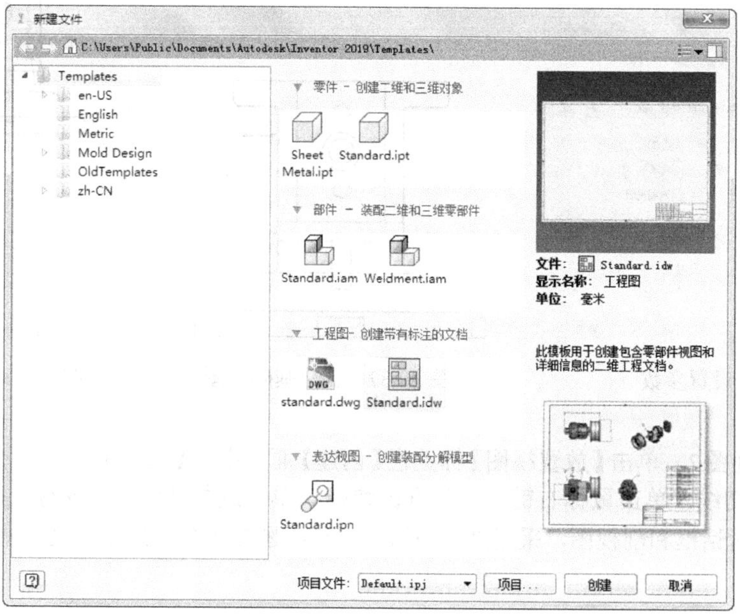

图 10-33　【新建文件】对话框

（2）创建基础视图。单击【放置视图】标签栏【创建】面板中的【基础视图】按钮，打开如图 10-34 所示的【工程视图】对话框，在对话框中单击【打开现有文件】按钮，打开如图 10-35 所示的【打开】对话框，选择【壳体】零件，如图 10-35 所示，单击【打开】按钮，打开【壳体】零件；设置视图方向为【后视图】，输入比例为 1.2 ：1，选择显示方式为，如图 10-36 所示；单击【确定】按钮，完成基础视图的创建，如图 10-37 所示。

图 10-34 【工程视图】对话框

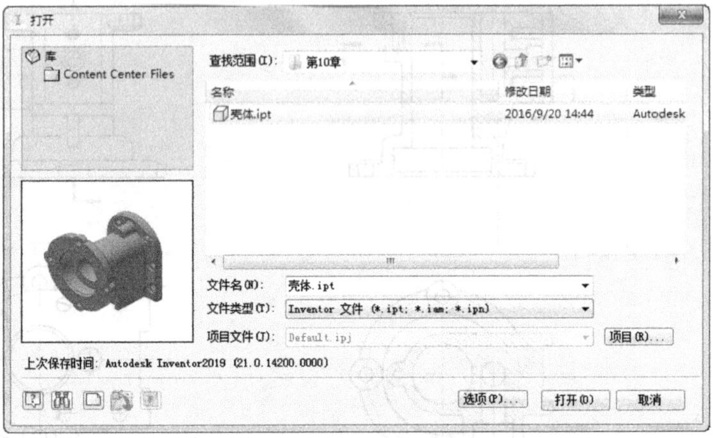

图 10-35 【打开】对话框

（3）创建剖视图 1。单击【放置视图】标签栏【创建】面板中的【剖视】按钮，选择基础视图，在视图中绘制剖切线，单击鼠标右键，在打开的快捷菜单中选择【继续】按钮，如图 10-38 所示，打开【剖视图】对话框和剖视图，如图 10-39 所示，采用默认设置，将剖视图放置到图纸中适当位置，单击，结果如图 10-40 所示。

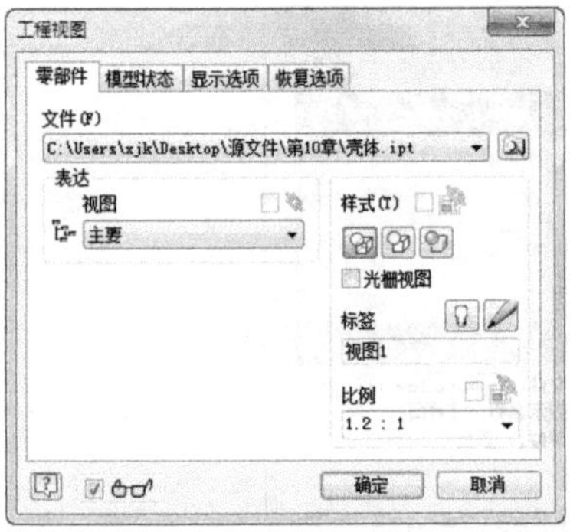

图 10-36 设置参数

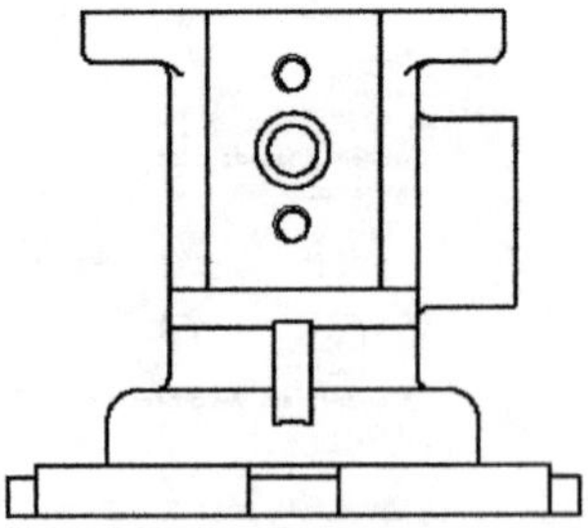

图 10-37 创建基础视图

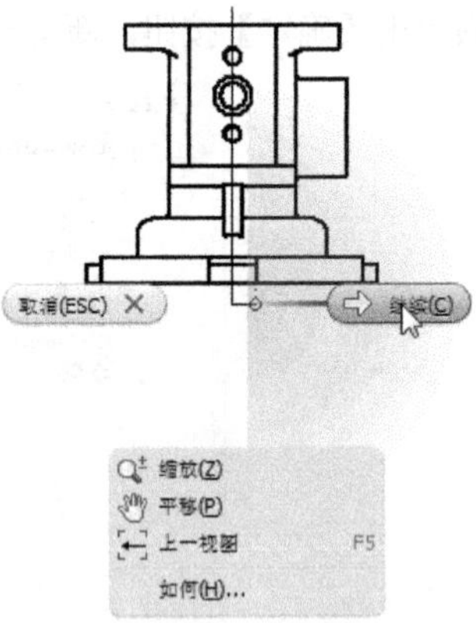

图 10-38 快捷菜单

（4）创建剖视图 2。单击【放置视图】标签栏【创建】面板中的【剖视】按钮，选择基础视图，在视图中绘制剖切线，单击鼠标右键，在打开的快捷菜单中选择【继续】按钮，如图 10-41 所示，打开【剖视图】对话框和剖视图，采用默认设置，将剖视图放置到图纸中适当位置，单击，结果如图 10-42 所示。

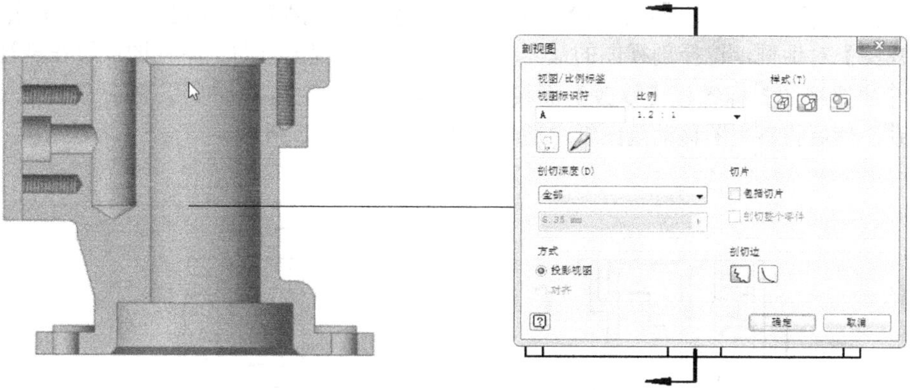

图 10-39 【剖视图】对话框和剖视图

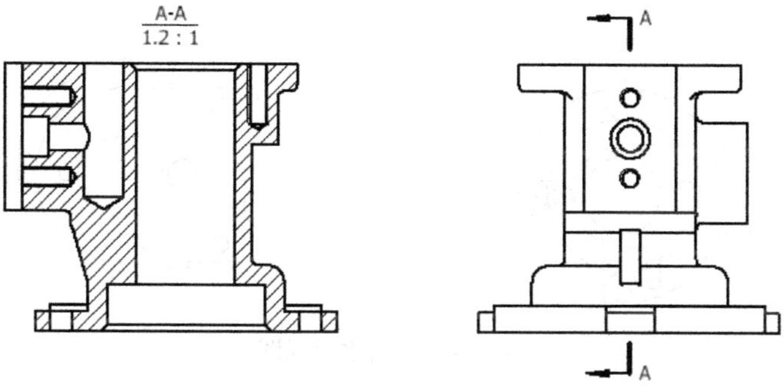

图 10-40　剖视图 1

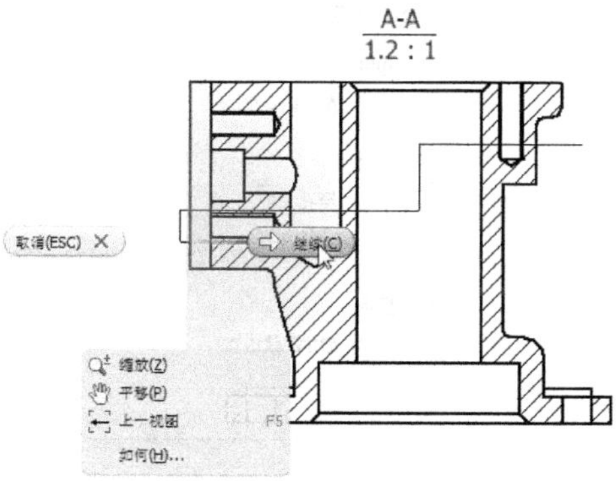

图 10-41　快捷菜单

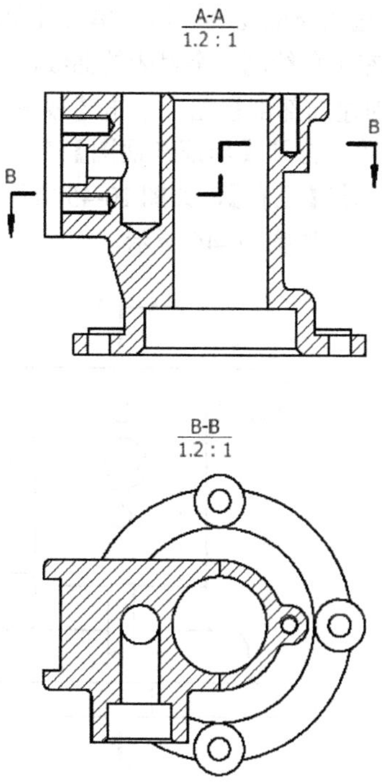

图 10-42　剖视图 2

（5）创建斜视图。单击【放置视图】标签栏【创建】面板中的【斜视图】按钮，选择剖视图 1，打开【斜视图】对话框，选择剖视图的最上端水平直线定义视图方向，将视图放置在剖视图 1 的下方，单击【放置视图】标签栏【修改】面板中的【断开对齐】按钮，断开斜视图与剖视图 1 的约束关系，然后将斜视图移动到图纸中适当位置，如图 10-43 所示。

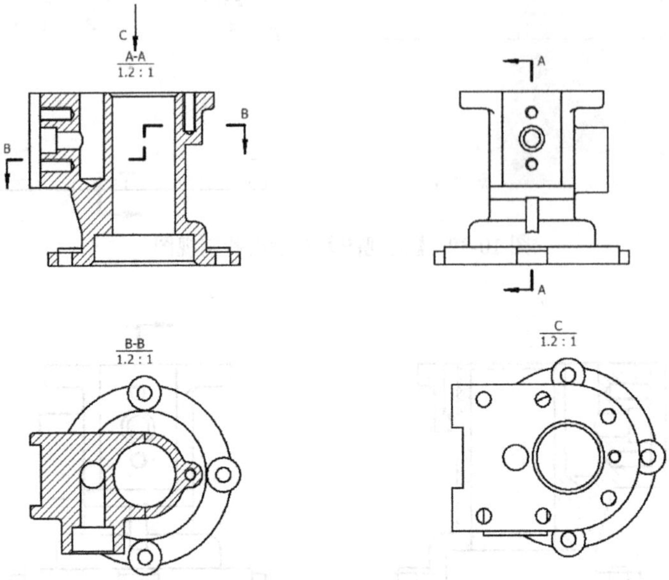

图 10-43　创建斜视图

（6）创建局部剖视图。

① 绘制草图。选择基础视图，然后单击【放置视图】标签栏【草图】面板中的【开始创建草图】按钮，进入草图绘制环境，单击【草图】标签栏【创建】面板中的【样条曲线（插值）】按钮，在视图的左上角绘制一个封闭的曲线，如图 10-44 所示。单击【完成草图】按钮，退出草图。

② 创建局部剖视图。单击【放置视图】标签栏【修改】面板中的【局部剖视图】按钮，选择基础视图，打开【局部剖视图】对话框，系统自动选择第①步绘制的草图为截面轮廓，在深度下拉列表中选择【至孔】，如图 10-45 所示，然后选择 *C* 向视图中上表面第一个孔，单击【确定】按钮，创建局部视图如图 10-46 所示。

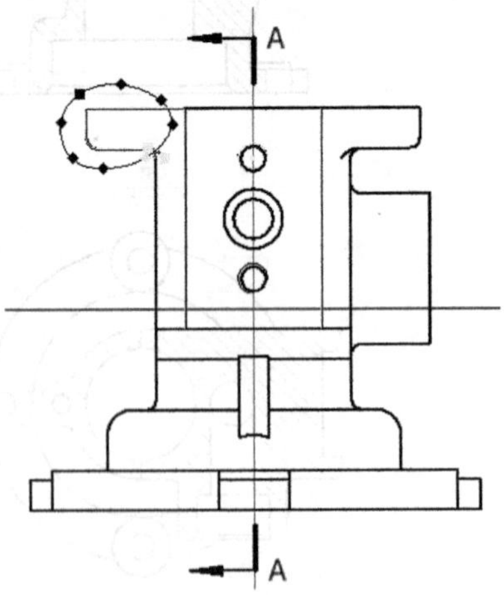

图 10-44　绘制草图

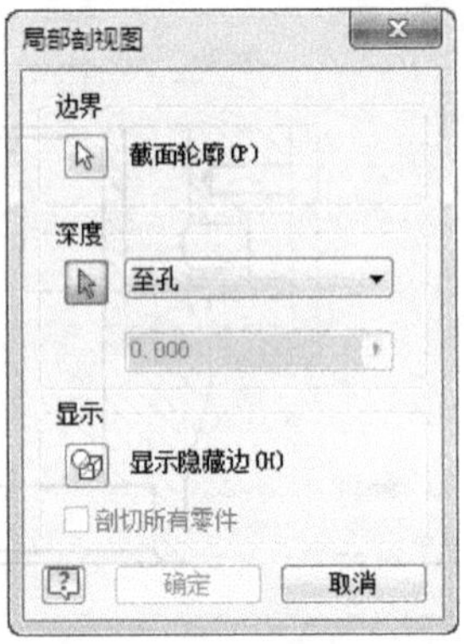

图 10-45　【局部剖视图】对话框

（7）添加中心线。

① 单击【标注】标签栏【符号】面板中的【中心线】按钮，选择主视图上的两边中点，单击鼠标右键，在弹出的快捷菜单中选择【创建】选项，如图 10-47 所示，完成中心线的添加。

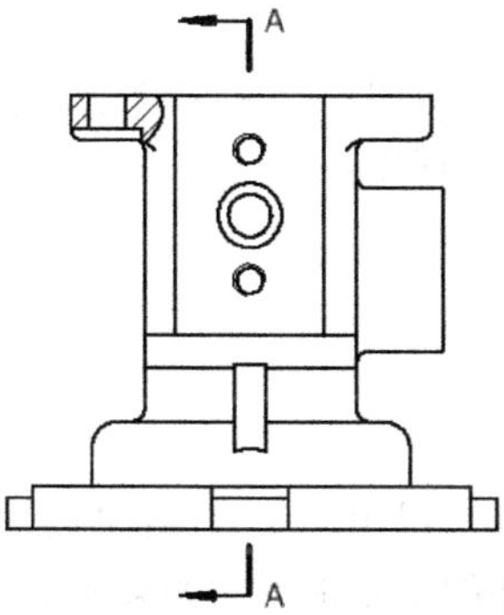

图 10-46　局部视图

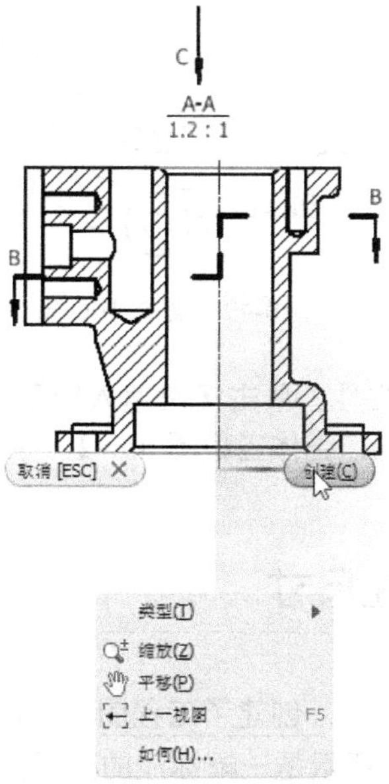

图 10-47　快捷菜单

② 单击【标注】标签栏【符号】面板中的【对分中心线】按钮，选择孔的两条边线，添加中心线，然后拖曳中心线上的夹点调整中心线的长度。采用相同的方法对视图中的孔添加中心线。

③ 单击【标注】标签栏【符号】面板中的【中心标记】按钮，在视图中选择圆，为圆添加中心线，如图 10-48 所示。退出中心标记命令，选择刚创建的中心线，拖曳夹点调整中心线的长度，如图 10-49 所示。采用相同的方法，添加其他的圆弧的中心标记。

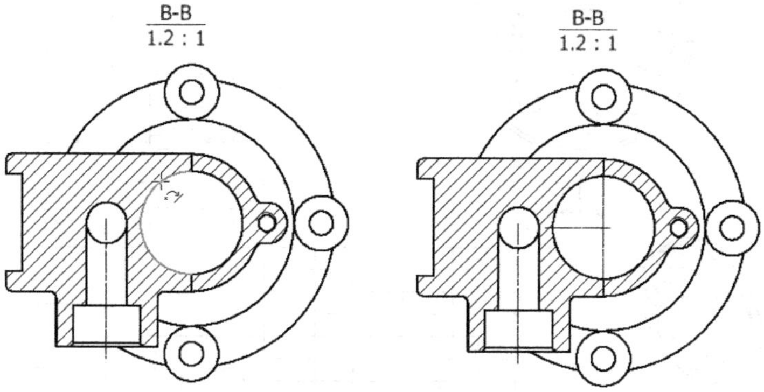

图 10-48　为圆添加中心线

④ 单击【标注】标签栏【符号】面板中的【中心阵列】按钮，选择 *B-B* 视图中的中心圆为环形阵列的圆心，选择任意小圆为中心线的第一位置，依次选择其他三个圆，最后再选择第一个圆，完成阵列中心线的创建，单击鼠标右键，在打开的快捷菜单中选择【创建】选项，如图 10-50 所示，完成阵列中心线的创建，如图 10-32 所示。

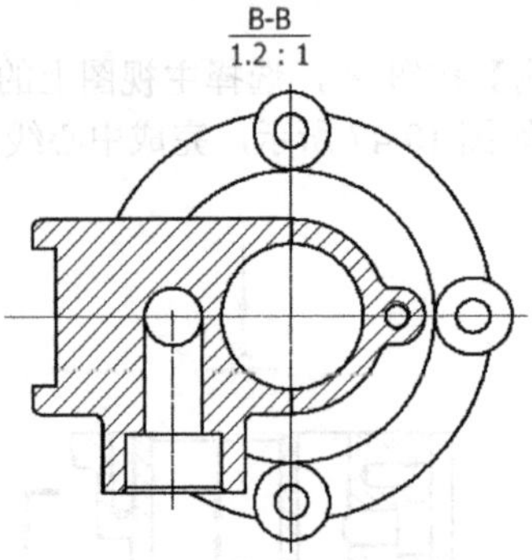

图 10-49　调整中心线

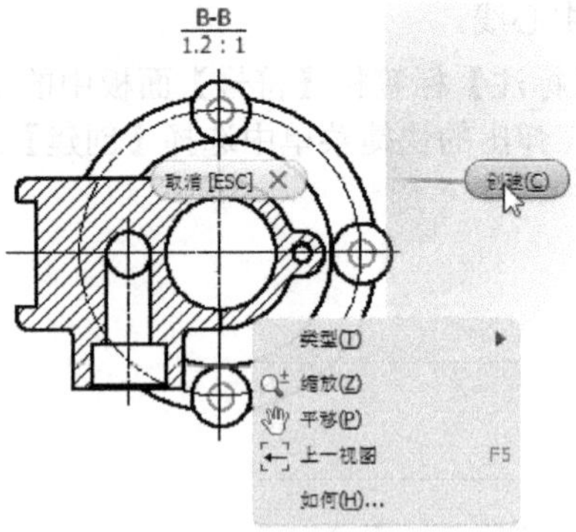

图 10-50　快捷菜单

（8）保存文件。单击【快速入门】工具栏中的【保存】按钮，打开【另存为】对话框，输入文件名为【创建壳体工程图 .idw】，单击【保存】按钮，保存文件。

10.4　标注尺寸

在 Inventor 中，创建了工程图以后，可以为其标注尺寸，以用来作为零件加工过程中的必要的参考。图 10-51 所示是一幅标注的工程图。尺寸是制造零件的重要依据，如果在工程图中的尺寸标注不正确或者不完整、不清楚，则会给实际的生产造成困难。所以尺寸的标注在 Inventor 的二维工程图设计中尤为重要。

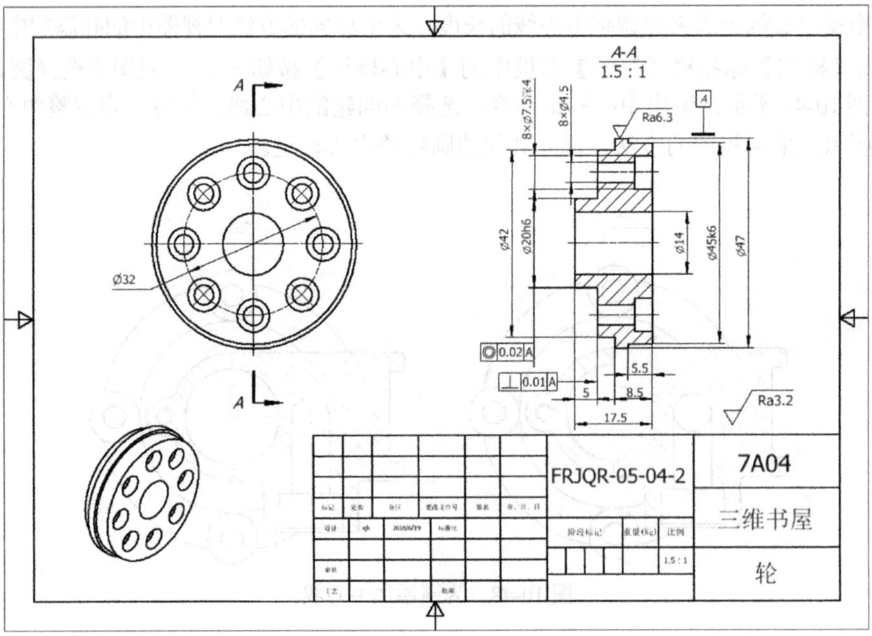

图 10-51　标注的工程图

在 Inventor 中，可以使用两种类型的尺寸来标注工程图的设计：模型尺寸和工程图尺寸。

（1）模型尺寸。顾名思义，是同模型紧密联系的尺寸，它用来定义略图特征的大小以及控制特征的大小。如果更改工程图中的模型尺寸，则源零部件将更新以匹配所做的更改，因此，模型尺寸也称作双向尺寸或计算尺寸。在每个视图中，只有与视图平面平行的模型尺寸才在该视图中可用。

在安装 Autodesk Inventor 时，如果选择【在工程图中修改模型尺寸】选项，则可以编辑模型尺寸并且源零部件也将更新。

在视图的右键菜单中，提供一个【检索尺寸】选项，可以用来显示模型尺寸。在放置视图时，用户可以选择显示模型尺寸，注意只能显示与视图位于同一平面上的尺寸。

通常，模型尺寸显示在工程图的第一个视图或基础视图中，在后续的投影视图中，只显示那些未显示在基础视图中的模型尺寸。如果需要将模型尺寸从一个视图移动到另一个视图，则要从第一个视图删除该尺寸并在第二个视图中检索模型尺寸。

（2）工程图尺寸。和模型尺寸不同的是，工程图尺寸都是单向的。如果零件大小发生变化，则工程图尺寸将更新。但是，更改工程图尺寸不会影响零件的大小。工程图尺寸用来标注而不是用来控制特征的大小。

工程图尺寸的放置方式和草图尺寸相同。放置线性、角度、半径和直径尺寸的方法都是先选择点、直线、圆弧、圆或椭圆，然后定位尺寸。放置工程图尺寸时，系统将为其他特征类推约束。Inventor 将显示符号表明所放置的尺寸类型。也使用了可视提示，以便在距对象的固定间隔处定位尺寸。

要添加工程图尺寸，可以使用【标注】标签栏内提供的尺寸标注工具，如图 10-52 所示。要打开工程图标注面板，可以在工程图视图面板上单击右键，在打开菜单中选择【标注】标签栏选项。在工程图中可以方便地标注以下类型的尺寸。

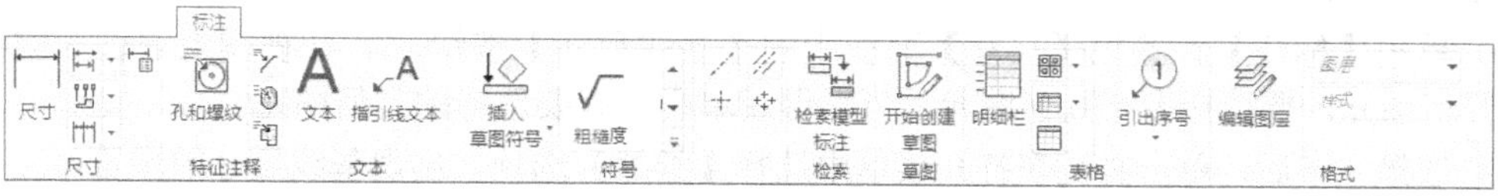

图 10-52　工程图标注面板

10.4.1　尺寸

尺寸包括线性尺寸、角度尺寸、圆弧尺寸等，可以通过单击【标注】标签栏上的【尺寸】按钮来进行标注。要对几何图元标注通用尺寸，只需要选择【尺寸】工具，然后依次选择该几何图元的组成要素即可。

（1）要标注直线的长度，可以依次选择直线的两个端点，或者直接选择整条直线。

（2）要标注角度，可以依次选择角的两条边。

（3）要标注圆或者圆弧的半径（直径），选择圆或者圆弧即可。

各种类型的尺寸标注如图 10-53 所示。

对于尺寸的编辑可以通过右键菜单的选项来实现。

（1）选择右键菜单中的【删除】选项，则从工程视图中删除尺寸。

（2）选择【新建尺寸样式】选项，则打开【新建尺寸样式】对话框，可以新建各种标准，如 GB、ISO 的尺寸样式。

（3）选择【编辑】选项，则打开【编辑尺寸】对话框。可以在【精度和公差】选项卡修改尺寸公差的具体样式。

（4）选择【文本】选项，则打开【文本格式】对话框，可以设定尺寸文本的特性，如字体、字号、间距以及对齐方式等。在对尺寸文本修改以前，需要在【文本格式】对话框中选中代表尺寸文本的符号。

（5）选择【隐藏尺寸界线】选项，则尺寸界线被隐藏。

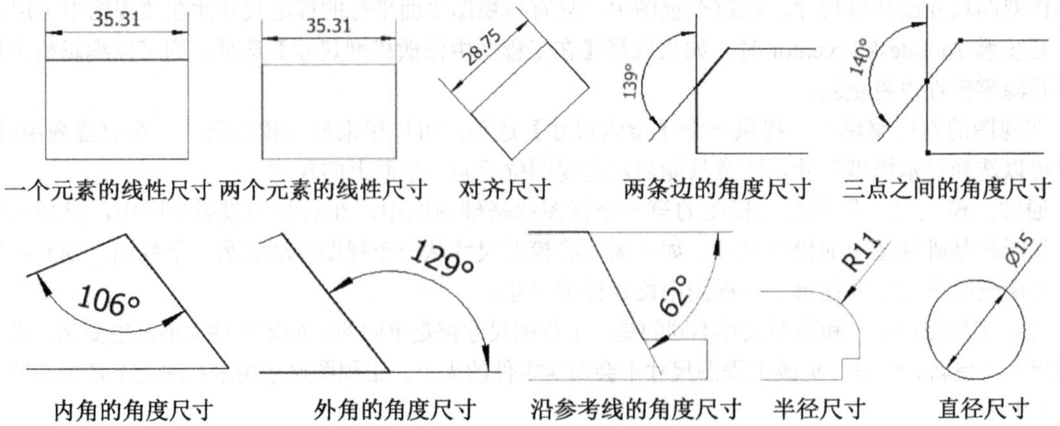

图 10-53　各种类型的通用尺寸标注

10.4.2　基线尺寸和基线尺寸集

当以自动标注的方式向工程视图中添加多个尺寸时，基线尺寸是很有用的。用户可以指定一个基准，以此来计算尺寸，并选择要标注尺寸的几何图元。在 Inventor 中，可以利用【标注】标签栏上的【基线】按钮向视图中添加基线工程图尺寸，步骤如下。

（1）单击【标注】标签栏【尺寸】面板中的【基线尺寸】按钮，在视图上通过左键单击选择单个几何图元，要选择多个几何图元，可以继续单击所有要选择的几何图元。

（2）选择完毕后，单击右键在打开菜单中选择【继续】选项，出现基线尺寸的预览。

（3）在要放置尺寸的位置单击鼠标左键，即完成基线尺寸的创建。

（4）如果要在其他位置放置相同的尺寸集，则可以在结束命令之前按 Backspace 键，将再次出现尺寸预览，单击其他位置放置尺寸。

典型的基线尺寸如图 10-54 所示。

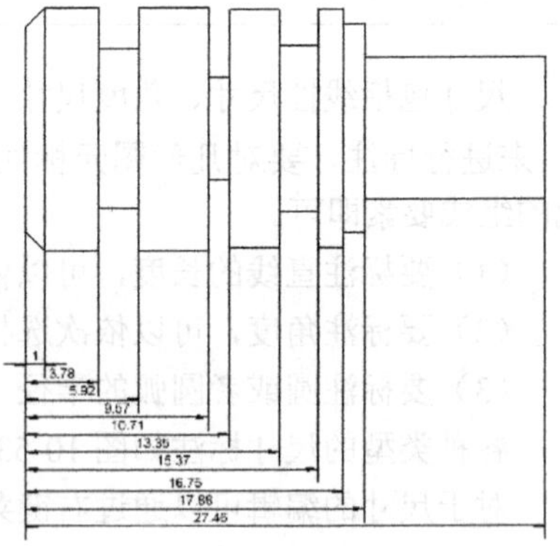

图 10-54　典型的基线尺寸

要对基线尺寸进行编辑，可以在图形窗口中选择基线尺寸集，然后单击鼠标右键，在打开菜单中选择对应的选项以执行操作。

（1）选择【编辑】选项，则打开【编辑尺寸】对话框。可以在【精度和公差】选项卡中修改尺寸公差的形式。

（2）选择【文本】选项，则显示【文本格式】对话框，可以修改尺寸的文本样式。

（3）选择【排列】选项可以在移动尺寸集中的一个或多个成员后，使尺寸集成员相对于最靠近视图几何图元的成员重新对齐，成员间的间距由尺寸样式确定。

（4）选择【创建基准】选项可以修改基线尺寸基准的位置，方法是在要指定为新基准的边或点上单击鼠标右键，然后从打开菜单中选择【创建基准】选项。

（5）选择【添加成员】选项可以向尺寸集中添加其他几何图元，添加时需要选择要添加到尺寸集中的点或边，如果该尺寸没有落在尺寸集的最后，则尺寸集成员将重新排列以正确地定位新成员。

（6）选择【分离成员】选项可以从尺寸集中去除尺寸。在需要分离的尺寸上单击鼠标右键，然后从菜单中选择【分离成员】。

（7）选择【删除成员】选项可以从工程视图中删除选中的尺寸。

（8）选择【删除】选项，则删除整个基线尺寸。

10.4.3　同基准尺寸（尺寸集）

可以在 Inventor 中创建同基准尺寸或者由多个尺寸组成的同基准尺寸集。典型的同基准尺寸集标注如图 10-55 所示。

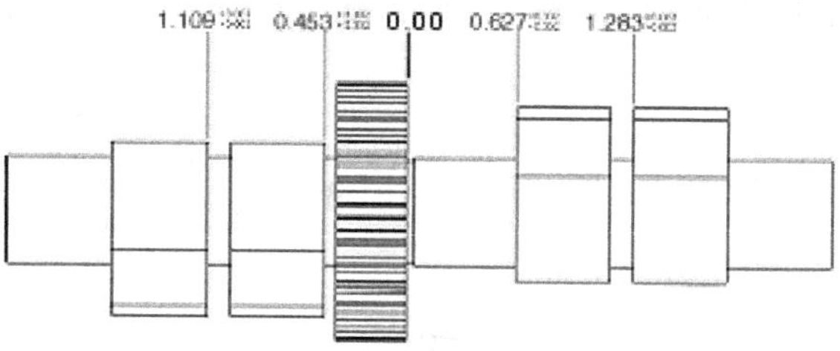

图 10-55　典型的同基准尺寸集

创建同基准尺寸的步骤如下。

（1）单击【标注】标签栏【尺寸】面板上的【同基准】按钮，然后在图纸上用鼠标左键单击一个点或者一条直线边作为基准，此时移动鼠标指针以指定基准的方向，基准的方向垂直于尺寸标注的方向，单击鼠标左键以完成基准的选择。

（2）依次选择要进行标注的特征的点或者边，选择完则尺寸自动被创建。

（3）当全部选择完毕以后，单击鼠标右键，选择【创建】选项，即可完成同基准尺寸的创建。

创建同基准尺寸集步骤如下。

（1）单击【标注】标签栏【尺寸】面板上的【同基准集】按钮，然后在图纸上选择一个视图，选择完毕鼠标指针处出现基准指示器符号，选择一个点或者一条直线边作为尺寸基准，单击左键即可创建基准指示器。

（2）用鼠标指针选择要进行标注的特征的点或者边，选择完则尺寸自动被创建。当全部选择完毕以后，单击鼠标右键，选择【创建】选项，即可完成同基准尺寸集的创建。

关于同基准尺寸（集）的编辑，同基线尺寸的编辑方式类似，相同之处这里不赘述。在右键菜单中的【选项】选项中，有三个选项可供选择。

（1）【允许打断指引线】选项允许集成员的指引线有顶点。如果选择【允许打断指引线】选项，则向指引线添加可移动的顶点；清除复选标记，则维护或重置直的指引线。

（2）选择【两方向均为正向】选项，则为同基准尺寸创建正整数而不考虑相对尺寸基准的位置；清除复选标记，则指定基准左侧或下方的尺寸为负整数。

（3）选择【显示方向】选项可切换正整数方向指示器的可见性。

另外，还可以通过右键菜单中的【隐藏基准指示器】选项来隐藏图纸中的基准指示器图标。

10.4.4　孔 / 螺纹孔尺寸

当零件上存在孔以及螺纹孔时，就要考虑孔和螺纹孔的标注问题。在 Inventor 中，可以利用【孔和螺纹标注】工具在完整的视图或者剖视图上为孔和螺纹孔标注尺寸。注意：孔标注和螺纹标注只能添加到在零件中使用【孔】特征和【螺纹】特征工具创建的特征上。典型的孔和螺纹标注如图 10-56 所示。

进行孔或者螺纹孔的标注很简单。单击【标注】标签栏【特征注释】面板上的【孔和螺纹】按钮，然后在视图中选择孔或者螺纹孔，则鼠标指针旁边出现要添加的标注的预览，移动鼠标指针以确定尺寸放置的位置，最后单击鼠标左键以完成尺寸的创建。

可以利用右键菜单中的相关选项对孔 / 螺纹孔尺寸进行编辑。

（1）在孔 / 螺纹孔尺寸的右键菜单中选择【文本】选项，则打开【文本格式】对话框以编辑尺寸文本的格式，如设定字体和间距等。

（2）选择【编辑孔尺寸】选项则打开【编辑孔注释】对话框，如图 10-57 所示，可以为现有孔标注添加符号或值、编辑文本或者修改公差。在【编辑孔注释】对话框中，单击以清除【使用默认值】复选框中的复选标记；在编辑框中单击并输入修改内容；单击相应的按钮为尺寸添加符号或值；要添加文本，可以使用键盘进行输入；要修改公差格式或精度，可以单击【精度和公差】按钮并在【精度和公差】对话框中进行修改。需要注意的是，孔标注的默认格式和内容由该工程图的激活尺寸样式控制。要改变默认设置，可以编辑尺寸样式或改变绘图标准以使用其他尺寸样式。

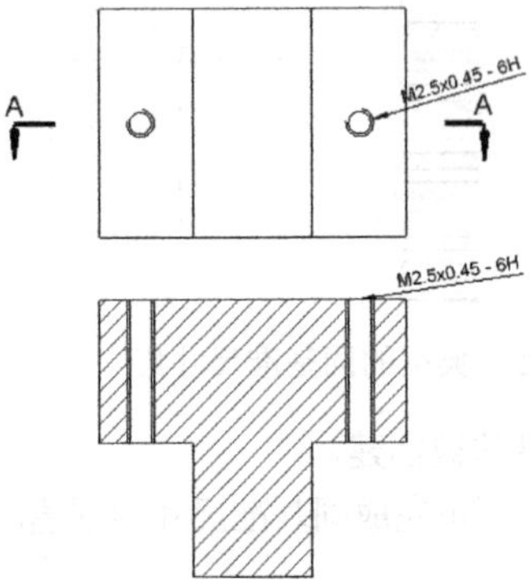

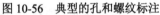

图 10-56　典型的孔和螺纹标注

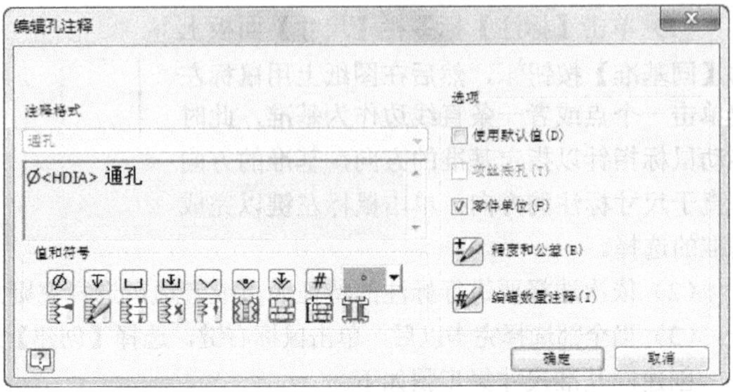

图 10-57　【编辑孔注释】对话框

10.4.5　实例——标注壳体尺寸

本例绘标注壳体工程图，如图 10-58 所示。

扫码看视频

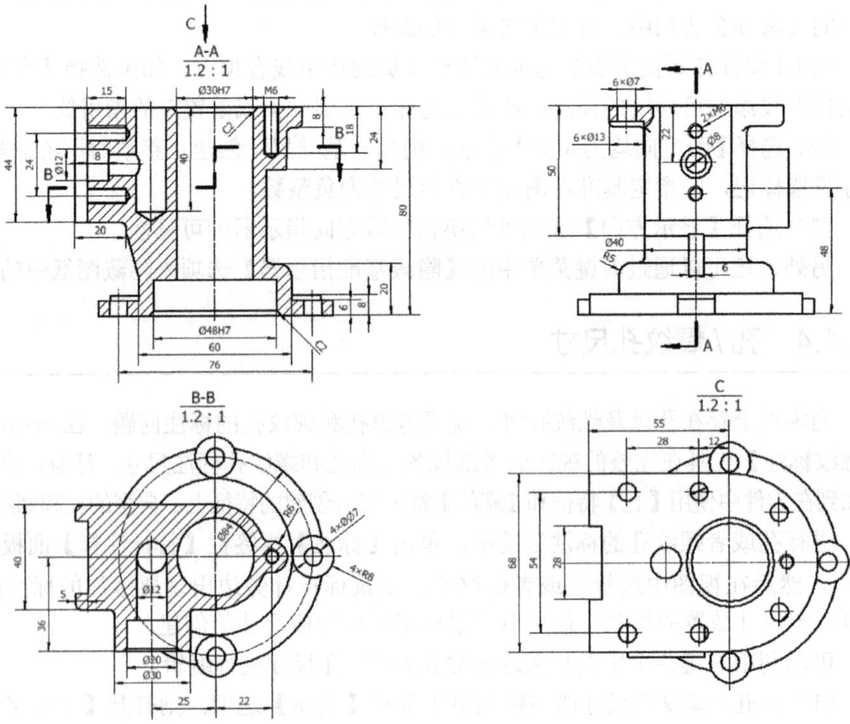

图 10-58　标注壳体工程图

操作步骤

（1）打开文件。单击【快速入门】标签栏【启动】面板中的【打开】按钮，打开【打开】对话框，在对话框中选择【创建壳体工程图 .idw】文件，然后单击【打开】按钮，打开工程图文件。

（2）标注直径尺寸。单击【标注】标签栏【尺寸】面板中的【尺寸】按钮，在视图中选择要标注直径尺寸的两条边线，拖曳尺寸线放置到适当位置，打开【编辑尺寸】对话框，将鼠标指针放置在尺寸值的前端，然后选择【直径】符号∅，单击【确定】按钮，结果如图 10-59 所示。同理标注其他直径尺寸。

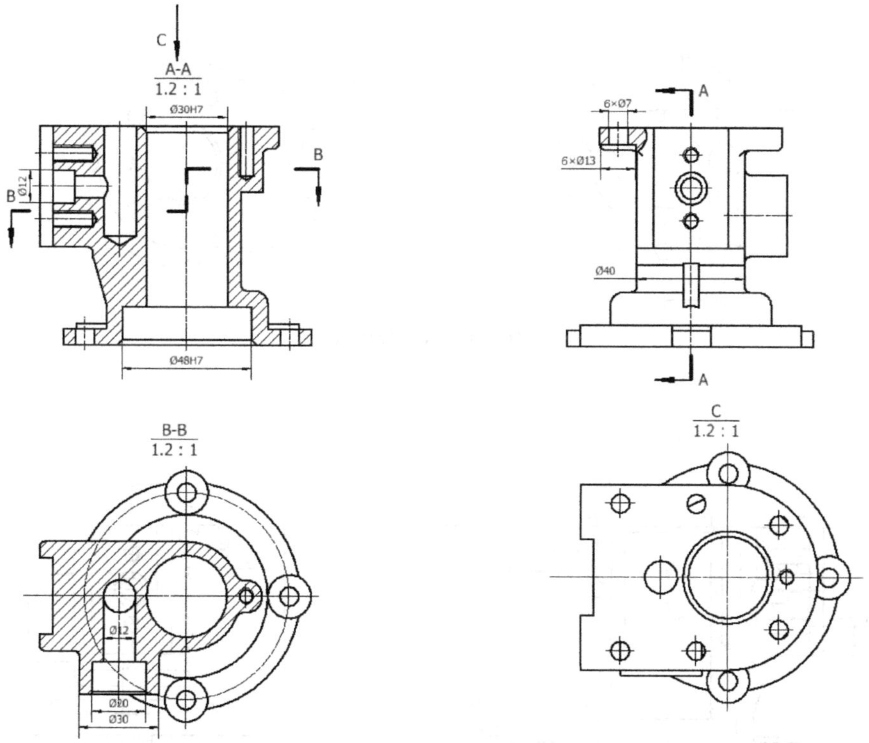

图 10-59　标注直径尺寸

（3）标注长度型尺寸。单击【标注】标签栏【尺寸】面板中的【尺寸】按钮，在视图中选择要标注尺寸的两条边线，拖曳尺寸线放置到适当位置，打开【编辑尺寸】对话框，采用默认设置，单击【确定】按钮，采用相同的方法，标注其他长度型尺寸，结果如图 10-60 所示。

（4）标注半径和直径尺寸。单击【标注】标签栏【尺寸】面板中的【尺寸】按钮，在视图中选择要标注半径尺寸的圆弧，拖曳尺寸线放置到适当位置，打开【编辑尺寸】对话框，单击【确定】按钮，同理标注其他的半径和直径尺寸，结果如图 10-61 所示。

（5）标注倒角尺寸。单击【标注】标签栏【尺寸】面板中的【倒角注释】按钮，选择视图上的倒角边和引用边，拖曳倒角尺寸到适当位置单击，完成倒角尺寸的标注，采用相同的方法标注其他的倒角尺寸，结果如图 10-62 所示。

（6）保存文件。选择主菜单下【另存为】命令，打开【另存为】对话框，输入文件名为【标注壳体工程图 . idw】，单击【保存】按钮，保存文件。

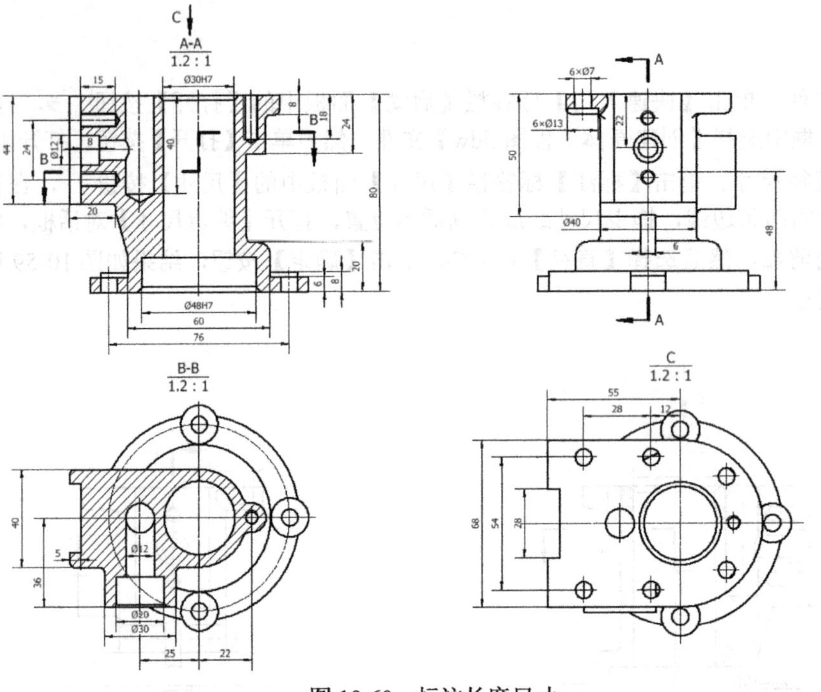

图 10-60　标注长度尺寸

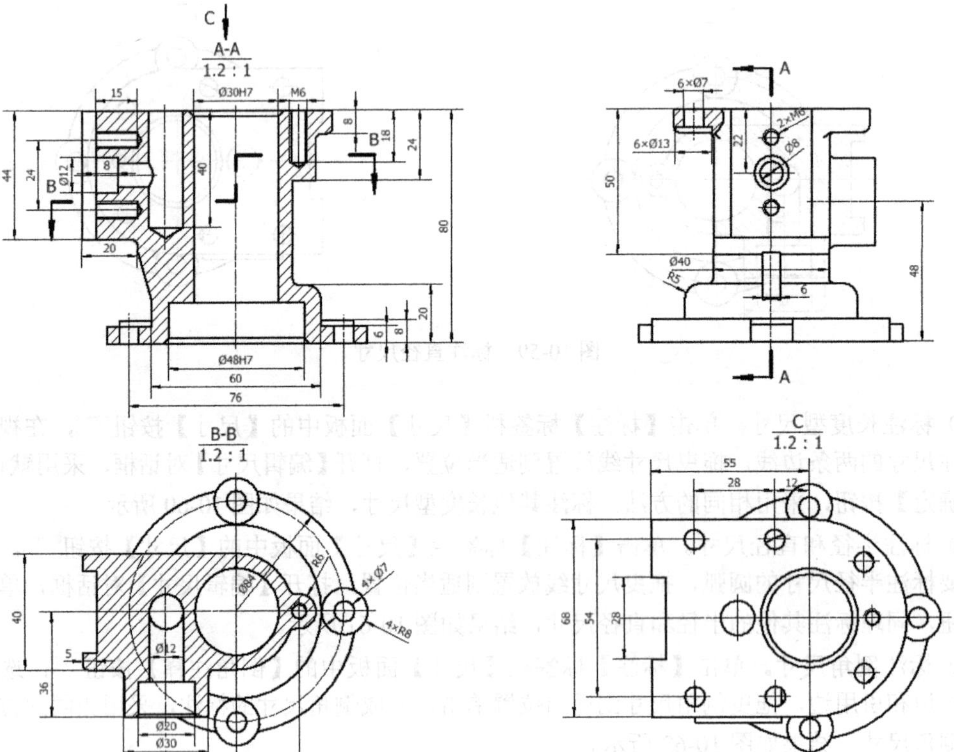

图 10-61　标注半径和直径尺寸

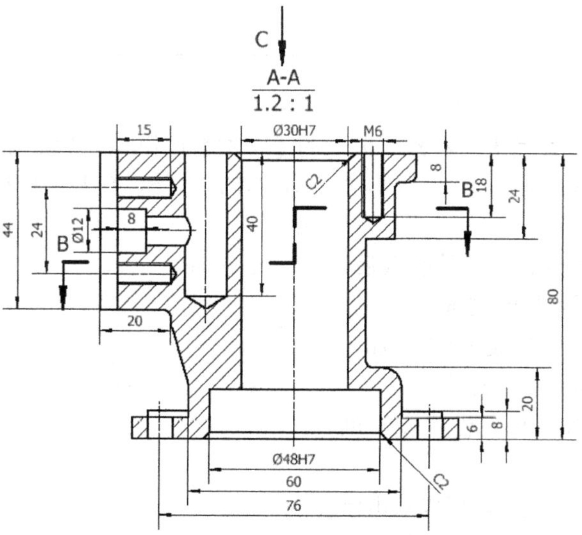

图 10-62 标注倒角尺寸

10.5 文本标注和指引线文本

在 Inventor 中，可以向工程图中的激活草图或工程图资源（例如标题栏格式、自定义图框或略图符号）中添加文本框或者带有指引线的注释文本，作为图纸标题、技术要求或者其他的备注说明文本等，如图 10-63 所示。

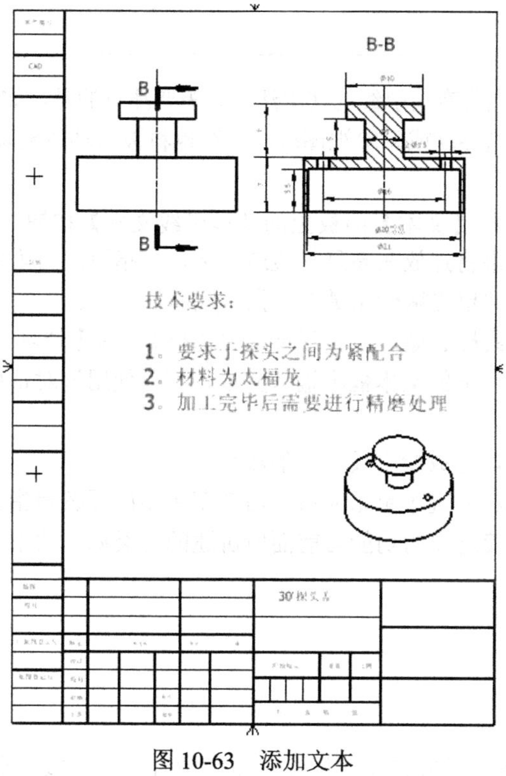

图 10-63 添加文本

10.5.1 文本标注

要向工程图中的激活草图或工程图中添加文本。

（1）单击【标注】标签栏【文本】面板上的【文本】按钮，然后在草图区域或者工程图区域按住左键，移动鼠标指针拖曳一个矩形作为放置文本的区域，松开鼠标指针后打开如图 10-64 所示【文本格式】对话框。

（2）设置好文本的特性、样式等参数后，在下面的文本框中输入要添加的文本，

（3）单击【确定】按钮以完成文本的添加。

要编辑文本，可以进行以下操作。

（1）用在文本上按住鼠标左键拖曳，以改变文本的位置。

（2）要编辑已经添加的文本，可以双击已经添加的文本，重新打开【文本格式】对话框，可以编辑已经输入的文本。通过文本右键菜单的【编辑文本】选项可以达到相同的目的。

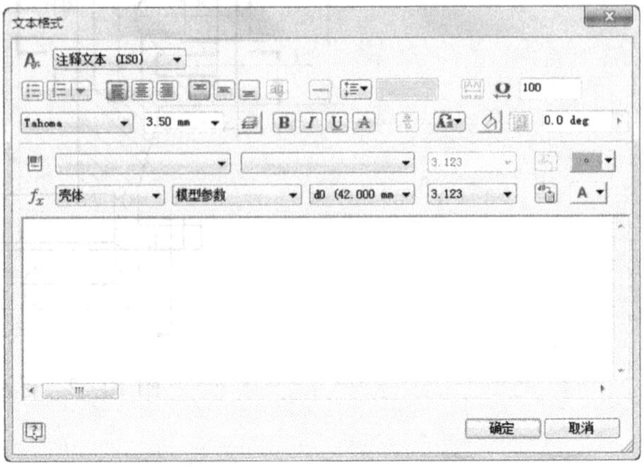

图 10-64 【文本格式】对话框

（3）选择右键菜单中的【顺时针旋转 90 度】和【逆时针旋转 90 度】选项可以将文本旋转 90°。

（4）通过【编辑单位属性】选项可以打开【编辑单位属性】对话框，以编辑基本单位和换算单位的属性。

（5）选择【删除】选项，则删除所选择的文本。

10.5.2 指引线文本

用户也可以为工程图添加带有指引线的文本注释。需要注意的是，如果将注释指引线附着到视图或视图中的几何图元上，则当移动或删除视图时，注释也将被移动或删除。如果要添加指引线文本，则可以进行以下操作。

（1）单击【标注】标签栏【文本】面板上的【指引线文本】按钮，在图形窗口中，单击某处以设置指引线的起点，如果将点放在亮显的边或点上，则指引线将附着到边或点上，此时出现指引线的预览，移动鼠标指针并单击鼠标左键来为指引线添加顶点。

（2）在文本位置上单击鼠标右键，在打开菜单中选择【继续】选项，打开【文本格式】对话框。

（3）在【文本格式】对话框的文本框中输入文本，可以使用该对话框中的选项添加符号和命名参数，或者修改文本格式。

（4）单击【确定】按钮，完成指引线文本的添加。

编辑指引线也可以用过其右键菜单来完成。右键菜单中的【编辑指引线文本】【编辑单位属性】【编辑箭头】【删除指引线】等选项的功能与前面所讲述的均类似，故不再重复讲述，读者可以参考前面的相关内容。

10.6 符号标注

工程图不仅要求有完整的图形和尺寸标注，还必须有合理的技术要求，以保证零件在制造时

达到一定的质量，如表面粗糙度要求、尺寸公差要求、形位公差要求、热处理和表面镀涂层要求等。下面分别简要介绍。

10.6.1　表面粗糙度标注

表面粗糙度是评价零件表面质量的重要指标之一，它对零件的耐磨性、耐腐蚀性、零件之间的配合和外观都有影响。典型的表面粗糙度标注如图 10-65 所示。可以使用【粗糙度】工具来为零件表面添加表面粗糙度要求。单击【标注】标签栏【符号】面板上的【粗糙度】按钮，选择该工具以后，鼠标指针上会附上表面粗糙度符号，可直接进行标注。

（1）要创建不带指引线的符号，可以双击符号所在的位置，打开【表面粗糙度】对话框，如图 10-66 所示。

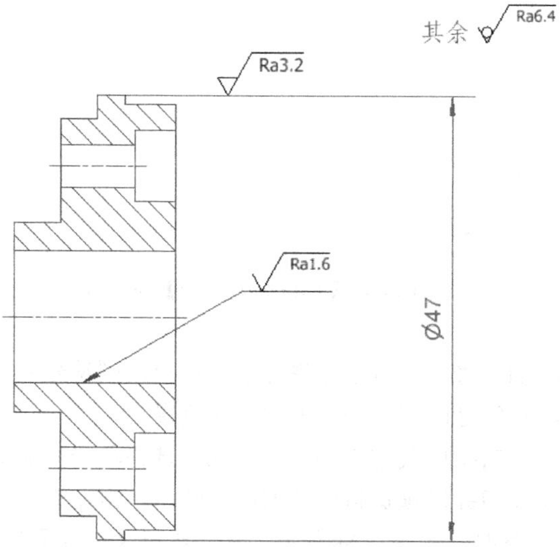

图 10-65　典型的表面粗糙度标注

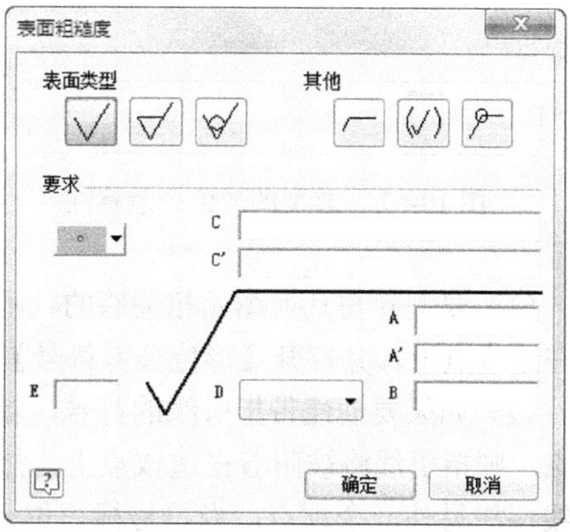

图 10-66　【表面粗糙度】对话框

（2）要创建与几何图元相关联的、不带指引线的符号，可以双击亮显的边或点，该符号随即附着在边或点上，并且将打开【表面粗糙度】对话框，可以拖曳符号来改变其位置。

（3）要创建带指引线的符号，可以单击指引线起点的位置，如果单击亮显的边或点，则指引线将被附着在边或点上，移动鼠标指针并单击左键以为指引线添加另外一个顶点。当表面粗糙度符号指示器位于所需的位置时，单击鼠标右键选择【继续】选项以放置符号，此时也会打开【表面粗糙度】对话框。

在【表面粗糙度】对话框中，可以进行以下操作。

设置表面类型，即基本表面粗糙度符号，表面用去除材料的方法获得，表面用不去除材料的方法获得。

在【其他】选项中，可以指定符号的总体属性。【长边加横线】选项为该符号添加一个尾部符号。【多数】选项表示该符号为工程图指定了标准的表面特性。【所有表面相同】选项为该符号添加表示所有表面粗糙度相同的标识。

10.6.2　形位公差

形位公差限制了零件的形状和位置误差，以提高产品质量和提高其性能以及使用寿命。在

Inventor 中，可以使用【标注】标签栏上的【形位公差符号】按钮创建形位公差符号。可以创建带有指引线的形位公差符号或单独的符号，符号的颜色、目标大小、线条属性和度量单位由当前激活的绘图标准所决定。典型的形位公差标注如图 10-67 所示。

单击【标注】标签栏【符号】面板上的【形位公差符号】按钮，要创建不带指引线的符号，可以双击符号所在的位置，此时打开【形位公差符号】对话框，如图 10-68 所示。

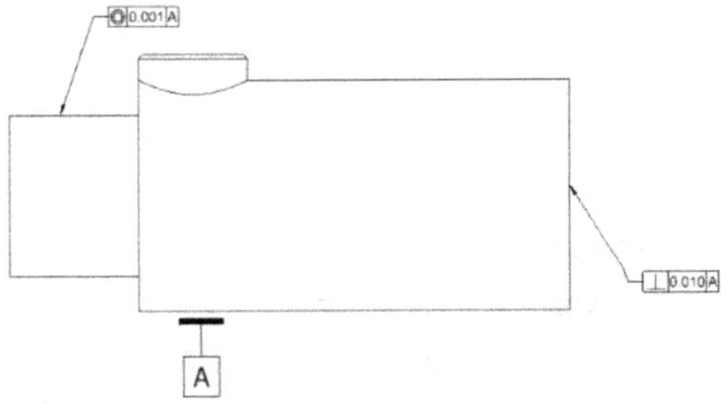

图 10-67　典型的形位公差标注

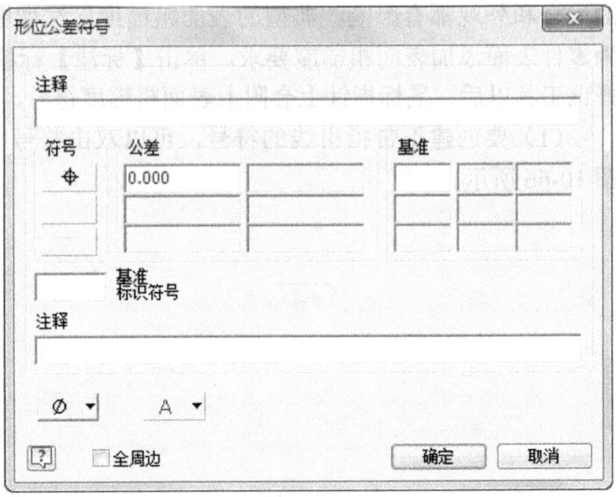

图 10-68 【形位公差符号】对话框

（1）要创建与几何图元相关联的、不带指引线的符号，可以双击亮显的边或点，则符号将被附着在边或点上，并打开【形位公差符号】对话框，然后可以拖曳符号来改变其位置。

（2）如果要创建带指引线的符号，首先用左键单击指引线起点的位置，如果选择单击亮显的边或点，则指引线将被附着在边或点上，然后移动鼠标指针以预览将创建的指引线，单击左键来为指引线添加另外一个顶点。当符号标识位于所需的位置时，单击鼠标右键，然后选择【继续】选项，则符号成功放置，并打开【形位公差符号】对话框。

在【形位公差符号】对话框中，可以进行以下操作。

（1）可以通过单击【符号】按钮来选择要进行标注的项目，一共可以设置三个，可以选择直线度、圆度、垂直度、同心度等公差项目。

（2）在【公差】选项中可以设置公差值，可以分别设置两个独立公差的数值。但是第二个公差仅适用于 ANSI 标准。【基准】选项用来指定影响公差的基准，基准符号可以从下面的符号栏中选择，如 A，也可以手工输入。【全周边】选项用来在形位公差旁添加周围焊缝符号。

参数设置完毕，单击【确定】按钮以完成形位公差的标注。

创建了形位公差符号标注以后，可以通过其右键菜单中的选项进行编辑。

（1）选择【编辑形位公差符号样式】选项，则打开【样式和标准编辑器】对话框，其中的【形位公差符号】选项自动打开，如图 10-69 所示，可以编辑形位公差符号的样式。

（2）选择【编辑形位公差符号】后，会打开【形位公差符号】对话框，对形位公差进行定义；选择【编辑单位属性】选项后，会打开【编辑单位属性】对话框，对公差的基本单位和换算单位进行更改，如图 10-70 所示。

（3）选择【编辑箭头】选项，则打开【改变箭头】对话框，以修改箭头形状等。

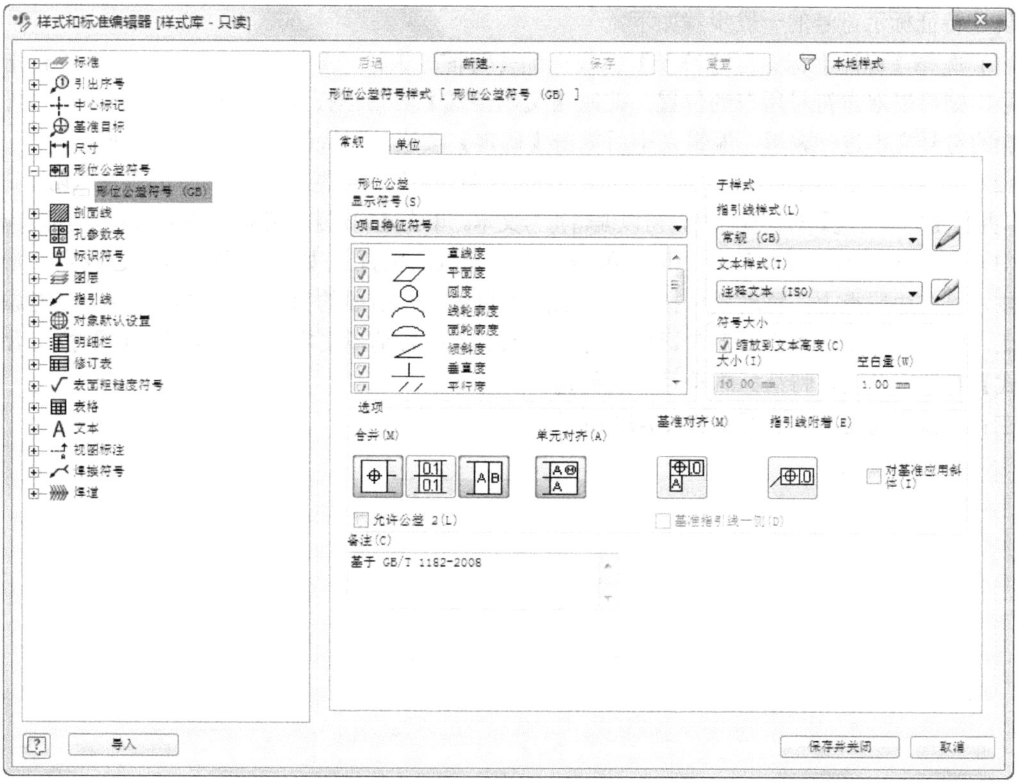

图 10-69 【样式和标准编辑器】对话框

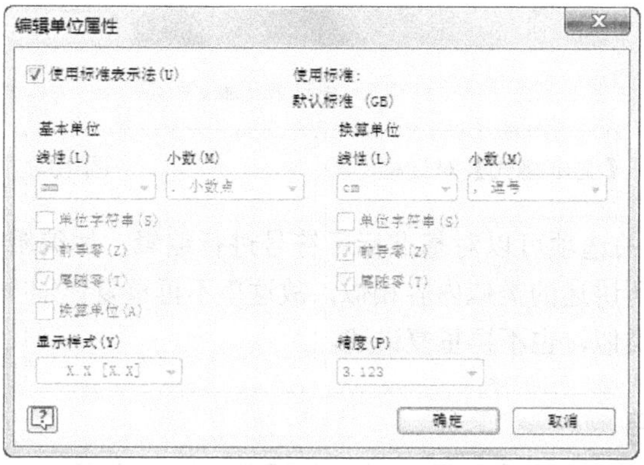

图 10-70 【编辑单位属性】对话框

10.6.3　特征标示符号和基准标示符号

在 Inventor 中，可以使用【标注】标签栏中【特征标识符号】按钮和【基准标示符号】按钮标注视图中的特征和基准。可以创建带有指引线的特征标识符号和基准标示符号，符号的颜色和线宽由激活的绘图标准所决定。除 ANSI 标准以外，所有激活的绘图标准均可使用此按钮。下面以特征标示符号的创建为例说明如何在工程图中添加特征标示符号，基准标示符号的添加与此类似，故不再浪费篇幅。

创建特征标示符号的一般步骤如下。

（1）选择【标注】标签栏【符号】面板上的【特征标识符号】按钮，如果要创建不带指引线的符号，则可以双击符号所在的位置，此时【文本格式】对话框打开，如图 10-71 所示，还可以对要添加的符号文本进行编辑，编辑完毕后单击【确定】按钮，则特征标志符号即被创建。

（2）要创建与几何图元相关联的、不带指引线的符号，可以双击亮显的边或点，符号将被附着在边或点上，并且【文本格式】对话框打开，可以编辑符号文本。单击【确定】按钮后，特征标志符号即被创建。

（3）要创建带指引线的符号，可以单击指引线起点的位置。如果单击亮显的边或点，则指引线将被附着在边或点上，移动鼠标指针并单击左键以添加指引线的另外一个顶点，注意只能添加一个顶点，此时打开【文本格式】对话框，可以输入文本或者编辑文本。当单击【确定】按钮后，【文本格式】对话框关闭，特征标志符号即被创建。

三种形式的特征标示符号如图 10-72 所示。

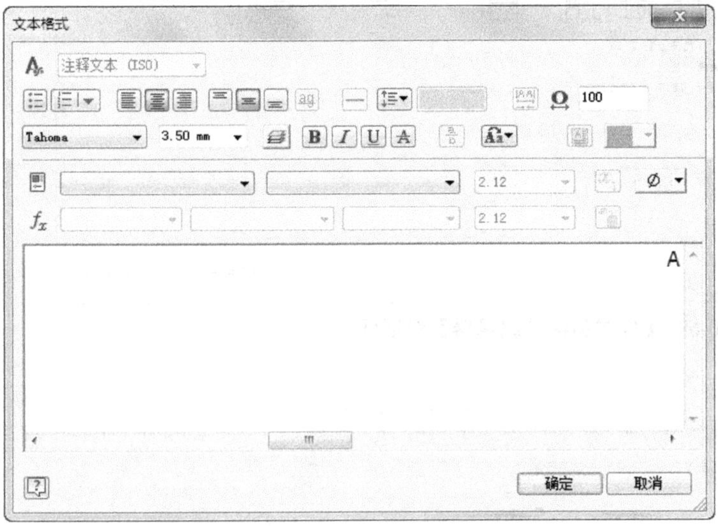

图 10-71 【文本格式】对话框

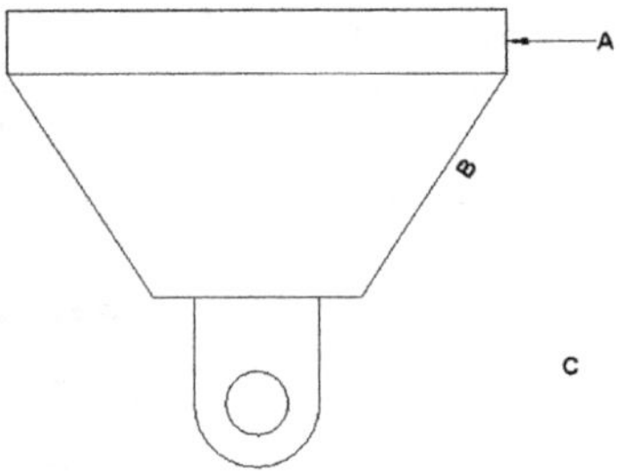

图 10-72 三种形式的特征标示符号

利用右键菜单中的有关选项可以对基准标示符号进行编辑，如编辑特征标示符号、编辑箭头和删除指引线等，与前面所讲述的类似内容相似，故这里不再重复详细介绍。基准标示符号的创建与编辑与特征标示符号的类似，也不再重复讲述。

10.6.4 基准目标符号

在 Inventor 中，可以使用【标注】标签栏上的【基准目标—指引线】工具创建一个或多个基准目标符号，如图 10-73 所示。符号的颜色、目标大小、线属性和度量单位由当前激活的绘图标准所决定。

从图 10-73 可以看出，有多种样式的基准目标符号，如指引线形、矩形或者圆形等。要为视图添加基准目标符号，可以进行以下操作。

（1）单击【标注】标签栏【符号】面板上的【基准目标—指引线】按钮，或其他样式的基准目标符号。

（2）选择好目标样式后，在图形窗口中，单击鼠标左键以设置基准的起点。

① 对于直线和指引线基准来说，起点就是直线和指引线的起点。

② 矩形基准起点需要设置矩形的中心，再次单击以定义其面积。

③ 圆基准起点需要设置圆心，再次单击以定义其半径。

④ 点基准起点放置了点指示器。

（3）出现目标的预览，拖曳鼠标以改变目标的放置位置。

（4）单击左键以设置指引线的另一端。当符号指示器位于所需的位置时，单击鼠标右键，然后选择【继续】完整放置基准目标符号，同时打开【基准目标符号】对话框，如图 10-74 所示，可以为符号输入适当的尺寸值和基准。

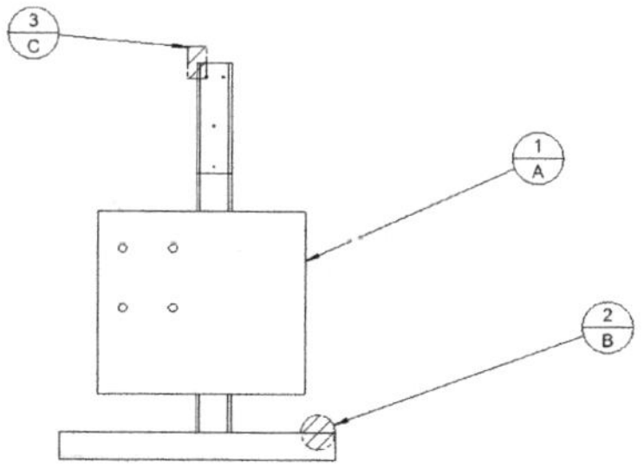

图 10-73 基准目标符号

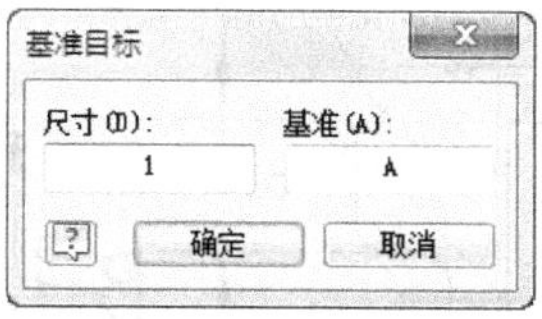

图 10-74 【基准目标符号】对话框

（5）单击【确定】按钮完成符号的创建。

可以通过右键菜单中的对应选项编辑基准目标符号。与前面内容类似，不再重复讲述。

10.6.5 实例——完成壳体工程图

本例完成壳体工程图，如图 10-75 所示。

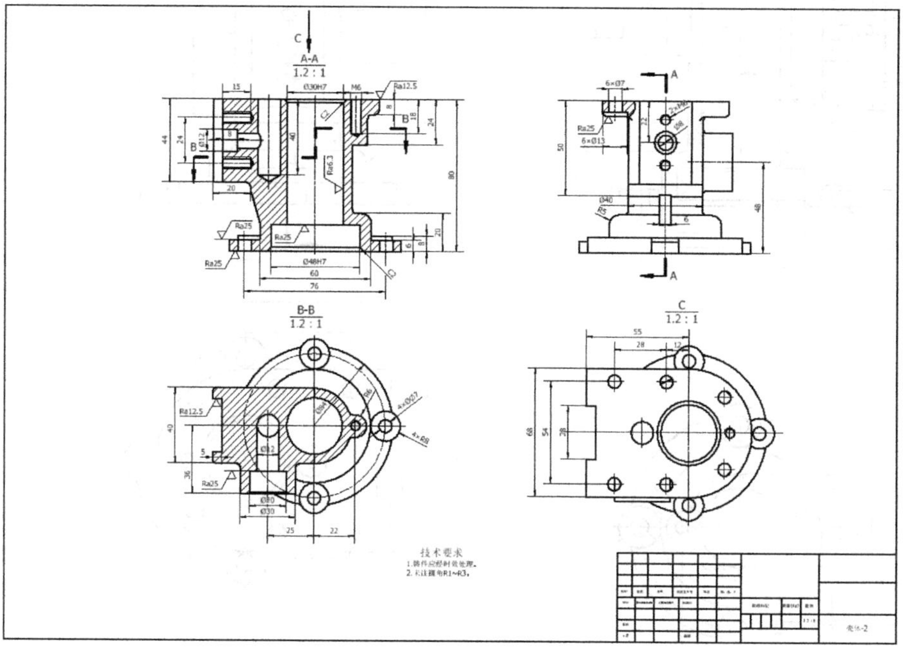

图 10-75 壳体工程图

扫码看视频

操作步骤

（1）打开文件。单击【快速入门】标签栏【启动】面板中的【打开】按钮，打开【打开】对话框，在对话框中选择【标注壳体工程图.idw】文件，然后单击【打开】按钮，打开工程图文件。

（2）标注粗糙度。单击【标注】标签栏【符号】面板中的【粗糙度】按钮，在视图中选择如图 10-76 所示的表面，双击，打开【表面粗糙度】对话框，在对话框中单击【表面用去除材料的方法获得】按钮，输入粗糙度值为 *Ra*12.5，如图 10-77 所示，单击【确定】按钮，同理标注其他粗糙度，结果如图 10-78 所示。

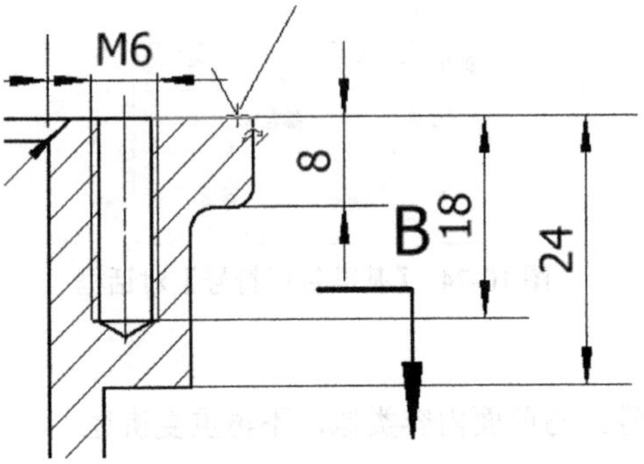

图 10-76　选择表面

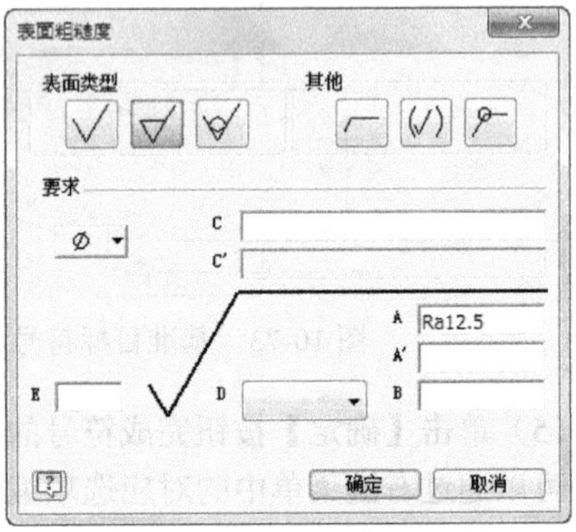

图 10-77　【表面粗糙度】对话框

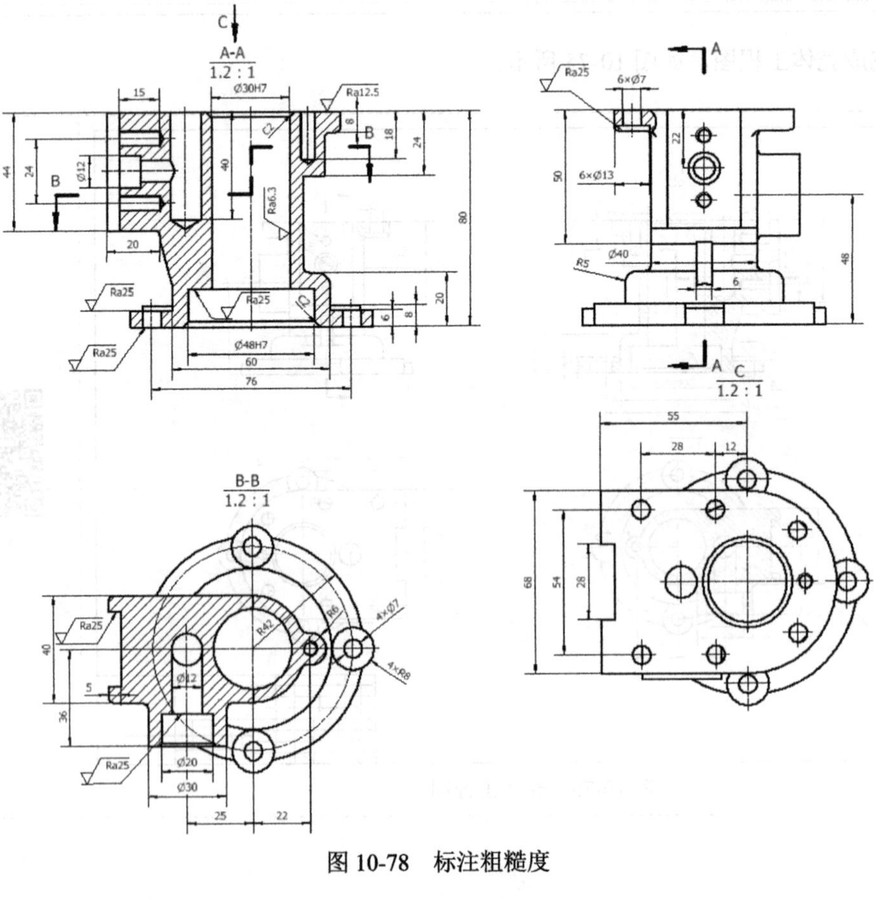

图 10-78　标注粗糙度

（3）填写技术要求。单击【标注】标签栏【文本】面板中的【文本】按钮A，在视图中指定一个区域，打开【文本格式】对话框，在文本框中输入文本，并设置参数，如图 10-79 所示；单击【确定】按钮，结果如图 10-75 所示。

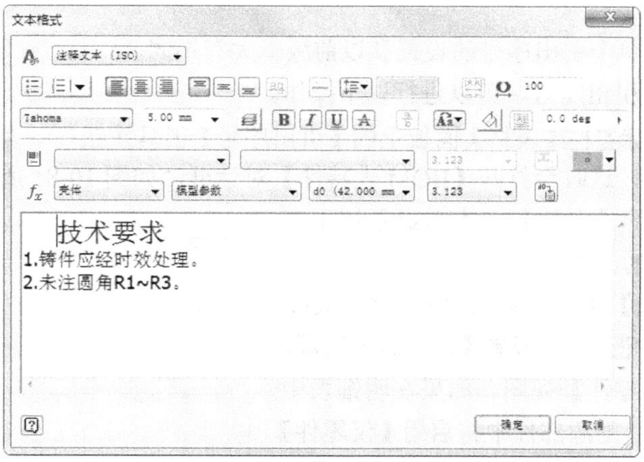

图 10-79　【文本格式】对话框

（4）保存文件。选择主菜单下【另存为】命令，打开【另存为】对话框，输入文件名为【壳体工程图 . idw】，单击【保存】按钮，保存文件。

10.7　添加引出序号和明细表

创建工程视图尤其是部件的工程图后，往往需要向该视图中的零件和子部件添加引出序号和明细表。明细表是显示在工程图中的 BOM 表标注，为部件的零件或者子部件按照顺序标号。它可以显示两种类型的信息：仅零件或第一级零部件。引出序号就是一个标注标志，用于标识明细表中列出的项，引出序号的数字与明细表中零件的序号相对应。添加了引出序号和明细表的工程图如图 10-80 所示。

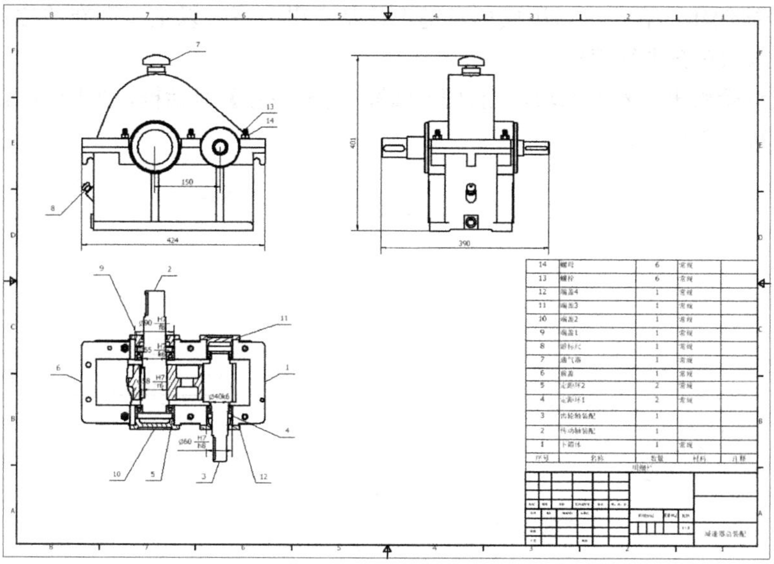

图 10-80　添加了引出序号和明细表的工程图

10.7.1 引出序号

在 Inventor 中，可以为部件中的单个零件标注引出序号，也可以一次为部件中的所有零部件标注引出序号。

Inventor 2019 中，单个引出序号的设置和以前版本大有不同。

要为单个零件标注引出序号，可以进行以下操作。

（1）单击【标注】标签栏【表格】面板上的【引出序号】工具按钮①，然后左键单击一个零件，同时设置指引线的起点，这时会打开【BOM 表特性】对话框，如图 10-81 所示。

（2）【源】选项中的【文件】文本框显示用于在工程图中创建 BOM 表的源文件。

（3）【BOM 表视图】中，可以选择适当的 BOM 表视图，可以选择【装配结构】或者【仅零件】选项。源部件中可能禁用【仅零件】视图。如果在明细表中选择了【仅零件】视图，则源部件中将启用【仅零件】视图。需要注意的是：BOM 表视图仅适用于源部件。

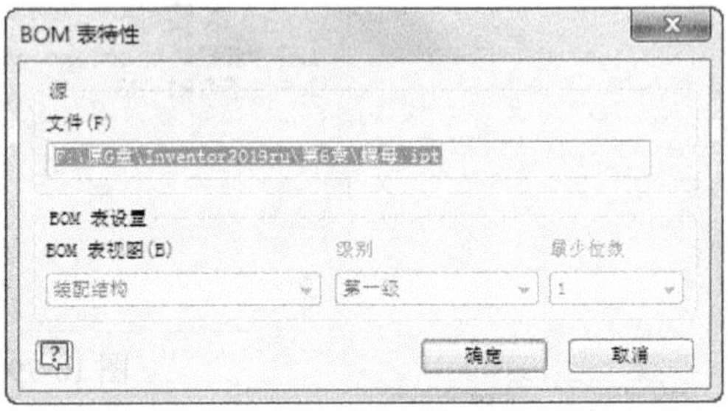

图 10-81 【BOM 表特性】对话框

（4）【级别】中的第一级为直接子项指定一个简单的整数值。

（5）【最少位数】选项用于控制设置零部件编号显示的最小位数。下拉列表中提供的固定位数范围是 1 ～ 6。

（6）设置好该对话框的所有选项后，单击【确定】按钮，此时鼠标指针旁边出现指引线的预览，移动鼠标指针以选择指引线的另外一个端点，单击鼠标左键以选择该端点。然后单击右键，在打开菜单中选择【继续】选项，则创建了一个引出序号。

此时可以继续为其他零部件添加引出序号，或者按下 Esc 键退出。

要为部件中所有的零部件同时添加引出序号，可以单击【标注】标签栏【表格】面板上的【自动引出序号】工具按钮，此时打开【自动引出序号】对话框，如图 10-82 所示，然后选择一个视图，设置完毕后单击【确定】按钮，则该视图中的所有零部件都会自动添加引出序号。

当引出序号被创建以后，可以用鼠标左键点住某个引出序号以拖曳到新的位置。还可以利用右键菜单的相关选项对齐进行编辑。

（1）选择【编辑引出序号】选项，则打开【编辑引出序号】对话框，如图 10-83 所示，可以编辑引出符号的形状、符号等。

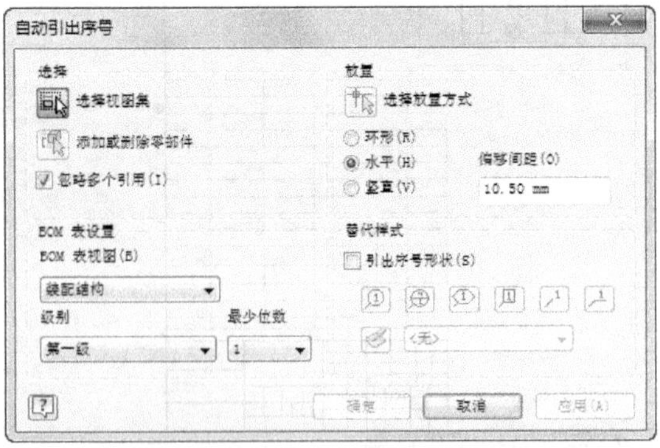

图 10-82 【自动引出序号】对话框

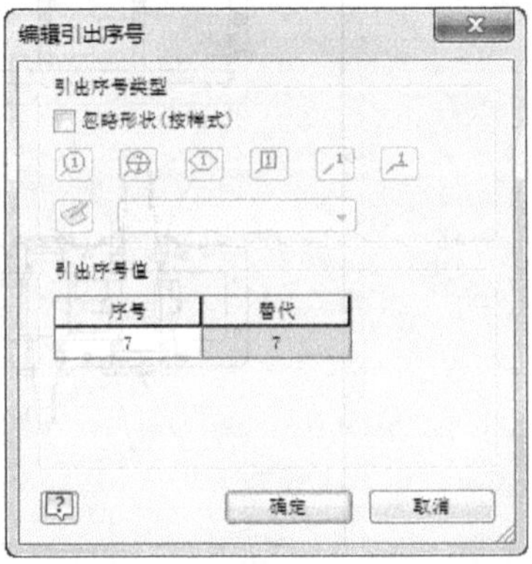

图 10-83 【编辑引出序号】对话框

（2）【附着引出符号】选项可以将另一个零件或自定义零件的引出序号附着到现有的引出序号。其他的选项的功能和前面讲过的类似，故不再重复。

10.7.2　明细表

在 Inventor 2019 中，明细表有了较大的变化。用户除了可以为部件自由添加明细的同时，还可以对关联的 BOM 表进行相关设置。

明细表的创建十分简单。单击【标注】标签栏【表格】面板上的【明细栏】工具按钮，在图示上左键单击一个视图，则打开图 10-84 所示【明细栏】对话框。首先读者需要选择要为其创建明细表的视图，以及视图文件，单击该对话框的【确定】按钮，则此时在鼠标指针旁边出现矩形框，即明细表的预览，在合适的位置单击左键，则自动创建部件明细表。

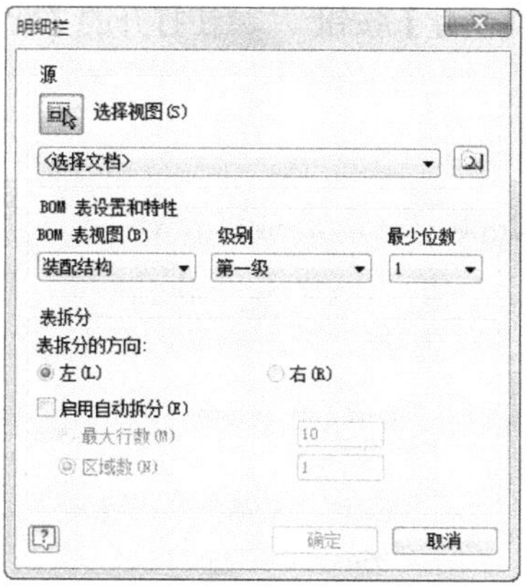

图 10-84　【明细栏】对话框

关于【明细栏】对话框的设置，说明如下。

（1）BOM 表视图。选择适当的 BOM 表视图来创建明细表和引出序号。

> **注意**　源部件中可能禁用【仅零件】类型。如果选择此选项，将在源文件中选择【仅零件】BOM 表类型。

（2）表拆分。管理工程图中明细栏的外观。

【表拆分的方向】中的左、右表示将明细表行分别向左、右拆分。

【启用自动拆分】选项用于启用自动拆分控件。

【最大行数】选项用于指定一个截面中所显示的行数，可键入适当的数字。

【区域数】选项用于指定要拆分的截面数。

创建明细表以后，可以在上面按住鼠标左键以拖曳它到新的位置。利用鼠标右键菜单中的【编辑明细表】选项或者在明细表上双击左键，可以打开【编辑明细表】对话框，编辑序号、代号和添加描述等，以及排序、比较等操作。选择【输出】选项，则可以将明细表输出为 Microsoft Acess 文件（*.mdb）。

10.8　表达视图

在实际生产中，工人往往是按照装配图的要求对部件进行装配。装配图相对于零件图来说具有一定的复杂性，需要有一定看图经验的人才能明白设计者的意图。如果部件足够复杂的话，则即使有看图经验的“老手”也要花费很多的时间和精力来读图。如果能动态地显示部件中每一个零件的装配位置，甚至显示部件的装配过程，则势必能节省工人读懂装配图的时间，大大提高工作效率，表达视图的产生就是为了满足这种需要。

表达视图是动态显示部件装配过程的一种特定视图，在表达视图中，通过给零件添加位置参数和轨迹线，使其成为动画，动态演示部件的装配过程。表达视图不仅说明了模型中零部件和部件之间的相互关系，还说明了零部件的安装顺序，将表达视图用在工程图文件中来创建分解视图，也就是俗称的爆炸图。

10.8.1 进入表达视图环境

选择【快速入门】选项卡内的【新建】按钮，在打开的【新建文件】对话框中选择 Standard.ipn，如图 10-85 所示。

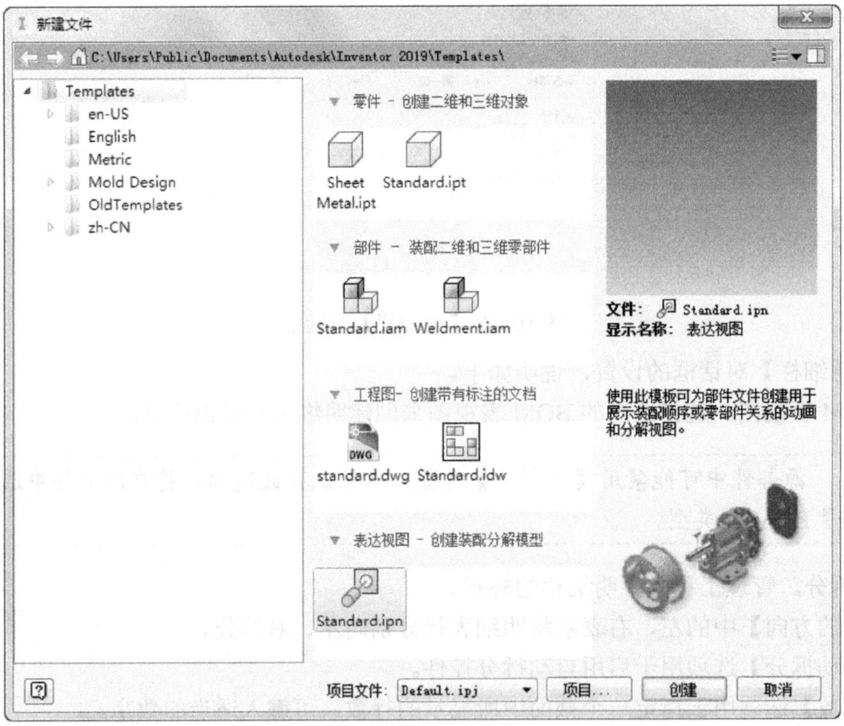

图 10-85 【新建文件】对话框

单击【创建】按钮，打开【插入】对话框，选择要创建表达视图的装配文件，单击【打开】文件，进入表达视图环境，如图 10-86 所示。

在 Inventor2019 中对表达视图用户界面进行了重大更改，提高了用于生成分解视图和装配或拆卸动画零部件的交互。

【快照视图】面板列出并管理模型的快照视图，快照视图可捕获时间轴中指定点的模型和照相机布局，并在创建后将它们链接在一起。通过编辑视图并打断链接可使链接视图相互独立。

模型浏览器显示有关表达视图场景的信息，其中场景包含模型和位置参数文件夹，包含在相关故事板中使用的所有位置参数。

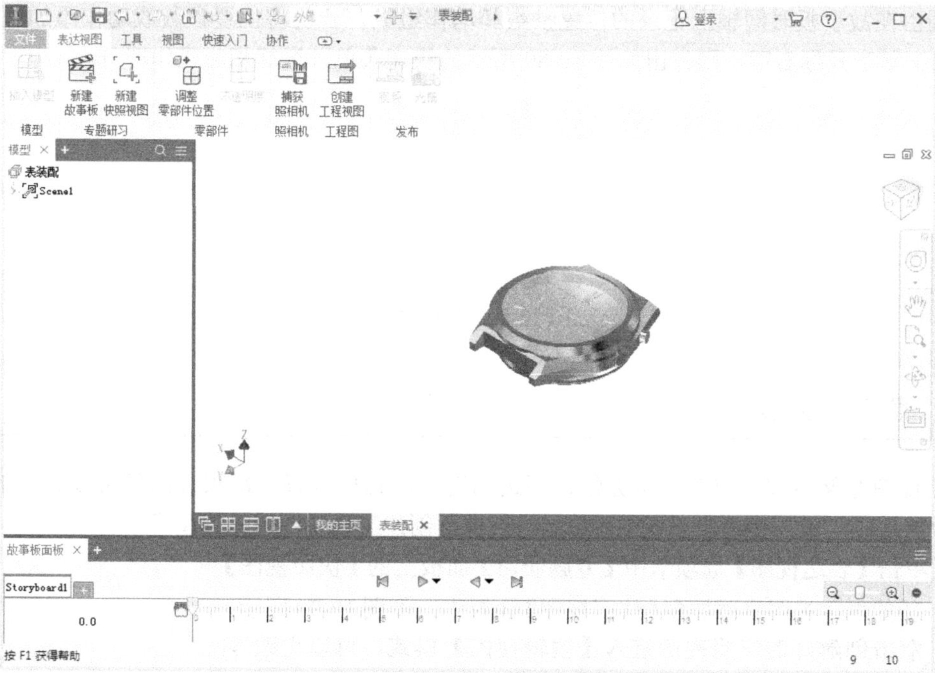

图 10-86　表达视图环境

10.8.2　创建故事板

动画由在一个或多个故事板的时间轴上排列的动作组成。动画用于发布视频或创建快照视图序列，创建表达视图的步骤如下。

（1）单击【表达视图】选项卡中【专题研习】面板上的【新建故事板】按钮，打开【新建故事板】对话框，如图 10-87 所示。

（2）在对话框中选择故事板类型。

（3）单击【确定】按钮，新建一个故事板。

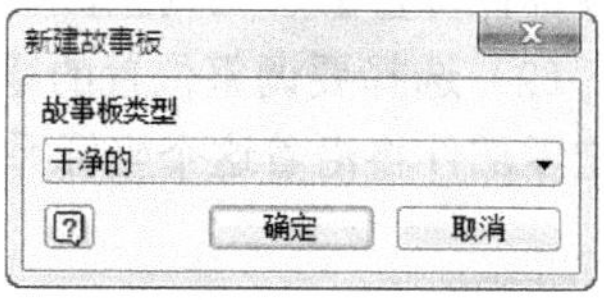

图 10-87　【新建故事板】对话框

对【新建故事板】对话框中的选项说明如下。

干净的：启动故事板，并且其模型和照相机设置基于当前场景使用的设计视图表达。

紧接上一个开始：新故事板会插入选定故事板的后面。直至源故事板终点的零部件位置、可见性、不透明度和照相机设置会为新故事板建立初始状态。

【故事板】面板列出了在表达视图文件中保存的所有故事板。故事板包含模型和照相机的动画，如图 10-88 所示。使用故事板创建视频或者以可编辑的形式存储各个快照视频或一系列快照视图的位置。【故事板】可以浮动并移动到界面空间中的任意位置，也可固定到另一个监视器。

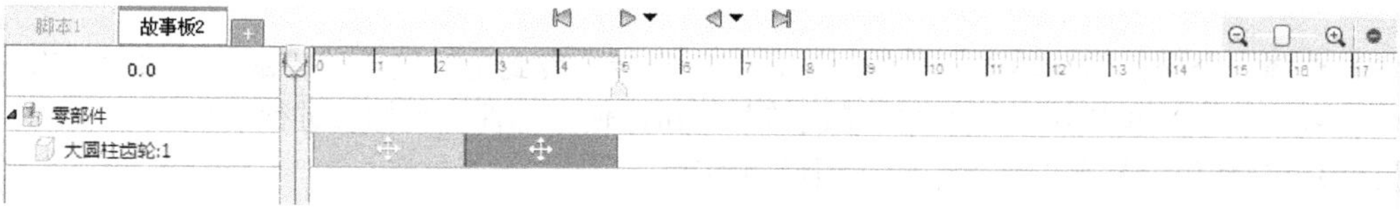

图 10-88　【故事板】面板

动画由在故事板时间轴上记录的位置参数和动作组成，若要将位置参数或动作添加到故事板，在时间轴上单击鼠标右键，则弹出如图 10-89 所示的快捷菜单，进行相应操作即可。

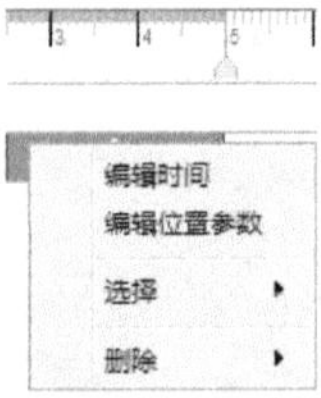

图 10-89　快捷菜单

10.8.3　新建快照视图

快照视图存储零部件位置、可见性、不透明度和照相机位置。快照视图是可以独立的，也可以链接故事板时间轴。使用快照视图为 Inventor 模型创建工程视图或光栅图像。

（1）单击【表达视图】选项卡中【专题研习】面板上的【快照视图】按钮，新的表达视图将添加到【快照视图】面板中，如图 10-90 所示。

（2）双击创建好的快照视图进入【编辑视图】模式，可以更改零部件的可见性、不透明度或位置，单击【编辑视图】选项卡中的【完成编辑视图】按钮，退出视图编辑模式。

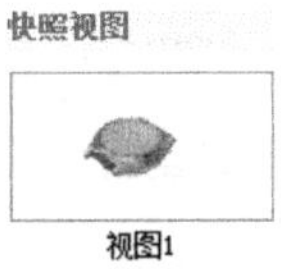

图 10-90　【快照视图】面板

10.8.4　调整零部件位置

自动生成的表达视图在分解效果上有时不会太令人满意，有时可能需要在局部调整零件之间的位置关系以便更好地观察，这时可以使用【调整零部件位置】对话框来达到目的。

（1）单击【表达视图】选项卡中【零部件】面板上的【调整零部件位置】按钮，打开【调整零部件位置】小工具栏，如图 10-91 所示。

（2）选择要调整位置的零部件，默认为移动，出现一个坐标系的预览，如图 10-92 所示，可以设定零部件将沿着这个坐标系的某个轴移动。

图 10-91　【调整零部件位置】小工具栏

图 10-92　坐标系的预览

（3）选择一个坐标轴且输入平移的距离，或者直接拖曳到坐标轴移动零部件，然后单击按钮即可。用户也可以单击小工具栏中的【旋转】按钮，使零部件绕坐标轴进行旋转。

【调整零部件位置】小工具栏中的选项说明如下。

移动：创建平动位置参数。

旋转：创建旋转位置参数。

零部件：选择部件或零件。

零件：可以选择零件。

定位：放置或移动空间坐标轴。将鼠标指针悬停在模型上以显示零部件夹点，然后单击一个点来放置空间坐标轴。

局部：使空间坐标轴的方向与附着空间坐标轴的零部件坐标系一致。

将空间坐标轴与几何图元对齐：旋转空间坐标轴，使坐标与选定零部件的几何图元对齐。

世界：使空间坐标轴的方向与表达视图中的世界坐标系一致。

添加轨迹：为当前位置参数创建另一条轨迹。

删除轨迹：删除为当前位置参数创建的轨迹。

10.8.5 创建视频

将故事板发布为 AVI 和 WMV 视频文件。

（1）单击【表达视图】选项卡中【发布】面板上的【视频】按钮，打开【发布为视频】对话框，如图 10-93 所示。

（2）在【发布范围】选项组中，设置发布范围。

（3）在视频分辨率中选择视频输出窗口的预定义大小，也可以自定义宽度和高度。

（4）指定输出文件的位置和文件名。

（5）在文件格式中选择要发布的格式，然后单击【确定】按钮，发布视频。

对【发布为视频】对话框中的选项说明如下。

① 发布范围。

当前故事板范围：可以指定发布的时间间隔。

反转：勾选此复选框，可按相反顺序（即从终点到起点）发布视频。

② 视频分辨率。可以从下拉列表中选择当前文档窗口大小，或直接选择视频的分辨率，如果选择【自定义】，则可以直接输入视频的宽度和高度。

③ 输出。

文件名：输入输出视频的文件名。

文件位置：指定视频发布的位置，也可以单击按钮，选择存放的位置。

文件格式：可以从下拉列表中选择发布视频的文件格式为 WMV 文件或 AVI 文件。

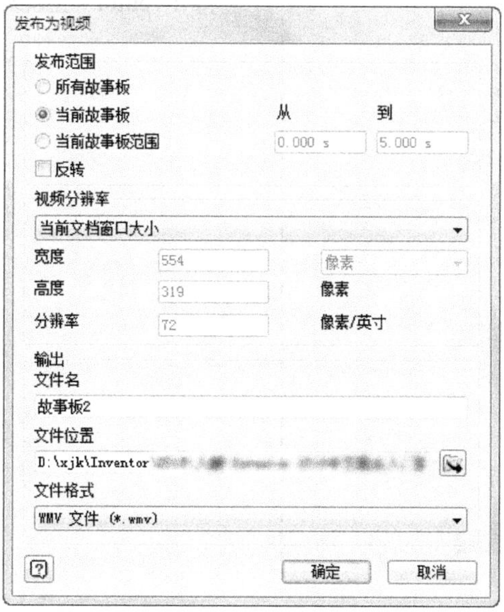

图 10-93 【发布为视频】对话框

第 11 章 运动仿真

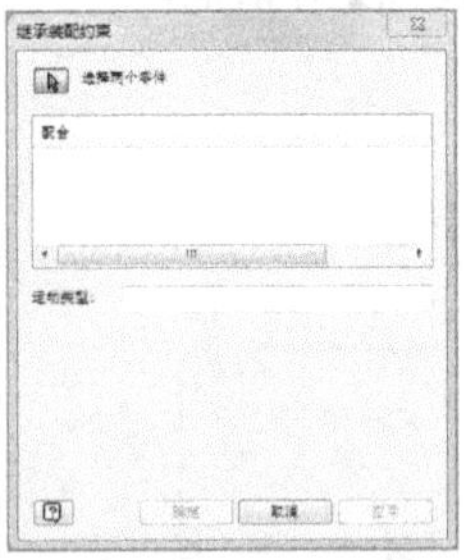

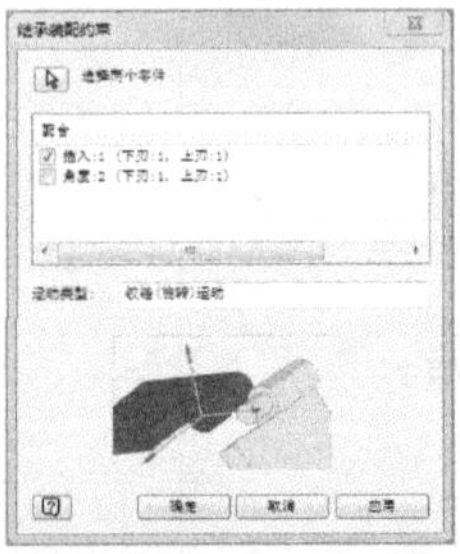

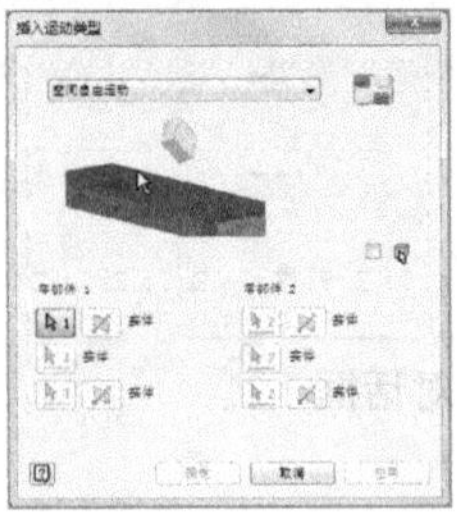

在产品设计完成之后，往往需要对其进行仿真以验证设计的正确性。本章主要介绍 Inventor 运动仿真功能的使用方法，以及将 Inventor 模型以及仿真结果输出到 FEA 软件中进行仿真的方法。

11.1 Inventor 2019 的运动仿真模块概述

运动仿真包含广泛的功能并且适应多种工作流。本节主要介绍运动仿真的基础知识。在了解了运动仿真的主要形式和功能后，就可以开始探究其他功能，然后根据特定需求来使用运动仿真。

Inventor 作为一种辅助设计软件，能够帮助设计人员快速创建产品的三维模型，以及快速生成二维工程图等。但是 Inventor 的功能如果仅限于此的话，则远远没有发挥 Inventor 的价值。当前，辅助设计软件往往都能够和 CAE/CAM 软件结合使用，在最大程度上发挥这些软件的优势，从而提高工作效率，缩短产品开发周期，提高产品设计的质量和水平，为企业创造更大的效益。CAE（计算机辅助工程）是指利用计算机对工程和产品性能与安全可靠性进行分析，以模拟其工作状态和运行行为，以便于及时发现设计中的缺陷，同时达到设计的最优化目标。

可以使用运动仿真功能来仿真和分析装配在各种载荷条件下运动的运动特征。还可以将任何运动状态下的载荷条件输出到应力分析。在应力分析中，可以从结构的观点来查看零件如何响应装配在运动范围内任意点的动态载荷。

11.1.1 运动仿真的工作界面

打开一个部件文件后，单击【环境】标签栏【开始】面板中【运动仿真】按钮，打开运动仿真界面如图 11-1 所示。

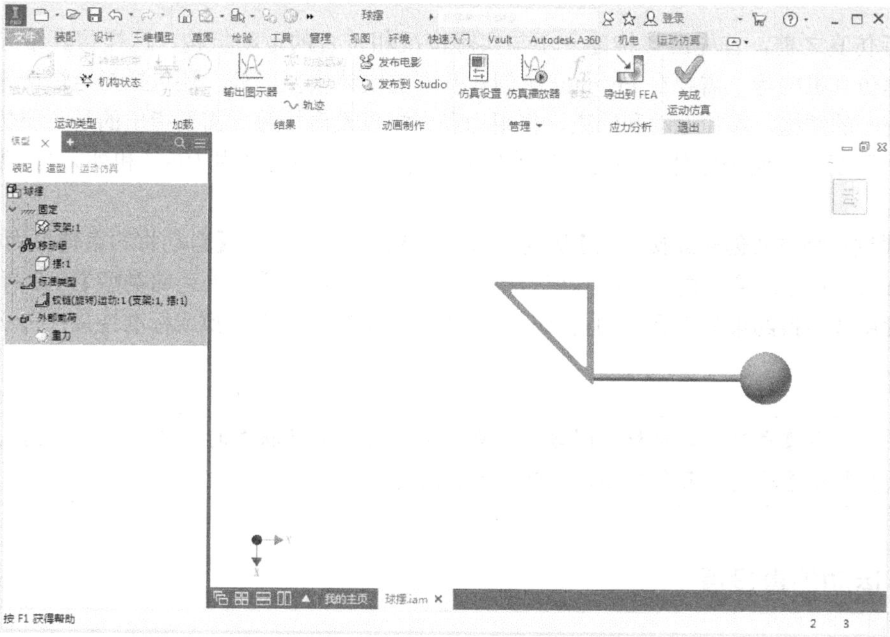

图 11-1 【运动仿真】界面

进入运动仿真环境后，可以看到操作界面主要由 ViewCube（绘图区右上部）、快速工具栏（上部）、功能区（图 11-2）、浏览器和状态栏以及绘图区域构成。

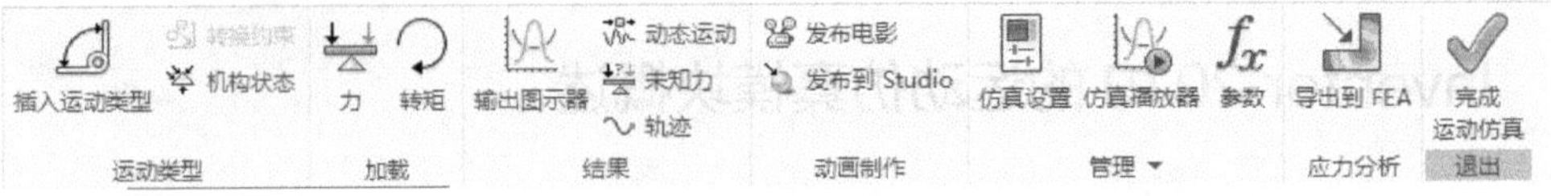

图 11-2　运动仿真功能区

11.1.2　Inventor 运动仿真的特点

Inventor 2019 的仿真部分软件是完全整合于三维 CAD 的机构动态仿真软件，具有以下显著特点。

（1）使软件自动将配合约束和插入约束转换为标准连接（一次转换一个连接），同时可以手动创建连接。

（2）已经包含了仿真部分，把运动仿真真正整合到设计软件中，无须再安装其仿真部分。

（3）能够将零部件的复杂载荷情况输出到其他主流动力学、有限元分析软件（如 ANSYS）中进行进一步的强度和结果分析。

（4）更加易学易用，保证在建立运动模型的时候将 Inventor 环境下定义的装配约束可以直接转换为运动仿真环境下运动约束；可以直接使用材料库，用户还可以按照自己的实际需要自行添加新材料。

11.2　构建仿真机构

在进行仿真之前，首先应该构建一个与实际情况相符合的运动机构，这样仿真结果才是有意义的。构建仿真机构除了需要在 Inventor 中创建基本的实体模型以外，还包括指定焊接零部件以创建刚性、统一的结构，添加运动和约束、作用力和力矩以及碰撞等。需要指出的是，要仿真部件的动态运动，需要定义两个零件之间的机构连接并在零件上添加力（内力或 / 和外力）。现在，部件是一个机构。

可以通过三种方式创建连接：在【运动仿真设置】对话框中激活【自动将约束转换为标准联接】功能，使 Inventor 自动将合格的装配约束转换成标准连接；使用【插入运动类型】工具手动插入运动类型；使用【转换约束】工具手动将 Autodesk Inventor 装配约束转换成标准连接（每次只能转换一个连接）。

> **注意**　当【自动转换对标准联接的约束】功能处于激活状态时，不能使用【插入运动类型】或【转换约束】工具来手动插入标准连接。

11.2.1　运动仿真设置

在任何部件中，任何一个零部件都不是自由运动的，需要受到一定的运动约束的限制。运动约束限定了零部件之间的连接方式和运动规则。通过使用 AIP 2012 版或更高版本创建的装配部件进入运动仿真环境时，如果未取消选择【运动仿真设置】对话框中的【自动将约束转换为标准联接】，Inventor 将通过转换全局装配运动中包含的约束来自动创建所需的最少连接。同时，软件将自动删除多余约束。此功能在确定螺母、螺栓、垫圈和其他紧固件的自由度不会影响机构的移动时尤其好用，事实上，在仿真过程中这些紧固件通常是锁定的。添加约束时，此功能将立即更新受影响的连接。

单击【运动仿真】标签栏【管理】面板上的【仿真设置】工具按钮，打开【运动仿真设置】对话框，如图 11-3 所示。

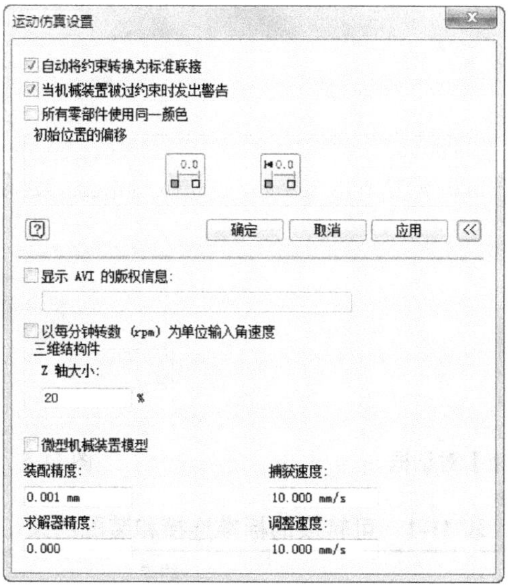

图 11-3 【运动仿真设置】对话框

勾选【自动将约束转换为标准联接】复选框，将激活自动运动仿真转换器。这会将装配约束转换为标准连接。如果勾选了【自动将约束转换为标准联接】复选框，则不能再选择手动插入标准连接，也不能再选择一次一个连接的转换约束。选中或取消此功能都会删除机构中的所有现有连接。

【当机械装置被过约束时发出警告】复选框默认是选中的，如果机构被过约束，Inventor 将会在自动转换所有配合前向用户发出警告并将约束插入标准连接。

【所有零部件使用同一颜色】复选框将预定义的颜色分配给各个移动组。固定组使用同一颜色。该工具有助于分析零部件关系。

【初始位置的偏移】选项卡中，工具将所有自由度的初始位置设置为 0，而不更改机构的实际位置。这对于查看输出图示器中以 0 开始的可变出图非常有用。工具将所有自由度的初始位置重设为在构造连接坐标系的过程中指定的初始位置。

11.2.2 转换约束

【转换约束】将会自动从装配约束创建标准连接。如果不想通过自动转换对标准连接的约束自动创建一个或多个标准连接，而想一般性的理解和创建机构主要零件间的连接和约束，则单击【运动仿真】标签栏【运动类型】面板上的【转换约束】按钮，打开如图 11-4 所示的对话框，来创建零件间的连接。

【选择两个零件】选项用以指定两个零部件，以便确定这两个零部件之间的哪些约束可以转换到标准连接中，仅这两个零部件之间的装配约束显示在【配合】字段中，选定的第一个零部件是父零部件，选定的第二个零部件是子零部件，这两个零部件之间的现有装配约束会显示在配合窗口中。

【运动类型】选项卡显示可从选定的配合约束创建的标准连接的类型（表 11-1 指出了 Inventor 可以转换到其中的标准连接和各种装配约束），包括动画图示。选择剪刀上刃和下刃创建标准连接如图 11-5 所示。如果未选定配合约束，则在默认情况下，Inventor 将创建空间连接（6 个自由度）。

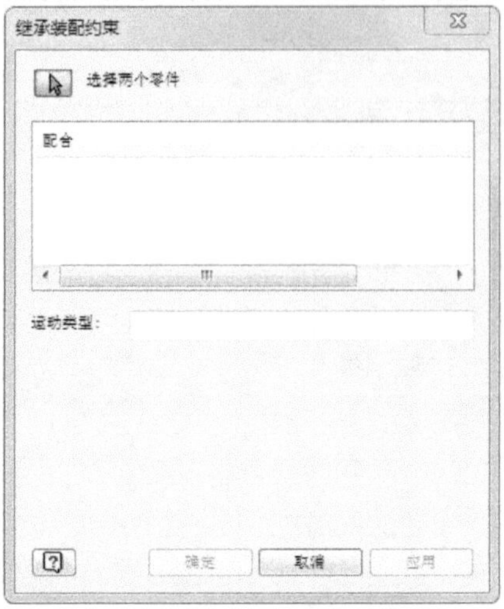

图 11-4 【继承装配约束】对话框

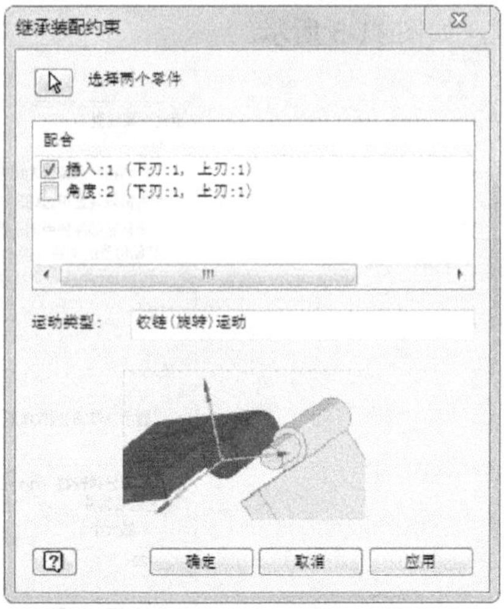

图 11-5 创建标准连接

表 11-1 可转换的标准连接和装配约束

连接	约束
旋转	插入（环形边，环形边） 配合（线，线）以及配合（平面，平面）与偏移垂直或不垂直 配合（圆柱面，圆柱面）以及配合（平面，平面）与偏移垂直或不垂直
平移	组合两个不平行的配合（平面，平面）
柱面运动	配合（线，线） 配合（圆柱面，圆柱面）
球面运动	配合（点，点） 配合（球面，球面）
平面运动	配合（平面，平面）
球面圆槽运动	配合（线，点） 配合（线，球面） 注意: 球形的中心点保留在平面中
线-面运动	配合（平面，线）
点-面运动	配合（平面，点） 配合（平面，球面）注意: 球形的中心点保留在平面中
空间自由运动	没有约束
焊接	组合三个约束或两个嵌入

选择【插入】选项确定后，剪刀的上下刃两个零件间就建立了旋转运动标准连接，如图 11-6 所示。可以看到新连接位于【标准连接】节点下的浏览器中。此外，将显示【移动组】节点，上刃从固定组移动到移动组。这时拖曳剪刀上刃或选择仿真面板上的播放工具▶，上刃就会围绕中间的旋转轴而旋转。

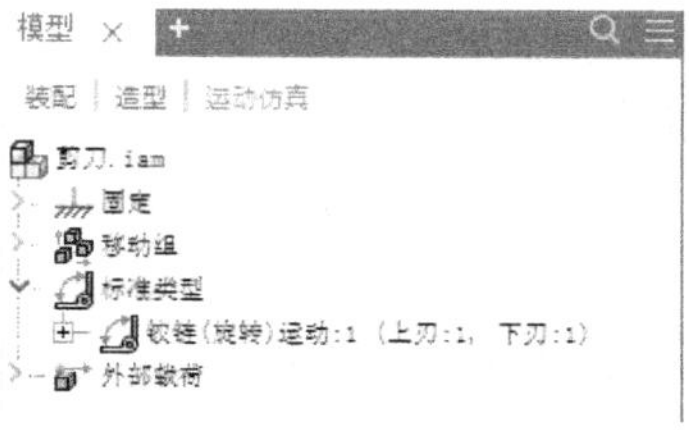

图 11-6 【转换约束】后的浏览器

11.2.3 插入运动类型

【插入运动类型】是完全手动的添加约束方法。使用【插入运动类型】可以添加标准、滚动、滑动、二维接触和力连接。前面已经介绍了对于标准连接，可选择自动或一次一个连接的将装配约束转换成连接。而对于其他所有的连接类型，【插入运动类型】是添加连接的唯一方式。

在机构中插入运动类型的典型工作流程如下。

（1）确定所需连接的类型。考虑所具有的与所需的自由度数和类型，还要考虑力和接触。

（2）如果知道在两个零部件的其中一个上定义坐标系所需的任何几何图元，这时就需要返回装配模式下【部件和零件】添加所需图元。

（3）单击【运动仿真】标签栏【运动类型】面板上的【插入运动类型】按钮，打开如图 11-7 所示【插入运动类型】对话框。【插入运动类型】对话框顶部的下拉菜单中列出了各种可用的连接。该对话框的底部则提供了与选定连接类型相应的选择工具。默认情况下指定为【空间自由运动】，空间自由运动动画将连续循环播放。也可选择【连接类型】菜单右侧的显示连接表工具，打开连接表如图 11-8 所示，该表显示了每个连接类别和特定连接类型的视觉表达。单击图标来选择连接类型。选择连接类型后，可用的选项将立即根据连接类型变化。

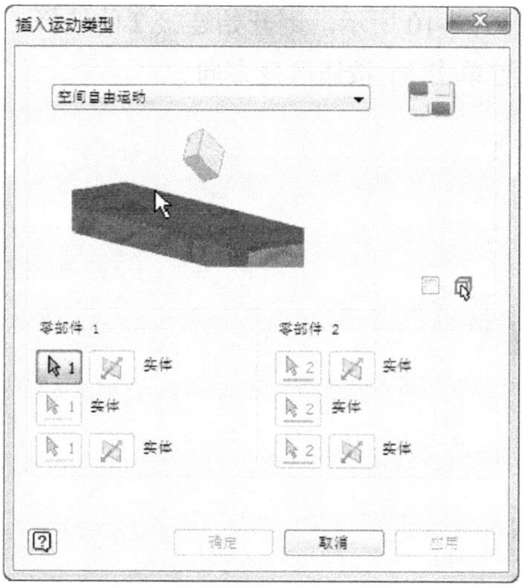

图 11-7 【插入运动类型】对话框

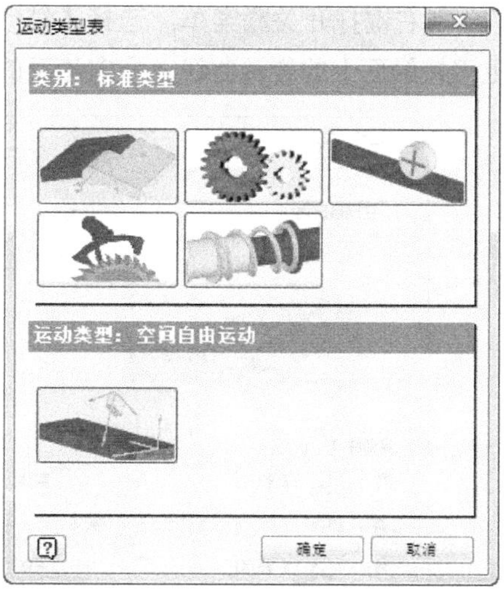

图 11-8 【运动类型表】对话框

对于所有连接（三维接触除外），【先拾取零件】工具可以在选择几何图元前选择连接零部件。这使得选择图元（点、线或面）更加容易。

（4）从连接菜单或【连接表】选择所需连接类型。

（5）选择定义连接所需的其他任何选项。

（6）为两个零部件定义连接坐标系。

（7）单击【确定】或【应用】按钮。这两个操作均可以添加连接，而单击【确定】按钮还将关闭此对话框。

为了在创建约束的时候能够恰如其分地使用各种连接，下面详细介绍【插入运动类型】的几种类型。

1. 插入标准连接

选择标准连接类型添加至机构时，要考虑在两个零部件和两个连接坐标系的相对运动之间所需的自由度。插入运动类型时，将两个连接坐标系分别置于两个零部件上。应用连接时，将定位两个零部件，以便使它们的坐标系能够完全重合。然后，再根据连接类型，在两个坐标系之间进而在两个零部件之间创建自由度。

标准连接类型有旋转、平移、柱面运动、球面运动、平面运动、球面圆槽运动、线－面运动、点－面运动、空间自由运动和焊接等。读者可以根据零件的特点以及零部件间的运动形式选择相应的标准连接类型。各种标准连接的添加步骤大致相同，这里为节省篇幅仅以剪刀插入【旋转】为例来说明具体操作。

（1）打开零部件的运动仿真模式，单击【运动仿真】标签栏【运动类型】面板上的【插入运动类型】按钮，打开如图 11-7 所示【插入运动类型】对话框。

（2）在【连接类型】菜单或连接表中，选择【空间自由运动】。

（3）在图形窗口中，指定零部件的连接坐标系。选择剪刀下刃的接触面上的旋转曲线（由于绕轴旋转要定义 *Z* 轴和原点，要选择环形边，如果已选择柱面或线性边，则原点将设置在图元中间，所以选择接触面上的旋转曲线），如图 11-9 所示，出现图示连接空间坐标轴，这 *X*、*Y* 和 *Z* 轴是从选定的几何图元中衍生的，与零件或装配坐标系无关。这坐标轴使用不同形状的小箭头来区分，单箭头表示 *X* 矢量，双箭头表示 *Y* 矢量，*Z* 矢量使用三箭头来表示。这里只需指定旋转轴 *Z* 轴，单击右键打开关联菜单，选择【继续】选项，如图 11-10 所示，则开始连接 2 的选择，同样选择上刃接触面上的旋转曲线。方向相反的时候可以通过单击按钮改变方向。

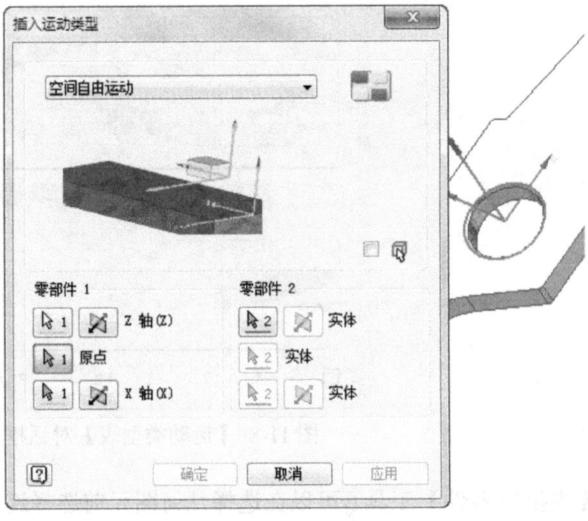

图 11-9　选择下刃

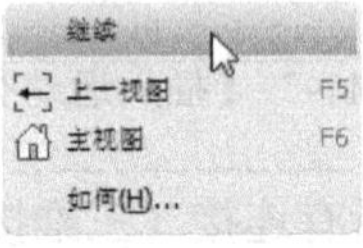

图 11-10　【继续】关联菜单

（4）单击【确定】按钮完成旋转插入连接。

如果要编辑插入运动类型，则可以在浏览器中选择标准连接项下刚刚添加的连接，右键单击打开关联菜单，如图 11-11 所示，选择【编辑】选项，打开【修改连接】对话框，如图 11-12 所示，进行标准连接的修改。

其他几种标准连接的插入操作步骤大同小异，这里不赘述。

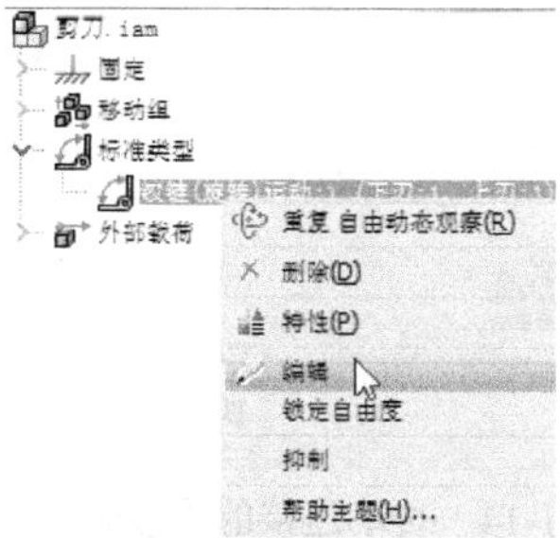

图 11-11 【编辑】关联菜单

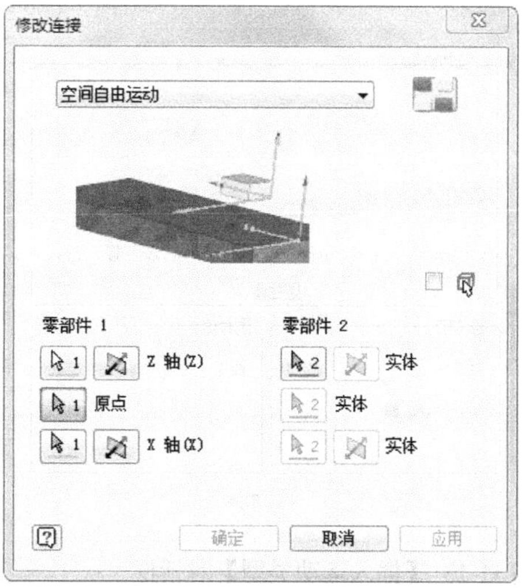

图 11-12 【修改连接】对话框

2. 插入滚动连接

创建一个部件并添加一个或多个标准连接后，还可以在两个零部件（这两个零部件之间有一个或多个自由度）之间插入其他（滚动、滑动、二维接触和力）连接，但是必须手动插入这些连接。前面已经介绍过这点与标准连接的不同，滚动、滑动、二维接触和力等连接无法通过约束转换自动创建。

滚动连接可以封闭运动回路，并且除锥面连接外，可以用于彼此之间存在二维相对运动的零部件。可以仅在彼此之间存在相对运动的零部件之间创建滚动连接。因此，在包含滚动连接的两个零部件的机构中，必须至少有一个标准连接。滚动连接应用永久接触约束。滚动连接可以有两种不同的行为，具体取决于在连接创建期间所选的选项。

- 滚动选项仅能确保齿轮的耦合转动。
- 滚动和相切选项可以确保两个齿轮之间的相切以及齿轮的耦合转动。

打开零部件的运动仿真模式，单击【运动仿真】标签栏【运动类型】面板上的【插入运动类型】按钮，打开如图 11-7 所示【插入运动类型】对话框；在【连接类型】菜单或连接表中，选择【传动连接】，打开如图 11-13 所示的对话框选择相应的连接类型，或者打开传动连接的连接表，如图 11-14 所示，选择需要的连接类型；然后根据具体的连接类型和零部件的运动特点，按照插入运动类型的指示为零部件插入滚动连接。具体操作与标准连接类似，这里不赘述。

3. 插入二维接触连接

二维接触连接和三维接触连接（力）同属于非永久连接。其他均属于永久连接。

插入二维接触连接的操作如下。

（1）打开零部件的运动仿真模式，单击【运动仿真】标签栏【运动类型】面板上的【插入运动类型】按钮，打开如图 11-9 所示【插入运动类型】对话框。

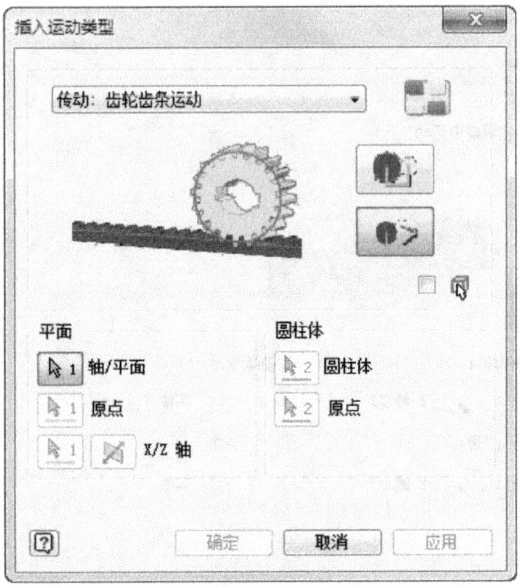

图 11-13 【插入运动类型】对话框

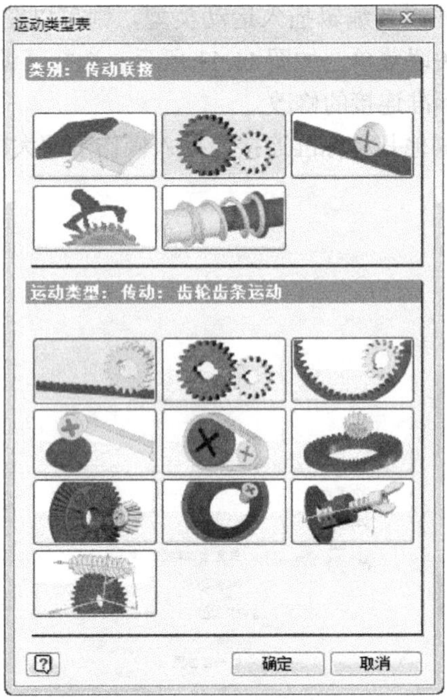

图 11-14 传动连接的连接表

（2）在【连接类型】菜单或连接表中，选择【2D Contact】选项，打开如图 11-15 所示对话框，选择相应的连接类型或者打开二维接触连接的连接表（图 11-16）后选择“确定”按钮。

插入二维接触连接的时候需要选择零部件上的两个回路，这两个回路一般在同一平面上。

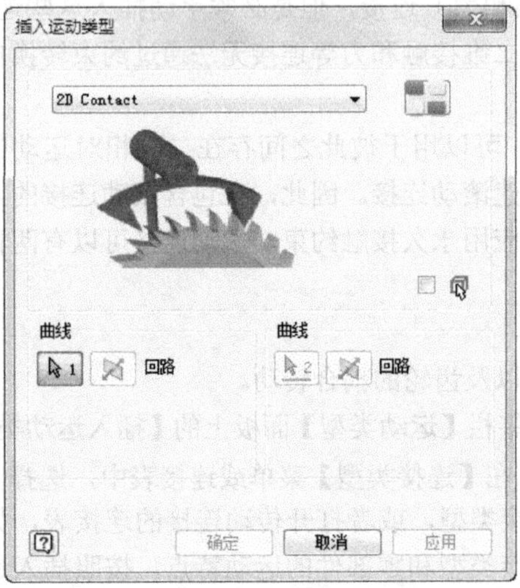

图 11-15 选择【2D Contact】选项

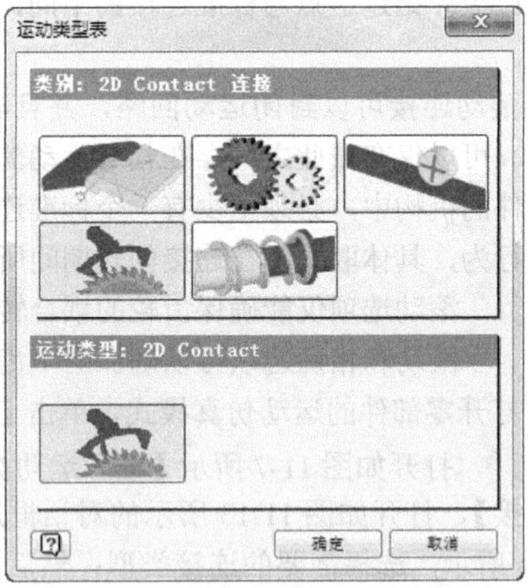

图 11-16 二维接触连接的连接表

（3）创建连接后，需要将特性添加到二维接触连接。在浏览器上选择刚刚添加的接触连接下的二维接触连接，右键单击打开关联菜单，选择特性，如图 11-17 所示。打开如图 11-18 所示的二维接触特性对话框，可以选择要显示的是作用力还是反作用力，以及要显示的力的类型（法向力、切向力或合力）。如果需要，则可以对法向力、切向力和合力矢量进行缩放和 / 或着色，使查看更加容易。

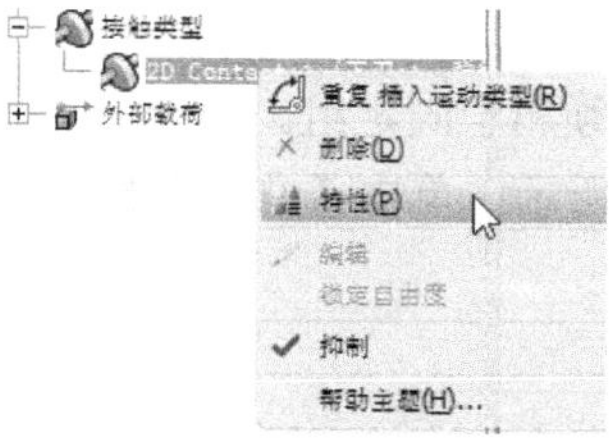

图 11-17 改变二维接触连接特性

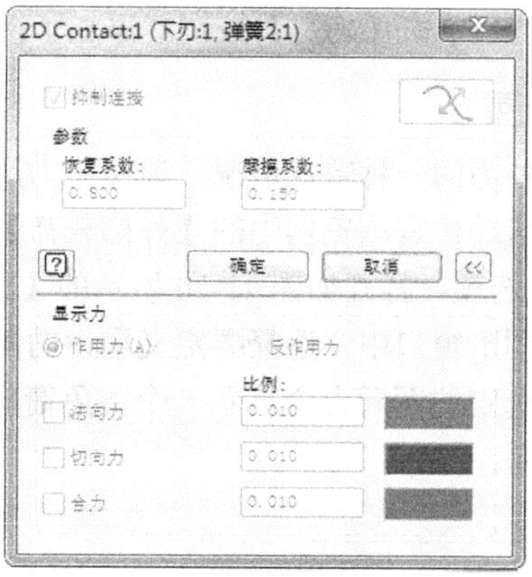

图 11-18 二维接触特性对话框

在图 11-18 中，勾选【抑制连接】复选框，系统在进行所有计算时将此二维接触连接排除在外，但不是从机构中将其完全删除。默认【抑制连接】处于未选定状态。

单击【反转正向】按钮，可以反转零部件上曲线的正向。

此外还可在此更改摩擦系数和恢复系数。

4. 插入滑动连接

滑动连接与滚动连接类似，可以封闭运动回路，并且可以在具有二维相对运动的零部件之间工作。可以仅在具有二维相对运动的零部件之间创建滑动连接。连接坐标系将会被定位在接触点。连接运动处于由矢量 *Z*1（法线）和 *X*1（切线）定义的平面中。接触平面由矢量 *Z*1 和 *Y*1 定义。这些连接应用永久接触约束，且没有切向载荷。

滑动连接包括平面圆柱运动、圆柱 - 圆柱外滚动、圆柱 - 圆柱内滚动、凸轮 - 滚子运动、圆槽滚子运动等连接类型。其操作步骤与滚动连接类似，为节省篇幅，这里不赘述。

5. 插入力连接

前面已经介绍，力连接（三维接触连接）和二维接触连接一样都为非永久性接触，而且可以使用三维接触连接模拟非永久穿透接触。力连接主要使用弹簧 / 阻尼器 / 千斤顶连接对作用 / 反作用力进行仿真。其具体操作与以上介绍的其他插入运动类型大致相同。现在简单介绍一下剪刀的三维接触连接的插入。这里为部件添加一个弹簧。

线性弹簧力就是弹簧的张力与其伸长或者缩短的长度成正比的力，且力的方向与弹簧的轴线方向一致。

两个接触零部件之间除了外力的作用之外，当它们发生相对运动的时候，零部件的接触面之间会存在一定的阻力，这个阻力的添加也是通过力连接来完成的。如剪刀上下刃的相对旋转接触面间就存在阻力，要添加这个阻力，首先在【连接类型】菜单或连接表中，选择【力连接】中的【3D contact】选项，如图 11-19 所示。选择需要添加的零部件即可。

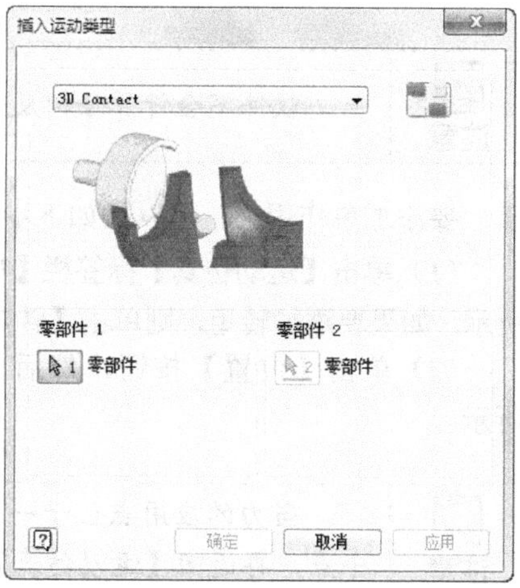

图 11-19 插入【3D contact】对话框

要定义接触集合，需要选择【运动仿真】浏览器中的【力铰链】目录，选择接触集合，单击右键，选择打开菜单上的【特性】选项，则打开【3D contact】对话框。和弹簧连接类似，可以定义接触集合的刚度、阻尼、摩擦力和零件的接触点。然后单击【确定】按钮就添加了接触力。

6. 定义重力

重力是外力的一种特殊情况，地球引力所产生的力，作用于整个机构。其设置步骤如下。

（1）在运动仿真浏览器中的【外部载荷】→【重力】上单击右键。从显示的关联菜单中，选择【定义重力】选项。打开如图 11-20 所示的【重力】对话框。

（2）在图形窗口中，选择要定义重力的图元。该图元必须属于固定组。

（3）在选定的图元上会显示一个黄色箭头，如图 11-21 所示。单击【方向】按钮，可以更改重力箭头的方向。

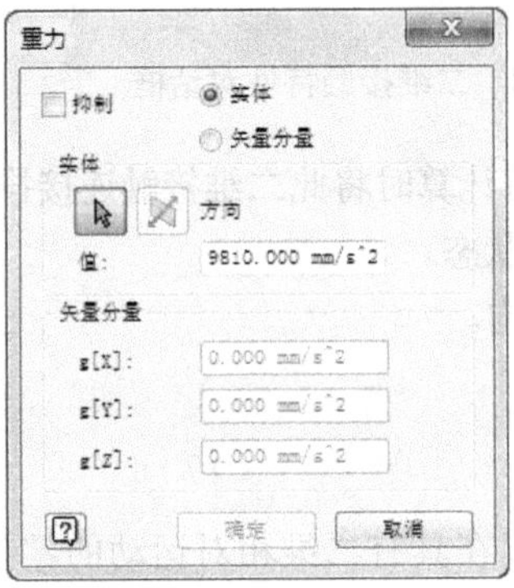

图 11-20 【重力】对话框

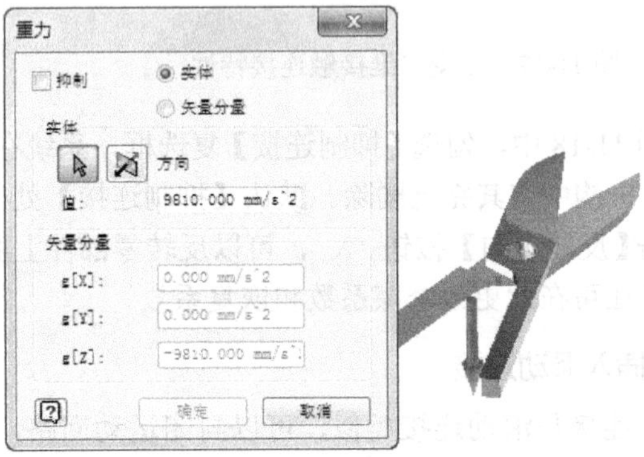

图 11-21 重力设置后的剪刀

（4）如果需要，则在【值】文本框中输入要为重力设置的值。

（5）单击【确定】按钮，完成重力设置。

11.2.4 添加力和力矩

力或者力矩都施加在零部件上，并且力或者力矩都不会限制运动，也就是说，它们不会影响模型的自由度，但是力或者力矩能够对运动造成影响，如减缓运动速度或者改变运动方向等。作用力直接作用在物体上从而使其能够运动，包括单作用力和单作用力矩，作用力和反作用力（力矩）。单作用力（力矩）作用在刚体的某一个点上。

> **注意** 软件不会计算任何反作用力（力矩）。

要添加单作用力，可以按如下步骤操作。

（1）单击【运动仿真】标签栏【加载】面板上的【力】按钮，打开【力】对话框，如图 11-22 所示。如果要添加转矩，则单击【转矩】按钮，打开【转矩】对话框，如图 11-23 所示。

（2）单击【位置】按钮，然后在图形窗口中的分量上选择力或转矩的应用点，如图 11-24 所示。

> **注意** 当力的应用点位于一条线或面上而无法捕捉时，可以返回【部件】环境，绘制一个点，再返回【运动仿真】环境，就可以在选定位置插入力或转矩的应用点了。

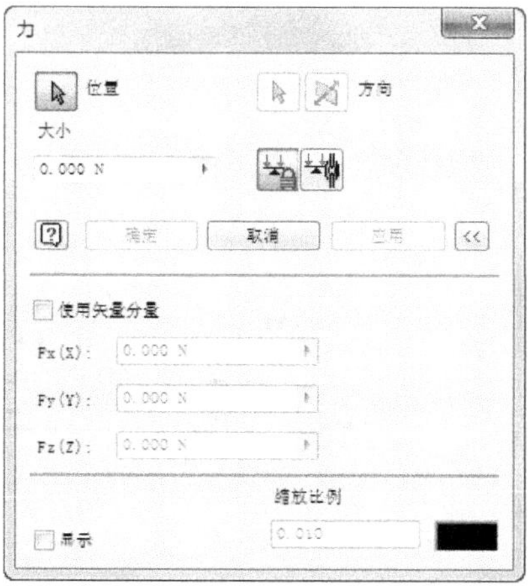

图 11-22 【力】对话框

图 11-23 【转矩】对话框

（3）单击【位置】按钮，在图形窗口中选择第二个点。选定的两个点可以定义力或转矩矢量的方向，其中，以选定的第一个点作为基点，选定的第二个点处的箭头作为提示，如图 11-25 所示。可以单击【反向】按钮以将力或转矩矢量的方向反向。

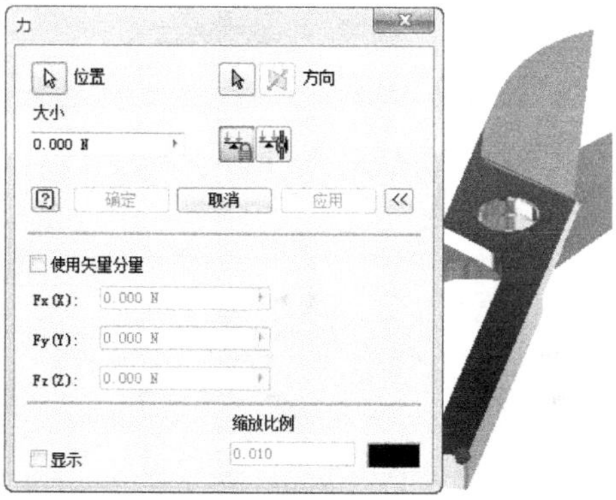

图 11-24　插入着力点

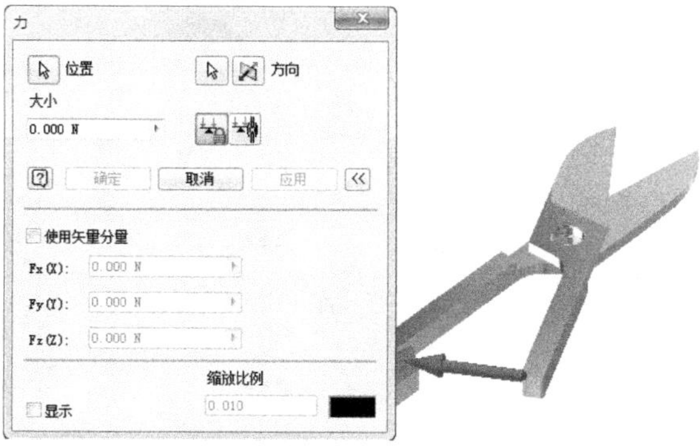

图 11-25　确定力或转矩方向

（4）在【大小】文本框中，可以定义力或转矩大小的值。可以输入常数值，也可以输入在仿真过程中变化的值。单击框右侧的方向箭头打开数据类型菜单。从数据类型菜单中，可以选择【常量】或【输入图示器】，如图 11-26 所示。

打开【大小】对话框，如图 11-27 所示。单击【大小】文本框中显示的图标，然后使用【输入图示器】定义一个在仿真过程中变化的值。

图形的垂直轴表示力或转矩载荷，水平轴表示时间，力或转矩绘制由红线表示。双击一时间位置可以添加一个新的基准点，如图 11-28 所示。用鼠标指针拖曳蓝色的基准点可以输入力或扭矩的大小。精确输入力或转矩时可以使用【起始点】和【结束点】来定义，*X* 输入时间点，*Y* 输入力或转矩的大小。

单击【固定载荷方向】按钮，以固定力或转矩在部件的绝对坐标系中的方向。

单击【关联载荷方向】按钮，将力或转矩的方向与包含力或转矩的分量关联起来。

为使力或转矩矢量显示在图形窗口中，单击【显示】按钮以使力或转矩矢量可见。

如果需要，则可以更改力或转矩矢量的比例，从而使所有的矢量可见。该参数默认值为 0.01。

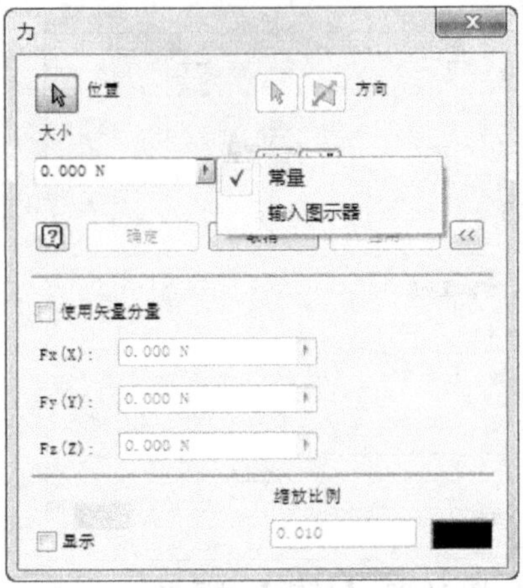

图 11-26　选择【输入图示器】选项

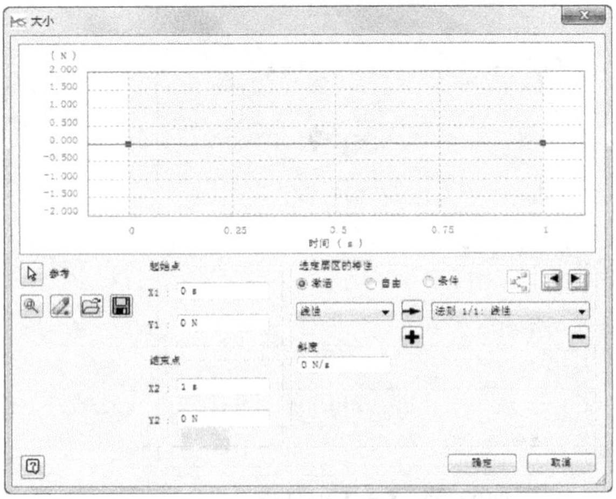

图 11-27　【大小】对话框

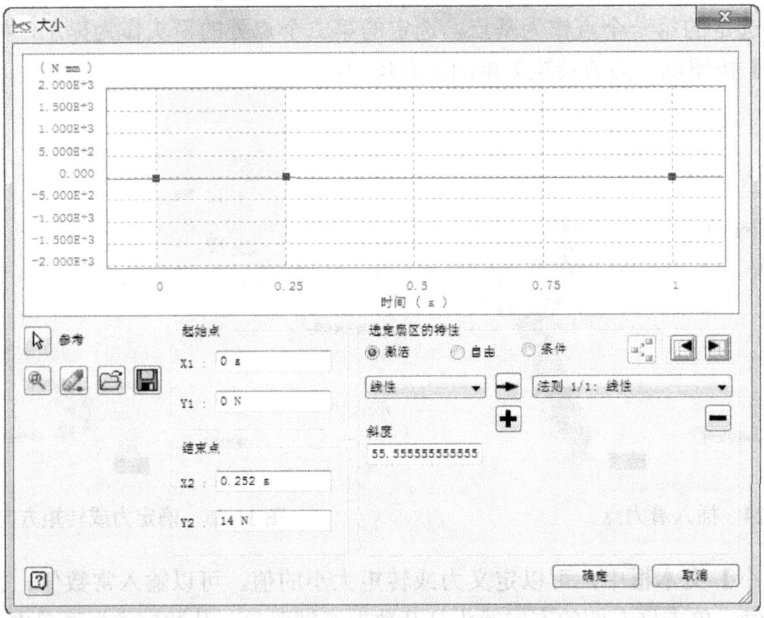

图 11-28　添加基准点以及输入力大小

如果要更改力或转矩矢量的颜色，则单击颜色框，打开【颜色】对话框，然后为力或转矩矢量选择颜色。

（5）单击【确定】按钮，完成单作用力的添加。

11.2.5　未知力的添加

有时为了运动仿真能够使机构停在一个指定位置，而这个平衡的力很难确定，这时就可以借助于添加未知力来计算所需力的大小。

使用未知力来计算机构在指定的一组位置保持静态平衡时所需的力、转矩或千斤顶，在计算时需要考虑所有外部影响，包括重力、弹力、外力或约束条件等。而且机构只能有一个迁移度。下面简单介绍一下未知力的添加步骤。

（1）单击【运动仿真】标签栏【结果】面板上的【未知力】按钮，打开如图 11-29 所示【未知力】对话框。

（2）选择适当的力类型：力、转矩或千斤顶。

① 对于力或转矩。

单击【位置】按钮，在图形窗口中单击零件上的一个点。

单击【方向】按钮，在图形窗口中单击第二个连接零部件上的可用图元，通过确定在图形窗口中绘制的矢量的方向来指定力或转矩的方向。选择可用的图元，如线性边、圆柱面或草图直线，图形窗口中会显示一个黄色矢量来表明力或转矩的方向，在图形窗口中将确定矢量的方向，可以改变矢量方向并使其在整个计算期间保持不变。

如有必要，则单击【反向】按钮，将力或转矩的方向（也就是黄色矢量的方向）反向。

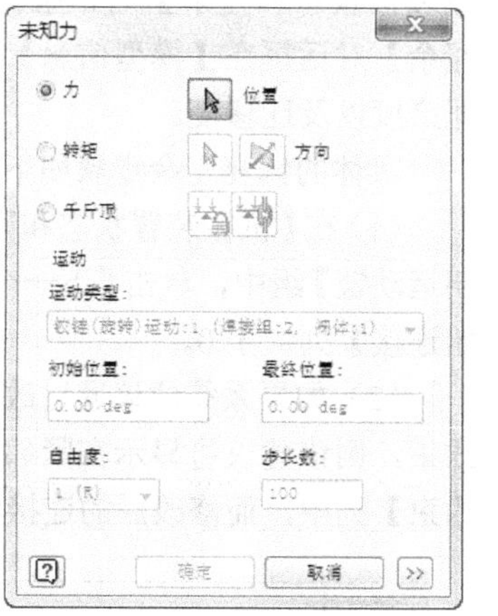

图 11-29 【未知力】对话框

单击【固定载荷方向】按钮，可以锁定力或转矩的方向。

此外，如果要将方向与有应用点的零件相关联，则单击【关联载荷方向】按钮，然后使其可以移动。

② 对于千斤顶。

单击【位置一】按钮，在图形窗口中单击某个零件上的可用图元。

单击【位置二】按钮，在图形窗口中单击某个零件上的可用图元，以选择第二个应用点并指定力矢量的方向。直线 P1-P2 定义了千斤顶上未知力的方向。

图形窗口中会显示一个代表力的黄色矢量。

（3）在【运动】选项的下拉列表中，选择机构的一个连接。

（4）如果选定的连接有两个或两个以上自由度，则在【自由度】框中选择受驱动的那个自由度。【初始位置】文本框将显示选定自由度的初始位置。

（5）在【最终位置】文本框中输入所需的最终位置。

（6）【步长数】文本框用于调整中间位置数，默认是 100 个步长。

（7）单击【更多】按钮，显示与在图形窗口中显示力、转矩或千斤顶矢量相关的参数。

单击【显示】按钮以在图形窗口中显示矢量并启用【比例】和【颜色】字段。

要缩放力、转矩或千斤顶矢量，以便在图形窗口中看到整个矢量，可以在【比例】字段中输入系数，系数的默认值为 0.01。

如果要选择矢量在图形窗口中的颜色，则单击颜色框打开 Microsoft 的【颜色】对话框。

（8）单击【确定】按钮，输出图示器将自动打开，并在【未知力】目录下显示变量 fr ‘?’ 或 mm ‘?’（针对搜索的力或转矩）。

11.2.6　修复冗余

在插入运动类型和添加约束的工作做完后，有时会产生过约束的情况，使得运动仿真不能按照所要求的那样顺利进行。Inventor 2019 的【机构状态】功能在这方面为用户带来了很大的方便，可以帮助查找并修复多余约束的情况。

注意　仅在【自动转换对标准联接的约束】选项未被激活时，此功能才可用。如果使用【自动转换对标准联接的约束】选项，软件将自动修复所有冗余。

单击【运动仿真】标签栏【运动类型】面板上的【机构状态】按钮，打开如图 11-30 所示【机械装置状态和冗余】对话框。【机械装置状态和冗余】对话框在【模型信息】栏中显示了机构的冗余度以及迁移度。

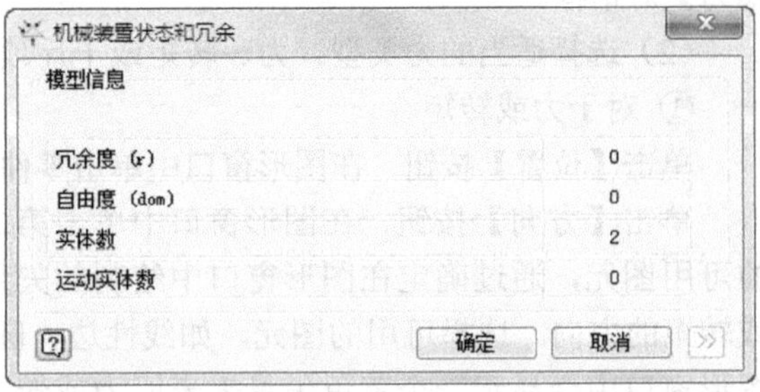

图 11-30 【机械装置状态和冗余】对话框

具体的修复冗余步骤如下。

（1）在【机械装置状态和冗余】对话框的【封闭运动链】组中，单击【下一个链】图标直到【初始连接】列大于 0。

（2）如果系统建议通过改变连接以删除多余约束，则该建议将显示在紧邻连接右侧的【多余约束】列中，而修改后的连接将显示在【最终连接】列中。

注意 如果想看到选定链的零部件在图形窗口中亮显，则单击【亮显链的零部件】按钮。

（3）如果需要，则可以使用垂直滚动条来移动建议更改的连接，直到它显示在窗口中。

（4）如果软件不能建议进行更改，则在【多余约束】列的顶部将显示一个警告图标。

注意 系统在找不到解决方案时，并不意味着没有解决方案。在【最终连接】列中，手动修改链中的某些连接也可以删除过约束。

（5）对所有过约束运动链重复执行第（2）和（3）步。

（6）当模型信息组指明不再有任何多余约束时，单击【测试】按钮，进行测试。

（7）系统将尝试装配机构，如果不成功，则会显示一条警告消息。

如果不想进行修改，则还可以在单击【确定】按钮之前随时单击【重设模型】按钮。此时会使模型返回其原始状态。

（8）机构不再过约束时，单击【确定】按钮保存这些操作，完成修复。

11.2.7 动态零件运动

前面已经为要进行运动仿真的零部件插入运动类型，建立了运动约束以及添加了相应的力和转矩，在运行仿真前要对机构进行一定的核查，以防止在仿真过程中出现不必要的错误。使用【动态运动】功能就是通过鼠标为运动部件添加驱动力驱动实体来测试机构的运动。可以利用鼠标左键选择运动部件，拖曳此部件使其运动，查看运动情况是否与设计初衷相同，以及是否存在一些约束连接上的错误。鼠标左键选择运动部件上的点就是拖曳时施力的着力点，拖曳时，力的方向由零部件上的选择点和每一瞬间的鼠标指针位置之间的直线决定。力的大小根据这两点之间的距离系统会自己来计算，当然距离越大，施加的力也越大。力在图形窗口中显示为一个黑色矢量，如图 11-31 所示。鼠标的操作产生了使实体移动的外力。当然，这时对机构运动有影响的不只是添加的鼠标驱动力，系统也会将所有定义的动态作用（如弹簧、连接、接触）等考虑在内。【动态运动】功能是一种连续的仿真模式，但是它只是执行计算而不保存计算，而且对于运动仿真没有时间结束的限制。这也是它与【仿真播放器】进行的运动仿真的主要不同之处。

下面简单介绍一下动态零件运动的操控面板和操作步骤。

（1）单击【运动仿真】标签栏【结果】面板上的【动态运动】按钮，在原来的【仿真播放器】位置打开如图 11-32 所示的【零件运动】对话框。此时可以看到机构在已添加的力和约束下会运动。

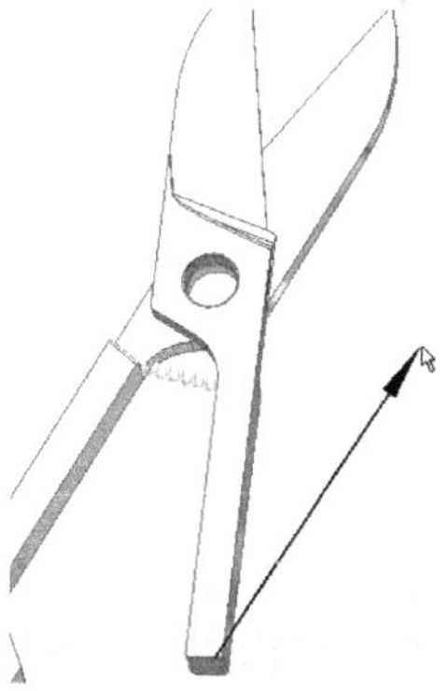

图 11-31　施加力显示的箭头

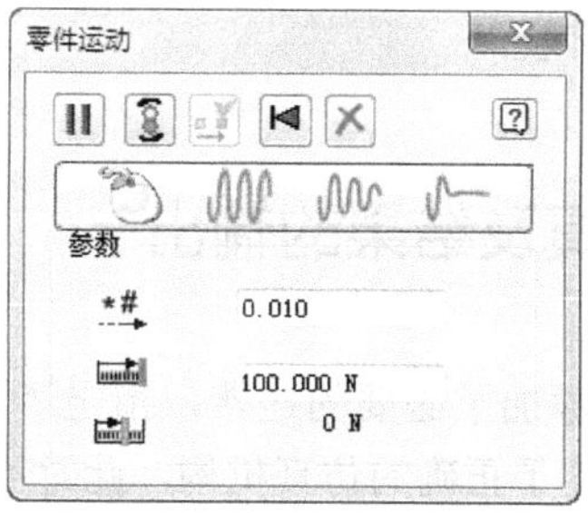

图 11-32　【零件运动】对话框

（2）选择【暂停】按钮，可以停止由已经定义的动态参数产生的任何运动。单击【暂停】按钮后，【开始】按钮将代替【暂停】按钮。单击【开始】按钮后，将启动使用鼠标指针所施加的力所产生的运动。

（3）在运动部件上，选择驱动力的着力点，同时按住鼠标左键并移动鼠标对部件施加驱动力。对零件施加的外力与零件上的点到鼠标指针位置之间的距离成正比，拖曳方向为施加的力的方向。零件将根据此力移动，但只会以物理环境允许的方式移动。在移动过程中，参数项中【应用的力】显示框将显示鼠标仿真力的大小，该字段的值会随着鼠标指针的每次移动而发生更改，而且只能通过在图形窗口中移动鼠标指针来更改此字段的值。

当鼠标驱动力需要鼠标指针在很大位移后才能驱动运动部件（或鼠标指针移动很小距离便产生很大的力）的时候，可以更改参数项中【放大鼠标移动的系数】 0.010 文本框中的值。这将增大或减小应用于零件上的点到光标位置之间距离的力的比例，比例系数增大的时候，很小的鼠标位移可以产生很大的力，比例系数变小的时候则相反。默认情况下，此因子值为 0.01。

当需要限制驱动力的大小时，可以选择更改参数项中【最大力】文本框 100.000 N 中应用的力的最大值。当设定最大力后，无论力的应用点到鼠标指针之间的距离多大，所施加的力最大只能为设定值。默认力的最大值为 100 N。

下面介绍一下【零件运动】对话框上的其他几个按钮。

（1）【抑制驱动条件】按钮。此按钮可以在连接上的强制运动影响了零件的动作的时候停止此强制驱动造成的影响。默认情况下，强制运动在动态零件运动模式下不处于激活状态。此外，如果此连接上的强制运动受到了抑制，而要使此强制运动影响此零件的动作，则选择【解除抑制驱动条件】选项。

（2）阻尼类型。阻尼的大小对于机构的运动所起到的影响不可小视，Inventor 2019 的【零件运动】提供了 4 种可添加给机构的阻尼类型。

在计算时将机械装置阻尼考虑在内。

在计算时忽略阻尼。

在计算时考虑弱阻尼。

在计算时考虑强阻尼。

（3）【将此位置记录为初始位置】按钮。有时为了仿真的需要，要保存图形窗口中的位置，作为机构的初始位置。此时必须先停止仿真，选择【将此位置记录为初始位置】按钮。然后，系统会退出仿真模式返回构造模式，使机构位于新的初始位置。此功能对于找出机构的平衡位置非常有用。

（4）【重新启动仿真】按钮。当需要使机构回到仿真开始时的位置并重新启动计算时，可以选择【重新启动模拟】按钮。此时会保留先前使用的选项如阻尼等。

（5）【退出零件运动】按钮。在完成了【零件运动】模拟后，选择【退出零件运动】按钮可以返回构造环境。

11.3 仿真及结果的输出

在给模型添加了必要的连接，指定了运动约束，并添加了与实际情况相符合的力、力矩以及运动后，就构建了正确的仿真机构，此时可以进行机构的仿真以观察机构的运动情况，并输出各种形式的仿真结果。下面按照进行仿真的一般步骤对仿真过程以及结果的分析做简要介绍。

11.3.1 运动仿真设置

在进行仿真之前，熟悉仿真的环境设置以及如何更改环境设置，对正确而有效地进行仿真还是很有帮助的。打开一个部件的【运动仿真】模式后，【仿真播放器】就自动开启，如图 11-33 所示。下面简单介绍【仿真播放器】的构造及使用。

1. 工具栏

单击按钮开始运行仿真；单击按钮停止仿真；单击按钮使仿真返回构造模式，可以从中修改模型；单击按钮回放仿真；单击按钮直接移动到仿真结束；单击按钮可以在仿真过程中取消激活界面刷新，仿真将运行，但是没有图形表达；单击按钮循环播放仿真直到单击停止按钮。

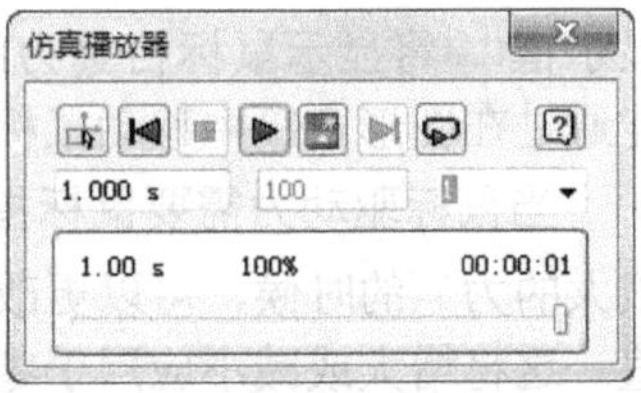

图 11-33 【仿真播放器】对话框

2. 最终时间

如图 11-34 所示，最终时间决定了仿真过程持续的时间，默认为 1 s，仿真开始的时间永远为零。

3. 图像

如图 11-35 所示，这一栏显示仿真过程中要保存的图像数（帧），其数值大小与【最终时间】是有关系的。默认情况下，当【最终时间】为默认的 1.000 s 时，图像数为 100。最多为 500000 个图像。更改【最终时间】的值时，【图像】字段中的值也将自动更改，以使其与新【最终时间】的比例保持不变。

帧的数目决定了仿真输出结果的表现细腻程度，帧的数目越多，则仿真的输出动画播放越平缓。相反，如果机构运动较快，但是帧的数目又较少的话，则仿真的输出动画就会出现快速播放甚至跳跃的情况。这样就不容易仔细观察仿真的结果及其运动细节。

> **注意**
> 这里的帧的数目是帧的总数目而非每秒的帧数。另外，不要混淆机构运动速度和帧的播放速度的概念，前者和机构中部件的运动速度有关，后者是仿真结果的播放速度，主要取决于计算机的硬件性能。计算机硬件性能越好，则能够达到的播放速度就越快，即每秒能够播放的帧数就越多。

4. 过滤器

如图 11-36 所示，【过滤器】可以控制帧显示步幅。例如，如果【过滤器】为 1，则每隔 1 帧显示 1 个图像；如果为 5，则每隔 5 帧显示 1 个图像。只有仿真模式处于激活状态且未运行仿真时，才能使用该选项。默认为 1 个图像。

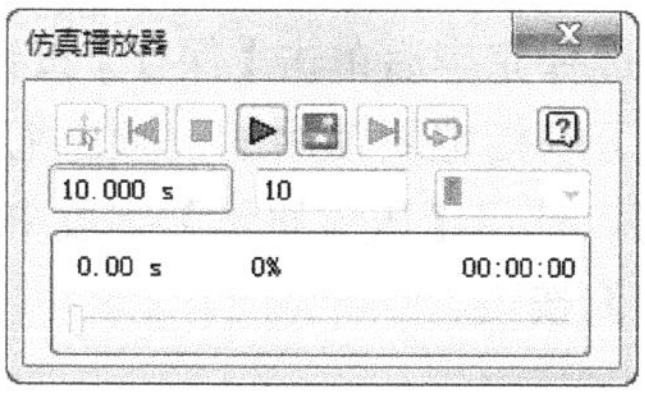

图 11-34　最终时间

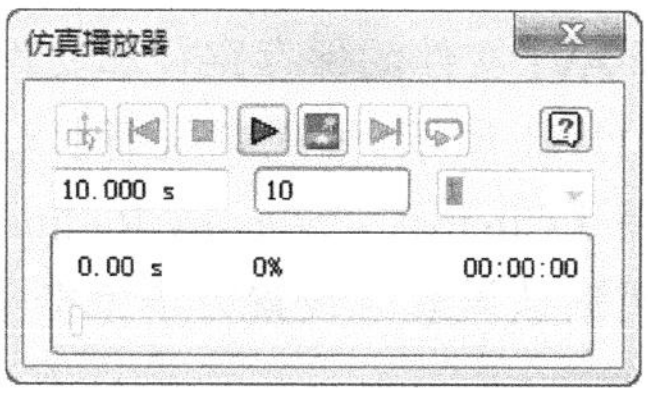

图 11-35　图像

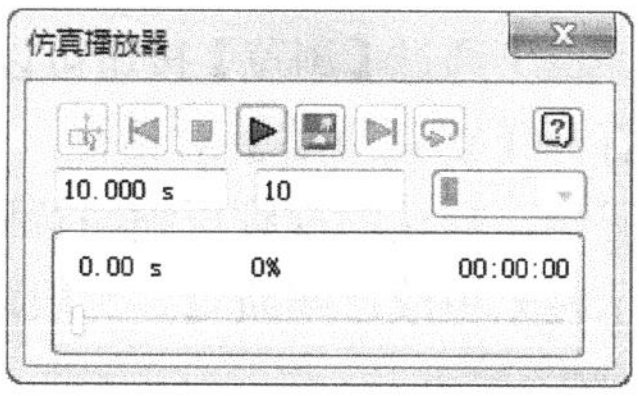

图 11-36　过滤器

5. 模拟时间、百分比和计算实际时间

如图 11-37 所示，【模拟时间】值显示机械装置运动的持续时间；如图 11-38 所示，【百分比】显示仿真完成的百分比；如图 11-39 所示，【计算实际时间】值显示运行仿真实际所花的时间。

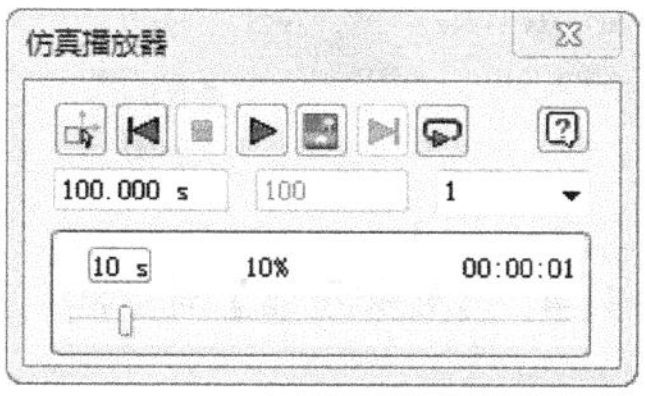

图 11-37　模拟时间

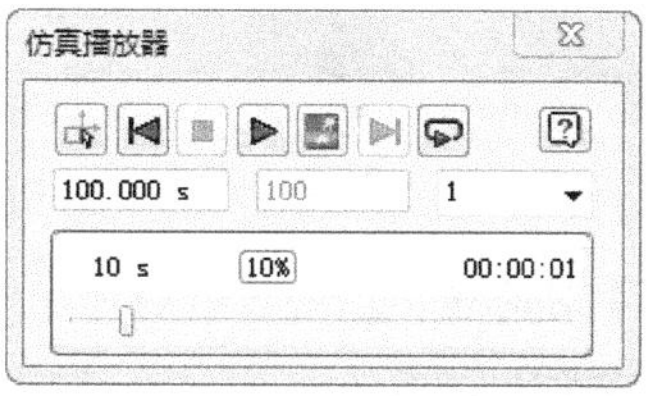

图 11-38　百分比

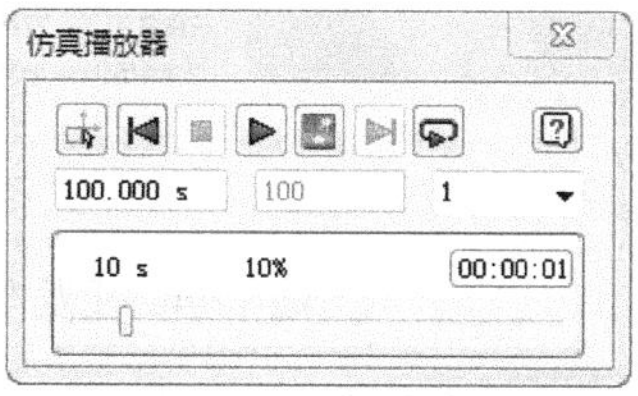

图 11-39　计算实际时间

11.3.2　运行仿真

仿真环境设置完毕，就可以进行仿真了。参照上一节介绍的仿真面板的工具栏的介绍控制仿真过程。需要注意的是，通过拖曳滑动条的滑块位置，可以将仿真结果动画拖曳到任何一帧处停止，以便于观察指定时间和位置处的仿真结果。

运行仿真的一般步骤如下。

（1）设置好仿真的参数（参考【运动仿真设置】一节）。

（2）打开仿真面板，可以单击【播放】按钮▶开始运行仿真。

（3）仿真结束后，产生仿真结果。

（4）同时可以利用播放控制按钮用来回放仿真动画。可以改变仿真方式，同时观察仿真过程中的时间和帧数。

11.3.3　仿真结果输出

在完成了仿真之后，可以将仿真结果以各种形式输出，以便于仿真结果的观察。

> **注意**　只有当仿真全部完成之后，才可以输出仿真结果。

1. 输出仿真结果为 AVI 文件

如果要将仿真的动画保存为视频文件，以便于在任何时候和地点方便观看仿真过程，则可以使用运动仿真的【发布电影】功能。具体的步骤如下。

（1）单击【运动仿真】标签栏【动画制作】面板中的【发布电影】按钮，打开的【发布电影】对话框，如图 11-40 所示。

（2）通过【浏览】按钮可以选择 AVI 文件的保存路径和文件名。选择完毕后单击【保存】按钮，则打开【视频压缩】对话框，如图 11-41 所示。【视频压缩】对话框可以指定要使用的视频压缩编解码器，默认的视频压缩编解码器是【Cinepak Codec by Radius】。可以使用【压缩质量】字段中的指示栏来更改压缩质量，一般均采用默认设置，设置完毕单击【确定】按钮。

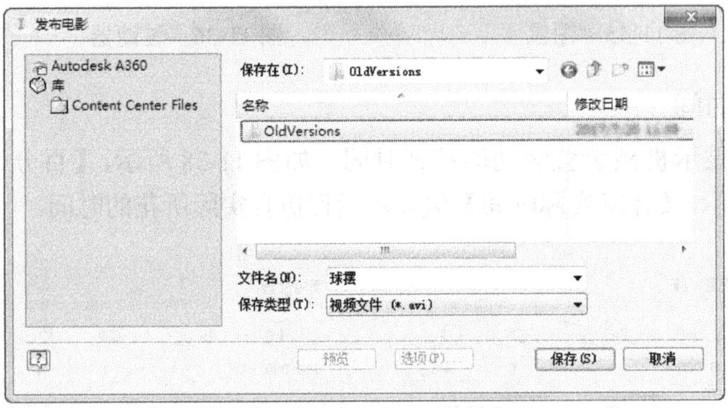

图 11-40 【发布电影】对话框

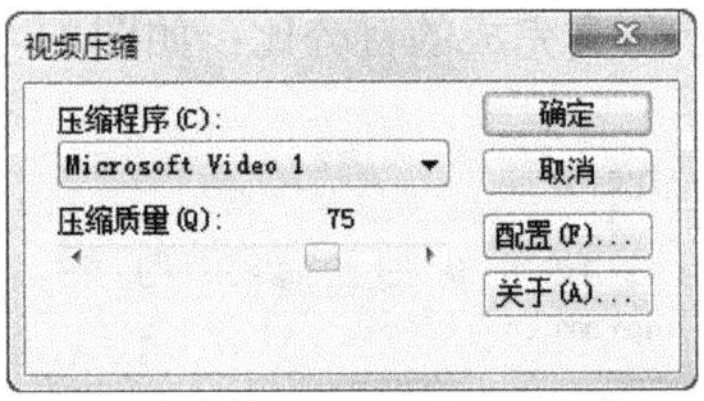

图 11-41 【视频压缩】对话框

（3）单击【运行】按钮开始或重放仿真。

（4）仿真结束时，再次单击【创建 AVI】以停止记录。

2. 输出图示器

【输出图示器】可以用来分析仿真。在仿真过程中和仿真完成后，将显示仿真中所有输入和输出变量的图形和数值。【输出图示器】包含工具栏、浏览器、时间步长窗格和图形窗口。

单击【输出图示器】按钮，打开如图 11-42 所示的【输出图示器】对话框。

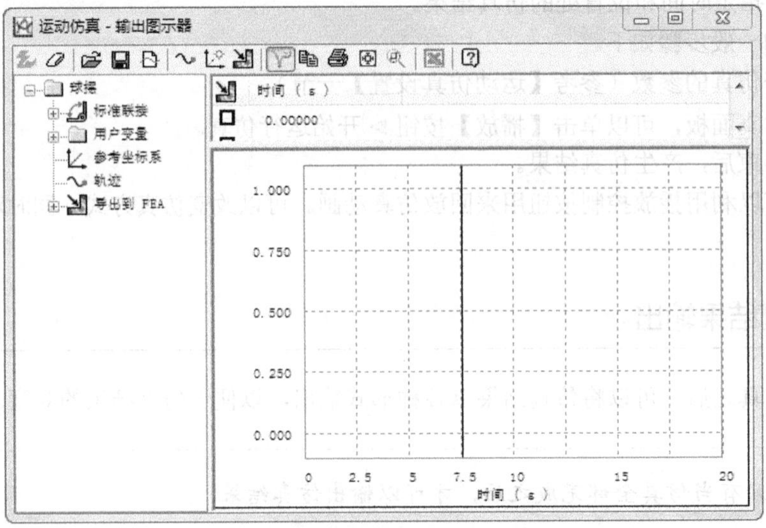

图 11-42 【输出图示器】对话框

多次单击【输出图示器】按钮，可以打开多个【输出图示器】对话框。

注意　与动态零件运动参数、输入图示器参数类似，在【参数】对话框中输出图示器参数不可用。

输出图示器中的变量含义见表 11-2。

表 11-2　输出图示器中的变量含义

变量	含义	特性
p	位置	
v	速度	
a	加速度	
U	关节动力	
Ukin	驱动力	
fr	力	
mm	力矩（转矩）	
frc	接触力	
status_ct	接触状态	对于无接触的情况，状态为 0；对于永久接触，状态为 1。当状态为 0.5 时，则表示存在碰撞后回弹
roll_ct	滑动状态	对于沿连接坐标系 X 轴的滑动，状态为 0；对于沿连接坐标系 -X 轴的滑动，状态为 -1；而对于滚动（但是无滑动），状态为 1
frs	弹簧力	大于 0 的 frs 为牵引，小于 0 的 frs 为压缩
ls	弹簧长度	
vs	弹簧应变率	弹簧连接点的相对线速度
frl	滚动连接力和滑动连接力	
mml	滚动连接转矩和滑动连接转矩	
pen_max	三维接触连接的最大穿透	
nb_cp	三维接触连接施加的最大力	
frcp_max	三维接触连接施加的最大力	
frcp1	三维接触连接对第一个零件施加的力	力作用在第一个零件上的三个分量以绝对框架表示
mmcp1	三维接触连接对第一个零件施加的力矩	对于第二个零件，第一个零件上的力（或力矩）的结果将显示在零件坐标系中
frcp2	三维接触连接对第二个零件施加的力	
mmcp2	三维接触连接对第二个零件施加的力矩	
p_ptr	跟踪位置	
v_ptr	跟踪速度	
a_ptr	跟踪加速度	
fr_ptr	外部载荷力	
mm_ptr	外部载荷力矩	
fr ‘?’	未知力	
mm ‘?’	未知力矩	
internal_step	两个图像之间内部计算的值	
hyperstatic	冗余的值	
shock	接触连接的两个零部件之间接触状态的值	

可以使用输出图示器进行以下操作。

（1）显示任何仿真变量的图形。

（2）对一个或多个仿真变量应用【快速傅立叶变换】。

（3）保存仿真变量。

（4）将当前变量与上次仿真时保存的变量相比较。

（5）使用仿真变量从计算中导出变量。

（6）准备 FEA 的仿真结果。

（7）将仿真结果发送到 Excel 和文本文件中。

下面简要介绍输出图示器的工具栏。

【清除】按钮：清除输出图示器中的所有仿真结果。

【全部不选】按钮：用以取消所有变量的选择。

【自动缩放】按钮：自动缩放图形窗口中显示的曲线，以便可以看到整条曲线。

【将数据导出到 Excel】按钮：将图形窗口中当前显示结果输出到 Microsoft Excel 表格中。

其余几个按钮与 Windows 窗口中的打开、保存、打印等工具的使用方法相同，这里不赘述。

3. 将结果导出到 FEA

FEA（Finite Element Analysis，有限元分析）方法在固体力学、机械工程、土木工程、航空结构、热传导、电磁场、流体力学、流体动力学、地质力学、原子工程和生物医学工程等各个具有连续介质和场的领域中获得了越来越广泛的应用。

有限元法的基本思想就是把一个连续体人为地分割成有限个单元，即把一个结构看成由若干通过结点相连的单元组成的整体，先进行单元分析，然后再把这些单元组合起来代表原来的结构。这种先化整为零再积零为整的方法就叫有限元法。

从数学的角度来看，有限元法是将一个偏微分方程化成一个代数方程组，利用计算机求解。由于有限元法是采用矩阵算法，借助计算机这个工具可以快速地计算出结果。在运动仿真中可以将仿真过程中得到的力的信息按照一定的格式输出为其他 FEA 软件（如 SAP、NASTRAN、ANSYS 等）所兼容的文件。这样就可以借助这些有限元分析软件的强大功能来进一步分析所得到的仿真数据。

注意 在运动仿真中，要求零部件的力必须均匀分布在某个几何形状上，这样导出的数据才可以被其他 FEA 软件所利用。如果某个力作用在空间的一个三维点上，则该力将无法被计算。运动仿真能够很好地支持零部件支撑面（或者边线）上的受力，包括作用力和反作用力。

可以在创建约束、力（力矩）、运动等元素的时候选择承载力的表面或者边线，也可以在将仿真数据结果导出到 FEA 的时候再选择。这些表面或者边线只需要定义一次，那么在以后的仿真或者数据导出中它们都会发挥作用。

注意 在将仿真结果导出到 FEA 时，一次只能导出某一个时刻的仿真结果数据，也就是说，某一个时刻的仿真数据构成单独的一个文件，有限元软件只能够同时分析这一个时刻的数据。虽然运动仿真也能够将某一个时间段的数据一起导出，但是也是导出到不同的文件中，与分别导出这些文件的结果没有任何区别，只是导出的效率提高了。

下面简要说明【导出到 FEA】的操作步骤。

（1）选择要输出到 FEA 的零件。

（2）根据【运动仿真设置】对话框中的设置，可以将必要的数据与相应的零件文件相关联以使用 Inventor 应力分析进行分析，或者将数据写入文本文件中以进行 ANSYS 模拟。

（3）进行 Inventor 分析的时候，在【运动仿真】面板上选择【导出到 FEA】按钮，打开如图 11-43 所示【导出到 FEA】对话框。

（4）在图形窗口中，单击要进行分析的零件，作为 FEA 分析零件。

可以选择多个零件。要取消选择某个零件，请在按住 Ctrl 键的同时单击该零件。按照给定指示选择完零件和承载面后单击【确定】按钮。

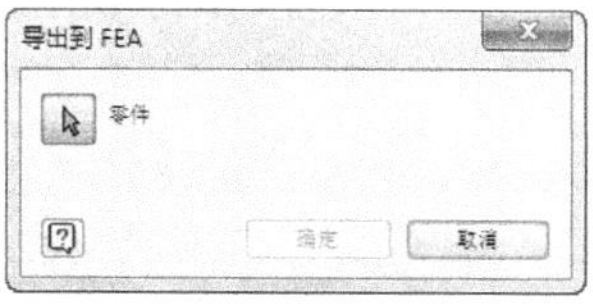

图 11-43　【导出到 FEA】对话框

11.4　综合演练——齿轮啮合运动仿真

对图 11-44 所示的齿轮进行运动仿真。

图 11-44　齿轮啮合

扫码看视频

操作步骤

（1）打开文件。单击【快速入门】标签栏【启动】面板上的【打开】按钮，打开【打开】对话框，选择【齿轮啮合】装配文件，单击【打开】按钮，打开齿轮啮合装配体，如图 11-44 所示。

（2）进入运动仿真环境。单击【环境】标签栏【开始】面板中的【运动仿真】按钮，进入运动仿真环境。

（3）插入齿轮运动。单击【运动仿真】标签栏【运动类型】面板中的【插入运动类型】按钮，打开【插入运动类型】对话框，选择【传动：外齿轮啮合运动】对话框，单击【1 个约束：传动】按钮，如图 11-45 所示。选择大齿轮上的分度圆为零部件 1 的圆柱体，然后选择大齿轮上端面圆弧圆心为原点，如图 11-46 所示。

图 11-45　【传动：外齿轮啮合运动】对话框

选择小齿轮上的分度圆为零部件2的圆柱体，然后选择小齿轮端面圆弧圆心为原点，如图11-47所示，单击【确定】按钮。

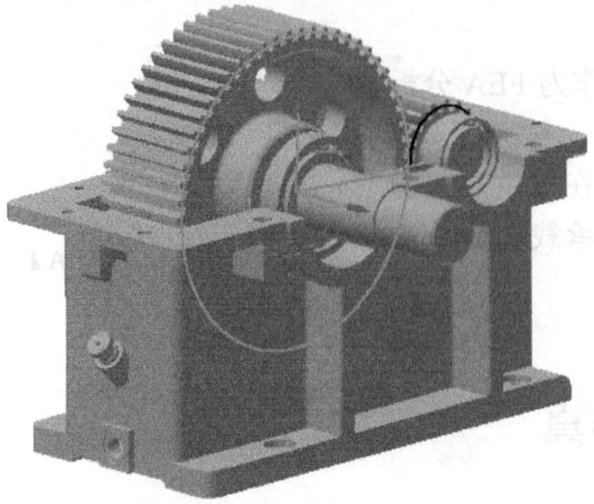

图11-46　选择大齿轮分度圆和圆心

图11-47　选择大齿轮分度圆

（4）添加转矩。单击【运动仿真】标签栏【加载】面板中的【转矩】按钮，打开如图11-48所示的【转矩】对话框，选择小齿轮轴最外端圆弧边线，输入大小为5Nmm，选择圆柱面为方向，如图11-49所示。单击【确定】按钮，完成转矩的添加，运动仿真浏览器如图11-50所示。

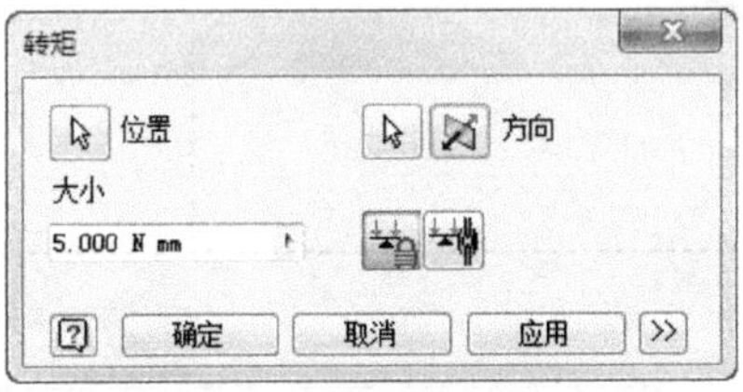

图11-48　【转矩】对话框

图11-49　添加转矩

（5）运动仿真。单击【运动仿真】标签栏【管理】面板中的【仿真播放器】按钮，打开如图11-51所示的【仿真播放器】对话框，输入最终时间为3s，单击【运行】按钮，进行运动仿真，观察两齿轮的啮合运动。

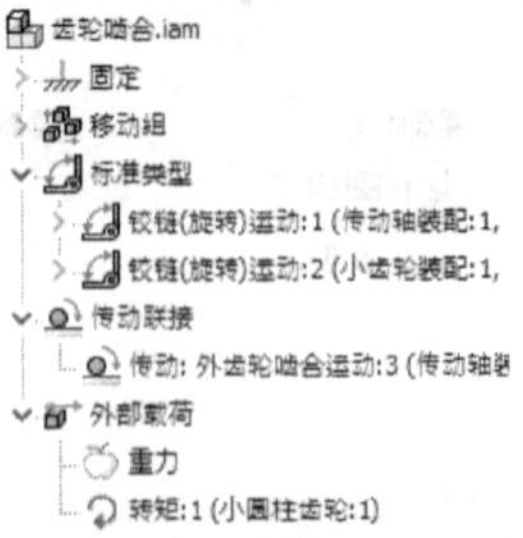

图11-50　运动仿真浏览器

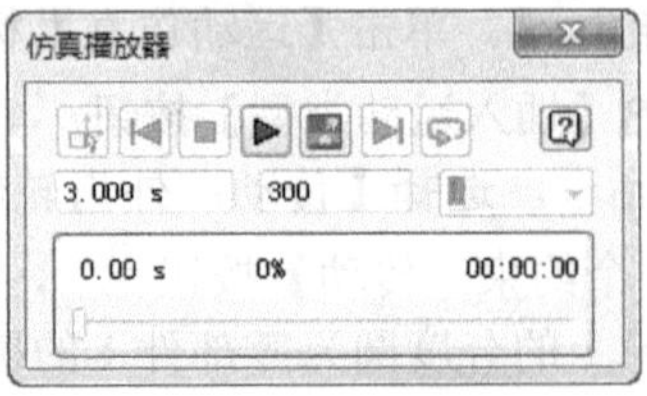

图11-51　【仿真播放器】对话框

第 12 章 应力分析

应力分析模块是 Inventor 2019 专业版的一个重要的新增功能，Inventor 2019 对应力分析模块进行了更新。通过在零件和钣金环境下进行应力分析，可以使设计者能够在设计的开始阶段就知道所设计的零件的材料和形状是否能够满足应力要求，变形是否在允许范围内等。

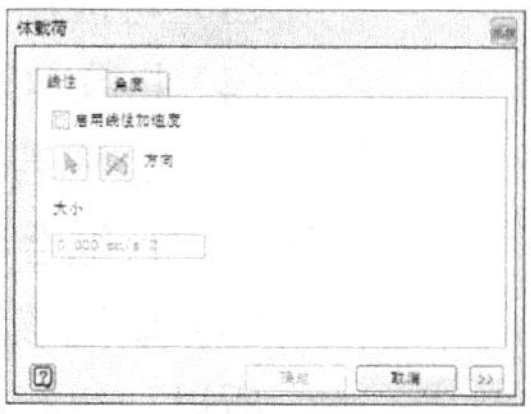

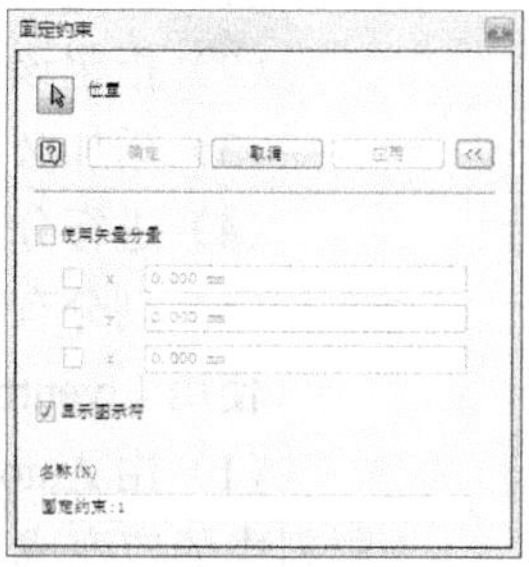

12.1 应力分析的一般方法

应力分析模块集成在 Inventor 中，运行 Inventor，进入零件或者钣金环境下，单击【环境】标签栏【开始】面板上的【应力分析】按钮，则进入应力分析环境下，在应力分析环境下可以看到：

（1）此时的工具面板已经变成了【应力分析】面板。

（2）浏览器的标题栏也变成了【应力分析】，其中包含有【载荷和约束】【结果】等选项。

（3）在功能区中，增加了【应力分析】标签栏，其中有一些在应力分析过程中能够用到的工具按钮，如【网格视图】按钮、【边界条件】按钮、【最大结果】等按钮以及【变形样式】列表框。

Inventor 的应力分析模块由美国 ANSYS 公司开发，所以 Inventor 的应力分析也是采取 FEA 的基本理论和方法。FEA 的基本方法是将物理模型的 CAD 表示分成小片断（想象一个三维迷宫），此过程称为网格化。

网格（有限元素集合）的质量越高，物理模型的数学表示就越好。使用方程组对各个元素的行为进行组合计算，便可以预测形状的行为。如果使用典型工程手册中的基本封闭形式计算，则将无法理解这些形状的行为。图 12-1 所示是对零件模型进行有限元网格划分的示意图。

Inventor 中的应力分析是通过使用物理系统的数学表示来完成的。该物理系统由以下内容组成。

（1）一个零件（模型）。

（2）材料特性。

（3）可应用的边界条件（称为预处理）。

（4）此数学表示的方案（求解）。要获得一种方案，可将零件分成若干小元素。求解器会对各个元素的独立行为进行综合计算，以预测整个物理系统的行为。

（5）研究该方案的结果（称为后处理）。

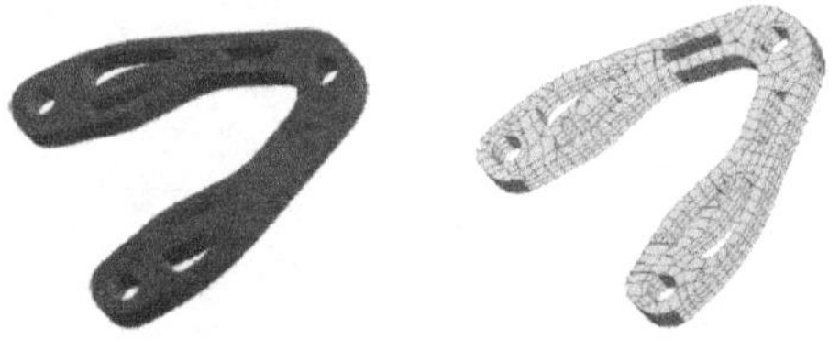

图 12-1　对零件模型进行有限元网格划分

所以，进行应力分析的一般步骤如下。

（1）创建要进行分析的零件模型。

（2）指定该模型的材料特性。

（3）添加必要的边界条件，以便于与实际情况相符和。

（4）进行分析设置。

（5）划分有限元网格，运行分析，分析结果的输出和研究（后处理）。

使用 Inventor 进行应力分析，必须了解一些必要的分析假设。

（1）由 Autodesk Inventor 提供的应力分析仅适用于线性材料特性。在这种材料特性中，应力和材料中的应变成正比例，即材料不会永久性地屈服。在弹性区域（作为弹性模量进行测量）中，材料的应力 - 应变曲线的斜率为常数时，便会得到线性行为。

（2）假设与零件厚度相比，总变形很小。例如，如果研究梁的挠度，则计算得出的位移必须远小于该梁的最小横截面。

（3）结果与温度无关，即假设温度不影响材料特性。

如果上面三个条件中的某一个不符合，则不能保证分析结果的正确性。

12.2　边界条件的创建

模型实体和边界条件（如材料、载荷、力矩等）共同组成了一个可以进行应力分析的系统。

12.2.1　验证材料

当在零件或者钣金环境中进入应力分析环境时，系统会首先检查当前激活的零件的材料是否可以用于应力分析。如果材料合适，则将在【应力分析】浏览器中列出；如果不合适，则将打开如图 12-2 所示的【指定材料】对话框，可以从下拉列表中为零件选择一种合适的材料，以用于应力分析。

图 12-2　【指定材料】对话框

如果不选择任何材料而取消此对话框，则继续设置应力分析，当尝试更新应力分析时，将显示该对话框，以便于在运行分析之前选择一种有效的材料。

需要注意的是，当材料的屈服强度为零时，可以执行应力分析，但是【安全系数】将无法计算和显示。当材料密度为零时，同样可以执行应力分析，但无法执行共振频率（模式）分析。

12.2.2　力和压力

应力分析模块中提供力和压力两种形式的作用力载荷。力和压力的区别是力作用在一个点上，而压力作用在表面上，压力更加准确的称呼应该是压强。下面以添加力为例，讲述如何在应力分析模块下为模型添加力。

（1）单击【应力分析】标签栏【载荷】面板上的【力】按钮，打开如图 12-3 所示的【力】对话框。

（2）单击【位置】按钮，选择零件上的某一点作用力的作用点。也可以在模型上单击左键，则鼠标指针所在的位置就作为力的作用点。

（3）通过单击【方向】按钮可以选择力的方向，如果选择了一个平面，则平面的法线方向被选择作为力的方向。单击【反向】按钮可以使力的作用方向相反。

（4）在【大小】文本框中指定力的大小。如果选中了【使用矢量分量】复选框，则还可以通过指定力的各个分量的值来确定力的大小和方向。既可以输入数值形式的力值，也可以输入已定义参数的方程式。

（5）单击【确定】按钮完成力的添加。

注意：当使用分量形式的力时，【方向】按钮和【大小】文本框变为灰色不可用。因为此时力的大小和方向完全由各个分力来决定，不需要再单独指定力的这些参数。

要为零件模型添加压力，可以选择【载荷】面板上的【压力】按钮，打开如图 12-4 所示的【压强】对话框，单击【面】按钮指定压力作用的表面，然后在【大小】文本框中指定压力的大小。注意单位为 MPa（MPa 是压强的单位）。压力的大小总取决于作用表面的面积。单击【确定】按钮完成压力的添加。

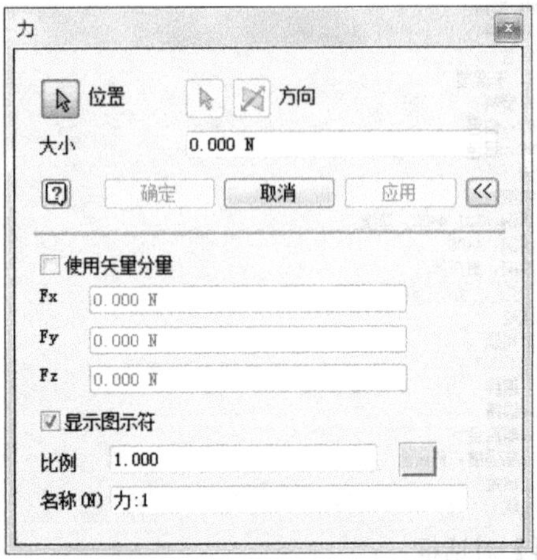

图 12-3 【力】对话框

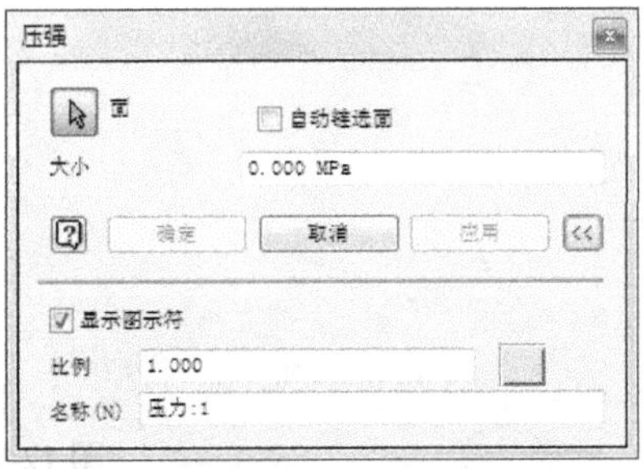

图 12-4 【压强】对话框

12.2.3 轴承载荷

轴承载荷顾名思义，仅可以应用到圆柱表面。默认情况下，应用的载荷平行于圆柱的轴。载荷的方向可以是平面的方向，也可以是边的方向。

要为零件添加轴承载荷，可以进行以下操作。

（1）单击【应力分析】标签栏【载荷】面板上的【轴承载荷】按钮，打开如图 12-5 所示的【轴承载荷】对话框。

（2）选择轴承载荷的作用表面，注意应该选择一个圆柱面。

（3）选择轴承载荷的作用方向，可以选择一个平面，则平面的法线方向将作为轴承载荷的方向；如果选择一个圆柱面，则圆柱面的轴向方向将作为轴承载荷的方向；如果选择一条边，则该边的矢量方向将作为轴承载荷的方向。

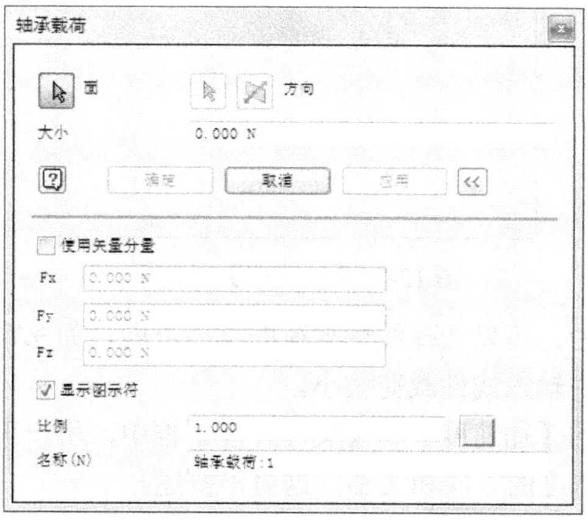

图 12-5 【轴承载荷】对话框

（4）在【大小】文本框中可以指定轴承载荷的大小。对于轴承载荷来说，也可以通过分力来决定合力，需要选中【使用矢量分量】复选框，然后指定各个分力的大小。

（5）单击【确定】按钮完成轴承载荷的添加。

12.2.4 力矩

力矩仅可以应用到表面，其方向可以由平面、直边、两个顶点和轴来定义。

要为零件添加力矩，可以进行以下操作。

（1）单击【应力分析】标签栏【载荷】面板上的【力矩】按钮，打开如图 12-6 所示的【力矩】对话框。

（2）单击【位置】按钮以选择力矩的作用表面。

（3）单击【方向】按钮选择力矩的方向，可以选择一个平面，或者选择一条直线边，或者两个顶点以及轴，则平面的法线方向、直线的矢量方向、两个顶点构成的直线方向以及轴的方向将分别作为力矩的方向。同样可以使用分力矩合成总力矩的方法来创建力矩，选中【力矩】对话框中的【使用矢量分量】复选框即可。

（4）单击【确定】按钮完成力矩的添加。

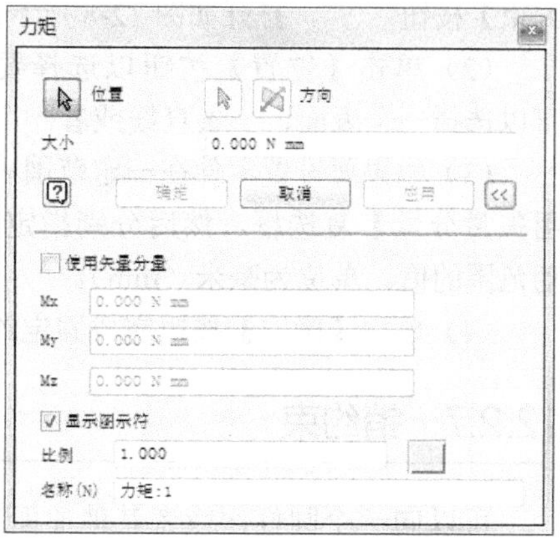

图 12-6 【力矩】对话框

12.2.5 体载荷

体载荷包括零件的重力，以及由于零件自身的加速度和速度而受到的力、惯性力。由于在应力分析模块中无法使得模型运动，所以增加了体载荷的概念，以模仿零件在运动时的受力。

要为零件添加体载荷，可以进行以下操作。

（1）单击【应力分析】标签栏【载荷】面板上的【体】按钮，打开如图 12-7 所示的【体载荷】对话框。

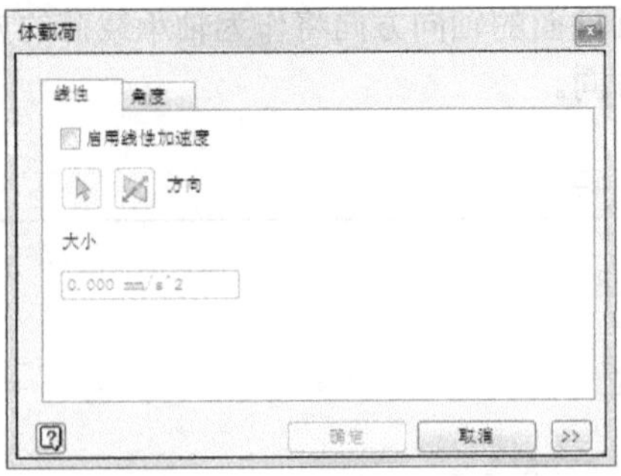

图 12-7 【体载荷】对话框

（2）在【线性】标签栏中，可以选择线性载荷的重力方向，如 +*X*，−*Y* 等。

（3）在【大小】文本框中输入线性载荷大小。

（4）在【角度】标签栏的【加速度】和【旋转速度】框中，用户可以指定是否启用旋转速度和加速度，以及旋转速度和加速度的方向和大小，这里不赘述。

（5）单击【确定】按钮完成体载荷的添加。

12.2.6 固定约束

将固定约束应用到表面、边或顶点上以使零件的一些自由度被限制，如果在一个正方体零件的一个顶点上添加固定约束，则约束该零件的三个平动自由度。除了限制零件的运动外，固定约束还可以使得零件在一定的运动范围内运动。添加固定约束的一般步骤如下。

（1）单击【应力分析】标签栏【约束】面板上的【固定约束】按钮，打开如图 12-8 所示的【固定约束】对话框。

（2）单击【位置】按钮以选择要添加固定约束的位置，可以选择一个表面、一条直线或者一个点。

（3）如果要设置零件在一定范围内运动，则可以选中【使用矢量分量】复选框，然后分别指定零件在 *X*、*Y*、*Z* 轴的运动范围的值，单位为毫米（mm）。

（4）单击【确定】按钮完成固定约束的添加。

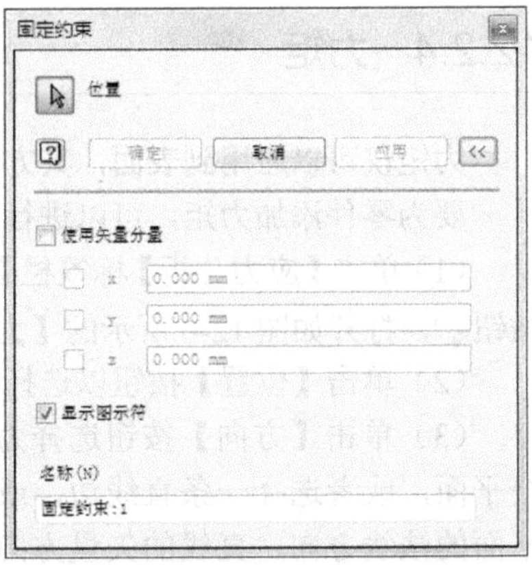

图 12-8 【固定约束】对话框

12.2.7 销约束

可以向一个圆柱面或者其他曲面上添加销约束。当添加了一个销约束以后，物体在某个方向上就不能平动、转动和发生变形。

要添加销约束，可以单击【应力分析】标签栏【约束】面板上的【销约束】按钮，在弹出的如图 12-9 所示的【销约束】对话框中可以看到有三个选项，即【固定径向】【固定轴向】和【固定切向】。当选择【固定径向】选项以后，则该圆柱面不能在圆柱的径向方向上平动、转动或者变形。对于其他两个选项，有类似的约定。

12.2.8 无摩擦约束

利用无摩擦约束工具，可以在一个表面上添加无摩擦约束。添加无摩擦约束以后，则物体不能够在垂直于该表面的方向上运动或者变形，但是可以在与无摩擦约束相切方向上运动或者变形。

要为一个表面添加无摩擦约束，可以单击【应力分析】标签栏【约束】面板上的【无摩擦约束】按钮，在弹出的如图 12-10 所示的【无摩擦约束】对话框选择一个表面以后，单击【确定】按钮，即完成无摩擦约束的添加。

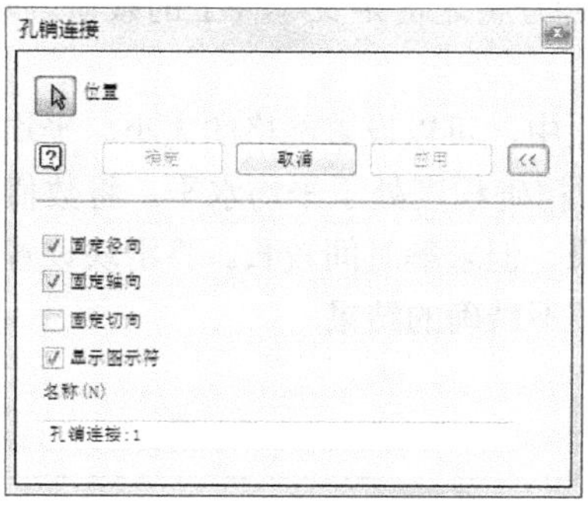

图 12-9 【销约束】对话框

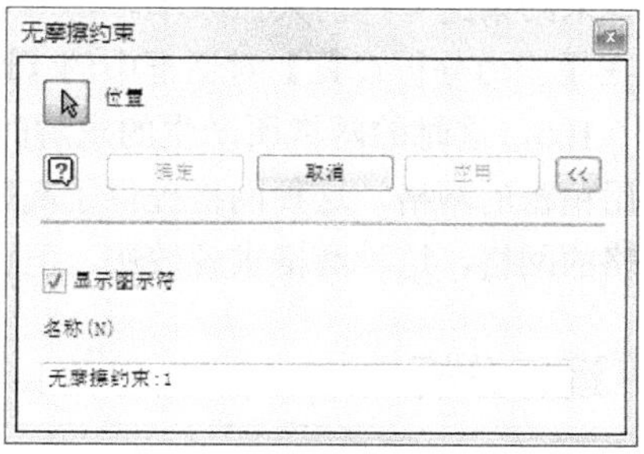

图 12-10 【无摩擦约束】对话框

12.3 模型分析及结果处理

在为模型添加了必要的边界条件以后，就可以进行应力分析了。本节讲述如何进行应力分析以及分析结果的处理。

12.3.1 应力分析设置

在进行正式的应力分析之前，有必要对应力分析的类型和有限元网格的相关性进行设置。单击【应力分析】标签栏【设置】面板上的【应力分析设置】按钮，打开如图 12-11 所示的【应力分析设置】对话框。

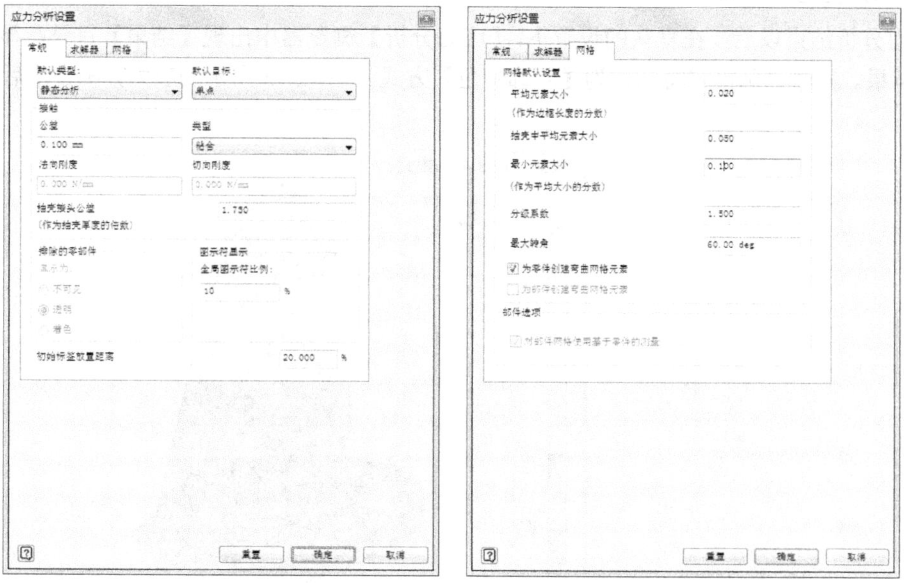

（a）　　（b）

图 12-11 【应力分析设置】对话框

（1）在分析类型中，可以选择分析类型：静态分析、模态分析。静态分析这里不多做解释，着重介绍一下模态分析。

共振频率（模态）分析主要用来查找零件振动的频率，以及在这些频率下的振形。与应力分析一样，模态分析也可以在应力分析环境中使用。共振频率分析可以独立于应力分析进行，用户可以对预应力结构执行频率分析，在这种情况下，可以于执行分析之前定义零件上的载荷。除此之外，还可以查找未约束的零件的共振频率。

（2）在【应力分析设置】对话框中的【网格】标签栏中，可以设置网格的大小。平均元素大小默认值为 0.100，这时的网格所产生的求解时间和结果的精确程度处于平均水平。将数值设置为更小可以使用精密的网格，这种网格提供了高度精确的结果，但求解时间较长。将滑块设置为更大可以使用粗略的网格，这种网格求解较快，但可能包含明显不精确的结果。

12.3.2 运行分析

当所有的设置都已经符合要求，则【应力分析】标签栏【求解】面板上的【分析】按钮将处于可用状态，单击该按钮开始更新应力分析。如果以前没有做过应力分析，单击该按钮则开始进行应力分析。单击该按钮后，会打开【分析】对话框，如图 12-12 所示，指示当前分析的进度情况。如果在分析过程中单击【取消】按钮，则分析会中止，不会产生任何分析结果。

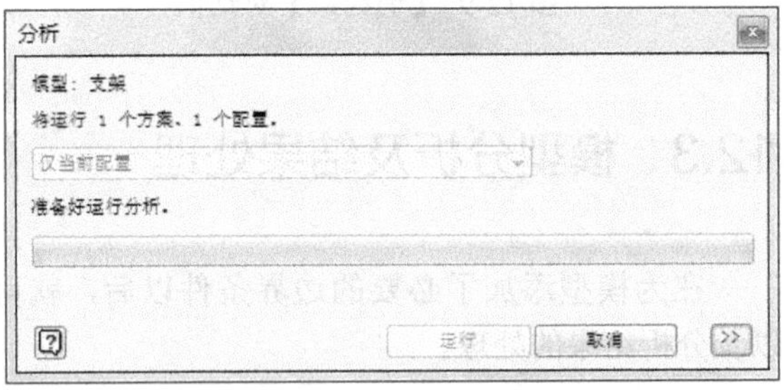

图 12-12 【分析】对话框

12.3.3 查看分析结果

1. 查看应力分析结果

当应力分析结束以后，在默认的设置下，【应力分析】浏览器中出现【结果】目录，显示应力分析的各个结果。同时显示模式将切换为【轮廓着色】方式。图 12-13 所示为应力分析完毕后的界面。

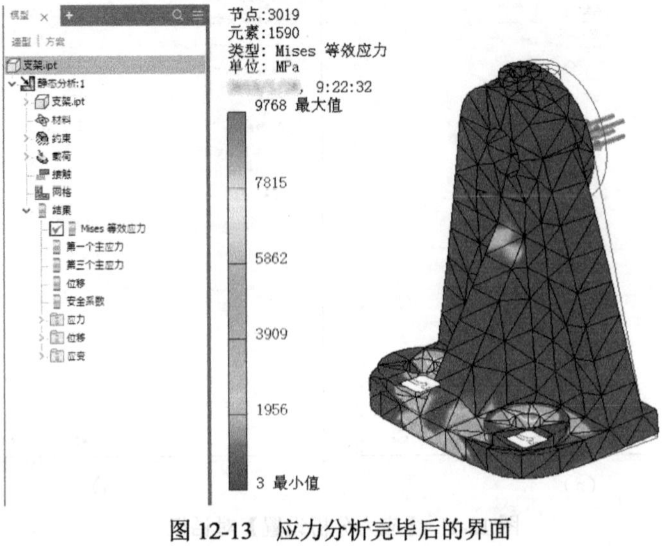

图 12-13 应力分析完毕后的界面

图 12-13 所示的结果是选择分析类型为【应力分析】时的分析结果。在图中可以看到，Inventor 以轮廓着色的方式显示了零件各个部分的应力情况，并且在零件上标出了应力最大点和应力最小点。同时还显示了零件模型在受力状况下的变形情况。查看结果时，始终都能看到此零件的未变形线框。

在【应力分析】浏览器中，【结果】目录下包含三个选项，即【应力】【位移】和【应变】，缺省情况下，【应力】选项前有复选标记，表示当前在工作区域内显示的是零件的等效应力。当然也可以双击其他选项，使得该选项前面出现复选标记，则工作区域内也会显示该选项对应的分析结果，图 12-14 所示为应力分析结果中的零件变形分析结果。

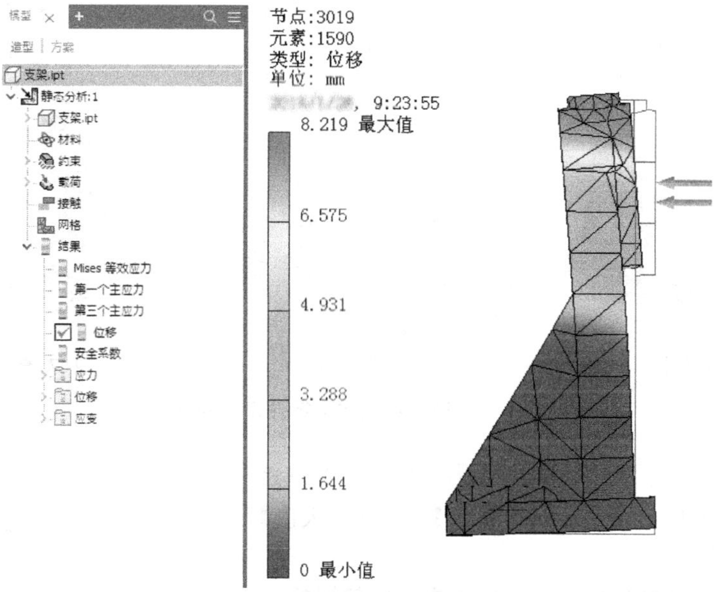

图 12-14　零件变形分析结果

2. 查看模态分析结果

如果选择了分析类型为【模态分析】，则分析结果如图 12-15 所示。

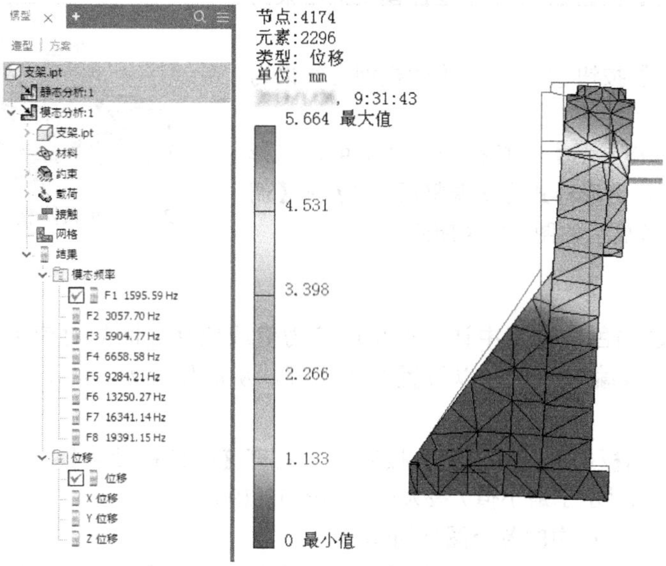

图 12-15　模态分析结果

3. 结果可视化

如果要改变分析后零件的显示模式，则可以选择标准工具栏中的【显示设置】下拉菜单，可以看到有三种显示模式可以选择：无着色、轮廓着色和平滑着色。三种显示模式下零件模型的外观区别如图 12-16 所示。

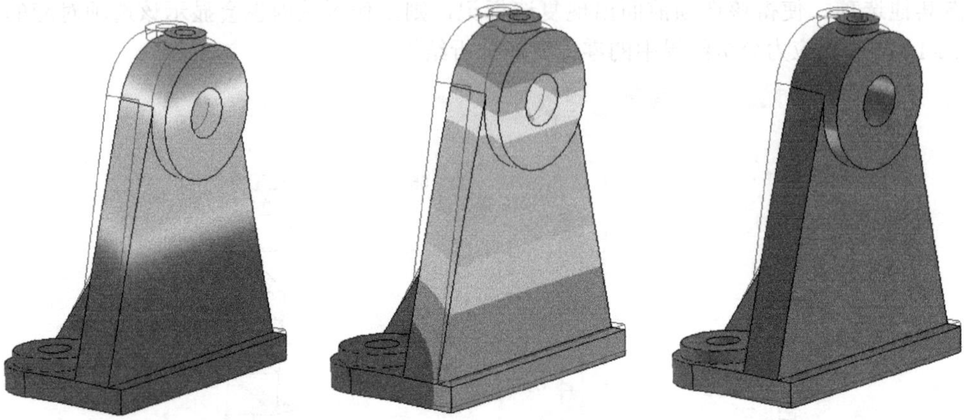

（a）平滑着色　　（b）轮廓着色　　（c）无着色

图 12-16　三种显示模式下零件模型的外观

另外，Inventor 提供了一些关于分析结果可视化的选项，包括【查看网格】，【显示边界条件】、【最大值】和【最小值】。

（1）单击【查看网格】按钮，则将方案中使用的元素网格与结果轮廓一起显示，如图 12-17 所示。

（2）单击【显示边界条件】按钮，显示零件上的载荷符号。

（3）单击【最大值】按钮，显示零件模型上结果为最大值的点。

（4）单击【最小值】按钮，显示零件模型上结果为最小值的点。

（5）单击【变形位移显示】下拉按钮，从中可以选择不同的变形样式，其中，变形样式为【调整后 ×1】和【调整后 ×5】时的零件模型显示如图 12-18 所示。

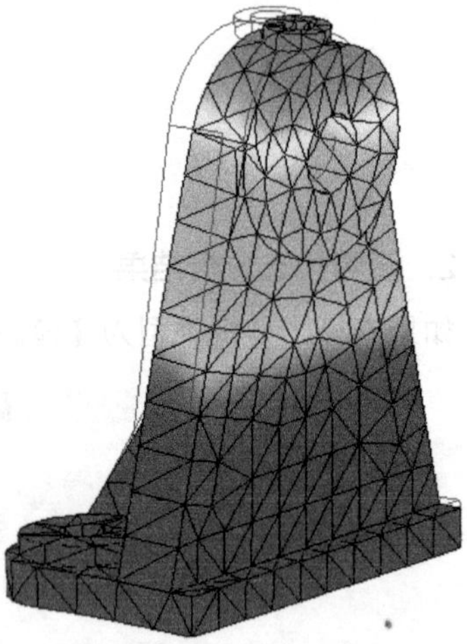

图 12-17　元素网格与轮廓着色一起显示

4. 编辑颜色栏

颜色栏显示了轮廓颜色与方案中计算得出的应力值或位移之间的对应关系，如图 12-13 ～图 13-15 所示。用户可以编辑颜色栏以设置彩色轮廓，从而使应力 / 位移按照用户的理解方式来显示。

单击【应力分析】面板中的【颜色栏】按钮，打开【颜色栏设置】对话框，将显示默认的颜色设置。对话框的左侧显示了最小值 / 最大值，如图 12-19 所示。

现在说明一下颜色对话框中的各个图标的作用。

【最大值】显示计算的最大阈值，取消选中【最大值】以启用手动阈值设置。

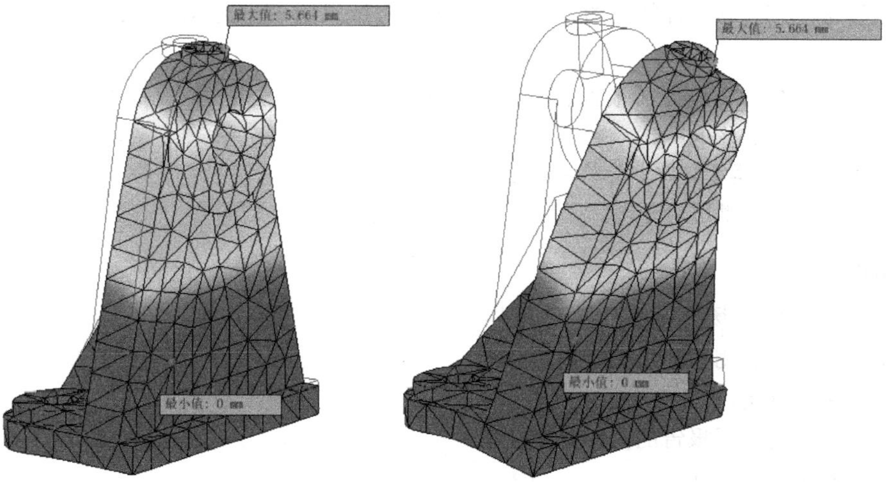

（a）调整后 ×1　　　　（b）调整后 ×5

图 12-18　不同的变形样式下的零件模型

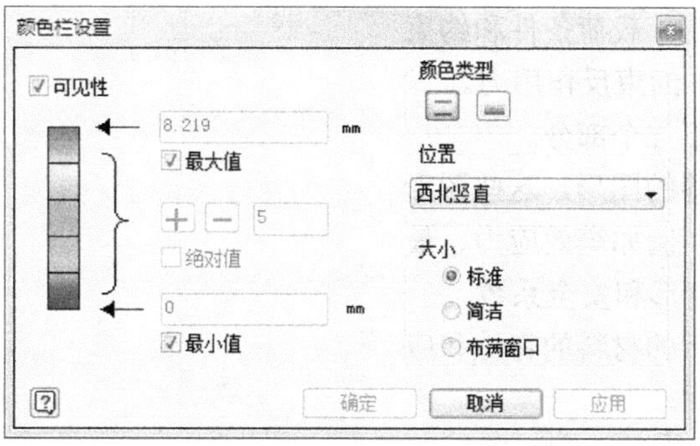

图 12-19 【颜色栏设置】对话框

【最小值】显示计算的最小阈值，取消选中【最小值】以启用手动阈值设置。

增加颜色：增加间色的数量。

减少颜色：减少间色的数量。

颜色：以某个范围的颜色显示应力等高线。

灰度：以灰度显示应力等高线。

12.3.4　生成分析报告

对零件运行分析之后，用户可以生成分析报告，分析报告提供了分析环境和结果的书面记录。本节介绍了如何生成分析报告、如何解释报告，以及如何保存和分发报告。

1. 生成和保存报告

对零件运行应力分析之后，用户可以保存该分析的详细信息，供日后参考。使用【报告】命令可以将所有的分析条件和结果保存为 HTML 格式的文件，以便查看和存储。

生成报告的步骤如下。

（1）设置并运行零件分析。

（2）设置缩放和当前零件的视图方向，以显示分析结果的最佳图示。此处所选视图就是在报告中使用的视图。

（3）从工具面板中，选择【报告】按钮以创建当前分析的报告。完成后，将显示一个 IE 浏览器窗口，其中包含了该报告。

（4）使用 IE 浏览器【文件】菜单中的【另存为】命令保存报告，供日后参考。

2. 解释报告

报告由概要、简介、场景和附录组成。其中：

（1）概要部分包含用于分析的文件、分析条件和分析结果的概述。

（2）简介部分说明了报告的内容，以及如何使用这些内容来解释分析。

（3）场景部分给出了有关各种分析条件的详细信息：几何图形和网格，包含网格相关性、节点数量和元素数量的说明；材料数据部分包含密度、强度等的说明；载荷条件和约束方案包含载荷和约束定义、约束反作用力。

（4）附录部分包含以下几个部分。

场景图形部分带有标签的图形，这些图形显示了不同结果集的轮廓，例如等效应力、最大主应力、最小主应力、变形和安全系数。

材料特性部分用于分析的材料的特性和应力极限。

包含报告的浏览器窗口如图 12-20 所示。

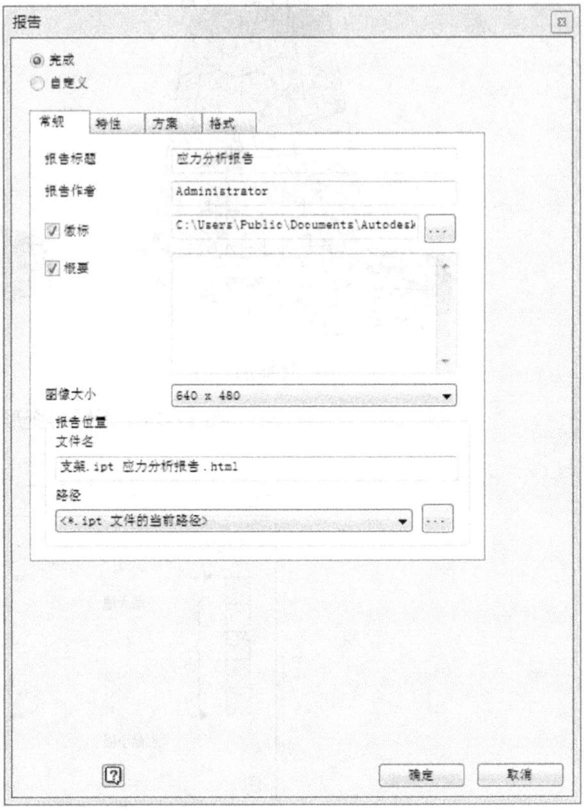

图 12-20 包含报告的浏览器窗口

12.3.5 生成动画

使用【动画结果】工具，可以在各种阶段的变形中使零件可视化，还可以制作不同频率下应力、安全系数及变形的动画。这样，使得仿真结果能够形象和直观地表达出来。

可以单击【结果】面板上的【动画制作】按钮来启动动画工具，此时弹出如图 12-21 所示的【结果动画制作】对话框，可以通过【播放】【暂停】【停止】按钮来控制动画的播放；也可以通过【记录】按钮来将动画以 AVI 格式保存成文件。

在【速度】下拉框中，可以选择动画播放的速度，如可以选择播放速度为【正常】【最快】【慢】【最慢】等，这样可以根据具体的需要来调节动画播放速度的快慢，以便于更加方便地观察结果。

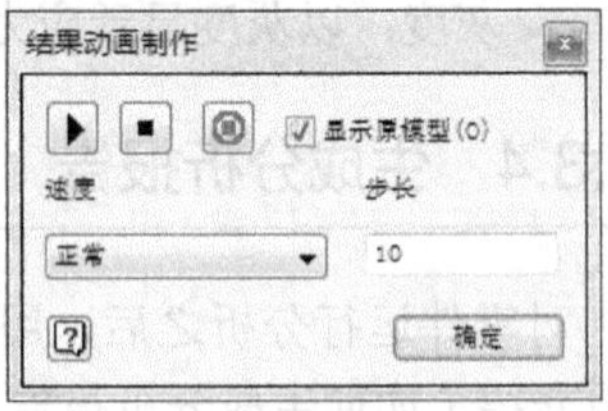

图 12-21 【结果动画制作】对话框

12.4 综合演练——支架应力分析

对如图 12-22 所示的支架进行应力分析。

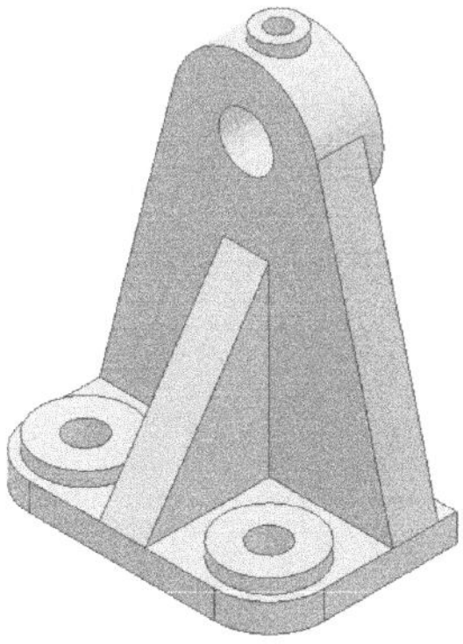

图 12-22　支架

扫码看视频

（1）打开文件。单击【快速入门】标签栏【启动】面板上的【打开】按钮，打开【打开】对话框，选择【支架】零件，单击【打开】按钮打开支架零件，如图 12-22 所示。

（2）单击【环境】标签栏【开始】面板中的【应力分析】按钮，进入应力分析环境。

（3）单击【分析】标签栏【管理】面板中的【创建方案】按钮，打开【创建新方案】对话框，选择【静态分析】单选项，其他采用默认设置，如图 12-23 所示，单击【确定】按钮。

（4）单击【分析】标签栏【材料】面板中的【指定】按钮，打开【指定材料】对话框，如图 12-24 所示。单击【材料】按钮，打开【材料浏览器】对话框，选择【钢，合金】材料将其添加到文档，如图 12-25 所示。关闭【材料浏览器】对话框，返回【指定材料】对话框，支架材料为【钢，合金】，单击【确定】按钮，如图 12-26 所示。

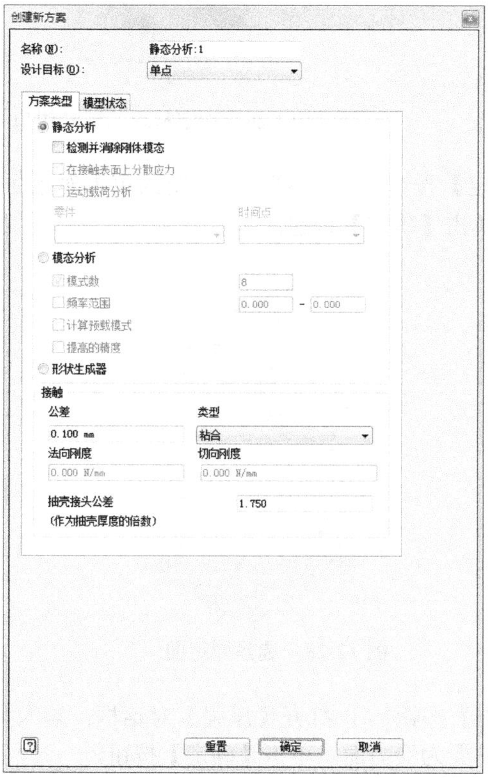

图 12-23 【创建新方案】对话框

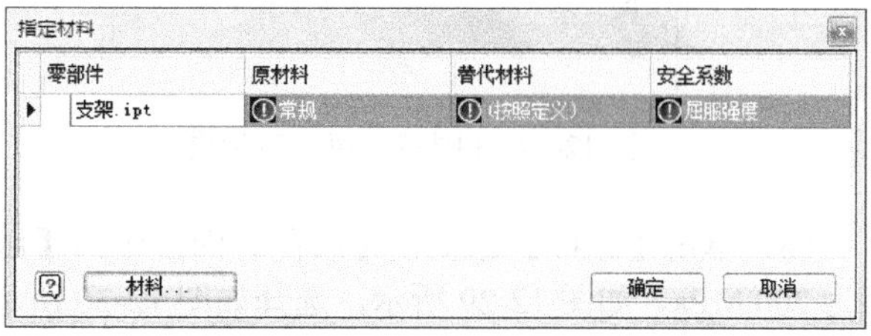

图 12-24 【指定材料】对话框

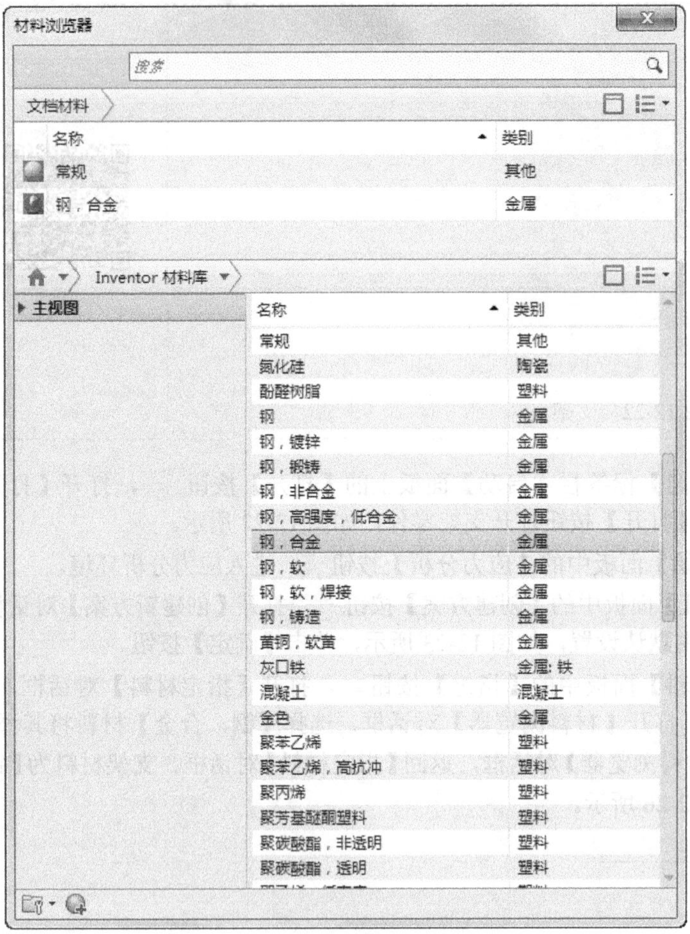

图 12-25 【材料浏览器】对话框

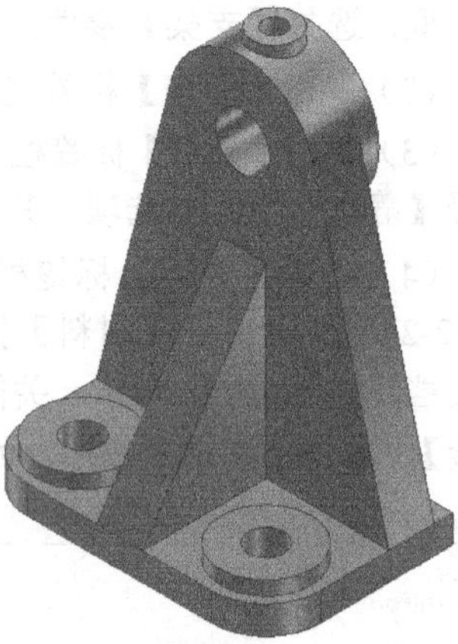

图 12-26 指定材料的活动钳口

（5）单击【分析】标签栏【约束】面板中的【固定】按钮，打开【固定约束】对话框，如图 12-27 所示。选择如图 12-28 所示的面为固定面，单击【确定】按钮。

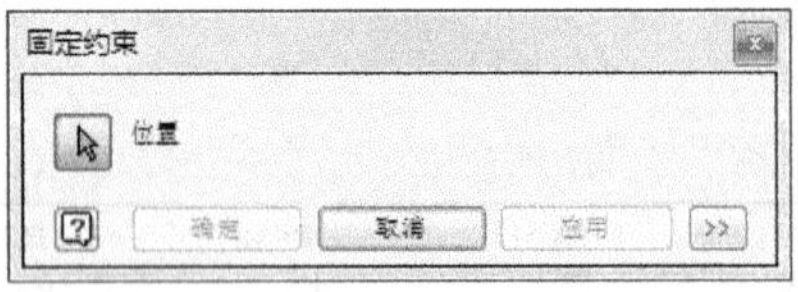

图 12-27 【固定约束】对话框

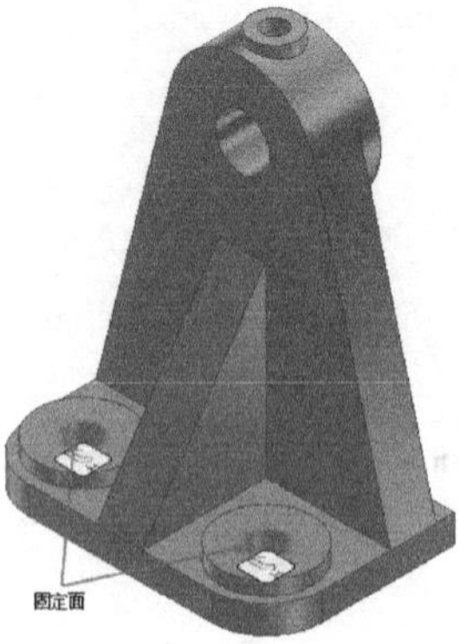

图 12-28 选择固定面

（6）单击【分析】标签栏【载荷】面板中的【压强】按钮，打开【压强】对话框，输入大小为 200 MPa，如图 12-29 所示，选择如图 12-30 所示的面为受力面，单击【确定】按钮。

（7）单击【分析】标签栏【网格】面板中的【查看网格】按钮，观察支架网格，如图 12-31 所示。

图 12-29 【压强】对话框

图 12-30　选择受力面

（8）单击【分析】标签栏【求解】面板中的【分析】按钮，打开【分析】对话框，如图 12-32 所示。单击【运行】按钮，进行应力分析，分析结果如图 12-33 所示。

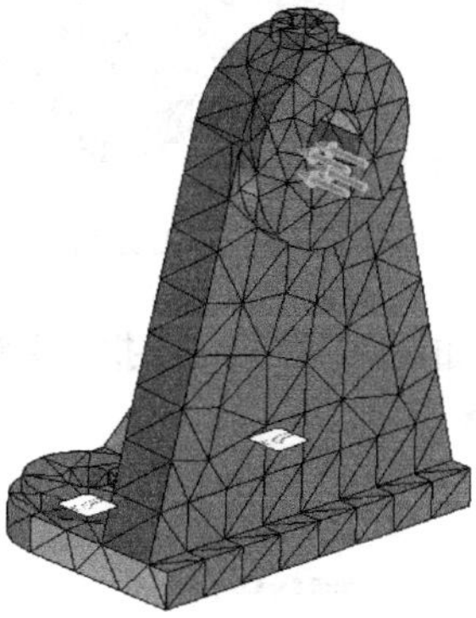

图 12-31　支架的网格划分

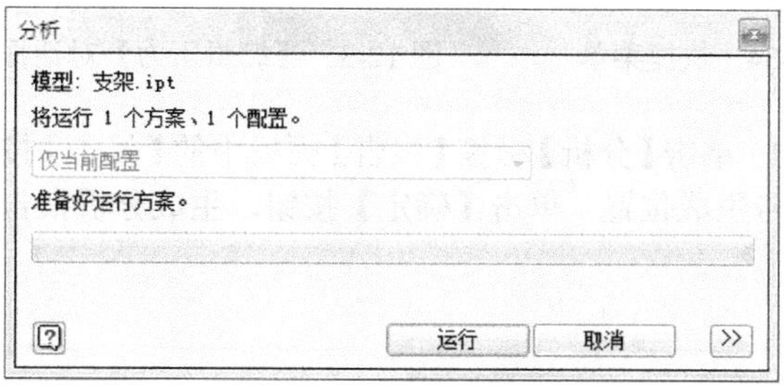

图 12-32 【分析】对话框

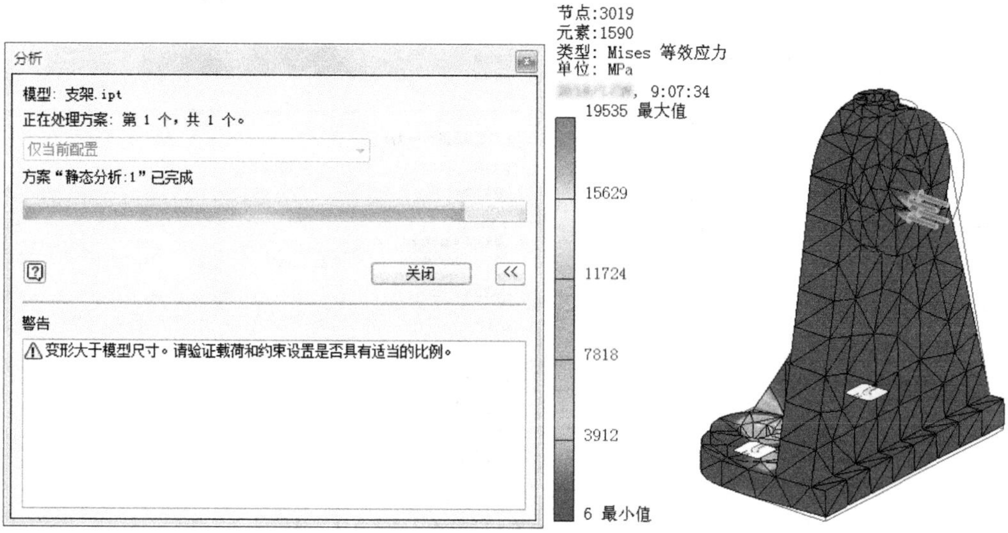

图 12-33　应力分析

（9）从第（8）步的分析结果中可以发现变形大于模型尺寸，下面更改压强值。选择模型树上的【载荷】节点，右键单击【压力】选项，在打开的如图 12-34 所示的快捷菜单中选择【编辑压力】选项，打开【编辑压力】对话框，更改大小为 100MPa，如图 12-35 所示，单击【确定】按钮，完成值的更改。

（10）重复执行第（8）和（9）步，对支架重新进行分析，结果如图 12-36 所示。

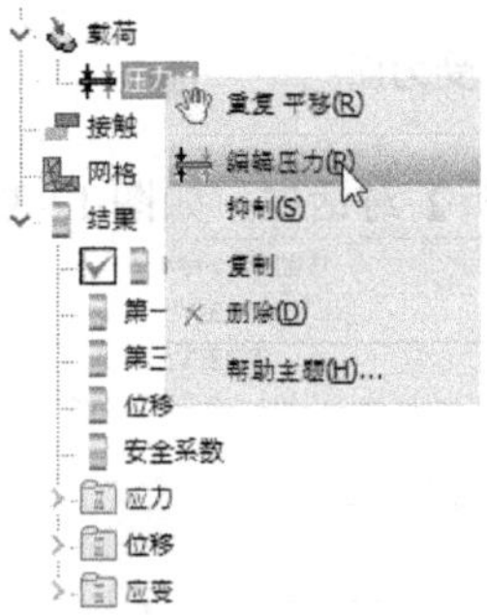

图 12-34　快捷菜单

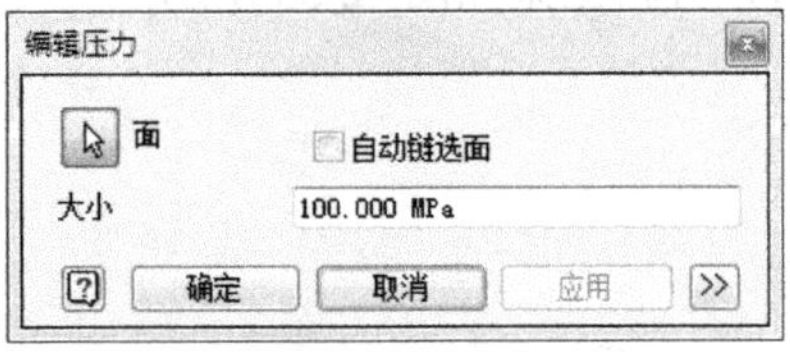

图 12-35　【编辑压力】对话框

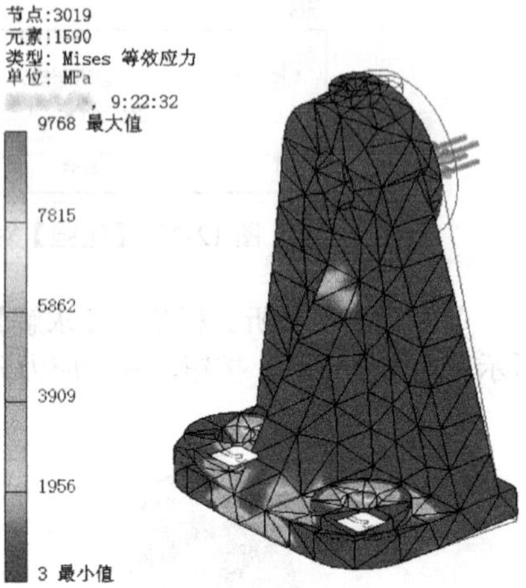

图 12-36　应力分析

（11）单击【分析】标签【报告】面板中的【报告】按钮，打开如图 12-37 所示【报告】对话框，设置报告生成位置，单击【确定】按钮，生成分析报告，如图 12-38 所示。

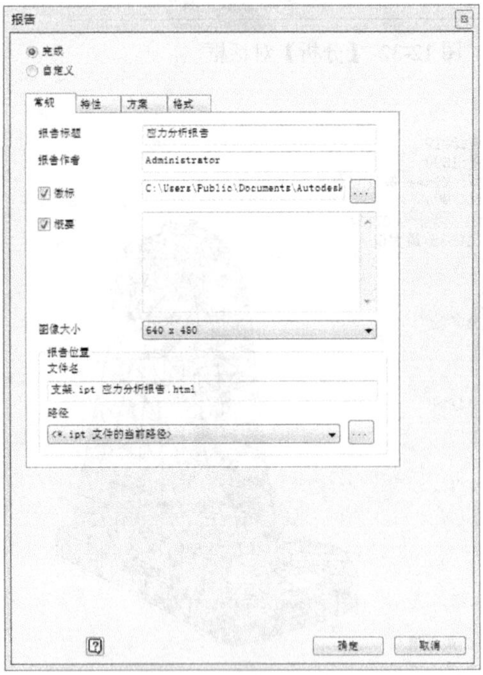

图 12-37　【报告】对话框

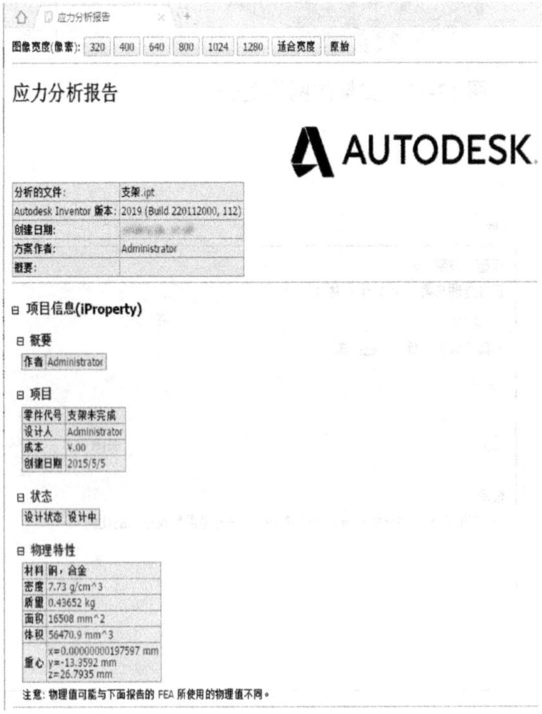

图 12-38　应力分析报告

第 13 章 综合演练——变向插锁器

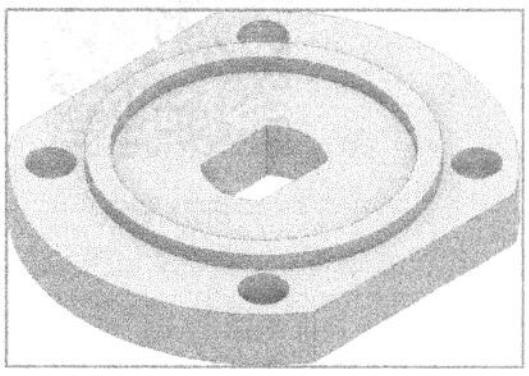

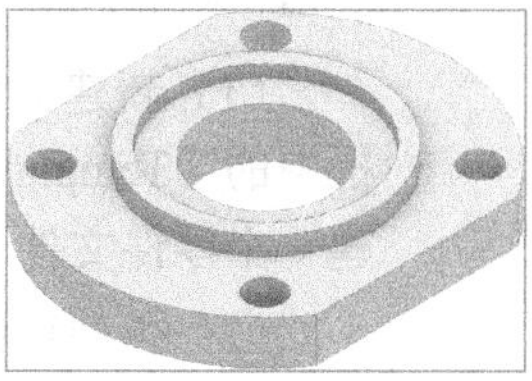

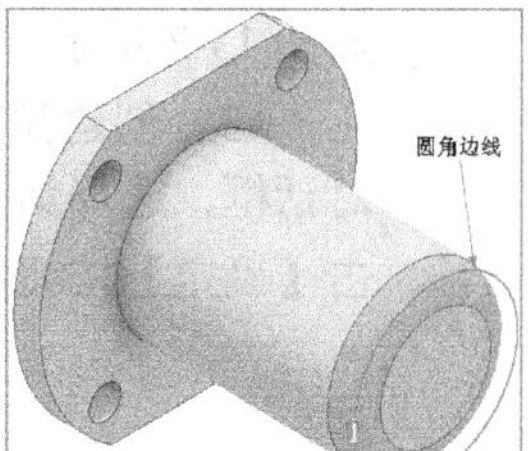

本章以变向插锁器为例，综合讲述用 Inventor 来创建建模、装配、工程图以及运动仿真和零件的应力分析等功能，加强读者对 Inventor 的操作和运用能力，并充分展示 Inventor 这款软件的强大功能。

13.1 变向插锁器零件

本节主要介绍变向插锁器零件的创建。由于变向插锁器零件较多，所以只筛选了变向插锁器中主要的零件来建模，包括左端盖、右端盖、保护外罩、油嘴、轴、半齿轮、齿条顶杆、法兰、连接法兰、壳体等，零件建模由简到难，循序渐进，让读者重温一遍建模操作中各个命令的应用。

13.1.1 左端盖

绘制如图 13-1 所示的左端盖。首先绘制草图，然后通过拉伸命令创建左端盖，最后利用拉伸和阵列命令创建连接孔。

扫码看视频

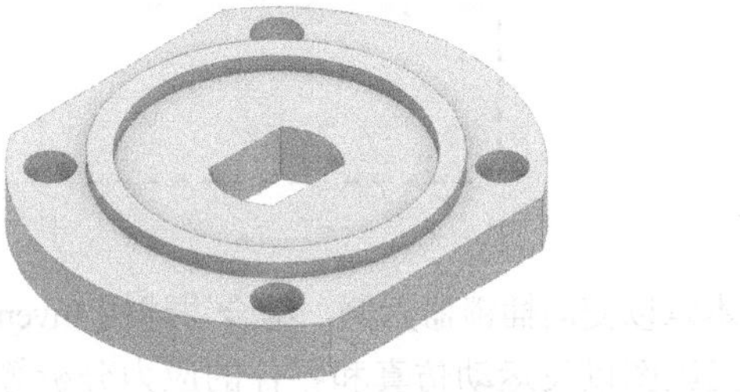

图 13-1 左端盖

操作步骤

（1）新建文件。单击【快速入门】工具栏上的【新建】按钮，在打开的【新建文件】对话框中的【Templates】选项卡中的零件下拉列表中选择【Standard.ipt】选项，单击【创建】按钮，新建一个零件文件。

（2）创建草图。单击【三维模型】标签栏【草图】面板上的【开始创建二维草图】按钮，选择 *XY* 平面为草图绘制平面，进入草图绘制环境。单击【草图】标签栏【创建】面板上的【圆】按钮、【线】按钮和【修剪】按钮，绘制草图。单击【约束】面板上的【尺寸】按钮，标注尺寸，如图 13-2 所示。单击【草图】标签上的【完成草图】按钮，退出草图环境。

（3）创建拉伸体。单击【三维模型】标签栏【创建】面板上的【拉伸】按钮，打开【拉伸】对话框，选择第（2）步绘制的草图为拉伸截面轮廓，将拉伸距离设置为 7mm，如图 13-3 所示。单击【确定】按钮完成拉伸。

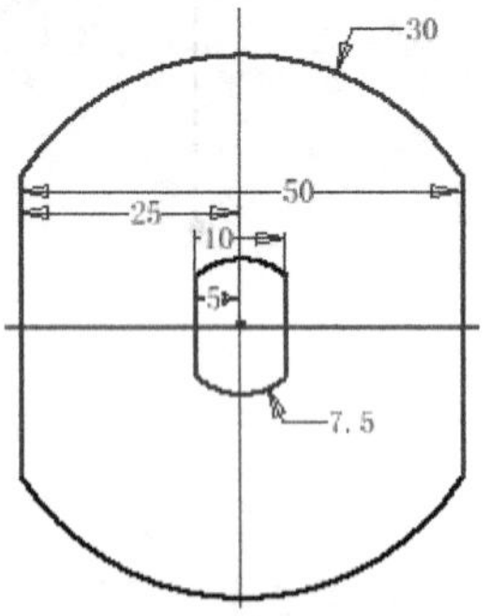

图 13-2 绘制草图

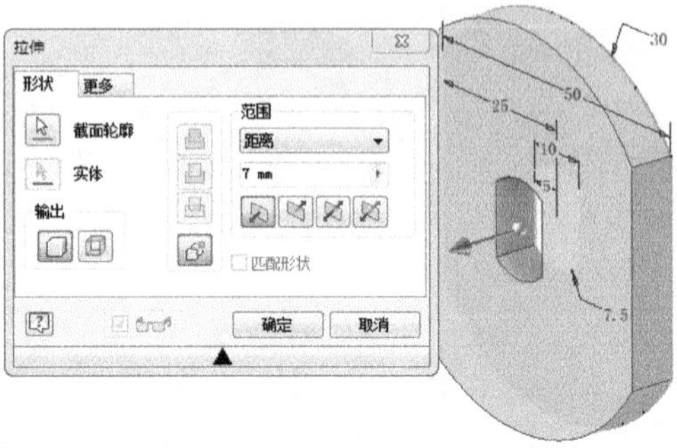

图 13-3 拉伸示意图

（4）创建草图。单击【三维模型】标签栏【草图】面板上的【开始创建二维草图】按钮，选择第（3）步创建拉伸体的前表面为绘图平面，进入草图绘制环境。单击【草图】标签栏【创建】面板上的【圆】按钮，绘制草图。单击【约束】面板上的【尺寸】按钮，标注尺寸，如图13-4 所示。单击【草图】标签上的【完成草图】按钮，退出草图环境。

（5）创建拉伸体。单击【三维模型】标签栏【创建】面板上的【拉伸】按钮，打开【拉伸】对话框，选择第（4）步绘制的草图为拉伸截面轮廓，将拉伸距离设置为 2mm，如图 13-5 所示。单击【确定】按钮完成拉伸。

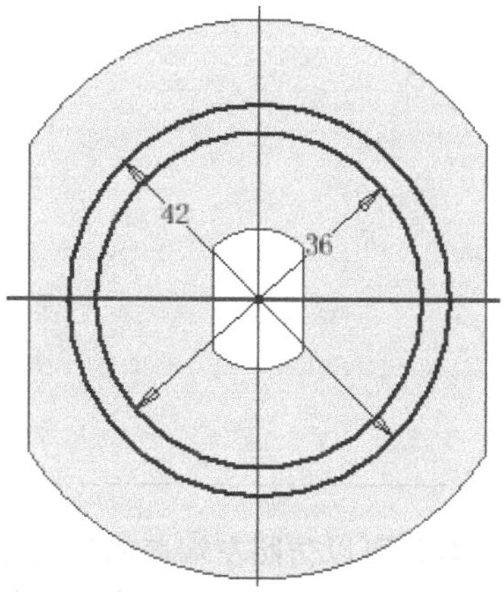

图 13-4　绘制草图

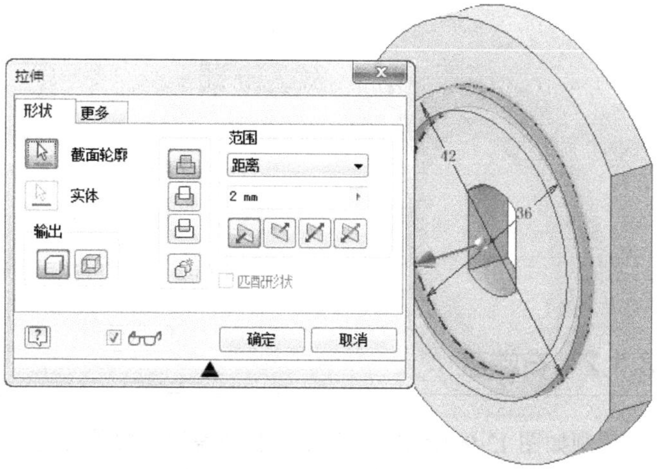

图 13-5　拉伸示意图

（6）创建草图。单击【三维模型】标签栏【草图】面板上的【开始创建二维草图】按钮，选择第（3）步创建拉伸体的前表面为绘图平面，进入草图绘制环境。单击【草图】标签栏【创建】面板上的【圆】按钮和【线】按钮，单击【构造】按钮，绘制草图。单击【约束】面板上的【尺寸】按钮，标注尺寸，如图 13-6 所示。单击【草图】标签上的【完成草图】按钮，退出草图环境。

（7）创建拉伸体。单击【三维模型】标签栏【创建】面板上的【拉伸】按钮，打开【拉伸】对话框，系统自动选择第（6）步绘制的草图为拉伸截面轮廓，设置拉伸范围为【贯通】，选择【求差】运算，如图 13-7 所示。单击【确定】按钮完成拉伸。

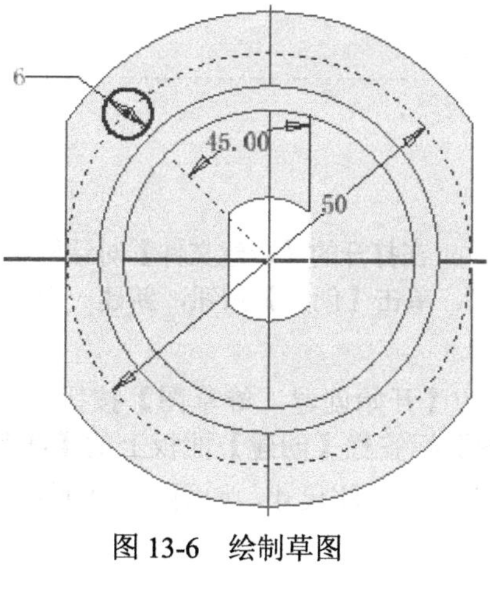

图 13-6　绘制草图

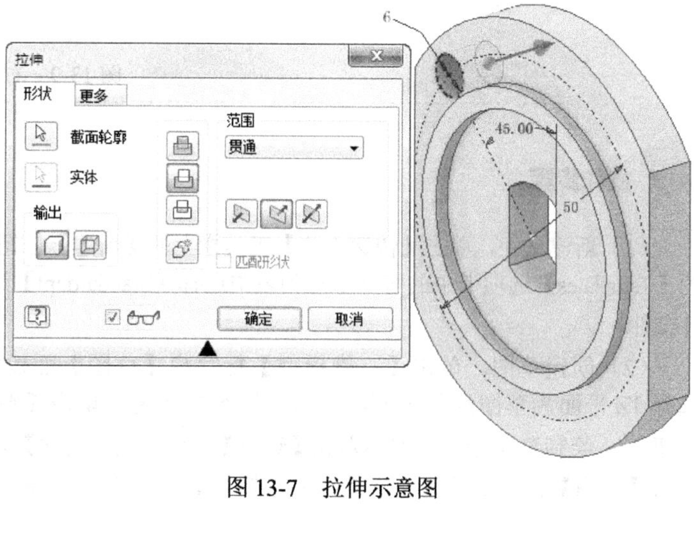

图 13-7　拉伸示意图

（8）阵列连接孔。单击【三维模型】标签栏【阵列】面板上的【环形阵列】按钮，打开【环形阵列】对话框，单击【阵列各个特征】按钮，选择第（7）步创建的拉伸特征为要阵列的特征，选择 Z 轴为旋转轴，设置阵列数目为 4，其余为默认设置，如图 13-8 所示。单击【确定】按钮完成阵列，最终完成左端盖的建模，如图 13-1 所示。

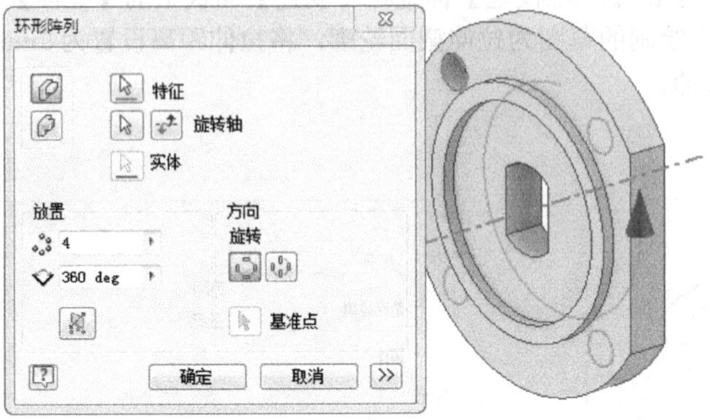

图 13-8　圆周阵列示意图

13.1.2　右端盖

绘制如图 13-9 所示的右端盖。右端盖和左端盖结构基本相同，我们可以仿照左端盖的建模过程创建右端盖，也可以用其他方法。本例我们通过绘制草图，然后通过旋转、拉伸以及孔命令来创建右端盖。

扫码看视频

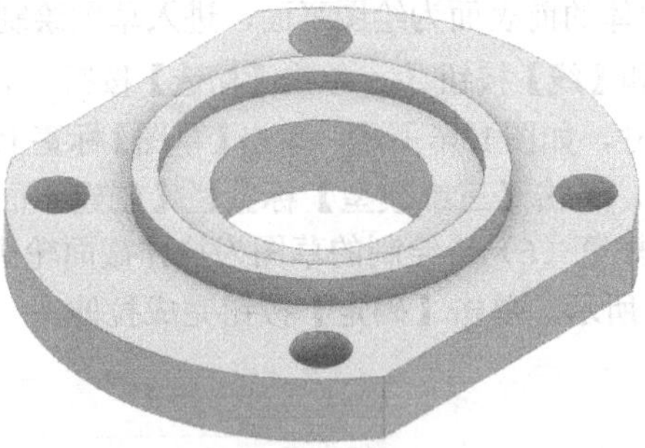

图 13-9　右端盖

操作步骤

（1）新建文件。单击【快速入门】工具栏上的【新建】按钮，在打开的【新建文件】对话框中的【Templates】选项卡中的零件下拉列表中选择【Standard.ipt】选项，单击【创建】按钮，新建一个零件文件。

（2）创建草图。单击【三维模型】标签栏【草图】面板上的【开始创建二维草图】按钮，选择 YZ 平面为草图绘制平面，进入草图绘制环境。单击【草图】标签栏【创建】面板上的【线】按钮，绘制草图轮廓。然后单击【约束】面板上的【尺寸】按钮，标注尺寸，如图 13-10 所示。单击【草图】标签上的【完成草图】按钮，退出草图环境。

（3）创建旋转体。单击【三维模型】标签栏【创建】面板上的【旋转】按钮，打开【旋转】对话框，系统自动选择第（2）步绘制的草图为旋转截面轮廓，选择 Z 轴为旋转轴，其余为默认设置，如图 13-11 所示。单击【确定】按钮完成旋转。

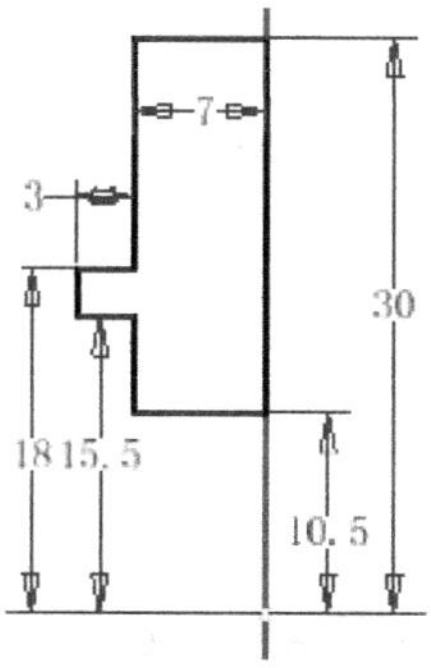

图 13-10　绘制草图

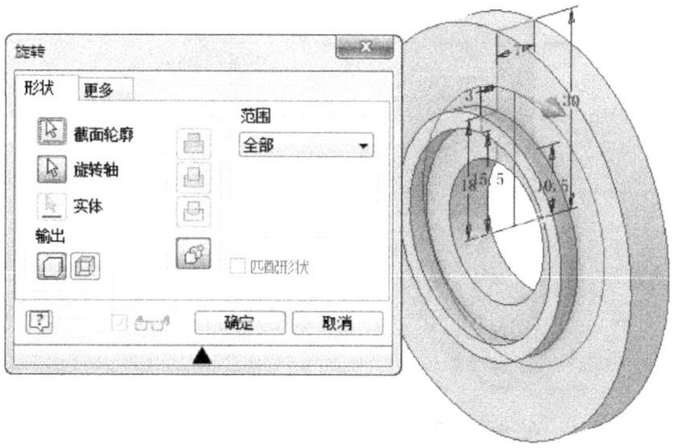

图 13-11　旋转示意图

（4）创建草图。单击【三维模型】标签栏【草图】面板上的【开始创建二维草图】按钮，选择第（3）步创建的旋转体的前表面为绘图平面，进入草图绘制环境。单击【草图】标签栏【创建】面板上的【矩形】按钮，绘制草图轮廓。然后单击【约束】面板上的【尺寸】按钮，标注尺寸，如图 13-12 所示。单击【草图】标签上的【完成草图】按钮，退出草图环境。

（5）创建拉伸体。单击【三维模型】标签栏【创建】面板上的【拉伸】按钮，打开【拉伸】对话框，选择第（4）步绘制的草图为拉伸截面轮廓，设置拉伸范围为【贯通】，选择【求差】运算，如图 13-13 所示。单击【确定】按钮完成拉伸。

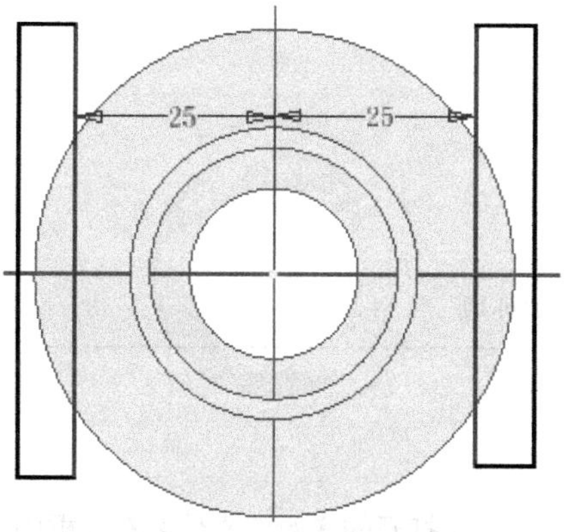

图 13-12　绘制草图

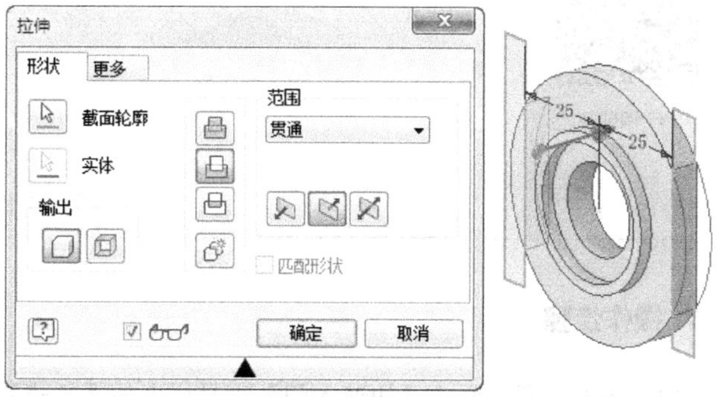

图 13-13　拉伸示意图

（6）创建草图。单击【三维模型】标签栏【草图】面板上的【开始创建二维草图】按钮，选择第（3）步创建的旋转体的前表面为绘图平面，进入草图绘制环境。单击【草图】标签栏【创建】面板上的【圆】按钮、【线】按钮和【点】按钮，单击【构造】按钮，绘制草图轮廓。然后单击【约束】面板上的【尺寸】按钮，标注尺寸，如图 13-14 所示。单击【草图】标签上的【完成草图】按钮，退出草图环境。

（7）创建直孔。单击【三维模型】标签栏【修改】面板上的【孔】按钮，打开【孔】特性面板。系统自动捕捉第（6）步绘制的草图中的点为孔的中心点，设置孔的直径为 6mm，设置【终止方式】为【贯通】，其余为默认设置，如图 13-15 所示，单击【确定】按钮，完成孔的创建。最终完成右端盖的建模，如图 13-9 所示。

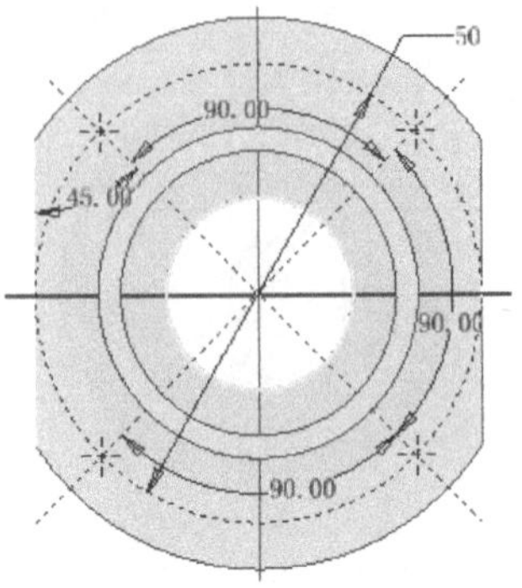

图 13-14　绘制草图

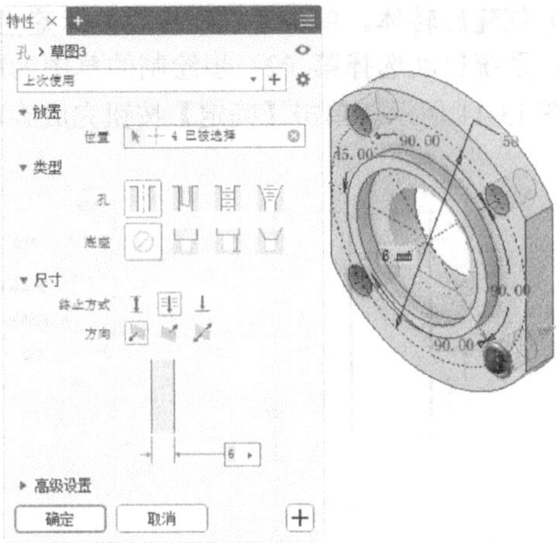

图 13-15　【孔】对话框及预览

13.1.3　保护外罩

绘制如图 13-16 所示的保护外罩。本例我们通过绘制草图，然后通过旋转、拉伸命令来创建保护外罩，最后创建倒角和倒圆角特征。

扫码看视频

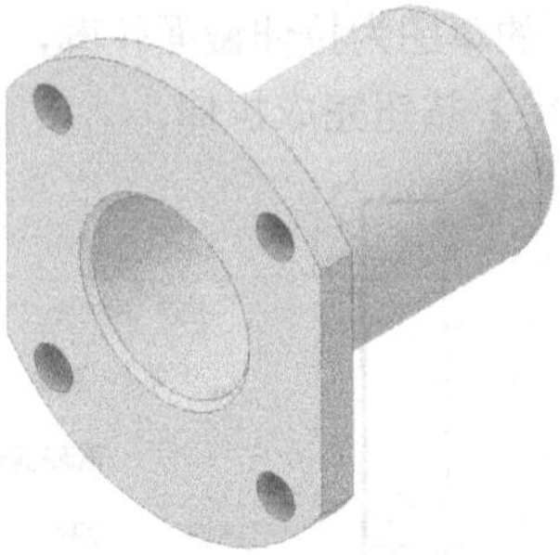

图 13-16　保护外罩

操作步骤

（1）新建文件。单击【快速入门】工具栏上的【新建】按钮，在打开的【新建文件】对话框中的【Templates】选项卡中的零件下拉列表中选择【Standard.ipt】选项，单击【创建】按钮，新建一个零件文件。

（2）创建草图。单击【三维模型】标签栏【草图】面板上的【开始创建二维草图】按钮，选择 *XY* 平面为草图绘制平面，进入草图绘制环境。单击【草图】标签栏【创建】面板上的【线】按钮，绘制草图轮廓。然后单击【约束】面板上的【尺寸】按钮，标注尺寸，如图 13-17 所示。单击【草图】标签上的【完成草图】按钮，退出草图环境。

（3）创建旋转体。单击【三维模型】标签栏【创建】面板上的【旋转】按钮，打开【旋转】对话框，系统自动选择第（2）步绘制的草图为旋转截面轮廓，选择 *X* 轴为旋转轴，其余为默认设置，如图 13-18 所示。单击【确定】按钮完成旋转。

（4）创建草图。单击【三维模型】标签栏【草图】面板上的【开始创建二维草图】按钮，选择第（3）步创建的旋转体的前表面为绘图平面，进入草图绘制环境。单击【草图】标签栏【创建】

面板上的【矩形】按钮、【圆】按钮和【线】按钮，单击【构造】按钮，绘制草图轮廓。然后单击【约束】面板上的【尺寸】按钮，标注尺寸，如图 13-19 所示。单击【草图】标签上的【完成草图】按钮，退出草图环境。

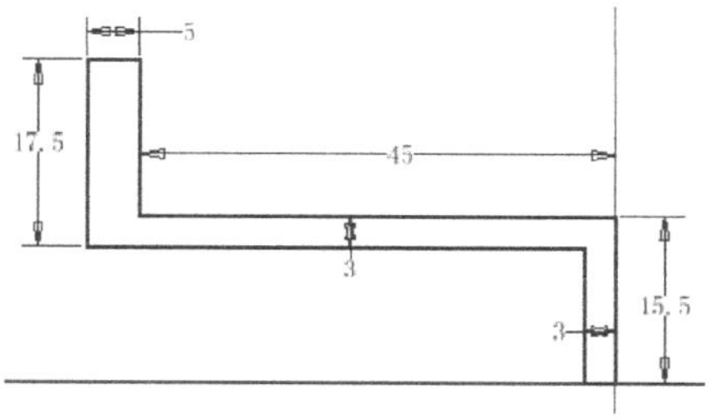

图 13-17　绘制草图

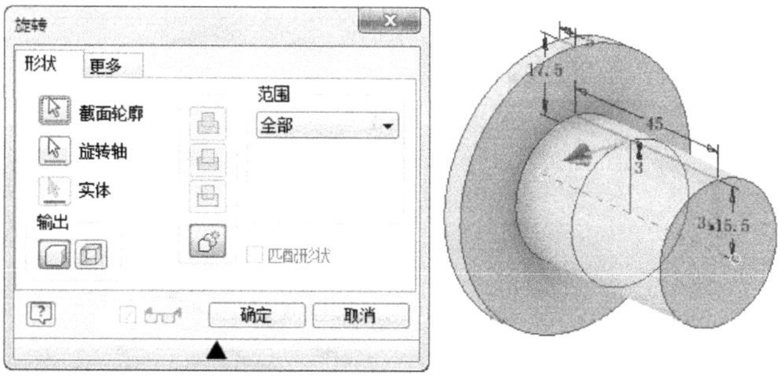

图 13-18　旋转示意图

（5）创建拉伸体。单击【三维模型】标签栏【创建】面板上的【拉伸】按钮，打开【拉伸】对话框，选择第（4）步绘制的草图为拉伸截面轮廓，设置拉伸范围为【贯通】，选择【求差】运算，如图 13-20 所示。单击【确定】按钮完成拉伸。

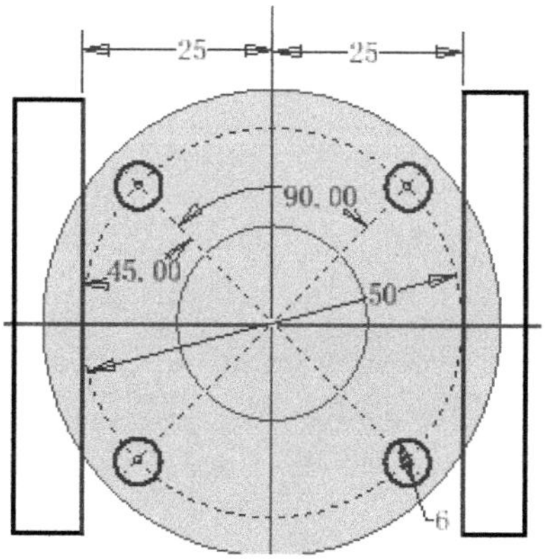

图 13-19　绘制草图

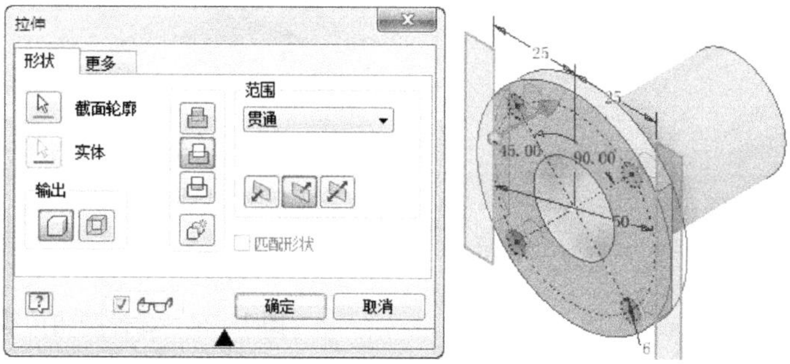

图 13-20　拉伸示意图

（6）创建倒角。单击【三维模型】标签栏【修改】面板上的【倒角】按钮，打开【倒角】对话框，设置【倒角边长】，选择如图 13-21 所示的边线，输入【倒角边长】为 1mm，单击【确定】按钮，结果如图 13-22 所示。

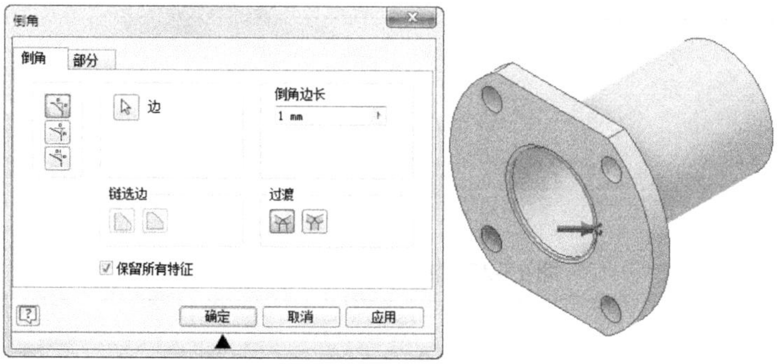

图 13-21　【倒角】对话框及预览

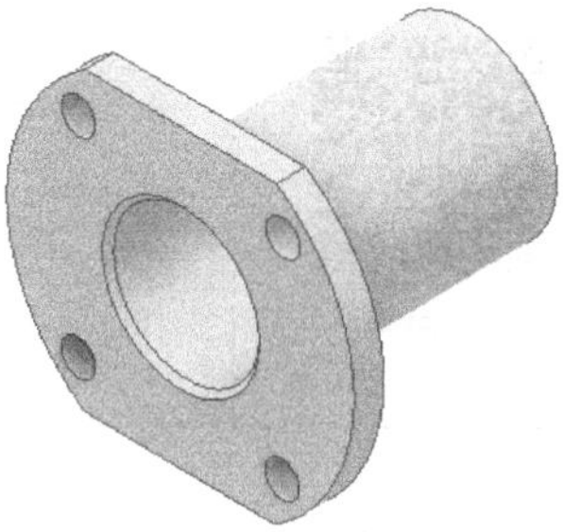

图 13-22　创建倒角

（7）创建倒圆角。单击【三维模型】标签栏【修改】面板中的【圆角】按钮，打开【圆角】

对话框，输入半径为2mm，选择如图13-23所示的边线倒圆角，单击【确定】按钮，完成圆角操作；重复执行【圆角】命令，输入半径为5mm，选择图13-24所示的边线倒圆角，单击【确定】按钮，完成圆角操作，最终完成保护外罩的创建，结果如图13-16所示。

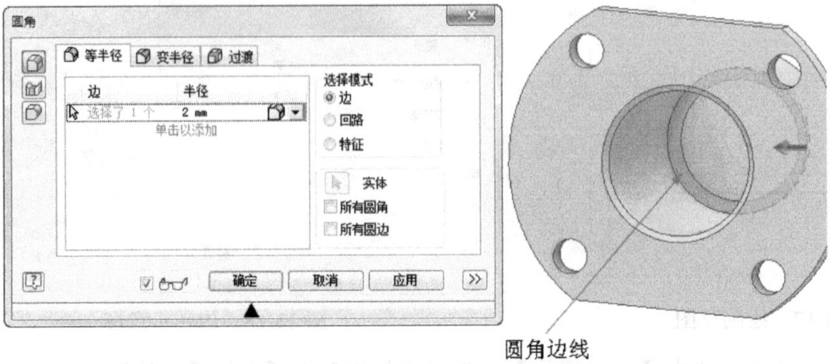

图13-23 【圆角】对话框及预览

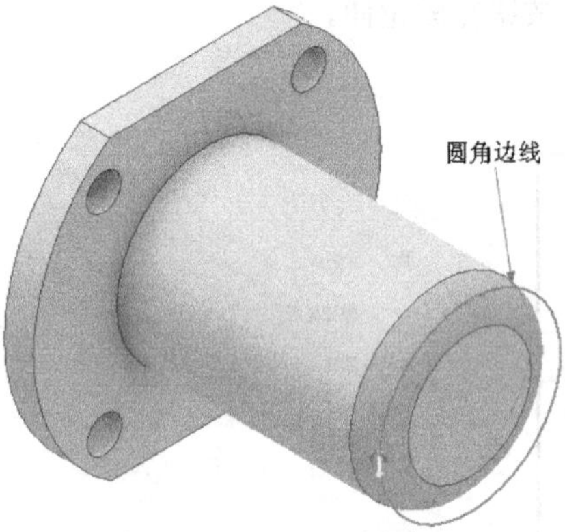

图13-24 选择圆角边线

13.1.4 油嘴

本例绘制油嘴如图13-25所示。首先利用拉伸和旋转创建油嘴主体，然后利用孔工具生成螺纹孔，创建油嘴。

扫码看视频

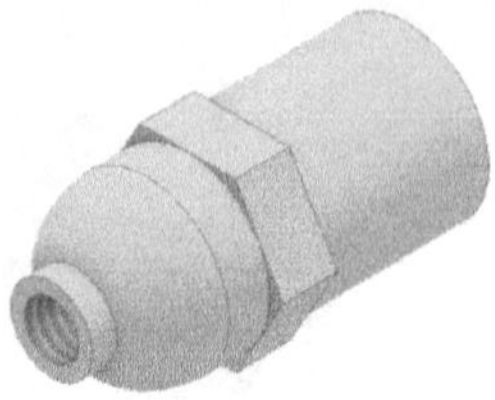

图13-25 油嘴

操作步骤

（1）新建文件。运行Inventor，选择【快速入门】标签栏，单击【启动】面板上的【新建】按钮，在打开的【新建文件】对话框中的【默认】选项卡下，选择【Standard.ipt】选项，然后单击【创建】按钮，新建一个零件文件。

（2）创建草图。单击【三维模型】选项卡【草图】面板上的【开始创建二维草图】按钮，选择 *XY* 平面为草图绘制平面，进入草图绘制环境。单击【草图】选项卡【绘图】面板上的【圆】按钮，绘制草图。单击【约束】面板上的【尺寸】按钮，标注尺寸，如图 13-26 所示。单击【完成草图】按钮，退出草图环境。

（3）创建拉伸体。单击【三维模型】标签栏【创建】面板上的【拉伸】按钮，打开【拉伸】对话框，系统自动选择第（2）步绘制的草图为拉伸截面轮廓，将拉伸距离设置为 6mm，如图 13-27 所示。单击【确定】按钮完成拉伸。

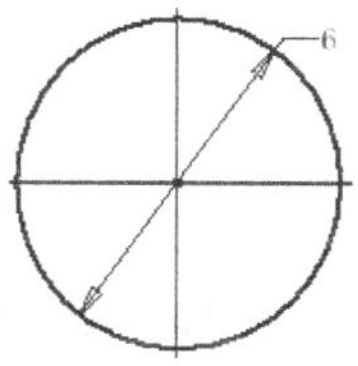

图 13-26　绘制草图

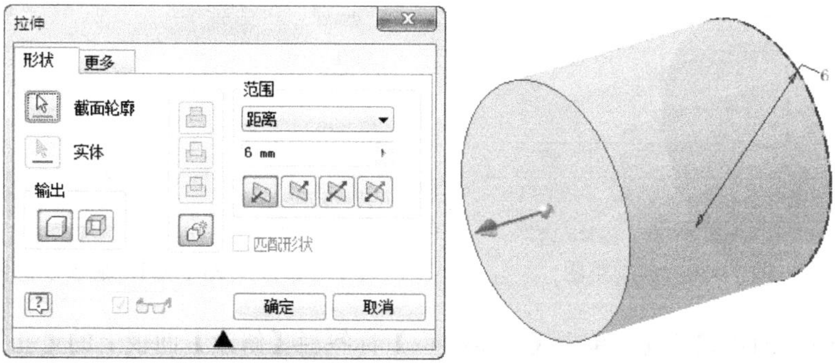

图 13-27　拉伸示意图

（4）创建草图。单击【三维模型】选项卡【草图】面板上的【开始创建二维草图】按钮，选择第（3）步创建拉伸体的前表面为草图绘制平面，进入草图绘制环境。单击【草图】选项卡【绘图】面板上的【多边形】按钮，绘制草图。单击【约束】面板上的【尺寸】按钮，标注尺寸，如图 13-28 所示。单击【完成草图】按钮，退出草图环境。

（5）创建拉伸体。单击【三维模型】标签栏【创建】面板上的【拉伸】按钮，打开【拉伸】对话框，系统自动选择第（4）步绘制的草图为拉伸截面轮廓，将拉伸距离设置为 2mm，如图 13-29 所示，单击【确定】按钮完成拉伸。

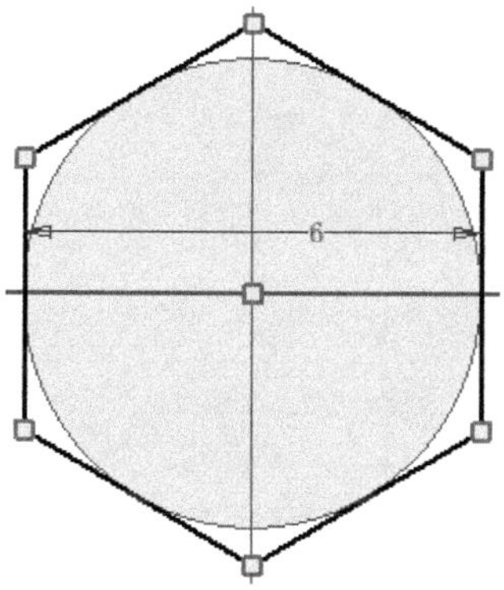

图 13-28　绘制草图

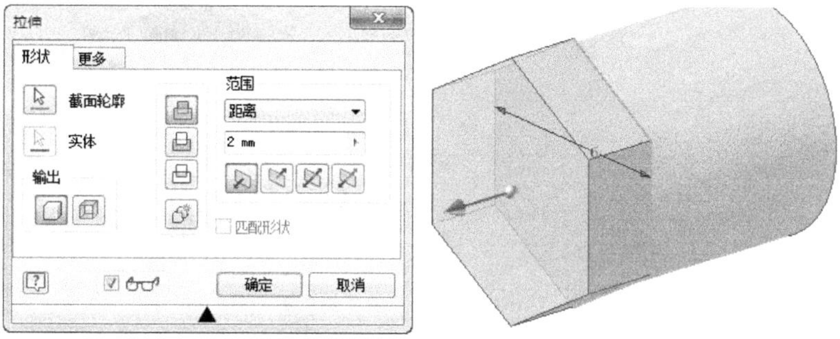

图 13-29　拉伸示意图

（6）创建草图。单击【三维模型】选项卡【草图】面板上的【开始创建二维草图】按钮，选择 *YZ* 平面为草图绘制平面，进入草图绘制环境。单击【草图】选项卡【绘图】面板上的【线】

按钮和【圆弧】按钮，绘制草图。单击【约束】面板上的【尺寸】按钮，标注尺寸，如图 13-30 所示。单击【完成草图】按钮，退出草图环境。

（7）创建旋转体。单击【三维模型】标签栏【创建】面板上的【旋转】按钮，打开【旋转】对话框，系统自动选择第（6）步绘制的草图为旋转截面轮廓，选择 Z 轴为旋转轴，其余为默认设置，如图 13-31 所示。单击【确定】按钮完成旋转。

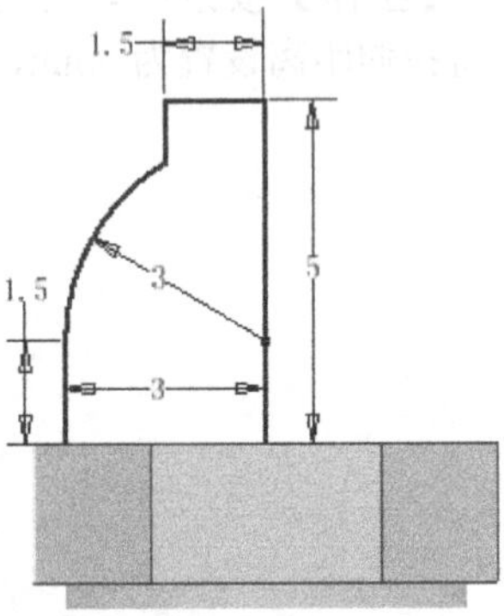

图 13-30　绘制草图

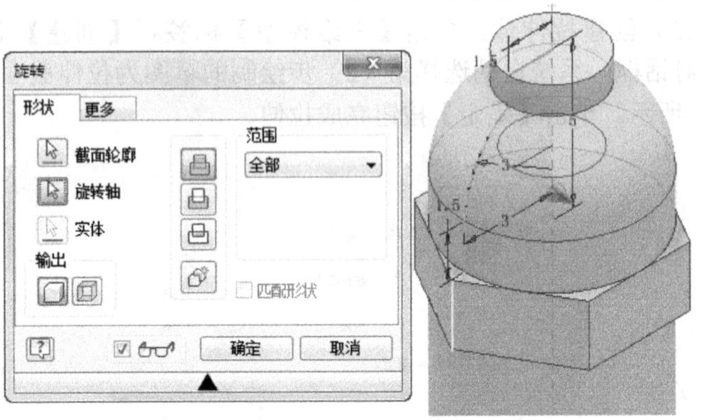

图 13-31　旋转示意图

（8）创建螺纹孔。单击【三维模型】标签栏【修改】面板上的【孔】按钮，打开【孔】特性面板。在视图中选择第（7）步创建的旋转体的上表面和圆弧边线，系统自动调整孔和圆弧同心，选择终止方式为【贯通】，选择【螺纹孔】，选择螺纹类型为【GB Metric profile】，选择【尺寸】为 2,【规格】为 M2，勾选【全螺纹】复选框，其余为默认选项，如图 13-32 所示，单击【确定】按钮，完成螺纹孔的创建，最终完成油嘴的建模，结果如图 13-25 所示。

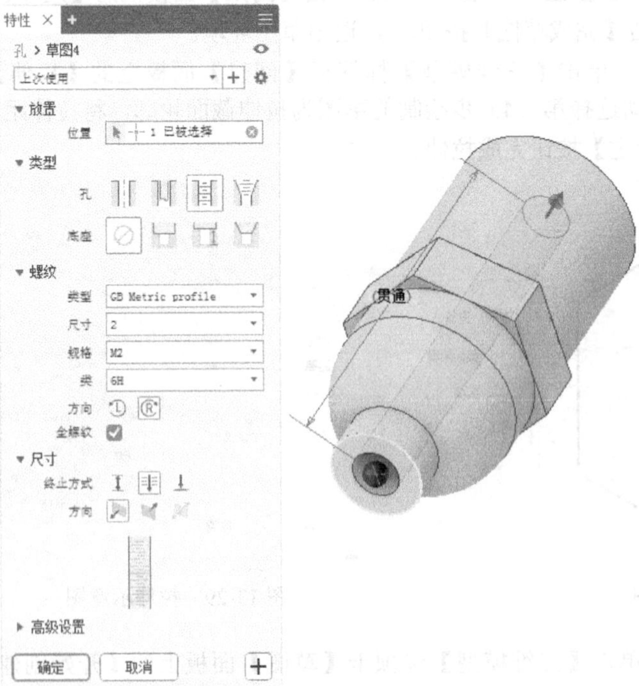

图 13-32　【孔】对话框及预览

13.1.5　轴

本例绘制如图 13-33 所示的轴。首先利用旋转和拉伸创建轴主体，然后利用孔工具生成螺纹孔，最后利用倒角命令创建倒角，生成轴。

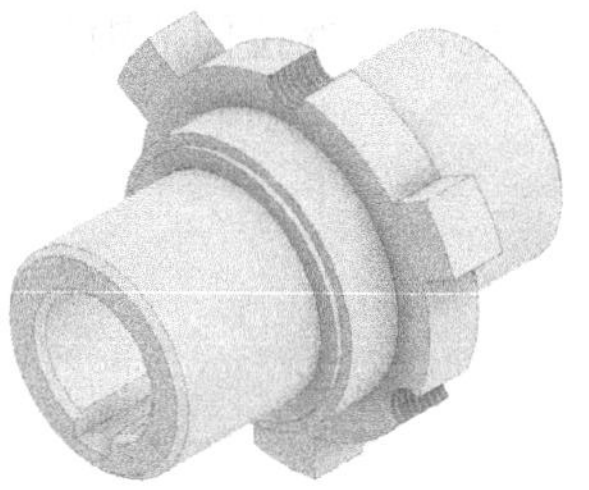

图 13-33　轴

扫码看视频

操作步骤

（1）新建文件。单击【快速入门】工具栏上的【新建】按钮，在打开的【新建文件】对话框中的【Templates】选项卡中的零件下拉列表中选择【Standard.ipt】选项，单击【创建】按钮，新建一个零件文件。

（2）创建草图。单击【三维模型】标签栏【草图】面板上的【开始创建二维草图】按钮，选择 *YZ* 平面为草图绘制平面，进入草图绘制环境。单击【草图】标签栏【创建】面板上的【线】按钮，绘制草图轮廓。然后单击【约束】面板上的【尺寸】按钮，标注尺寸，如图 13-34 所示。单击【草图】标签上的【完成草图】按钮，退出草图环境。

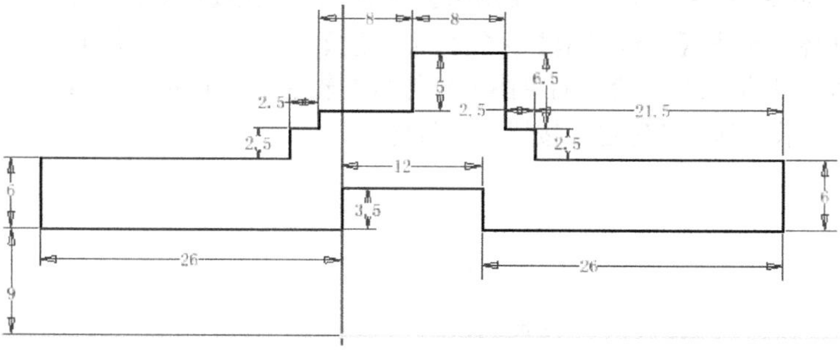

图 13-34　绘制草图

（3）创建旋转体。单击【三维模型】标签栏【创建】面板上的【旋转】按钮，打开【旋转】对话框，系统自动选择第（2）步绘制的草图为旋转截面轮廓，选择 *Z* 轴为旋转轴，其余为默认设置，如图 13-35 所示。单击【确定】按钮完成旋转。

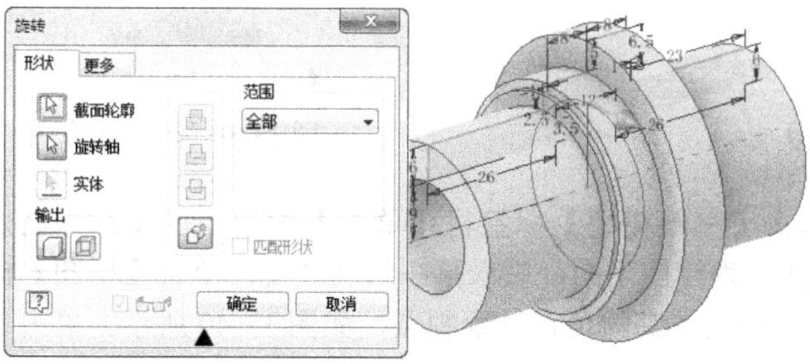

图 13-35　旋转示意图

（4）创建草图。单击【三维模型】标签栏【草图】面板上的【开始创建二维草图】按钮，选择第（3）步创建的旋转体的前表面为绘图平面，进入草图绘制环境。单击【草图】标签栏【创建】面板上的【矩形】按钮绘制草图轮廓。然后单击【约束】面板上的【尺寸】按钮，标注尺寸，如图 13-36 所示。单击【草图】标签上的【完成草图】按钮，退出草图环境。

（5）创建拉伸体。单击【三维模型】标签栏【创建】面板上的【拉伸】按钮，打开【拉伸】对话框，选择第（4）步绘制的草图为拉伸截面轮廓，设置拉伸范围为【贯通】，选择【求差】运算，如图 13-37 所示。单击【确定】按钮完成拉伸。

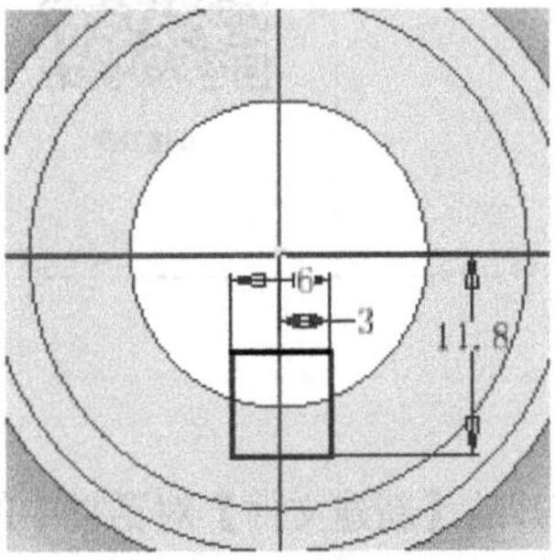

图 13-36　绘制草图

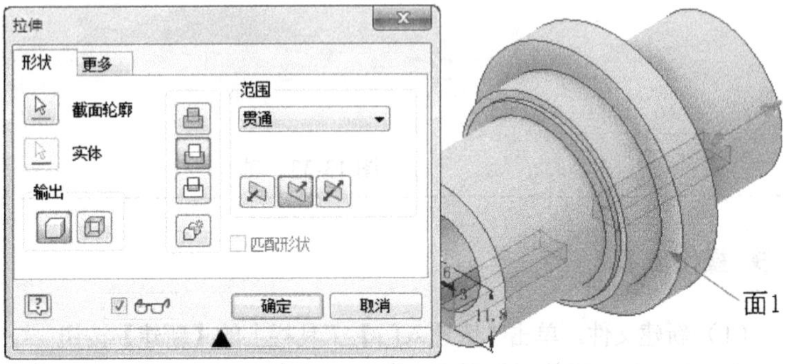

图 13-37　拉伸示意图

（6）创建草图。单击【三维模型】标签栏【草图】面板上的【开始创建二维草图】按钮，选择图 13-37 中所示的面 1 为绘图平面，进入草图绘制环境。单击【草图】标签栏【创建】面板上的【线】按钮、【圆】按钮和【修剪】按钮，绘制草图轮廓。然后单击【约束】面板上的【尺寸】按钮，标注尺寸，如图 13-38 所示。单击【草图】标签上的【完成草图】按钮，退出草图环境。

（7）创建拉伸体。单击【三维模型】标签栏【创建】面板上的【拉伸】按钮，打开【拉伸】对话框，系统自动选择第（6）步绘制的草图为拉伸截面轮廓，设置拉伸距离为 8mm，选择【求并】运算，如图 13-39 所示。单击【确定】按钮完成拉伸。

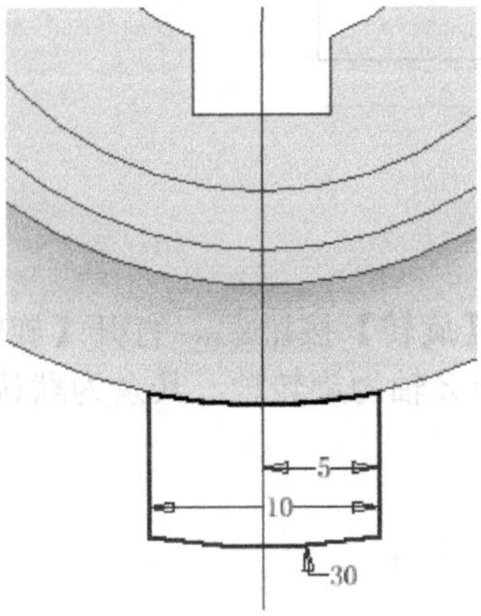

图 13-38　绘制草图

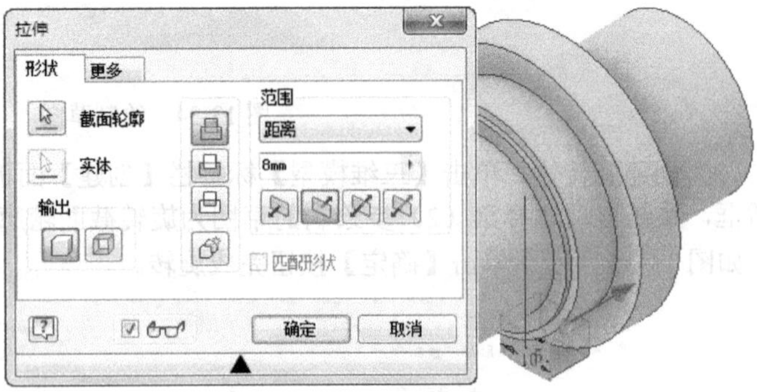

图 13-39　拉伸示意图

（8）创建草图。单击【三维模型】标签栏【草图】面板上的【开始创建二维草图】按钮，选择图 13-37 中所示的面 1 为绘图平面，进入草图绘制环境。单击【草图】标签栏【创建】面板上的【点】按钮，在轴的最大外圆的顶点处绘制点，如图 13-40 所示。单击【草图】标签上的【完成草图】按钮，退出草图环境。

（9）创建螺纹孔。单击【三维模型】标签栏【修改】面板上的【孔】按钮，打开【孔】对话框。系统自动捕捉第（8）步绘制的草图中的点为孔的中心点，选择终止方式为【贯通】，选择【螺纹孔】，选择螺纹类型为【GB Metric profile】，选择【尺寸】为 6，【规格】为 M6，勾选【全螺纹】复选框，其余为默认选项，如图 13-41 所示，单击【确定】按钮，完成螺纹孔的创建。

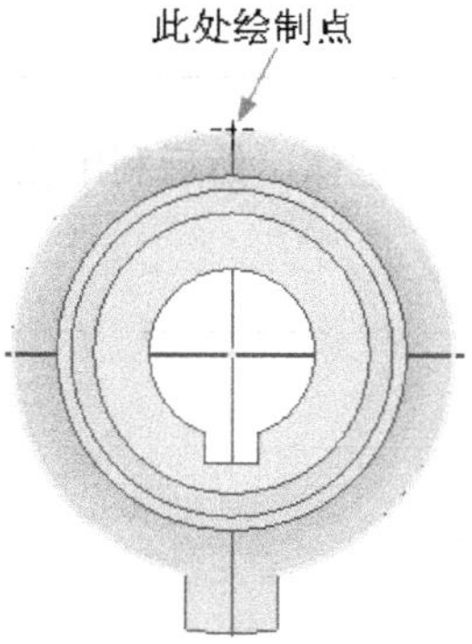

图 13-40　绘制草图

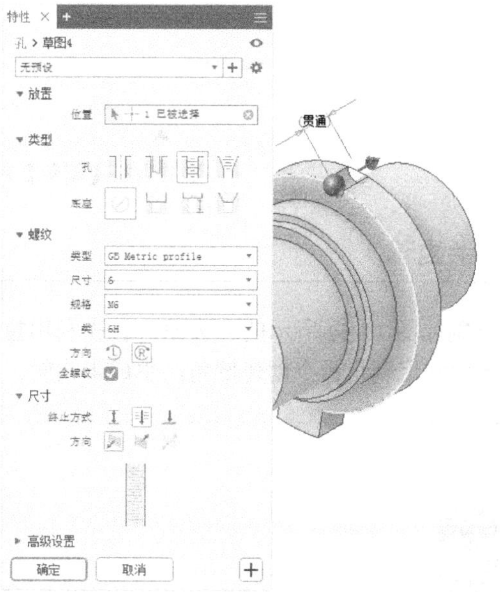

图 13-41　【孔】对话框及预览

（10）阵列特征。单击【三维模型】标签栏【阵列】面板上的【环形阵列】按钮，打开【环形阵列】对话框，单击【阵列各个特征】按钮，选择第（9）步创建的拉伸特征及孔特征为要阵列的特征，选择 Z 轴为旋转轴，设置阵列数目为 3，其余为默认设置，如图 13-42 所示。单击【确定】按钮完成阵列。

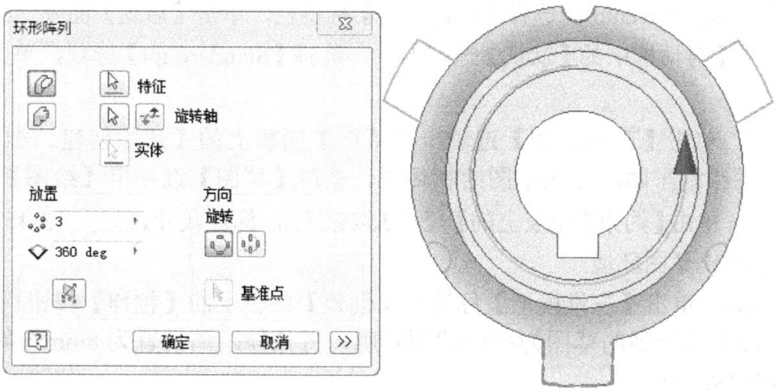

图 13-42　【圆周阵列】对话框及预览

（11）创建倒角。单击【三维模型】标签栏【修改】面板上的【倒角】按钮，打开【倒角】对话框，设置【倒角边长】，选择如图 13-43 所示的边线，输入【倒角边长】为 1mm，单击【确定】按钮，同理对另一侧的边线倒角，最终完成轴的建模，如图 13-33 所示。

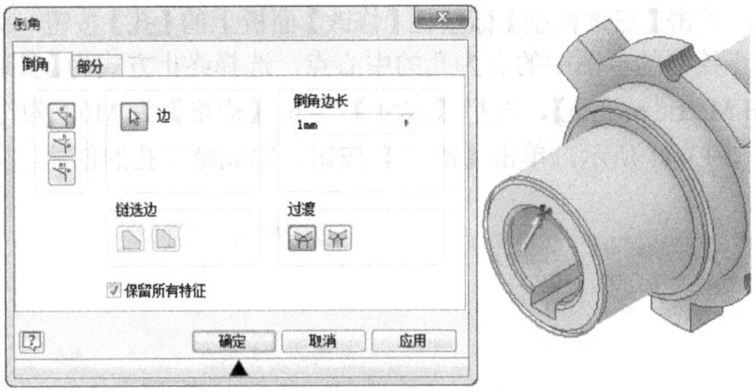

图 13-43 【倒角】对话框及预览

13.1.6 半齿轮

本例绘制如图 13-44 所示的半齿轮。首先利用拉伸命令创建半齿轮主体，然后利用孔工具生成螺纹孔，最后利用倒角命令创建倒角，生成半齿轮。

扫码看视频

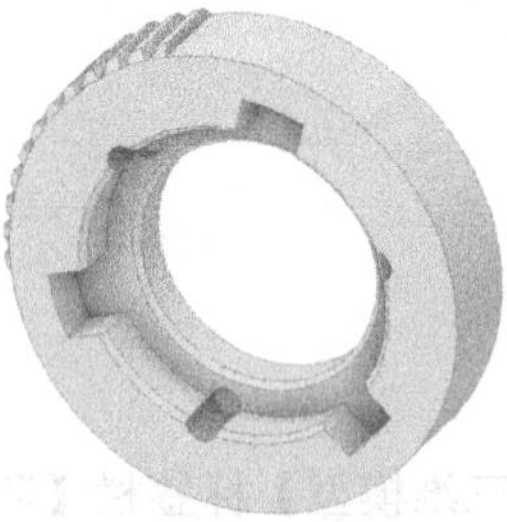

图 13-44 半齿轮

操作步骤

（1）新建文件。运行 Inventor，选择【快速入门】标签栏，单击【启动】面板上的【新建】选项，在打开的【新建文件】对话框中的【默认】选项卡下，选择【Standard.ipt】选项，单击【创建】按钮，新建一个零件文件。

（2）创建草图。单击【三维模型】选项卡【草图】面板上的【开始创建二维草图】按钮，选择 *XY* 平面为草图绘制平面，进入草图绘制环境。单击【草图】选项卡【绘图】面板上的【圆】按钮，绘制草图。单击【约束】面板上的【尺寸】按钮，标注尺寸，如图 13-45 所示。单击【完成草图】按钮，退出草图环境。

（3）创建拉伸体。单击【三维模型】标签栏【创建】面板上的【拉伸】按钮，打开【拉伸】对话框，选择第（2）步绘制的草图为拉伸截面轮廓，将拉伸距离设置为 8mm，如图 13-46 所示。单击【确定】按钮完成拉伸。

（4）创建草图。单击【三维模型】选项卡【草图】面板上的【开始创建二维草图】按钮，选择第（3）步创建拉伸体的前表面为草图绘制平面，进入草图绘制环境。单击【草图】选项卡【绘图】面板上的【圆】按钮、【线】按钮和【修剪】按钮，利用【环形】阵列命令，绘制草图。单击【约束】面板上的【尺寸】按钮，标注尺寸，如图 13-47 所示。单击【完成草图】按钮，退出草图环境。

（5）创建拉伸体。单击【三维模型】标签栏【创建】面板上的【拉伸】按钮，打开【拉伸】

对话框，选择第（4）步绘制的草图为拉伸截面轮廓，将拉伸距离设置为 8mm，如图 13-48 所示。单击【确定】按钮完成拉伸。

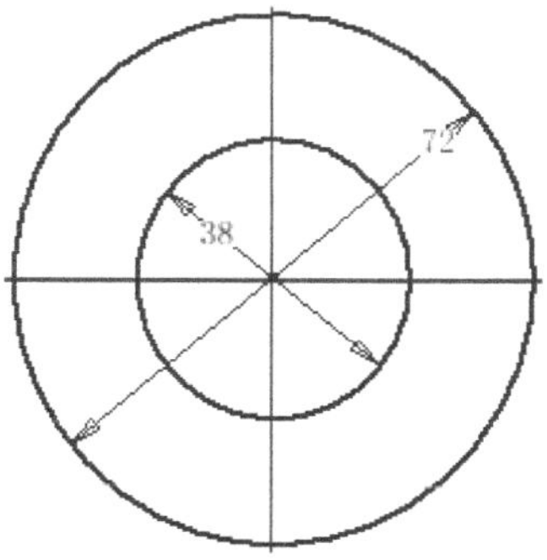

图 13-45　绘制草图

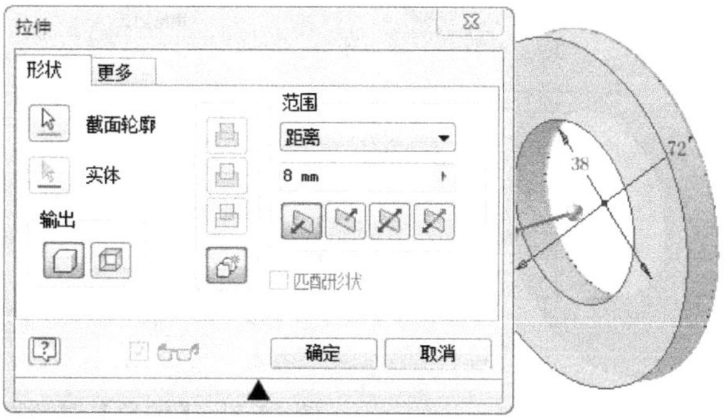

图 13-46　拉伸示意图

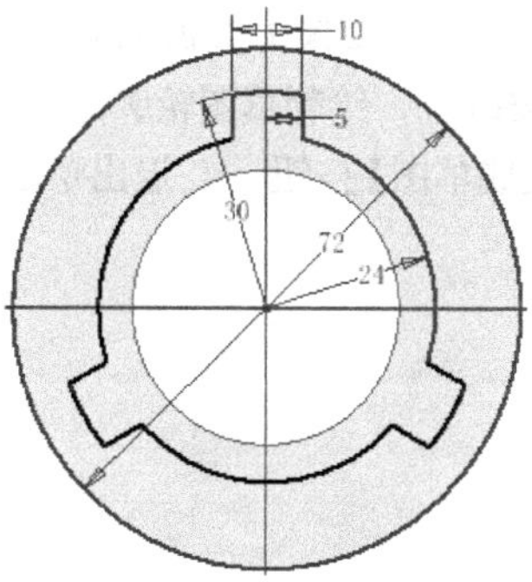

图 13-47　绘制草图

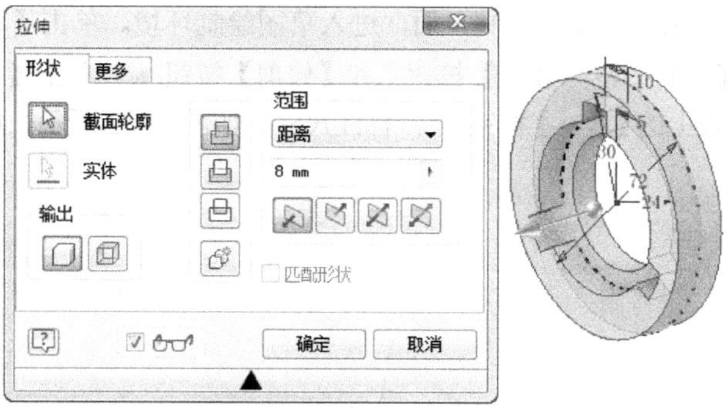

图 13-48　拉伸示意图

（6）创建草图。单击【三维模型】选项卡【草图】面板上的【开始创建二维草图】按钮，选择第（5）步创建拉伸体的前表面为草图绘制平面，进入草图绘制环境。单击【草图】选项卡【绘图】面板上的【圆】按钮、【线】按钮和【修剪】按钮，绘制草图。单击【约束】面板上的【尺寸】按钮，标注尺寸，如图 13-49 所示。单击【完成草图】按钮，退出草图环境。

（7）创建拉伸体。单击【三维模型】标签栏【创建】面板上的【拉伸】按钮，打开【拉伸】对话框，选择第（6）步绘制的草图为拉伸截面轮廓，将拉伸距离设置为 16mm，如图 13-50 所示。单击【确定】按钮完成拉伸。

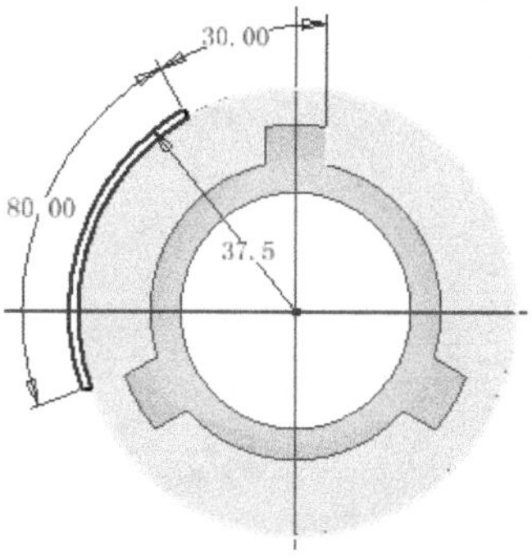

图 13-49　绘制草图

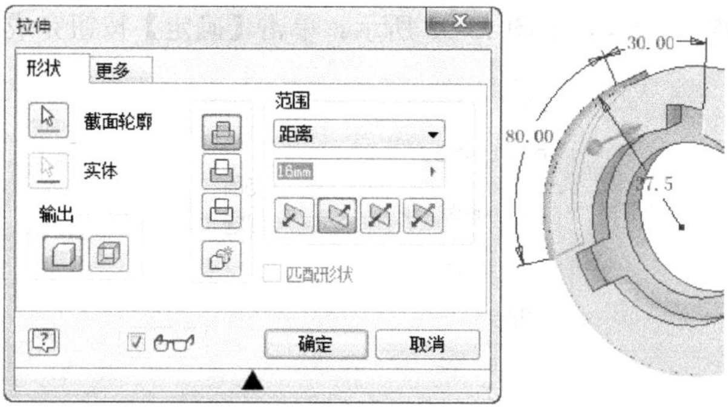

图 13-50　拉伸示意图

（8）创建倒角。单击【三维模型】标签栏【修改】面板上的【倒角】按钮，打开【倒角】对话框，设置【倒角边长】，选择如图 13-51 所示的边线，输入【倒角边长】为 1.5mm，单击【确定】按钮，创建倒角。

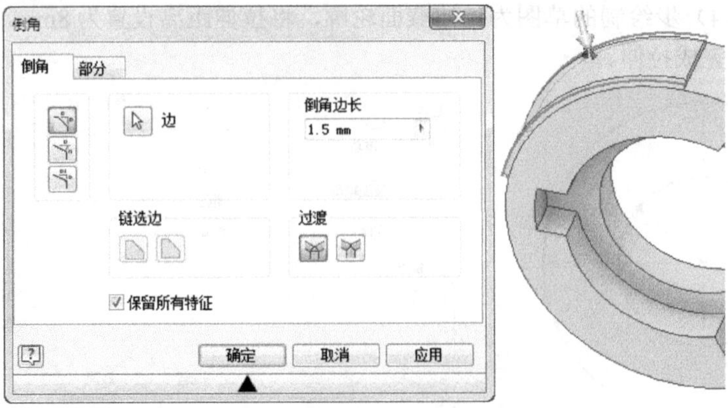

图 13-51 【倒角】对话框及预览

（9）创建草图。单击【三维模型】选项卡【草图】面板上的【开始创建二维草图】按钮，选择零件的前表面为草图绘制平面，进入草图绘制环境。单击【草图】选项卡【绘图】面板上的【圆】按钮、【线】按钮、【点】按钮和【修剪】按钮，单击【构造】按钮，绘制草图轮廓。单击【约束】面板上的【尺寸】按钮，标注尺寸，如图 13-52 所示。单击【完成草图】按钮，退出草图环境。

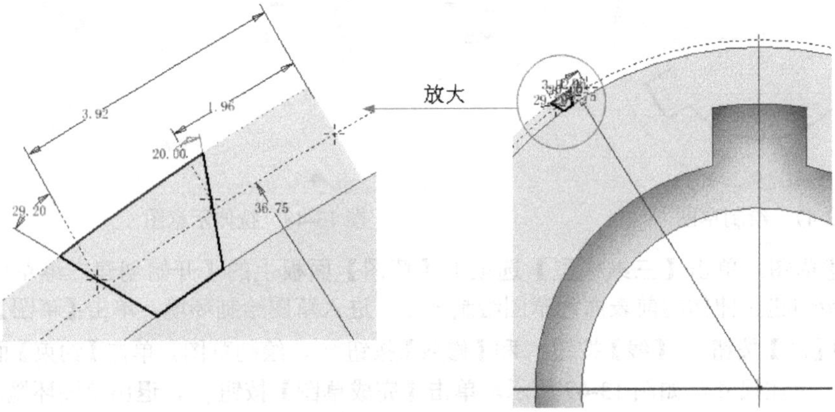

图 13-52 绘制草图

（10）创建拉伸体。单击【三维模型】标签栏【创建】面板上的【拉伸】按钮，打开【拉伸】对话框，选择第（9）步绘制的草图为拉伸截面轮廓，设置拉伸范围为【贯通】，选择【求差】运算，其他为默认设置，如图 13-53 所示。单击【确定】按钮完成拉伸。

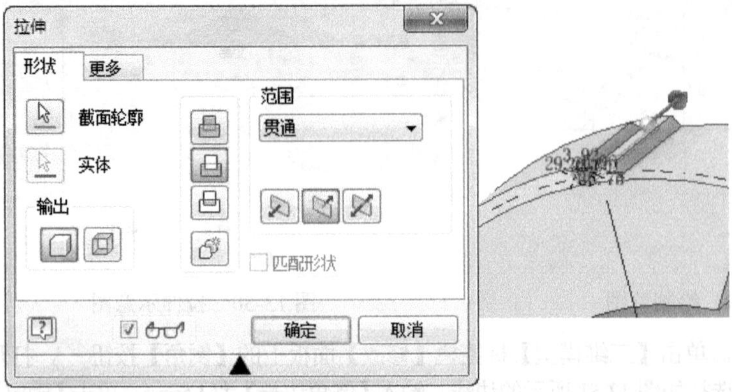

图 13-53 拉伸示意图

（11）阵列特征。单击【三维模型】标签栏【阵列】面板上的【环形阵列】按钮，打开【环形阵列】对话框，单击【阵列各个特征】按钮，选择第（10）步创建的拉伸特征为要阵列的特征，选择 *Z* 轴为旋转轴，设置阵列数目为 11，阵列角度为 70，其余为默认设置，如图 13-54 所示。单击【确定】按钮完成阵列。

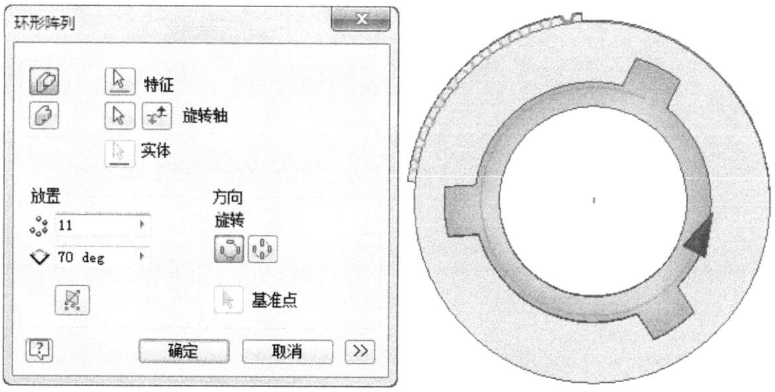

图 13-54 【环形阵列】对话框及预览

（12）创建倒角。单击【三维模型】标签栏【修改】面板上的【倒角】按钮，打开【倒角】对话框，设置【倒角边长】，选择如图 13-55 所示的边线，输入【倒角边长】为 1mm，单击【确定】按钮，创建倒角。

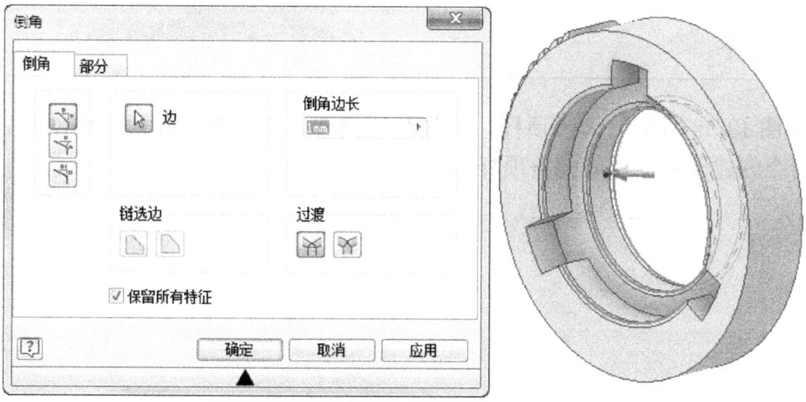

图 13-55 【倒角】对话框及预览

（13）创建草图。单击【三维模型】标签栏【草图】面板上的【开始创建二维草图】按钮，选择零件的前表面为绘图平面，进入草图绘制环境。单击【草图】标签栏【创建】面板上的【圆】按钮、【线】按钮和【点】按钮，单击【构造】按钮，绘制草图轮廓。然后单击【约束】面板上的【尺寸】按钮，标注尺寸，如图 13-56 所示。单击【草图】标签上的【完成草图】按钮，退出草图环境。

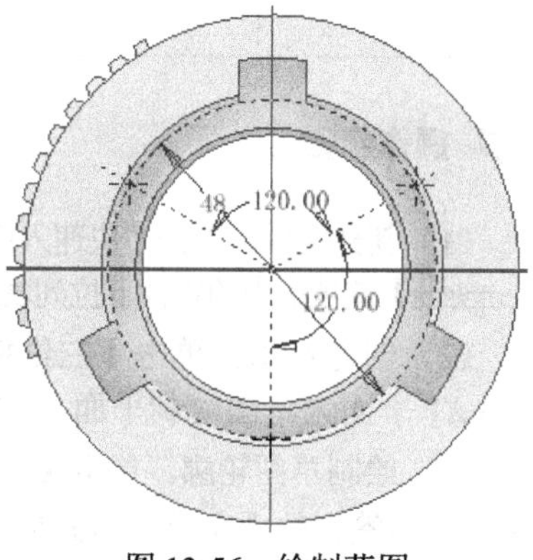

图 13-56 绘制草图

（14）创建螺纹孔。单击【三维模型】标签栏【修改】面板上的【孔】按钮，打开【孔】特性面板。系统自动捕捉第（13）步绘制的草图中的点为孔的中心点，选择终止方式为【距离】，设置孔深度为 10，选择【螺纹孔】，选择螺纹类型为【GB Metric profile】，选择【尺寸】为 6,【规格】为 M6，勾选【全螺纹】复选框，其余为默认选项，如图 13-57 所示，单击【确定】

按钮，完成螺纹孔的创建。最终完成半齿轮的建模，如图 13-44 所示。

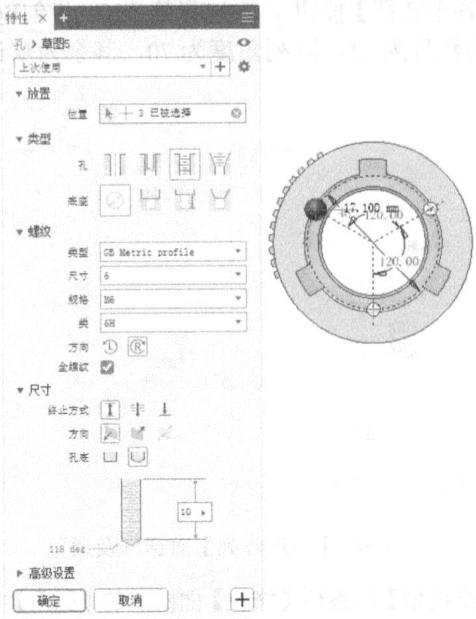

图 13-57 【孔】对话框及预览

13.1.7 齿条顶杆

本例绘制如图 13-58 所示的齿条顶杆。首先利用旋转、拉伸以及阵列命令创建齿条顶杆主体，然后利用倒角命令创建倒角，生成齿条顶杆。

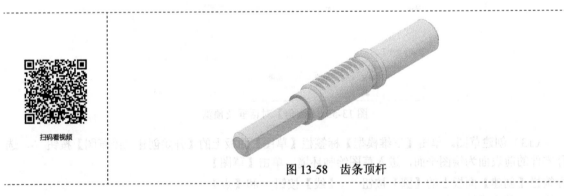

扫码看视频

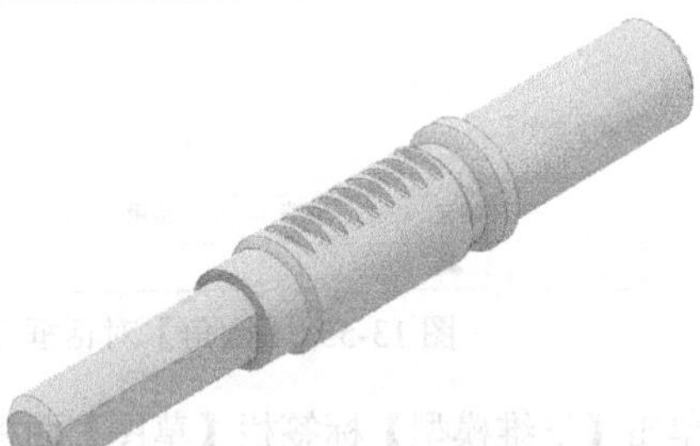

图 13-58 齿条顶杆

操作步骤

（1）新建文件。单击【快速入门】工具栏上的【新建】按钮，在打开的【新建文件】对话框中的【Templates】选项卡中的零件下拉列表中选择【Standard.ipt】选项，单击【创建】按钮，新建一个零件文件。

（2）创建草图。单击【三维模型】标签栏【草图】面板上的【开始创建二维草图】按钮，选择 *XY* 平面为草图绘制平面，进入草图绘制环境。单击【草图】标签栏【创建】面板上的【线】按钮，绘制草图轮廓。单击【约束】面板上的【尺寸】按钮，标注尺寸如图 13-59 所示。单击【草图】标签上的【完成草图】按钮，退出草图环境。

（3）创建旋转体。单击【三维模型】标签栏【创建】面板上的【旋转】按钮，打开【旋转】

对话框，系统自动选择第（2）步绘制的草图为拉伸截面轮廓，选择 *X* 轴为旋转轴，其余为默认设置，如图 13-60 所示。单击【确定】按钮完成旋转。

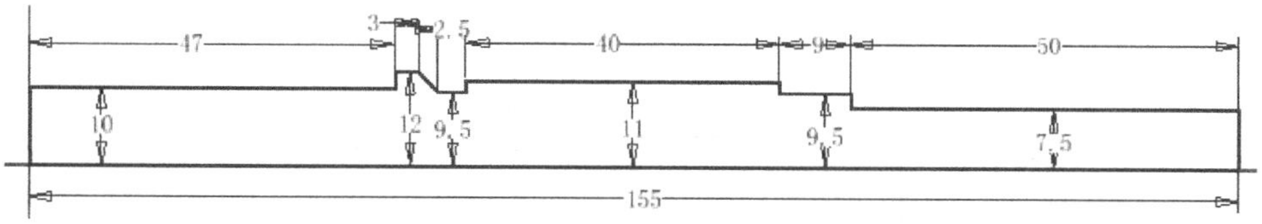

图 13-59 绘制草图

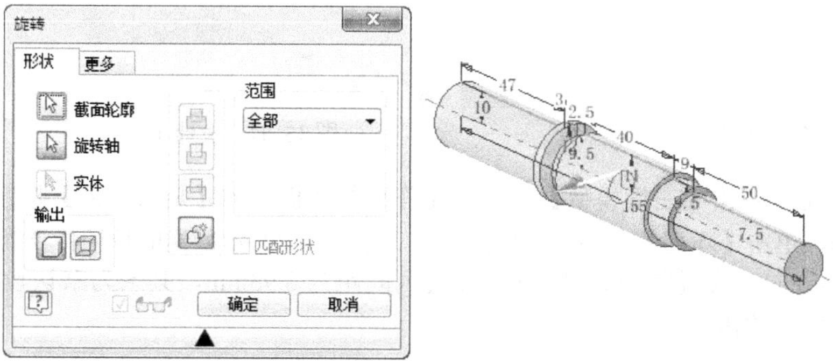

图 13-60 旋转示意图

（4）创建草图。单击【三维模型】标签栏【草图】面板上的【开始创建二维草图】按钮，选择直径为 15 的轴端面为草图绘制平面，进入草图绘制环境。单击【草图】标签栏【创建】面板上的【矩形】按钮，绘制草图轮廓。单击【约束】面板上的【尺寸】按钮，标注尺寸如图 13-61 所示。单击【草图】标签上的【完成草图】按钮，退出草图环境。

（5）创建拉伸体。单击【三维模型】标签栏【创建】面板上的【拉伸】按钮，打开【拉伸】对话框，选择第（4）步绘制的草图为拉伸截面轮廓，设置拉伸距离为 50，选择【求差】运算，其余为默认设置，如图 13-62 所示。单击【确定】按钮完成拉伸。

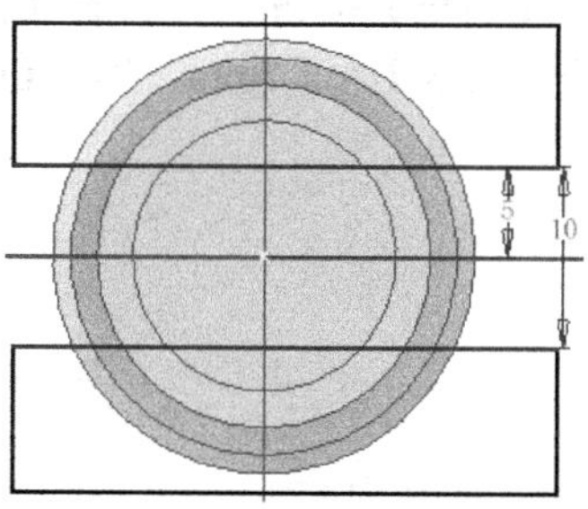

图 13-61 绘制草图

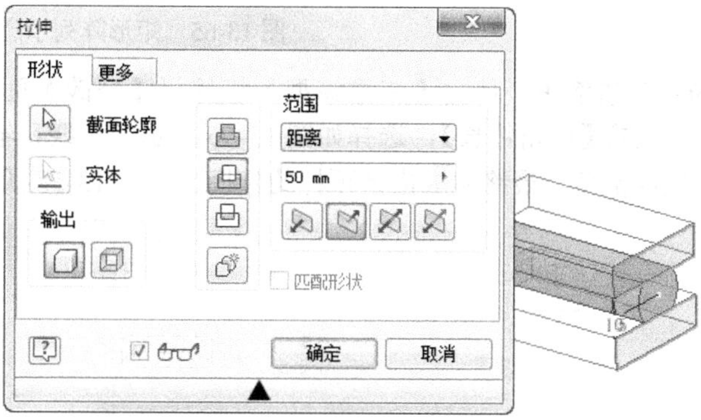

图 13-62 拉伸示意图

（6）创建草图。单击【三维模型】标签栏【草图】面板上的【开始创建二维草图】按钮，选择 *XZ* 平面为草图绘制平面，进入草图绘制环境。单击【草图】标签栏【创建】面板上的【线】按钮和【点】按钮，单击【构造】按钮，绘制草图轮廓。单击【约束】面板上的【尺寸】按钮，标注尺寸如图 13-63 所示。单击【草图】标签上的【完成草图】按钮，退出草图环境。

（7）创建拉伸体。单击【三维模型】标签栏【创建】面板上的【拉伸】按钮，打开【拉伸】

对话框，系统自动选择第（6）步绘制的草图为拉伸截面轮廓，设置拉伸范围为【贯通】，选择【求差】运算，选择【对称】方向，其余为默认设置，如图 13-64 所示。单击【确定】按钮完成拉伸。

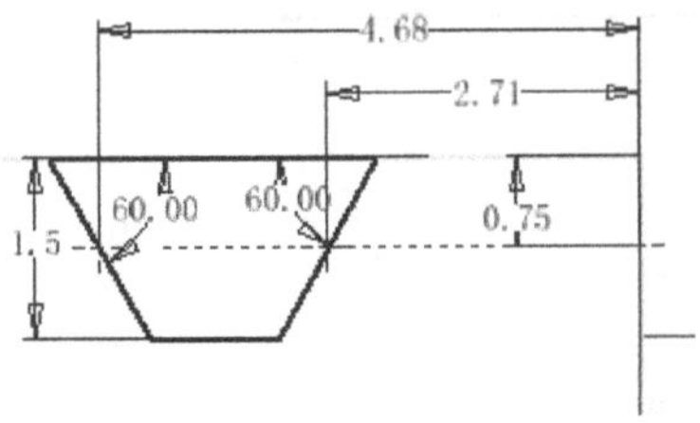

图 13-63　绘制草图

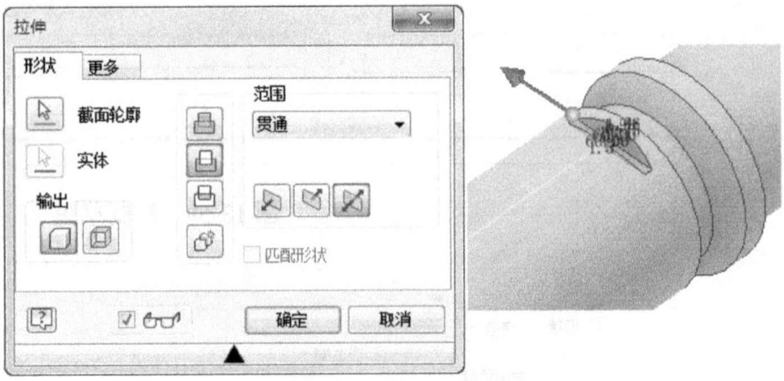

图 13-64　拉伸示意图

（8）阵列特征。单击【三维模型】标签栏【阵列】面板上的【矩形阵列】按钮，打开【矩形阵列】对话框，单击【阵列各个特征】按钮，选择第（7）步创建的拉伸特征为要阵列的特征，选择 *X* 轴为阵列方向，设置阵列数目为 9，设置列间距为 3.93mm，其余为默认设置，如图 13-65 所示。单击【确定】按钮完成阵列。

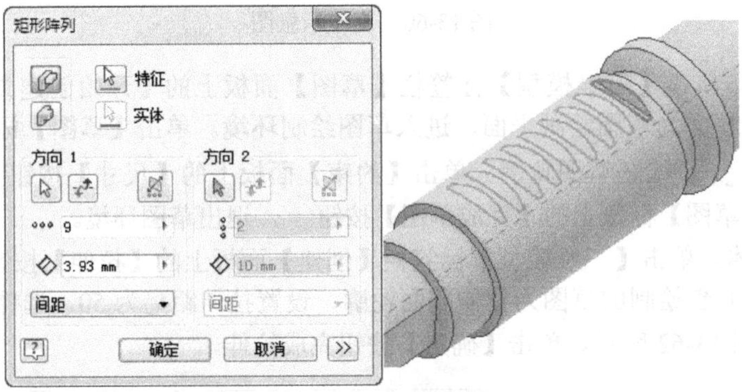

图 13-65　矩形阵列示意图

（9）创建倒角。单击【三维模型】标签栏【修改】面板上的【倒角】按钮，打开【倒角】对话框，设置【倒角边长】，选择如图 13-66 所示的边线，输入【倒角边长】为 1.5mm，单击【确定】按钮，完成倒角，最终完成齿条顶杆的建模，如图 13-58 所示。

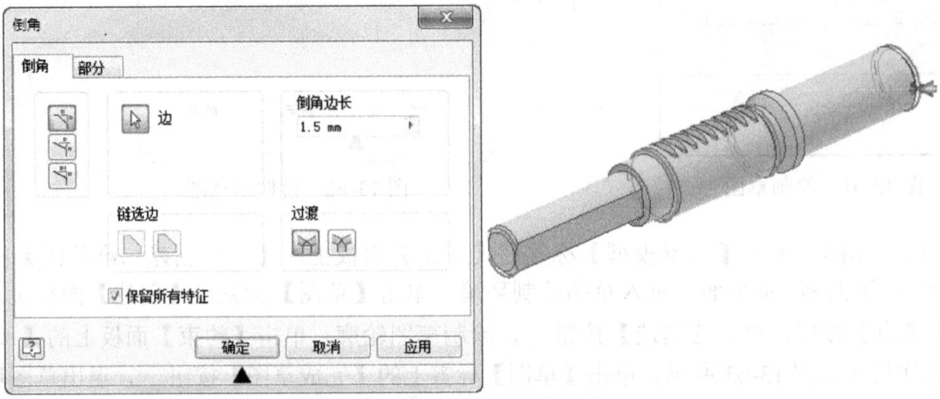

图 13-66　【倒角】对话框及预览

13.1.8　法兰

本例绘制如图 13-67 所示的法兰。主要利用旋转、拉伸以及加强筋命令创建齿条顶杆主体，然后利用环形阵列命令阵列加强筋，生成法兰。

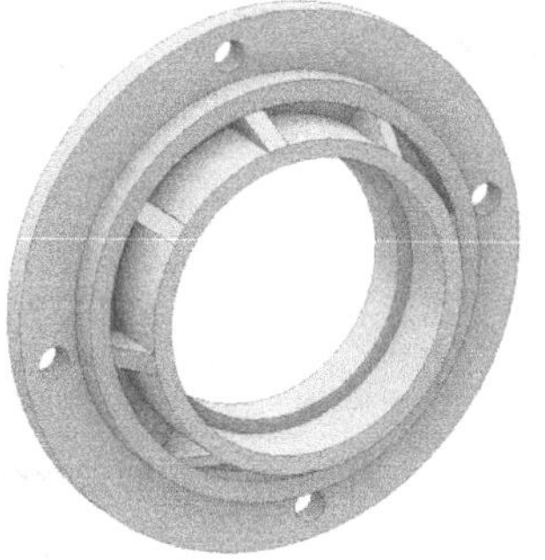

图 13-67　法兰

扫码看视频

操作步骤

（1）新建文件。单击【快速入门】工具栏上的【新建】按钮，在打开的【新建文件】对话框中的【Templates】选项卡中的零件下拉列表中选择【Standard.ipt】选项，单击【创建】按钮，新建一个零件文件。

（2）创建草图。单击【三维模型】标签栏【草图】面板上的【开始创建二维草图】按钮，选择 *YZ* 平面为草图绘制平面，进入草图绘制环境。单击【草图】标签栏【创建】面板上的【线】按钮，绘制草图轮廓。然后单击【约束】面板上的【尺寸】按钮，标注尺寸，如图 13-68 所示。单击【草图】标签上的【完成草图】按钮，退出草图环境。

（3）创建旋转体。单击【三维模型】标签栏【创建】面板上的【旋转】按钮，打开【旋转】对话框，系统自动选择第（2）步绘制的草图为旋转截面轮廓，选择 *Z* 轴为旋转轴，其余为默认设置，如图 13-69 所示。单击【确定】按钮完成旋转。

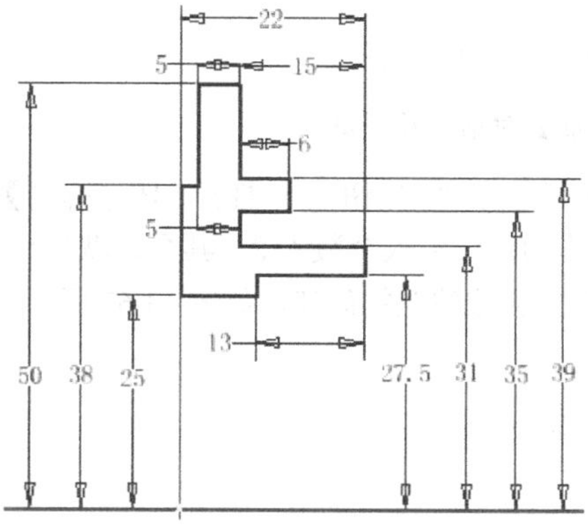

图 13-68　绘制草图

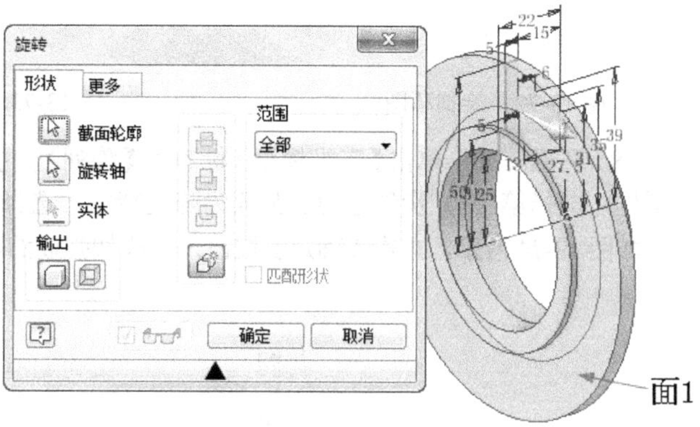

图 13-69　旋转示意图

（4）创建草图。单击【三维模型】标签栏【草图】面板上的【开始创建二维草图】按钮，选择图 13-69 中所示的面 1 为绘图平面，进入草图绘制环境。单击【草图】标签栏【创建】面板上的【圆】按钮，单击【构造】按钮，绘制草图轮廓。然后单击【约束】面板上的【尺寸】按钮，标注尺寸，如图 13-70 所示。单击【草图】标签上的【完成草图】按钮，退出草图环境。

（5）创建拉伸体。单击【三维模型】标签栏【创建】面板上的【拉伸】按钮，打开【拉伸】对话框，选择第（4）步绘制的草图为拉伸截面轮廓，设置拉伸范围为【贯通】，选择【求差】运算，如图 13-71 所示。单击【确定】按钮完成拉伸。

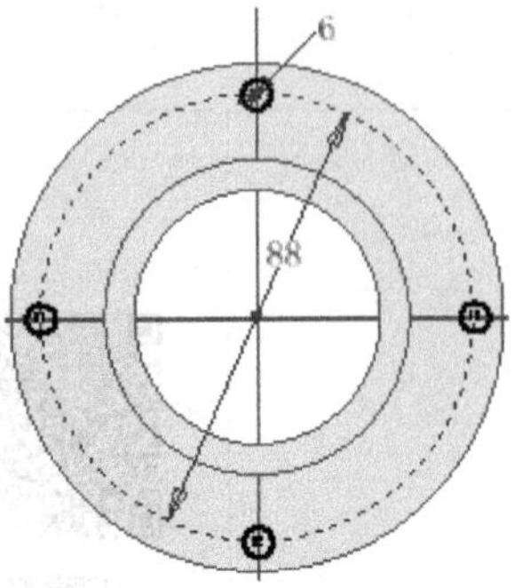

图 13-70　绘制草图

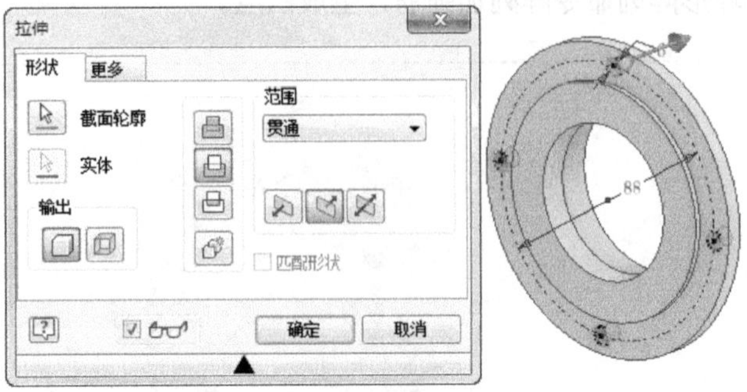

图 13-71　拉伸示意图

（6）创建草图。单击【三维模型】标签栏【草图】面板上的【开始创建二维草图】按钮，选择 *YZ* 平面为绘图平面，进入草图绘制环境。单击【草图】标签栏【创建】面板上的【线】按钮，绘制草图轮廓。然后单击【约束】面板上的【尺寸】按钮，标注尺寸，如图 13-72 所示。单击【草图】标签上的【完成草图】按钮，退出草图环境。

（7）创建加强筋。单击【三维模型】标签栏【创建】面板上的【加强筋】按钮，弹出【加强筋】对话框，选择【平行于草图平面】按钮，选择第（6）步绘制的草图为截面轮廓，选择【方向 1】选项，输入厚度为 4mm，其余为默认设置，如图 13-73 所示，单击【确定】按钮，完成加强筋的创建。

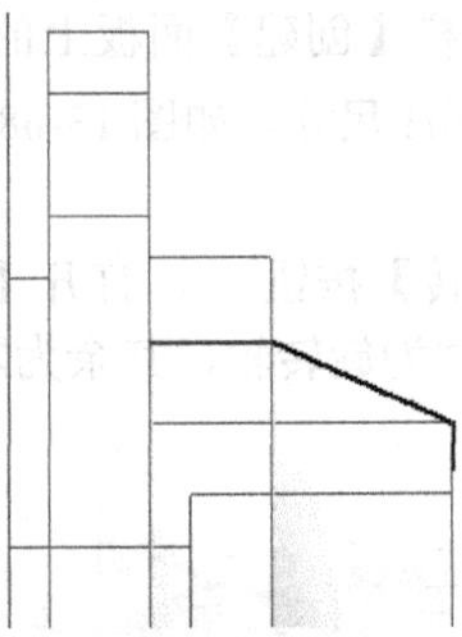

图 13-72　绘制草图

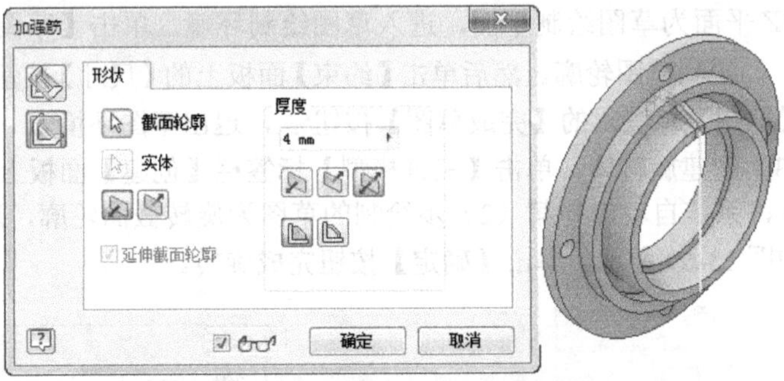

图 13-73　【加强筋】对话框及预览

（8）环形阵列。单击【三维模型】标签栏【阵列】面板上的【环形阵列】按钮，打开【环形阵列】对话框，选择第（7）步创建的加强筋为阵列特征，选择 *Z* 轴为阵列轴，输入个数为 8，其余为默认设置，如图 13-74 所示，单击【确定】按钮，完成加强筋的阵列，最终完成法兰的创建，如图 13-67 所示。

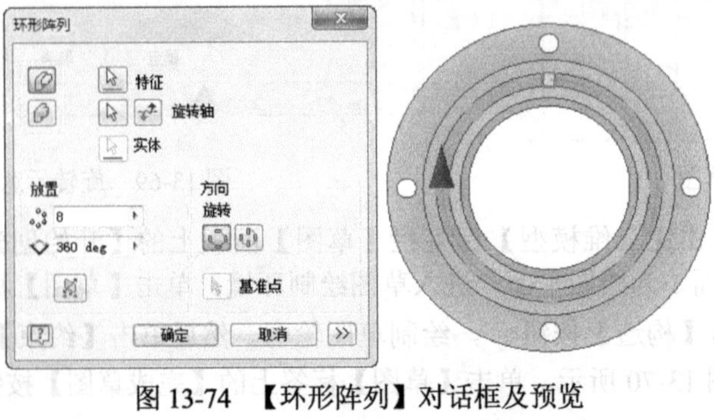

图 13-74　【环形阵列】对话框及预览

13.1.9　连接法兰

本例绘制如图 13-75 所示的连接法兰。从图中可以看到连接法兰与前例中的法兰前端部分相同，只是后面多了个连接件，因此我们可以在法兰的基础上通过拉伸、阵列及孔命令来创建连接法兰。

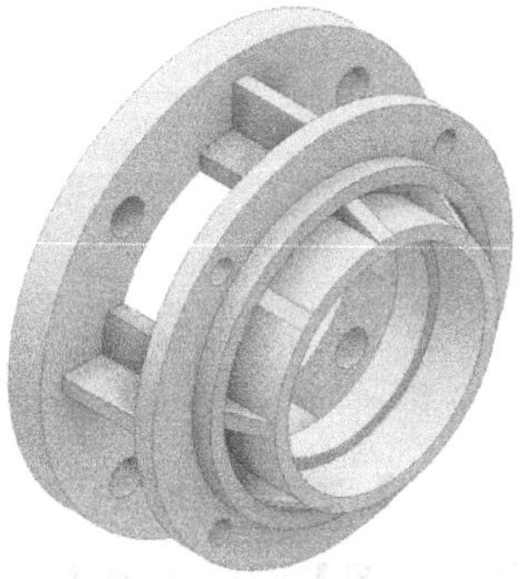

图 13-75　连接法兰

扫码看视频

操作步骤

（1）打开文件。单击【快速入门】工具栏上的【打开】按钮，在打开的【打开】对话框中选择【法兰】文件，单击【打开】按钮，打开法兰文件，如图 13-76 所示。

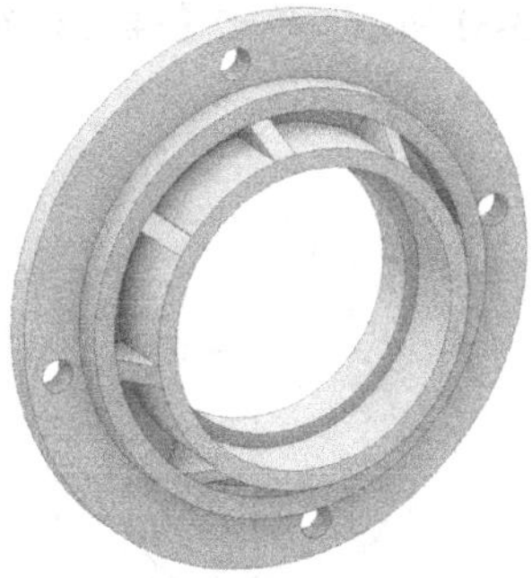

图 13-76　法兰

（2）创建草图。单击【三维模型】标签栏【草图】面板上的【开始创建二维草图】按钮，选择法兰后表面为草图绘制平面，进入草图绘制环境。单击【草图】标签栏【创建】面板上的【圆】按钮、【直线】按钮、【偏移】按钮和【修剪】按钮，单击【构造】按钮，绘制草图轮廓。然后单击【约束】面板上的【尺寸】按钮，标注尺寸，如图 13-77 所示。单击【草图】标签上的【完成草图】按钮，退出草图环境。

（3）创建拉伸体。单击【三维模型】标签栏【创建】面板上的【拉伸】按钮，打开【拉伸】对话框，系统自动选择第（2）步绘制的草图为拉伸截面轮廓，输入拉伸距离为 21mm，其余为默认设置，如图 13-78 所示。单击【确定】按钮完成拉伸。

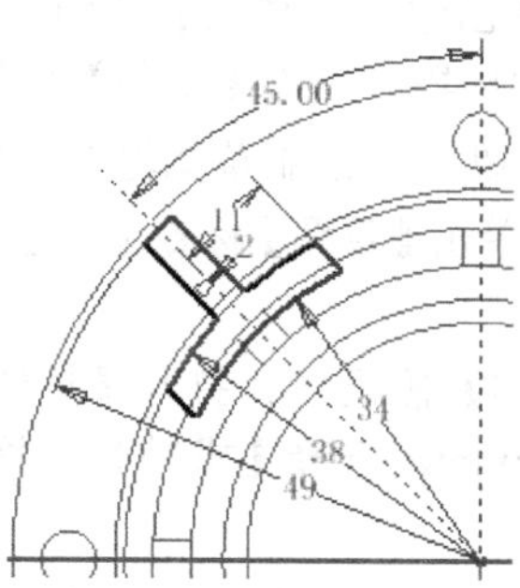

图 13-77　绘制草图

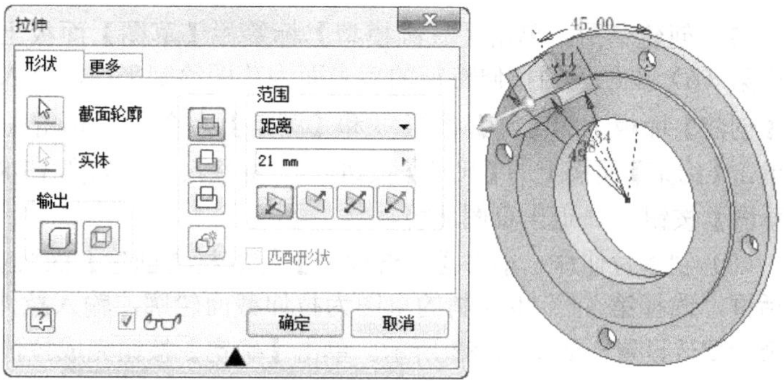

图 13-78　拉伸示意图

（4）环形阵列。单击【三维模型】标签栏【阵列】面板上的【环形阵列】按钮，打开【环形阵列】对话框，选择第（3）步创建的拉伸特征为阵列特征，选择 Z 轴为阵列轴，输入个数为 4，其余为默认设置，如图 13-79 所示，单击【确定】按钮，完成阵列。

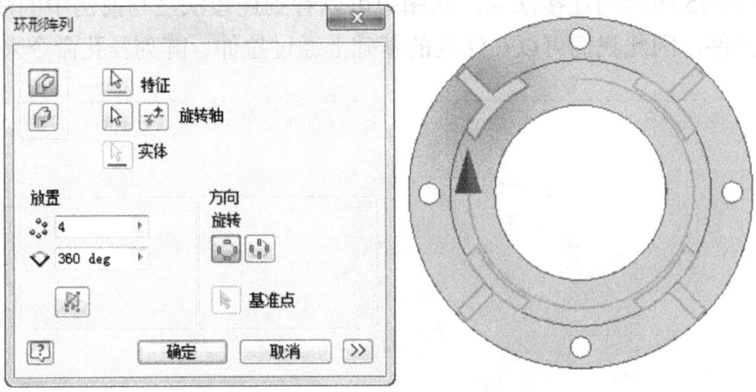

图 13-79 【环形阵列】对话框及预览

（5）创建草图。单击【三维模型】标签栏【草图】面板上的【开始创建二维草图】按钮，选择第（4）步创建的拉伸特征的后表面为草图绘制平面，进入草图绘制环境。单击【草图】标签栏【创建】面板上的【圆】按钮，绘制草图轮廓。然后单击【约束】面板上的【尺寸】按钮，标注尺寸，如图 13-80 所示。单击【草图】标签上的【完成草图】按钮，退出草图环境。

（6）创建拉伸体。单击【三维模型】标签栏【创建】面板上的【拉伸】按钮，打开【拉伸】对话框，选择第（5）步绘制的草图为拉伸截面轮廓，输入拉伸距离为 9mm，其余为默认设置，如图 13-81 所示。单击【确定】按钮完成拉伸。

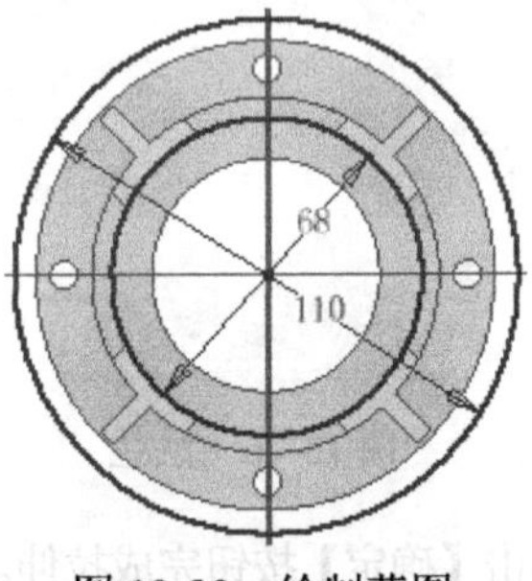

图 13-80 绘制草图

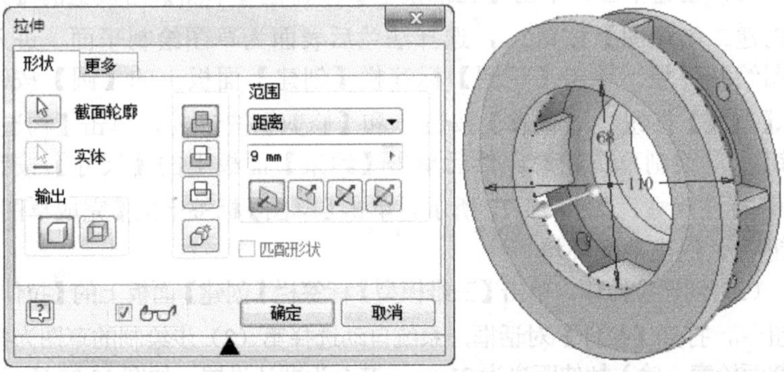

图 13-81 拉伸示意图

（7）创建草图。单击【三维模型】标签栏【草图】面板上的【开始创建二维草图】按钮，选择第（6）步创建的拉伸特征的后表面为草图绘制平面，进入草图绘制环境。单击【草图】标签栏【创建】面板上的【圆】按钮和【圆角】命令，单击【构造】按钮，绘制草图轮廓。然后单击【约束】面板上的【尺寸】按钮，标注尺寸，如图 13-82 所示。单击【草图】标签上的【完成草图】按钮，退出草图环境。

（8）创建拉伸体。单击【三维模型】标签栏【创建】面板上的【拉伸】按钮，打开【拉伸】对话框，选择第（7）步绘制的草图为拉伸截面轮廓，输入拉伸距离为 5mm，选择【求差】运算，其余为默认设置，如图 13-83 所示。单击【确定】按钮完成拉伸。

（9）环形阵列。单击【三维模型】标签栏【阵列】面板上的【环形阵列】按钮，打开【环形阵列】对话框，选择第（8）步创建的拉伸特征为阵列特征，选择 Z 轴为阵列轴，输入个数为 4，其余为默认设置，如图 13-84 示，单击【确定】按钮，完成阵列。

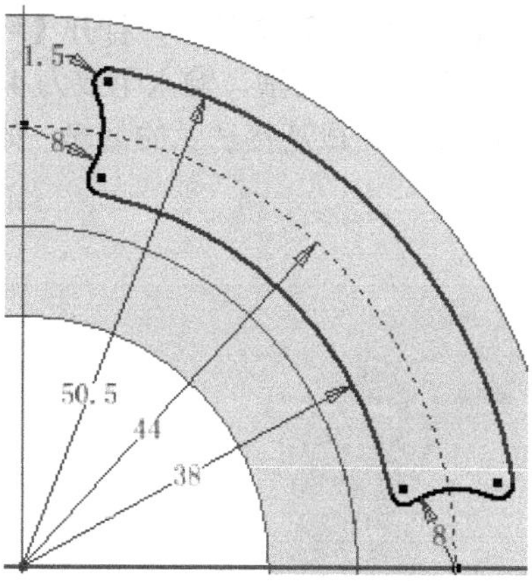

图 13-82　绘制草图

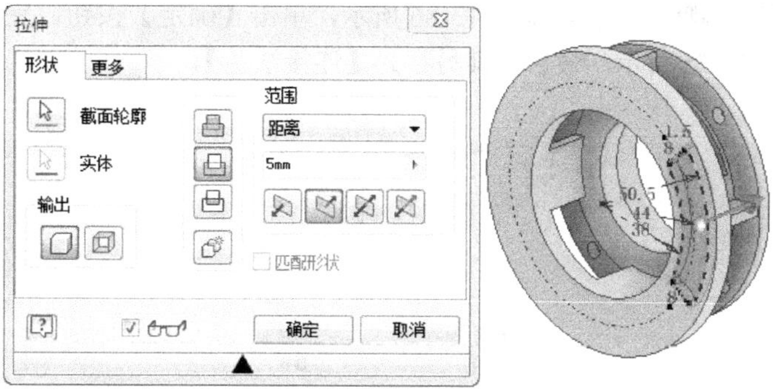

图 13-83　拉伸示意图

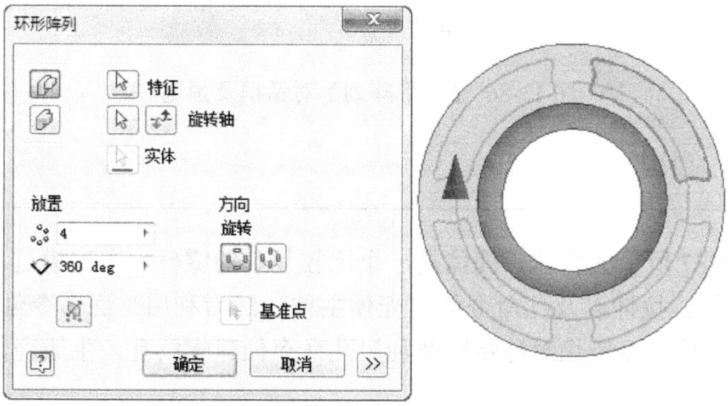

图 13-84 【环形阵列】对话框及预览

（10）创建孔特征。单击【三维模型】标签栏【修改】面板上的【孔】按钮，打开【孔】特性面板，选择零件的后表面和第（9）步拉伸特征形成的小圆弧边线，系统自动调整孔和圆弧同心。输入孔的深度为 9mm，孔径大小为 9mm，孔底选择【平直】选项，其他为默认选项，如图 13-85 所示，单击【确定】按钮，完成孔的创建。

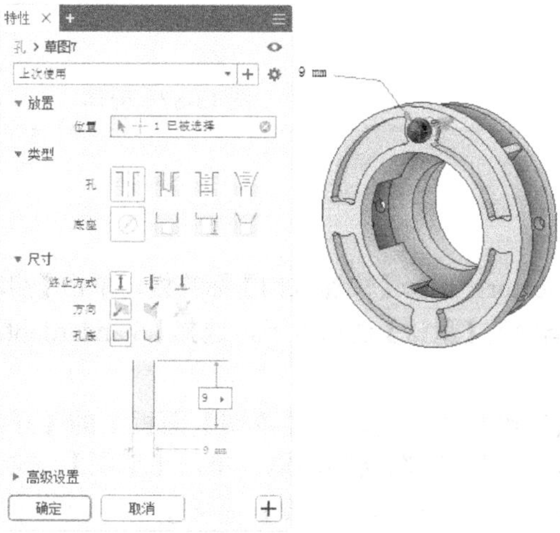

图 13-85 【孔】对话框及预览

（11）环形阵列。单击【三维模型】标签栏【阵列】面板上的【环形阵列】按钮，打开【环形阵列】对话框，选择第（10）步创建的孔特征为阵列特征，选择 *Z* 轴为阵列轴，输入个数为 4，其余为默认设置，如图 13-86 所示，单击【确定】按钮，完成阵列。最终完成连接法兰的创建，如图 13-75 所示。最后将其另存为【连接法兰】。

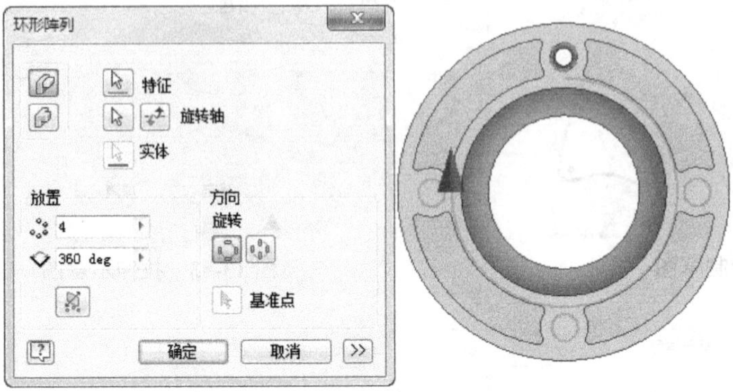

图 13-86 【环形阵列】对话框及预览

13.1.10 壳体

本例绘制如图 13-87 所示的壳体。壳体是一个比较复杂的零件，在建模过程中要充分了解壳体的构造。首先利用旋转、拉伸以及孔命令创建壳体主体，然后利用平面命令创建油孔的绘制平面，绘制油孔，最后利用镜像命令镜像对称特征及利用孔命令创建螺纹孔，生成壳体。

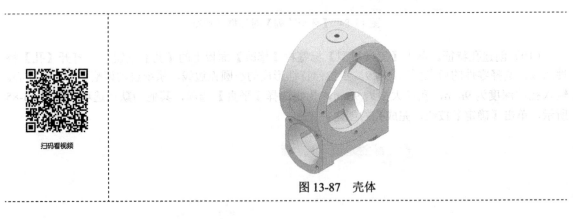

扫码看视频

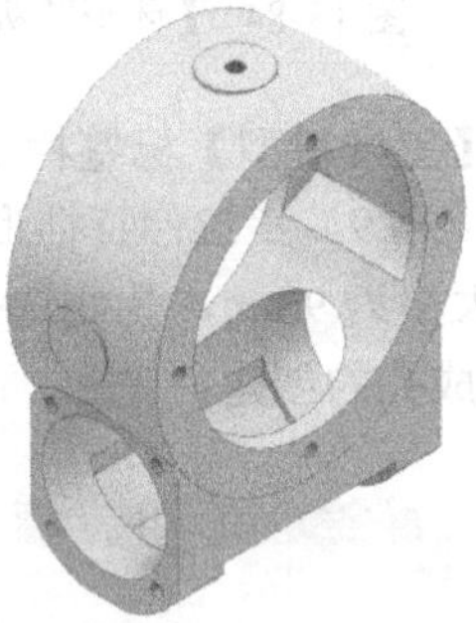

图 13-87 壳体

操作步骤

（1）新建文件。运行 Inventor，选择【快速入门】标签栏，单击【启动】面板上的【新建】选项，在打开的【新建文件】对话框中的【默认】选项卡下，选择【Standard.ipt】选项，单击【创建】按钮，新建一个零件文件。

（2）创建草图。单击【三维模型】选项卡【草图】面板上的【开始创建二维草图】按钮，选择 *XY* 平面为草图绘制平面，进入草图绘制环境。单击【草图】选项卡【绘图】面板上的【圆】按钮、【线】按钮，绘制草图。单击【约束】面板上的【尺寸】按钮，标注尺寸，如图 13-88 所示。单击【完成草图】按钮，退出草图环境。

（3）创建旋转体。单击【三维模型】标签栏【创建】面板上的【旋转】按钮，打开【旋转】对话框，选择第（2）步绘制的草图为旋转截面轮廓，选择 X 轴为旋转轴，如图 13-89 所示。单击【确定】按钮完成旋转。

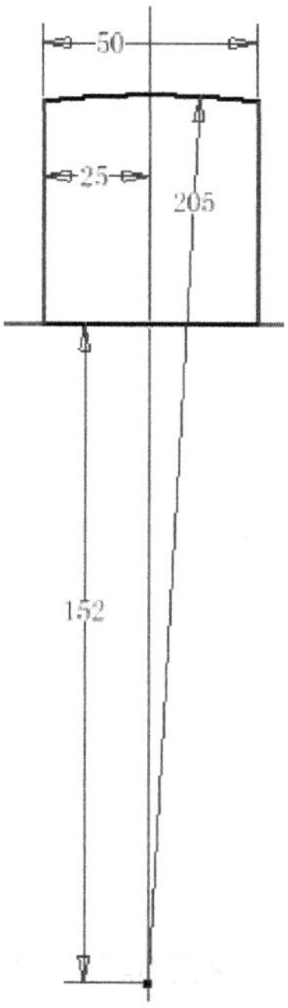

图 13-88　绘制草图

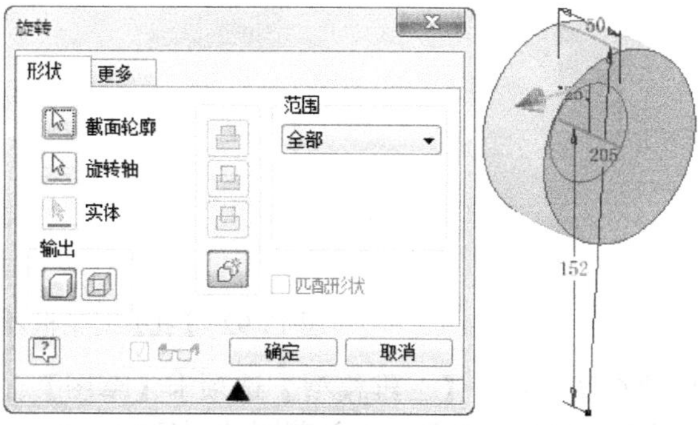

图 13-89　旋转示意图

（4）创建草图。单击【三维模型】选项卡【草图】面板上的【开始创建二维草图】按钮，选择 XZ 平面为草图绘制平面，进入草图绘制环境。单击【草图】选项卡【绘图】面板上的【圆】按钮、【线】按钮和【修剪】按钮，绘制草图。单击【约束】面板上的【尺寸】按钮，标注尺寸，如图 13-90 所示。单击【完成草图】按钮，退出草图环境。

（5）创建拉伸体。单击【三维模型】标签栏【创建】面板上的【拉伸】按钮，打开【拉伸】对话框，选择第（4）步绘制的草图为拉伸截面轮廓，将拉伸距离设置为 88mm，拉伸方向为【对称】，如图 13-91 所示。单击【确定】按钮完成拉伸。

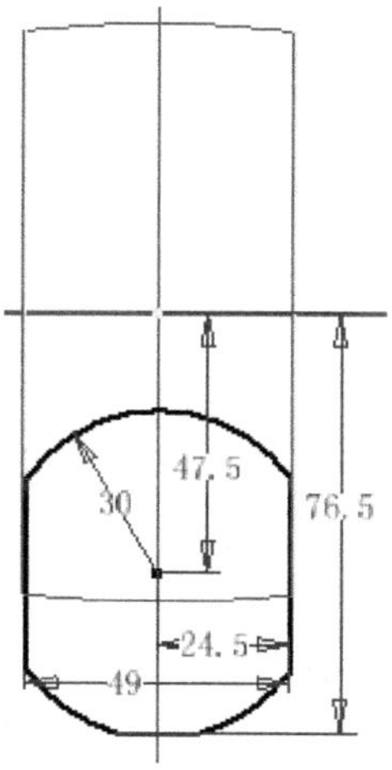

图 13-90　绘制草图

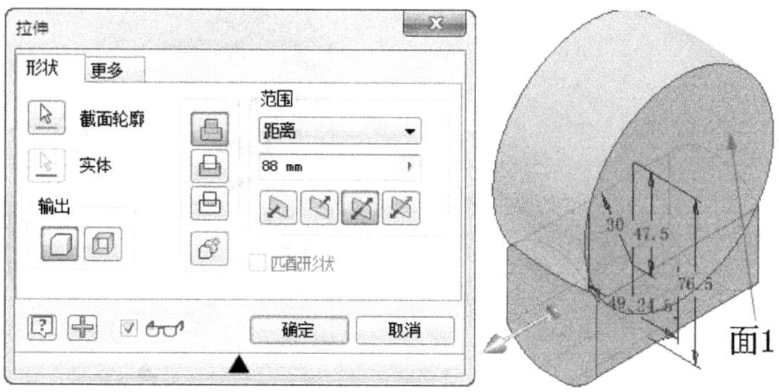

图 13-91　拉伸示意图

（6）创建孔。单击【三维模型】标签栏【修改】面板上的【孔】按钮，打开【孔】操控板，选择图 13-91 所示的面 1 和该面的圆弧线，系统自动调整孔和圆弧同心，设置孔径大小为 78mm，设置终止方式为【贯通】，其余为默认设置，如图 13-92 所示，单击【确定】按钮，完成孔的创建。

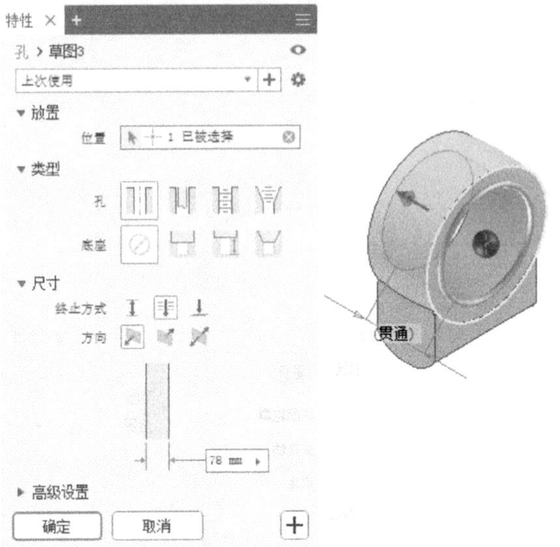

图 13-92 【孔】对话框及预览

（7）创建草图。单击【三维模型】选项卡【草图】面板上的【开始创建二维草图】按钮，选择 *XZ* 平面为草图绘制平面，进入草图绘制环境。单击【草图】选项卡【绘图】面板上的【圆】按钮、【线】按钮和【修剪】按钮，绘制草图。单击【约束】面板上的【尺寸】按钮，标注尺寸，如图 13-93 所示。单击【完成草图】按钮，退出草图环境。

（8）创建旋转体。单击【三维模型】标签栏【创建】面板上的【旋转】按钮，打开【旋转】对话框，选择第（7）步绘制的草图为旋转截面轮廓，选择 *X* 轴为旋转轴，选择【求差】运算，如图 13-94 所示。单击【确定】按钮完成旋转。

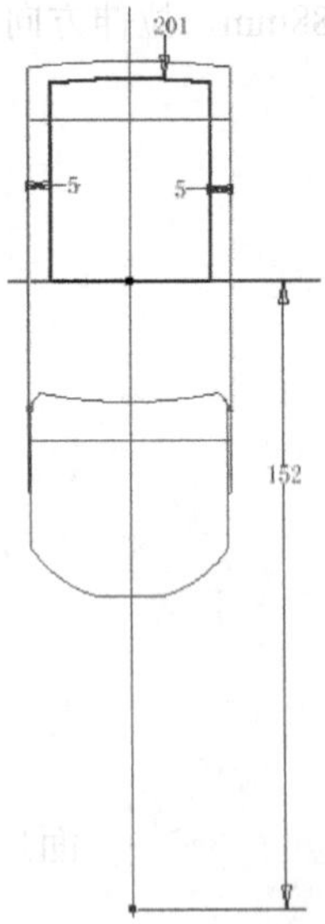

图 13-93　绘制草图

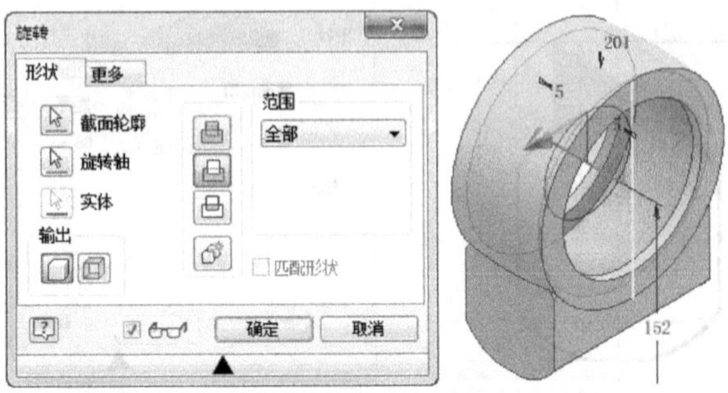

图 13-94　旋转示意图

（9）创建草图。单击【三维模型】选项卡【草图】面板上的【开始创建二维草图】按钮，选择 *YZ* 平面为草图绘制平面，进入草图绘制环境。单击【草图】选项卡【绘图】面板上的【圆】按钮、【线】按钮和【修剪】按钮，绘制草图。单击【约束】面板上的【尺寸】按钮，标注尺寸，如图 13-95 所示。单击【完成草图】按钮，退出草图环境。

（10）创建拉伸体。单击【三维模型】标签栏【创建】面板上的【拉伸】按钮，打开【拉伸】对话框，选择第（9）步绘制的草图为拉伸截面轮廓，设置拉伸距离为 40mm，选择拉伸方向为【对称】方向，其余为默认选项，如图 13-96 所示。单击【确定】按钮完成拉伸。

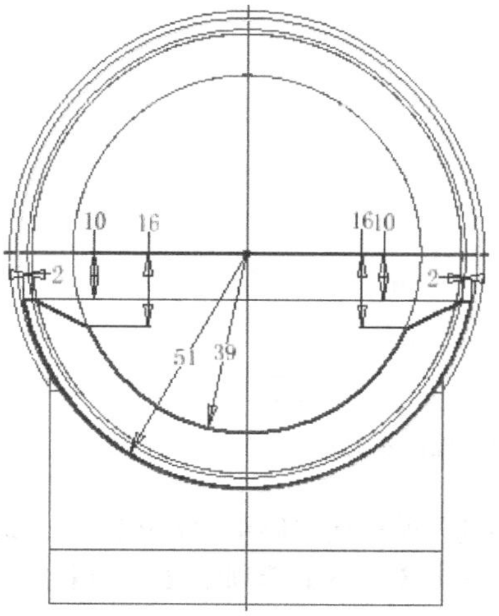

图 13-95　绘制草图

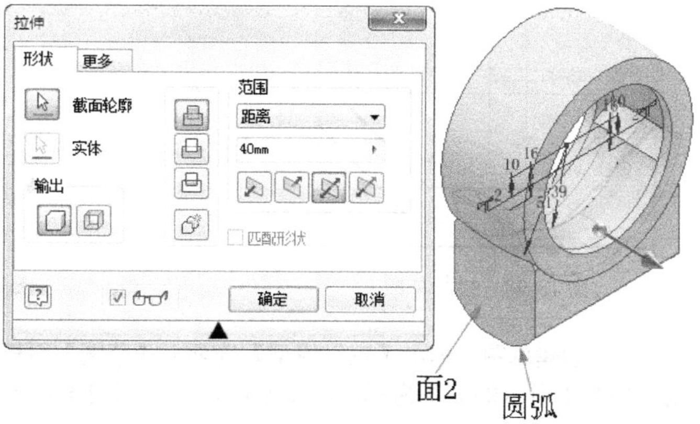

图 13-96　拉伸示意图

（11）创建孔。单击【三维模型】标签栏【修改】面板上的【孔】按钮，打开【孔】特性面板，选择图 13-96 所示的面 2 和圆弧线，系统自动调整孔和圆弧同心，设置孔径大小为 42mm，设置终止方式为【贯通】，选择方向为【对称】，其余为默认设置，如图 13-97 所示。单击【确定】按钮，完成孔的创建。

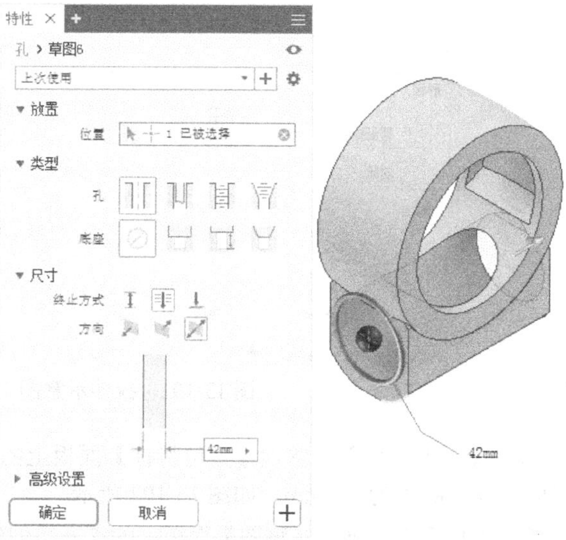

图 13-97　【孔】对话框及预览

（12）创建草图。单击【三维模型】选项卡【草图】面板上的【开始创建二维草图】按钮，选择 *XZ* 平面为草图绘制平面，进入草图绘制环境。单击【草图】选项卡【绘图】面板上的【圆】

按钮、【线】按钮和【修剪】按钮，单击【偏移】按钮，绘制草图轮廓。单击【约束】面板上的【尺寸】按钮，标注尺寸，如图 13-98 所示。单击【完成草图】按钮，退出草图环境。

（13）创建拉伸体。单击【三维模型】标签栏【创建】面板上的【拉伸】按钮，打开【拉伸】对话框，选择第（12）步绘制的草图为拉伸截面轮廓，设置拉伸距离为 58，选择【求差】运算，选择拉伸方向为【对称】方向，其余为默认设置，如图 13-99 所示。单击【确定】按钮完成拉伸。

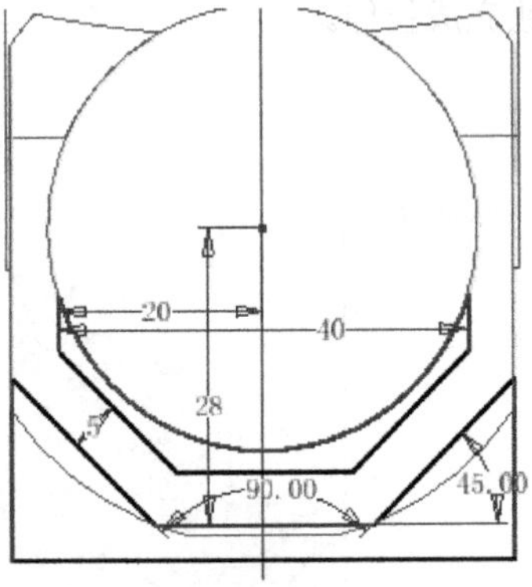

图 13-98　绘制草图

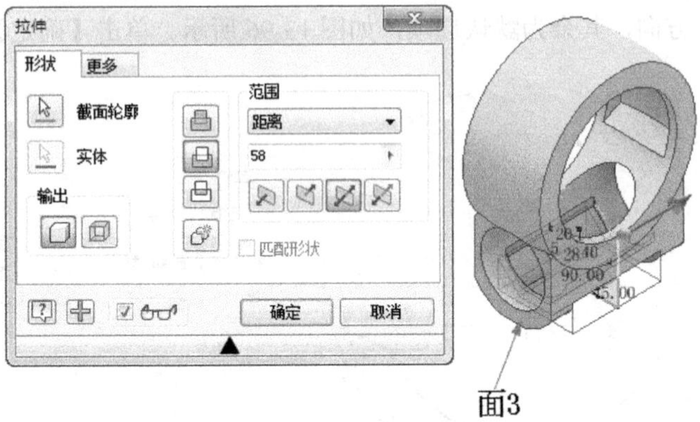

图 13-99　拉伸示意图

（14）创建草图。单击【三维模型】选项卡【草图】面板上的【开始创建二维草图】按钮，选择图 13-99 中所示的面 3 为草图绘制平面，进入草图绘制环境。单击【草图】选项卡【绘图】面板上的【圆】按钮绘制草图轮廓。单击【约束】面板上的【尺寸】按钮，标注尺寸，如图 13-100 所示。

（15）创建拉伸体。单击【三维模型】标签栏【创建】面板上的【拉伸】按钮，打开【拉伸】对话框，选择第（14）步绘制的草图为拉伸截面轮廓，设置拉伸方式为【贯通】，选择【求差】运算，其余为默认设置，如图 13-101 所示。单击【确定】按钮完成拉伸。

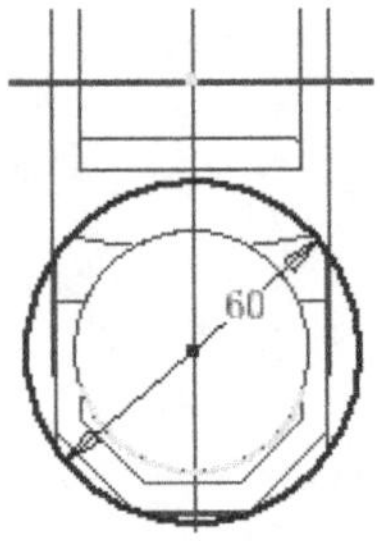

图 13-100　绘制草图

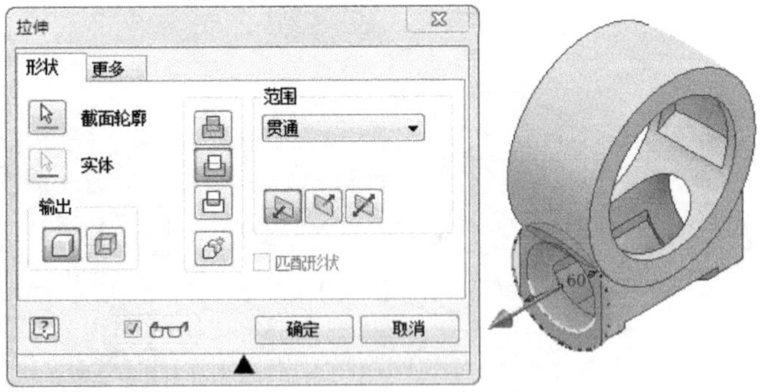

图 13-101　拉伸示意图

（16）创建工作平面。单击【三维模型】标签栏【定位特征】面板上的【从平面偏移】按钮，在原始坐标系中选择 *XZ* 平面，输入距离为 −53mm，如图 13-102 所示。

（17）创建草图。单击【三维模型】选项卡【草图】面板上的【开始创建二维草图】按钮，选择第（16）步创建的工作平面为草图绘制平面，进入草图绘制环境。单击【草图】选项卡【绘图】面板上的【圆】按钮绘制草图轮廓。单击【约束】面板上的【尺寸】按钮，标注尺寸，如图 13-103 所示。单击【完成草图】按钮，退出草图环境。

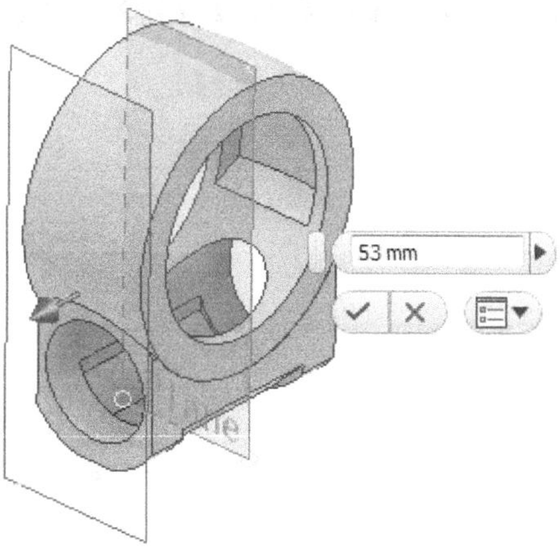

图 13-102　创建工作平面

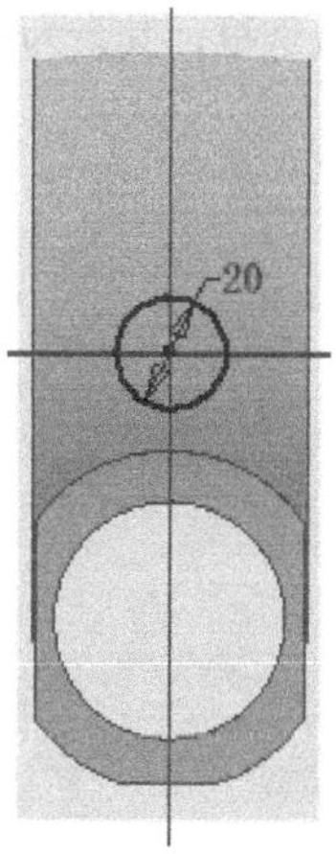

图 13-103　绘制草图

（18）创建拉伸体。单击【三维模型】标签栏【创建】面板上的【拉伸】按钮，打开【拉伸】对话框，选择第（17）步绘制的草图为拉伸截面轮廓，设置拉伸方式为【到表面或平面】，其余为默认设置，如图 13-104 所示。单击【确定】按钮完成拉伸。

（19）隐藏工作平面。在模型树中选择第（16）步创建的【工作平面】，单击鼠标右键，在弹出的快捷菜单中取消【可见性】的勾选，隐藏该工作平面，如图 13-105 所示。

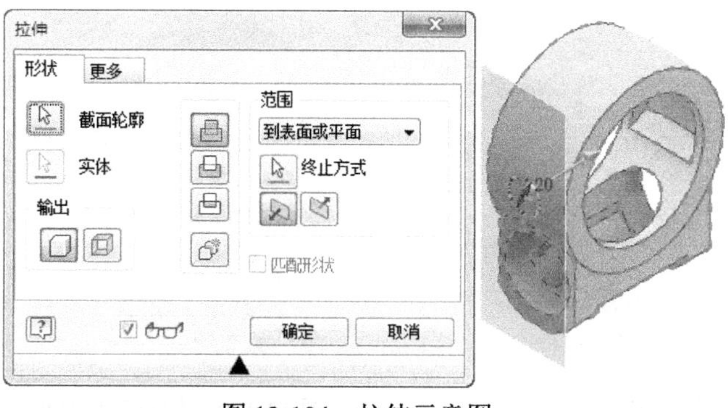

图 13-104　拉伸示意图

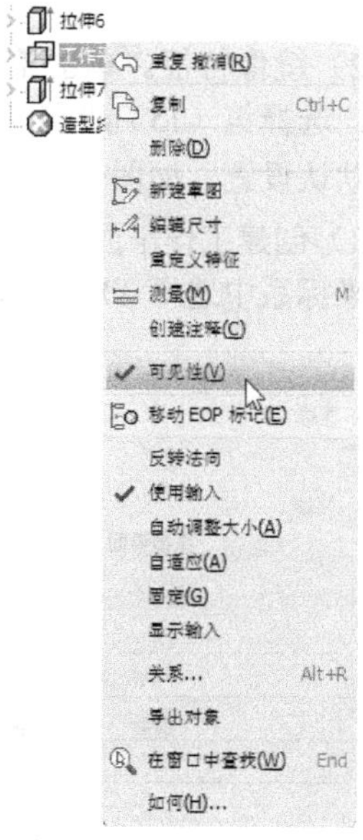

图 13-105　隐藏工作平面 1

（20）创建草图。单击【三维模型】选项卡【草图】面板上的【开始创建二维草图】按钮，选择零件的左端面为草图绘制平面，进入草图绘制环境。单击【草图】选项卡【绘图】面板上的【圆】按钮、【线】按钮和【点】按钮，单击【构造】按钮，绘制草图轮廓。单击【约束】面板上的【尺寸】按钮，标注尺寸，如图 13-106 所示。单击【完成草图】按钮，退出草图环境。

（21）创建螺纹孔。单击【三维模型】标签栏【修改】面板上的【孔】按钮，打开【孔】特性面板。系统自动捕捉第（20）步绘制的草图中的点为孔的中心点，选择终止方式为【距离】，设置孔深度为 10，选择【螺纹孔】，选择螺纹类型为【GB Metric profile】，选择【尺寸】为 5，【规格】为 M5，勾选【全螺纹】复选框，其余为默认选项，如图 13-107 所示，单击【确定】按钮，完成螺纹孔的创建。

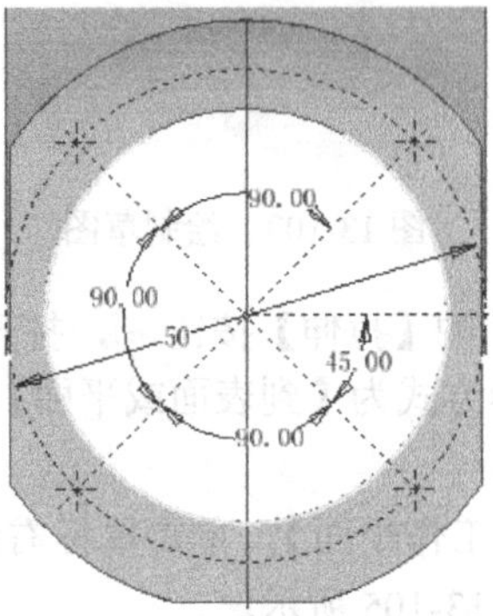

图 13-106　绘制草图

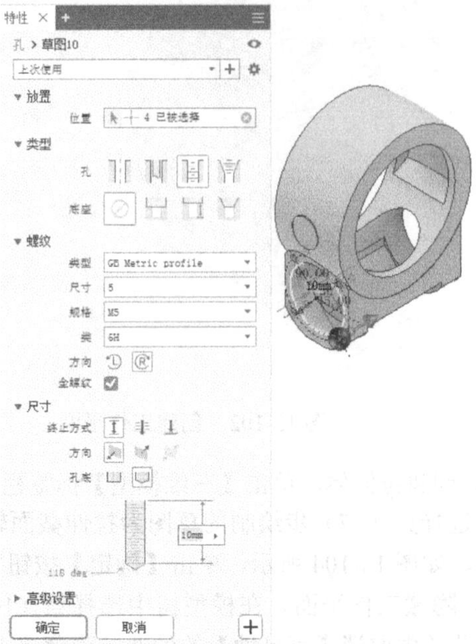

图 13-107　【孔】对话框及预览

（22）镜像特征。单击【三维模型】标签栏【阵列】面板上的【镜像】按钮，打开【镜像】对话框，选择第（15）步和（21）步创建的拉伸体和螺纹孔为镜像特征，选择 *XZ* 平面为镜像平面，其余为默认设置，如图 13-108 所示。单击【确定】按钮完成拉伸。

（23）创建工作平面。单击【三维模型】标签栏【定位特征】面板上的【从平面偏移】按钮，在原始坐标系中选择 *XY* 平面，输入距离为 53mm，如图 13-109 所示。

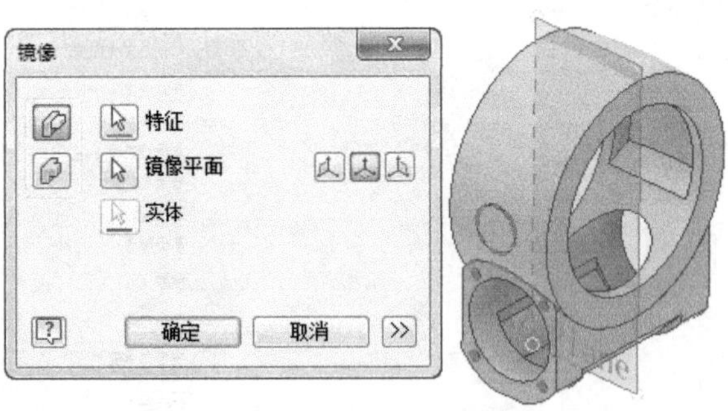

图 13-108　【镜像】对话框及预览

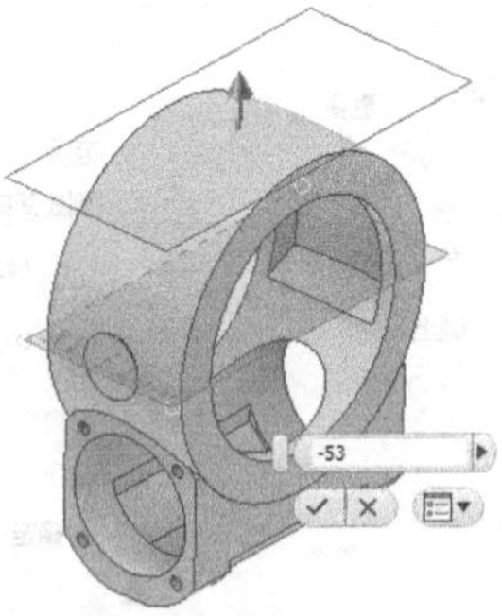

图 13-109　创建工作平面

（24）创建草图。单击【三维模型】选项卡【草图】面板上的【开始创建二维草图】按钮，选择第（23）步创建的工作平面为草图绘制平面，进入草图绘制环境。单击【草图】选项卡【绘图】面板上的【圆】按钮绘制草图轮廓。单击【约束】面板上的【尺寸】按钮，标注尺寸，如图 13-110 所示。单击【完成草图】按钮，退出草图环境。

（25）创建拉伸体。单击【三维模型】标签栏【创建】面板上的【拉伸】按钮，打开【拉伸】对话框，选择第（24）步绘制的草图为拉伸截面轮廓，设置拉伸方式为【到表面或平面】，其余为默认设置，如图 13-111 所示。单击【确定】按钮完成拉伸。

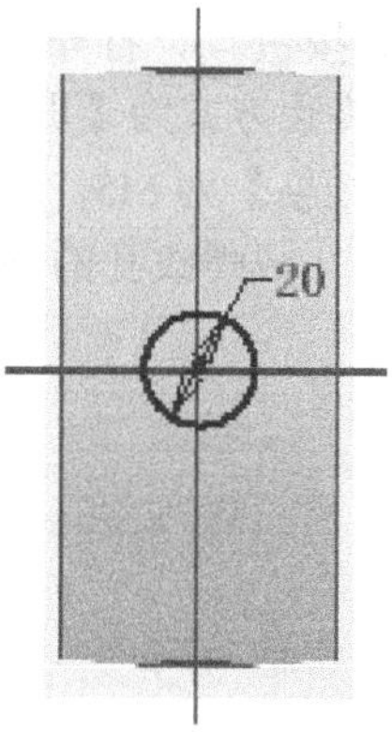

图 13-110　绘制草图

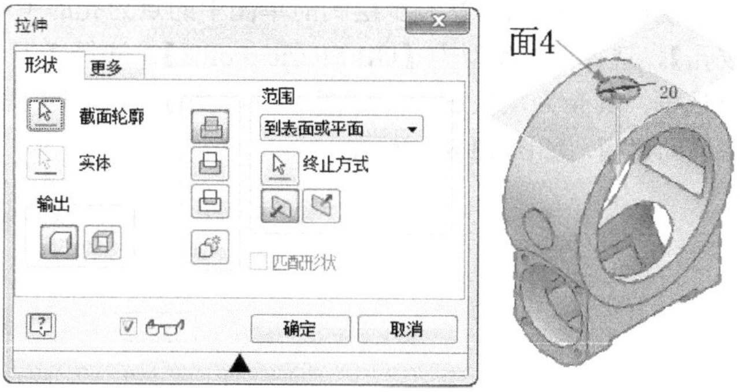

图 13-111　拉伸示意图

（26）隐藏工作平面。在模型树中选择第（23）步创建的【工作平面】，单击鼠标右键，在弹出的快捷菜单中取消【可见性】的勾选，隐藏该工作平面。

（27）创建孔。单击【三维模型】标签栏【修改】面板上的【孔】按钮，打开【孔】特性面板，选择图 13-111 所示的面 4 和该面的圆弧线，系统自动调整孔和圆弧同心，设置终止方式为【到】，然后选择零件的内圆弧面为参考到达的面，选择【螺纹孔】，选择螺纹类型为【GB Metric profile】，选择【尺寸】为 6，【规格】为 M6，勾选【全螺纹】复选框，其余为默认选项，如图 13-112 所示，单击【确定】按钮，完成螺纹孔的创建。

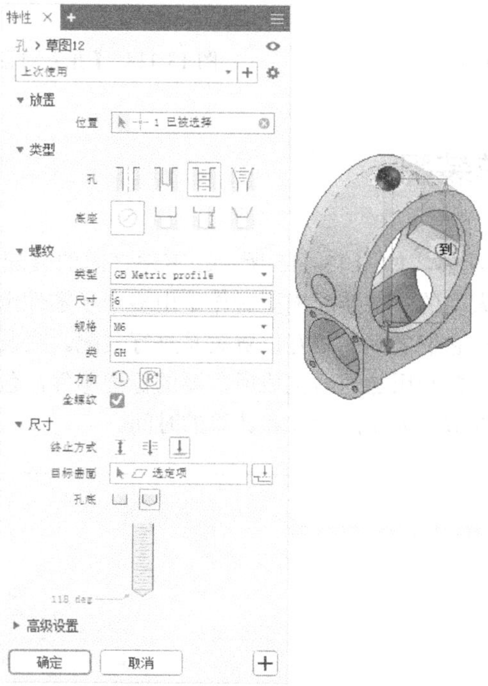

图 13-112　【孔】对话框及预览

（28）创建草图。单击【三维模型】选项卡【草图】面板上的【开始创建二维草图】按钮，选择零件的前端面为草图绘制平面，进入草图绘制环境。单击【草图】选项卡【绘图】面板上的【点】按钮，绘制点。单击【约束】面板上的【尺寸】按钮，标注尺寸，如图 13-113 所示。单击【完成草图】按钮，退出草图环境。

（29）创建螺纹孔。单击【三维模型】标签栏【修改】面板上的【孔】按钮，打开【孔】特性面板，系统自动捕捉第（28）步绘制的草图中的点为孔的中心点，选择终止方式为【贯通】，选择【螺纹孔】，选择螺纹类型为【GB Metric profile】，选择【尺寸】为 5，【规格】为 M5，勾选【全螺纹】复选框，其余为默认选项，如图 13-114 所示，单击【确定】按钮，完成螺纹孔的创建。最终完成壳体的建模，如图 13-87 所示。

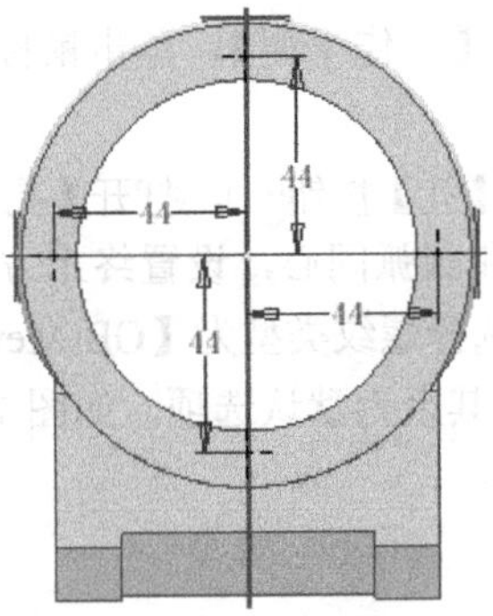

图 13-113　绘制草图

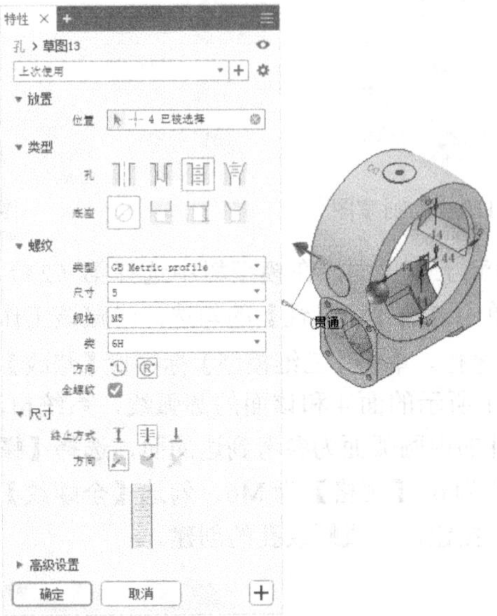

图 13-114　【孔】对话框及预览

13.2　变向插锁器总装配

本例创建变向插锁器装配体，如图 13-115 所示。零件之间的装配关系实际上就是零件之间的位置约束关系。可以把一个大型的零件装配模型看作是由多个子零件组成的，因而在创建大型的装配模型时，将各个子零件按照它们之间的相互位置关系进行装配。在装配过程中，如遇到标准零件时，可以使用设计加速器，直接利用加速器生成所需要的标准零件，包括紧固件、结构件以及动力传动等，使用设计加速器可以节省大量的设计和计算的时间。

扫码看视频

图 13-115　变向插锁器

操作步骤

（1）新建文件。

运行 Inventor，单击【快速入门】工具栏中的【新建】按钮，在打开的【新建文件】对话框中的【Templates】选项卡中的零件下拉列表中选择【Standard.iam】选项，如图 13-116 所示，单击【创建】按钮，新建一个装配文件，然后将其保存为【变向插销器】。

图 13-116　【新建文件】对话框

（2）安装壳体。

单击【装配】标签栏【零部件】面板中的【放置】按钮，打开【装入零部件】对话框，选择【壳体】零件，如图 13-117 所示，单击【打开】按钮，装入壳体，单击鼠标右键，在打开的快捷菜单中选择【在原点处固定放置】选项，如图 13-118 所示，壳体固定放置到坐标原点，继续单击鼠标右键，在打开的快捷菜单中选择【确定】选项，如图 13-119 所示，完成壳体的放置，结果如图 13-120 所示。

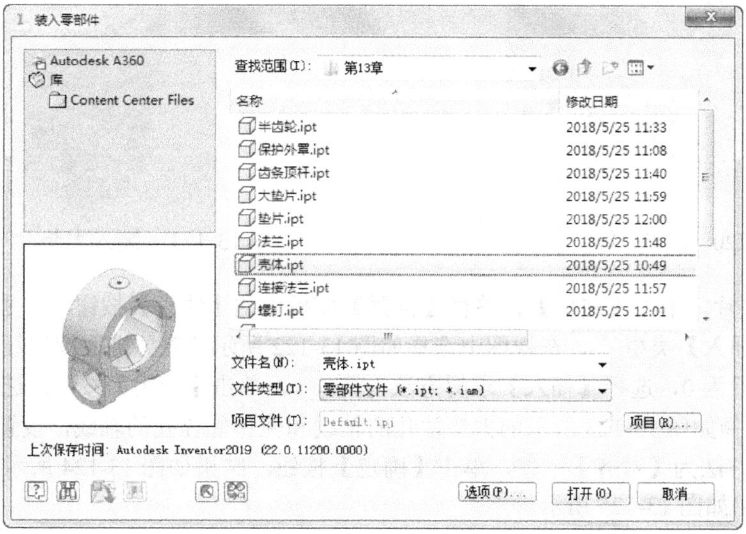

图 13-117　【装入零部件】对话框

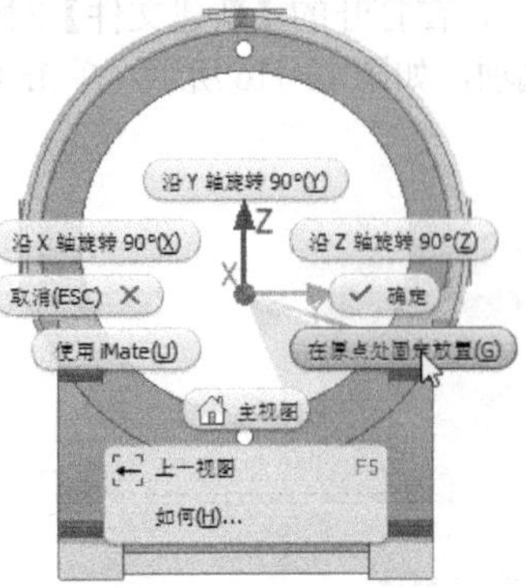

图 13-118　快捷菜单（1）

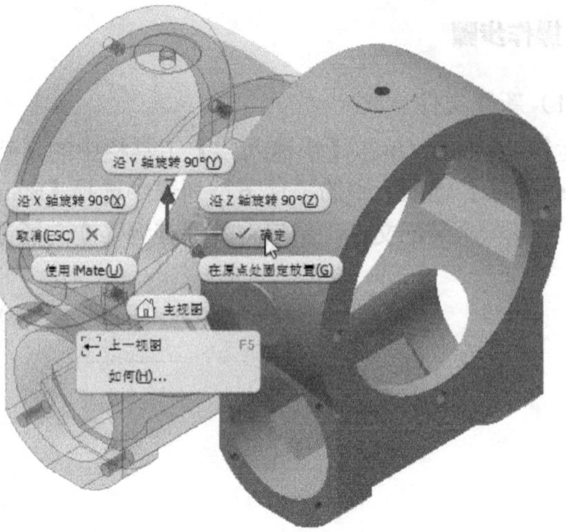

图 13-119　快捷菜单（2）

（3）安装大垫片。

① 放置大垫片。单击【装配】标签栏【零部件】面板中的【放置】按钮，打开【装入零部件】对话框，选择【大垫片】零件，单击【打开】按钮，装入大垫片，将其放置到视图中适当位置。单击鼠标右键，在打开的快捷菜单中选择【确定】选项，完成大垫片的放置，如图 13-121 所示。

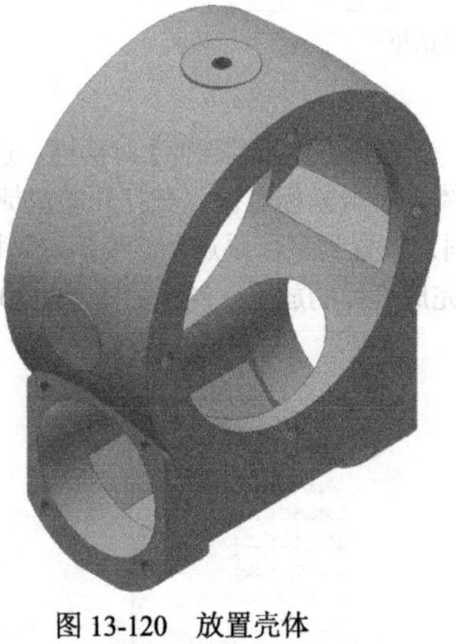

图 13-120　放置壳体

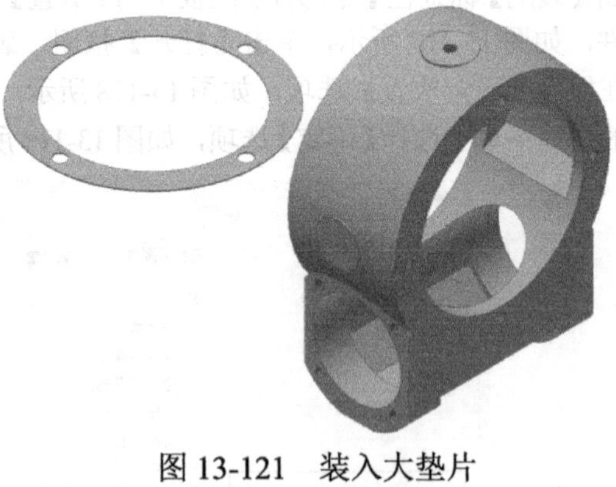

图 13-121　装入大垫片

② 装配大垫片。单击【装配】标签栏【位置】面板中的【约束】按钮，打开【放置约束】对话框，选择【插入】类型，在视图中选择如图 13-122 所示的壳体端面圆边线和大垫片端面圆边线，设置偏移量为 0，选择【插入】求解方法为，单击【应用】按钮；选择【配合】类型，在视图中选择如图 13-123 所示的大垫片孔的轴线和壳体螺栓孔的轴线，设置偏移量为 0，选择【配合】求解方法为【对齐】，单击【确定】按钮，结果如图 13-124 所示。同理装入另一侧的大垫片，结果如图 13-125 所示。

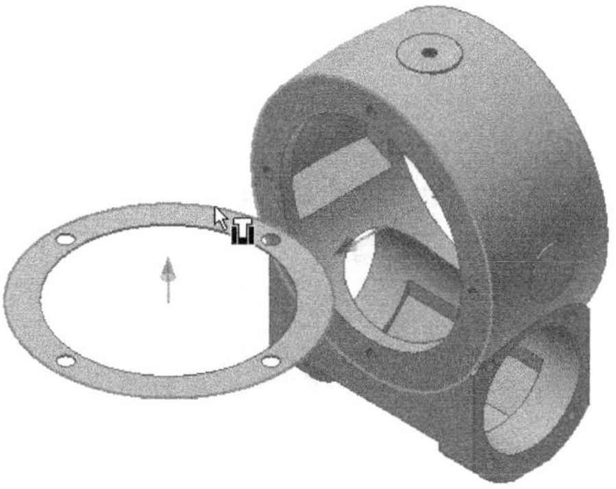

图 13-122　选择边线（1）

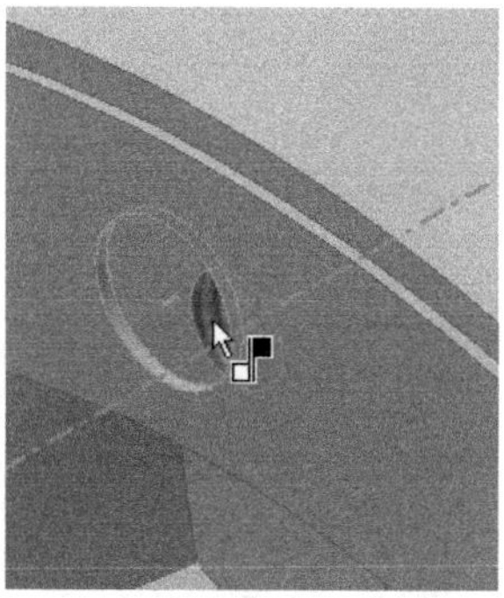

图 13-123　选择轴线

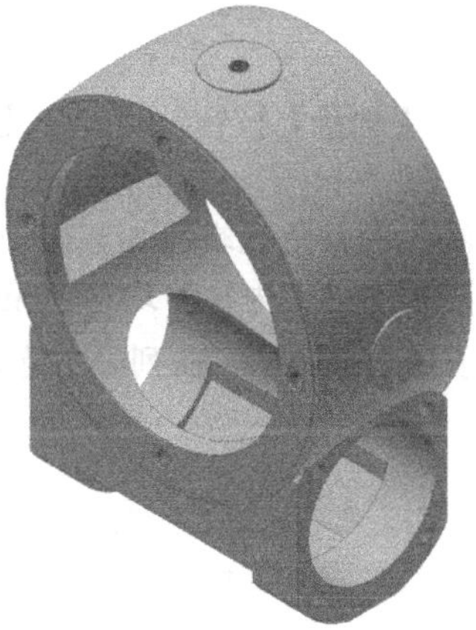

图 13-124　安装大垫片

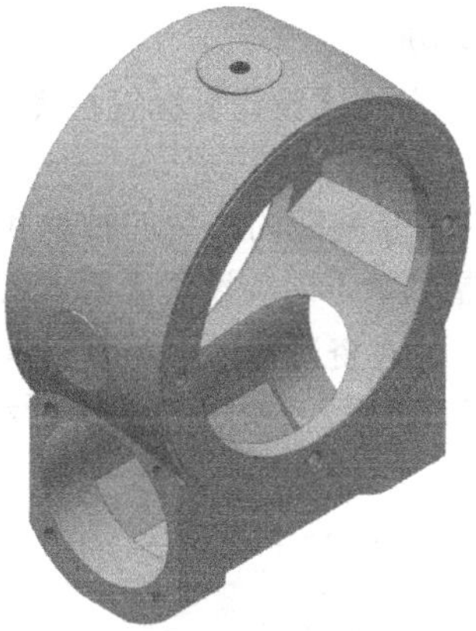

图 13-125　结果图

（4）安装法兰。

① 放置法兰。单击【装配】标签栏【零部件】面板中的【放置】按钮，打开【装入零部件】对话框，选择【法兰】零件，单击【打开】按钮，装入法兰，将其放置到视图中适当位置。单击鼠标右键，在打开的快捷菜单中选择【确定】选项，完成法兰的放置，如图 13-126 所示。

② 装配法兰。单击【装配】标签栏【位置】面板中的【约束】按钮，打开【放置约束】对话框，选择【插入】类型，在视图中选择如图 13-127 所示的法兰圆边线和大垫片端面圆边线，设置偏移量为 0，选择【插入】求解方法为，单击【应用】按钮；选择【配合】类型，在视图中选择如图 13-128 所示的法兰孔的轴线和壳体螺栓孔的轴线，设置偏移量为 0，选择【配合】求解方法为【对齐】，单击【确定】按钮，结果如图 13-129 所示。

图 13-126　装入法兰

图 13-127　选择边线（2）

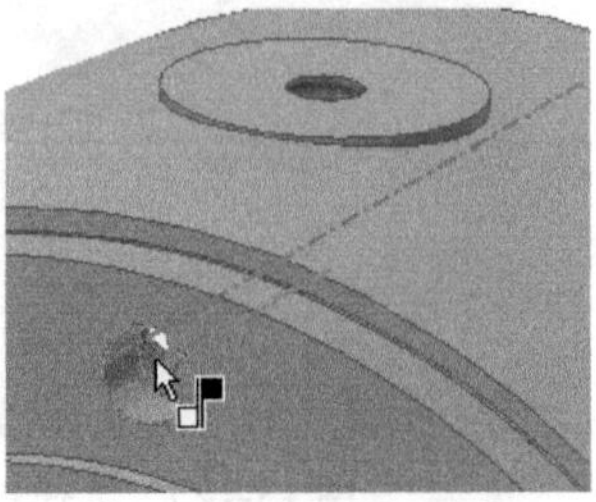

图 13-128　选择轴线

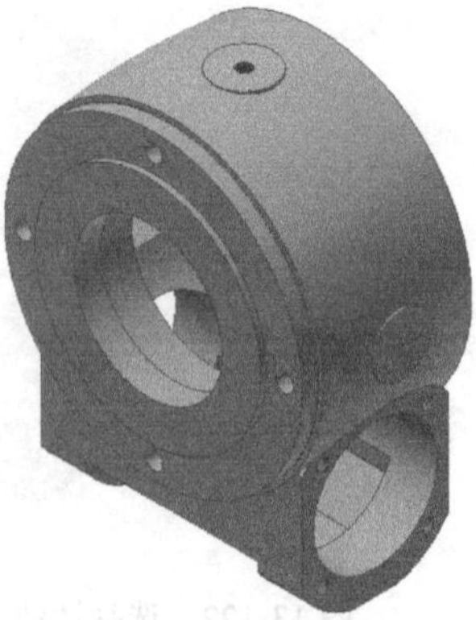

图 13-129　安装法兰

（5）安装轴承。

创建轴承。单击【设计】标签栏【动力传动】面板上的【轴承】按钮，弹出【轴承生成器】对话框。

选择第（4）步装配的法兰的轴承孔为圆柱面，选择法兰的轴承孔端面为起始平面，如图 13-130 所示，调整轴承方向，设置【要求的最小内径】到【要求的最大内径】均为 30mm，单击【浏览轴承】按钮，在资源环境中加载轴承，选择【圆柱滚子轴承】类型，在列表中选择【滚动轴承 GB/T 283-2007 NU 型】，如图 13-131 所示。

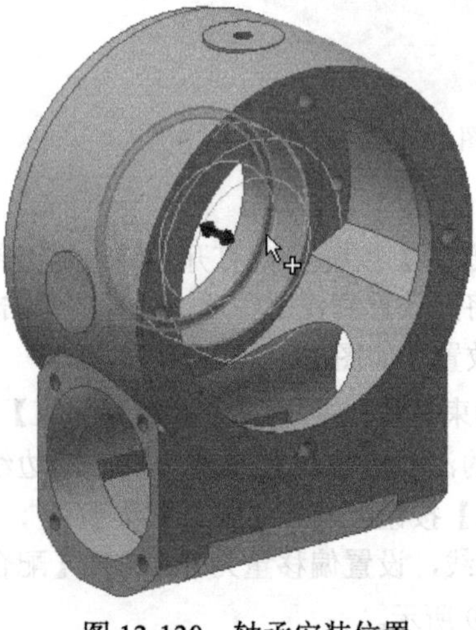

图 13-130　轴承安装位置

图 13-131　选择轴承

在打开的【轴承生成器】对话框中单击【更新】按钮，显示轴承规格列表，选择【NU 1006】型，如图 13-132 所示。单击【确定】按钮，完成轴承的设计，如图 13-133 所示。

（6）安装轴。

① 放置轴。单击【装配】标签栏【零部件】面板中的【放置】按钮，打开【装入零部件】对话框，选择【轴】零件，单击【打开】按钮，装入轴，将其放置到视图中适当位置。单击鼠标右键，在打开的快捷菜单中选择【确定】选项，完成轴的放置，如图 13-134 所示。

② 装配轴。单击【装配】标签栏【位置】面板中的【约束】按钮，打开【放置约束】对话框，选择【插入】类型，在视图中选择如图 13-135 所示的轴承端面边线和轴的轴肩端面边线，设置

偏移量为 0，选择【插入】求解方法为，单击【确定】按钮，结果如图 13-136 所示。

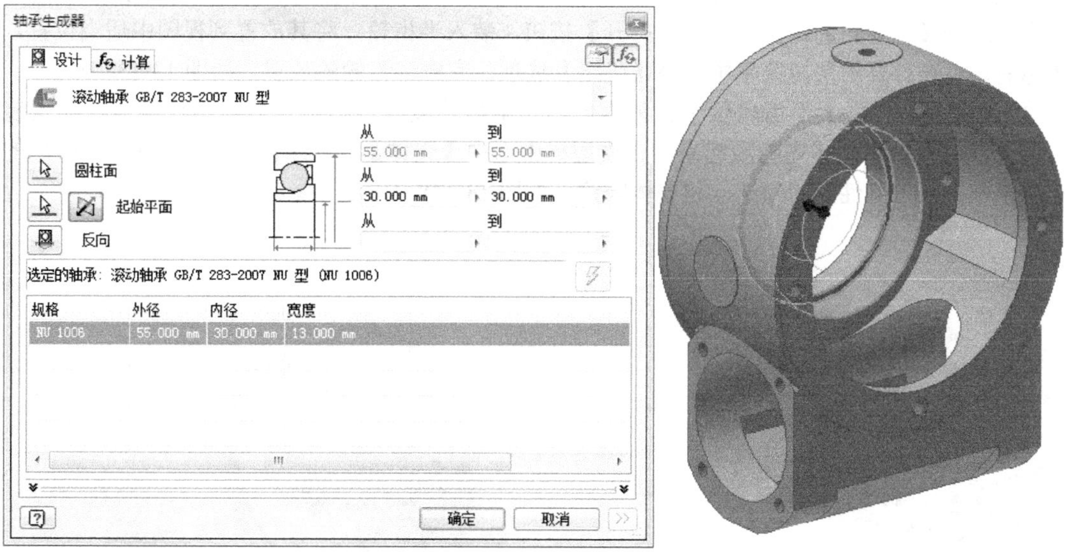

图 13-132　设计轴承参数

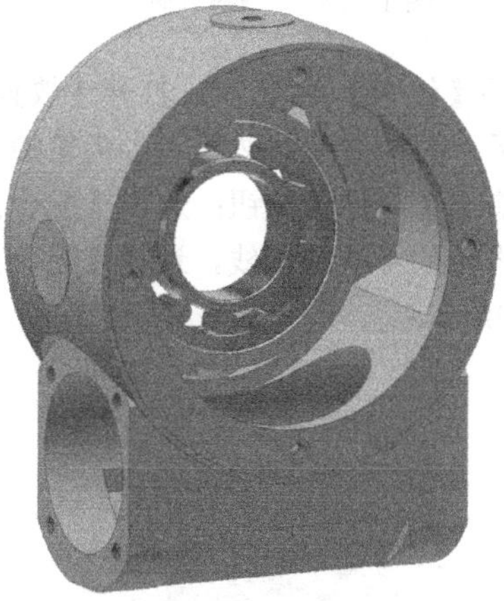

图 13-133　设计轴承

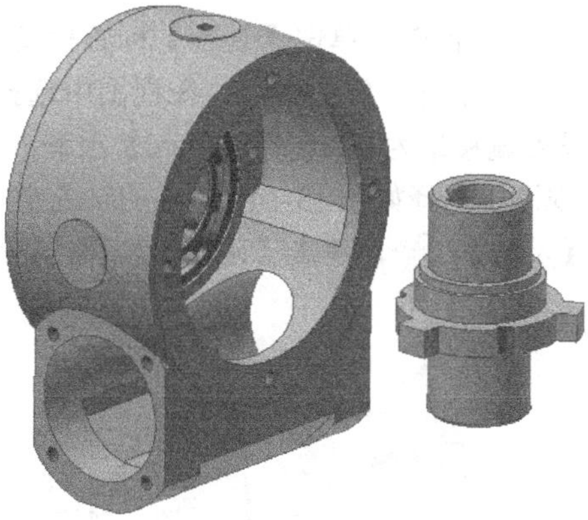

图 13-134　装入轴

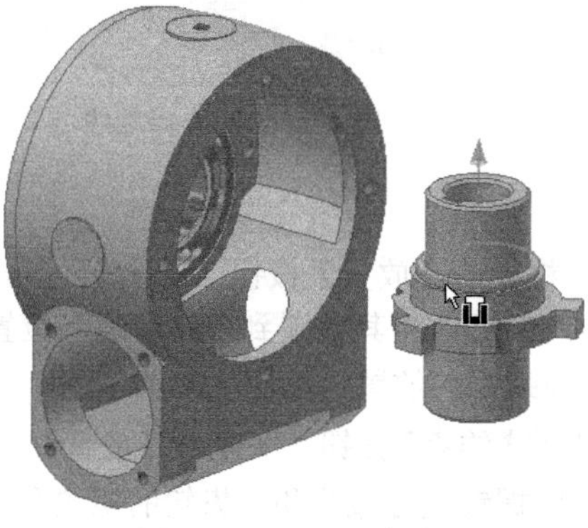

图 13-135　选择边线

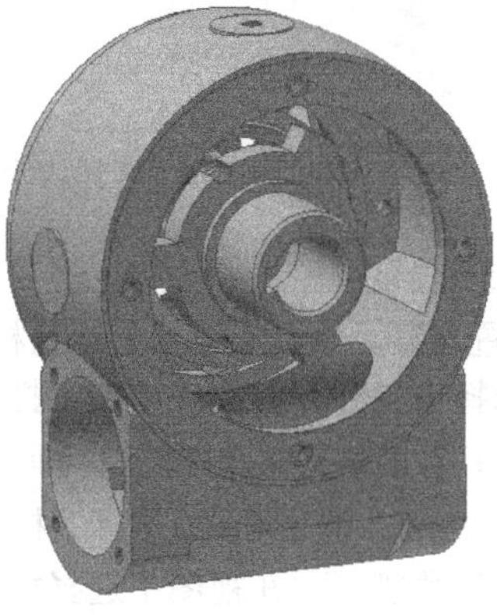

图 13-136　安装轴

（7）安装半齿轮。

① 放置半齿轮。单击【装配】标签栏【零部件】面板中的【放置】按钮，打开【装入零部件】对话框，选择【半齿轮】零件，单击【打开】按钮，装入半齿轮，将其放置到视图中适当位置。单击鼠标右键，在打开的快捷菜单中选择【确定】选项，完成半齿轮的放置，如图 13-137 所示。

② 隐藏壳体。由于半齿轮位于壳体内部，在半齿轮装配过程中壳体会挡住半齿轮的安装视线，所以我们可以将壳体先隐藏起来。在模型树中选中【壳体】，然后单击鼠标右键，在弹出的快捷菜单中取消【可见性】的勾选，将壳体隐藏，如图 13-138 所示。

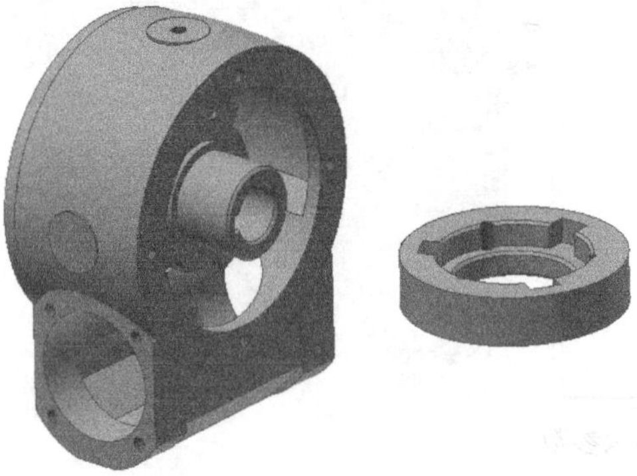

图 13-137　装入半齿轮

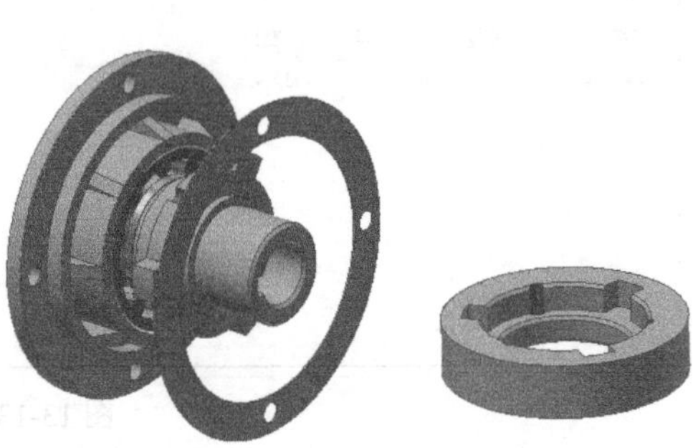

图 13-138　隐藏壳体

③ 装配半齿轮。单击【装配】标签栏【位置】面板中的【约束】按钮，打开【放置约束】对话框，选择【插入】类型，在视图中选择如图 13-139 所示的轴的端面边线和半齿轮的内表面边线，设置偏移量为 0，选择【插入】求解方法为，单击【应用】按钮；选择【配合】类型，在视图中选择如图 13-140 所示的轴的半螺孔轴线和半齿轮的半螺孔轴线，选择【配合】求解方法为【反向】，单击【确定】按钮，结果如图 13-141 所示。

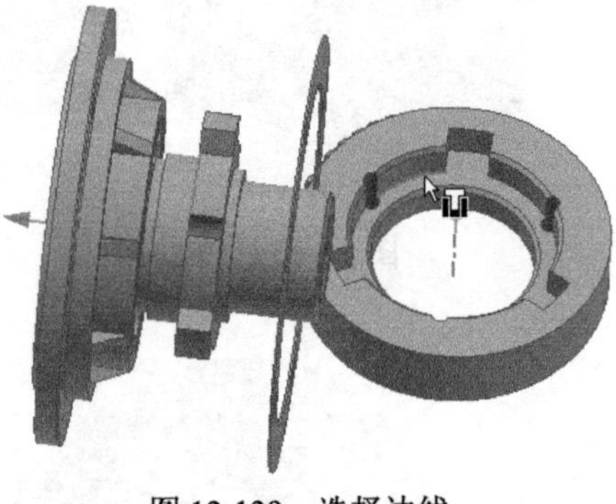

图 13-139　选择边线

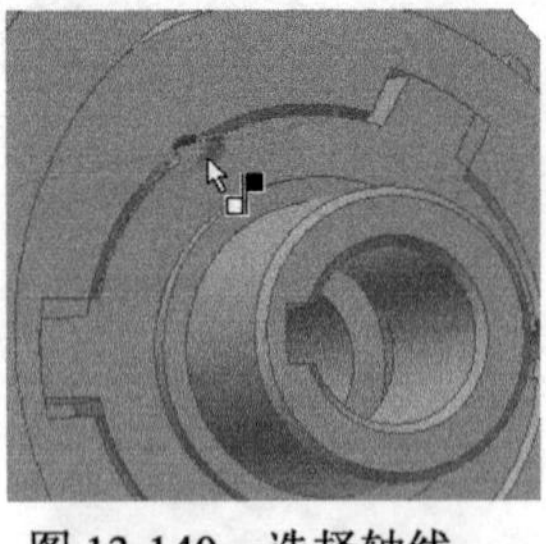

图 13-140　选择轴线

（8）安装螺钉。

① 放置螺钉。单击【装配】标签栏【零部件】面板中的【放置】按钮，打开【装入零部件】对话框，选择【螺钉】零件，单击【打开】按钮，装入螺钉，将其放置到视图中适当位置。单击鼠标右键，在打开的快捷菜单中选择【确定】选项，完成螺钉的放置，如图 13-142 所示。

② 装配螺钉。单击【装配】标签栏【位置】面板中的【约束】按钮，打开【放置约束】对话框，选择【插入】类型，在视图中选择如图 13-143 所示的螺钉端面边线和半齿轮的螺纹孔边线，设置偏移量为 0，选择【插入】求解方法为，单击【确定】按钮，结果如图 13-144 所示。

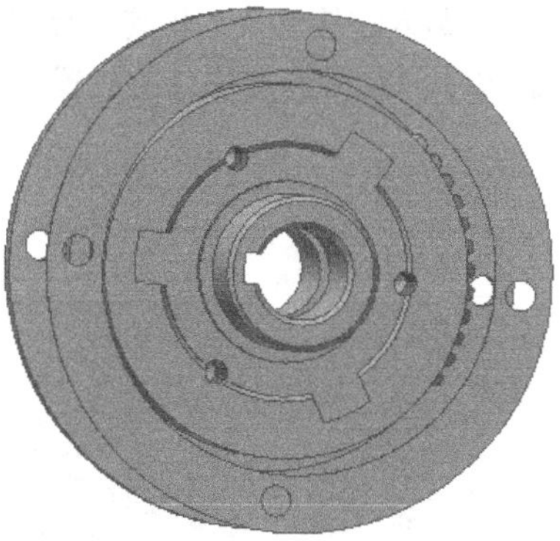

图 13-141　安装半齿轮

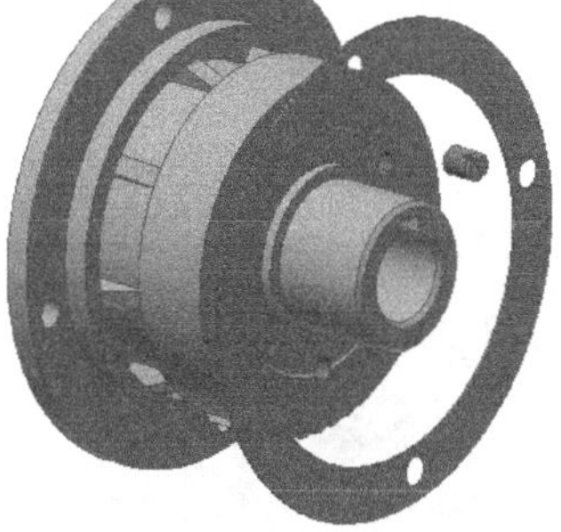

图 13-142　装入螺钉

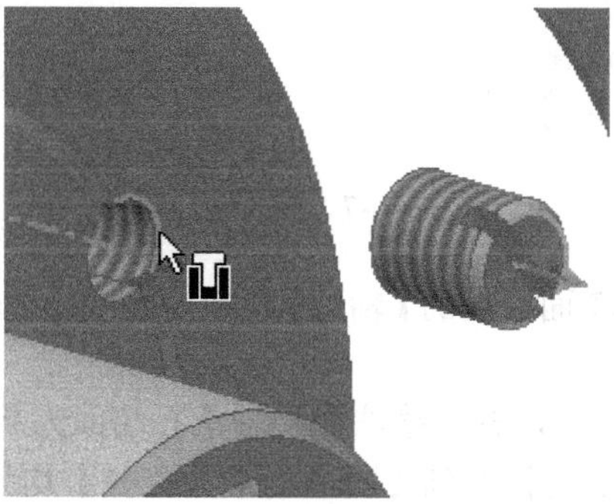

图 13-143　选择边线

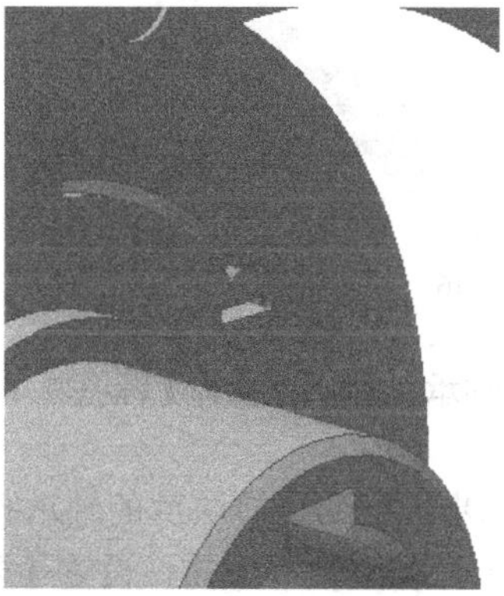

图 13-144　装配螺钉

③ 阵列螺钉。单击【装配】标签栏【阵列】面板中的【阵列】按钮，打开【阵列零部件】对话框，选择螺钉为阵列零部件，选择【环形】按钮，选择轴的圆柱面为阵列轴，输入阵列数目为 3，阵列角度为 120°，如图 13-145 所示，单击【确定】按钮，完成螺钉的阵列。

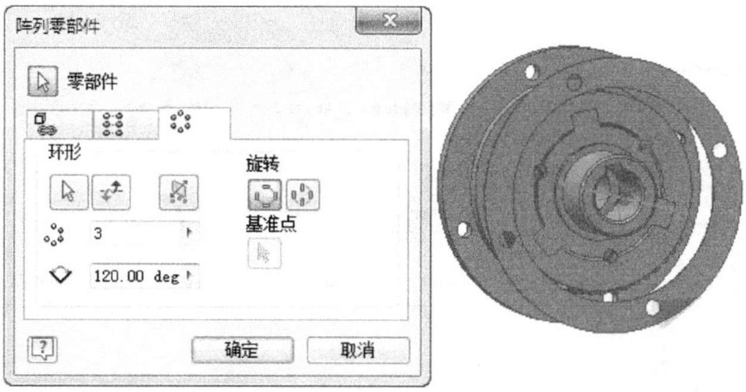

图 13-145　阵列螺钉

（9）显示壳体。

显示壳体。在模型树中选中【壳体】，然后单击鼠标右键，在弹出的快捷菜单中勾选【可见性】选项，显示壳体，结果如图 13-146 所示。

（10）安装连接法兰和轴承。

① 放置连接法兰。单击【装配】标签栏【零部件】面板中的【放置】按钮，打开【装入零

部件】对话框，选择【连接法兰】零件，单击【打开】按钮，装入连接法兰，将其放置到视图中适当位置。单击鼠标右键，在打开的快捷菜单中选择【确定】选项，完成连接法兰的放置，如图 13-147 所示。

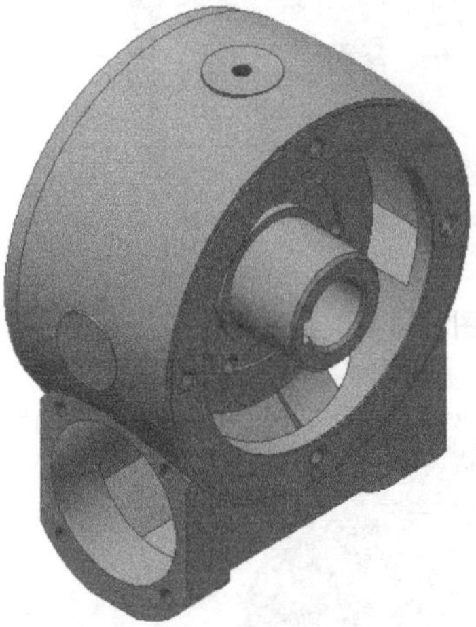
图 13-146　显示壳体

图 13-147　装入连接法兰

② 创建轴承。单击【设计】标签栏【动力传动】面板上的【轴承】按钮，弹出【轴承生成器】对话框。

选择第①步装配的连接法兰的轴承孔为圆柱面，选择连接法兰的轴承孔端面为起始平面，如图 13-148 所示，调整轴承方向，设置【要求的最小内径】到【要求的最大内径】均为 30mm，单击【浏览轴承】按钮，在资源环境中加载轴承，选择【圆柱滚子轴承】类型，在列表中选择【滚动轴承 GB/T 283-2007 NU 型】，如图 13-149 所示。

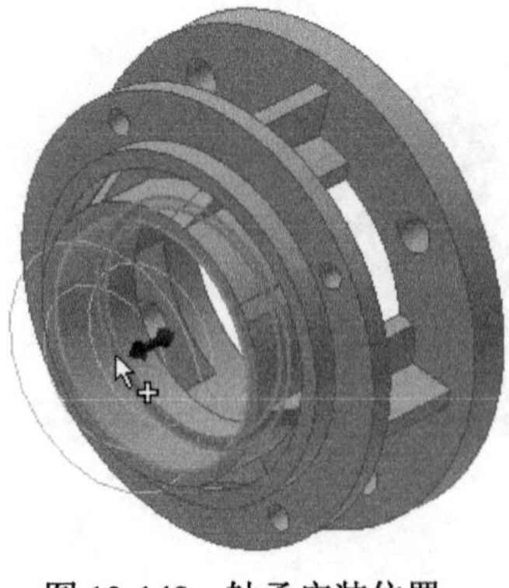
图 13-148　轴承安装位置

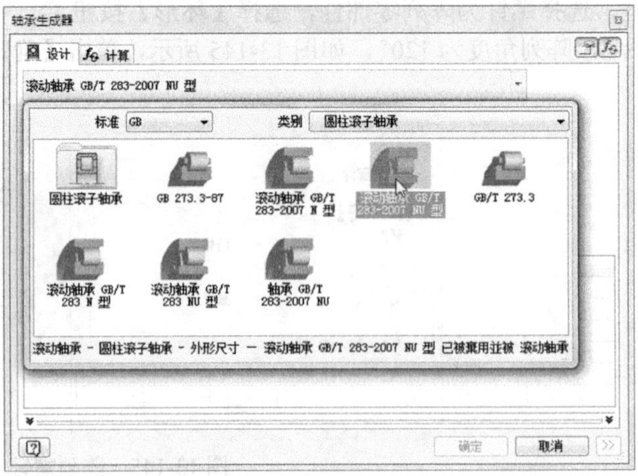

图 13-149　选择轴承

在打开的【轴承生成器】对话框中单击【更新】按钮，显示轴承规格列表，选择【NU 1006】型，如图 13-150 所示。单击【确定】按钮，完成轴承的设计，如图 13-151 所示。

③ 装配连接法兰。单击【装配】标签栏【位置】面板中的【约束】按钮，打开【放置约束】对话框，选择【插入】类型，在视图中选择如图 13-152 所示的连接法兰的端面边线和大垫片端

面边线，设置偏移量为 0，选择【插入】求解方法为 ，单击【应用】按钮；选择【配合】类型 ，在视图中选择如图 13-153 所示的连接法兰的连接孔轴线和壳体螺纹孔轴线，选择【配合】求解方法为【反向】 ，单击【确定】按钮，结果如图 13-154 所示。

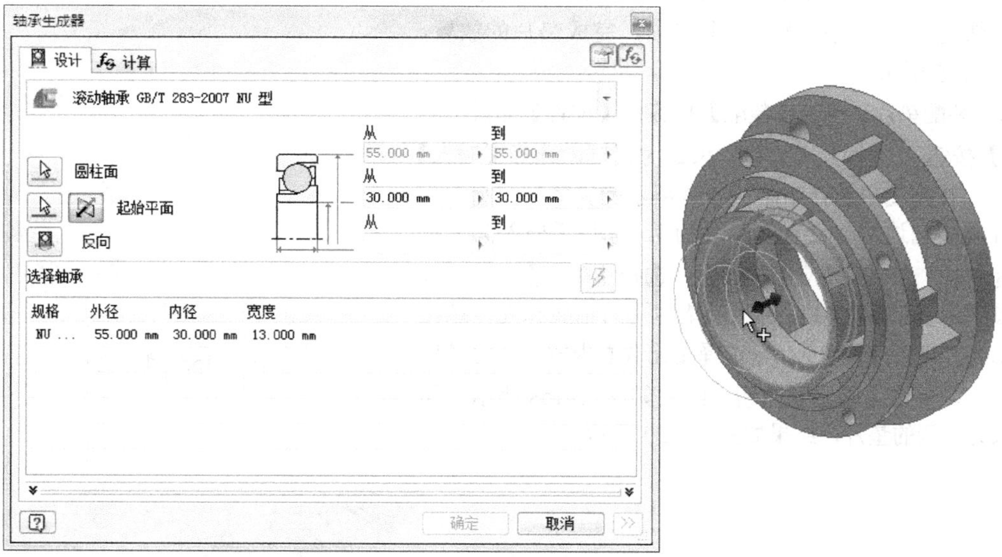

图 13-150　设计轴承参数

图 13-151　轴承设计

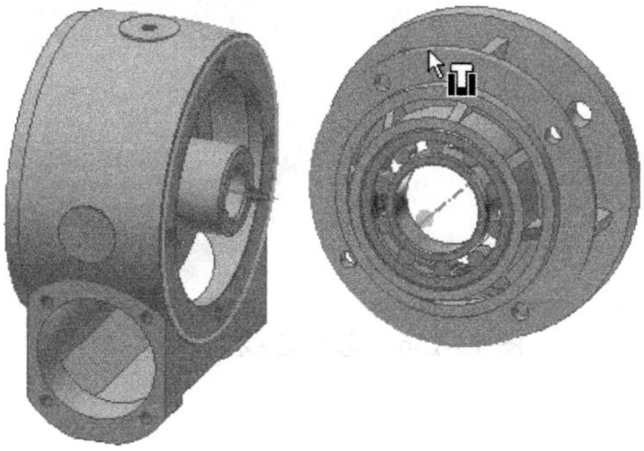

图 13-152　选择边线

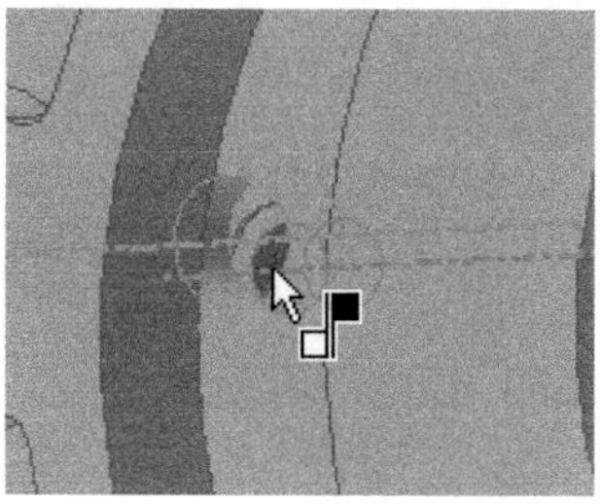

图 13-153　选择轴线

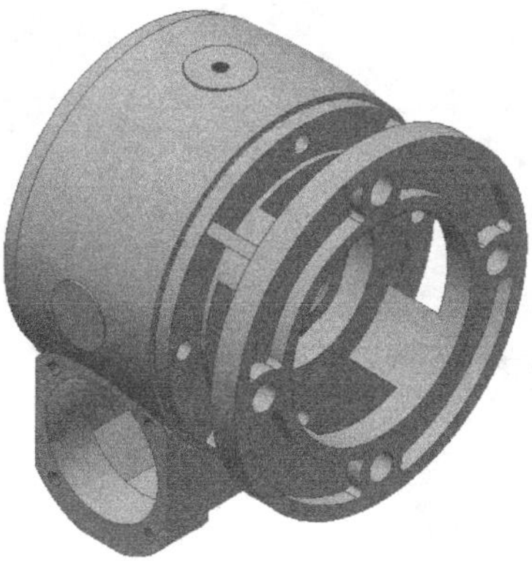

图 13-154　安装连接法兰

（11）安装垫片。

① 放置垫片。单击【装配】标签栏【零部件】面板中的【放置】按钮，打开【装入零部件】对话框，选择【垫片】零件，单击【打开】按钮，装入垫片，将其放置到视图中适当位置。单击鼠标右键，在打开的快捷菜单中选择【确定】选项，完成垫片的放置，如图 13-155 所示。

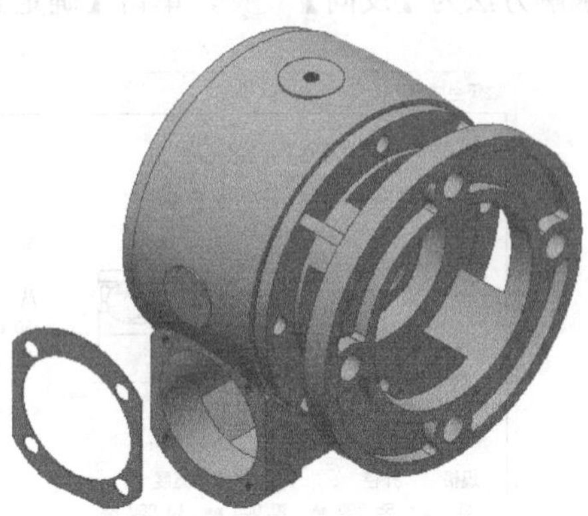

图 13-155　装入垫片

② 装配垫片。单击【装配】标签栏【位置】面板中的【约束】按钮，打开【放置约束】对话框，选择【插入】类型，在视图中选择如图 13-156 所示的壳体端面圆边线和垫片端面圆边线，设置偏移量为 0，选择【插入】求解方法为，单击【应用】按钮；选择【配合】类型，在视图中选择如图 13-157 所示的垫片孔的轴线和壳体螺栓孔的轴线，设置偏移量为 0，选择【配合】求解方法为【反向】，单击【确定】按钮，结果如图 13-158 所示。同理装入另一侧的垫片，结果如图 13-159 所示。

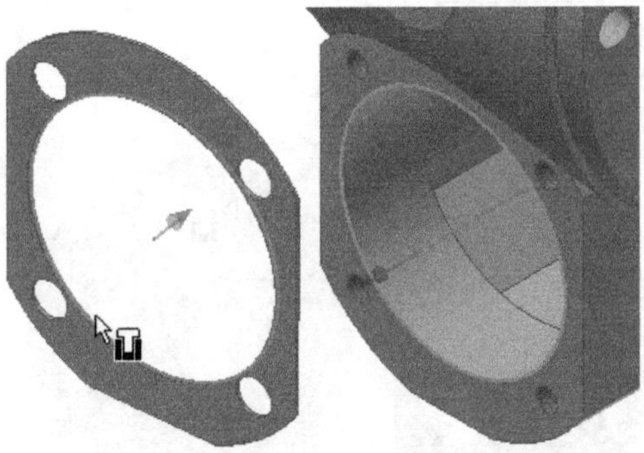

图 13-156　选择边线

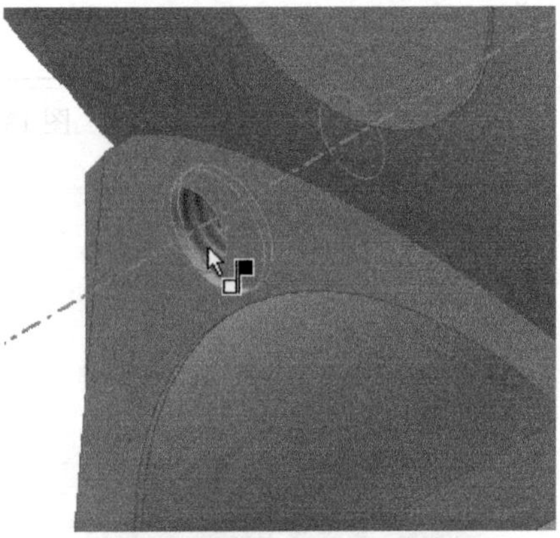

图 13-157　选择轴线

图 13-158　安装垫片

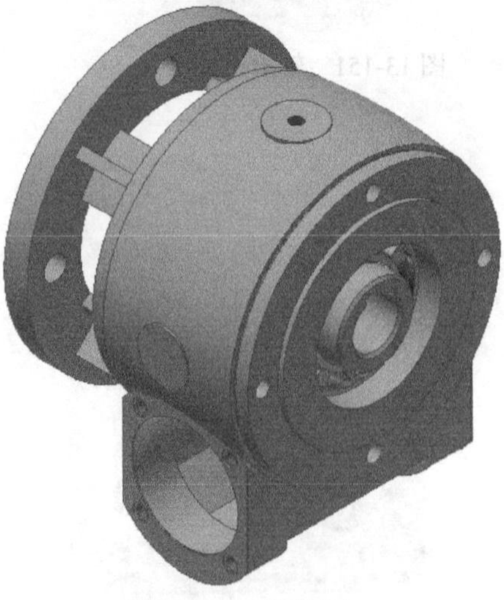

图 13-159　结果图

（12）安装左端盖。

① 放置左端盖。单击【装配】标签栏【零部件】面板中的【放置】按钮，打开【装入零部件】对话框，选择【左端盖】零件，单击【打开】按钮，装入左端盖，将其放置到视图中适当位置。单击鼠标右键，在打开的快捷菜单中选择【确定】选项，完成左端盖的放置，如图 13-160 所示。

② 装配左端盖。单击【装配】标签栏【位置】面板中的【约束】按钮，打开【放置约束】对话框，选择【插入】类型，在视图中选择如图 13-161 所示的左端盖端面圆边线和垫片端面圆边线，设置偏移量为 0，选择【插入】求解方法为，单击【应用】按钮；选择【配合】类型，在视图中选择如图 13-162 所示的左端盖孔的轴线和壳体螺栓孔的轴线，设置偏移量为 0，选择【配合】求解方法为【对齐】，单击【确定】按钮，结果如图 13-163 所示。

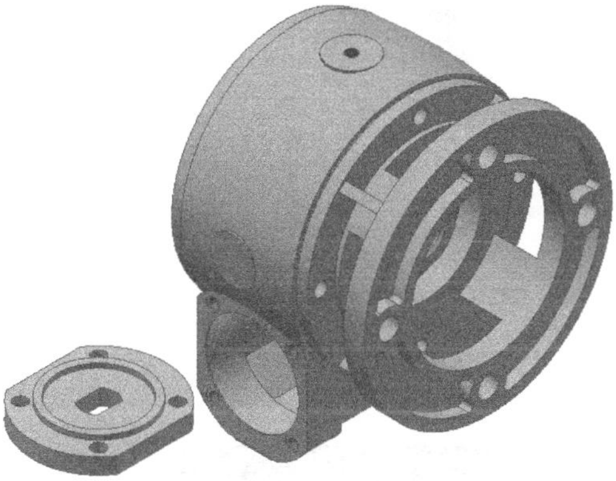

图 13-160　装入左端盖

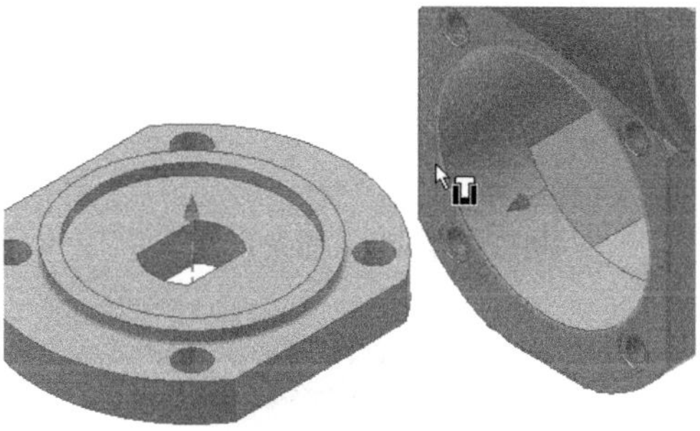

图 13-161　选择边线

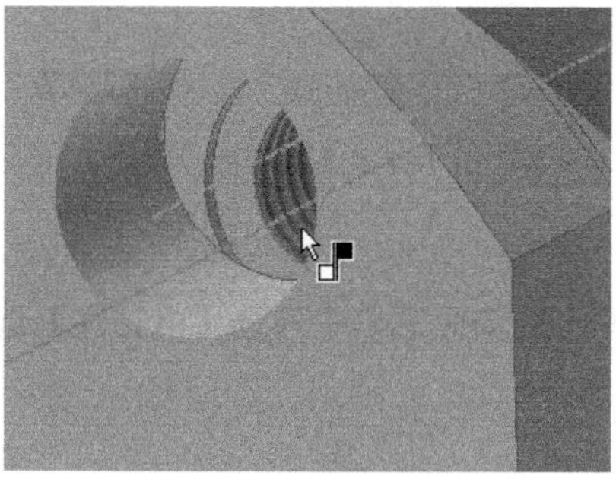

图 13-162　选择轴线

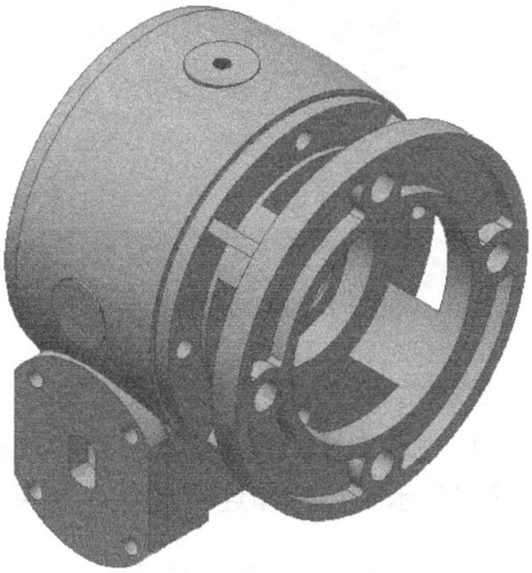

图 13-163　安装左端盖

（13）安装齿条顶杆。

① 放置齿条顶杆。单击【装配】标签栏【零部件】面板中的【放置】按钮，打开【装入零部件】对话框，选择【齿条顶杆】零件，单击【打开】按钮，装入齿条顶杆，将其放置到视图中适当位置。单击鼠标右键，在打开的快捷菜单中选择【确定】选项，完成齿条顶杆的放置，如图 13-164 所示。

② 装配齿条顶杆。单击【装配】标签栏【位置】面板中的【约束】按钮，打开【放置约束】对话框，选择【配合】类型，在视图中选择如图 13-165 所示的齿条顶杆轴线和壳体轴线，设置偏移量为 0，选择【配合】求解方法为【对齐】，单击【确定】按钮。此时齿条顶杆放到壳体

内部，壳体挡住了齿条顶杆继续安装的视线，所以我们可以将壳体先隐藏起来。在模型树中选中【壳体】，然后单击鼠标右键，在弹出的快捷菜单中取消【可见性】的勾选，将壳体隐藏，同理隐藏连接法兰和大垫片，如图 13-166 所示。继续单击【约束】按钮，选择【角度】类型，在视图中选择如图 13-167 所示的齿条顶杆侧面和左端盖侧面，设置角度 0，选择【角度】求解方法为【定向角度】，单击【确定】按钮，结果如图 13-168 所示。

图 13-164　装入齿条顶杆

图 13-165　选择轴线

图 13-166　隐藏零件

图 13-167　选择平面

（14）显示壳体，大垫片和连接法兰。

在模型树中选中【壳体】，然后单击鼠标右键，在弹出的快捷菜单中勾选【可见性】选项，显示壳体，同理显示大垫片和连接法兰，结果如图 13-169 所示。

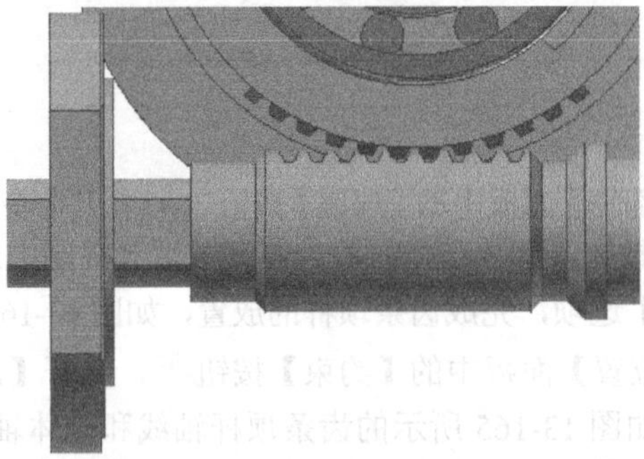

图 13-168　安装齿条顶杆

图 13-169　显示零件

（15）安装右端盖。

① 放置右端盖。单击【装配】标签栏【零部件】面板中的【放置】按钮，打开【装入零部件】对话框，选择【右端盖】零件，单击【打开】按钮，装入右端盖，将其放置到视图中适当位置。单击鼠标右键，在打开的快捷菜单中选择【确定】选项，完成右端盖的放置，如图 13-170 所示。

② 装配右端盖。单击【装配】标签栏【位置】面板中的【约束】按钮，打开【放置约束】对话框，选择【插入】类型，在视图中选择如图 13-171 所示的右端盖端面圆边线和垫片端面圆边线，设置偏移量为 0，选择【插入】求解方法为，单击【应用】按钮；选择【配合】类型，在视图中选择如图 13-172 所示的右端盖孔的轴线和壳体螺栓孔的轴线，设置偏移量为 0，选择【配合】求解方法为【对齐】，单击【确定】按钮，结果如图 13-173 所示。

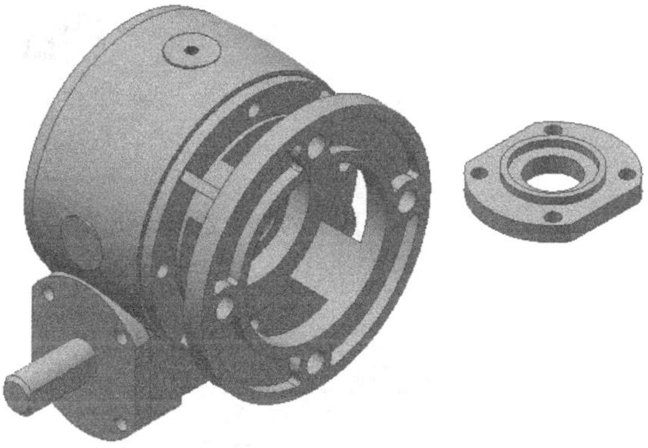

图 13-170　装入右端盖

图 13-171　选择边线

图 13-172　选择轴线

图 13-173　安装右端盖

（16）安装保护外罩。

① 放置保护外罩。单击【装配】标签栏【零部件】面板中的【放置】按钮，打开【装入零部件】对话框，选择【保护外罩】零件，单击【打开】按钮，装入保护外罩，将其放置到视图中适当位置。单击鼠标右键，在打开的快捷菜单中选择【确定】选项，完成保护外罩的放置，如图 13-174 所示。

② 装配保护外罩。单击【装配】标签栏【位置】面板中的【约束】按钮，打开【放置约束】对话框，选择【插入】类型，在视图中选择如图 13-175 所示的保护外罩端面圆边线和右端盖端面圆边线，设置偏移量为 0，选择【插入】求解方法为，单击【应用】按钮；选择【配合】

类型，在视图中选择如图 13-176 所示的右端盖的侧面和保护外罩的侧面，设置偏移量为 0，选择【配合】求解方法为，单击【确定】按钮，结果如图 13-177 所示。

图 13-174　装入保护外罩

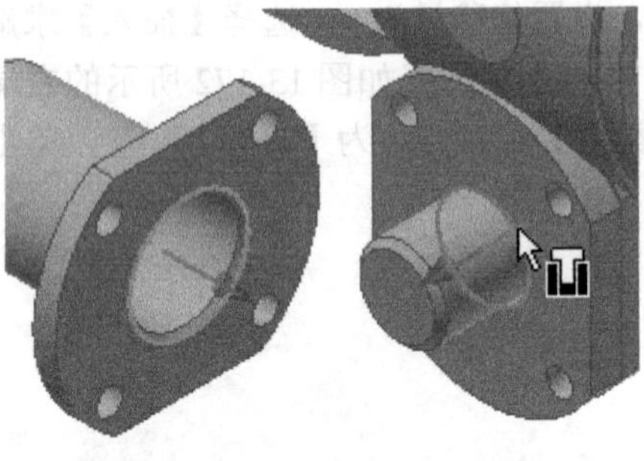

图 13-175　选择边线

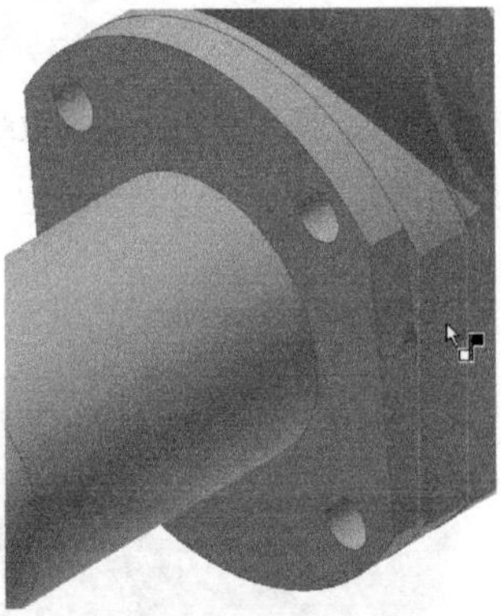

图 13-176　选择平面

图 13-177　安装保护外罩

（17）安装油嘴。

① 放置油嘴。单击【装配】标签栏【零部件】面板中的【放置】按钮，打开【装入零部件】对话框，选择【油嘴】零件，单击【打开】按钮，装入油嘴，将其放置到视图中适当位置。单击鼠标右键，在打开的快捷菜单中选择【确定】选项，完成油嘴的放置，如图 13-178 所示。

② 装配油嘴。单击【装配】标签栏【位置】面板中的【约束】按钮，打开【放置约束】对话框，选择【插入】类型，在视图中选择如图 13-179 所示的壳体螺纹孔边线和油嘴螺纹边线，设置偏移量为 0，选择【插入】求解方法为，单击【确定】按钮，结果如图 13-180 所示。

（18）安装左端盖螺栓。

① 创建螺栓。单击【设计】标签栏【紧固】面板上的【螺栓联接】按钮，弹出【螺栓联接零部件生成器】对话框。

选择【类型】为，放置方式为 同心，选择左端盖的表面为【起始平面】，选择左端盖上其中一个安装孔的圆弧面为【圆形参考】，如图 13-181 所示，选择壳体螺栓孔端面为【盲孔起始平面】，如图 13-182 所示，选择螺纹标准为【GB Metric profile】，选择【直径】为 5mm，然后单击【螺栓联接零部件生成器】对话框中的【单击以添加紧固件】选项，在资源环境中加载轴承，在列表中选择【螺钉 GB/T 70.1】，如图 13-183 所示，然后在模型中设置螺栓长度为 16mm，此时【螺栓联接零部件生成器】对话框如图 13-184 所示，单击【确定】按钮，完成左端盖一个螺栓的安装，如图 13-185 所示。

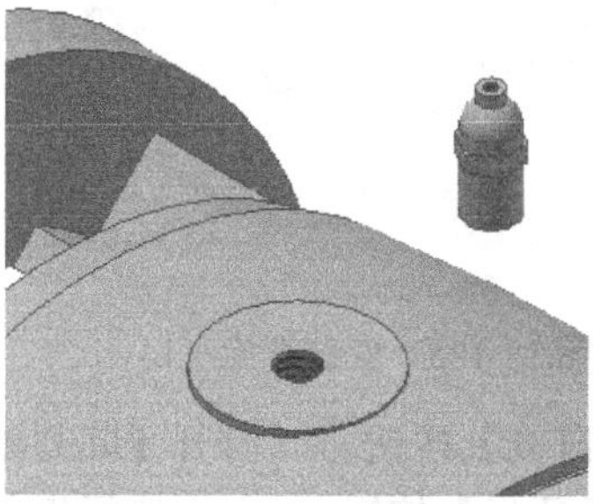

图 13-178　装入油嘴

图 13-179　选择边线

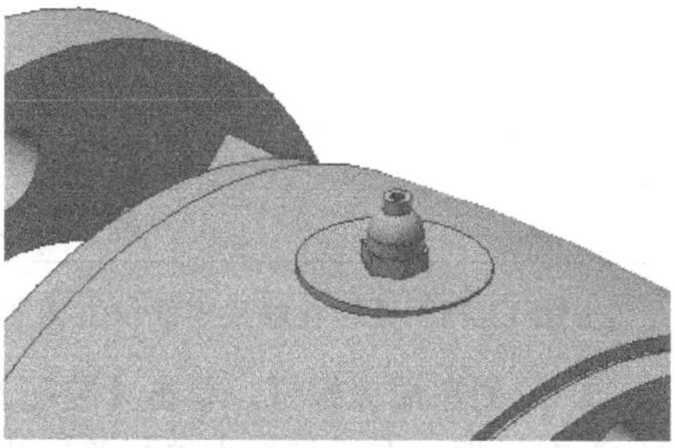

图 13-180　安装油嘴

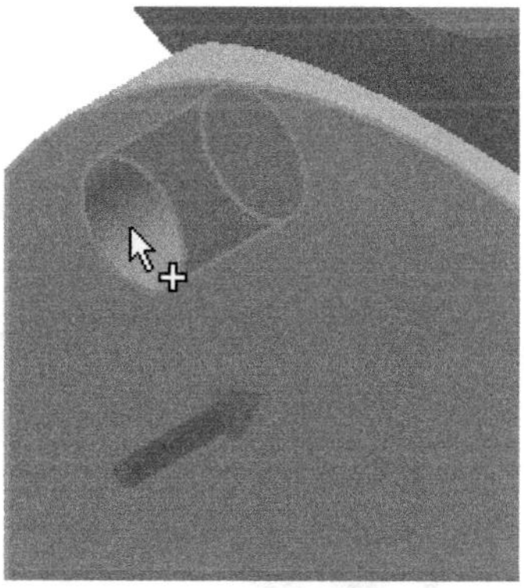

图 13-181　选择圆弧面

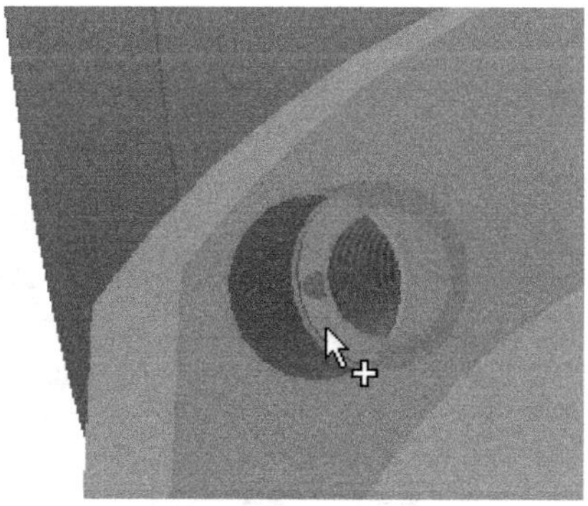

图 13-182　选择起始面

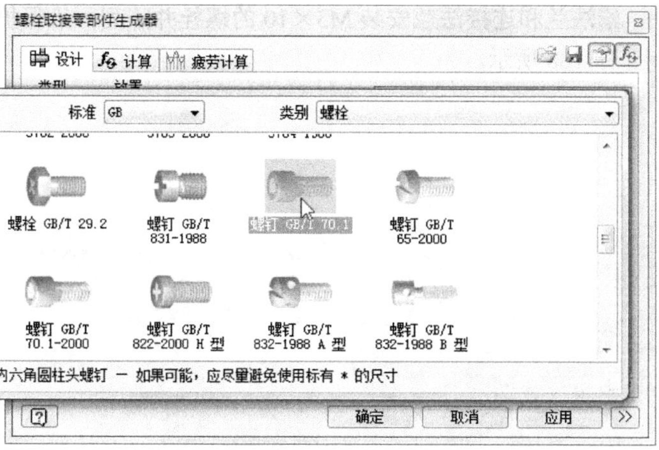

图 13-183　选择螺钉

图 13-184 【螺栓联接零部件生成器】对话框

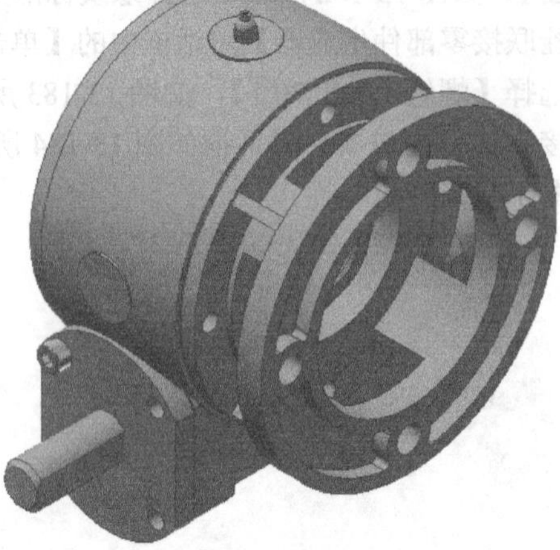

图 13-185 安装螺栓（1）

② 阵列左端盖螺钉。单击【装配】标签栏【阵列】面板中的【阵列】按钮，打开【阵列零部件】对话框，在模型树中选择第①步创建的【螺栓联接】，选择【环形】按钮，选择齿条顶杆的圆弧面为阵列轴，设置阵列数目为 4，阵列角度为 90°，如图 13-186 所示，单击【确定】按钮，完成左端盖螺栓的安装，如图 13-187 所示。

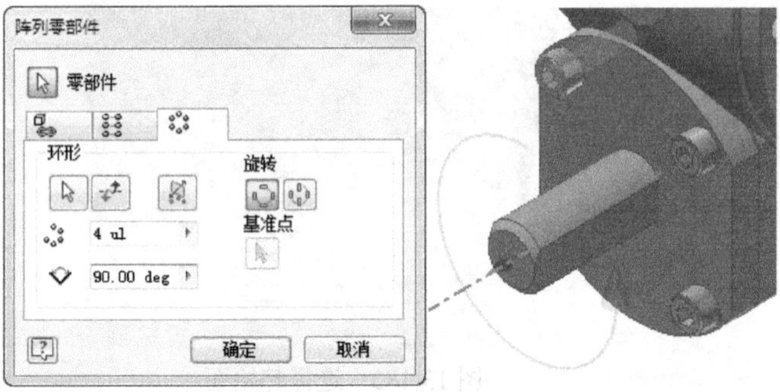

图 13-186 阵列螺栓

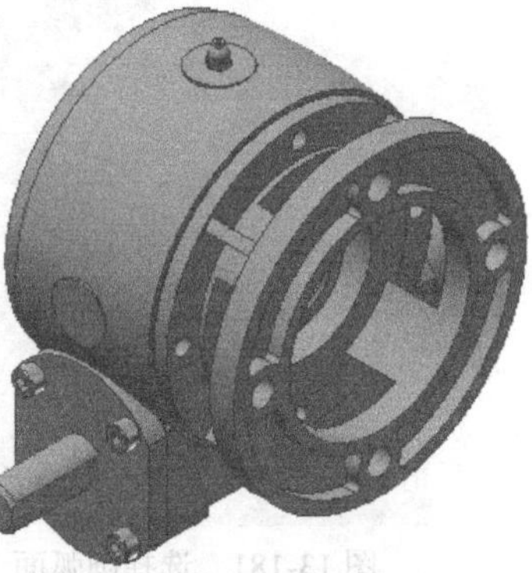

图 13-187 安装螺栓（2）

采用同样的方法，给法兰和连接法兰安装 M5×10 的螺栓并阵列；给保护外罩安装 M5×20 的螺栓并阵列，结果如图 13-188 所示。

图 13-188 完成装配

13.3 变向插锁器表达视图

操作步骤

（1）新建文件。运行 Inventor，选择【快速入门】标签栏，单击【启动】面板上的【新建】选项，在打开的【新建文件】对话框中选择【Standard.ipn】选项，如图 13-189 所示；单击【创建】按钮，新建一个部件文件，命名为“变向插锁器表达视图 .ipn”。新建文件后，在默认情况下，进入表达视图环境。

图 13-189 【新建文件】对话框

扫码看视频

（2）创建视图。单击【表达视图】标签栏【模型】面板上的【插入模型】按钮，则打开【插入】对话框，如图 13-190 所示。选择“变向插锁器 iam”文件，单击【打开】按钮，打开变向插锁器文件，单击【确定】按钮，打开装配体文件，如图 13-191 所示。

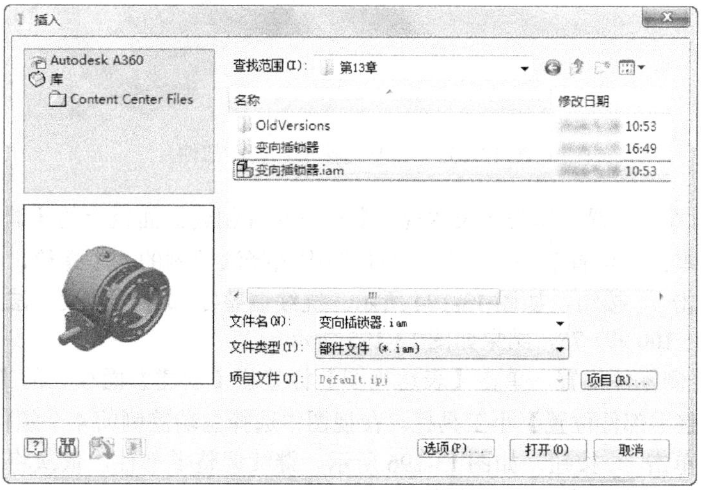

图 13-190 【插入】对话框

（3）调整零部件位置。

① 调整连接法兰侧零件位置。单击【表达视图】标签栏【创建】面板上的【调整零部件位置】按钮，打开【调整零部件位置】小工具栏。在视图中选择连接法兰侧的4个螺栓，指定移动方向，输入距离为-360，单击按钮，如图13-192所示。继续调整零部件，依次将连接法兰、大垫片、轴承、轴和螺钉、半齿轮向同一侧移动300、-250、200、-150和75，结果如图13-193所示。

图13-191　变向插锁器

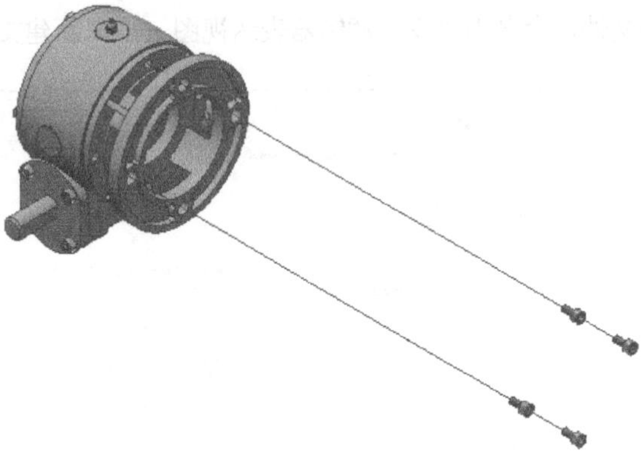

图13-192　调整螺栓

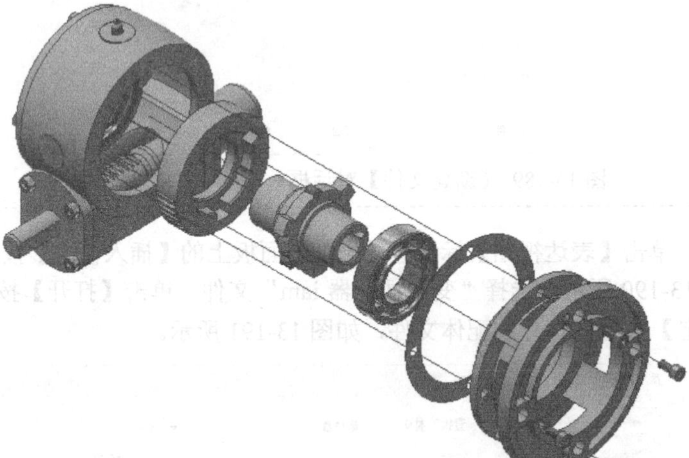

图13-193　调整连接法兰侧零部件

② 调整法兰侧零件位置。单击【表达视图】标签栏【创建】面板上的【调整零部件位置】按钮，打开【调整零部件位置】小工具栏。在视图中选择法兰侧的4个螺栓，指定移动方向，输入距离为-160，单击按钮，如图13-194所示。继续调整零部件，依次将法兰、大垫片、轴承向同一侧移动140、-100和-75，结果如图13-195所示。

③ 调整左端盖侧零件位置。单击【表达视图】标签栏【创建】面板上的【调整零部件位置】按钮，打开【调整零部件位置】小工具栏。在视图中选择左端盖侧的4个螺栓，指定移动方向，输入距离为-100，单击按钮，如图13-196所示。继续调整零部件，依次将左端盖和垫片向同一侧移动-80和35，结果如图13-197所示。

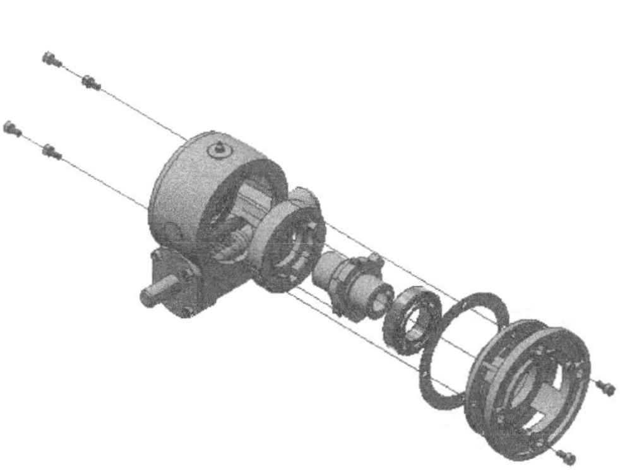

图 13-194 调整螺栓（1）

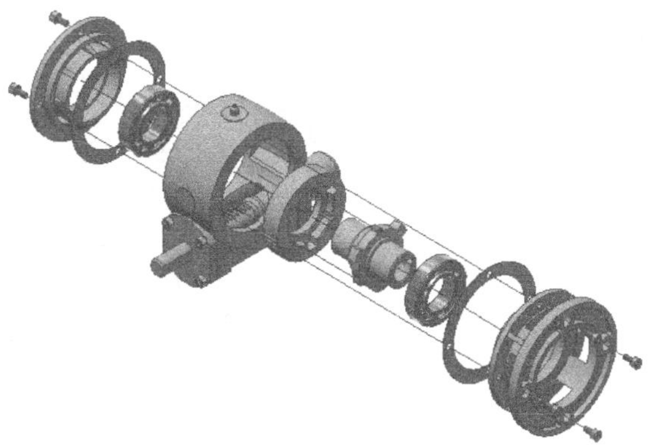

图 13-195 调整法兰侧零部件

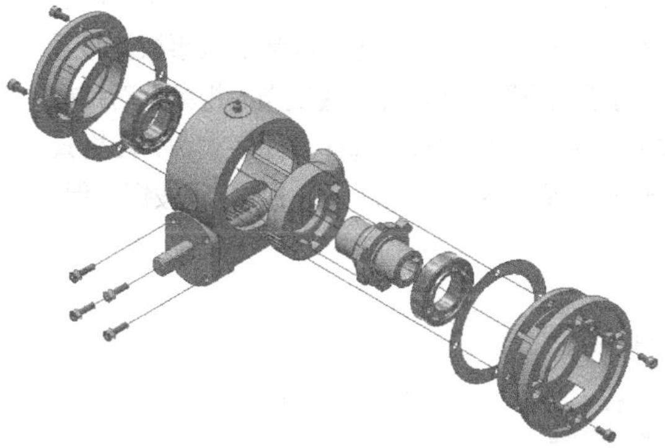

图 13-196 调整螺栓（2）

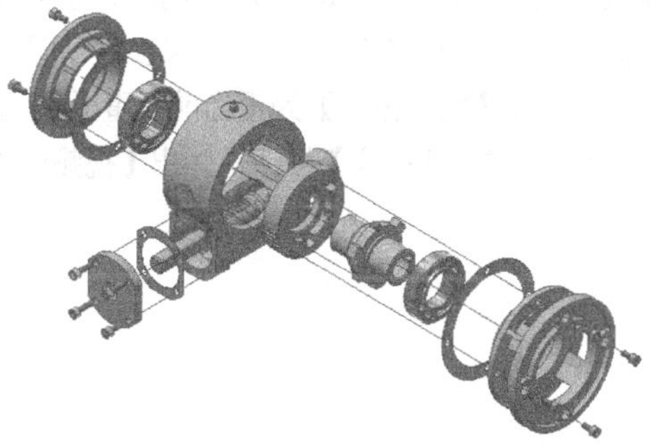

图 13-197 调整左端盖侧零部件

④ 调整右端盖侧零件位置。单击【表达视图】标签栏【创建】面板上的【调整零部件位置】按钮，打开【调整零部件位置】小工具栏。在视图中选择右端盖侧的 4 个螺栓，指定移动方向，输入距离为 -160，单击按钮，如图 13-198 所示。继续调整零部件，依次将保护外罩、右端盖和垫片向同一侧移动 140、-110 和 70，结果如图 13-199 所示。

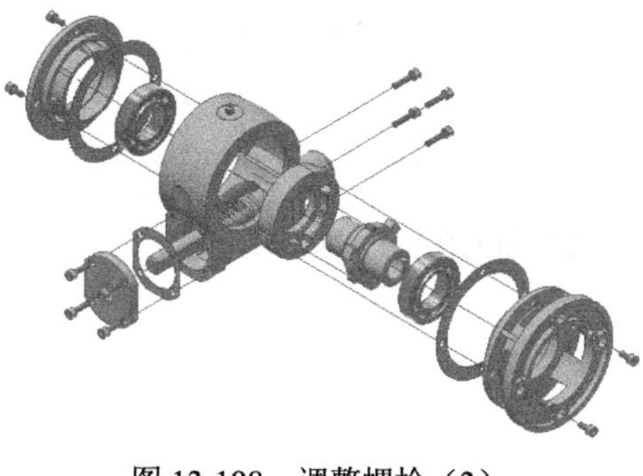

图 13-198 调整螺栓（3）

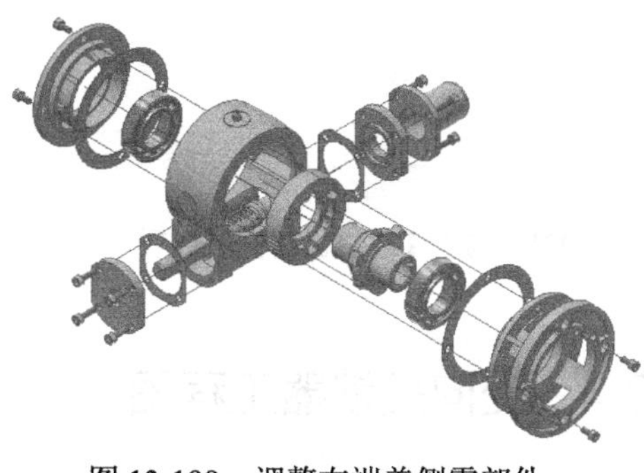

图 13-199 调整右端盖侧零部件

⑤ 调整油嘴位置。单击【表达视图】标签栏【创建】面板上的【调整零部件位置】按钮，打开【调整零部件位置】小工具栏。在视图中选择油嘴，指定移动方向，输入距离为 30，单击按钮，如图 13-200 所示。

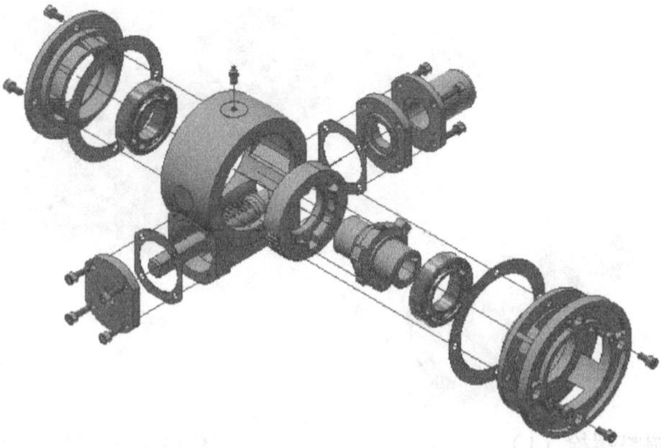

图 13-200　调整油嘴

（4）查看和保存动画。单击【视图】标签栏【窗口】面板中的【用户界面】下拉按钮，勾选【故事板面板】选项，如图 13-201 所示，调出故事板面板，在故事板面板中单击【播放当前故事板】按钮，播放当前动画。单击【表达视图】标签栏【发布】面板中的【视频】按钮，弹出【发布为视频】对话框，在该对话框中选择【发布范围】为【当前故事板】，设置文件名称和文件位置，选择文件格式为 AVI 格式，如图 13-202 所示，单击【确定】按钮，弹出【视频压缩】对话框，采用默认设置，单击【确定】按钮，保存视频。

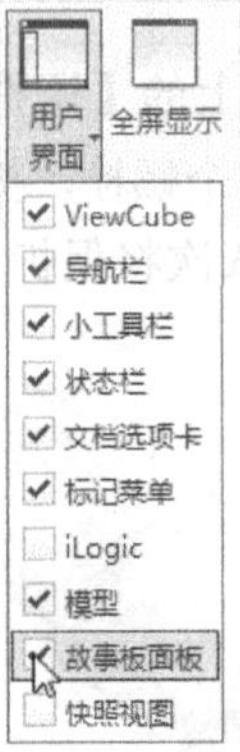

图 13-201　勾选【故事板面板】选项

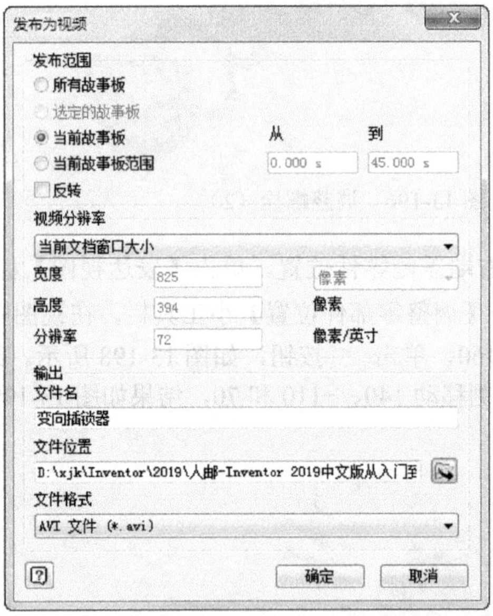

图 13-202　【发布为视频】对话框

13.4　变向插锁器工程图

本节主要以轴和变向插锁器为例介绍零件工程图和装配体爆炸图的创建。

13.4.1　轴工程图

本例绘制轴工程图，如图 13-203 所示。首先创建前视图，然后创建剖视图，再标注尺寸，最后创建技术要求。

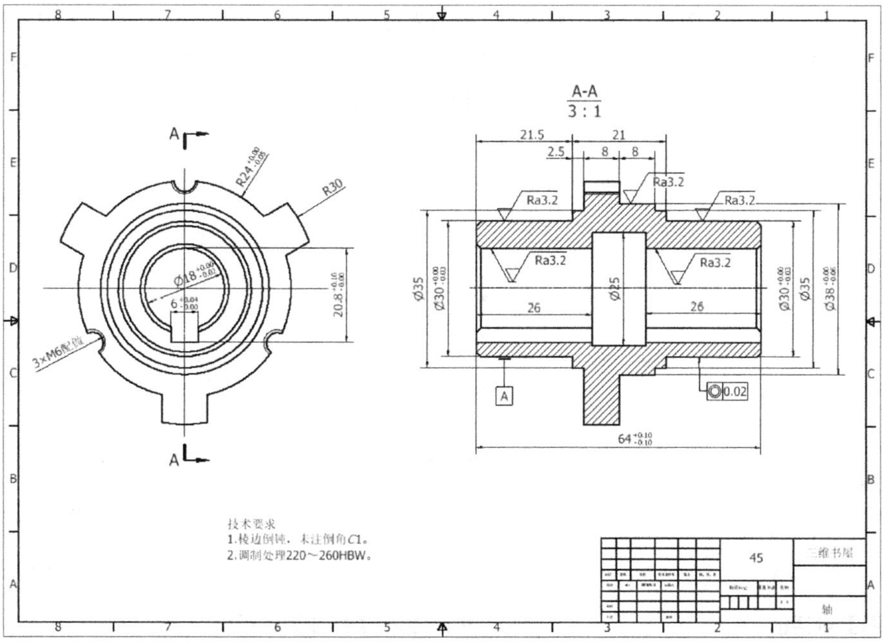

图 13-203　轴工程图

扫码看视频

操作步骤

（1）新建文件。单击【快速入门】标签栏【启动】面板中的【新建】按钮，在打开的如图 13-204 所示的【新建文件】对话框中的【Templates】选项卡中的零件下拉列表中选择【Standard.idw】选项，然后单击【创建】按钮，新建一个工程图文件。

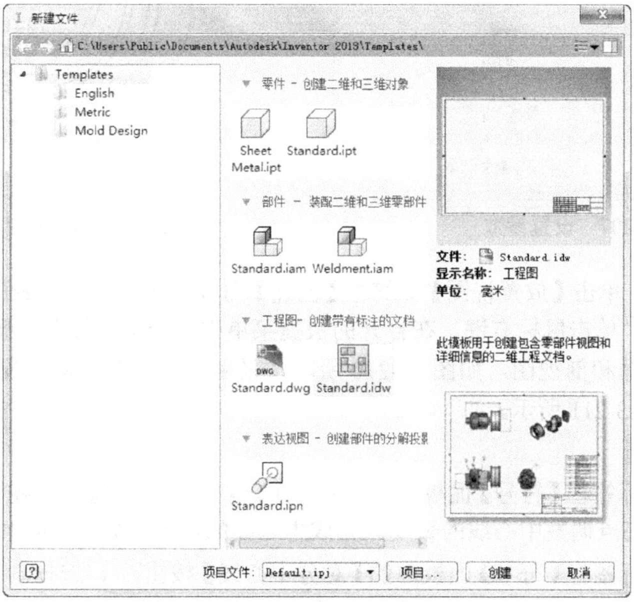

图 13-204 【新建文件】对话框

（2）创建基础视图。单击【放置视图】标签栏【创建】面板中的【基础视图】按钮，打开如图 13-205 所示的【工程视图】对话框，在该对话框中单击【打开现有文件】按钮，打开如图 13-206 所示的【打开】对话框，选择【法兰】零件，如图 13-206 所示，单击【打开】按钮，打开【法兰】零件；设置视图方向为【前视图】，输入比例为 3 ：1，选择显示方式为，如图 13-207 所示；单击【确定】按钮，完成基础视图的创建，如图 13-208 所示。

图 13-205 【工程视图】对话框

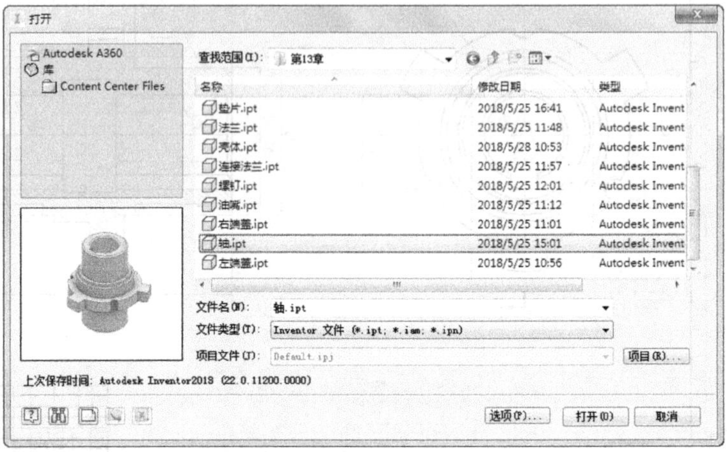

图 13-206 【打开】对话框

图 13-207 设置参数

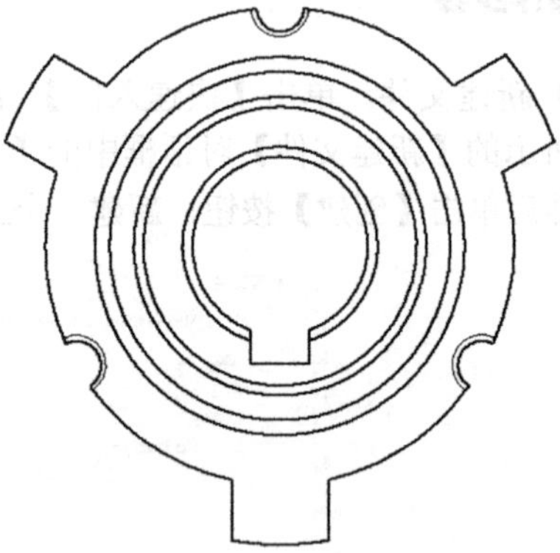

图 13-208 创建基础视图

（3）创建剖视图。单击【放置视图】标签栏【创建】面板中的【剖视】按钮，选择基础视图，在视图中绘制剖切线，单击鼠标右键，在打开的快捷菜单中选择【继续】按钮，如图 13-209 所示，打开【剖视图】对话框和剖视图，如图 13-210 所示，采用默认设置，将剖视图放置到图纸中适当位置单击，结果如图 13-211 所示。

（4）添加中心线。

① 单击【标注】标签栏【符号】面板中的【中心标记】按钮，选择主视图上的轴的最大外圆，然后拖曳中心线上的夹点调整中心线的长度。完成中心线的添加，如图 13-212 所示。

② 单击【标注】标签栏【符号】面板中的【对分中心线】按钮，选择剖视图中孔的两条边线，添加中心线，然后拖曳中心线上的夹点调整中心线的长度，结果如图 13-213 所示。

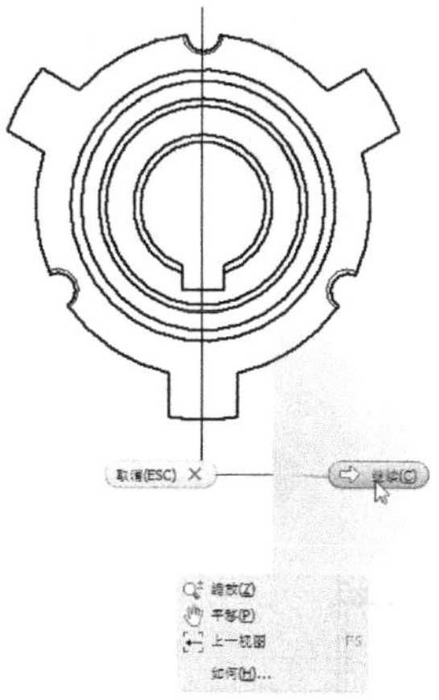

图 13-209　快捷菜单

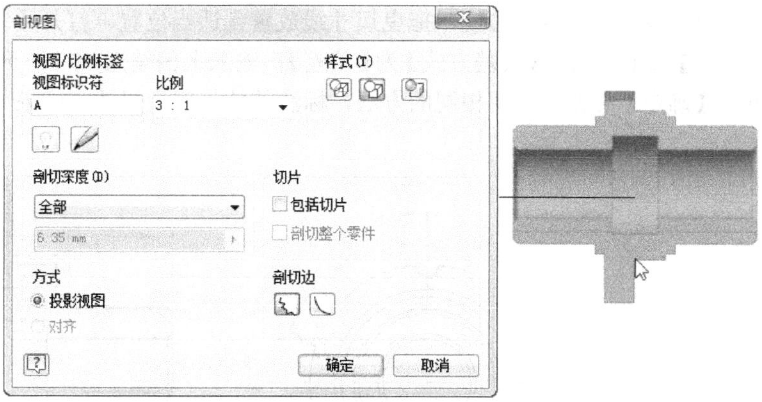

图 13-210 【剖视图】对话框和剖视图

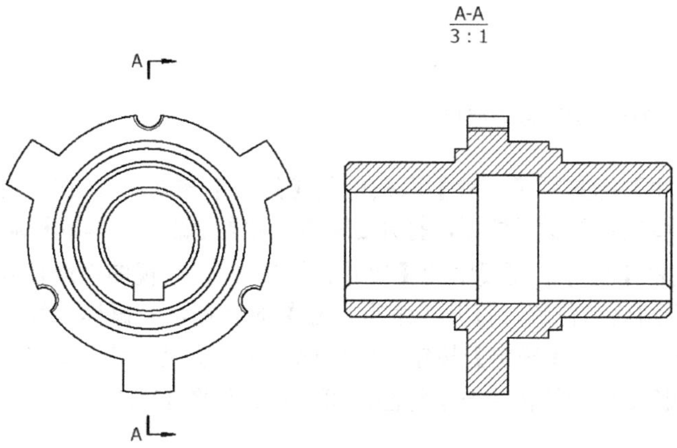

图 13-211　剖视图

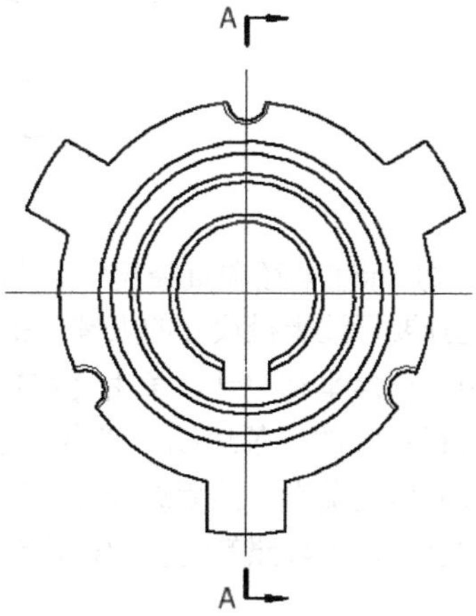

图 13-212　为圆添加中心线

（5）标注尺寸。

① 标注长度尺寸。单击【标注】标签栏【尺寸】面板中的【尺寸】按钮，在视图中选择要标注尺寸的两条边线，拖曳尺寸线放置到适当位置，打开【编辑尺寸】对话框，采用默认设置，单击【确定】按钮，采用相同的方法，标注其他长度型尺寸，结果如图 13-214 所示。

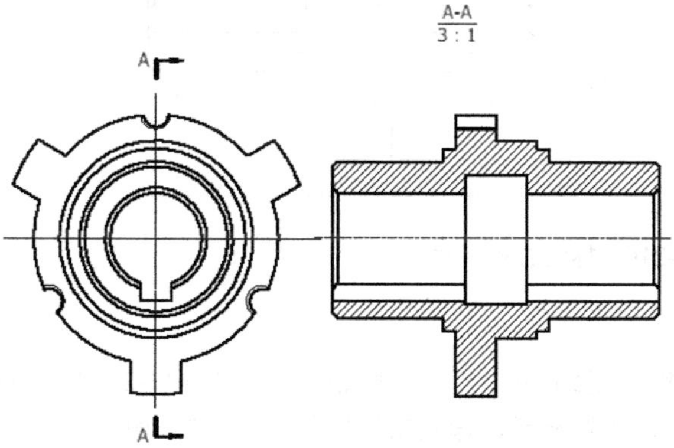

图 13-213　完成中心线的添加

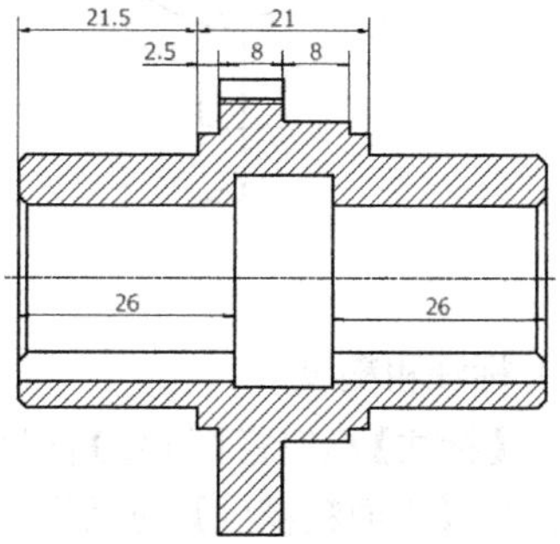

图 13-214　标注长度尺寸

② 标注带公差长度尺寸。单击【标注】标签栏【尺寸】面板中的【尺寸】按钮，在视图中选择要标注尺寸的两条边线，拖曳尺寸线放置到适当位置，打开【编辑尺寸】对话框，单击【精度和公差】选项，选择【公差方式】为【偏差】，输入上偏差为+0.1，下偏差为-0.1，其他为默认设置，单击【确定】按钮，采用相同的方法，标注其他长度型尺寸，结果如图 13-215 所示。

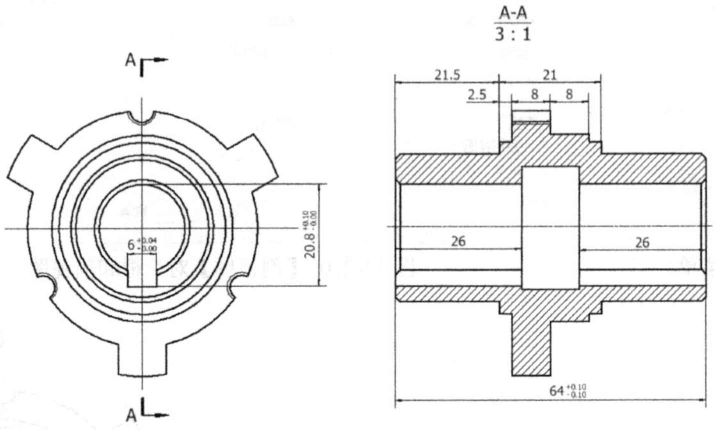

图 13-215　标注带公差尺寸

③ 标注半径和直径尺寸。单击【标注】标签栏【尺寸】面板中的【尺寸】按钮，在主视图中选择要标注半径尺寸的大圆，拖曳尺寸线放置到适当位置，打开【编辑尺寸】对话框，单击【确定】按钮，标注半径尺寸；单击【标注】标签栏【尺寸】面板中的【尺寸】按钮，在视图中选择要标注直径尺寸的两条边线，拖出尺寸线放置到适当位置，打开【编辑尺寸】对话框，将鼠标指针放置在尺寸值的前端，然后选择【直径】符号∅，单击【确定】按钮，同理标注其他直径尺寸，如果需要添加公差，则参照第②步中标注带公差的长度尺寸的标注方法标注即可，结果如图 13-216 所示。

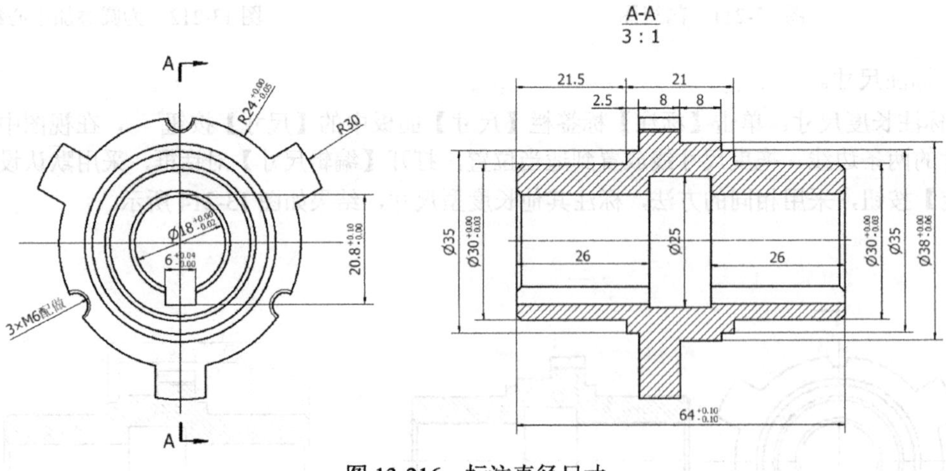

图 13-216　标注直径尺寸

（6）标注粗糙度。

单击【标注】标签栏【符号】面板中的【粗糙度】按钮，在视图中选择如图 13-217 所示的表面，双击，打开【表面粗糙度】对话框，在对话框中选择，输入粗糙度值为 *Ra*3.2，如图 13-218 所示，单击【确定】按钮，同理标注其他粗糙度，结果如图 13-219 所示。

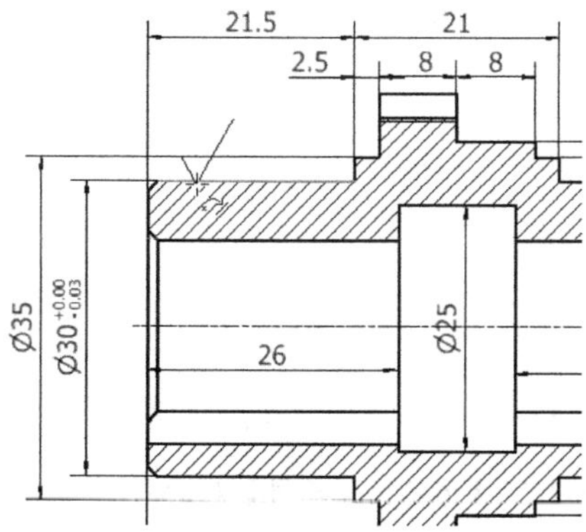

图 13-217　选择表面（1）

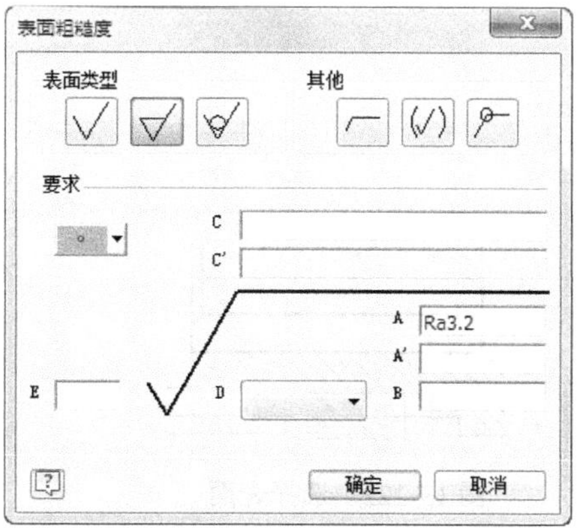

图 13-218　【表面粗糙度】对话框

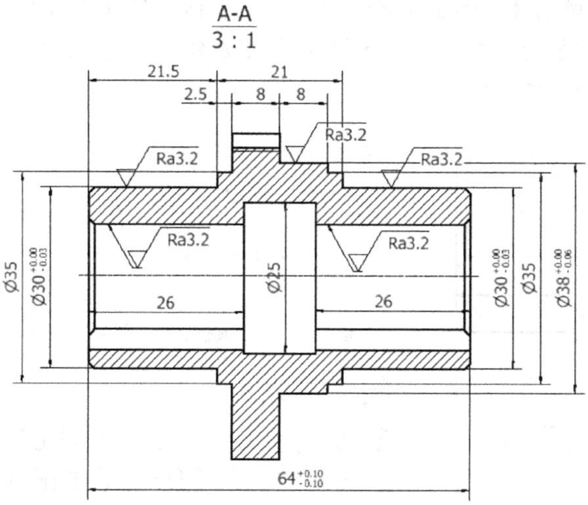

图 13-219　标注粗糙度

（7）标注基准符号和形位公差。

① 标注基准符号。单击【标注】标签栏【符号】面板中的【基准】按钮，在视图中选择如图 13-220 所示的表面，单击并向下拖曳鼠标，在适当的位置单击，打开【文本格式】对话框，采用默认形式，单击【确定】按钮，结果如图 13-221 所示。

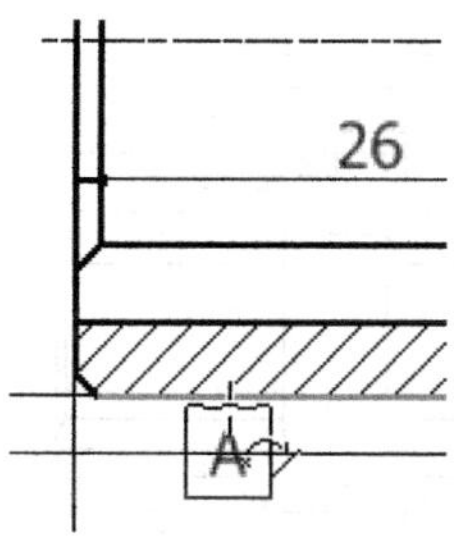

图 13-220　选择表面（2）

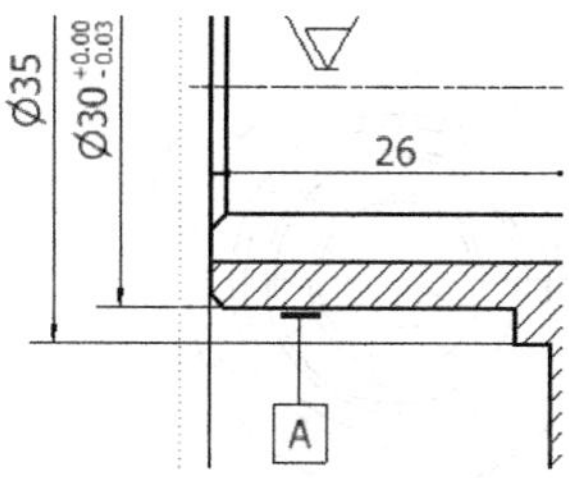

图 13-221　标注基准符号

② 标注形位公差。单击【标注】标签栏【符号】面板中的【形位公差】按钮，在视图中选择如图 13-222 所示的表面，单击并向下拖曳鼠标，在适当的位置单击，然后单击鼠标右键，弹出【形位公差符号】对话框，如图 13-223 所示，选择【符号】为◎，输入公差值为 0.02，输入基准为 A，其余采用默认形式，单击【确定】按钮，结果如图 13-224 所示。

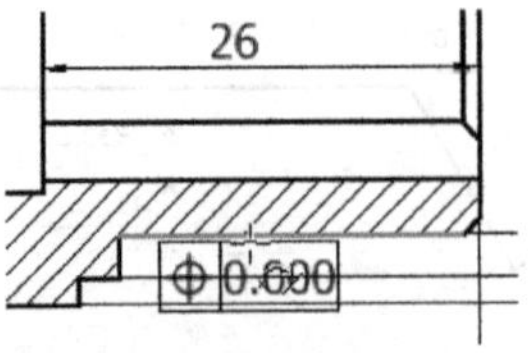

图 13-222　选择表面

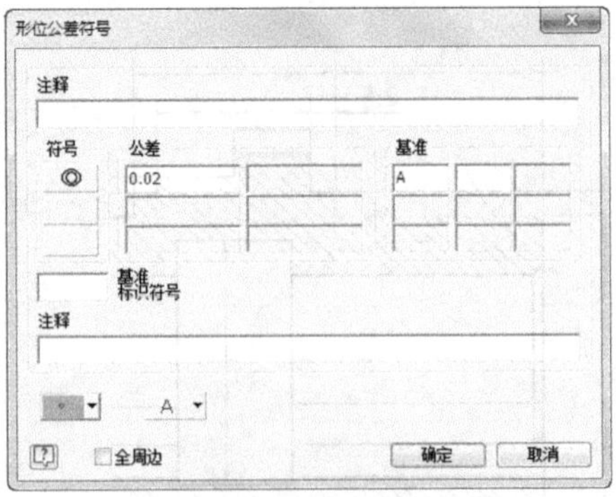

图 13-223 【形位公差符号】对话框

（8）标注技术要求和标题栏

① 填写技术要求。单击【标注】标签栏【文本】面板中的【文本】按钮A，在视图中指定一个区域，打开【文本格式】对话框，在文本框中输入文本，并设置参数，如图 13-225 所示；单击【确定】按钮，结果如图 13-226 所示。

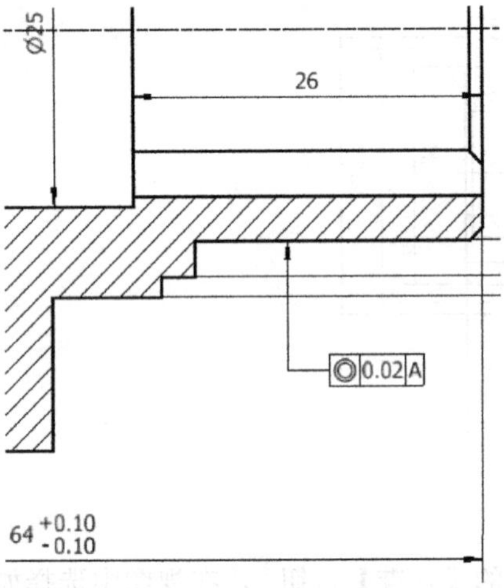

图 13-224　标注形位公差

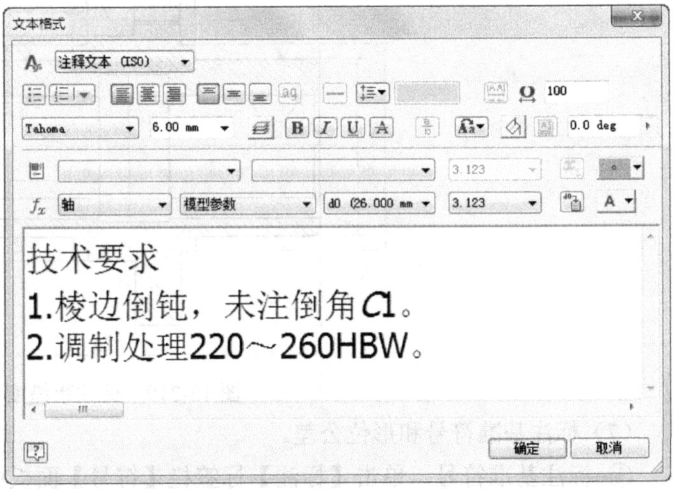

图 13-225 【文本格式】对话框

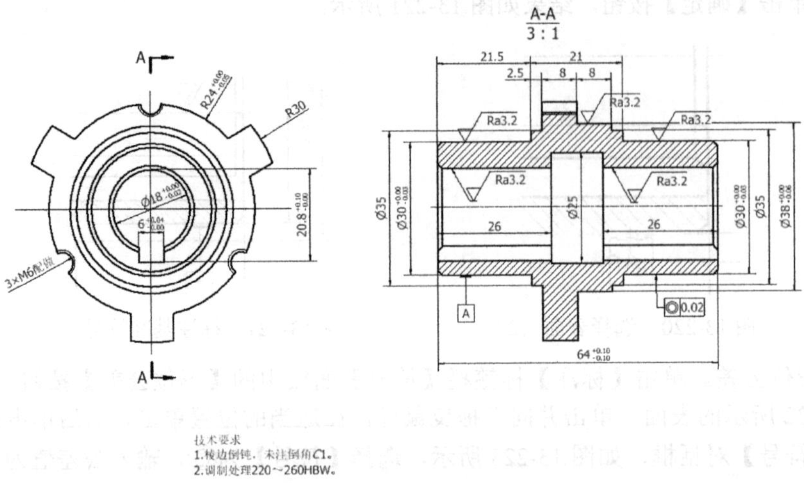

图 13-226　标注技术要求

② 填写标题栏。单击【标注】标签栏【文本】面板中的【文本】按钮A，在视图中的标题栏中指定一个区域，打开【文本格式】对话框，在文本框中输入文本，并设置参数，单击【确定】按钮，结果如图 13-227 所示。最终完成轴工程图的创建，如图 13-203 所示。

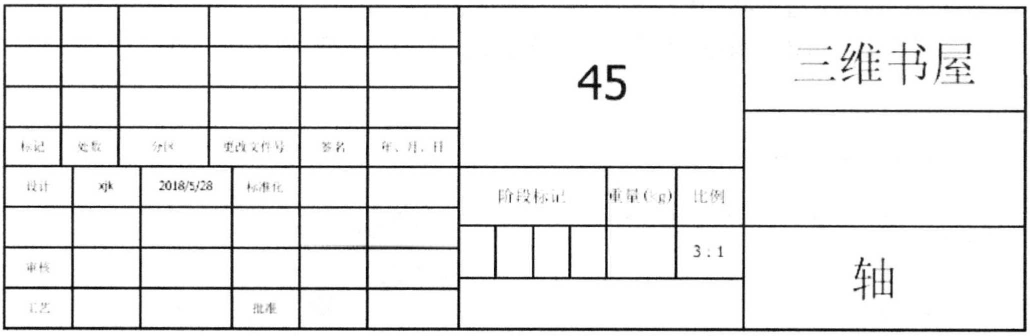
45
三维书屋
标记
处数
分区
更改文件号
签名
年、月、日
设计
xjk
2018/5/28
标准化
阶段标记
重量(kg)
比例
3 : 1
审核
工艺
批准
轴
图 13-227　填写标题栏

13.4.2　变向插锁器爆炸图

本例绘制变向插锁器爆炸图，如图 13-228 所示。首先创建主视图，然后添加引出序号和明细表。

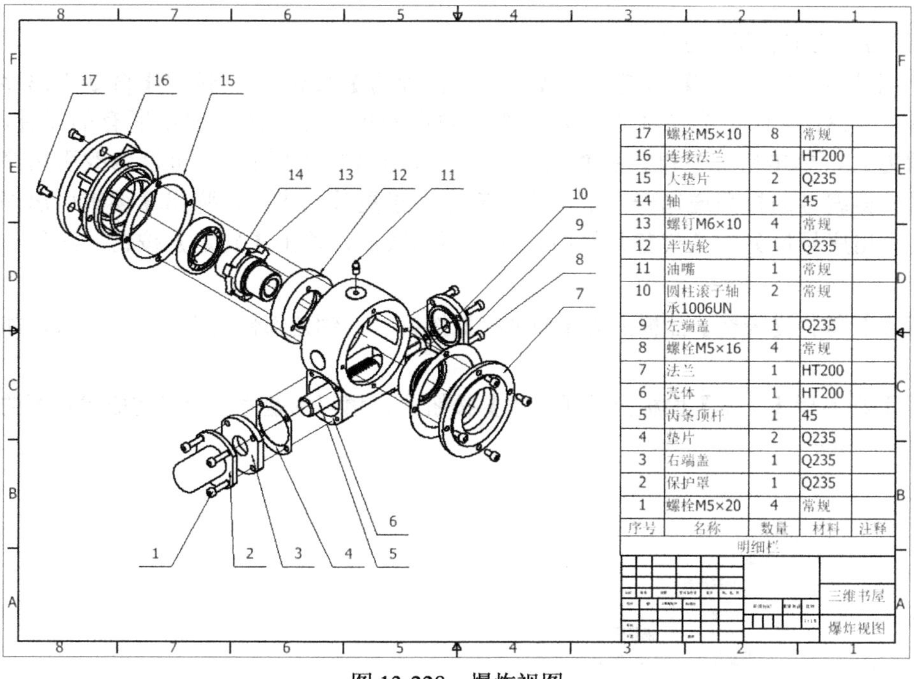

图 13-228　爆炸视图

扫码看视频

操作步骤

（1）创建基本的爆炸图形。

① 运行 Inventor，单击【快速入门】标签栏【启动】面板上的【新建】工具按钮，在打开的【新建文件】对话框中选择【Standard.idw】模板，单击【创建】按钮，新建一个工程图文件。

② 单击【放置视图】标签栏【创建】面板上的【基础视图】按钮，打开【工程视图】对话框，在【文件】选项中选择变向插锁器的表达视图文件“变向插锁器表达视图.ipn”，其他设置如图 13-229 所示【工程视图】对话框。

③ 在 ViewCube 上选择轴测图方向为基础视图的放置方向。

④ 单击【确定】按钮完成爆炸图基本图形的创建，如图 13-230 所示。

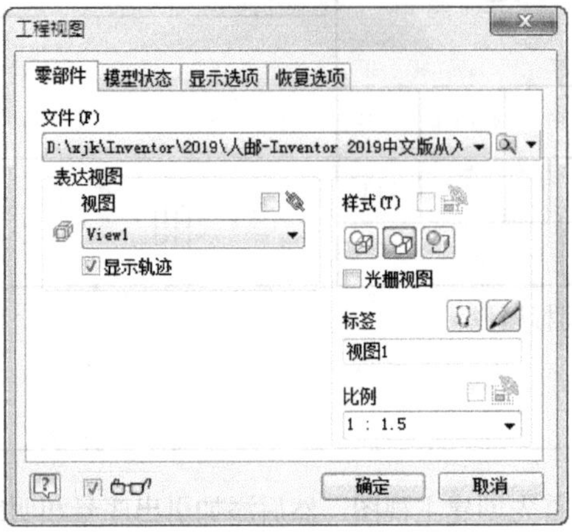

图 13-229 【工程视图】对话框

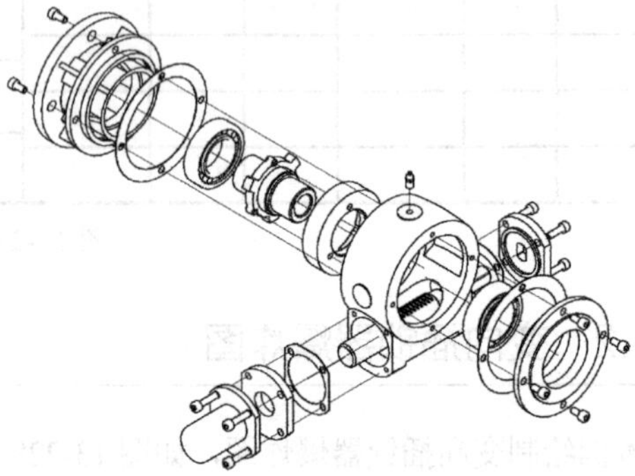

图 13-230 爆炸图基本图形

（2）添加引出序号、明细表和标题栏。

① 单击【标注】标签栏【表格】面板中的【自动引出序号】按钮，弹出【自动引出序号】对话框，如图 13-231 所示，选择轴测图为要选择的视图集，然后选择图中所有的零件，选择【环形】放置方式，单击鼠标左键，放置引出序号，如图 13-232 所示。可以修改引出序号的具体编号，以使得编号的排列遵循一定的标准，双击要求更改的序号，弹出【编辑引出序号】对话框，在【引出序号值】的【代替】栏中输入需要的数值，单击【确定】按钮，结果如图 13-233 所示。

② 单击【标注】标签栏【表格】面板上的【明细栏】按钮，创建部件的零部件明细表，如图 13-234 所示。

③ 单击【标注】标签栏【文本】面板上的【文本】按钮A，填写标题栏，最终完成爆炸图的创建，结果如图 13-228 所示。

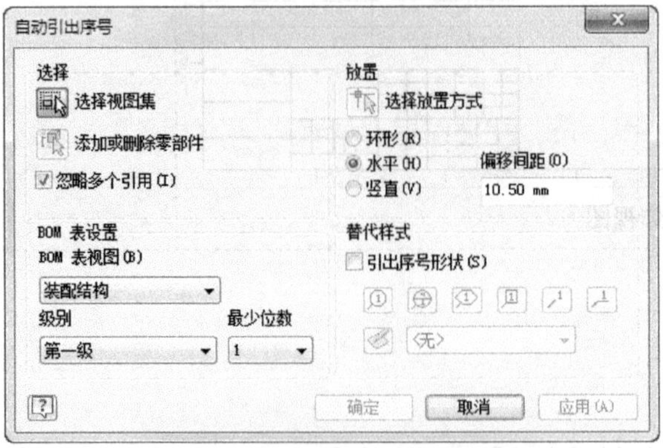

图 13-231 【自动引出序号】对话框

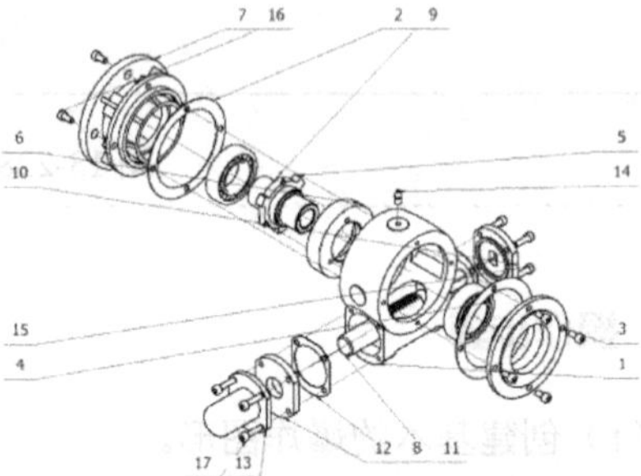

图 13-232 为爆炸图添加零件序号

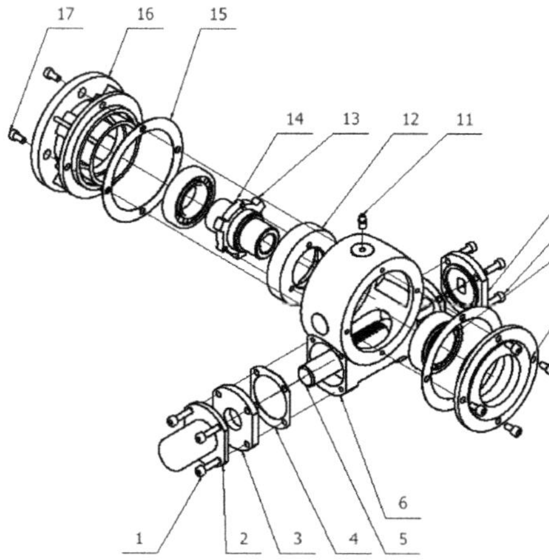

图 13-233　编辑零件序号

17	螺栓M5×10	8	常规	
16	连接法兰	1	HT200	
15	大垫片	2	Q235	
14	轴	1	45	
13	螺钉M6×10	4	常规	
12	半齿轮	1	Q235	
11	油嘴	1	常规	
10	圆柱滚子轴承1006UN	2	常规	
9	左端盖	1	Q235	
8	螺栓M5×16	4	常规	
7	法兰	1	HT200	
6	壳体	1	HT200	
5	齿条顶杆	1	45	
4	垫片	2	Q235	
3	右端盖	1	Q235	
2	保护罩	1	Q235	
1	螺栓M5×20	4	常规	
序号	名称	数量	材料	注释
明细栏				

图 13-234　爆炸图的明细表

13.5　轴应力分析

对如图 13-235 所示的轴进行应力分析。

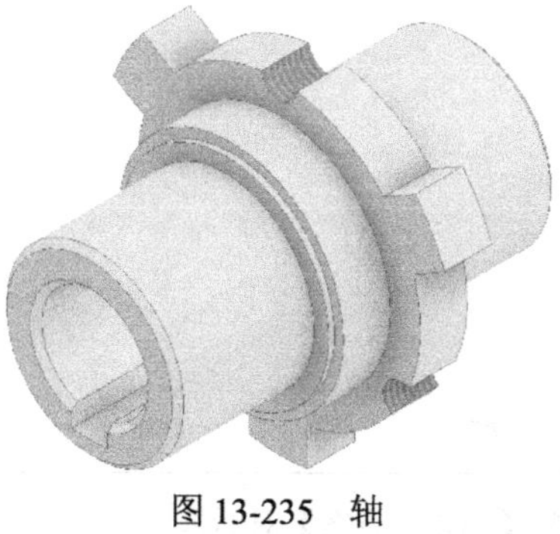

图 13-235　轴

扫码看视频

操作步骤

（1）打开文件。单击【快速入门】标签栏【启动】面板上的【打开】按钮，打开【打开】对话框，选择【轴】零件，单击【打开】按钮打开轴零件，如图 13-235 所示。

（2）单击【环境】标签栏【开始】面板中的【应力分析】按钮，进入应力分析环境。

（3）单击【分析】标签栏【管理】面板中的【创建方案】按钮，打开【创建新方案】对话框，选择【静态分析】单选项，其他采用默认设置，如图 13-236 所示，单击【确定】按钮。

（4）单击【分析】标签栏【材料】面板中的【指定】按钮，打开【指定材料】对话框，如图 13-237 所示。单击【材料】按钮，打开【材料浏览器】对话框，选择【钢，合金】材料将其添加到文档，如图 13-238 所示。关闭【材料浏览器】对话框，返回【指定材料】对话框，支架材料为【钢，合金】，单击【确定】按钮，如图 13-239 所示。

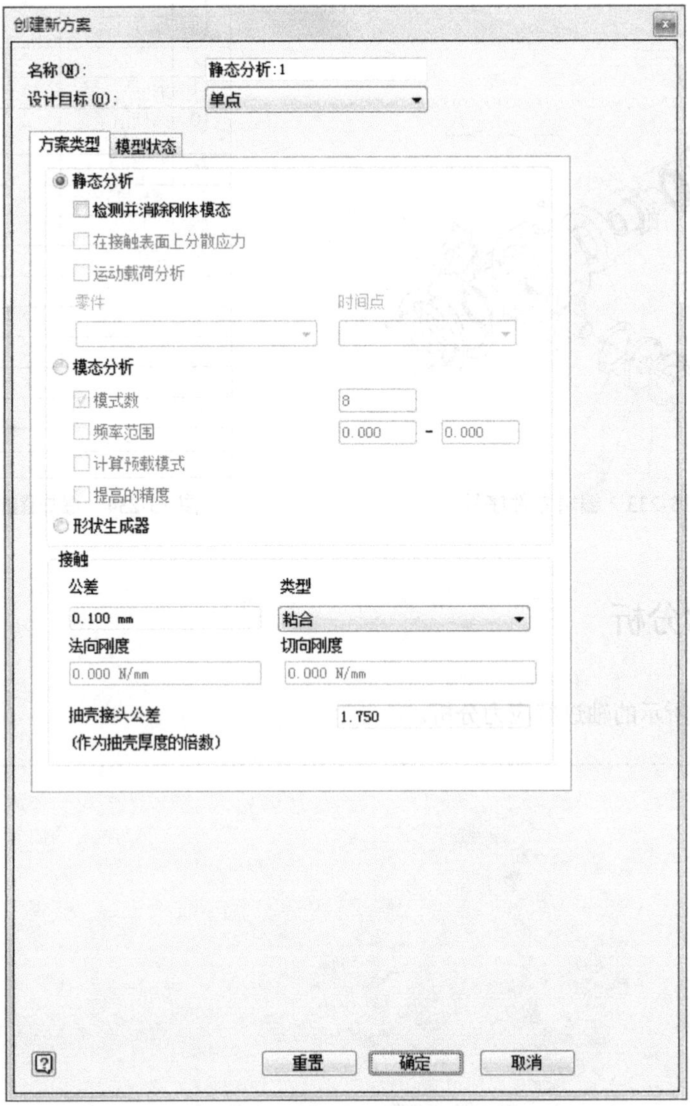

图 13-236 【创建新方案】对话框

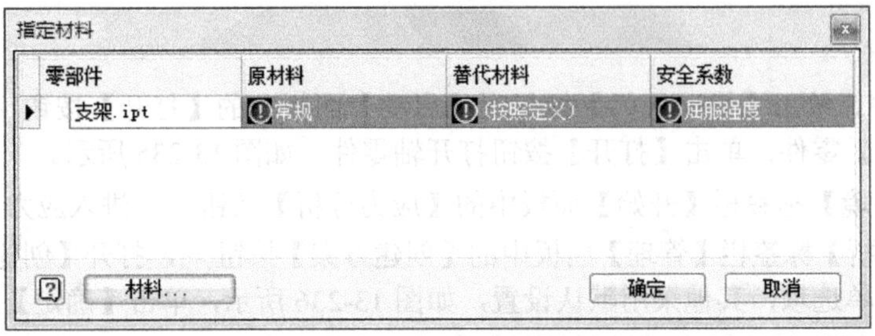

图 13-237 【指定材料】对话框

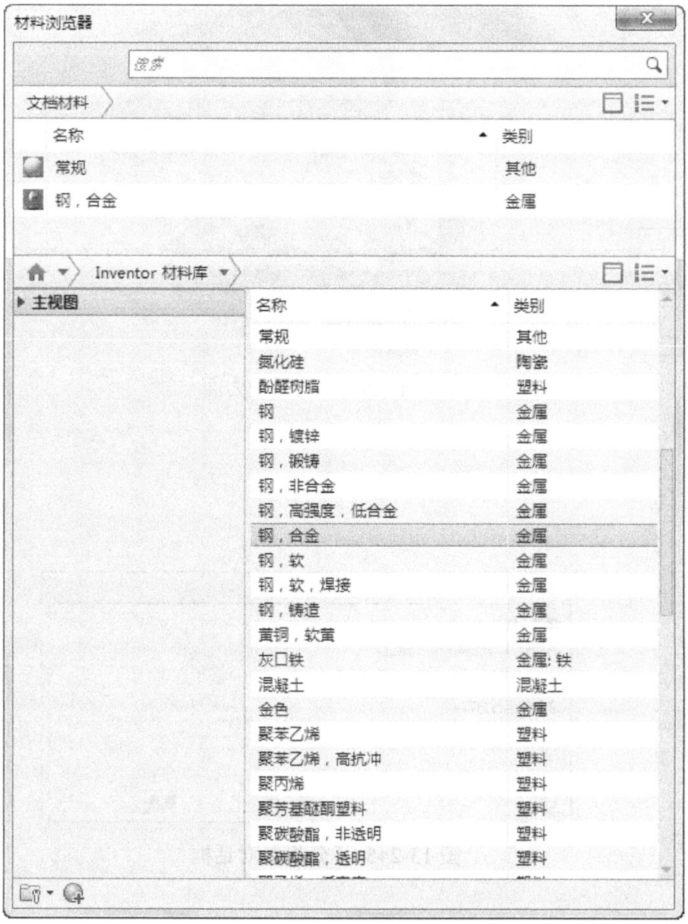

图 13-238 【材料浏览器】对话框

图 13-239　指定材料的轴

（5）单击【分析】标签栏【约束】面板中的【固定】按钮，打开【固定约束】对话框，如图 13-240 所示。选择如图 13-241 所示的面为固定面，单击【确定】按钮。

图 13-240 【固定约束】对话框

图 13-241　选择固定面

（6）单击【分析】标签栏【载荷】面板中的【压强】按钮，打开【压强】对话框，输入大小为 20000 MPa，如图 13-242 所示，选择如图 13-243 所示的面为受力面，单击【确定】按钮。

（7）单击【分析】标签栏【网格】面板中的【查看网格】按钮，观察轴网格，如图 13-244 所示。

（8）单击【分析】标签栏【求解】面板中的【分析】按钮，打开【分析】对话框，如图 13-245 所示。单击【运行】按钮，进行应力分析，分析结果如图 13-246 所示。

图 13-242 【压强】对话框

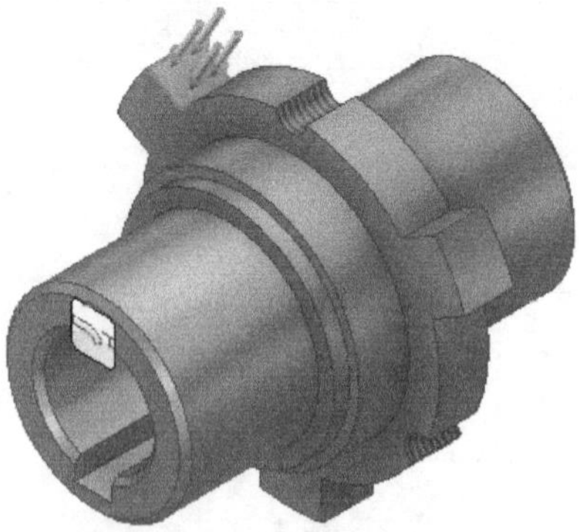

图 13-243 选择受力面

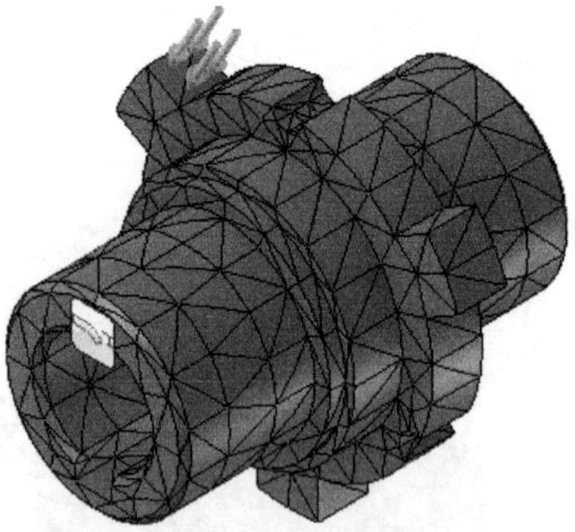

图 13-244 支架的网格划分

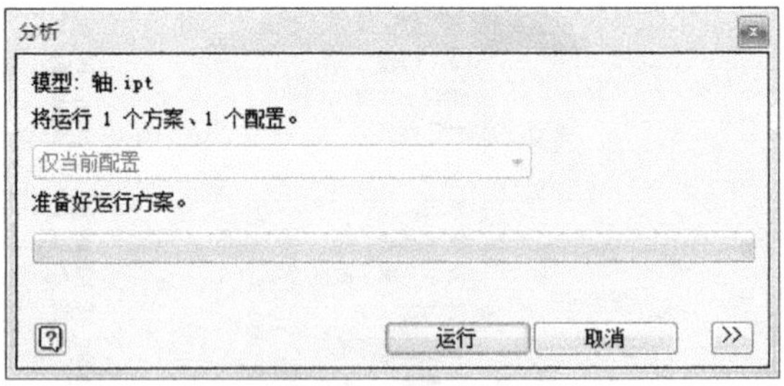

图 13-245 【分析】对话框

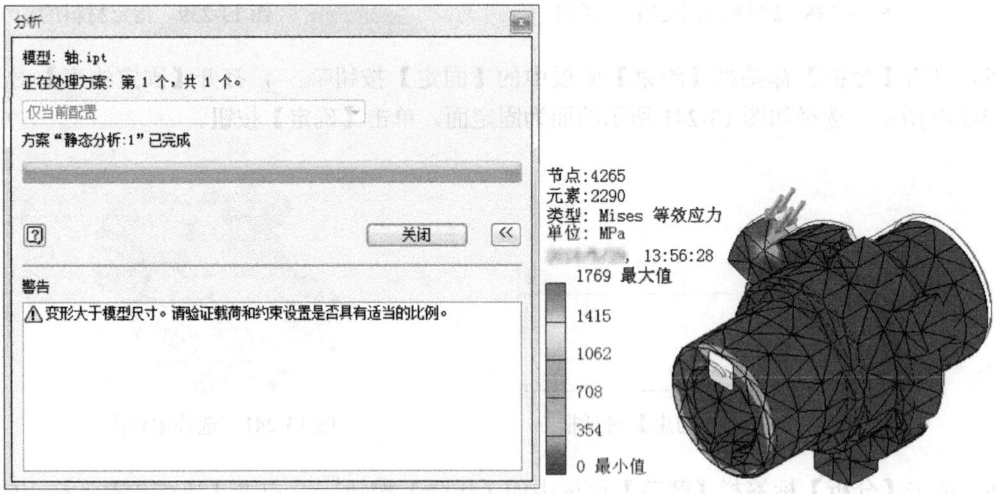

图 13-246 应力分析

（9）从第（8）步的分析结果中发现变形大于模型尺寸，下面更改压强值。选择模型树上的【载荷】节点，右键单击【压力】选项，在打开如图 13-247 所示的快捷菜单中选择【编辑压力】选项，打开【编辑压力】对话框，更改大小为 10000MPa，如图 13-248 所示，单击【确定】按钮，完成值的更改。

（10）重复执行第（8）步和第（9）步，对支架重新进行分析，结果如图 13-249 所示。

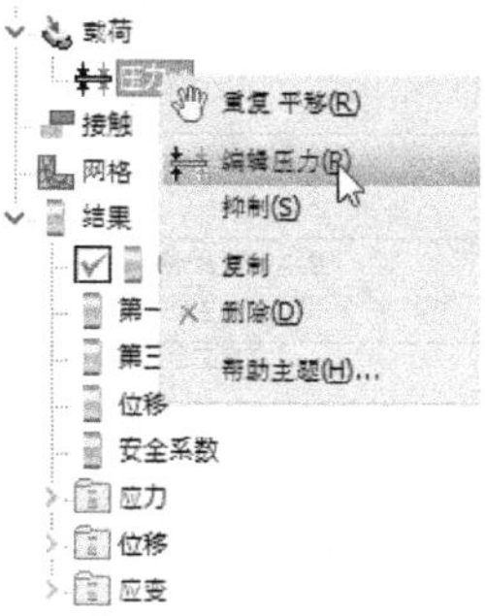

图 13-247　快捷菜单

图 13-248　【编辑压力】对话框

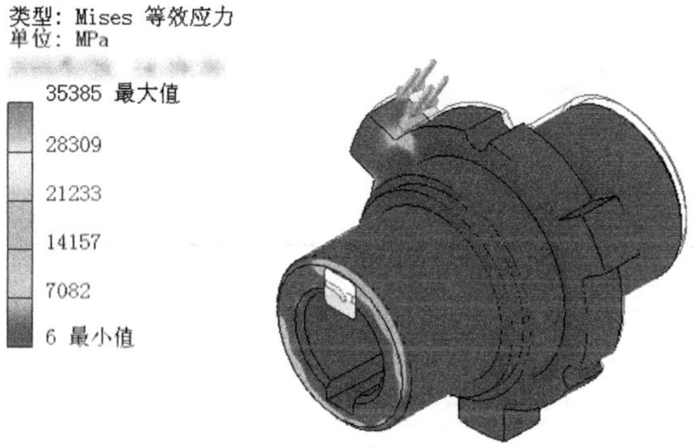

图 13-249　应力分析

（11）单击【分析】标签【报告】面板中的【报告】按钮，打开如图 13-250 所示【报告】对话框，设置报告生成位置，单击【确定】按钮，生成分析报告，如图 13-251 所示。

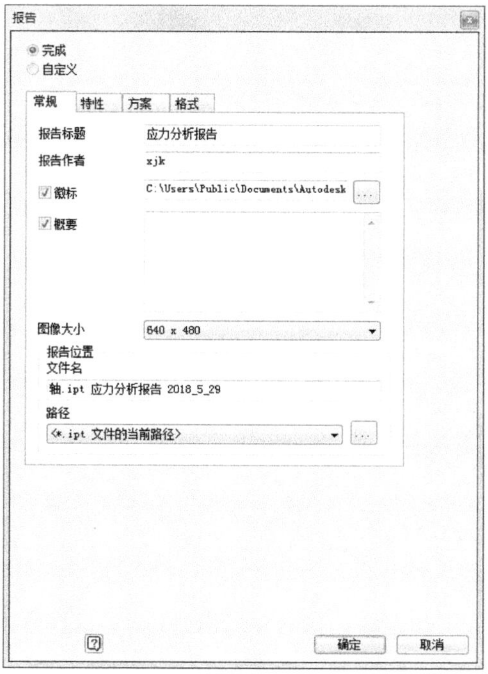

图 13-250　【报告】对话框

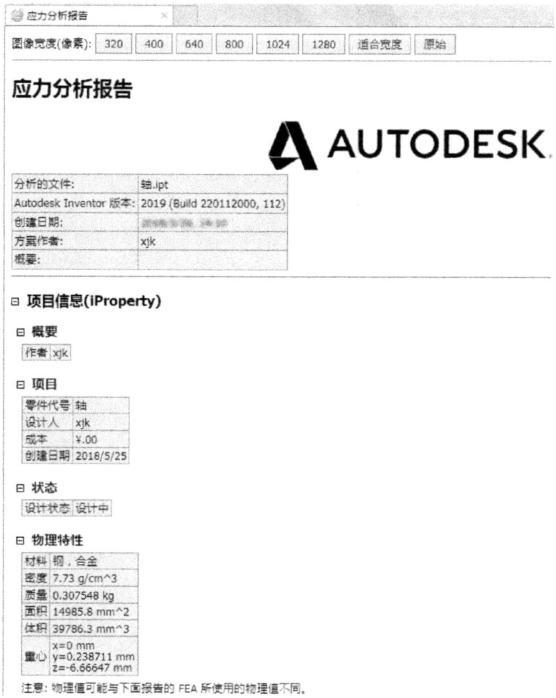

图 13-251　应力分析报告

附录
认证考试模拟试题

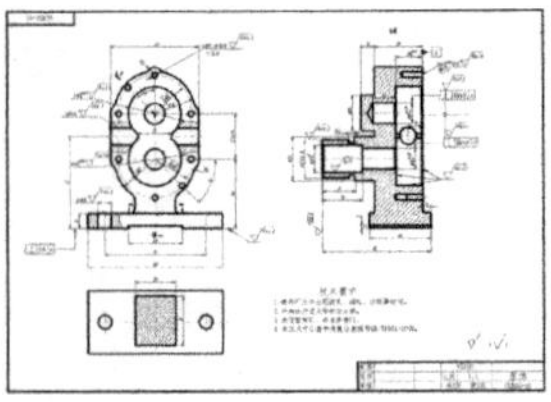

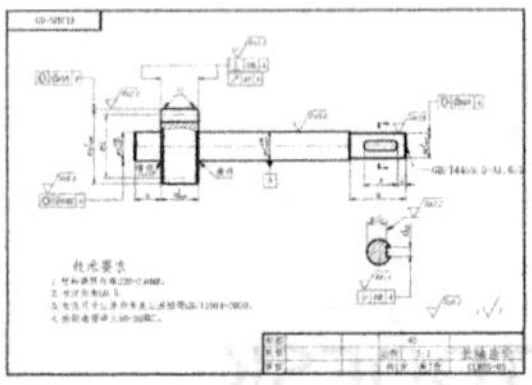

Inventor 2019 官方认证考试模拟试题

一、选择题（每题 2 分，共 40 分）

1．下面关于 Viewcube 的描述哪个是不正确的？（　　）

A．通过 ViewCube，用户可以在模型的标准视图和等轴测视图间切换

B．ViewCube 以不活动状态或活动状态显示

C．如果 ViewCube 处于活动状态，将显示为透明

D．可以控制 ViewCube 的大小、位置、默认 ViewCube 方向和指南针显示

2．关于项目，下列说法错误的是（　　）。

A．在项目向导中，默认情况下，不能使用半隔离和共享项目类型

B．如果不选中该复选框并且未安装 Autodesk Vault，则使用“项目”向导只能创建单用户项目

C．设计师创建一个指定个人工作空间的个人项目，其中只能包含一个主项目的搜索路径

D．为了避免文件识别问题，请始终在项目中使用相对路径而不是绝对路径，以便使路径相对于项目文件位置

3．项目文件的格式为下列哪种？（　　）

A．.ipt　　B．.idv　　C．.iam　　D．.ipj

4．以下说法错误的是（　　）。

A．草图中阵列几何图元是完全约束的，这些约束作为一个组进行维护

B．如果删除阵列约束，所有对阵列几何图元的约束都将被删除

C．草图几何图元在镜像后，用户可以删除或编辑某些线段，同时其余的线段仍然保持对称

D．可以使用延伸工具，以便清理草图或者闭合处于开放状态的草图

5．在草图标注时，如果发现标注的尺寸太小，可以通过更改什么选项来改变？（　　）

A．利用草图工具中的缩放工具

B．编辑标注的尺寸特性

C．在工具菜单的应用程序选项中，更改“常规”选项中的标注比例

D．在工具菜单的应用程序选项中，更改“草图”选项中的标注比例

6．“水平”约束的功能有？（　　）

A．只能让一条直线水平

B．只能让两个点保持水平位置

C．既可让一条直线水平，也可以让两个点保持水平，还可以使两个圆同心

D．既可让一条直线水平，也可以让两个点保持水平，但不可以使两个圆同心

7．关于创建零件中的旋转特征，以下说法错误的是（　　）。

A．除非要创建曲面，否则截面轮廓必须是一个封闭回路

B．除了整周 360°旋转，也可以创建任意 0°~360°的旋转特征

C．可以从同一个草图平面中选择多个截面轮廓

D．旋转的截面轮廓与旋转中心轴可以不在同一平面上

8．以下什么可以作为拉伸的轮廓？（　　）

A．工作点　　B．草图点　　C．草图线段　　D．模型端面

9．以下哪些特征属于草图特征？（　　）

A．拉伸　　B．阵列　　C．孔　　D．圆角

10. 下列关于二维草图圆角和圆角特征说法错误的是（ ）。
   A. 二维草图圆角和圆角特征可以生成外形完全相同的模型
   B. 圆角特征不可以独立于拉伸特征对圆角特征进行编辑、抑制或删除，而不用返回到编辑该拉伸特征的草图
   C. 在绘制草图时，可以通过添加二维圆角在设计中包含圆角
   D. 在应用拔模斜度等后续的操作时圆角特征有更多的灵活性
11. 使用“孔”命令创建孔特征时，在弹出的打孔界面中，不能够实现的组合是（ ）。
   A. 倒角孔与配合孔　　B. 倒角孔与锥螺纹孔
   C. 沉头孔与配合孔　　D. 沉头孔与锥螺纹孔
12. 曲面不可以进行以下哪个编辑操作？（ ）
   A. 折弯　　B. 分割　　C. 延伸　　D. 缝合
13. 卷边类型的释压形状不包括哪一项？（ ）
   A. 水滴形　　B. 圆角　　C. 倒角　　D. 线性过渡
14. 下列哪个参数为钣金式样折弯和拐角选项中的共同参数？（ ）
   A. 圆形　　B. 方形　　C. 水滴形　　D. 线性过渡
15. 装配环境中，进行部件的半剖，以下哪些元素不能作为剖切的参考面？（ ）
   A. 基准平面　　B. 用户自定义面
   C. 部件中，某个零件上的平面　　D. 用户创建的拉伸曲面
16. 使用“复制零部件”工具可以创建源部件或其零部件的副本，以下哪些内容不会随零部件一起复制？（ ）
   A. 约束　　B. 放置
   C. 可见性和颜色替代　　D. 自适应状态
17. 创建局部剖视图时，除了选择视图和剖切区域外，还必须选择哪个选项？（ ）
   A. 比例　　B. 标识符　　C. 剖切线　　D. 剖切深度
18. 创建打断视图时不可以设置哪些选项？（ ）
   A. 打断方向　　B. 打断线形状　　C. 比例　　D. 打断区域
19. 关于工程图创建的剖视图，下列说法错误的是（ ）。
   A. 可以编辑现有剖视图的剖视深度
   B. 更改剖切线在视图中的位置，剖视图会对应更新
   C. 在部件视图中，可以从剖切中排除某个零部件
   D. 剖视图创建后，剖面线只能可见或隐藏，不能修改其线型
20. 草图中创建环形阵列特征后，选择其中任何一个图元不能进行哪项操作？（ ）
   A. 抑制元素　　B. 删除阵列　　C. 编辑阵列　　D. 复制阵列

二、操作题（每题 30 分，共 60 分）

1. 泵体三维建模

根据所给零件的视图和尺寸，运用 Autodesk Inventor 2019 软件，完成泵体零件的三维建模。

要求：

（1）零件特征正确，无缺失。

（2）严格按尺寸建模。

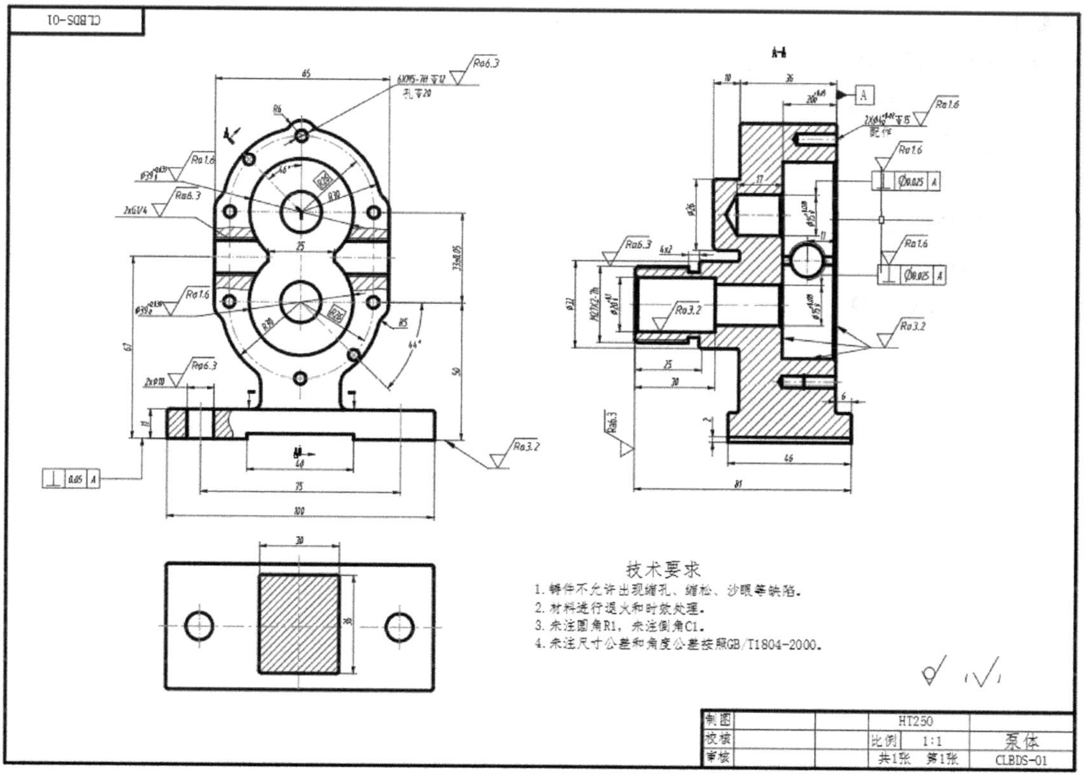

2．长轴齿轮三维建模

根据所给零件的视图和尺寸，运用 Autodesk Inventor 2019 软件，完成长轴齿轮零件的三维建模。

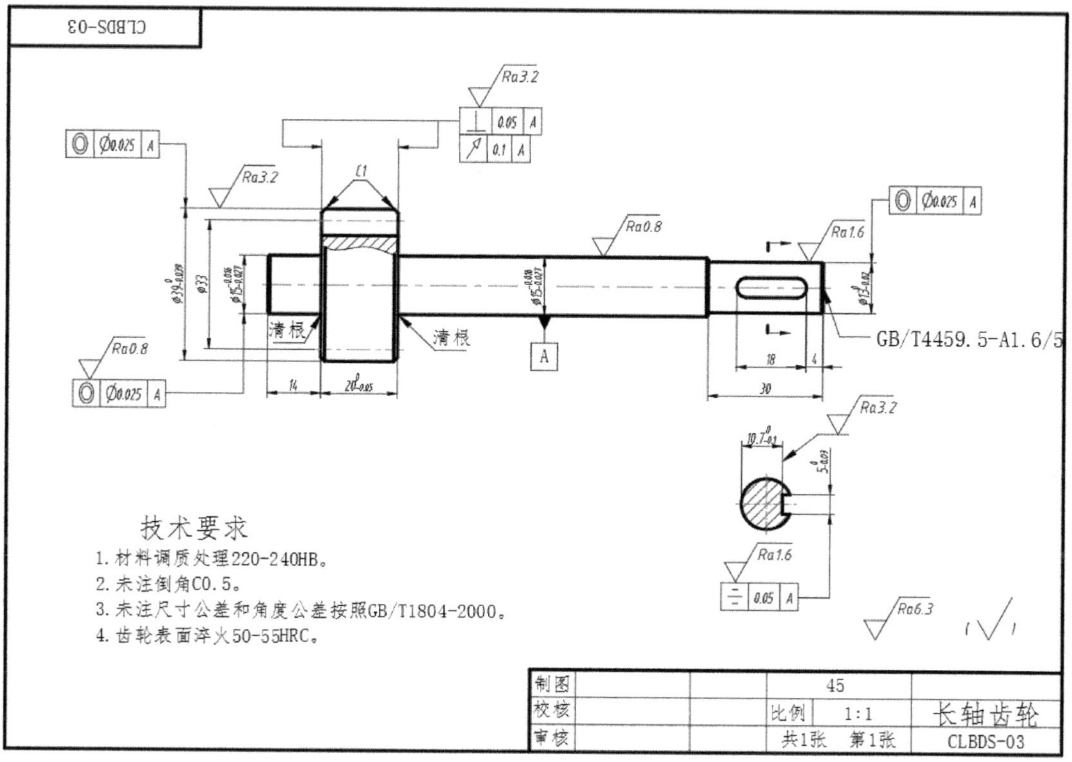

要求：

（1）零件特征正确，无缺失。

（2）严格按尺寸建模。

选择题答案

1~5：CCDAC

6~10：DDCAB

11~15：DACCA

16~20：DDCDD